Wolfgang Graf, Todor Vassilev

Einführung in computerorientierte Methoden der Baustatik

Ernst & Sohn
A Wiley Company

Wolfgang Graf, Todor Vassilev

Einführung in computerorientierte Methoden der Baustatik

Prof. Dr.-Ing. Wolfgang Graf
Technische Universität Dresden
Fakultät Bauingenieurwesen
Institut für Statik und Dynamik der Tragwerke
Mommsenstraße 13
01062 Dresden

Doz. Dr.-Ing. Todor Vassilev
Technische Universität Dresden
Fakultät Architektur
Professur für Tragwerksplanung
Mommsenstraße 13
01062 Dresden

Bibliografische Information Der Deutschen Bibliothek
Die Deutsche Bibliothek verzeichnet diese Publikation in der Deutschen Nationalbibliografie; detaillierte bibliografische Daten sind im Internet über <http://dnb.ddb.de> abrufbar

ISBN-13: 978-3-433-01857-6
ISBN-10: 3-433-01857-X

Druck: Strauss GmbH, Mörlenbach
Bindung: Litges & Dopf Buchbinderei GmbH, Heppenheim

Printed in Germany

Vorwort

Jede Einführung in die Methoden eines Fachgebietes soll dem Leser helfen, einen Einstieg in das Gebiet zu finden, um sich zu orientieren, sich mit den zugehörigen Formulierungen vertraut zu machen und den Mut fördern, weiterführende Fragen und Aufgaben zu bearbeiten.

Das Fachgebiet Baustatik – zuweilen abstrakt erscheinend, mit viel Theorie untersetzt und deshalb vermutlich auch nicht von allen (Studenten) gleichermaßen geliebt – und computerorientierte Methoden – bei der Anwendung nicht frei von kritischen Vorbehalten – bilden unbestritten eine Symbiose mit außergewöhnlichem Innovationspotential.

Diese Einführung mit einem methodenorientierten Konzept soll dazu beitragen, Verständnis für und Wissen über computerorientierte baustatische Untersuchungen zu entwickeln. Wenn dabei Kenntnisse vermittelt werden, die zur sicheren Beherrschung der Methoden führen und Freude, Fleiß und Begeisterung geweckt werden, dann würde sich ein Wunsch der Autoren erfüllen.

Der gewählte didaktische Ansatz ist anwendungs- und beispielorientiert. Bei der Theorie-Darstellung wird eine Mischung aus mathematisch strenger bis einfach beschreibender Erklärung angeboten. Dies sieht wie ein bequemer Kompromiß aus, ist aber bewußt gewählt, praktikabel und zielführend. Der Erwerb eines fundierten Verständnisses wird mit mehr als 40 Rechenbeispielen unterstützt. Damit wird ein breites Spektrum von Aufgaben und Lösungen für eigene Anwendungen bereitgestellt.

Natürlich gelingt es in einem Buch mit ca. 350 Seiten nicht, alle Fakten, Vorgehensweisen und Facetten aufzunehmen. Die manchmal schmerzlich getroffene Auswahl läßt sich didaktisch begründen. Bei der Bearbeitung konnte auf ein bewährtes akademisches Lehrkonzept, einen Fundus des Lehrstuhles für Statik der TU Dresden mit mehr als 2500 Seiten – aufbereitet in Lehrbriefen für das universitäre Hochschulfernstudium (die auch im Direktstudium eingesetzt werden), Übungssammlungen mit Musterlösungen, Skripten, Arbeitsblättern – und eigene Entwicklungen bzw. Ausarbeitungen gebaut werden.

Der Computer war bis vor 25 Jahren Arbeitsmittel spezialisierter Wissenschaftler und Ingenieure. Heute ist er Arbeitsmittel für jedermann. Viele heute erfolgreich praktisch tätige Ingenieure haben sich diesbezügliches Wissen im harten Selbstudien-/Weiterbildungsprozeß angeeignet.

Das vorliegende Buch ist geprägt vom Bemühen, eine übersichtliche Darstellung algorithmischer und numerischer Grundlagen der Baustatik anzubieten. Den Studenten des Bauingenieurwesens und angrenzender Gebiete soll die selbständige Bearbeitung von baustatischen Aufgaben erleichtert werden. Praktisch tätige Ingenieure, Softwareanwender und Softwareentwickler werden sicher einige neue Aspekte und Darstellungen finden, die ihnen vertiefte Einsichten ermöglichen.

Mit dem eingeschlagenen, spezifischen didaktischen Konzept wird bewußt kein Anspruch auf Vollständigkeit erhoben, dafür sollen verstärkt Problembewußtsein, Verständnis und Erkenntnisgewinn entwickelt und gefördert werden.

Das Buch ist kein Kompendium, keine Formelsammlung oder enzyklopädische Zusammenstellung, sondern eine systematisierte Auswahl und Erklärung derjenigen baustatischen Methoden, die heute unverzichtbares Fachwissen sein sollten. Grundkenntnisse der Technischen Mechanik werden vorausgesetzt.

Bei der algorithmischen Darstellung gibt es zunächst keine Einschränkungen bezüglich der Tragwerksarten und der Werkstoffe. Der Fokus ist auf Stabtragwerke gerichtet. Manuelles Üben, Plausibilitätskontrolle und Ergebnisbewertung sind so relativ einfach möglich.

Konsequent werden nur computerorientierte Methoden der Baustatik erklärt und nicht ein Überblick über alle möglichen Modelle, Methoden und Verfahren gegeben. Wenn von verschiedenen Seiten immer wieder eine gewisse black-box-Mentalität bezüglich der Baustatik beklagt wird, dann wird hier zumindest versucht, dieser wirkungsvoll zu begegnen.

In Kapitel 1 werden Aufgabenbereiche der Tragwerksplanung anhand von Beispielen skizziert. Kurze historische Reminiszenzen sollen den Blick motivierend auf neue Herausforderungen lenken. Neue Einsatzgebiete und Aufgabenfelder computerorientierter Methoden werden aufgezeigt.

Die komprimierte Darstellung theoretischer Grundlagen in Kapitel 2 ist keinesfalls als eine Abkehr zu interpretieren – im Gegenteil, sie ist als Anregung zum vertieften Studium zu verstehen. Die Zusammenstellung differentialer, energetischer und finiter Formulierungen zeigt Wurzeln und Zusammenhänge computerorientierter Methoden.

In Kapitel 3 werden Elementlösungen für den Stab entwickelt, die der Reduktionsmethode (Übertragungsverfahren) zugeordnet sind und zahlreiche Rechenbeispiele vorgestellt.

Im Hauptkapitel 4 werden Grundlagen der Deformationsmethode und Anwendungen bei linearen und nichtlinearen statischen und dynamischen Analysen von Tragwerken behandelt.

Die Literaturzusammenstellung konzentriert sich stärker auf Lehrbücher, Tabellenwerke, Enzyklopädien, weniger auf Veröffentlichungen aktueller Forschungen, Dissertationen und Tagungsberichte. Bewußt wird auch auf einige ältere Arbeiten hingewiesen, die nicht in Vergessenheit geraten sollten.

Erinnern möchten wir an die Dresdner Statik-Professoren Kurt Beyer (1881–1952) und Gustav Bürgermeister (1906–1983), deren 125. bzw. 100. Geburtstag in das Jahr 2006 fallen. Das Buch möchten wir Herrn Professor Bernd Möller, Direktor des Instituts für Statik und Dynamik der Tragwerke an der Technischen Universität Dresden, anläßlich seines 65. Geburtstages widmen.

Dank. Unser besonders herzlicher Dank gilt unseren Kollegen, den Professoren Bernd Möller und Wolfram Jäger für viele Anregungen, fruchtbare Diskussionen und freundschaftlichen Rat. Wissenschaftlich geformt hat uns Professor Heinz Müller, der 1970 bis 1996 den Lehrstuhl für Statik an der TU Dresden leitete, und dem wir ganz herzlich danken.

Allen Mitarbeitern der Lehrstühle für Statik und für Tragwerksplanung der TU Dresden gebührt großer Dank für die wertvolle Hilfe und zahlreiche Unterstützung. Stellvertretend danken wir den Doktor-Ingenieuren Andreas Hoffmann, Michael Beer, Markus Oeser und Jan-Uwe Sickert.

Aufrichtig bedanken möchten wir uns beim Verlag Ernst & Sohn Berlin für reges Interesse, Herausgabe, Druck und wunschgerechte Ausstattung des Buches.

Dresden, März 2006 *Wolfgang Graf* *Todor Vassilev*

Inhaltsverzeichnis

1 Vorbemerkungen

Bauwerk – Tragwerk. Die fundamentalen Aufgaben des Bauingenieurs sind die Planung, der Bau, die Rehabilitation und der Abbau von Tragwerken. Tragwerke müssen alle vorhersehbaren Last- und Zwangseinwirkungen aufnehmen und abtragen. Für die Sicherheit, die Gebrauchstauglichkeit und die Zuverlässigkeit eines Tragwerkes während der geplanten Nutzungsdauer ist insbesondere der Tragwerksplaner verantwortlich. Neben den genannten Präferenzbedingungen sind zahlreiche weitere Anforderungen zu erfüllen, wie z.B. Forderungen bezüglich Funktionalität, Umwelt- und Brandschutz, Ästhetik und nicht zuletzt Wirtschaftlichkeit.

Die Komplexität bei lebensdauer- und kostenorientierter Planung, Errichtung und Nutzung von Tragwerken setzt hohe Innovationsfähigkeit und breites Grundlagenwissen der Akteure voraus. Demgemäß sind naturwissenschaftliches Erkenntnisstreben und praktischer Erfolgszwang eine, das Selbstverständnis des Ingenieurs prägende, ständige Herausforderung.

Tragwerk – Tragstruktur – Modell. Mit dem Begriff Tragstruktur wird der Aufbau eines realen Tragwerkes und die Idealisierung zu einem mathematisch-mechanisch zu beschreibenden Gedankenmodell assoziiert. Die Tragstrukturen des Bauingenieurs sind spezielle Strukturen. Sie werden durch Raum- und Zeitkoordinaten beschrieben und bilden zusammen mit den orts- und zeitabhängigen Material- und Belastungsparametern das sogenannte statische System. Ein dynamisches System wird hier nicht explizit benannt.

Tragwerksverhalten. Tragstrukturen unterliegen während der Herstellung und Nutzung stetigen und unstetigen mehr oder weniger bekannten Veränderungen, die durch Messungen (In-situ-Monitoring) und/oder Beobachtungen (Inspektionen) erfaßt werden können. Mit Hilfe der daraus gewonnenen Informationen erfolgen die Bewertung des aktuellen Tragstrukturzustandes und die Prognosen zukünftiger Veränderungen. Das In-situ-Monitoring ist gut entwickelt und erlaubt die nachträgliche Interpretation bereits abgelaufener Veränderungsprozesse, es verursacht u.U. jedoch auch beachtliche Kosten. Für die Bewertung steht nur der einzelne gemessene Prozeß, aber kein modifizierter Pfad möglicher Veränderungen zur Verfügung.

Die auf unterschiedlichen Abstraktionsebenen/Skalen (Materialpunkt, Querschnitt, Bauteil, System) definierten Modelle für die Beurteilung des Verhaltens einer Tragstruktur werden zunehmend qualitativ besser formuliert und auch leichter anwendbar. Ein Hinweis auf die damit verbundenen Gefahren und Risiken ist nicht ausreichend. Nur vertiefte Kenntnisse und das Verständnis für die Modelle und Algorithmen sind hilfreich. Experimentelle Untersuchungen tragen wesentlich zur Bestätigung und Verbesserung der Modellbildung bei.

Tragwerksplanung. In der Tragwerksplanung werden als Alternative zu aufwendigen Experimenten insbesondere numerische Strukturanalysen für die Nachweise der Gebrauchstauglichkeit, Dauerhaftigkeit und Standsicherheit eingesetzt. Numerische Strukturanalyse basiert auf computerorientierten Modellen und Methoden. Diese sind heute in fast unüberschaubarer Vielfalt als Teach-, Share- oder kommerzielle Software vorhanden. Gut nutzbare Computeralgebra-Systeme erleichtern die Entwicklung spezifischer Berechnungsmodelle. Technische Vorschriften und Prognosemodelle werden fortentwickelt und können angewendet werden.

1.1 Zur Tragwerksanalyse

Jahrhundertelang bestimmten empirisch gefundene Erfahrungsregeln die Tragwerksplanung. Mit der Herausbildung der Baustatik hat sich seit etwa 150 Jahren eine wissenschaftlich-technische Disziplin etabliert über deren Fortentwicklungen, Trends und Perspektiven vielerorts nachgedacht wurde und wird, siehe z.B. [9], [62], [70]. Baustatik als Synonym für die (rechnerische) Untersuchung von Baukonstruktionen ist zu stark vereinfachend und im Computerzeitalter unzureichend, denn längst haben baustatische Prinzipe, Modelle und Methoden neue Anwendungsbereiche gefunden und diese erfolgreich geprägt.

Die Produktivität der Wissenschaft bei der Fortentwicklung der Theorien und dem Erfinden von Modellen für die Tragwerksanalyse ist ungebrochen. Beispiele für Fortschritte in der Entwicklung der Baustatik sind z.B. in [39], [77] und [89] dokumentiert. Die Liste der nichtgelösten bzw. nicht zufriedenstellend gelösten Aufgaben und Fragestellungen – und nicht nur der wissenschaftlich interessanten – wird nicht kürzer.

Die Einwirkung auf ein Tragwerk, die Erfassung des Verhaltens und die Wirkungen werden mit einem Tragwerksmodell beschrieben. Die algorithmische Beschreibung eines Modells kann als eine Vorschrift interpretiert werden, die Eingangsgrößen auf Ergebnisgrößen abbildet. Ein Modell ist damit eine in sich abgeschlossene Einheit, in der Informationen verarbeitet werden.

Die traditionelle Klassifikation der Tragwerksmodelle in die Kategorien statisch bestimmte und statisch unbestimmte Tragwerke verliert ebenso an Bedeutung wie die Einteilung in determinierte Tragwerksklassen. Für computerorientierte Analysen sind Dimension und Linearität bzw. Nichtlinearität kennzeichnend. Unterschieden werden 1D- , 2D- und 3D-Strukturen, die mit geometrisch, physikalisch und strukturell linearen/nichtlinearen Modellen untersucht werden können.

Modellfindung. Das Finden eines Berechnungsmodells ist eine kreative Aufgabe. Die Voraussetzungen und Annahmen müssen klar definiert werden, die Vor- und Nachteile sind abzuwägen und die erforderliche Genauigkeit muß mit dem Aufwand in Relation gebracht werden. Im Ergebnis der Modellentwicklung stehen natürlich nur Näherungslösungen zur Erfassung der Realität bereit. Neue Ideen und Modelle vorschnell als nicht praxistauglich oder als zu kompliziert zu beurteilen kann zu folgenschweren Fehlentwicklungen führen. Computerorientierte Modelle für Interaktionsprobleme und Optimierungsstrategien gewinnen eine immer größere Bedeutung.

Unschärfe. Daten und Modelle sind de facto unscharf [26]. Modellunschärfe entsteht im Abstraktionsprozeß, dessen Ergebnis das Modell ist. Ein unscharfes Modell ist dadurch gekennzeichnet, daß scharfe Eingangsgrößen zu unscharfen Antworten des Modells führen. Modellunschärfe wird durch unscharfe Tragwerksparameter induziert, die ausschließlich modellintern wirken und deshalb als unscharfe Modellgrößen bezeichnet werden. Unscharfe Modellgrößen werden nicht explizit auf Ergebnisgrößen abgebildet, sie beeinflussen nur die Abbildung.

Datenunschärfe ist Unschärfe in den Eingangsgrößen. Alle unscharfen Größen (Tragwerksparameter), die explizit in ein Modell eingehen, werden als unscharfe Eingangsgrößen bezeichnet.

Als modellexterne Eingangsgrößen haben sie keinen Einfluß auf das Modell selbst, sondern werden mit Hilfe des Modells auf Ergebnisgrößen abgebildet.

Die realitätsnahe numerische Untersuchung von Tragstrukturen erfordert gesicherte Eingangsdaten und i.d.R. komplizierte Berechnungsmodelle. Wird die Untersuchung lebensdauerorientiert geführt, kommt die Zeitabhängigkeit der Größen – die auch unscharf sein kann – hinzu. Die Untersuchung einer unscharfen Tragstruktur kann zu einer Prognose des Tragverhaltens in einer geplanten Lebenszeit in einer sich verändernden Umwelt ausgebaut werden.

Einleitend werden ausgewählte *Aufgaben der Tragwerksplanung* anhand von Beispielen skizziert und auf die heute selbstverständliche Anwendung computerorientierter Methoden hingewiesen. Diese Beispiele sind Neu- und Alt-Konstruktionen aus unterschiedlichen Materialien mit unterschiedlichen Belastungen. Auf einige neue Aufgabenstellungen, Modellierungsfragen und Schwierigkeiten wird aufmerksam gemacht.

Neubau von Tragwerken. Von Bauingenieuren entworfene Tragwerke sind überwiegend Unikate. Obwohl Planung und Entwurf nach anerkannten Regeln der Bautechnik erfolgen, können Risiken nicht ausgeschlossen werden. Mit diesen ist besonders verantwortungsvoll bei extremen Bauwerken umzugehen. Die Nachweise der Standsicherheit, Gebrauchstauglichkeit, Tragfähigkeit und Dauerhaftigkeit für neu zu errichtende Tragwerke werden heute durch den Tragwerksplaner i.d.R. mit computerorientierten Modellen und Methoden erbracht.

Noch vor etwa 20 Jahren war die computerorientierte Analyse nicht selbstverständlich, sondern eher die Ausnahme – beschränkt auf außergewöhnliche Konstruktionen wie z.B. die stählerne 2-Etagenfährbrücke in Sassnitz/ Mukran, siehe Bilder 1.1 bis 1.3.

Bild 1.1 Fährbrücken Sassnitz (Zustand 2005)

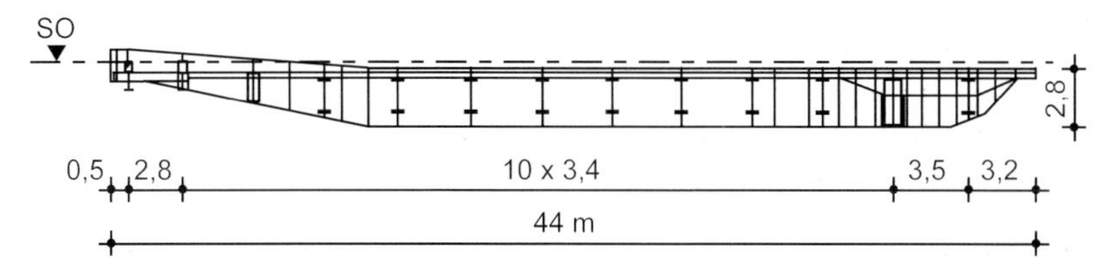

Bild 1.2 Fährbrücke Sassnitz, Längsschnitt

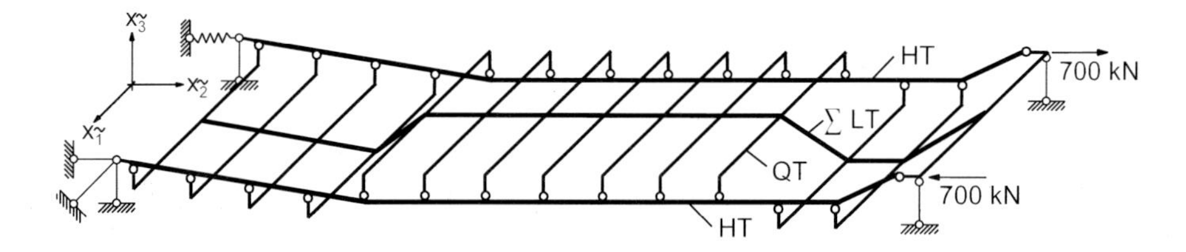

Bild 1.3 Berechnungsmodell Fährbrücke Sassnitz (1983)

Details zur Untersuchung der Fährbrücken nach Elastizitätstheorie II. Ordnung unter Berücksichtigung der Wölbkrafttorsion enthält [31]. Während der Planung war die Analyse komplizierter Stabtragwerke eine aufwendige Aufgabe für Großrechner; sie ist heute Arbeit für einige Sekunden am PC. Die meiste Zeit wird für die Datenaufbereitung und -auswertung benötigt.

Den Ingenieuralltag prägen lineare und nichtlineare statische Analysen von Tragstrukturen mit hohem numerischen Aufwand, der durch die Größe des zugeordneten Gleichungssystems gekennzeichnet ist. Ein Beispiel dafür sind die Faulschlammbehälter des Klärwerkes München I in Bild 1.4, siehe [1]. Dargestellt ist auch ein Faltwerkmodell für die nichtlineare numerische Analyse des Tragwerkszustandes während der Probefüllung.

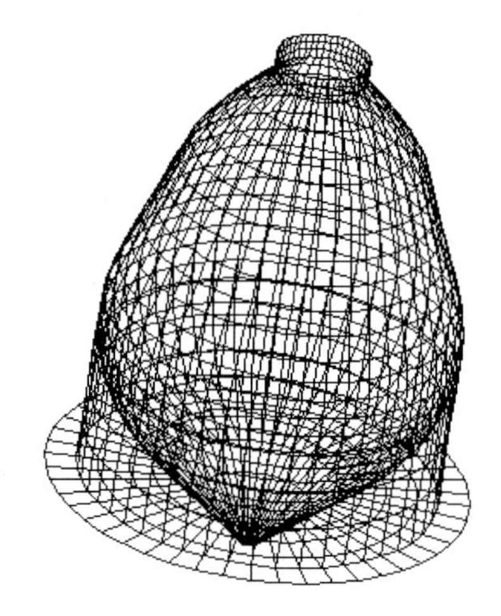

Bild 1.4 Vorgespannter Stahlbeton-Faulschlammbehälter (Bauzustand 2004), Berechnungsmodell

Dynamische Untersuchungen im Rahmen der Tragwerksplanung bedeuten immer wieder besondere Herausforderungen.

Die in Bild 1.5 gezeigte elektrotechnische Anlage (Impulsspannungsprüfgenerator) besteht aus Hartpapier, Porzellan, Aluminium und Stahl. Die Hartpapierstützen sind mit Öl gefüllt. Der Fundamentrahmen steht auf Schwingungsisolatoren. Bei der Aufstellung dieser Konstruktion in Japan wurden extreme Forderungen an die Erdbebensicherheit gestellt, die sich aus heutiger Sicht durchaus positiv ausgewirkt haben.

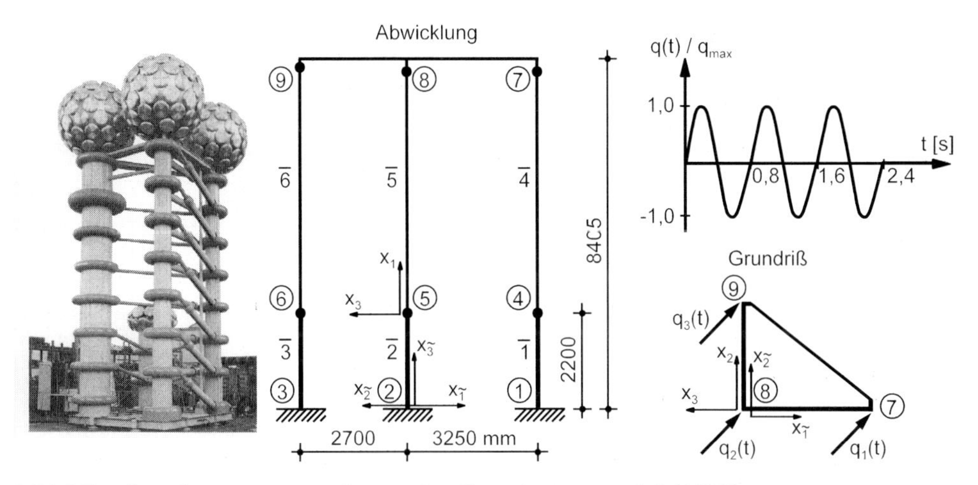

Bild 1.5 Impulsspannungsprüfgenerator, Berechnungsmodell (1983)

In Unkenntnis der tatsächlichen Einwirkungen an den Fußpunkten (unbekannte unscharfe Beschleunigungs-Zeit-Funktionen) wurden die Nachweise mit einer ungewöhnlichen horizontalen Beschleunigungs-Zeit-Funktion geführt, siehe Bild 1.5 rechts. Für die aufwendige Zeitverlaufsanalyse wurden drei Perioden einer harmonischer Funktion verwendet, deren Schwingzeit sich an der niedrigsten Eigenschwingzeit der Tragstruktur orientierte und deren Amplitude ein Bruchteil der Erdbeschleunigung betrug [57].

Werden Tragwerke insbesondere von Fußgängern genutzt wie z.B. Fußgängerbrücken, Tribünen oder Treppenanlagen, spielen sowohl das menschliche Bewegungsverhalten als auch die individuelle Schwingungsempfindlichkeit des Menschen eine wesentliche Rolle bei der Strukturanalyse. Bewegungen wie Gehen, Laufen, Springen oder auch rhythmisches Klatschen verursachen Tragwerksschwingungen, die selbst dann als unangenehm und beängstigend empfunden werden können, wenn die Standsicherheit des Tragwerkes außer Frage steht.

Die im Bild 1.6 gezeigte Brücke wurde einer umfangreichen dynamischen Parameteranalyse unterzogen, gegenüber der rein statischen Bemessung in Details modifiziert und nach der Ausführung meßtechnisch kontrolliert. Die Konstruktion hat sich trotz ihrer Schwingungsfähigkeit im Alltagsbetrieb bewährt, siehe [51].

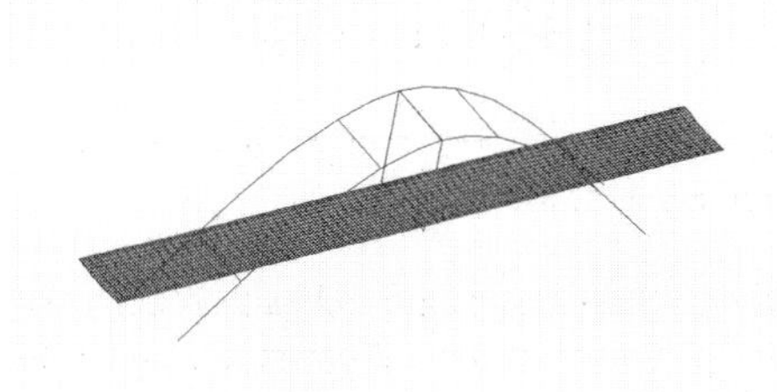

Bild 1.6 Geh- und Radwegbrücke Prenzlau (Zustand Frühjahr 2003), Berechnungsmodell

Alte Tragwerke. Nachweise und Sicherheitsaussagen für alte Tragwerke, die während der Nutzung einem mehr oder weniger unbekannten Belastungs- und Schädigungsprozeß unterliegen, sind interessante Aufgaben für den Tragwerksplaner, die viel Wissen, Erfahrung, Sorgfalt und Umsicht erfordern. Die in den Jahren 1903 bis 1905 erbaute Syratalbrücke im sächsischen Plauen, siehe Bild 1.7, war seinerzeit die weltweit größte Natursteinbogenbrücke bezüglich der Spannweite und Gegenstand wissenschaftlicher Untersuchungen, siehe z.B. [50]. Im Verlauf der 100jährigen Nutzung war die Brücke zahlreichen bekannten und unbekannten Alterationen ausgesetzt. Dazu gehörten z.B. Materialschädigungen, verschiedene Ausbesserungen und unbekannte dynamische Einwirkungen wie Bombentreffer während des 2. Weltkrieges.

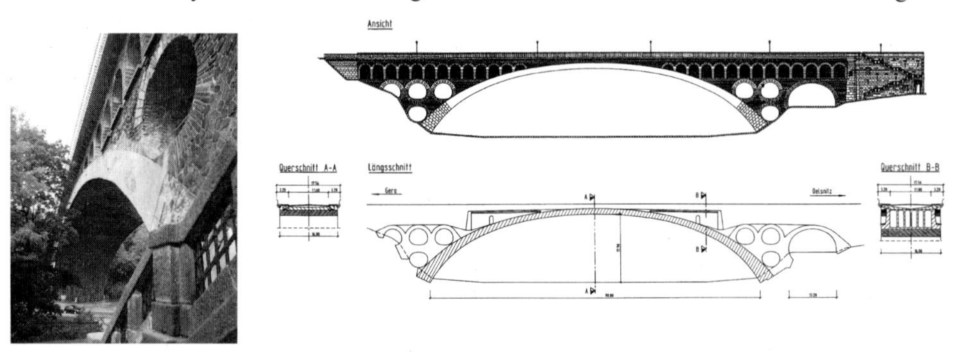

Bild 1.7 Syratalbrücke Plauen (Zustand 2002), Konstruktionszeichnung [74]

Im Zuge einer umfassenden Sanierung in den Jahren 2001/2002 wurde die Brücke bewertet und neu eingestuft. Offensichtlich sind die für die Nachweise anzusetzenden Materialkennwerte ebenso wie die Belastungen räumlich und zeitlich verteilte unscharfe Größen. Mit konservativen deterministischen Annahmen können nur konservative Sicherheitsaussagen erhalten werden. Eine realitätsnahe Sicherheitsbeurteilung gelingt mit unscharfen Größen.

Neue Bauweisen. Mit neuen Bauweisen und der Verwendung neuer Materialien/ Materialkombinationen steigen die Anforderungen an numerische Simulationsmodelle, zum Beispiel im Tunnel-, Glas- oder Verbundbau. Tragwerke mit Bewehrungen aus Textilbeton sind ein weiteres Beispiel für innovative Entwicklungen im Bauwesen. Die in Feinbeton eingebettete, textile Bewehrung kann für Neubauteile und für nachträgliche Verstärkungen verwendet werden, siehe Bild 1.8.

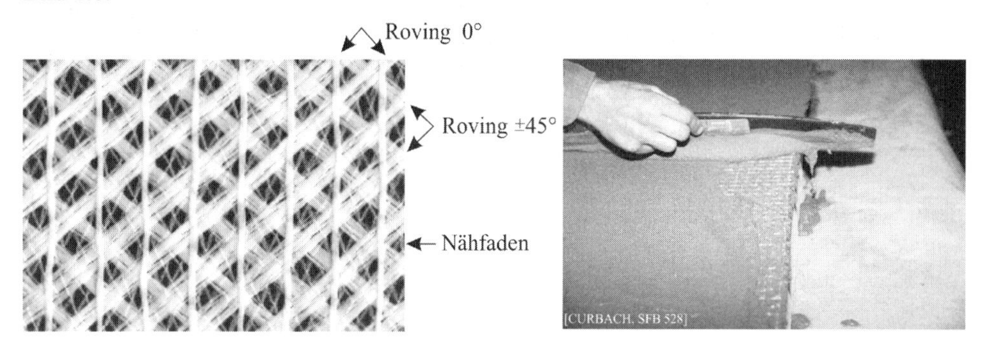

Bild 1.8 Glas-Gelege, textilbewehrter Stahlbeton

Die Unschärfe der Daten hat signifikanten Einfluß auf numerisch simulierte Systemantworten. Das trifft nicht nur auf Phänomene der Tragwerke aus Textilbeton wie die unscharfe Zugfestigkeit der Filamente sowie die unscharfen Verbünde Garn–Feinbeton und textile Verstärkung–Altkonstruktion, sondern auch auf Phänomene bei anderen Tragwerken zu. Dementsprechend werden verallgemeinerte Modelle unscharfer Daten entwickelt und angewendet [54].

Modellauswahl. Die Berechnungs- und Bemessungsaufgaben im Ingenieurbau werden heute sowohl mit einfachen als auch mit sehr komplexen Modellen gelöst. Die Kompetenz des Berechnungsingenieurs hinsichtlich des effektiven und sicheren Einsatzes der Modelle und der numerischen Simulation garantiert verwertbare numerische Näherungslösungen für statische und dynamische Problemstellungen. Mit der Fortentwicklung und Harmonisierung der technischen Vorschriften werden bekannte Modelle und Verfahren ständig erweitert und verbessert. Dabei gewinnen z.B. Mehrskalen-Methoden, netzfreie Methoden und Modelladaptionen an Bedeutung.

Computeranwendung. Die Entwicklung der Rechentechnik bestimmt nicht nur die Entwicklung numerischer Verfahren, sondern die gesamte Entwicklung der theoretischen Grundlagen. Beispiele dafür sind virtuelles Design, Lösung komplexer Interaktionsprobleme, Entwicklung verbesserter Material-, Struktur- und Prognosemodelle.

Tragwerkssicherheit. Für eine realitätsnahe Beurteilung der Sicherheit und Zuverlässigkeit von Tragwerken muß der planende Ingenieur zwei wesentliche Aufgaben lösen: Erstens ist ein Berechnungsmodell zu finden, welches das Verhalten unter allen relevanten Einwirkungen zutreffend abbildet. Zweitens sind die Tragwerksparameter entsprechend den verfügbaren unscharfen Daten und unscharfen Informationen mit zutreffenden numerischen Modellen zu beschreiben.

Wird die Unschärfe der Daten nicht erkannt und nicht oder ungenügend berücksichtigt, kann es zur Gefährdung von Menschenleben oder zum Verlust wirtschaftlichen Güter kommen. Das Medieninteresse richtet sich insbesondere auf spektakuläre Schäden als Folge von Erdbeben, Stürmen, Schnee, Erdrutschen, Tsunamis oder auch terroristischen Anschlägen. Bei diesen Ereignissen wird besonders deutlich, daß sowohl die Intensität der Einwirkungen und deren zeitlicher und räumlicher Verlauf als auch die Tragwerkswiderstände unscharf sind.

Unterschieden wird zwischen stochastischer, informeller und lexikalischer Unschärfe. Für die mathematische Beschreibung und Quantifizierung von Unschärfe bieten zum Beispiel die Wahrscheinlichkeitsrechnung, die Intervallrechnung, die Fuzzy-Set-Theorie und die Theorie der Fuzzy-Zufallszahlen mögliche Ansätze.

Jede numerische Tragstrukturanalyse mit unscharfen Eingangs- und Modellgrößen greift auf eine deterministische Grundlösung zurück. Die Qualität der deterministischen Grundlösung bestimmt wesentlich die Qualität einer Untersuchung mit unscharfen Daten und Modellen.

Hier werden die Möglichkeiten und Grenzen deterministischer computerorientierter Methoden der Baustatik einführend systematisch behandelt und an nachvollziehbaren Beispielen diskutiert.

1.2 Formelzeichen und Abkürzungen

Allgemeine Grundlagen

a; ...; z	Variable, a; ...; z $\in \mathbb{R}$
$\underline{a}$; ...; $\underline{z}$	Vektoren
$\underline{A}$; ...; $\underline{Z}$	Matrizen
$\sum$	Summe
ln	natürlicher Logarithmus
Δ	Differenz/Inkrement
d□	Differentiation
∂□	partielle Differentiation
$\square^{T}$	transponiert
$\square^{-1}$	invertiert
(..., ...)	Elemente eines Vektors / einer Matrix
[...]	Matrix, Vektor
| ... |	Betrag
‖ ... ‖	Norm
lim	Limes, Grenzwert
∞	unendlich
$\int$	Integration
$\rightarrow$	Abbildung
det |...|	Determinante
$\mathbb{N}$	Menge der natürlichen Zahlen
$\mathbb{R}$	Menge der reellen Zahlen
$\mathbb{R}^{n}$	n-dimensionaler euklidischer Raum
$\in$	ist Element von
$\notin$	ist nicht Element von
$\subseteq$	Teilmenge von
$t \in T \subseteq \mathbb{R}$	Zeitkoordinate
$\underline{x} \in \underline{X} \subseteq \mathbb{R}^{3}$	Raumkoordinate
V(□)	Volumina
δ(□)	Dirac-Delta-Funktion

Einwirkungen

$\square(t)$	Funktion im Zeitbereich
$\square(\Omega)$	Funktion im Frequenzbereich
P	Einzellast
M	Einzelmoment
p, s	Linienlast

Tragwerksanalyse

$\underline{\tilde{x}}$	globales Koordinatensystem
$\underline{x}$	lokales Koordinatensystem
σ	Spannung
$\delta\sigma$	virtuelle Spannung
ε	Dehnung
γ	Gleitung
$\underline{z}(\underline{x}, t)$	Zustandsgrößen an der Stelle $\underline{x}$ zum Zeitpunkt t
$\square^{[k]}$	Iterationszähler
$\square_{(n)}$	Inkrementnummer
$\square_r$	Schicht r
u, v, φ	Verschiebungen
v_i	Verschiebungen
v_v	Vorverschiebung
δv	virtuelle Verschiebungen
$\underline{z}$	Vektor der Zustandsgrößen (Schnittkräfte, Verschiebungen)
$\underline{z}_1$	Vektor der Verschiebungen
$\underline{z}_2$	Vektor der Schnittkräfte
$\underline{b}$	rechte Seite eines (Differential-)Gleichungssystems
$\underline{A}$	Koeffizientenmatrix eines (Differential-)Gleichungssystems
A	Querschnittsfläche
ρ	Dichte
E	Elastizitätsmodul
ν	Querdehnzahl
α_T	Temperaturausdehnungskoeffizient
κ	Schubkorrekturfaktor
I	Flächenträgheitsmoment
J_M	Rotationsträgheitsmoment
μ	Masse pro Längeneinheit
K	Krümmung
K_B	Bettungszahl

$\underline{P}$	Knotenlastvektor
$\overset{o}{\underline{F}}$	Vektor der kinematisch bestimmten Randschnittkräfte
$\Delta\Delta\underline{F}$	Vektor der Restkräfte im Inkrement
$\underline{v}$	Knotenverschiebungsvektor
$\dot{\underline{v}}$	Knotengeschwindigkeitsvektor
$\ddot{\underline{v}}$	Knotenbeschleunigungsvektor
$\underline{K}$	Systemsteifigkeitsmatrix
$\underline{K}_T$	tangentiale Systemsteifigkeitsmatrix
$\underline{D}$	Systemdämpfungsmatrix
$\underline{M}$	Systemmassenmatrix
$\underline{F}$	Feldmatrix, Punktmatrix, Randschnittkraftvektor
N	Normalkraft
S	Längskraft, Längsdruckkraft
T	Transversalkraft
Q	Querkraft
M	Moment, Punktmasse
n	Anzahl der Freiheitsgrade des Tragwerkes
$\underline{E}$	Einheitsmatrix, Elastizitätsmatrix
d	Dämpfungsmaß
λ_i	i-ter Eigenwert
ω_{Ei}	i-te Eigenkreisfrequenz
Ω	Erregerkreisfrequenz

2 Grundlagen

2.1 Berechnungsmodelle

Mathematische und physikalische Mittel ermöglichen es, die Realität in einem Modell abzubilden. Modelle im mechanischen Sinn werden für gasförmige, flüssige und feste Körper und das Zusammenwirken unterschiedlicher Körper (Interaktion) breit entwickelt. Mathematisch-mechanische Modelle liefern Begründungen für Beobachtungen, Messungen und Erscheinungen.

Das Verhalten von Strukturen wird unterschiedlich wahrgenommen, erkannt, beschrieben und systematisiert. Das bedeutet eine Vielfalt möglicher algorithmischer Konzepte, Methoden und Modelle, die einerseits phänomenologisch begründete und empirische Vorgehensweisen, andererseits experimentelle Beobachtungen und Gedankenmodelle beinhalten. Modelle können auf verschiedenen Skalen formuliert und angewendet werden (Nano-, Mikro-, Meso- und Makroebenen-Modelle). Nachfolgend werden deterministische Modelle behandelt.

Für die makroskopische numerische Analyse von Tragwerken werden geometrische, kinematische und stoffliche Modelle benötigt. Auch Last- und Zwangseinwirkungen (äußere Einwirkungen), die im Gleichgewicht mit Widerstandsgrößen (Schnittkräften, Spannungen) stehen, werden mit einem Modell beschrieben. Mit dem geometrischen Modell werden Abmessungen, Lage und Zuordnungen von Querschnitten, Tragwerksteilen, Verbindungen und Stützungen in einem Koordinatensystem beschrieben. Kinematische Modelle beschreiben Bewegungszustände. Das Verhalten der Werkstoffe wird mit Stoffmodellen charakterisiert. Die genannten einzelnen Modelle bilden zusammen ein Berechnungsmodell. Die Parameter des Berechnungsmodells können zeitunabhängig oder zeitabhängig sein.

Eignung und Qualität eines Berechnungsmodells werden von den getroffenen Vereinfachungen, Idealisierungen, Annahmen, Grenzen und Voraussetzungen bestimmt.

Die Strukturanalyse, d.h. die Ermittlung unbekannter Zustands- bzw. Ergebnisgrößen, basiert auf einem numerischen Modell, das geometrisch, physikalisch, strukturell linear/nichtlinear sein kann. Der planende Ingenieur im Bauwesen, der Luft- und Raumfahrt sowie des Schiffs-, Fahrzeug- und Maschinenbaus muß das Verhalten von Tragstrukturen realitätsnah beurteilen. Ziel der numerischen Tragwerkssimulation ist es, die Voraussetzungen für ein sicheres und dauerhaftes Tragwerk zu schaffen, das wirtschaftlich zu errichten und zu betreiben ist.

2.2 Exakte Lösungen und Näherungslösungen

An jeder Stelle eines Tragwerkes, d.h. an jedem Materialpunkt, wirken statische und kinematische Größen – die Reaktionen auf Last- und Zwangseinwirkungen. Statische Ergebnisgrößen sind die Spannungen (drei Normalspannungen σ_{ii} und sechs Schubspannungen σ_{ij}); kinematische Ergebnisgrößen sind die drei Verschiebungen v_i und die Verzerrungen (drei Dehnungen ε_i und drei Gleitungen γ_{ij}). Zur Berechnung dieser 18 Ergebnisgrößen stehen drei Kräftegleichgewichtsbedingungen, drei Momentengleichgewichtsbedingungen, sechs Verzerrungs-Verschiebungs-Abhängigkeiten und sechs Spannungs-Verzerrungs-Abhängigkeiten zur Verfügung. Daraus ergibt sich ein System von 18 partiellen Differentialgleichungen und algebraischen Gleichungen.

Wesentliche mechanische Grundgleichungen und Prinzipe sind in diesem Kapitel einführend zusammengestellt, weiterführende Darstellungen sind z.B. in [3], [42] und [41] enthalten. Das Prinzip der virtuellen Verschiebungen ist für statische und dynamische Aufgaben aufbereitet, siehe Abschn. 2.2.1. Das Prinzip der virtuellen Verschiebungen kann auf eine Momentan- oder eine Referenzkonfiguration des Körpers bezogen werden (*Euler*sche oder *Lagrange*sche Fassung). Für viele praktische Berechnungen hat sich die *Lagrange*sche Fassung in inkrementaler Form als vorteilhaft erwiesen.

Auf der Grundlage des Prinzipes der virtuellen Verschiebungen wird mit dem Ansatz virtueller Spannungen und Kräfte sowie des tatsächlichen Verschiebungs- und Verzerrungszustandes das Prinzip der virtuellen Kräfte entwickelt, siehe Abschn. 2.2.2.

Für das o.g. System von 18 partiellen Differentialgleichungen und algebraischen Gleichungen gibt es im linearen Bereich eine eindeutige Lösung für die statischen und kinematischen Variablen. Das bedeutet aber nicht, daß die Lösung geschlossen gefunden werden kann.

Eine exakte Lösung gelingt, wenn die partiellen Differentialgleichungen in gewöhnliche Differentialgleichungen bzw. ein System von gewöhnlichen Differentialgleichungen überführt werden können, für die es eine analytische (geschlossene) Lösung gibt. Schwerpunktmäßig werden computerorientierte Methoden behandelt, die auf exakten Lösungen aufbauen. Die Auswahl der Beispiele konzentriert sich auf Stabtragwerke.

Die Formen möglicher Näherungslösungen sind vielfältig. Die Tragwerksantworten können mit Hilfe energetischer Methoden ermittelt werden. Die gesuchten Ergebnisgrößen werden dabei aus der Bedingung erhalten, daß sie ein Energiefunktional (z.B. der Gesamtenergie eines Körpers) auf einen extremalen bzw. stationären Wert führen. Aus mathematischer Sicht sind energetische Methoden Variationsprinzipe, die die Variation gesuchter Ergebnisgrößen verwenden.

Das Minimalprinzip der potentiellen Energie wird aus dem Prinzip der virtuellen Verschiebungen entwickelt. Aus dem Prinzip der virtuellen Kräfte kann das Minimalprinzip der Ergänzungsenergie hergeleitet werden. Diese und weitere verallgemeinerte sowie spezielle Variationsprinzipe bilden die Grundlage für die Algorithmenentwicklung von Näherungsmethoden z.B. der Finite-Elemente-Methode. Die Lösungsstrategie beinhaltet die numerische Approximation mit Überführung in ein algebraisches Gleichungssystem für Ergebnisgrößen.

2.2.1 Prinzip der virtuellen Verschiebungen (PvV)

Das Prinzip der virtuellen Verschiebungen wird aus den Grundgleichungen des Kontinuums für statische und dynamische Probleme hergeleitet, siehe z.B. [3]. Das Kontinuum wird durch materielle Punkte repräsentiert. Die Menge aller materiellen Punkte bildet einen Körper K. Betrachtet wird ein differentiales Volumenelement in Form eines Quaders mit den Kantenlängen dx_1, dx_2 und dx_3. An diesem differentialen Quader wirken in allen Richtungen Schnittkräfte bzw. bezogen auf die Seitenfläche Spannungen. In Bild 2.1 sind die Spannungen der sichtbaren Seiten dargestellt. Die Spannungspfeile der unsichtbaren Seiten zeigen jeweils in negative Koordinatenrichtung.

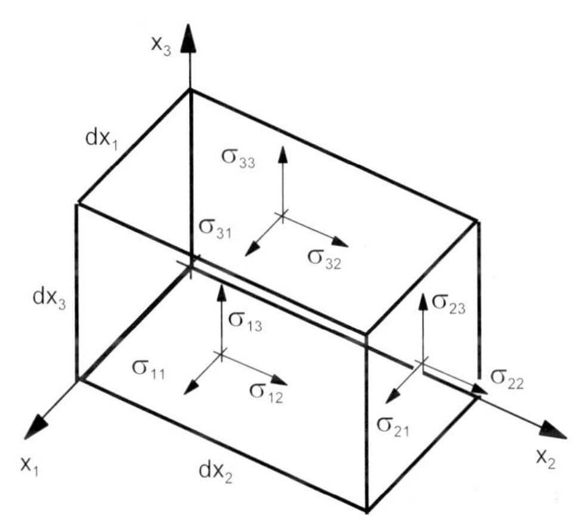

Bild 2.1 Spannungen an den sichtbaren Seiten eines differentialen Elementes

Die Einwirkungen führen zu den Spannungen σ_{ij}. Sie sind von der Zeit t und weiteren Parametern abhängig. Die Indizes i und j nehmen die der Koordinatenrichtungen $\underline{x} = \{x_1, x_2, x_3\}$ an.

Kräftegleichgewicht. Das Kräftegleichgewicht im Inneren und an der Oberfläche wird zur Erfüllung der statischen Verträglichkeit formuliert. Im Inneren von K wirkt die Volumenkraft p_V. Für die x_1-Richtung wird das Gleichgewicht am differentialen Element entsprechend Bild 2.2 gebildet

$$\left(\frac{\partial \sigma_{11}}{\partial x_1} + \frac{\partial \sigma_{21}}{\partial x_2} + \frac{\partial \sigma_{31}}{\partial x_3} + \rho \cdot g_1 \right) dx_1 \; dx_2 \; dx_3 = 0 \tag{2.1}$$

Darin ist $\rho \cdot g_1$ die x_1-Komponente der Volumenkraft p_V, die die Eigenlast des differentialen Elementes beschreibt und ρ ist die Dichte. Der Gravitationskonstantenvektor hat drei Komponenten $\underline{g} = \{g_1, g_2, g_3\}$. Für die x_2- und x_3-Richtung gilt analog

$$\left(\frac{\partial \sigma_{12}}{\partial x_1} + \frac{\partial \sigma_{22}}{\partial x_2} + \frac{\partial \sigma_{32}}{\partial x_3} + \rho \cdot g_2 \right) dx_1 \; dx_2 \; dx_3 = 0 \tag{2.2}$$

$$\left(\frac{\partial \sigma_{13}}{\partial x_1} + \frac{\partial \sigma_{23}}{\partial x_2} + \frac{\partial \sigma_{33}}{\partial x_3} + \rho \cdot g_3 \right) dx_1 \; dx_2 \; dx_3 = 0 \tag{2.3}$$

Das *Newton*sche Grundgesetz führt mit den resultierenden Spannungszuwächsen

$$\frac{\partial t_i}{\partial i} = \frac{\partial \sigma_{i1}}{\partial i} + \frac{\partial \sigma_{i2}}{\partial i} + \frac{\partial \sigma_{i3}}{\partial i} \tag{2.4}$$

der Richtungen $i = x_1, x_2, x_3$ auf

$$\left(\frac{\partial t_1}{\partial x_1} + \frac{\partial t_2}{\partial x_2} + \frac{\partial t_3}{\partial x_3} + \rho \cdot g \right) dx_1\ dx_2\ dx_3 = \left(\underline{t}_{i,i} + \rho \cdot \underline{g} \right) dx_1\ dx_2\ dx_3 = 0 \tag{2.5}$$

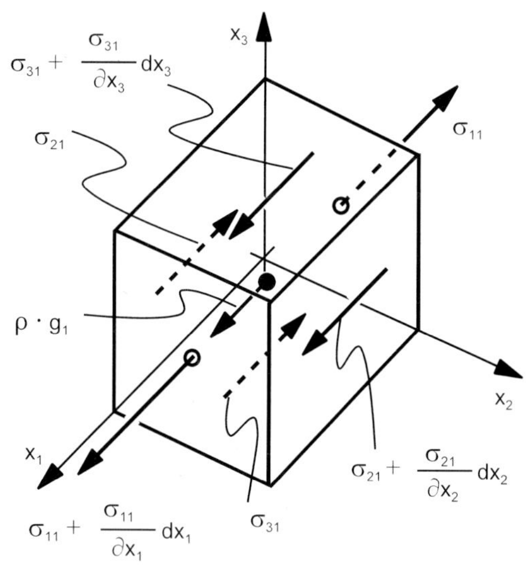

Bild 2.2 Kräftegleichgewicht am differentialen Element in x_1-Richtung

Sollen die Kräftegleichgewichtsbedingungen am verformten System angeschrieben werden, dann geht bei Verwendung körperfester Koordinaten der differentiale Quader mit zueinander orthogonalen Kanten und Seitenflächen in einen Körper mit gekrümmten Kanten und Seitenflächen über, der mit krummlinigen Koordinaten zu beschreiben ist.

Um das PvV auch für dynamische Probleme einzusetzen, wird zusätzlich angenommen, daß eine unabhängige Beschleunigung $\underline{\ddot{v}} = \underline{\ddot{v}}(t)$ auf das differentiale Element wirkt. Entsprechend dem *d'Alembert*schen Prinzip wird Gl. (2.5) zu

$$\left(\underline{t}_{i,i} + \rho \cdot \left(\underline{g} - \underline{\ddot{v}} \right) \right) dx_1\ dx_2\ dx_3 = 0 \tag{2.6}$$

erweitert. Weiter werden unabhängige Reibungsvolumenkräfte $p_{VD} = p_{VD}(t)\, dx_1\ dx_2\ dx_3$ berücksichtigt, die eine Dämpfung bewirken. Das vollständige Kräftegleichgewicht ist dann

$$\left(\underline{t}_{i,i} + \rho \cdot \left(\underline{g} - \underline{\ddot{v}} \right) - \underline{p}_{VD} \right) dx_1\ dx_2\ dx_3 = 0 \tag{2.7}$$

Neben dem Kräftegleichgewicht muß am differentialen Element auch das Momentengleichgewicht erfüllt sein. Bei Vernachlässigung der differentialen Spannungszunahme folgen daraus paarweise gleiche Schubspannungen (*Boltzmann*sches Axiom).

$$\sigma_{12} = \sigma_{21}; \quad \sigma_{13} = \sigma_{31}; \quad \sigma_{23} = \sigma_{32} \tag{2.8}$$

Virtuelle Verschiebung. Die Gl. (2.7) wird mit einem virtuellen Verschiebungsvektor $\boldsymbol{\delta}\underline{\mathbf{v}}$ multipliziert und $dx_1 \cdot dx_2 \cdot dx_3 = dV$ gesetzt. Das Integral über alle materiellen Punkte $\underline{x}$ des Körpers K, d.h. über alle differentialen Elemente die das Volumen V eines Körpers bestimmen, ergibt

$$\int_V \underline{t}_{i,i} \cdot \delta\underline{v} \cdot dV + \int_V \rho \cdot \delta\underline{v} \cdot (\underline{g} - \ddot{\underline{v}}) \cdot dV - \int_V \underline{p}_{VD} \cdot \delta\underline{v} \cdot dV = 0 \tag{2.9}$$

Randbedingungen. Zur Bestimmung des Gleichgewichts der Oberflächenkräfte und der Randspannungen an der Strukturoberfläche wird ein differentiales Tetraeder herausgeschnitten, siehe Bild 2.3. Am Oberflächenpunkt $\underline{x}$ wirkt die unabhängige Kraft $\underline{p}_S \cdot dS = \underline{p}_S(t) \cdot dS$

$$\underline{p}_S \cdot dS = \begin{bmatrix} p_{S1} \\ p_{S2} \\ p_{S3} \end{bmatrix} dS \tag{2.10}$$

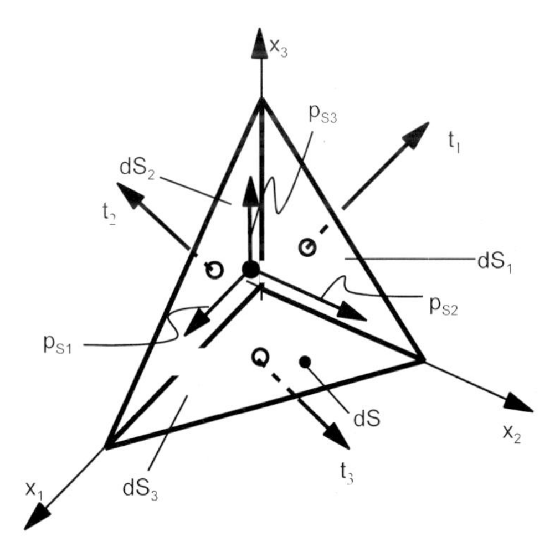

Bild 2.3 Gleichgewicht am differentialen Tetraeder an der Strukturoberfläche

Das Kräftegleichgewicht am Tetraeder ist

$$\underline{t}_1 \cdot dS_1 + \underline{t}_2 \cdot dS_2 + \underline{t}_3 \cdot dS_3 + \underline{p}_S \cdot dS = 0 \tag{2.11}$$

Die resultierenden Randspannungsvektoren in der Fläche dS_i sind $\underline{t}_i$. Die Bedingungen der Gl. (2.11) werden in Gl. (2.9) eingeführt und der erste Integralterm in der Gl. (2.9) wird durch partielle Integration zerlegt

$$\int_V \underline{t}_{i,i} \cdot \delta\underline{v} \cdot dV = \int_V (\underline{t}_i \cdot \delta\underline{v})_{,i} \cdot dV - \int_V \underline{t}_i \cdot \delta\underline{v}_{,i} \cdot dV \tag{2.12}$$

Mit dem *Gauss*schen Integralsatz, siehe z.B. [3], kann ein Volumenintegral in ein Oberflächenintegral überführt werden.

$$\int_V \left(\underline{t}_i \cdot \delta\underline{v}\right)_{,i} \cdot dV = \int_S \underline{p}_S \cdot \delta\underline{v} \cdot dS \tag{2.13}$$

Zusätzlich zu den gegebenen Oberflächenkräften $\underline{p}_S$ können Reibungskräfte $\underline{p}_{SD} = \underline{p}_{SD}(t)$ an der Oberfläche eine Dämpfung verursachen. Die Gl. (2.9) wird unter Berücksichtigung der Gln. (2.12) und (2.13) ergänzt zu

$$\int_V \rho \cdot \delta\underline{v} \cdot (\underline{g} - \ddot{\underline{v}}) \cdot dV + \int_S \underline{p}_S \cdot \delta\underline{v} \cdot dS - \int_V \underline{p}_{VD} \cdot \delta\underline{v} \cdot dV - \int_S \underline{p}_{SD} \cdot \delta\underline{v} \cdot dS = \int_V \underline{t}_i \cdot \delta\underline{v}_{,i} \cdot dV \tag{2.14}$$

$$\delta W_a = \delta W_i \tag{2.15}$$

Die linke Seite der Gl. (2.14) enthält die virtuelle äußere Arbeit der Oberflächenkräfte, der Massenkräfte, der *d'Alembert*schen Trägheitskräfte sowie der Volumen- und Oberflächendämpfungskräfte. Sie ist gleich der virtuellen inneren Arbeit (rechte Seite der Gl. (2.14)).

Kinematik. Wird vorausgesetzt, daß die Ableitungen der virtuellen Verschiebungen $\delta\underline{v}_{,i}$ klein gegen eins sind, kann eine lineare Kinematik (lineare Verzerrungs-Verschiebungs-Abhängigkeit) angewendet werden.

$$\begin{aligned} &\delta\varepsilon_1 = \delta v_{1,1}; \quad &&\delta\varepsilon_2 = \delta v_{2,2}; \quad &&\delta\varepsilon_3 = \delta v_{3,3}; \\ &\delta\gamma_{12} = \delta v_{1,2} + \delta v_{2,1}; \quad &&\delta\gamma_{13} = \delta v_{1,3} + \delta v_{3,1}; \quad &&\delta\gamma_{23} = \delta v_{2,3} + \delta v_{3,2} \end{aligned} \tag{2.16}$$

Nach Einsetzen dieser Abhängigkeit in die virtuelle innere Arbeit wird das Prinzip der virtuellen Verschiebungen erhalten

$$\begin{aligned} &\int_V \rho \cdot \delta\underline{v} \cdot (\underline{g} - \ddot{\underline{v}}) \cdot dV + \int_S \underline{p}_S \cdot \delta\underline{v} \cdot dS - \int_V \underline{p}_{VD} \cdot \delta\underline{v} \cdot dV - \int_S \underline{p}_{SD} \cdot \delta\underline{v} \cdot dS = \\ &\int_V \left(\sigma_1 \cdot \delta\varepsilon_1 + \sigma_2 \cdot \delta\varepsilon_2 + \sigma_3 \cdot \delta\varepsilon_3 + \sigma_{12} \cdot \delta\gamma_{12} + \sigma_{13} \cdot \delta\gamma_{13} + \sigma_{23} \cdot \delta\gamma_{23}\right) \cdot dV \end{aligned} \tag{2.17}$$

Das Prinzip der virtuellen Verschiebungen Gl. (2.17) gilt sowohl im geometrisch als auch im physikalisch nichtlinearen Bereich. Das PvV ist eine „schwache" Form der Gleichgewichtsbedingung wegen deren Einhaltung im gewichteten integralen Mittel.

Nebenbedingungen. Beim Übergang der integralen Formulierung des Prinzipes der virtuellen Verschiebungen zu differentialen bzw. finiten Formulierungen sind folgende Nebenbedingungen einzuführen, die dann exakt oder näherungsweise erfüllt werden:

1. Spannungs-Verschiebungs-Abhängigkeit (Stoffgesetz)
2. statische Gleichgewichtsbedingungen (Feldgleichungen)
3. statische Randbedingungen
4. kinematische Gleichungen und Randbedingungen
5. statische und kinematische Übergangsbedingungen bei bereichsweiser Betrachtung

Beispiel 2.1 Das Prinzip der virtuellen Verschiebungen gemäß Gl. (2.17) wird für die Berechnung der Näherungslösungen eines eben wirkenden Stabelementes unter statischer Biegebeanspruchung angewendet, siehe Bild 2.4.

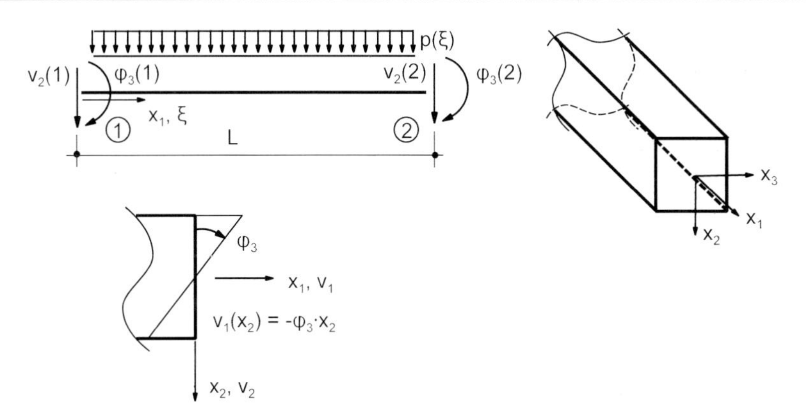

Bild 2.4 Eben wirkendes Stabelement e = (12)

Die Gl. (2.17) wird für eben wirkende Stabtragwerke (mit $\varepsilon_2 = \varepsilon_3 = \gamma_{12} = \gamma_{13} = \gamma_{23} = 0$) adaptiert

$$\int_{x_1} p(x_1) \cdot \delta v_2(x_1) \cdot dx_1 = \int_V \sigma_1 \cdot \delta\varepsilon_1 \cdot dV \tag{2.18}$$

und mit einer einfachen Verzerrungs-Verschiebungs-Abhängigkeit fortentwickelt.

$$v_1(x_2) = -\varphi_3 \cdot x_2 = -\frac{\partial v_2(x_1)}{\partial x_1} \cdot x_2 \tag{2.19}$$

$$\varepsilon_1 = \frac{\partial v_1(x_2)}{\partial x_1} = \frac{\partial}{\partial x_1} \cdot \frac{-\partial v_2(x_1)}{\partial x_1} \cdot x_2 = -x_2 \cdot \frac{\partial^2 v_2(x_1)}{\partial x_1{}^2} = -x_2 \cdot v_2''(x_1) \tag{2.20}$$

Mit dem Stoffgesetz (Spannungs-Verzerrungs-Abhängigkeit)

$$\sigma_1 = E \cdot \varepsilon_1 = -E \cdot x_2 \cdot v_2''(x_1) \tag{2.21}$$

und der Gl. (2.20) wird die rechte Seite von Gl. (2.18) zu

$$\int_V \sigma_1 \cdot \delta\varepsilon_1 dV = E \int_{x_1} \int_A x_2 \cdot v_2''(x_1) \cdot x_2 \cdot \delta v_2''(x_1) dA\, dx_1 = E \int_{x_1} I(x_1) \cdot v_2''(x_1) \cdot \delta v_2''(x_1) \cdot dx_1 \tag{2.22}$$

Das Flächenträgheitsmoment $I(x_1) = \int_A x_2^2 dA$ sei konstant. Wird die dimensionslose Koordinate $\xi = x_1/L$ eingeführt, dann ist

$$\int_V \sigma_1 \cdot \delta\varepsilon_1 \cdot dV = E \cdot I \int_{\xi=0}^{\xi=1} v_2''(\xi) \cdot \delta v_2''(\xi) \cdot L \cdot d\xi \tag{2.23}$$

und

$$\int_{\xi=0}^{\xi=1} p(\xi) \cdot L \cdot \delta v_2(\xi) \cdot d\xi = E \cdot I \int_{\xi=0}^{\xi=1} v_2''(\xi) \cdot \delta v_2''(\xi) \cdot L \cdot d\xi \tag{2.24}$$

Für die Verschiebungen $v_2(\xi)$ des Elements e kann in Abhängigkeit von den Verschiebungen v_2 und φ_3 der Knoten 1 und 2 $[v_2(\xi = 0), v_2(\xi = 1), \varphi_3(\xi = 0), \varphi_3(\xi = 1)] = [v_2(1), v_2(2), \varphi_3(1), \varphi_3(2)] = \underline{v}(e)$ ein beliebiger Näherungsansatz $\underline{N}(\xi)$ angewendet werden

$$v_2(\xi) = \underline{N}(\xi) \cdot \underline{v}(e) \tag{2.25}$$

Gewählt werden z.B. *Hermite*-Polynome 4. Ordnung

$$v_2(\xi) = H_1^0(\xi)\cdot v_2(1) + H_2^0(\xi)\cdot v_2(2) + H_1^1(\xi)\cdot L\cdot \varphi_3(1) + H_2^1(\xi)\cdot L\cdot \varphi_3(2) \tag{2.26}$$

$$v_2(\xi) = \underline{H}(\xi)\cdot \underline{v}(e) \tag{2.27}$$

mit

$$\begin{aligned} H_1^0(\xi) &= 1 - 3\xi^2 + 2\xi^3 \quad & H_2^0(\xi) &= 3\xi^2 - 2\xi^3 \\ H_1^1(\xi) &= \xi - 2\xi^2 + \xi^3 \quad & H_2^1(\xi) &= \xi^3 - \xi^2 \end{aligned} \tag{2.28}$$

Die *Hermite*-Polynome 4. Ordnung sind die exakten Lösungen der Differentialgleichung der Biegung des eben wirkenden Stabes (Stabtheorie nach *Bernoulli*, siehe Abschn. 2.3) für Randverschiebungen der Größe „Eins".

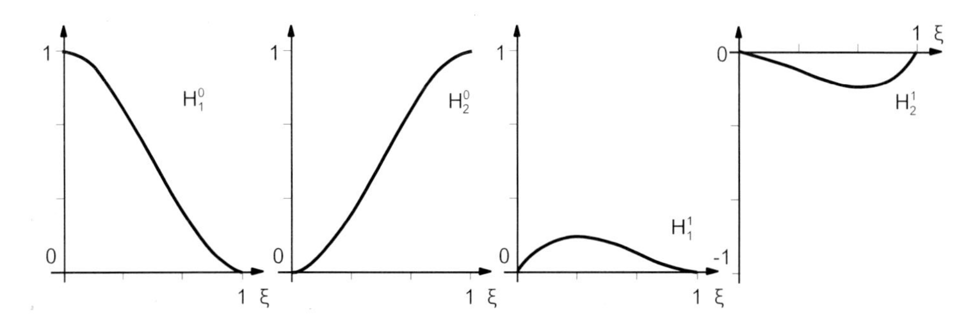

Bild 2.5 *Hermite*-Polynome 4. Ordnung

Die in Gl. (2.24) benötigte zweite Ableitung der Verschiebung ist

$$v_2''(\xi) = \underline{H}''(\xi)\cdot \underline{v}(e) \tag{2.29}$$

Für die virtuellen Verschiebungen $\delta v_2(\xi)$ wird der gleiche Ansatz gewählt

$$\delta v_2(\xi) = H_1^0(\xi)\cdot \delta v_2(1) + H_2^0(\xi)\cdot \delta v_2(2) + H_1^1(\xi)\cdot L\cdot \delta\varphi_3(1) + H_2^1(\xi)\cdot L\cdot \delta\varphi_3(2) \tag{2.30}$$

und

$$\delta v_2''(\xi) = \underline{H}''(\xi)\cdot \delta\underline{v}(e) \tag{2.31}$$

Nach dem Einsetzen in die Gl. (2.24) folgen

$$\delta\underline{v}(e)\int_{\xi=0}^{\xi=1} \underline{H}(\xi)\cdot p(\xi)\cdot L\cdot d\xi = \delta\underline{v}(e)\cdot E\cdot I\int_{\xi=0}^{\xi=1} \underline{H}''(\xi)\cdot \underline{H}''(\xi)\cdot L\cdot d\xi\ \underline{v}(e) \tag{2.32}$$

und umgestellt die Bestimmungsgleichung für $\underline{v}(e)$

$$\delta\underline{v}(e)\left[E\cdot I\int_{\xi=0}^{\xi=1} \underline{H}''(\xi)\cdot \underline{H}''(\xi)\cdot L\cdot d\xi\cdot \underline{v}(e) - \int_{\xi=0}^{\xi=1} \underline{H}(\xi)\cdot p(\xi)\cdot L\cdot d\xi\right] = 0 \tag{2.33}$$

$$\underline{K}(e) \cdot \underline{v}(e) - \overset{\circ}{\underline{F}}(e) = 0 \tag{2.34}$$

Die virtuellen Verschiebungen $\delta\underline{v}(e)$ sind gekürzt. Die Auswertung der Integrale in Gl. (2.33) führt auf die Steifigkeitsmatrix $\underline{K}(e)$ und die kinematisch bestimmten Randschnittkräfte $\overset{\circ}{\underline{F}}(e)$. Damit ist der Zusammenhang zur Deformationsmethode, siehe Kap. 4, hergestellt.

2.2.2 Prinzip der virtuellen Kräfte (PvK)

Betrachtet werden virtuelle Spannungen $\delta\underline{\sigma}$ im Körperinneren und die – im streng zu erfüllenden Gleichgewicht stehenden – virtuellen Kräfte $\delta\underline{p}_S$ an der Körperoberfläche. Volumenträgheitskräfte sowie Volumen- und Oberflächendämpfungskräfte p_{VD} und p_{SD} wirken nicht. Für ein beliebiges virtuelles Verschiebungsfeld $\delta\underline{v}$ ergibt sich aus Gl. (2.17)

$$\int_S \delta\underline{p}_S \cdot \delta\underline{v} \cdot dS = \int_V \left(\delta\sigma_1 \cdot \delta\varepsilon_1 + \delta\sigma_2 \cdot \delta\varepsilon_2 + \delta\sigma_3 \cdot \delta\varepsilon_3 + \delta\sigma_{12} \cdot \delta\gamma_{12} + \delta\sigma_{13} \cdot \delta\gamma_{13} + \delta\sigma_{23} \cdot \delta\gamma_{23}\right) dV \qquad (2.35)$$

Mit der speziellen Auswahl des virtuellen Verschiebungs- und Verzerrungszustandes auf der Basis der zu einem tatsächlichen Belastungszustand gehörigen Verschiebungen und Verzerrungen

$$\underline{v} \Rightarrow \delta\underline{v}, \qquad \varepsilon_1 \Rightarrow \delta\varepsilon_1, \qquad \text{usw.} \qquad (2.36)$$

wird das Prinzip der virtuellen Kräfte erhalten.

$$\delta W_{ca} = \int_S \delta\underline{p}_S \cdot \underline{v} \cdot dS = \delta W_{ci} = \int_V \left(\delta\sigma_1 \cdot \varepsilon_1 + \delta\sigma_2 \cdot \varepsilon_2 + \delta\sigma_3 \cdot \varepsilon_3 + \delta\sigma_{12} \cdot \gamma_{12} + \delta\sigma_{13} \cdot \gamma_{13} + \delta\sigma_{23} \cdot \gamma_{23}\right) dV \qquad (2.37)$$

Die (Ableitungen der) tatsächlichen Verschiebungen $\underline{v}$ müssen sehr klein sein. Das PvK gilt deshalb nur im geometrisch linearen Bereich. Anforderungen bezüglich der Einhaltung eines bestimmten Stoffgesetzes werden nicht gestellt, d.h., das PvK gilt auch im physikalisch nichtlinearen Bereich.

Für Stabtragwerke mit formtreuen Querschnitten und virtuellen Oberflächen-Einzelkräften (bzw. Oberflächen-Einzelmomenten) gilt

$$\sum_i \delta P_i \cdot v_i + \sum_e \delta C_e \cdot \Delta_e = \int_V \left(\delta\sigma_1 \cdot \varepsilon_1 + \delta\sigma_{12} \cdot \gamma_{12} + \delta\sigma_{13} \cdot \gamma_{13}\right) dV \qquad (2.38)$$

Dabei sind mit δC_e virtuelle Stützkräfte und Δ_e vorgeschriebene Stützpunktverschiebungen an den Punkten e eingeführt. Das Integral über das Volumen V wird in ein Integral über die Länge dx_1 und ein Integral über die Querschnittsfläche dA aufgespalten. Für querkraftfreie Biegung und vorausgesetzter konstanter mittlerer Gleitung werden im Integral der virtuellen Spannungen über die Querschnittsfläche sechs virtuelle Schnittkräfte, die Verzerrungen in der Schwerachse (Index 0), die Krümmungen $K_2 = d\varphi_2/dx_1$, $K_3 = d\varphi_3/dx_1$ und die Verwindung $K_1 = d\varphi_1/dx_1$ eingeführt.

$$\sum_i \delta P_i \cdot v_i + \sum_e \delta C_e \cdot \Delta_e = \int_{x_1} \left(\delta N_1 \cdot \varepsilon_{1,0} + \delta N_2 \cdot \gamma_{12,0} + \delta N_3 \cdot \gamma_{13,0} + \delta M_1 \cdot K_1 + \delta M_2 \cdot K_2 + \delta M_3 \cdot K_3\right) dx_1 \qquad (2.39)$$

Mit dem PvK gemäß Gl. (2.39) wird für Stabtragwerke mit linearer Spannungs-Verzerrungs-Abhängigkeit die sog. Arbeitsgleichung entwickelt. Für eine virtuelle Belastung $\delta P_i = 1$ können so die Verschiebungen an ausgezeichneten Punkten i und Verschiebungs-Einflußfunktionen ermittelt werden und die Integrale geschlossen gelöst werden, siehe z.B. [10], [27], [73].

Beispiel 2.2 Das PvK gemäß Gl. (2.39) wird für die Ermittlung der Verschiebungen eines eben wirkenden Einfeldträgers mit einer idealisierten trilinearen Momenten-Krümmungs-Abhängigkeit angewendet, siehe Bild 2.6. Die Verschiebungen werden für unterschiedliche Lastniveaus berechnet.

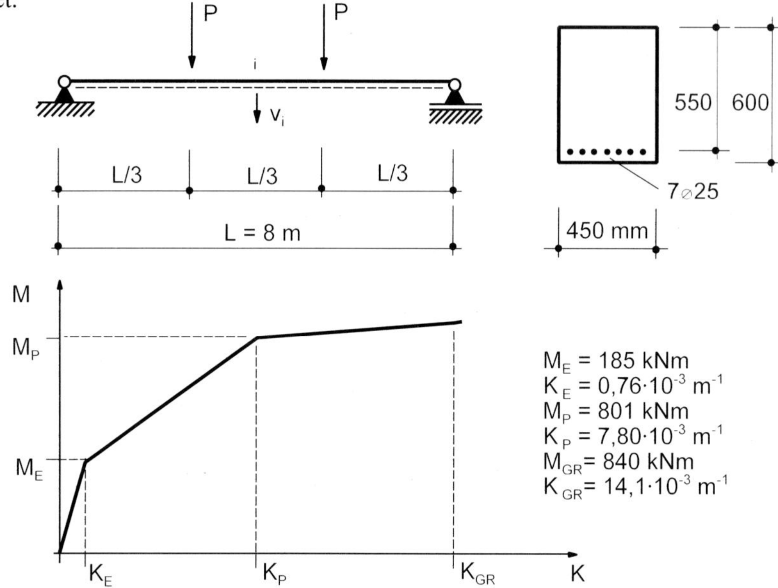

Bild 2.6 Einfeldträger mit konstantem Querschnitt, idealisierte M-K-Abhängigkeit

Im eben wirkenden Fall ist das PvV für eine virtuelle Einzellast $\delta P_i = 1_i$ auszuwerten. Die Querkraftgleitung wird vernachlässigt.

$$1_i \cdot v_i = \int_{x_1=0}^{L} \delta M_3(x_1) \cdot K_3(x_1) \cdot dx_1 \tag{2.40}$$

In Bild 2.7 sind die Momentenfunktionen $\delta M_3(x_1)$ infolge der virtuellen Einzellast $\delta P_i = 1_i$ und $M_3(x_1)$ infolge der Einzellasten P dargestellt. Mit der vorgegebenen idealisierten Momenten-Krümmungs-Abhängigkeit wird die Funktion für die Krümmung $K_3(x_1)$ erhalten und das Produkt $\delta M_3(x_1) \cdot K_3(x_1)$ integriert.

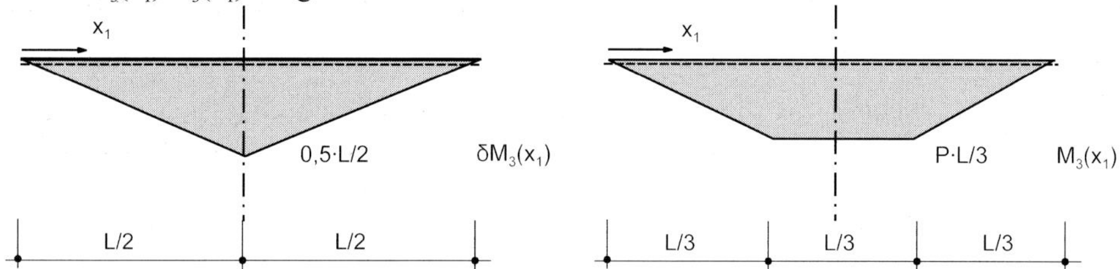

Bild 2.7 Momentenfunktionen $\delta M_3(x_1)$ und $M_3(x_1)$

Unter Ausnutzung der Symmetrie wird die Integration nur von $x_1 = 0$ bis L/2 ausgeführt und das Ergebnis verdoppelt. Die Momentenfunktion infolge der virtuellen Belastung ist gemäß Bild 2.7

$\delta M_3(x_1) = 0{,}5\,x_1$ im Bereich $0 \leq x_1 \leq 4$ m. Mit der nichtlinearen Momenten-Krümmungs-Abhängigkeit gemäß Bild 2.6 wird die Funktion der Krümmung $K_3(x_1)$ für die Belastung P = 50 kN erhalten.

$$K_3(x_1) = \begin{cases} \dfrac{K_E}{M_E} \cdot P \cdot x_1 & \text{für } 0 \leq x_1 \leq 8/3 \text{ m} \\ 0{,}5477 \cdot 10^{-3} \text{ m}^{-1} & \text{für } 8/3 \leq x_1 \leq 4 \text{ m} \end{cases} \tag{2.41}$$

Die Verschiebung am Punkt i infolge P = 50 kN ist

$$v_i = 2\left[\int_0^{8/3} \frac{1}{2} \cdot x_1 \cdot \frac{K_E}{M_E} \cdot P \cdot x_1 \cdot dx_1 + \int_{8/3}^{4} \frac{1}{2} \cdot x_1 \cdot 0{,}5477 \cdot 10^{-3} \cdot dx_1\right] = 0{,}00372 \text{ m} \tag{2.42}$$

Für P = 200 kN ist die Funktion der Krümmung

$$K_3(x_1) = \begin{cases} \dfrac{K_E}{M_E} \cdot P \cdot x_1 & \text{für } 0 \leq x_1 \leq 0{,}925 \text{ m} \\ \dfrac{K_P - K_E}{M_P - M_E} \cdot (P \cdot x_1 - M_E) + K_E & \text{für } 0{,}925 \leq x_1 \leq 8/3 \text{ m} \\ 4{,}7409 \cdot 10^{-3} \text{ m}^{-1} & \text{für } 8/3 \leq x_1 \leq 4 \text{ m} \end{cases} \tag{2.43}$$

und

$$v_i = 2\int_0^{0{,}925} \frac{1}{2} \cdot x_1 \cdot \frac{K_E}{M_E} \cdot P \cdot x_1 \cdot dx_1 + 2\int_{0{,}925}^{8/3} \frac{1}{2} \cdot x_1 \left(\frac{K_P - K_E}{M_P - M_E} \cdot (P \cdot x_1 - M_E) + K_E \right) dx_1 + 2\int_{8/3}^{4} \frac{1}{2} \cdot x_1 \cdot 4{,}7409 \cdot 10^{-3} \cdot dx_1 = 0{,}03083 \text{ m} \tag{2.44}$$

Für P = 300 kN wird die Verschiebung $v_i = 0{,}0516$ m erhalten, für P = 310 kN ist $v_i = 0{,}087$ m.

Hinweise. Das Prinzip der virtuellen Verschiebungen (PvV) und das Prinzip der virtuellen Kräfte (PvK) sind Prinzipe der virtuellen Arbeit. Die virtuelle Arbeit der äußeren Kräfte mit den zugehörigen Verschiebungen ist gleich der virtuellen Arbeit der inneren Spannungen bzw. Schnittkräfte mit den zugehörigen Verzerrungen.

Beim PvV sind die Verschiebungen und Verzerrungen virtuell. Sie müssen untereinander lediglich die linearen Verträglichkeitsbedingungen erfüllen. Beim Prinzip der virtuellen Kräfte sind die äußeren Kräfte und Spannungen bzw. Schnittkräfte virtuell, die untereinander lediglich die Gleichgewichtsbedingungen erfüllen müssen.

Die beiden Prinzipe der virtuellen Arbeit sind anwendbar auf alle Arten von Tragwerken. Besonders umfangreiche Literatur dazu liegt für räumlich wirkende Stabtragwerke und Flächentragwerke vor. Stellvertretend sei auf [37], [41], [89] und den darin angegebenen weiteren Quellen hingewiesen.

2.2.3 Reziprozitätssätze

Aus dem PvV werden unter der Voraussetzung des physikalisch linearen Verhaltens Reziprozitätssätze entwickelt. Das PvV wird auf ein System angewendet, das mit Oberflächen-Einzelkräften und Oberflächen-Einzelmomenten belastet wird, die in den Kräftegruppen I und II zusammengefaßt sind, siehe Bild 2.8. Die Kräftegruppe I führt zu Verzerrungen $\underline{\varepsilon}_I$ und Spannungen $\underline{\sigma}_I$, die Kräftegruppe II zu $\underline{\varepsilon}_{II}$ und $\underline{\sigma}_{II}$.

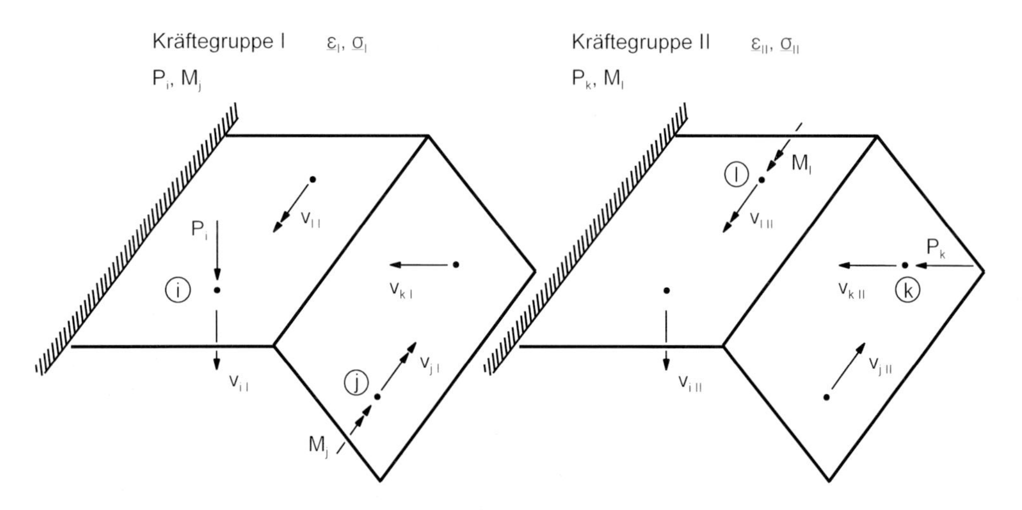

Bild 2.8 System mit Kräftegruppen I, II und zugehörigen Verschiebungen

Wird das PvV auf ein System angewendet, das mit der Kräftegruppe I belastet ist

$$\sum_i P_i \cdot \delta v_i + \sum_j M_j \cdot \delta v_j = \int_V \delta\underline{\varepsilon}^T \cdot \underline{\sigma}_I \cdot dV \tag{2.45}$$

und die Kräftegruppe II als virtuell betrachtet (als virtueller Verschiebungs- und Verzerrungszustand gewählt)

$$\delta v_i = v_{i,II}, \quad \delta v_j = v_{j,II}, \quad \delta\underline{\varepsilon} = \underline{\varepsilon}_{II} \tag{2.46}$$

folgen

$$\sum_i P_i \cdot v_{i,II} + \sum_j M_j \cdot v_{j,II} = \int_V \underline{\varepsilon}_{II}^T \cdot \underline{\sigma}_I \cdot dV \tag{2.47}$$

und mit dem linearen Stoffgesetz

$$\underline{\varepsilon}_{II} = \underline{E}^{-1} \cdot \underline{\sigma}_{II} \tag{2.48}$$

$$\sum_i P_i \cdot v_{i,II} + \sum_j M_j \cdot v_{j,II} = \int_V \underline{\sigma}_{II}^T \cdot \underline{E}^{-1} \cdot \underline{\sigma}_I \cdot dV = \int_V \underline{\sigma}_{II}^T \cdot \underline{\varepsilon}_I \cdot dV \tag{2.49}$$

Bei Belastung mit der Kräftegruppe II

$$\sum_k P_k \cdot \delta v_k + \sum_l M_l \cdot \delta v_l = \int_V \delta\underline{\varepsilon}^T \cdot \underline{\sigma}_{II} \cdot dV \tag{2.50}$$

wird die Kräftegruppe I als virtuell betrachtet (als virtueller Verschiebungs- und Verzerrungszustand gewählt)

$$\delta v_k = v_{k,I}, \quad \delta v_l = v_{l,I}, \quad \delta \underline{\varepsilon} = \underline{\varepsilon}_I \tag{2.51}$$

Es folgt

$$\sum_k P_k \cdot v_{k,I} + \sum_l M_l \cdot v_{l,I} = \int_V \underline{\varepsilon}_I^T \cdot \underline{\sigma}_{II} \cdot dV \tag{2.52}$$

Die Gln. (2.49) und (2.52) können gleichgesetzt werden

$$\sum_i P_i \cdot v_{i,II} + \sum_j M_j \cdot v_{j,II} = \sum_k P_k \cdot v_{k,I} + \sum_l M_l \cdot v_{l,I} \tag{2.53}$$

Die Gl. (2.53) widerspiegelt den Satz von *Betti*:

> Die virtuelle äußere Arbeit der Kräftegruppe I bei den Verschiebungen infolge der Kräftegruppe II ist gleich der virtuellen äußeren Arbeit der Kräftegruppe II bei den Verschiebungen infolge Kräftegruppe I.

Die Gl. (2.53) kann spezifisch adaptiert werden. Für jede Kräftegruppe können die einwirkenden Größen mit den zugehörigen Stützgrößen im Auflagerbereich gekoppelt und differentiale Einzelkräfte eingeführt werden. Der Satz von *Betti* wird dann für Kräftegruppen mit im Kontinuum verteilten Kräften formuliert. Solche spezielle Formen des Satzes von *Betti* bilden die Theorie-Grundlage für die Randelemente-Methode, siehe z.B. [13], [24] und [90], die wie die Finite-Elemente-Methode eine Näherungslösung ist. Die Diskretisierung mit finiten Randelementen und die Algebraisierung führen bei gleicher Genauigkeit auf kleinere Gleichungssysteme. Unendliche und halbunendliche Kontinua lassen sich mit der Randelemente-Methode gut approximieren.

Bestehen die beiden Kräftegruppen nur aus je einer Einzellast (oder einem Einzelmoment), d.h. die Kräftegruppe I aus $P_i = 1_i$ und die Kräftegruppe II aus $P_k = 1_k$, folgt

$$P_i \cdot v_{i,k} = P_k \cdot v_{k,i} \tag{2.54}$$

bzw.

$$1_i \cdot v_{i,k} = 1_k \cdot v_{k,i} \tag{2.55}$$

Die Gl. (2.55) entspricht dem Satz von *Maxwell*:

> Die Verschiebung $v_{i,k}$ (am Punkt i in Richtung der Kraft P_i) infolge der Kraft $P_k = 1$ ist gleich der Verschiebung $v_{k,i}$ (am Punkt k in Richtung der Kraft P_k) infolge der Kraft $P_i = 1$.

Mit dem Satz von *Maxwell* kann die Ermittlung von Verschiebungs-Einflußfunktionen auf die Ermittlung von Verschiebungs-Zustandsfunktionen zurückgeführt werden.

Der Satz von *Maxwell* liefert die Begründung für die Symmetrie der Bestimmungsgleichungen im geometrisch und physikalisch linearen Fall.

2.3 Differentiale Formulierungen

Die Aufstellung differentialer Formulierungen und die Lösung der zugeordneten Differentialgleichungen wird für ausgewählte Problemstellungen eben wirkender gerader Stäbe gezeigt:

- Elastizitätstheorie I. Ordnung bei kontinuierlicher linear elastischer Bettung,
- harmonische Schwingung Elastizitätstheorie I. Ordnung, kontinuierliche Masseverteilung,
- Elastizitätstheorie II. Ordnung kleiner Verschiebungen und Vorverformung.

Für die statischen und kinematischen Variablen werden in diesem Abschnitt die Bezeichnungen der technischen Biegetheorie verwendet. Die querschnittsbezogenen Schnittkräfte sind die Normalkraft N, die Querkraft Q und das Moment M; die Weggrößen sind die Längsverschiebung u, die Querverschiebung v und die Verdrehung φ. Aufbauend auf den differentialen Formulierungen und deren Lösungen nach der Methode der Anfangsparamater werden in Kap. 3 die grundlegenden Beziehungen der Reduktionsmethode hergeleitet und anschließend in Kap. 4 mit den dann einzuführenden Einheitsverschiebungszuständen die fundamentalen Abhängigkeiten der Deformationsmethode entwickelt. Die Bezeichnungen werden entsprechend angepaßt.

Mit weiteren differentialen Formulierungen, wie z.B. für die *St. Venant*sche Torsion, für die Wölbkrafttorsion (auch mit unterschiedlichen Lagen des Schwer- und Schubmittelpunktes) oder der erweiterten nichtlinearen Stabtheorie nach *Timoshenko* (quadratische Schubverzerrungsverteilung, die zu sekundären Längsspannungen führt) kann analog vorgegangen werden.

Geschlossene analytische Lösungen der Differentialgleichungen, die i.d.R. nur bei Differentialgleichungen mit konstanten Koeffizienten einfach angegeben werden können, bilden die Grundlage für Vorgehen mit endlichen Elementen und für Vergleiche. Die dargestellten Formulierungen für totale Größen können auf inkrementale Größen übertragen werden.

Zur Lösung der Differentialgleichungen. Die Lösung einer gewöhnlichen linearen Differentialgleichung n-ter Ordnung mit konstanten Koeffizienten der Form

$$a_1 v'(x) + a_2 v''(x) + ... + a_n v^{(n)}(x) = p(x) \tag{2.56}$$

wird in drei Schritten erhalten. Im ersten Schritt wird die rechte Seite von Gl. (2.56) null gesetzt und lediglich der homogene Teil $v_h(x)$ der Differentialgleichung gelöst. Als nächstes wird eine partikuläre Lösung $v_p(x)$ konform mit dem Typ der Störfunktion p(x) ermittelt. Die in der Lösung auftretenden unbekannten Koeffizienten C_1 bis C_n werden aus den Randbedingungen bzw. bei gekoppelten Systemen aus den Rand- und Übergangsbedingungen bestimmt. Für die Gesamtlösung v(x) werden der homogene und der partikuläre Lösungsanteil addiert.

- *Homogene Lösung*

  – Ansatzfunktion und charakteristische Gleichung
  Für die unbekannte Funktion und deren Ableitungen wird angesetzt

$$v_h(x) = e^{\lambda x}, \quad v_h'(x) = \lambda e^{\lambda x}, \quad v_h''(x) = \lambda^2 e^{\lambda x}, \quad ... \quad , v_h^{(n)}(x) = \lambda^n e^{\lambda x} \tag{2.57}$$

Das Einsetzen der Gl. (2.57) in Gl. (2.56) liefert die charakteristische Gleichung

$$e^{\lambda x} \cdot (a_1\lambda + a_2\lambda^2 + ... + a_n\lambda^n) = 0 \tag{2.58}$$

– Nullstellen der charakteristischen Gleichung
Aus der Gl. (2.58) werden die n Nullstellen λ_1 ... λ_n des eingeklammerten Polynoms ermittelt. Sie können reelle oder komplexe Werte annehmen und mehrfach auftreten.

– Basisfunktionen
Mit dem Ansatz gemäß Gl. (2.57) und den ermittelten Nullstellen λ_i werden n Basisfunktionen aufgestellt. Für reelle Nullstellen lauten die Basisfunktionen

$$v_1(x) = e^{\lambda_1 x}, \quad v_2(x) = e^{\lambda_2 x}, \quad ... \quad , v_n(x) = e^{\lambda_n x} \tag{2.59}$$

Für komplexe Nullstellen, z.B. $\lambda_1 = r + ki$ bzw. $\lambda_2 = r - ki$, sind die Basisfunktionen

$$v_1(x) = e^{rx} \cos kx \qquad \text{bzw.} \qquad v_2(x) = e^{rx} \sin kx \tag{2.60}$$

Die Basisfunktionen müssen linear unabhängig sein. Treten Nullstellen mehrfach auf, sind die zugehörigen Basisfunktionen identisch. Es wird dann eine Basiserweiterung durchgeführt, indem identische Basisfunktionen mit x multipliziert werden. Ist z.B. $\lambda_1 = \lambda_2 = \lambda_3$, dann sind die Basisfunktionen

$$v_1(x) = e^{\lambda_1 x}, \quad v_2(x) = e^{\lambda_1 x} \cdot x, \quad v_3(x) = e^{\lambda_1 x} \cdot x^2 \tag{2.61}$$

Die homogene Lösung der Differentialgleichung ist die vollständige lineare Kombination der Basisfunktionen, mit n unbekannten Koeffizienten als Gewichtsfaktoren

$$v_h(x) = C_1 v_1(x) + ... + C_i v_i(x) + ... + C_n v_n(x) \tag{2.62}$$

- *Partikuläre Lösung*

Die rechte Seite von Gl. (2.56) muß zur Lösung des partikulären Anteils in die Form

$$v_p(x) = e^{\alpha x} \left[\left(A_0 + A_1 x^1 + ... + A_n x^n \right) \cos \beta x + \left(B_0 + B_1 x^1 + ... + B_n x^n \right) \sin \beta x \right] \tag{2.63}$$

gebracht werden. Sind die Wertepaare (α, β) von Gl. (2.63) mit den Wertepaaren (r, k) der Nullstellen der charakteristischen Gleichung identisch, liegt ein Resonanzfall vor. Die Gl. (2.63) muß dann mit x^m multipliziert werden, m ist die Anzahl der identischen Wertepaare.

Die Ableitungen des partikulären Ansatzes $v_p(x)$ werden in die Differentialgleichung (2.56) eingesetzt. Die unbekannten Faktoren A_0, ..., A_n und B_0, ..., B_n werden durch Koeffizientenvergleich der Gleichungsseiten bestimmt.

- *Gesamtlösung*

Die Summe des homogenen und des partikulären Anteils liefert die gesuchte Gesamtlösung der Differentialgleichung

$$v(x) = v_h(x) + v_p(x) \tag{2.64}$$

2.3.1 Elastizitätstheorie I. Ordnung, kontinuierliche linear elastische Bettung

Die Differentialgleichung für den eben wirkenden geraden Stab mit der Stabkoordinate x_1, der Biegesteifigkeit EI und einer kontinuierlichen linear elastischen Bettung wird unter folgenden Voraussetzungen und Annahmen formuliert: kleine Verschiebungen v und Verdrehungen φ (für die Winkelfunktionen gilt $\sin\varphi = \varphi$, $\cos\varphi = 1$); eben- und normalbleibende Querschnitte (Stabtheorie nach *Bernoulli/Navier*); die Gleichgewichtsbedingungen werden am unverformten System aufgestellt und das Materialverhalten ist linear elastisch (Elastizitätstheorie I. Ordnung).

Die Formänderungsbedingungen und das Elastizitätsgesetz führen auf

$$\varphi(x_1) = v'(x_1) \tag{2.65}$$

$$M(x_1) = -EI(x_1) \cdot v''(x_1) \tag{2.66}$$

Werden in den Gleichgewichtsbedingungen nichtlineare Terme vernachlässigt, folgt

$$Q(x_1) = M'(x_1) \tag{2.67}$$

$$M''(x_1) = K_B(x_1) \cdot b(x_1) \cdot v(x_1) - p(x_1) \tag{2.68}$$

mit b Breite der Kontaktfläche zwischen Stab und elastischer Bettung
K_B linear elastische Bettungsziffer als Flächenkraft je Einheit Breite (z.B. kN/m^3)

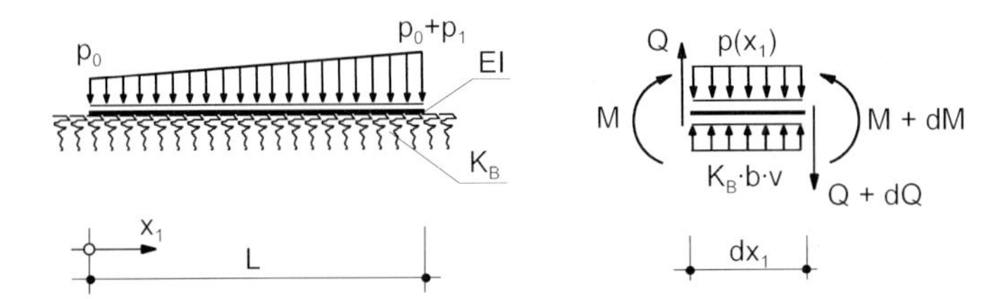

Bild 2.9 Elastisch gebetteter Stab, Gleichgewicht am differentialen Stabelement

Aus den Gln. (2.66) und (2.68) wird erhalten

$$\left(EI(x_1) \cdot v''(x_1)\right)'' + K_B(x_1) \cdot b(x_1) \cdot v(x_1) = p(x_1) \tag{2.69}$$

Sind die Biegesteifigkeit, die Bettungsziffer und die Kontaktbreite zumindest abschnittsweise konstant, dann gilt

$$v^{IV}(x_1) + 4\alpha^4 v(x_1) = \frac{p(x_1)}{EI} \qquad \text{mit} \quad \alpha = \sqrt[4]{\frac{K_B \cdot b}{4\,EI}} \quad [\text{Länge}^{-1}] \tag{2.70}$$

Der Parameter α ist eine integrale Kenngröße des Systems Biegestab-Bettung. Er verknüpft die Kontaktbreite mit zwei Steifigkeitskennwerten – der Biegesteifigkeit des Stabes und der Steifigkeit der Bettung.

Die Gl. (2.70) ist die gewöhnliche lineare Differentialgleichung des linear elastisch gebetteten geraden Stabes nach Elastizitätstheorie I. Ordnung.

Homogene Lösung. Die charakteristische Gleichung der Differentialgleichung (2.70)

$$\lambda^4 + 4\alpha^4 = 0 \tag{2.71}$$

hat die Nullstellen $\lambda_{1,2} = \pm\alpha + \alpha i$, $\lambda_{3,4} = \pm\alpha - \alpha i$. Die Basisfunktionen sind demnach

$$v_1(x_1) = e^{\xi}\cos\xi, \quad v_2(x_1) = e^{-\xi}\cos\xi, \quad v_3(x_1) = e^{\xi}\sin\xi, \quad v_4(x_1) = e^{-\xi}\sin\xi \tag{2.72}$$

mit $\xi = \alpha\, x_1$ als dimensionslose, α-bezogene Ortskoordinate. Der modifizierte Ansatz für die Koeffizienten

$$\frac{C_1 + C_2}{2}\cdot v_1(x_1), \quad \frac{C_1 - C_2}{2}\cdot v_2(x_1), \quad \frac{C_3 + C_4}{2}\cdot v_3(x_1), \quad \frac{C_3 - C_4}{2}\cdot v_4(x_1) \tag{2.73}$$

führt nach Umformung mit $\cosh\xi = \dfrac{\left(e^{\xi} + e^{-\xi}\right)}{2}$ und $\sinh\xi = \dfrac{\left(e^{\xi} - e^{-\xi}\right)}{2}$ auf die homogene Lösung der Differentialgleichung

$$v_h(x_1) = C_1\cosh\xi\cos\xi + C_2\sinh\xi\cos\xi + C_3\cosh\xi\sin\xi + C_4\sinh\xi\sin\xi \tag{2.74}$$

Ihre Ableitungen sind

$$\begin{aligned} v_h'(x_1) &= \alpha C_1(\sinh\xi\cos\xi - \cosh\xi\sin\xi) + \alpha C_2(\cosh\xi\cos\xi - \sinh\xi\sin\xi) \\ &\quad + \alpha C_3(\sinh\xi\sin\xi + \cosh\xi\cos\xi) + \alpha C_4(\cosh\xi\sin\xi + \sinh\xi\cos\xi) \end{aligned} \tag{2.75}$$

$$\begin{aligned} v_h''(x_1) &= -2\alpha^2 C_1\sinh\xi\sin\xi - 2\alpha^2 C_2\cosh\xi\sin\xi \\ &\quad +2\alpha^2 C_3\sinh\xi\cos\xi + 2\alpha^2 C_4\cosh\xi\cos\xi \end{aligned}$$

$$\begin{aligned} v_h'''(x_1) &= -2\alpha^3 C_1(\cosh\xi\sin\xi + \sinh\xi\cos\xi) - 2\alpha^3 C_2(\sinh\xi\sin\xi + \cosh\xi\cos\xi) \\ &\quad +2\alpha^3 C_3(\cosh\xi\cos\xi - \sinh\xi\sin\xi) + 2\alpha^3 C_4(\sinh\xi\cos\xi - \cosh\xi\sin\xi) \end{aligned}$$

Die Koeffizienten C_1 bis C_4 können nach der Methode der Anfangsparameter ermittelt werden. Für den Nullpunkt $x_1 = 0$ werden vier Anfangsbedingungen eingeführt und damit die benötigten vier Gleichungen erhalten:

$$\begin{aligned} v_0 &= v_h(0): & v_0 &= C_1 \\ \varphi_0 &= v_h'(0): & \varphi_0 &= \alpha C_2 + \alpha C_3 \\ M_0 &= -EI\cdot v_h''(0): & M_0 &= -2EI\alpha^2 C_4 \\ Q_0 &= -EI\cdot v_h'''(0): & Q_0 &= 2EI\alpha^3 C_2 - 2EI\alpha^3 C_3 \end{aligned} \tag{2.76}$$

Die Auflösung der Bestimmungsgleichungen (2.76) liefert die Integrationskonstanten

$$\begin{aligned} C_1 &= v_0 & C_2 &= \frac{\varphi_0}{2\alpha} + \frac{Q_0}{4EI\alpha^3} \\ C_3 &= \frac{\varphi_0}{2\alpha} - \frac{Q_0}{4EI\alpha^3} & C_4 &= -\frac{M_0}{2EI\alpha^2} \end{aligned} \tag{2.77}$$

Die vier Konstanten C_i werden in die Gl. (2.74) eingesetzt, dadurch wird die homogene Lösung zunächst in folgender Form erhalten

$$\begin{aligned} v_h(x_1) &= \cosh\xi\cos\xi \cdot v_0 + \frac{\cosh\xi\sin\xi + \sinh\xi\cos\xi}{2\alpha}\cdot\varphi_0 \\ &- \frac{\sinh\xi\sin\xi}{2EI\alpha^2}\cdot M_0 - \frac{\cosh\xi\sin\xi - \sinh\xi\cos\xi}{4EI\alpha^3}\cdot Q_0 \end{aligned} \tag{2.78}$$

Eingeführt werden weiter die Ansatzfunktionen

$$\begin{aligned} \Phi_1(\xi) &= \cosh\xi\cos\xi & \Phi_2(\xi) &= \frac{\cosh\xi\sin\xi + \sinh\xi\cos\xi}{2} \\ \Phi_3(\xi) &= \frac{\sinh\xi\sin\xi}{2} & \Phi_4(\xi) &= \frac{\cosh\xi\sin\xi - \sinh\xi\cos\xi}{4} \end{aligned} \tag{2.79}$$

mit den Eigenschaften

$$\frac{d\Phi_1}{dx_1} = -4\alpha\Phi_4, \quad \frac{d\Phi_2}{dx_1} = \alpha\Phi_1, \quad \frac{d\Phi_3}{dx_1} = \alpha\Phi_2, \quad \frac{d\Phi_4}{dx_1} = \alpha\Phi_3 \tag{2.80}$$

Damit wird die Gl. (2.78) umgeformt und der homogene, lastunabhängige Anteil der Biegelinie erhalten; über die Gln. (2.65) bis (2.67) folgen die Funktion der Verdrehung und die Schnittkraftfunktionen

$$\begin{aligned} v_h(x_1) &= \Phi_1(\xi)\cdot v_0 + \frac{\Phi_2(\xi)}{\alpha}\cdot\varphi_0 - \frac{\Phi_3(\xi)}{EI\alpha^2}\cdot M_0 - \frac{\Phi_4(\xi)}{EI\alpha^3}\cdot Q_0 \\ \varphi_h(x_1) &= -4\alpha\Phi_4(\xi)\cdot v_0 + \Phi_1(\xi)\cdot\varphi_0 - \frac{\Phi_2(\xi)}{EI\alpha}\cdot M_0 - \frac{\Phi_3(\xi)}{EI\alpha^2}\cdot Q_0 \\ M_h(x_1) &= 4EI\alpha^2\Phi_3(\xi)\cdot v_0 + 4EI\alpha\Phi_4(\xi)\cdot\varphi_0 + \Phi_1(\xi)\cdot M_0 + \frac{\Phi_2(\xi)}{\alpha}\cdot Q_0 \\ Q_h(x_1) &= 4EI\alpha^3\Phi_2(\xi)\cdot v_0 + 4EI\alpha^2\Phi_3(\xi)\cdot\varphi_0 - 4\alpha\Phi_4(\xi)\cdot M_0 + \Phi_1(\xi)\cdot Q_0 \end{aligned} \tag{2.81}$$

Lösung für linear veränderliche Querlast. Die Differentialgleichung (2.70) wird exemplarisch für eine lineare Belastungsfunktion gelöst

$$p(x_1) = p_0 + \frac{p_1}{L}\cdot x_1 \tag{2.82}$$

Der partikuläre Ansatz

$$v_p(x_1) = A_0 + A_1 x_1 \tag{2.83}$$

entspricht dem Typ der Störfunktion und führt über den Koeffizientenvergleich zu den Faktoren

$$A_0 = \frac{p_0}{4EI\alpha^4} \quad \text{und} \quad A_1 = \frac{p_1}{4EI\alpha^4 L}$$

Die Gesamtlösung ist damit

$$v(x_1) = C_1 \cosh\xi\cos\xi + C_2 \sinh\xi\cos\xi + C_3 \cosh\xi\cdot\sin\xi + C_4 \sinh\xi\sin\xi + \frac{p_0}{4EI\alpha^4} + \frac{p_1\xi}{4EI\alpha^5 L} \tag{2.84}$$

Die Ableitungen der Gesamtlösung sind

$$\begin{aligned} v'(x_1) &= \alpha C_1(\sinh\xi\cos\xi - \cosh\xi\sin\xi) + \alpha C_2(\cosh\xi\cos\xi - \sinh\xi\sin\xi) \\ &+\alpha C_3(\sinh\xi\sin\xi + \cosh\xi\cos\xi) + \alpha C_4(\cosh\xi\sin\xi + \sinh\xi\cos\xi) \\ &+\frac{p_1}{4EI\alpha^4 L} \end{aligned} \tag{2.85}$$

$$\begin{aligned} v''(x_1) &= -2\alpha^2 C_1 \sinh\xi\sin\xi - 2\alpha^2 C_2 \cosh\xi\sin\xi \\ &+2\alpha^2 C_3 \sinh\xi\cos\xi + 2\alpha^2 C_4 \cosh\xi\cos\xi \end{aligned}$$

$$\begin{aligned} v'''(x_1) &= -2\alpha^3 C_1(\cosh\xi\sin\xi + \sinh\xi\cos\xi) - 2\alpha^3 C_2(\sinh\xi\sin\xi + \cosh\xi\cos\xi) \\ &+2\alpha^3 C_3(\cosh\xi\cos\xi - \sinh\xi\sin\xi) + 2\alpha^3 C_4(\sinh\xi\cos\xi - \cosh\xi\sin\xi) \end{aligned}$$

Die Koeffizienten werden nun unter Ausschluß der Anfangsparameter bestimmt, um nur den Einfluß der Belastung zu erfassen: die vier Anfangsparameter werden zu null gesetzt und dadurch vier Bestimmungsgleichungen für die Konstanten C_1 bis C_4 erhalten

$$\begin{aligned} Q_0 &= -EI\cdot v'''(0) = 0: & C_3 &= C_2 \\ M_0 &= -EI\cdot v''(0) = 0: & C_4 &= 0 \\ \varphi_0 &= v'(0) = 0: & C_2 &= -\frac{p_1}{8EI\alpha^5 L} \\ v_0 &= v(0) = 0: & C_1 &= -\frac{p_0}{4EI\alpha^4} \end{aligned} \tag{2.86}$$

Die lastabhängigen Anteile der Zustandsfunktionen werden mit den Funktionen $\Phi_i(\xi)$ und ihren Ableitungen über die Gln. (2.65) bis (2.67) erhalten

$$\begin{aligned} v_p(x_1) &= \frac{1-\Phi_1(\xi)}{4EI\alpha^4}\cdot p_0 + \frac{\xi-\Phi_2(\xi)}{4EI\alpha^5}\cdot\frac{p_1}{L} \\ \varphi_p(x_1) &= \frac{\Phi_4(\xi)}{EI\alpha^3}\cdot p_0 + \frac{1-\Phi_1(\xi)}{4EI\alpha^4}\cdot\frac{p_1}{L} \\ M_p(x_1) &= -\frac{\Phi_3(\xi)}{\alpha^2}\cdot p_0 - \frac{\Phi_4(\xi)}{\alpha^3}\cdot\frac{p_1}{L} \\ Q_p(x_1) &= -\frac{\Phi_2(\xi)}{\alpha}\cdot p_0 - \frac{\Phi_3(\xi)}{\alpha^2}\cdot\frac{p_1}{L} \end{aligned} \tag{2.87}$$

Die Gesamtlösung für den Fall linear veränderliche Last folgt aus den Gln. (2.81) und (2.87) als Summe der homogenen Lösung und des lastabhängigen Anteils.

Die Zustandsfunktionen des linear elastisch gebetteten Stabes mit linear veränderlicher Querlast lassen sich kompakt und übersichtlich in Matrixform darstellen.

$$\begin{bmatrix} v(x_1) \\ \varphi(x_1) \\ M(x_1) \\ Q(x_1) \end{bmatrix} = \begin{bmatrix} \Phi_1(\xi) & \dfrac{\Phi_2(\xi)}{\alpha} & \dfrac{-\Phi_3(\xi)}{EI\alpha^2} & \dfrac{-\Phi_4(\xi)}{EI\alpha^3} \\ -4\alpha\Phi_4(\xi) & \Phi_1(\xi) & \dfrac{-\Phi_2(\xi)}{EI\alpha} & \dfrac{-\Phi_3(\xi)}{EI\alpha^2} \\ 4EI\alpha^2\Phi_3(\xi) & 4EI\alpha\Phi_4(\xi) & \Phi_1(\xi) & \dfrac{\Phi_2(\xi)}{\alpha} \\ 4EI\alpha^3\Phi_2(\xi) & 4EI\alpha^2\Phi_3(\xi) & -4\alpha\Phi_4(\xi) & \Phi_1(\xi) \end{bmatrix} \cdot \begin{bmatrix} v_0 \\ \varphi_0 \\ M_0 \\ Q_0 \end{bmatrix}$$
$$+ \begin{bmatrix} \dfrac{1-\Phi_1(\xi)}{4EI\alpha^4} \\ \dfrac{\Phi_4(\xi)}{EI\alpha^3} \\ -\dfrac{\Phi_3(\xi)}{\alpha^2} \\ -\dfrac{\Phi_2(\xi)}{\alpha} \end{bmatrix} \cdot p_0 + \begin{bmatrix} \dfrac{\xi-\Phi_2(\xi)}{4EI\alpha^5} \\ \dfrac{1-\Phi_1(\xi)}{4EI\alpha^4} \\ -\dfrac{\Phi_4(\xi)}{\alpha^3} \\ -\dfrac{\Phi_3(\xi)}{\alpha^2} \end{bmatrix} \cdot \frac{p_1}{L} \quad (2.88)$$

Für $K_B = 0$ werden die Zustandsfunktionen für den Stab ohne elastische Bettung erhalten.

2.3.2 Elastizitätstheorie I. Ordnung, kontinuierliche Massebelegung

Für das eben wirkende differentiale Stabelement mit einer kontinuierlichen Massebelegung $\mu(x_1)$ sind die Zustandsgrößen Funktionen sowohl der Stabkoordinate x_1 als auch der Zeitvariable t. Bei linearer Betrachtung können die Transversal- und Längsschwingung entkoppelt betrachtet werden.

Transversalschwingung. Die Lastfunktion ist $p(x_1,t)$, die Verschiebungsfunktion $-v(x_1,t)$. Bei der Formulierung des Kräftegleichgewichts, siehe Bild 2.10, werden entsprechend dem *d'Alembertschen* Prinzip auch die transversalen Massenbeschleunigungskräfte berücksichtigt.

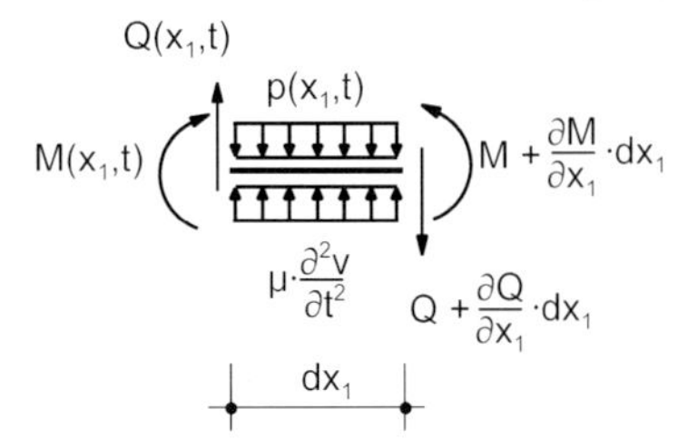

Bild 2.10 Gleichgewicht am differentialen Stabelement mit Massebelegung

Aus den Formänderungs- und den Gleichgewichtsbedingungen wird eine partielle Differentialgleichung erhalten

$$\frac{\partial^2}{\partial x_1^2}\left(EI(x_1)\cdot\frac{\partial^2 v(x_1,t)}{\partial x_1^2}\right)+\mu(x_1)\cdot\frac{\partial^2 v(x_1,t)}{\partial t^2}=p(x_1,t) \tag{2.89}$$

Mit dem *Bernoulli*schen Produktansatz für die orts- und zeitabhängigen Belastungs- und Zustandsgrößen

$$p(x_1,t)=p(x_1)\cdot f(t) \text{ und } v(x_1,t)=v(x_1)\cdot f(t) \tag{2.90}$$

wird eine Separation der Argumente erreicht. Die Funktion f(t) bildet die synchrone Zeitveränderlichkeit ab, während die Funktionen $v(x_1)$ und $p(x_1)$ ortsabhängige Amplitudenfunktionen darstellen. Mit EI = konst. folgt aus Gl. (2.89)

$$EI\cdot\frac{d^4 v(x_1)}{dx_1^4}\cdot f(t)+\mu(x_1)\cdot v(x_1)\cdot\frac{d^2 f(t)}{dt^2}=p(x_1)\cdot f(t) \tag{2.91}$$

Die Gruppierung der orts- bzw. zeitabhängigen Terme der Gl. (2.91) führt zu

$$\frac{1}{\mu(x_1)\cdot v(x_1)}\cdot\left(EI\cdot\frac{d^4 v(x_1)}{dx_1^4}-p(x_1)\right)=-\frac{1}{f(t)}\cdot\frac{d^2 f(t)}{dt^2} \tag{2.92}$$

Diese Gleichung hat nur dann eine Lösung, wenn beide Seiten konstant sind, z.B.

$$\frac{1}{\mu(x_1)\cdot v(x_1)}\cdot\left(EI\cdot\frac{d^4 v(x_1)}{dx_1^4}-p(x_1)\right)=\Omega^2=\text{konst.} \tag{2.93}$$

und

$$-\frac{1}{f(t)}\cdot\frac{d^2 f(t)}{dt^2}=\Omega^2=\text{konst.} \tag{2.94}$$

Aus Gl. (2.94) folgt die gewöhnliche lineare Differentialgleichung 2. Ordnung

$$\frac{d^2 f(t)}{dt^2}+\Omega^2 f(t)=0 \tag{2.95}$$

deren Lösung den harmonischen Zeitverlauf $f(t)=\sin(\Omega t-\theta)$ mit der Kreisfrequenz Ω und der Phasenverschiebung θ beschreibt.

Aus der Beziehung (2.93) wird die gewöhnliche lineare Differentialgleichung der Schwingungsamplitude $v(x_1)$ bei Transversalschwingung mit der Kreisfrequenz Ω erhalten

$$v^{IV}(x_1)-\alpha^4 v(x_1)=\frac{p(x_1)}{EI} \quad \text{mit} \quad \alpha=\sqrt[4]{\frac{\mu\cdot\Omega^2}{EI}} \quad [\text{Länge}^{-1}] \tag{2.96}$$

Je nach Problemstellung entspricht die Kreisfrequenz Ω entweder der Erregerkreisfrequenz erzwungener Schwingungen oder der Eigenkreisfrequenz ($\Omega = \omega_E$) der Eigenschwingung.

Die Differentialgleichung (2.96) hat bei beliebig veränderlicher Massebelegung und Biegesteifigkeit nur in Sonderfällen, ohne besondere praktische Bedeutung, eine analytische Lösung. Im weiteren wird sie für μ, EI = konst. ausgewertet.

Homogene Lösung. Die charakteristische Gleichung der Differentialgleichung (2.96) ist

$$\lambda^4 - \alpha^4 = 0 \tag{2.97}$$

Die Nullstellen $\lambda_{1,2} = \pm\alpha$ und $\lambda_{3,4} = \pm\alpha i$ führen auf die Basisfunktionen

$$v_1(x_1) = e^{\xi}, \quad v_2(x_1) = e^{-\xi}, \quad v_3(x_1) = \cos\xi, \quad v_4(x_1) = \sin\xi \tag{2.98}$$

mit $\xi = \alpha x_1$ als dimensionslose, α-bezogene Ortskoordinate. Die homogene Lösung und ihre Ableitungen sind

$$\begin{aligned}
v_h(x_1) &= C_1 \cosh\xi + C_2 \sinh\xi + C_3 \cos\xi + C_4 \sin\xi \\
v'_h(x_1) &= \alpha\left(C_1 \sinh\xi + C_2 \cosh\xi - C_3 \sin\xi + C_4 \cos\xi\right) \\
v''_h(x_1) &= \alpha^2\left(C_1 \cosh\xi + C_2 \sinh\xi - C_3 \cos\xi - C_4 \sin\xi\right) \\
v'''_h(x_1) &= \alpha^3\left(C_1 \sinh\xi + C_2 \cosh\xi + C_3 \sin\xi - C_4 \cos\xi\right)
\end{aligned} \tag{2.99}$$

Die Bestimmungsgleichungen für die Konstanten C_i werden wie in Abschn. 2.3.1 aus vier Bedingungen für die Nullstelle $x_1 = 0$ mit der Methode der Anfangsparameter hergeleitet

$$\begin{aligned}
v_0 &= v_h(0): & v_0 &= C_1 + C_3 \\
\varphi_0 &= v'_h(0): & \varphi_0 &= \alpha C_2 + \alpha C_4 \\
M_0 &= -EI \cdot v''_h(0): & M_0 &= -EI\alpha^2 C_1 + EI\alpha^2 C_3 \\
Q_0 &= -EI \cdot v'''_h(0): & Q_0 &= -EI\alpha^3 C_2 + EI\alpha^3 C_4
\end{aligned} \tag{2.100}$$

Die Auflösung der vier Gleichungen liefert die Konstanten

$$\begin{aligned}
C_1 &= \frac{v_0}{2} - \frac{M_0}{2EI\alpha^2} & C_2 &= \frac{\varphi_0}{2} - \frac{Q_0}{2EI\alpha^3} \\
C_3 &= \frac{v_0}{2} + \frac{M_0}{2EI\alpha^2} & C_4 &= \frac{\varphi_0}{2} + \frac{Q_0}{2EI\alpha^3}
\end{aligned} \tag{2.101}$$

Auch hier werden vier Ansatzfunktionen eingeführt

$$\begin{aligned}
\Phi_1(\xi) &= \frac{\cosh\xi + \cos\xi}{2}, & \Phi_2(\xi) &= \frac{\sinh\xi + \sin\xi}{2} \\
\Phi_3(\xi) &= \frac{\cosh\xi - \cos\xi}{2}, & \Phi_4(\xi) &= \frac{\sinh\xi - \sin\xi}{2}
\end{aligned} \tag{2.102}$$

wobei gilt

$$\frac{d\Phi_1}{dx_1} = \alpha\Phi_4, \qquad \frac{d\Phi_2}{dx_1} = \alpha\Phi_1, \qquad \frac{d\Phi_3}{dx_1} = \alpha\Phi_2, \qquad \frac{d\Phi_4}{dx_1} = \alpha\Phi_3 \tag{2.103}$$

Mit den Funktionen Φ_i und dem Schwingungsparameter α wird zunächst der homogene, lastunabhängige Anteil der Schwingungsamplitude $v(x_1)$ formuliert. Die Amplitudenfunktionen der Verdrehung $\varphi(x_1)$ sowie der Schnittkräfte $M(x_1)$ und $Q(x_1)$ folgen anschließend über die Formänderungs- und Gleichgewichtsbedingungen.

$$v_h(x_1) = \Phi_1(\xi) \cdot v_0 + \frac{\Phi_2(\xi)}{\alpha} \cdot \varphi_0 - \frac{\Phi_3(\xi)}{EI\alpha^2} \cdot M_0 - \frac{\Phi_4(\xi)}{EI\alpha^3} \cdot Q_0 \tag{2.104}$$

$$\varphi_h(x_1) = \alpha\Phi_4(\xi) \cdot v_0 + \Phi_1(\xi) \cdot \varphi_0 - \frac{\Phi_2(\xi)}{EI\alpha} \cdot M_0 - \frac{\Phi_3(\xi)}{EI\alpha^2} \cdot Q_0$$

$$M_h(x_1) = -EI\alpha^2\Phi_3(\xi) \cdot v_0 - EI\alpha\Phi_4(\xi) \cdot \varphi_0 + \Phi_1(\xi) \cdot M_0 + \frac{\Phi_2(\xi)}{\alpha} \cdot Q_0$$

$$Q_h(x_1) = -EI\alpha^3\Phi_2(\xi) \cdot v_0 - EI\alpha^2\Phi_3(\xi) \cdot \varphi_0 + \alpha\Phi_4(\xi) \cdot M_0 + \Phi_1(\xi) \cdot Q_0$$

Lösung für linear veränderliche Querlast. Die Differentialgleichung (2.96) wird für die Last mit der linearen Amplitudenfunktion

$$p(x_1) = p_0 + \frac{p_1}{L} \cdot x_1 \tag{2.105}$$

gelöst. Der dazu konforme partikuläre Lösungsansatz

$$v_p(x_1) = A_0 + A_1 \cdot x_1 \tag{2.106}$$

führt über den Koeffizientenvergleich zu den Koeffizienten

$$A_0 = -\frac{p_0}{EI\alpha^4} \qquad A_1 = -\frac{p_1}{EI\alpha^4 L}$$

Die Gesamtlösung und ihre Ableitungen sind damit

$$v(x_1) = C_1 \cosh\xi + C_2 \sinh\xi + C_3 \cos\xi + C_4 \sin\xi - \frac{p_0}{EI\alpha^4} - \frac{p_1 \cdot \xi}{EI\alpha^5 L} \tag{2.107}$$

$$v'(x_1) = \alpha C_1 \sinh\xi + \alpha C_2 \cosh\xi - \alpha C_3 \sin\xi + \alpha C_4 \cos\xi - \frac{p_1}{EI\alpha^4 L}$$

$$v''(x_1) = \alpha^2 C_1 \cosh\xi + \alpha^2 C_2 \sinh\xi - \alpha^2 C_3 \cos\xi - \alpha^2 C_4 \sin\xi$$

$$v'''(x_1) = \alpha^3 C_1 \sinh\xi + \alpha^3 C_2 \cosh\xi + \alpha^3 C_3 \sin\xi - \alpha^3 C_4 \cos\xi$$

Um die Trennung der homogenen und partikulären Anteile der Zustandsgrößenamplituden zu erzwingen, werden die Koeffizienten C_i unter Ausschluß der Anfangsparameter ermittelt. Das Nullsetzen der vier Anfangsparameter liefert Bestimmungsgleichungen für die Koeffizienten

$$\begin{aligned}
Q_0 &= -EI \cdot v'''(0) = 0: \qquad & C_4 &= C_2 \\
M_0 &= -EI \cdot v''(0) = 0: \qquad & C_3 &= C_1 \\
\varphi_0 &= v'(0) = 0: \qquad & C_2 &= \frac{p_1}{2EI\alpha^5 L} \\
v_0 &= v(0) = 0: \qquad & C_1 &= \frac{p_0}{2EI\alpha^4}
\end{aligned} \tag{2.108}$$

Die Koeffizienten C_i werden in Gl. (2.107) eingesetzt und damit wird die Funktion der Schwingungsamplitude erhalten. Die Amplitudenfunktionen der restlichen Zustandsgrößen folgen aus den Formänderungs- und Gleichgewichtsbedingungen.

$$\begin{aligned}
v_p(x_1) &= \frac{\Phi_1(\xi)-1}{EI\alpha^4}\cdot p_0 + \frac{\Phi_2(\xi)-\xi}{EI\alpha^5 L}\cdot p_1 \\
\varphi_p(x_1) &= \frac{\Phi_4(\xi)}{EI\alpha^3}\cdot p_0 + \frac{\Phi_1(\xi)-1}{EI\alpha^4 L}\cdot p_1 \\
M_p(x_1) &= -\frac{\Phi_3(\xi)}{\alpha^2}\cdot p_0 - \frac{\Phi_4(\xi)}{\alpha^3 L}\cdot p_1 \\
Q_p(x_1) &= -\frac{\Phi_2(\xi)}{\alpha}\cdot p_0 - \frac{\Phi_3(\xi)}{\alpha^2 L}\cdot p_1
\end{aligned} \tag{2.109}$$

Die Amplitudenfunktionen der Zustandsgrößen folgen aus den Gln. (2.104) und (2.109) als Summen der homogenen und der lastanhängigen Anteile. Die Matrixform der Gesamtlösung für den Fall einer linear veränderlichen Querlast ist

$$\begin{bmatrix} v(x_1) \\ \varphi(x_1) \\ M(x_1) \\ Q(x_1) \end{bmatrix} = \begin{bmatrix} \Phi_1(\xi) & \dfrac{\Phi_2(\xi)}{\alpha} & \dfrac{-\Phi_3(\xi)}{EI\alpha^2} & \dfrac{-\Phi_4(\xi)}{EI\alpha^3} \\ \alpha\Phi_4(\xi) & \Phi_1(\xi) & \dfrac{-\Phi_2(\xi)}{EI\alpha} & \dfrac{-\Phi_3(\xi)}{EI\alpha^2} \\ -EI\alpha^2\Phi_3(\xi) & -EI\alpha\Phi_4(\xi) & \Phi_1(\xi) & \dfrac{\Phi_2(\xi)}{\alpha} \\ -EI\alpha^3\Phi_2(\xi) & -EI\alpha^2\Phi_3(\xi) & \alpha\Phi_4(\xi) & \Phi_1(\xi) \end{bmatrix} \cdot \begin{bmatrix} v_0 \\ \varphi_0 \\ M_0 \\ Q_0 \end{bmatrix}$$
$$+ \begin{bmatrix} \dfrac{\Phi_1(\xi)-1}{EI\alpha^4} \\ \dfrac{\Phi_4(\xi)}{EI\alpha^3} \\ -\dfrac{\Phi_3(\xi)}{\alpha^2} \\ -\dfrac{\Phi_2(\xi)}{\alpha} \end{bmatrix} \cdot p_0 + \begin{bmatrix} \dfrac{\Phi_2(\xi)-\xi}{EI\alpha^5} \\ \dfrac{\Phi_1(\xi)-1}{EI\alpha^4} \\ -\dfrac{\Phi_4(\xi)}{\alpha^3} \\ -\dfrac{\Phi_3(\xi)}{\alpha^2} \end{bmatrix} \cdot \frac{p_1}{L} \tag{2.110}$$

Beispiel 2.3 Für den Stab gemäß Bild 2.11 werden die ersten drei Eigenkreisfrequenzen und die Amplitudenfunktionen unter der harmonischen Belastung berechnet.

$p(x_1,t) = p_0 \cdot \sin(\Omega\, t)$

$p_0 = 10$ kN/m $\quad \Omega = 65\ s^{-1}$

$\mu = 0{,}4$ t/m $\quad EI = 20\,000$ kNm^2

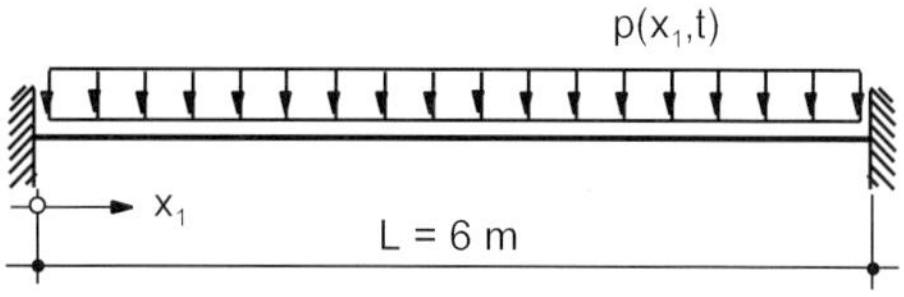

Bild 2.11 Stab mit kontinuierlicher Masseverteilung unter harmonischer Last

Die Anfangsparameter v_0 und φ_0 sind wegen der Einspannung gleich Null. Die Amplitudenfunktionen gemäß Gl. (2.110) reduzieren sich damit zu

$$\begin{bmatrix} v(x_1) \\ \varphi(x_1) \\ M(x_1) \\ Q(x_1) \end{bmatrix} = \begin{bmatrix} -\dfrac{\Phi_3(\xi)}{EI\alpha^2} & -\dfrac{\Phi_4(\xi)}{EI\alpha^3} \\ -\dfrac{\Phi_2(\xi)}{EI\alpha} & -\dfrac{\Phi_3(\xi)}{EI\alpha^2} \\ \Phi_1(\xi) & \dfrac{\Phi_2(\xi)}{\alpha} \\ \alpha\Phi_4(\xi) & \Phi_1(\xi) \end{bmatrix} \cdot \begin{bmatrix} M_0 \\ Q_0 \end{bmatrix} + \begin{bmatrix} \dfrac{\Phi_1(\xi)-1}{EI\alpha^4} \\ \dfrac{\Phi_4(\xi)}{EI\alpha^3} \\ -\dfrac{\Phi_3(\xi)}{\alpha^2} \\ -\dfrac{\Phi_2(\xi)}{\alpha} \end{bmatrix} \cdot p_0 \qquad \text{mit } \xi = \alpha x_1$$

Die Randbedingungen $v(L)=0$ und $\varphi(L)=0$ liefern die Bestimmungsgleichungen für die zwei unbekannten Anfangsparameter M_0 und Q_0

$$\begin{aligned} -\frac{\Phi_3(\lambda)}{EI\alpha^2}\cdot M_0 - \frac{\Phi_4(\lambda)}{EI\alpha^3}\cdot Q_0 + \frac{\Phi_1(\lambda)-1}{EI\alpha^4}\cdot p_0 &= 0 \\ -\frac{\Phi_2(\lambda)}{EI\alpha}\cdot M_0 - \frac{\Phi_3(\lambda)}{EI\alpha^2}\cdot Q_0 + \frac{\Phi_4(\lambda)}{EI\alpha^3}\cdot p_0 &= 0 \end{aligned} \qquad \text{mit} \quad \lambda = \alpha L = \xi(x_1 = L)$$

Mit den Eingabedaten werden die Funktionswerte $\alpha = 0{,}5392\ m^{-1}$, $\lambda = 3{,}2349$, $\Phi_1(\lambda) = 5{,}8632$, $\Phi_2(\lambda) = 6{,}2947$, $\Phi_3(\lambda) = 6{,}8588$ und $\Phi_4(\lambda) = 6{,}3879$ erhalten. Die Auflösung der Gleichungen liefert die Anfangsparameter $M_0 = -37{,}5$ kNm und $Q_0 = 35{,}8$ kN. Damit können die Funktionen $v(x_1)$, $M(x_1)$ und $Q(x_1)$ angegeben werden. Die drei Amplitudenfunktionen sind im Bild 2.12 dargestellt, mit gestrichelter Linie und Klammerwerten sind zum Vergleich die statischen Zustandsfunktionen angegeben. Die Extremwerte sind bis zu 30% größer als die bei statischer Belastung.

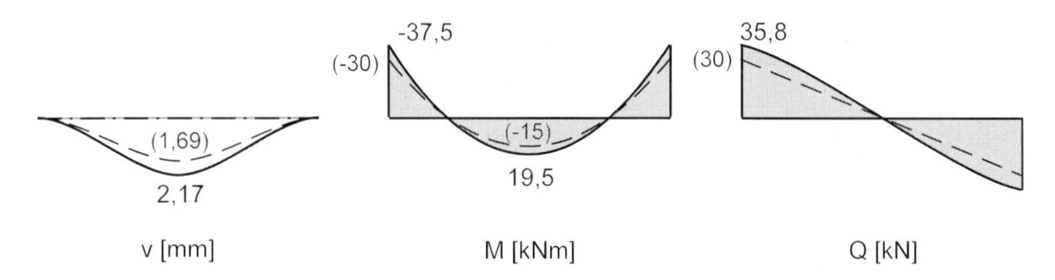

Bild 2.12 Amplituden der Zustandsfunktionen

Die Eigenkreisfrequenzen werden aus der Existenzbedingung einer nichttrivialen Lösung des homogenen Gleichungssystems ermittelt

$$\begin{aligned} -\frac{\Phi_3(\lambda)}{EI\alpha^2}\cdot M_0 - \frac{\Phi_4(\lambda)}{EI\alpha^3}\cdot Q_0 &= 0 \\ -\frac{\Phi_2(\lambda)}{EI\alpha}\cdot M_0 - \frac{\Phi_3(\lambda)}{EI\alpha^2}\cdot Q_0 &= 0 \end{aligned}$$

Von null verschiedene Anfangsparameter M_0 und Q_0 sind nur dann möglich, wenn die Determinante der Koeffizientenmatrix identisch verschwindet, d.h. wenn

$$\det|\lambda| = \frac{L^4}{(EI)^2} \cdot \frac{\Phi_3^2(\lambda) - \Phi_2(\lambda) \cdot \Phi_4(\lambda)}{\lambda^4} = 0$$

Die Determinante wird normiert mit dem Anfangswert $\det|0| = \frac{L^4}{12(EI)^2}$.

Der normierte Determinantenverlauf bis zu den ersten drei Nullstellen ist in Bild 2.13 zu sehen. Die numerische Lösung der Eigenwertaufgabe liefert die Eigenwerte λ_i.

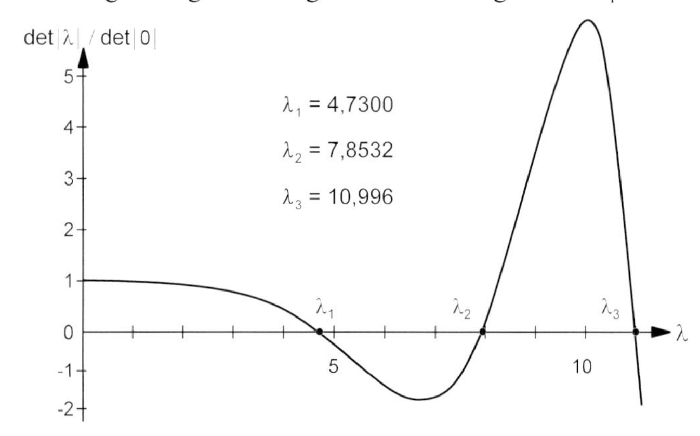

Bild 2.13 Determinantenfunktion, Nullstellen

Die Eigenkreisfrequenzen werden aus der Beziehung $\lambda_i = L \sqrt[4]{\frac{\mu \cdot \omega_{Ei}^2}{EI}}$ berechnet: $\omega_{E1} = 139\ s^{-1}$, $\omega_{E2} = 383\ s^{-1}$ und $\omega_{E3} = 751\ s^{-1}$.

Längsschwingung. Die Zustandsgrößen Normalkraft N, Längsverschiebung u und Axiallast s sind ebenfalls Funktionen von x_1 und t. Die Dehnsteifigkeit ist EA. Die Formänderungsbedingungen und das Elastizitätsgesetz führen zunächst auf die partielle Beziehung

$$N(x_1, t) = EA(x_1) \cdot \frac{\partial u(x_1, t)}{\partial x_1} \tag{2.111}$$

Das Gleichgewicht am infinitesimalen Stabelement muß entsprechend dem *d'Alembert*schen Prinzip außer Normalkraft und Axiallast auch die Beschleunigungskräfte einbeziehen

$$\frac{\partial}{\partial x_1}\left(EA(x_1) \cdot \frac{\partial u(x_1, t)}{\partial x_1} \right) + \mu(x_1) \cdot \frac{\partial^2 u(x_1, t)}{\partial t^2} = -s(x_1, t) \tag{2.112}$$

Die Entkopplung von x_1 und t gelingt analog zum Vorgehen bei der Transversalschwingung. Mit μ, EA = konst. und dem *Bernoulli*schen Produktansatz

$$s(x_1, t) = \sin \Omega t \cdot s(x_1), \quad u(x_1, t) = \sin \Omega t \cdot u(x_1) \tag{2.113}$$

folgt die zeitunabhängige Beziehung

$$EA \cdot \frac{d^2u(x_1)}{dx_1^2} + \mu \cdot \Omega^2 \cdot u(x_1) = -s(x_1) \tag{2.114}$$

Die Umformung dieser Gleichung mit dem Längsschwingungsparameter

$$\beta = \sqrt{\frac{\mu \cdot \Omega^2}{EA}} \quad [\text{Länge}^{-1}] \tag{2.115}$$

liefert

$$u''(x_1) + \beta^2 \cdot u(x_1) = -\frac{s(x_1)}{EA} \tag{2.116}$$

Das ist die gewöhnliche lineare Differentialgleichung 2. Ordnung der Schwingungsamplitude bei harmonischer Längsschwingung.

Homogene Lösung. Die charakteristische Gleichung

$$\lambda^2 + \beta^2 = 0 \tag{2.117}$$

führt auf die Nullstellen $\lambda_{1,2} = \pm\ \beta i$ und die Basisfunktionen

$$u_1(x_1) = \cos\beta x_1 \tag{2.118}$$

$$u_2(x_1) = \sin\beta x_1$$

Die homogene Lösung und ihre Ableitung sind

$$u_h(x_1) = C_1 \cos\beta x_1 + C_2 \sin\beta x_1 \tag{2.119}$$

$$u_h'(x_1) = -\beta C_1 \sin\beta x_1 + \beta C_2 \cos\beta x_1$$

Die Koeffizienten werden nach der Methode der Anfangsparameter aus den beiden Anfangsbedingungen ermittelt

$$u_0 = u_h(x_1 = 0) \tag{2.120}$$

$$N_0 = EA \cdot u_h'(x_1 = 0)$$

und daraus werden erhalten

$$C_1 = u_0 \tag{2.121}$$

$$C_2 = \frac{N_0}{EA\beta}$$

Die lastunabhängigen, homogenen Anteile der Amplitudenfunktionen für Längsverschiebung und Normalkraft sind

$$u_h(x_1) = \cos\beta x_1 \cdot u_0 + \frac{\sin\beta x_1}{EA\beta} \cdot N_0 \tag{2.122}$$

$$N_h(x_1) = -EA\beta \sin\beta x_1 \cdot u_0 + \cos\beta x_1 \cdot N_0$$

Lösung für linear veränderliche Axiallast. Die Differentialgleichung (2.116) wird für eine linear veränderliche Axiallast gelöst

$$s(x_1) = s_0 + \frac{s_1}{L} \cdot x_1 \tag{2.123}$$

Der dazu konforme partikuläre Lösungsansatz $u_p(x_1) = A_0 + A_1 \cdot x_1$ führt über den Koeffizientenvergleich zu

$$A_0 = -\frac{s_0}{EA\beta^2} \qquad \text{und} \qquad A_1 = -\frac{s_1}{EA\beta^2 L}$$

Die Gesamtlösung und ihre Ableitung sind

$$u(x_1) = C_1 \cos\beta x_1 + C_2 \sin\beta x_1 - \frac{s_0}{EA\beta^2} - \frac{s_1 \cdot x_1}{EAL\beta^2} \tag{2.124}$$

$$u'(x_1) = -\beta C_1 \sin\beta x_1 + \beta C_2 \cos\beta x_1 - \frac{s_1}{EAL\beta^2}$$

Durch das Nullsetzen der Anfangsparameter werden zwei Bestimmungsgleichungen für die Koeffizienten formuliert

$$u_0 = u(0) = 0: \qquad C_1 = \frac{s_0}{EA\beta^2} \tag{2.125}$$

$$N_0 = EA \cdot u'(0) = 0: \qquad C_2 = \frac{s_1}{EAL\beta^3}$$

Die lastabhängigen Anteile der Amplitudenfunktionen für Längsverschiebung und Normalkraft werden erhalten zu

$$u_p(x_1) = -\frac{1-\cos\beta x_1}{EA\beta^2} \cdot s_0 - \frac{\beta x_1 - \sin\beta x_1}{EA\beta^3} \cdot \frac{s_1}{L} \tag{2.126}$$

$$N_p(x_1) = -\frac{\sin\beta x_1}{\beta} \cdot s_0 - \frac{1-\cos\beta x_1}{\beta^2} \cdot \frac{s_1}{L}$$

Die Zusammenfassung der Gln. (2.122) und (2.126) liefert die Gesamtlösung für die Amplitudenfunktionen bei linear veränderlicher Axiallast. Die Matrixformulierung ist

$$\begin{bmatrix} u(x_1) \\ N(x_1) \end{bmatrix} = \begin{bmatrix} \cos\beta x_1 & \dfrac{\sin\beta x_1}{EA\beta} \\ -EA\beta \sin\beta x_1 & \cos\beta x_1 \end{bmatrix} \cdot \begin{bmatrix} u_0 \\ N_0 \end{bmatrix}$$

$$- \begin{bmatrix} \dfrac{1-\cos\beta x_1}{EA\beta^2} \\ \dfrac{\sin\beta x_1}{\beta} \end{bmatrix} \cdot s_0 - \begin{bmatrix} \dfrac{\beta x_1 - \sin\beta x_1}{EA\beta^3} \\ \dfrac{1-\cos\beta x_1}{\beta^2} \end{bmatrix} \cdot \frac{s_1}{L} \tag{2.127}$$

2.3.3 Elastizitätstheorie II. Ordnung mit Vorverformung

Die Gesamtverformung des differentialen Elements eines biege- und schubweichen Stabes mit Vorverformungen sowie die einzelnen Verformungsanteile sind in Bild 2.14 dargestellt.

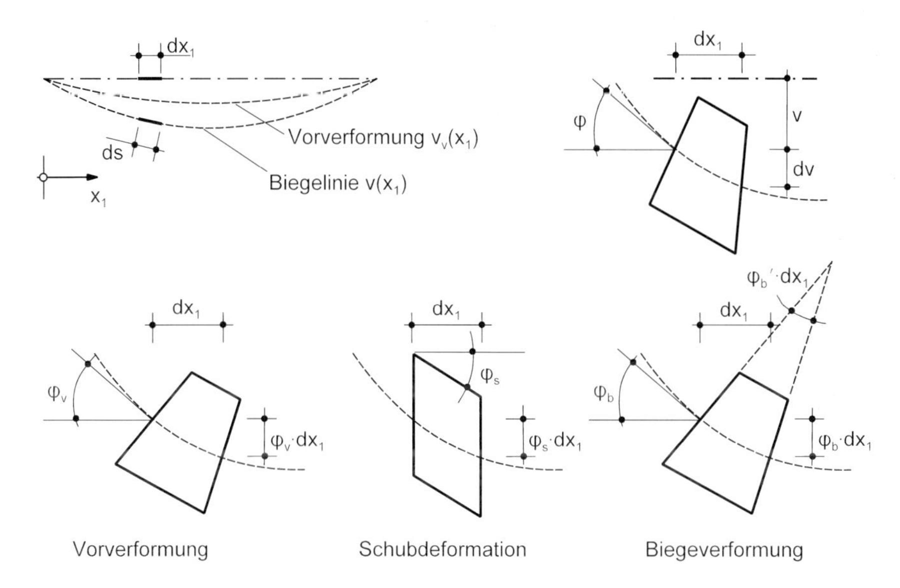

Bild 2.14 Verformungsanteile am differentialen Stabelement

Die Verschiebung $v(x_1)$ beinhaltet die der Biegeverformung und der Schubverzerrung zugeordneten Deformationsanteile $v_b(x_1)$ und $v_s(x_1)$ sowie die spannungsfreie Vorverformung $v_v(x_1)$. Die infinitesimale Änderung der Verschiebung läßt sich als Summe der drei Anteile darstellen

$$dv(x_1) = \varphi_b(x_1) \cdot dx_1 + \varphi_s(x_1) \cdot dx_1 + \varphi_v(x_1) \cdot dx_1 \tag{2.128}$$

mit der Verdrehung infolge der Vorverformung (φ_v), der Schubgleitung (φ_s) und der Biegebeanspruchung (φ_b). Der Tangenten-Gesamtdrehwinkel ist

$$\varphi(x_1) = v'(x_1) = \varphi_b(x_1) + \varphi_s(x_1) + \varphi_v(x_1) \tag{2.129}$$

Die Tangente an die Biegelinie im Querschnitt und die Querschnittsnormale stimmen bei schubweichen Stäben nicht mehr überein. Die lineare Schubdeformationstheorie nach *Timoshenko* setzt eine gemittelte Gleitung voraus. Der zugehörige Schubverzerrungswinkel wird aus der Querkraft mit dem Schubmodul G und der Schubfläche A_s erhalten

$$\varphi_s(x_1) = \frac{Q(x_1)}{GA_s(x_1)} \tag{2.130}$$

Die Vorverformungsfunktion der Verdrehung ist der Differentialquotient der Vorverformung

$$\varphi_v(x_1) = v'_v(x_1) \tag{2.131}$$

Die Vorverformung ist spannungslos und bei der Schubdeformation bleiben die Schnittufer parallel zueinander. Die Biegemomente sind demzufolge nur der Winkeländerung aus der Biegeverformung zuzuschreiben. Die zugehörige Verdrehung wird aus den Gln. (2.128) bis (2.130) erhalten

$$\varphi_b(x_1) = v'(x_1) - \frac{Q(x_1)}{GA_s(x_1)} - v'_v(x_1) \tag{2.132}$$

Im weiteren werden, zumindest abschnittsweise, konstante Querschnitte und Stabdruckkräfte vorausgesetzt. Mit EI = konst. wird durch Integration der Normalspannungen über den Querschnitt wie üblich erhalten

$$M(x_1) = -EI \cdot \varphi'_b(x_1)$$

Damit folgt aus Gl. (2.132)

$$M(x_1) = -EI \cdot v''(x_1) + \frac{EI}{GA_s} \cdot Q'(x_1) + EI \cdot v''_v(x_1) \tag{2.133}$$

Bei Theorie II. Ordnung wird das Gleichgewicht in der verformten Konfiguration ausgewertet. Dabei ist es sinnvoll, die Normal- und die Querkraft durch die statisch äquivalente Wirkung der Transversalkraft T und der Längsdruckkraft S zu ersetzen, siehe Bild 2.15. Letztere besitzen den Vorteil, daß ihre Orientierung unabhängig von der veränderlichen Tangentenneigung ist und invariant bleibt.

Für kleine Drehwinkel ($\sin\varphi = \varphi$, $\cos\varphi = 1$) lassen sich die Transformationsbeziehungen zwischen den Paaren (N, Q) und (S, T) vereinfachen zu

$$Q = T + S \cdot v' \qquad N = T \cdot v' - S \tag{2.134a}$$

bzw.

$$T = Q + N \cdot v' \qquad S = Q \cdot v' - N \tag{2.134b}$$

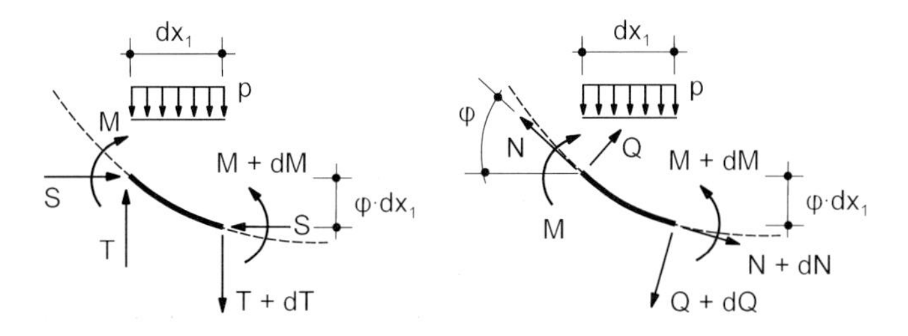

Bild 2.15 Schnittkräfte im verformten Zustand

Die Gleichgewichtsbedingungen am infinitesimalen Stabelement liefern

$$T'(x_1) = -p(x_1) \tag{2.135}$$

$$M'(x_1) = T(x_1) + S \cdot v'(x_1) = Q(x_1) \tag{2.136}$$

Daraus folgen die Beziehungen

$$M''(x_1) = -p(x_1) + S \cdot v''(x_1) \tag{2.137}$$

$$Q'(x_1) = -p(x_1) + S \cdot v''(x_1) \tag{2.138}$$

Mit der ersten Ableitung von Q gemäß Gl. (2.138) wird zunächst aus Gl. (2.133)

$$M(x_1) = -B_s \cdot v''(x_1) - \frac{EI}{GA_s} \cdot p(x_1) + EI \cdot v_v''(x_1) \tag{2.139}$$

erhalten und anschließend aus Gl. (2.136)

$$T(x_1) = -B_s \cdot v'''(x_1) - S \cdot v'(x_1) - \frac{EI}{GA_s} \cdot p'(x_1) + EI \cdot v_v'''(x_1) \tag{2.140}$$

mit $B_s = EI \cdot \left(1 - \frac{S}{GA_s}\right)$ reduzierte Biegesteifigkeit.

Das zweimalige Differenzieren der beiden Seiten der Gl. (2.139) führt zu

$$M''(x_1) = -B_s \cdot v^{IV}(x_1) - \frac{EI}{GA_s} \cdot p''(x_1) + EI \cdot v_v^{IV}(x_1) \tag{2.141}$$

Das Gleichsetzen der rechten Seiten der Gln. (2.137) und (2.141) liefert schließlich

$$B_s \cdot v^{IV}(x_1) + S \cdot v''(x_1) = p(x_1) - \frac{EI}{GA_s} \cdot p''(x_1) + EI \cdot v_v^{IV}(x_1) \tag{2.142}$$

Diese Gleichung wird mit dem Ansatz

$$\alpha = \sqrt{\frac{S}{B_s}} \quad [\text{Länge}^{-1}] \tag{2.143}$$

in die Form

$$v^{IV}(x_1) + \alpha^2 v''(x_1) = \frac{p(x_1)}{B_s} - \frac{EI \cdot p''(x_1)}{B_s \cdot GA_s} + \frac{EI \cdot v_v^{IV}(x_1)}{B_s} \tag{2.144}$$

überführt. Das ist die Differentialgleichung des schubweichen, druckbeanspruchten Biegestabes (*Timoshenko*-Stab) mit Vorverformungen nach Elastizitätstheorie II. Ordnung. Die Biegesteifigkeit wird durch den Einfluß der Schubweichheit und der Druckkraft vermindert, die Berechnung ist statt mit EI, mit einer reduzierten Biegesteifigkeit B_s zu führen.

Homogene Lösung. Die charakteristische Gleichung

$$\lambda^4 + \alpha^2 \lambda^2 = 0 \tag{2.145}$$

hat die Nullstellen $\lambda_{1,2} = \pm\alpha i$, $\lambda_{3,4} = 0$ und führt mit der dimensionslosen Ortskoordinate $\xi = \alpha x_1$ auf die vier Basisfunktionen $v_1 = \cos\xi$, $v_2 = \sin\xi$, $v_3 = \xi$, $v_4 = 1$.

Die homogene Lösung ist

$$v_h(x_1) = C_1 \cos\xi + C_2 \sin\xi + C_3\xi + C_4 \tag{2.146}$$

Partikuläre Lösung für linear veränderliche Querlast. Die Differentialgleichung (2.144) wird für eine lineare Lastfunktion

$$p(x_1) = p_0 + \frac{p_1}{L} \cdot x_1 \tag{2.147}$$

gelöst, deren zweite und weitere Ableitungen identisch verschwinden. Bei dem Ansatz gemäß Gl. (2.63) ist die zweifache Resonanz zu berücksichtigen

$$v_p(x_1) = \left(A_0 + A_1 x_1\right) \cdot x_1^2 \tag{2.148}$$

$$\text{mit } v_p''(x_1) = 2A_0 + 6A_1 x_1 \qquad v_p^{IV}(x_1) = 0$$

Der Koeffizientenvergleich $v_p^{IV}(x_1) + \alpha^2 v_p''(x_1) = \frac{p(x_1)}{B_s} - \frac{EI \cdot p''(x_1)}{B_s \cdot GA_s}$ liefert

$$2\alpha^2 A_0 + 6\alpha^2 A_1 \cdot x_1 = \frac{p_0}{B_s} + \frac{p_1}{B_s L} \cdot x_1 \tag{2.149}$$

Daraus folgen die Koeffizienten $A_0 = \frac{p_0}{2B_s\alpha^2}$ und $A_1 = \frac{p_1}{6B_s\alpha^2 L}$ sowie die partikuläre Lösung

$$v_p(x_1) = \frac{p_0}{2B_S\alpha^2} \cdot x_1^2 + \frac{p_1}{6B_S\alpha^2 L} \cdot x_1^3 \tag{2.150}$$

Partikuläre Lösung für spannungslose Vorverformung. Die Differentialgleichung (2.144) wird für eine sinusförmige Vorverformung gelöst

$$v_v(x_1) = v_{vm} \sin\frac{\pi x_1}{L} \tag{2.151}$$

mit v_m maximale Auslenkung (Amplitude der Sinushalbwelle), L Halbwellenlänge.
Der zu dieser Störfunktion konforme partikuläre Ansatz ist

$$v_p(x_1) = B_0 \sin\beta x_1 \tag{2.152}$$

$$\text{mit } \beta = \frac{\pi}{L} \quad \text{und} \quad v_p''(x_1) = -\beta^2 B_0 \sin\beta x_1 \qquad v_p^{IV}(x_1) = \beta^4 B_0 \sin\beta x_1$$

Der Koeffizientenvergleich $v_p^{IV}(x_1) + \alpha^2 v_p''(x_1) = \frac{EI \cdot v_v^{IV}(x_1)}{B_s}$ lautet

$$\beta^4 B_0 \sin\beta x_1 - \alpha^2\beta^2 B_0 \sin\beta x_1 = \frac{EI}{B_s} \cdot \beta^4 v_{vm} \sin\beta x_1 \tag{2.153}$$

und liefert den Koeffizienten $B_0 = \frac{EI \cdot v_{vm}}{B_s(1-\alpha^2/\beta^2)}$, der auf die partikuläre Lösung führt

$$v_p(x_1) = \frac{EI \cdot v_{vm}}{B_s(1-\alpha^2/\beta^2)} \cdot \sin\beta x_1 \tag{2.154}$$

Gesamtlösung. Die Verschiebungsfunktion besteht aus dem homogenen Anteil Gl. (2.146) und den beiden partikulären Lösungsanteilen gemäß den Gln. (2.150) und (2.154)

$$\begin{aligned} v(x_1) = {} & C_1\cos\xi + C_2\sin\xi + C_3\xi + C_4 \\ & + \frac{p_0}{2B_s\alpha^2}\cdot x_1^2 + \frac{p_1}{6B_s\alpha^2 L}\cdot x_1^3 + \frac{EI \cdot v_{vm}}{B_s(1-\alpha^2/\beta^2)}\cdot \sin\beta x_1 \end{aligned} \tag{2.155}$$

Ihre Ableitungen sind

$$\begin{aligned} v'(x_1) = {} & -\alpha C_1\sin\xi + \alpha C_2\cos\xi + \alpha C_3 \\ & + \frac{p_0}{B_s\alpha^2}\cdot x_1 + \frac{p_1}{2B_s\alpha^2 L}\cdot x_1^2 + \frac{\beta EI \cdot v_{vm}}{B_s(1-\alpha^2/\beta^2)}\cdot \cos\beta x_1 \end{aligned} \tag{2.156}$$

$$\begin{aligned} v''(x_1) = {} & -\alpha^2 C_1\cos\xi - \alpha^2 C_2\sin\xi \\ & + \frac{p_0}{B_s\alpha^2} + \frac{p_1}{B_s\alpha^2 L}\cdot x_1 - \frac{\beta^2 EI \cdot v_{vm}}{B_s(1-\alpha^2/\beta^2)}\cdot \sin\beta x_1 \end{aligned}$$

$$\begin{aligned} v'''(x_1) = {} & \alpha^3 C_1\sin\xi - \alpha^3 C_2\cos\xi \\ & + \frac{p_1}{B_s\alpha^2 L} - \frac{\beta^3 EI \cdot v_{vm}}{B_s(1-\alpha^2/\beta^2)}\cdot \cos\beta x_1 \end{aligned}$$

Mit den Ableitungen lassen sich die weiteren Zustandsgrößen bestimmen – die Verdrehungsfunktion als Differentialquotient von $v(x_1)$, die Momentenfunktion aus Gl. (2.139) und die Transversalkraft aus Gl. (2.140). Zuvor müssen die Koeffizienten C_1 bis C_4 ermittelt werden. Die dazu benötigten Gleichungen werden den Anfangsparametern für $x_1 = 0$ zugeordnet:

$$\begin{aligned} v_0 &= v(0) \\ \varphi_0 &= v'(0) \\ M_0 &= -B_s \cdot v''(0) - \frac{EI}{GA_s}\cdot p(0) + EI \cdot v_v''(0) \\ T_0 &= -B_s \cdot v'''(0) - S \cdot v'(0) - \frac{EI}{GA_s}\cdot p'(0) + EI \cdot v_v'''(0) \end{aligned} \tag{2.157}$$

Die Lösung der Gln. (2.157) liefert die Koeffizienten

$$\begin{aligned} C_1 &= \frac{M_0}{B_s\alpha^2} + \frac{EI \cdot p_0}{B_s^2\alpha^4} \\ C_2 &= \frac{\varphi_0}{\alpha} + \frac{T_0}{B_s\alpha^3} + \frac{EI \cdot p_1}{B_s^2\alpha^5 L} - \frac{EI\beta \cdot v_{vm}}{B_s\alpha(1-\alpha^2/\beta^2)} \end{aligned} \tag{2.158}$$

$$C_3 = -\frac{T_0}{B_s\alpha^3} - \frac{EI \cdot p_1}{B_s^2\alpha^5 L}$$

$$C_4 = v_0 - \frac{M_0}{B_s\alpha^2} - \frac{EI \cdot p_0}{B_s^2\alpha^4}$$

Nach einigen Umformungen werden die Zustandsfunktionen erhalten

$$\begin{aligned} v(x_1) = {} & v_0 + \frac{\sin\xi}{\alpha} \cdot \varphi_0 - \frac{1-\cos\xi}{B_s\alpha^2} \cdot M_0 - \frac{\xi - \sin\xi}{B_s\alpha^3} \cdot T_0 \\ & + \frac{\xi^2 - 2(1-\cos\xi) \cdot EI/B_s}{2B_s\alpha^4} \cdot p_0 + \frac{\xi^3 - 6(\xi - \sin\xi) \cdot EI/B_s}{6B_s\alpha^5} \cdot \frac{p_1}{L} \\ & + \frac{\alpha \sin\beta x_1 - \beta \sin\xi}{\alpha(1-\alpha^2/\beta^2)} \cdot \frac{EI}{B_s} \cdot v_{vm} \end{aligned} \tag{2.159}$$

$$\begin{aligned} \varphi(x_1) = {} & \cos\xi \cdot \varphi_0 - \frac{\sin\xi}{B_s\alpha} \cdot M_0 - \frac{1-\cos\xi}{B_s\alpha^2} \cdot T_0 \\ & + \frac{\xi - \sin\xi \cdot EI/B_s}{B_s\alpha^3} \cdot p_0 + \frac{\xi^2 - 2(1-\cos\xi) \cdot EI/B_s}{2B_s\alpha^4} \cdot \frac{p_1}{L} \\ & + \beta \cdot \frac{\cos\beta x_1 - \cos\xi}{1-\alpha^2/\beta^2} \cdot \frac{EI}{B_s} \cdot v_{vm} \end{aligned} \tag{2.160}$$

$$\begin{aligned} M(x_1) = {} & B_s\alpha \sin\xi \cdot \varphi_0 + \cos\xi \cdot M_0 + \frac{\sin\xi}{\alpha} \cdot T_0 \\ & - \frac{1-\cos\xi}{\alpha^2} \cdot \frac{EI}{B_s} \cdot p_0 - \frac{\xi - \sin\xi}{\alpha^3} \cdot \frac{EI}{B_s} \cdot \frac{p_1}{L} \\ & + S \cdot \frac{\alpha \sin\beta x_1 - \beta \sin\xi}{\alpha(1-\alpha^2/\beta^2)} \cdot \frac{EI}{B_s} \cdot v_{vm} \end{aligned} \tag{2.161}$$

$$T(x_1) = T_0 - x_1 \cdot p_0 - \frac{x_1^2}{2} \cdot \frac{p_1}{L} \tag{2.162}$$

Die vier Zustandsfunktionen lassen sich kompakt in Matrixform darstellen

$$\underline{z}_x = \underline{F} \cdot \underline{z}_0 + \underline{f}_{p_0} \cdot p_0 + \underline{f}_{p_1} \cdot \frac{p_1}{L} + \underline{f}_v \cdot v_{vm} \tag{2.163}$$

mit $\underline{z}_x = \begin{bmatrix} v(x_1) \\ \varphi(x_1) \\ M(x_1) \\ T(x_1) \end{bmatrix}$ Vektor der Zustandsvariablen an der Stelle x_1,

$$\underline{z}_0 = \begin{bmatrix} v_0 \\ \varphi_0 \\ M_0 \\ T_0 \end{bmatrix} \quad \text{Vektor der Anfangsparameter und}$$

$\underline{F}$ quadratische (4×4)-Koeffizientenmatrix
$\underline{f}_{p_0}$ Vektor der Einflußfaktoren für den konstanten Anteil der Querlast
$\underline{f}_{p_1}$ Vektor der Einflußfaktoren für den veränderlichen Lastanteil
$\underline{f}_v$ Vektor der Einflußfaktoren für die spannungslose Vorverformung

Die Matrixformulierung ist

$$\begin{bmatrix} v(x_1) \\ \varphi(x_1) \\ M(x_1) \\ T(x_1) \end{bmatrix} = \begin{bmatrix} 1 & \frac{\sin\xi}{\alpha} & -\frac{1-\cos\xi}{B_s\alpha^2} & -\frac{\xi-\sin\xi}{B_s\alpha^3} \\ 0 & \cos\xi & -\frac{\sin\xi}{B_s\alpha} & -\frac{1-\cos\xi}{B_s\alpha^2} \\ 0 & B_s\alpha\sin\xi & \cos\xi & \frac{\sin\xi}{\alpha} \\ 0 & 0 & 0 & 1 \end{bmatrix} \cdot \begin{bmatrix} v_0 \\ \varphi_0 \\ M_0 \\ T_0 \end{bmatrix}$$

$$+ \begin{bmatrix} \frac{\xi^2 - 2(1-\cos\xi)\cdot EI/B_s}{2B_s\alpha^4} \\ \frac{\xi - \sin\xi \cdot EI/B_s}{B_s\alpha^3} \\ -\frac{1-\cos\xi}{\alpha^2}\cdot\frac{EI}{B_s} \\ -x_1 \end{bmatrix} \cdot p_0 + \begin{bmatrix} \frac{\xi^3 - 6(\xi-\sin\xi)\cdot EI/B_s}{6B_s\alpha^5} \\ \frac{\xi^2 - 2(1-\cos\xi)\cdot EI/B_s}{2B_s\alpha^4} \\ -\frac{\xi-\sin\xi}{\alpha^3}\cdot\frac{EI}{B_s} \\ -\frac{x_1^2}{2} \end{bmatrix} \cdot \frac{p_1}{L} \tag{2.164}$$

$$+ \begin{bmatrix} \frac{\alpha\sin\beta x_1 - \beta\sin\xi}{\alpha(1-\alpha^2/\beta^2)}\cdot\frac{EI}{B_s} \\ \beta\cdot\frac{\cos\beta x_1 - \cos\xi}{(1-\alpha^2/\beta^2)}\cdot\frac{EI}{B_s} \\ S\cdot\frac{\alpha\sin\beta x_1 - \beta\sin\xi}{\alpha(1-\alpha^2/\beta^2)}\cdot\frac{EI}{B_s} \\ 0 \end{bmatrix} \cdot v_{vm}$$

Wird der Einfluß der Schubverzerrungen auf das Tragverhalten vernachlässigt (schubsteife Stäbe mit $GA_s \to \infty$) entfallen die entsprechenden Terme der Gl. (2.144) und sie geht in die Differentialgleichung nach Theorie II. Ordnung des druckbeanspruchten *Bernoulli*-Biegestabes mit Vorverformungen über.

$$v^{IV}(x_1) + \alpha^2 v''(x_1) = \frac{p(x_1)}{EI} + v_v^{IV}(x_1) \tag{2.165}$$

mit $\alpha = \sqrt{\frac{S}{EI}}$ [Länge^{-1}]

Die Lösung gelingt analog, die Matrixformulierung der Zustandsfunktionen ist

$$\begin{bmatrix} v(x_1) \\ \varphi(x_1) \\ M(x_1) \\ T(x_1) \end{bmatrix} = \begin{bmatrix} 1 & \frac{\sin\xi}{\alpha} & -\frac{1-\cos\xi}{EI\alpha^2} & -\frac{\xi-\sin\xi}{EI\alpha^3} \\ 0 & \cos\xi & -\frac{\sin\xi}{EI\alpha} & -\frac{1-\cos\xi}{EI\alpha^2} \\ 0 & EI\alpha\sin\xi & \cos\xi & \frac{\sin\xi}{\alpha} \\ 0 & 0 & 0 & 1 \end{bmatrix} \cdot \begin{bmatrix} v_0 \\ \varphi_0 \\ M_0 \\ T_0 \end{bmatrix}$$

$$+ \begin{bmatrix} \frac{\xi^2 - 2(1-\cos\xi)}{2EI\alpha^4} \\ \frac{\xi-\sin\xi}{EI\alpha^3} \\ -\frac{1-\cos\xi}{\alpha^2} \\ -x_1 \end{bmatrix} \cdot p_0 + \begin{bmatrix} \frac{\xi^3 - 6(\xi-\sin\xi)}{6EI\alpha^5} \\ \frac{\xi^2 - 2(1-\cos\xi)}{2EI\alpha^4} \\ -\frac{\xi-\sin\xi}{\alpha^3} \\ -\frac{x_1^2}{2} \end{bmatrix} \cdot \frac{p_1}{L} \tag{2.166}$$

$$+ \begin{bmatrix} \frac{\alpha\sin\beta x_1 - \beta\sin\xi}{\alpha(1-\alpha^2/\beta^2)} \\ \beta\cdot\frac{\cos\beta x_1 - \cos\xi}{(1-\alpha^2/\beta^2)} \\ S\cdot\frac{\alpha\sin\beta x_1 - \beta\sin\xi}{\alpha(1-\alpha^2/\beta^2)} \\ 0 \end{bmatrix} \cdot v_{vm}$$

Im einfachen Fall nach Elastizitätstheorie I. Ordnung ist die Stabdruckkraft entweder gleich null oder ihre steifigkeitsmindernde Wirkung ist so gering, daß sie vernachlässigt wird. Die Gleichgewichtsbedingungen werden in der unverformten Konfiguration formuliert und die Differentialgleichung des Biegestabes nach Elastizitätstheorie I. Ordnung erhalten.

$$v^{IV}(x_1) = \frac{p(x_1)}{EI} + v_v^{IV}(x_1) \tag{2.167}$$

Die Matrixformulierung der Gesamtlösung vereinfacht sich zu

$$\begin{bmatrix} v(x_1) \\ \varphi(x_1) \\ M(x_1) \\ Q(x_1) \end{bmatrix} = \begin{bmatrix} 1 & x_1 & -\frac{x_1^2}{2EI} & -\frac{x_1^3}{6EI} \\ 0 & 1 & -\frac{x_1}{EI} & -\frac{x_1^2}{2EI} \\ 0 & 0 & 1 & x_1 \\ 0 & 0 & 0 & 1 \end{bmatrix} \cdot \begin{bmatrix} v_0 \\ \varphi_0 \\ M_0 \\ Q_0 \end{bmatrix}$$

$$+ \begin{bmatrix} \frac{x_1^4}{24EI} \\ \frac{x_1^3}{6EI} \\ -\frac{x_1^2}{2} \\ -x_1 \end{bmatrix} \cdot p_0 + \begin{bmatrix} \frac{x_1^5}{120EI} \\ \frac{x_1^4}{24EI} \\ -\frac{x_1^3}{6} \\ -\frac{x_1^2}{2} \end{bmatrix} \cdot \frac{p_1}{L} + \begin{bmatrix} -(\beta x - \sin\beta x_1) \\ -\beta \cdot (1 - \cos\beta x_1) \\ 0 \\ 0 \end{bmatrix} \cdot v_{vm} \tag{2.168}$$

Beispiel 2.4 Die im Bild 2.16 dargestellte Stütze mit konstantem Querschnitt wird gemäß den Stabtheorien nach *Timoshenko* und *Bernoulli* untersucht. Die Eigenlast wird vernachlässigt.

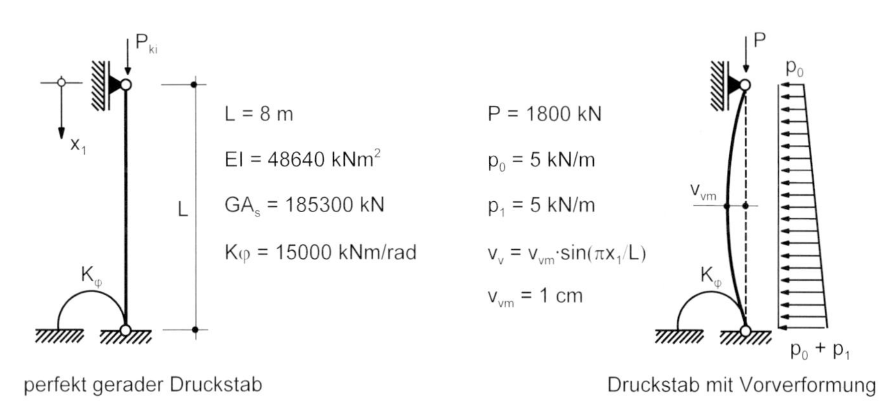

Bild 2.16 Statisches System, Belastung, Vorverformung

Als erstes wird die ideale Knicklast als linearisierte Verzweigungslast bestimmt. Anschließend werden die Zustandsfunktionen unter den Gebrauchslasten ermittelt, siehe Bild 2.16 rechts, dabei wird eine sinusförmige Vorverformung mit berücksichtigt. Die Ergebnisse werden denen gemäß der Stabtheorie nach *Bernoulli* gegenübergestellt.

Verzweigungslastuntersuchung. Die ideale Knicklast $P_{ki} = S_{ki}$ wird am Modell des perfekt geraden Druckstabes ermittelt, siehe Bild 2.16 links. Für $x_1 = L$ wird aus Gl. (2.164) das homogene Gleichungssystem

$$\begin{bmatrix} v(L) \\ \varphi(L) \\ M(L) \\ T(L) \end{bmatrix} = \begin{bmatrix} 1 & \dfrac{\sin\omega}{\omega}\cdot L & -\dfrac{1-\cos\omega}{\omega^2}\cdot\dfrac{L^2}{B_s} & -\dfrac{\omega-\sin\omega}{\omega^3}\cdot\dfrac{L^3}{B_s} \\ 0 & \cos\omega & -\dfrac{\sin\omega}{\omega}\cdot\dfrac{L}{B_s} & -\dfrac{1-\cos\omega}{\omega^2}\cdot\dfrac{L^2}{B_s} \\ 0 & \dfrac{B_s}{L}\cdot\omega\sin\omega & \cos\omega & \dfrac{\sin\omega}{\omega}\cdot L \\ 0 & 0 & 0 & 1 \end{bmatrix} \cdot \begin{bmatrix} v_0 \\ \varphi_0 \\ M_0 \\ T_0 \end{bmatrix}$$

erhalten, mit $\omega = \xi(x_1 = L) = L\sqrt{S/B_s}$ – Stabkennzahl des schubweichen Stabes. Es sei daran erinnert, daß die reduzierte Biegesteifigkeit sowohl von der Schubsteifigkeit GA_s als auch von der Druckkraft S abhängig ist: $B_s = EI\cdot\left(1-\dfrac{S}{GA_s}\right)$

Die Lagerung am Stützenkopf ($x_1 = 0$) entspricht den Anfangswerten $v_0 = 0$ und $M_0 = 0$. Die linear elastische Einspannung am unteren Ende führt zu zwei weiteren Randbedingungen, nämlich $v(L)=0$ und $M(L) - \varphi(L)\cdot K_\varphi = 0$. Die obige Matrixbeziehung wird mit den vier Randbedingungen auf ein homogenes (2×2)-Gleichungssystem reduziert

$$\left[\begin{array}{c|c} \dfrac{\sin\omega}{\omega}\cdot L & -\dfrac{\omega-\sin\omega}{\omega^3}\cdot\dfrac{L^3}{B_s} \\ \hline \dfrac{B_s}{L}\cdot\omega\sin\omega - \cos\omega\cdot K_\varphi & \dfrac{\sin\omega}{\omega}\cdot L + \dfrac{1-\cos\omega}{\omega^2}\cdot\dfrac{L^2}{B_s}\cdot K_\varphi \end{array}\right] \cdot \begin{bmatrix} \varphi_0 \\ T_0 \end{bmatrix} = 0$$

Die Bedingung für die Existenz einer nichttrivialen Lösung für φ_0 und T_0 ist das Nullwerden der Determinante der Koeffizientenmatrix

$$\det|\omega| = \left(\frac{\sin\omega}{\omega} + \frac{\sin\omega - \omega\cos\omega}{\omega^3}\cdot\frac{K_\varphi L}{B_s}\right)\cdot L^2 = 0$$

Eine analytische Lösung dieser transzendenten Gleichung ist nicht möglich, die Lösung erfolgt numerisch und liefert den ersten Eigenwert $\omega_{ki} = 3{,}6774$. Der normierte Verlauf von $\det|\omega|$ ist in Bild 2.17 dargestellt, wobei die Normierung mit dem Anfangswert der Determinante

$$\det|0| = \left(1 + \frac{1}{3}\cdot\frac{K_\varphi L}{B_s}\right)\cdot L^2$$

vorgenommen wurde. Die Verzweigungslast des *Timoshenko*-Stabes wird nach der Auflösung der ω-S-Beziehung berechnet zu

$$S_{ki} = \frac{1}{\dfrac{L^2}{\omega_{ki}^2 \cdot EI} + \dfrac{1}{GA_s}} = \frac{1}{\dfrac{64\,m^2}{3{,}6774^2 \cdot 48\,640\,kNm^2} + \dfrac{1}{185\,300\,kN}} = 9\,738\,kN$$

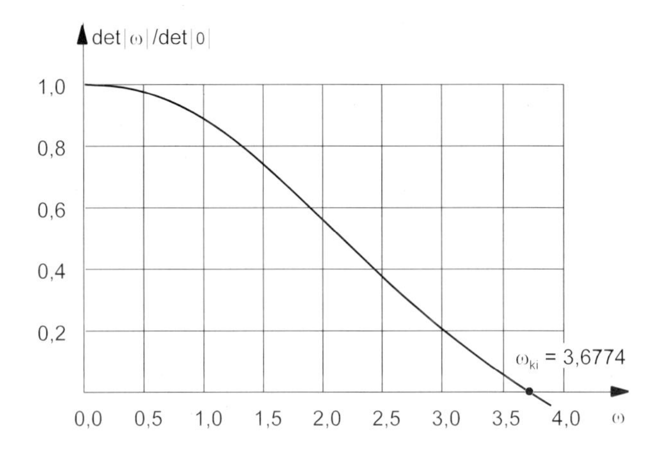

Bild 2.17 Determinantenverlauf, Eigenwert

Die Verzweigungslastuntersuchung gemäß der Stabtheorie nach *Bernoulli*, mit Vernachlässigung der Schubverzerrungen, verläuft analog. Ausgangspunkt ist die Matrixgleichung (2.166). Unter der Annahme $GA_s = \infty$ wird mit einer konstanten Biegesteifigkeit EI gearbeitet. Die Beziehung zwischen der Druckkraft und der Stabkennzahl vereinfacht sich zu $S = \omega^2 \cdot EI/L^2$. Die ideale Knicklast der Stabtheorie nach *Bernoulli* ist S_{ki} = 10176 kN und liegt erwartungsgemäß höher als die der Stabtheorie nach *Timoshenko*, hier etwa 4%.

Gebrauchslastenzustand. Die Last P am Stützenkopf führt im Gebrauchslastenzustand, siehe Bild 2.16 rechts, zu den Stabkennwerten S = 1800 kN, B_s = 48168 kNm², α = 0,1933 m^{-1} und ω = 1,5465. Damit, sowie mit den charakteristischen Werten der Querlast (p_0 = 5 kN/m, p_1 = 5 kN/m) und der maximalen Vorverformung in Stabmitte (v_{vm} = 0,01 m), werden aus Gl. (2.164) über die Randbedingungen für $x_1 = 0$ bzw. $x_1 = L$

$$v_0 = 0 \qquad v(L) = 0$$

$$\varphi_0 = 0 \qquad M(L) - \varphi(L) \cdot K_\varphi = 0$$

die Bestimmungsgleichungen für die beiden unbekannten Anfangsparameter φ_0 und T_0 erhalten

$$\begin{bmatrix} 5{,}1715 \cdot 10^0 & -1{,}5714 \cdot 10^{-3} \\ 8{,}9442 \cdot 10^3 & 1{,}3302 \cdot 10^1 \end{bmatrix} \cdot \begin{bmatrix} \varphi_0 \\ T_0 \end{bmatrix} + \begin{bmatrix} -8{,}3252 \cdot 10^{-3} \\ -2{,}9299 \cdot 10^2 \end{bmatrix} = \underline{0}$$

Die Auflösung dieses Gleichungssystems liefert

$$\varphi_0 = 6{,}8941 \cdot 10^{-3}\ rad \qquad T_0 = 17{,}390\ kN$$

Mit den Beziehungen nach Gl. (2.164) können die Zustandsfunktionen angegeben werden, siehe Bild 2.18.

Die Berechnung ohne Berücksichtigung der Schubdeformation gemäß der Stabtheorie nach *Bernoulli* verläuft völlig analog auf der Basis der einfacheren Beziehungen nach Gl. (2.166). Zu Vergleichszwecken wird auch die Berechnung nach der klassischen Biegetheorie I. Ordnung aufgeführt, bei der die destabilisierende Wirkung der Druckkraft vernachlässigt wird. Diese Berechnung erfolgt auf der Grundlage der Beziehungen nach Gl. (2.168).

Bild 2.18 zeigt die ermittelten Momentenverläufe $M(x_1)$ und Biegelinien $v(x_1)$ nach der Elastizitätstheorie II. Ordnung mit bzw. ohne Berücksichtigung der Schubverformung, sowie nach Theorie I. Ordnung.

Die Schubdeformation hat bei diesem Beispiel keine nennenswerte Auswirkung auf die Zustandsgrößen. Die Schubweichheit wird bei kurzen Stäben mit relativ hohen Querschnitten relevant, hat jedoch keinen wesentlichen Einfluß auf Stäbe mit praxisüblichen Schlankheiten. Die dicht benachbarten Ergebnisse für die beiden Stabtheorien nach Elastizitätstheorie II. Ordnung unterstreichen die Aussage.

Der steifigkeitsmindernde und destabilisierende Einfluß der Druckkraft kann beträchtlich sein, wie dies aus dem Vergleich der Ergebnisse nach den Theorien I. und II. Ordnung kleiner Verschiebungen erkennbar ist.

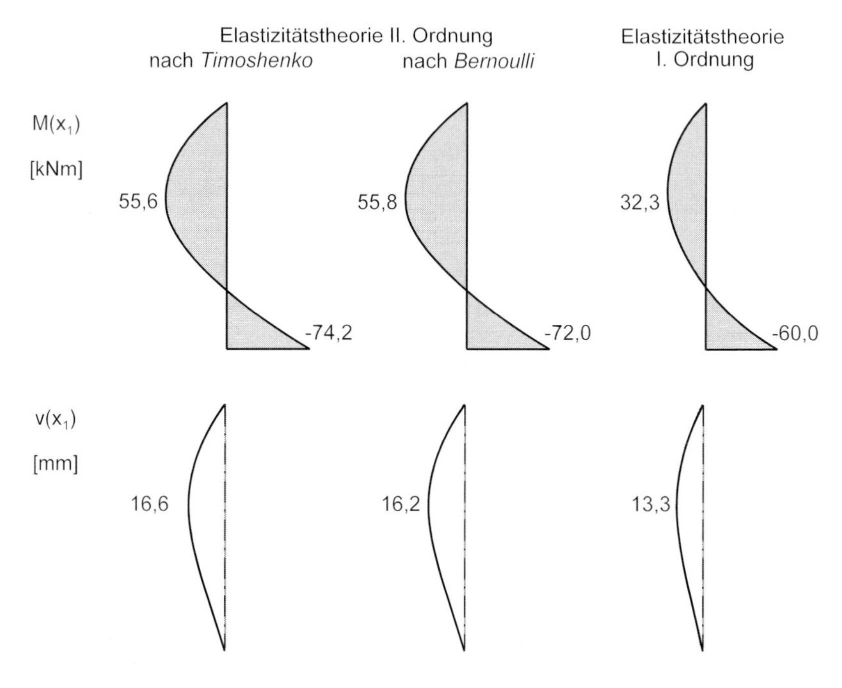

Bild 2.18 Gegenüberstellung von Biegemomenten und Durchbiegungen

2.3.4 Differentialgleichungssysteme 1. Ordnung

Durch die Überführung einer gewöhnlichen Differentialgleichung n-ter Ordnung in ein System von n Differentialgleichungen 1. Ordnung der Form

$$\frac{d\underline{z}(x_1)}{dx_1} = \underline{A}(x_1) \cdot \underline{z}(x_1) + \underline{b}(x_1) \tag{2.169}$$

mit dem Spaltenvektor $\underline{z}$ der unbekannten Funktionen, der Koeffizientenmatrix $\underline{A}$ und dem Lastvektor $\underline{b}$ wird eine effiziente numerische Lösung möglich. Die Koeffizienten des Differentialgleichungssystems können variabel sein. Vorteilhafte numerische Lösungen von Differentialgleichungssystemen 1. Ordnung mit variablen Koeffizienten gelingen z.B. mit Potenzreihenentwicklung, *Picard-Lindelöf-* oder *Runge-Kutta*-Integration.

Das Differentialgleichungssystem 1. Ordnung für den eben wirkenden geraden Stab nach Elastizitätstheorie I. Ordnung ist

$$\frac{d}{dx_1}\begin{bmatrix} u(x_1) \\ v(x_1) \\ \varphi(x_1) \\ M(x_1) \\ Q(x_1) \\ N(x_1) \end{bmatrix} = \begin{bmatrix} 0 & 0 & 0 & 0 & 0 & \frac{-1}{EA(x_1)} \\ 0 & 0 & 1 & 0 & 0 & 0 \\ 0 & 0 & 0 & \frac{-1}{EI(x_1)} & 0 & 0 \\ 0 & 0 & 0 & 0 & 1 & 0 \\ 0 & 0 & 0 & 0 & 0 & 0 \\ 0 & 0 & 0 & 0 & 0 & 0 \end{bmatrix} \cdot \begin{bmatrix} u(x_1) \\ v(x_1) \\ \varphi(x_1) \\ M(x_1) \\ Q(x_1) \\ N(x_1) \end{bmatrix} + \begin{bmatrix} 0 \\ 0 \\ 0 \\ 0 \\ -p(x_1) \\ s(x_1) \end{bmatrix} \tag{2.170}$$

Wird die Stablängskraft S bekannt vorausgesetzt, kann ein linearisiertes Differentialgleichungssystem 1.Ordnung für den eben wirkenden geraden Stab nach Elastizitätstheorie II. Ordnung (Stabtheorie nach *Bernoulli*) formuliert werden

$$\frac{d}{dx_1}\begin{bmatrix} u(x_1) \\ v(x_1) \\ \varphi(x_1) \\ M(x_1) \\ Q(x_1) \\ N(x_1) \end{bmatrix} = \begin{bmatrix} 0 & 0 & 0 & 0 & 0 & \frac{-1}{EA(x_1)} \\ 0 & 0 & 1 & 0 & 0 & 0 \\ 0 & 0 & 0 & \frac{-1}{EI(x_1)} & 0 & 0 \\ 0 & 0 & S(x_1) & 0 & 1 & 0 \\ 0 & 0 & 0 & 0 & 0 & 0 \\ 0 & 0 & 0 & 0 & 0 & 0 \end{bmatrix} \cdot \begin{bmatrix} u(x_1) \\ v(x_1) \\ \varphi(x_1) \\ M(x_1) \\ Q(x_1) \\ N(x_1) \end{bmatrix} + \begin{bmatrix} 0 \\ 0 \\ 0 \\ 0 \\ -p(x_1) \\ s(x_1) \end{bmatrix} \tag{2.171}$$

Derartige linearisierte Formulierungen können für ebene und räumliche, statische und dynamische Probleme mit totalen oder inkrementalen Größen aufgestellt und numerisch vorteilhaft gelöst werden, siehe z.B. [56], [89]. In Abschn. 4.2.6 ist der Zusammenhang zwischen dem Ergebnis der Integration über den Stab und der Deformationsmethode hergestellt.

2.4 Energetische Formulierungen

Bestimmungsgleichungen können sowohl aus explizit formulierten differentialen Beziehungen als auch aus der Variation eines Funktionales erhalten werden. Ein Funktional ist definiert als ein Operator, der eine Funktion mit unabhängigen Variablen oder mehrere Funktionen mit unabhängigen Variablen auf eine skalare Größe abbildet. Unterschieden werden Einfeld- und Mehrfeldfunktionale.

Für die Entwicklung verallgemeinerter Variationsprinzipe wird die Minimierung/Maximierung einer Zielfunktion $z(\underline{x})$ mit dem Variablenvektor $\underline{x} = \{x_1, x_2, ..., x_j, ..., x_n\}$ und $i = 1, 2, ... m$ Nebenbedingungen in Gleichungsform $g_i(\underline{x}) = 0$ betrachtet. Für die Optimierungsaufgabe mit Gleichungsnebenbedingungen wird eine erweiterte Zielfunktion eingeführt und diese auf eine Aufgabe ohne Nebenbedingungen zurückgeführt. Die neue Zielfunktion ist die *Lagrange*-Funktion

$$L(\underline{x},\underline{\lambda}) = z(\underline{x}) + \sum_{i=1}^{i=m} \lambda_i \cdot g_i(\underline{x}) \tag{2.172}$$

mit den *Lagrange*-Faktoren λ_i. Im erweiterten Variablenraum mit den $(n + m)$ Variablen sind die Bedingungsgleichungen für die stationären Lösungen

$$\frac{\partial L(\underline{x},\underline{\lambda})}{\partial x_j} = 0, \quad j = 1,2,...,n \tag{2.173}$$

und

$$\frac{\partial L(\underline{x},\underline{\lambda})}{\partial \lambda_i} = g_i(\underline{x}) = 0, \quad i = 1,2,...,m \tag{2.174}$$

Am Stationaritätspunkt von L sind die Werte von $L(\underline{x}, \underline{\lambda})$ und $z(\underline{x})$ identisch. Mit den Lösungswerten der x_j und λ_i wird im Variablenraum der Zielfunktion z eine stationäre und extremale Lösung erhalten, die Lösung für die erweiterte Zielfunktion L ist nur noch stationär.

Die Übertragung des *Lagrange*-Vorgehens auf ein Funktional mit Funktionen $\underline{f}(\underline{x}_i)$ an i Punkten führt auf das erweiterte Funktional

$$L\left(\underline{f}(\underline{x}_i),\underline{\lambda}\right) = z\left(\underline{f}(\underline{x}_i)\right) + \sum_{i=1}^{i=m} \lambda(\underline{x}_i) \cdot g\left(\underline{f}(\underline{x}_i)\right) \tag{2.175}$$

mit der Gleichungsnebenbedingung

$$g\left(f_j(\underline{x}_i)\right) = 0 \tag{2.176}$$

Die Gleichungsnebenbedingung soll an unendlich vielen Punkten erfüllt werden. In Gl. (2.175) wird die Summe zum Integral für $d\underline{x}$

$$L\left(\underline{f}(\underline{x}_i),\underline{\lambda}\right) = z\left(\underline{f}(\underline{x}_i)\right) + \int_{\underline{x}} \lambda(\underline{x}_i) \cdot g\left(\underline{f}(\underline{x}_i)\right) d\underline{x} \tag{2.177}$$

Für $d\underline{x} = dx_1 \cdot dx_2 \cdot dx_3 = dV$ wird die *Lagrange*-Faktorfunktion $\lambda(\underline{x})$ zur *Lagrange*-Faktordichtefunktion $\Lambda(\underline{x})$ und

$$L\left(\underline{f}(\underline{x}),\underline{\Lambda}\right) = z\left(\underline{f}(\underline{x})\right) + \int_{V} \Lambda(\underline{x}) \cdot g\left(\underline{f}(\underline{x})\right) dV \tag{2.178}$$

Sind k Gleichungsnebenbedingungen an allen Punkten zu erfüllen, d.h. $g_k(f_j(\underline{x}_i)) = 0$, wird die Gl. (2.178) zu

$$L(\underline{f}(\underline{x}), \underline{\Lambda}) = z(\underline{f}(\underline{x})) + \sum_k \int_V \Lambda_k(\underline{x}) \cdot g_k(\underline{f}(\underline{x}))\, dV \tag{2.179}$$

Für Stationaritätsbedingungen gemäß den Gln. (2.173) und (2.174) sind bei der verallgemeinerten (erweiterten) Formulierung die Lösungen $f_j(\underline{x})$ nicht mehr extremal, sondern nur noch stationär.

Werden Verschiebungs- und Verzerrungsgrößen als unabhängige gesuchte Funktionen eingeführt und sind die in jedem Punkt zu erfüllenden sechs Kinematik-Gleichungen die Gleichungsnebenbedingungen, kann das Einfeld-Funktional $z = \Pi$ zu einem Mehrfeld-Funktional erweitert werden.

$$L(\underline{v}, \underline{\varepsilon}, \underline{\Lambda}) = \Pi + \sum_{k=1}^{6} \int_V \Lambda_k(\underline{x}) \cdot g_k(\underline{f}(\underline{x}))\, dV \tag{2.180}$$

mit

$$g_1(\underline{x}) = \varepsilon_1(\underline{x}) - \frac{\partial v_1(\underline{x})}{\partial x_1} = 0, \quad g_2(\underline{x}) = \varepsilon_2(\underline{x}) - \frac{\partial v_2(\underline{x})}{\partial x_2} = 0, \ \ldots \tag{2.181}$$

Verallgemeinerte Variationsprinzipe lassen sich so aus Mehrfeld-Funktionalen bilden. Dabei können unabhängige unbekannte Funktionen unabhängig voneinander variiert werden. Die Stationaritätsbedingungen bezüglich der Verzerrungen $\underline{\varepsilon}$ führen bei elastischem Stoffgesetz zu der Aussage, daß die *Lagrange*-Faktordichtefunktionen $\Lambda_k(\underline{x})$ zu den Gleichungsnebenbedingungen $g_k(\underline{x})$ gleich den negativen „mechanisch konjugierten" Funktionen sind.

$$\Lambda_1(\underline{x}) = -\sigma_1, \quad \Lambda_2(\underline{x}) = -\sigma_2, \ \ldots \tag{2.182}$$

Die unbekannten Funktionen $\Lambda_k(\underline{x})$ werden bei Erweiterung des Funktionales z zum *Lagrange*-Funktional L zum Eliminieren der Gleichungsnebenbedingungen $g_k = 0$ verwendet und in Reihen mit bekannten Koordinatenfunktionen $\phi_i(\underline{x})$ und Freiwerten a_i entwickelt.

$$\Lambda_k(\underline{x}) = \sum_{i=1}^{\infty} a_{ki} \cdot \phi_{ki}(\underline{x}) \tag{2.183}$$

Mit einer endlichen Zahl von Reihengliedern (Koordinatenfunktionen und Freiwerte) ist nur eine schwache Erfüllung der Gleichungsnebenbedingungen im Stationaritätspunkt möglich.

Verallgemeinerte Variationsprinzipe wie z.B. die Prinzipe nach *Hu/Washizu*, *Hellinger/Reissner* oder *Pian/Tong*, siehe dazu u.a. [83], [90], [68], [7], führen auf gemischte, hybride oder gemischt-hybride Formulierungen.

Die mathematischen Formulierungen der klassischen Variationsprinzipe der Statik sind reine Extremaldarstellungen, d.h. Formulierungen ohne die beschriebene *Lagrange*-Erweiterung. Die physikalische Interpretation dieser Extremalprinzipe sind energetische Aussagen.

Im Rahmen dieser Einführung werden nur die beiden Extremalprinzipe der Statik – das Minimalprinzip der potentiellen Energie (MpE) und das Minimalprinzip der Ergänzungsenergie (MEE) – sowie Erweiterungen auf den kinetischen Fall beschrieben. Die potentielle Energie Π und die Ergänzungsenergie Π_c sind Einfeld-Funktionale.

2.4.1 Prinzip vom Minimum der potentiellen Energie

Das Prinzip vom Minimum der potentiellen Energie basiert auf der Variation des Funktionales Π zu einem Verschiebungsfeld $\underline{v}$ und wird auf der Grundlage des Prinzipes der virtuellen Verschiebungen nach Gl. (2.17) skizziert. Zwischen den virtuellen Verschiebungen und den virtuellen Verzerrungen besteht ein linearer Zusammenhang. Anstelle des virtuellen Verschiebungszustandes werden nun spezielle Variationen des tatsächlichen Verschiebungszustandes verwendet und bei statischer Belastung die Trägheits- und Dämpfungsterme vernachlässigt. Die Linearität der Abhängigkeiten der Verzerrungen von den Verschiebungen ist für die $\delta\underline{v}$ erfüllt.

$$\int_S \underline{p}_S \cdot \delta\underline{v} \cdot dS = \int_V (\sigma_1 \cdot \delta\varepsilon_1 + \sigma_2 \cdot \delta\varepsilon_2 + \sigma_3 \cdot \delta\varepsilon_3 + \sigma_{12} \cdot \delta\gamma_{12} + \sigma_{13} \cdot \delta\gamma_{13} + \sigma_{23} \cdot \delta\gamma_{23}) \cdot dV \tag{2.184}$$

Die Oberfläche S des Körpers wird in Bereiche S_v mit vorgeschriebenen Verschiebungen und in Bereiche S_p mit vorgeschriebenen Belastungen $\overset{+}{\underline{p}}$ unterteilt. Auf dem Oberflächenbereich S_V ist $\delta\underline{v} = 0$. Die gegebene Belastung je Volumeneinheit ist $\overset{+}{\underline{p}}_V$. Damit folgt für Gl. (2.184)

$$\int_{S_P} \overset{+}{\underline{p}} \cdot \delta\underline{v} \cdot dS_P + \int_V \overset{+}{\underline{p}}_V \cdot \delta\underline{v} \cdot dV = \int_V (\underline{\sigma}^T \cdot \delta\underline{\varepsilon}) \cdot dV \tag{2.185}$$

Die rechte Seite von Gl. (2.185) ist die von den tatsächlichen Spannungen bei den virtuellen Verzerrungen geleistete innere Arbeit – die Formänderungsarbeit bzw. Formänderungsenergie W_i. Die auf das Volumen bezogene Formänderungsarbeit wird als Formänderungsenergiedichte w_i bezeichnet.

$$W_i = \int_V w_i \cdot dV \tag{2.186}$$

Die differentiale Änderung der Formänderungsenergiedichte setzt sich aus den Komponenten des Spannungszustandes bei differentialer Änderung des Verzerrungszustandes zusammen

$$dw_i = \sigma_1 \cdot d\varepsilon_1 + \sigma_2 \cdot d\varepsilon_2 + \ldots = \underline{\sigma}^T \cdot d\underline{\varepsilon} \tag{2.187}$$

Mit einer definierten Abhängigkeit der Spannungen von den Verzerrungen wird durch die Integration über die Verzerrungen in Gl. (2.187) die Formänderungsenergiedichte w_i erhalten.

$$w_i = \int_{\underline{\varepsilon}=0}^{\underline{\varepsilon}} dw_i \tag{2.188}$$

Bei elastischen Körpern ist w_i nur vom vorhandenen Verzerrungszustand abhängig. Dabei sind die Abhängigkeiten der Spannungen von den Verzerrungen bei Be- und Entlastung identisch. Es gilt

$$\underline{\sigma} = \underline{E} \cdot \underline{\varepsilon} \tag{2.189}$$

und

$$dw_i = \underline{\varepsilon}^T \cdot \underline{E} \cdot d\underline{\varepsilon} \tag{2.190}$$

bzw.

$$w_i = \int_{\underline{\varepsilon}=0}^{\underline{\varepsilon}} dw_i = \frac{1}{2} \underline{\varepsilon}^T \cdot \underline{E} \cdot \underline{\varepsilon} \tag{2.191}$$

Die Formänderungsenergiedichte w_i ist eine Potentialfunktion und es gilt

$$\sigma_1 = \frac{\partial w_i}{\partial \varepsilon_1} \quad \ldots \quad \sigma_{23} = \frac{\partial w_i}{\partial \gamma_{23}} \tag{2.192}$$

Die Formänderungsenergie W_i ist die potentielle innere Energie Π_i.

$$W_i = \Pi_i = \int_V w_i \cdot dV = \frac{1}{2} \int_V \underline{\varepsilon}^T \cdot \underline{E} \cdot \underline{\varepsilon} \cdot dV \tag{2.193}$$

Mit der Einführung der Verzerrungs-Verschiebungs-Abhängigkeiten können für die unterschiedlichen Strukturen die Verzerrungen $\underline{\varepsilon}$ eliminiert werden.

Bei konstanten äußeren Kräften ist die Arbeit der äußeren Kräfte in Gl. (2.185) das Potential der äußeren Kräfte Π_a, das der negativen Endwertarbeit entspricht. Die potentielle Energie des Gesamtsystems wird nach den Verschiebungen variiert

$$\delta_v \Pi = (\delta_v \Pi_i + \delta_v \Pi_a) = 0 \tag{2.194}$$

Das Extremalprinzip (2.194) kann exakt oder näherungsweise erfüllt werden. Die exakte Erfüllung des Extremalprinzips führt auf die differentialen Gleichgewichtsbedingungen, siehe Abschn. 2.3, die näherungsweise Erfüllung auf finite Formulierungen, siehe Abschn. 2.5.

Die erste Variation der potentiellen Energie eines elastischen Körpers ist im Gleichgewichtszustand gleich Null. Für die tatsächlich eintretenden Verschiebungen ist die potentielle Energie im stabilen Gleichgewichtszustand ein Minimum, d.h.

$$\delta_v^2 \Pi \geq 0 \tag{2.195}$$

Das Minimalprinzip der potentiellen Energie gilt für elastische Körper auch im geometrisch nichtlinearen Verhaltensbereich, z.B. bei großen Verschiebungen.

Wird das Gesamtsystem in Elemente e unterteilt, läßt sich das Prinzip vom Minimum der potentiellen Energie in Elementform schreiben

$$\delta_{V^e} \Pi = \sum_e (\delta_{V^e} \Pi_i^e + \delta_{V^e} \Pi_a^e) = 0 \tag{2.196}$$

Die potentielle äußere Energie wird um zwei Anteile erweitert, die Randlasten die auf den Elementrändern r,e wirken und Einzellasten.

$$\Pi_a^e = -\left[\int_{S_p^e} (\overset{+}{\underline{p}})^T \underline{v}^e \, dS + \int_{V^e} (\overset{+}{\underline{p}}_v)^T \underline{v}^e \, dV + \int_{S_p^{r,e}} (\overset{+}{\underline{p}}^e)^T \underline{v}_{r,e}^e \, dS + \sum \overset{+}{\underline{P}}^T \underline{v} \right] \tag{2.197}$$

Für die bereichsweise Anwendung des Minimalprinzips der potentiellen Energie mit Variation der Verschiebungen sind das elastisches Stoffgesetz, die kinematischen Gleichungen und die kinematische Rand- und Übergangsbedingungen einzuhalten. Näherungsweise werden dann die Gleichgewichtsbedingungen sowie die statischen Rand- und Übergangsbedingungen erfüllt.

Beispiel 2.5 Das MpE wird zur Ermittlung eines Näherungswertes der Verschiebungen und Momente nach Elastizitätstheorie II. Ordnung eines eben wirkenden Kragträgers mit veränderlichem Querschnitt unter konstanter Quer- und Längsbelastung, siehe Bild 2.19, angewendet. Stablängenänderungen und Schubverzerrungen werden vernachlässigt.

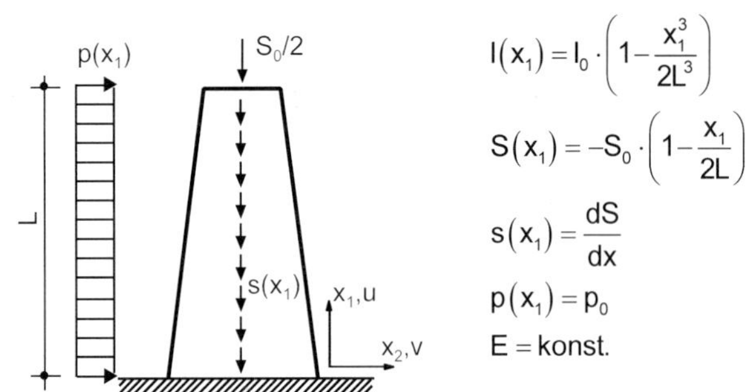

Bild 2.19 Kragstab

Werden beim eben wirkenden Stab nur die Biegeanteile im Potential der inneren Energie berücksichtigt und das Integral über das Volumen aufgespalten in ein Integral über die Fläche und ein Integral über die Länge, folgt aus Gl. (2.193)

$$W_i = \Pi_i = \int_V w_i \cdot dV = \frac{1}{2} \int_{x_1=0}^{L} \left[\int_A E \cdot \varepsilon_1^2 \cdot dA \right] dx_1$$

Das Biegemoment und die Biegenormalspannungen sind

$$M(x_1) = -E \cdot I(x_1) \cdot v''(x_1)$$

$$\sigma_1(x_1) = \frac{M(x_1)}{I(x_1)} \cdot x_2 = -E \cdot v''(x_1) \cdot x_2 = E \cdot \varepsilon_1$$

Die Verzerrung $\varepsilon_1 = -v''(x_1) \cdot x_2$ wird in das Funktional eingesetzt

$$\Pi_i = \frac{1}{2} \int_{x_1=0}^{L} \left[\int_A E \cdot v''^2(x_1) \cdot x_2^2 \cdot dA \right] dx_1 = \frac{E}{2} \int_{x_1=0}^{L} I(x_1) \cdot v''^2(x_1) \cdot dx_1$$

Die potentielle Energie der äußeren Kräfte (negative Endwertarbeit) ist

$$\Pi_a = - \int_{x_1=0}^{L} p(x_1) \cdot v(x_1) \cdot dx_1 - \int_{x_1=0}^{L} s(x_1) \cdot u(x_1) \cdot dx_1 - \frac{S_0}{2} \cdot u(L)$$

Der zweite und dritte Term sind Arbeitsanteile infolge der Längsverschiebung $u(x_1)$. Bei Elastizitätstheorie II. Ordnung wird ein einfacher Zusammenhang zwischen der Querverschiebung $v(x_1)$ des verschobenen Systems und der Längsverschiebung $u(x_1)$ hergestellt, siehe Bild 2.20.

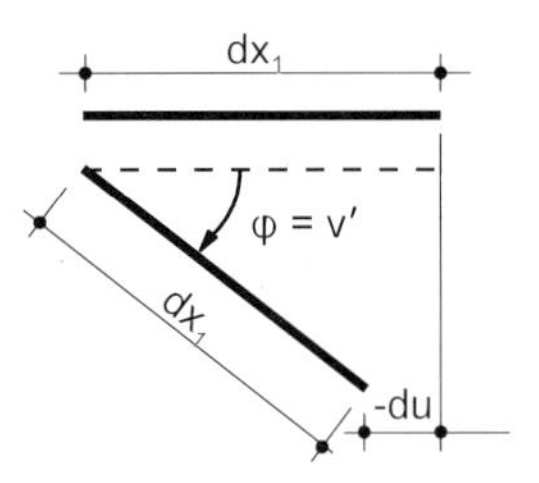

Bild 2.20 Verschobenes differentiales Stabelement

Für kleine Verschiebungen ist

$$-du = dx_1 - dx_1 \cdot \cos\varphi$$

Wird die Funktion cosφ in eine Reihe entwickelt, die nach dem zweiten Glied abgebrochen wird, folgen

$$-du = dx_1 \left[1 - (1 - \frac{\varphi^2}{2} + ...)\right] \approx dx_1 \cdot \frac{v'^2}{2}$$

und

$$u(x_1) = -\int_{x_1=0}^{x_1} \frac{v'^2(x_1)}{2} \cdot dx_1 + C$$

Die Integrationskonstante C ist die Längsverschiebung an der Stelle 0, d.h. $C = u(x_1 = 0) = 0$. Da die Längsbelastung der (positiven) Längsverschiebung entgegenwirkt ist

$$\Pi_a = -\int_{x_1=0}^{L} p(x_1) \cdot v(x_1) \cdot dx_1 - \int_{x_1=0}^{L} \frac{S_0}{2L} \int_{x_1=0}^{x_1} \cdot \frac{v'^2(x_1)}{2} \cdot dx_1 \cdot dx_1 - \frac{S_0}{2} \cdot \int_{x_1=0}^{L} \frac{v'^2(x_1)}{2} \cdot dx_1$$

Die gesamte potentielle Energie ist $\Pi = \Pi_i + \Pi_a$.

Entsprechend dem Vorgehen nach *Ritz/Timoshenko* wird ein Näherungsansatz für die Verschiebungen $v_N(x_1)$ gewählt, der lediglich die kinematischen Randbedingungen erfüllen muß. Das sind hier die Randbedingungen

$$v(x_1 = 0) = 0, \quad v'(x_1 = 0) = 0, \quad v(x_1 = L) \neq 0, \quad v'(x_1 = L) \neq 0$$

Für die Näherungsfunktion der Verschiebungen können ein- oder mehrgliedrige Ansätze gewählt werden, die sich aus Potenzreihen oder trigonometrischen Reihen zusammensetzen und einen oder mehrere Freiwerte a_i enthalten. Ein einfacher eingliedriger Potenzreihenansatz wäre z.B.

$$v_N(x_1) = a \cdot (x_1^3 - 3Lx_1^2)$$

mit dem das Funktional aufgestellt wird. Die potentielle Energie Π nimmt bezüglich des eingeführten Freiwertes a einen Extremwert an, wenn

$$\frac{\partial \Pi}{\partial a} = 0.$$

Mit dem gewählten Verschiebungsansatz ist $a = \dfrac{\frac{3}{4} p L^4}{\frac{57}{5} E I_0 L^3 - \frac{63}{20} S_0 L^5}$.

Damit sind die Näherungen der Verschiebungsfunktion $v(x_1)$ und die daraus abgeleitete Momentenfunktion $M(x_1)$ bekannt.

Bei Ansätzen mit mehreren Freiwerten wird $\dfrac{\partial \Pi}{\partial a_i} = 0$ gebildet und es entsteht ein homogenes Gleichungssystem. Die nichttriviale Lösung folgt aus der Bedingung, daß der Determinantenwert der Koeffizientenmatrix gleich Null wird.

Wird ein Verschiebungsansatz nicht – wie hier – für das gesamte System, sondern bereichsweise aufgestellt, gelingt der Übergang zu finiten Verschiebungselementen.

2.4.2 Prinzip vom Minimum der Ergänzungsenergie

Das Prinzip vom Minimum der Ergänzungsenergie basiert auf der Variation des Funktionales Π_c zu einem Spannungsfeld $\underline{\sigma}$ und wird auf der Grundlage des Prinzipes der virtuellen Kräfte nach Gl. (2.39) angegeben. Anstelle der virtuellen Spannungen und Kräfte werden statisch verträgliche Variationen der tatsächlichen Spannungen und Verschiebungen eingesetzt. Die Oberfläche S des Körpers wird in Bereiche S_v mit vorgeschriebenen Verschiebungen $\overset{+}{\underline{v}}$ und in Bereiche S_p mit vorgeschriebenen Belastungen unterteilt. Wegen der streng zu erfüllenden Gleichgewichtsbedingung ist $\delta \underline{p}_S = 0$ auf S_p. Aus dem PvK gemäß Gl. (2.37) folgt dann

$$\int_{S_v} \overset{+}{\underline{v}}^T \cdot \delta \underline{p}_S \cdot dS = \int_V (\underline{\varepsilon}^T \cdot \delta \underline{\sigma}) \cdot dV \tag{2.198}$$

Wegen der Variation der Spannungen wird das Prinzip vom Minimum der Ergänzungsenergie auch als Minimalprinzip für Spannungen bezeichnet. Die Kinematikforderungen werden (bei Verwendung von Näherungsansätzen für die Spannungen $\underline{\sigma}$) nur im integralen Mittel erfüllt und zunächst keine Aussagen zur Spannungs-Verzerrungs-Abhängigkeit im Inneren gemacht. Ausgehend von der (nichtlinearen) Spannungs-Verzerrungs-Abhängigkeit wird die Ergänzungsenergiedichte eingeführt. Der Ausdruck

$$dw_{ci} = \underline{\varepsilon}_\sigma^T \cdot d\underline{\sigma} \tag{2.199}$$

ist die differentiale Änderung der (inneren) Ergänzungsenergiedichte für $d\underline{\sigma}$. Die (innere) Ergänzungsenergiedichte w_{ci} ergibt sich mit der Integration der differentialen Änderungen dw_{ci} bis zum aktuellen Spannungszustand $\underline{\sigma}$

$$w_{ci} = \int_0^{\underline{\sigma}} \underline{\varepsilon}_\sigma^T \cdot d\underline{\sigma} \tag{2.200}$$

Die (innere) Ergänzungsenergie W_{ci} des Gesamtkörpers wird durch Integration über das Volumen V erhalten

$$W_{ci} = \int_V w_{ci} \cdot dV \tag{2.201}$$

Für elastische Stoffgesetze läßt sich zeigen, daß gilt

$$\int_V \underline{\varepsilon}^T \cdot \delta \underline{\sigma} \cdot dV = \delta \int_V \left(\int_0^{\underline{\sigma}} \underline{\varepsilon}_\sigma^T \cdot d\underline{\sigma} \right) dV = \delta \int_V w_{ci} \cdot dV = \delta W_{ci} = \delta \Pi_{ci} \tag{2.202}$$

In Gl. (2.202) ist Π_{ci} die innere Ergänzungsenergie bzw. die komplementäre potentielle innere Energie. Für die linke Seite von Gl. (2.202) gilt für vorgegebene (nicht variierbare) Verschiebungen $\overset{+}{\underline{v}}$ an der Oberfläche

$$\int_{S_v} \overset{+}{\underline{v}}^T \cdot \delta \underline{p}_S \cdot dS = \delta \int_{S_v} \underline{v}^T \cdot \underline{p}_S \cdot dS = -\delta \Pi_{ca} \tag{2.203}$$

Π_{ca} ist die äußere Ergänzungsenergie bzw. die komplementäre potentielle äußere Energie. Das Minimalprinzip der Ergänzungsenergie (für elastische Systeme) ist dann

$$\delta_\sigma \left[\Pi_{ci} + \Pi_{ca} \right] = \delta_\sigma \Pi_c = 0 \tag{2.204}$$

mit der Ergänzungsenergie Π_c. Der Index σ am Variationssymbol δ zeigt die Variation nach den Spannungen an.

Auch mit Hilfe des Minimalprinzips der Ergänzungsenergie können Tragwerksantworten exakt und näherungsweise bestimmt werden. Bei bereichsweiser Formulierung müssen die verwendeten Näherungsansätze für die Spannungen $\underline{\sigma}$ die Gleichgewichtsbedingungen im Inneren und auf dem Rand streng erfüllen. Die Bedingungen der Kinematik im Inneren und auf dem Rand werden dann von den Näherungsansätzen nur im integralen Mittel erfüllt.

Das Minimalprinzip der Ergänzungsenergie gilt nur für (auch nichtlinear) elastische Körper und kleine Ableitungen der Verschiebungen.

2.4.3 *Hamilton*sches Gesetz und *Hamilton*sches Prinzip

Ausgehend von dem Prinzip der virtuellen Verschiebungen gemäß Gl. (2.17) werden als virtuelle Verschiebungen die erste Variation der tatsächlichen Verschiebungen gewählt und über den Zeitraum t_0 bis t_1 integriert. Die Dämpfungskräfte werden vernachlässigt und die Trägheitskräfte auf die rechte Seite gebracht.

$$\int_{t_0}^{t_1}\left(\int_V \rho\cdot\delta\underline{v}\cdot g\cdot dV + \int_S \underline{p}_S\cdot\delta\underline{v}\cdot dV\right)dt = \int_{t_0}^{t_1}\left(\int_V(\underline{\sigma}\cdot\delta\underline{\varepsilon})\cdot dV + \int_V \rho\cdot\delta\underline{v}\cdot\ddot{\underline{v}}\cdot dV\right)dt \tag{2.205}$$

Die linke Seite von Gl. (2.205) enthält die virtuelle äußere Arbeit δW_a. Für einen elastischen Körper mit der potentielle inneren Energie Π_i wird

$$\int_{t_0}^{t_1}\delta W_a\, dt = \int_{t_0}^{t_1}\delta\Pi_i\cdot dt + \int_{t_0}^{t_1}\left(\int_V \rho\cdot\delta\underline{v}\cdot\ddot{\underline{v}}\cdot dV\right)dt \tag{2.206}$$

Die partielle Integration des zweiten Terms in Gl. (2.206) liefert

$$\int_{t_0}^{t_1}\delta\underline{v}\cdot\ddot{\underline{v}}\, dt = \delta\underline{v}\cdot\dot{\underline{v}}\,\Big|_{t_0}^{t_1} - \int_{t_0}^{t_1}\delta\dot{\underline{v}}\cdot\dot{\underline{v}}\, dt \tag{2.207}$$

Werden die kinetische Energiedichte

$$k = \frac{1}{2}\cdot\rho\cdot\dot{\underline{v}}^2 \quad \text{und} \quad \frac{\partial k}{\partial\dot{\underline{v}}} = \rho\cdot\dot{\underline{v}} \tag{2.208}$$

und die kinetische Energie des Gesamtsystems

$$K = \int_V k\cdot dV \tag{2.209}$$

eingeführt, folgt das *Hamilton*sche Gesetz für elastische Körper

$$\int_{t_0}^{t_1} \delta W_a \, dt = \int_V \rho \cdot \dot{\underline{v}} \cdot \delta \underline{v} \cdot dV \Big|_{t_0}^{t_1} - \delta \int_{t_0}^{t_1} (K - \Pi_i) \cdot dt \qquad (2.210)$$

mit

$$\delta K = \delta \int_V k \cdot dV = \delta \int_V \frac{1}{2} \cdot \rho \cdot \dot{\underline{v}}^2 \cdot dV = \int_V \delta k \cdot dV = \int_V \rho \cdot \dot{\underline{v}} \cdot \delta \dot{\underline{v}} \cdot dV \qquad (2.211)$$

In Gl. (2.210) sind beliebige äußere Kräfte mit beliebiger Abhängigkeit von den Verschiebungen $\underline{v}$ und von der Zeit t zugelassen.

Bei Einschränkung auf das von der Zeit t abhängige Potential der äußeren Kräfte $\Pi_a(t)$, d.h. keine Abhängigkeit der äußeren Kräfte von den unbekannten Verschiebungen $\underline{v}$, geht die Gl. (2.210) über in

$$\int_V \rho \cdot \dot{\underline{v}} \cdot \delta \underline{v} \cdot dV \Big|_{t_0}^{t_1} - \delta \int_{t_0}^{t_1} (K(t) - \Pi(t)) \cdot dt = 0 \qquad (2.212)$$

Für die orts- und zeitabhängigen Verschiebungen wird ein Produktansatz gewählt

$$\underline{v}(\underline{x}, t) = \underline{v}(\underline{x}) \cdot f(t) \qquad (2.213)$$

und eine periodische Zeitfunktion f(t) betrachtet. Auch für die äußeren Kräfte wird nachfolgend diese periodische Zeitabhängigkeit vorausgesetzt. Als Integrationsgrenzen t_0 und t_1 für die zugeordnete stationäre Schwingung können dann die Nulldurchgänge der periodischen Zeitfunktion f(t) gewählt werden.

Damit folgt das *Hamilton*sche Prinzip als Erweiterung des Prinzips vom Minimum der potentiellen Energie für den kinetischen Fall

$$\delta \int_{t_0}^{t_1} \big(K(t) - \Pi_i(t) - \Pi_a(t)\big) \cdot dt = \delta \int_{t_0}^{t_1} L(t) \cdot dt = 0 \qquad (2.214)$$

mit der *Lagrange*-Funktion L(t) = K(t) – Π(t).

Für eine stationäre Schwingung nimmt die Differenz zwischen der kinetischen und der potentiellen Energie – betrachtet zwischen den Nulldurchgängen t_0 und t_1 der periodischen Zeitfunktion f(t) – einen stationären Wert an. Werden in Gl. (2.214) keine äußeren Kräfte berücksichtigt ($\Pi_a = 0$), führt das auf die Eigenwertaufgabe.

Das *Hamilton*sche Prinzip gilt wie das Prinzip vom Minimum der potentiellen Energie für elastische Körper auch im geometrisch nichtlinearen Bereich.

Wird die *Lagrange*-Funktion L(t) in Gl. (2.214) mit Verschiebungen an ausgewählten Punkten und deren Ableitungen nach der Zeit aufgestellt, entsteht ein Funktional, das den *Euler*schen Differentialgleichungen zugeordnet werden kann, siehe z.B. [3]. Diese werden als *Lagrange*sche Bewegungsgleichungen 2. Art bezeichnet.

2.5 Finite Formulierungen

Finite Formulierungen und zugeordnete Näherungslösungen der Finite-Elemente-Methode können sowohl durch ingenieurmäßige, anschauliche Überlegungen als auch mit Hilfe einer theoretisch begründeten Darstellung auf der Basis von Variationsprinzipen gefunden werden. Die Unterscheidung nach dem Ansatz im Element führt auf finite Verschiebungselemente, Spannungselemente, hybride (Verschiebungs- /Spannungs-)Elemente sowie gemischte Elemente.

2.5.1 Diskretisierung und Elementformulierung

Einführend werden finite (endliche) Elemente für ein Scheibentragwerk mit einem ebenen Spannungszustand, d.h. $\sigma_3 = 0$, betrachtet und mit Hilfe des Prinzips der virtuellen Verschiebungen (PvV) finite Verschiebungselemente entwickelt. Für die geometrische Diskretisierung werden Dreieckelemente verwendet, siehe Bild 2.21.

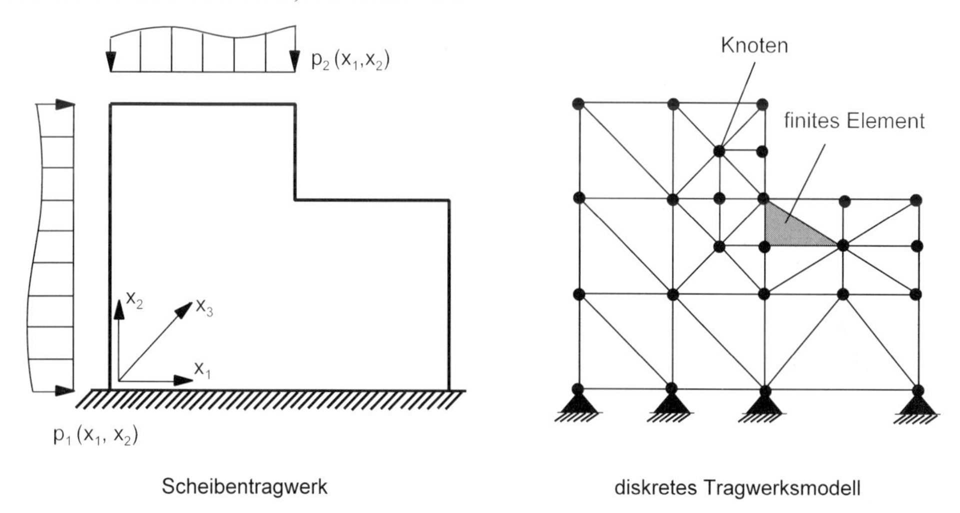

Bild 2.21 Scheibentragwerk und Diskretisierung

Das Dreieckelement gemäß Bild 2.22 hat drei Knoten an den Eckpunkten i, j und k. Andere Dreieckelemente (mit zusätzlichen Knoten an den Elementseiten oder gekrümmten Elementrändern) und andere geometrische Formen der Elemente (Stäbe, Rechtecke, allgemeine Viereckelemente, Körper – mit jeweils unterschiedlicher Anzahl von Knoten) sind möglich.

Alle Elemente sind nur an den Knoten miteinander verbunden sind. Damit wird eine Approximation des tatsächlichen Kraft-(Spannungs-)Zustandes eingeführt. Die Kraftübertragung zwischen den Elementen ist nur an den Knoten möglich. Auch der tatsächliche Deformationszustand wird durch die Diskretisierung nicht exakt erfaßt, er wird elementweise approximiert. In Bild 2.22 sind für ein Dreiknoten-Dreieckscheibenelement e die Kräfte an den Knoten, zusammengefaßt im Vektor

$$\underline{F}(e) = [F_1(ie), F_2(ie), F_1(je), F_2(je), F_1(ke), F_2(ke)] \tag{2.215}$$

und die Verschiebungen der Knoten, zusammengefaßt im Vektor

$$\underline{v}(e) = [u(i), v(i), u(j), v(j), u(k), v(k)] \tag{2.216}$$

eingetragen.

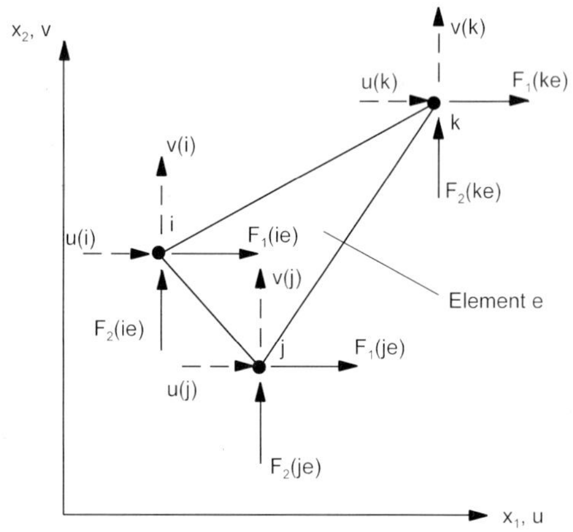

Bild 2.22 Dreiknoten-Dreieckscheibenelement

Bild 2.23 zeigt einen Ausschnitt aus einem diskretisierten Tragwerk mit Darstellung des tatsächlichen und des approximierten Verschiebungszustandes.

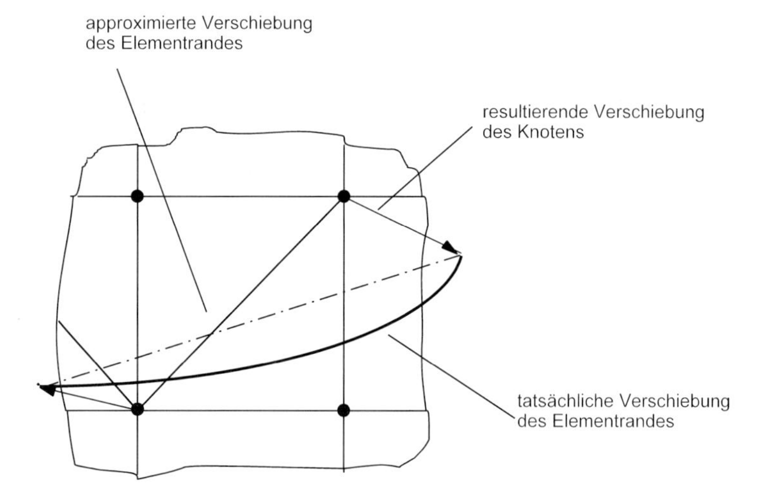

Bild 2.23 Verschiebungen im Dreiknoten-Dreieckelement

Die mechanischen Eigenschaften der finiten Elemente werden so bestimmt, daß das Tragverhalten des diskretisierten Tragwerkmodells möglichst gut mit dem des zu berechnenden tatsächlichen Tragwerkes übereinstimmt.

Für die Elementformulierung mit dem Prinzip der virtuellen Verschiebungen (PvV) wird wie folgt vorgegangen:

1. Schritt: Wahl eines Verschiebungsfeldes für jedes Element

Der Verschiebungszustand im Element $\underline{v}(x_1,x_2) = \{u(x_1,x_2), v(x_1,x_2)\}$ wird mittels einfacher Funktionen so approximiert, daß er dem tatsächlichen Verschiebungszustand ähnlich ist. Der approximierte Verschiebungszustand soll folgende Forderungen erfüllen:

a) Das Verschiebungsfeld ist im Inneren eines Elementes stetig.

b) Auch die ersten Ableitungen der Verschiebungen (die Verzerrungen) sind im Inneren eines Elementes stetig.

c) Längs der Elementränder ist das Verschiebungsfeld stetig (konformer Ansatz), d.h. längs der Elementränder treten keine Verschiebungsunstetigkeiten (Klaffungen, Knicke) auf.

Die Forderungen a) bis c) werden z.B. für das Dreiknoten-Dreieckscheibenelement durch folgenden linearen Verschiebungsansatz (Polynom erster Ordnung) erfüllt.

$$\begin{bmatrix} u(x_1,x_2) \\ v(x_1,x_2) \end{bmatrix} = \begin{bmatrix} 1 & x_1 & x_2 & 0 & 0 & 0 \\ 0 & 0 & 0 & 1 & x_1 & x_2 \end{bmatrix} \cdot \begin{bmatrix} p_1 \\ p_2 \\ p_3 \\ p_4 \\ p_5 \\ p_6 \end{bmatrix}$$

$$\underline{v}(x_1,x_2) = \underline{M}(x_1,x_2) \cdot \underline{p} \tag{2.217}$$

Der Vektor $\underline{p}$ enthält freie Parameter des Polynoms, noch ohne mechanische Bedeutung.

In Bild 2.24 ist der Verschiebungsverlauf für den Fall dargestellt, daß lediglich $u(k) \neq 0$, alle anderen Knotenverschiebungen aber Null sind.

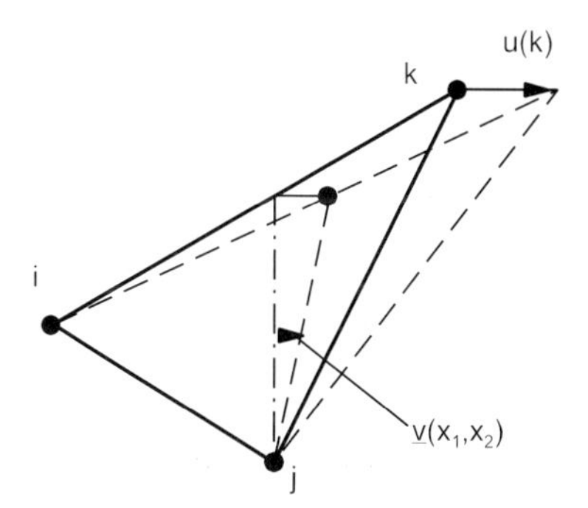

Bild 2.24 Approximation der Verschiebungen im Dreiknoten-Dreieckscheibenelement

2. Schritt: Normierung des Verschiebungsfeldes

Die freien Parameter $\underline{p}$ werden mit den Knotenverschiebungen $\underline{v}(e)$ verknüpft. Der Verschiebungsansatz $\underline{v}(x_1,x_2)$ nach Gl. (2.217) gilt für alle Punkte des Elementes, also auch für die Verschiebung der Knotenpunkte, wenn für diese die Koordinaten des x_1,x_2-Koordinatensystems eingesetzt werden.

$$\begin{bmatrix} u(i) \\ v(i) \\ u(j) \\ v(j) \\ u(k) \\ v(k) \end{bmatrix} = \begin{bmatrix} 1 & x_1(i) & x_2(i) & 0 & 0 & 0 \\ 0 & 0 & 0 & 1 & x_1(i) & x_2(i) \\ 1 & x_1(j) & x_2(j) & 0 & 0 & 0 \\ 0 & 0 & 0 & 1 & x_1(j) & x_2(j) \\ 1 & x_1(k) & x_2(k) & 0 & 0 & 0 \\ 0 & 0 & 0 & 1 & x_1(k) & x_2(k) \end{bmatrix} \cdot \begin{bmatrix} p_1 \\ p_2 \\ p_3 \\ p_4 \\ p_5 \\ p_6 \end{bmatrix}$$

$$\underline{v}(e) = \underline{A} \cdot \underline{p} \tag{2.218}$$

Dabei sind z.B. $x_1(i)$, $x_2(i)$ die Koordinaten des Knotens i. Die Gl. (2.218) wird nach $\underline{p}$ aufgelöst

$$\underline{p} = \underline{A}^{-1} \cdot \underline{v}(e) \tag{2.219}$$

Nach dem Einsetzen von Gl. (2.219) in Gl.(2.217) folgt

$$\underline{v}(x_1,x_2) = \underline{M}(x_1,x_2) \cdot \underline{A}^{-1} \cdot \underline{v}(e) = \underline{N}(x_1,x_2) \cdot \underline{v}(e) \tag{2.220}$$

Die Elemente der Matrix $\underline{N}(x_1,x_2)$ werden als Formfunktionen bezeichnet. Sie beschreiben die Verschiebungszustände, wenn die Komponenten der Knotenverschiebungen jeweils gleich Eins gesetzt werden (Einheitszustände).

3. Schritt: Kinematik

Das kinematische Modell stellt den Zusammenhang zwischen den Verzerrungen im Element und den Knotenverschiebungen her. Für den ebenen Spannungszustand gilt z.B.

$$\begin{bmatrix} \varepsilon_1 \\ \varepsilon_2 \\ \gamma_{12} \end{bmatrix} = \begin{bmatrix} \dfrac{\partial u}{\partial x_1} \\ \dfrac{\partial v}{\partial x_2} \\ \dfrac{\partial u}{\partial x_2} + \dfrac{\partial v}{\partial x_1} \end{bmatrix} = \begin{bmatrix} 0 & 1 & 0 & 0 & 0 & 0 \\ 0 & 0 & 0 & 0 & 0 & 1 \\ 0 & 0 & 1 & 0 & 1 & 0 \end{bmatrix} \cdot \begin{bmatrix} p_1 \\ p_2 \\ p_3 \\ p_4 \\ p_5 \\ p_6 \end{bmatrix}$$

$$\underline{\varepsilon}(x_1,x_2) = \underline{B} \cdot \underline{p} \tag{2.221}$$

$$\underline{\varepsilon}(x_1,x_2) = \underline{B} \cdot \underline{A}^{-1} \cdot \underline{v}(e) \tag{2.222}$$

Die Verzerrungen sind in diesem speziellen Fall innerhalb des Elementes konstant: die Matrix $\underline{B}$ ist keine Funktion von x_1 und x_2. Im allgemeinen ist Verzerrungs-Verschiebungs-Abhängigkeit $\underline{B}$ eine Funktion von $\underline{x}$.

4. Schritt: Werkstoffgesetz

Mit Hilfe eines Werkstoffgesetzes werden aus den Verzerrungen die Spannungen berechnet. Lineares Werkstoffverhalten wird mit dem *Hooke*schen Gesetz für isotropes Material beschrieben. Für den ebenen Spannungszustand gilt

$$\begin{bmatrix} \sigma_1 \\ \sigma_2 \\ \sigma_{12} \end{bmatrix} = \frac{E}{1-\nu^2} \begin{bmatrix} 1 & \nu & 0 \\ \nu & 1 & 0 \\ 0 & 0 & \frac{1-\nu}{2} \end{bmatrix} \cdot \begin{bmatrix} \varepsilon_1 \\ \varepsilon_2 \\ \gamma_{12} \end{bmatrix}$$

$$\underline{\sigma} = \underline{E} \cdot \underline{\varepsilon} \tag{2.223}$$

Dabei sind E der Elastizitätsmodul und ν die Querdehnungszahl. Die Elastizitätsmatrix $\underline{E}$ ist symmetrisch, es gilt $\underline{E} = \underline{E}^T$.

5. Schritt: Anwendung des Prinzips der virtuellen Verschiebungen (PvV)

Mit Hilfe des PvV gelingt es, eine Abhängigkeit zwischen den Knotenkräften $\underline{F}(e)$ und den Knotenverschiebungen $\underline{v}(e)$ aufzustellen.

Das PvV gemäß der Gl. (2.17) wird für den vorliegenden zweidimensionalen Fall ohne Trägheits- und Dämpfungsterme und mit Einzellasten P_i formuliert

$$\int_V \delta\underline{v}^T \cdot (\rho \cdot g)\, dV + \int_A \delta\underline{v}^T \cdot \underline{p}\, dA + \sum \delta v_i \cdot P_i = \int_V (\sigma_1 \cdot \delta\varepsilon_1 + \sigma_2 \cdot \delta\varepsilon_2 + \sigma_{12} \cdot \delta\gamma_{12})\, dV \tag{2.224}$$

Die virtuellen Verschiebungen können beliebig gewählt werden, sie müssen aber die kinematischen Rand- und Übergangsbedingungen an den Elementrändern erfüllen.

Es ist zweckmäßig, als virtuelle Verschiebungen

$$\delta\underline{v}(x_1,x_2) = \underline{M}(x_1,x_2) \cdot \delta\underline{p} = \underline{N}(x_1,x_2) \cdot \delta\underline{v}(e) \tag{2.225}$$

zu wählen. Dieser zu Gl. (2.220) analoge Ansatz führt zu symmetrischen Elementmatrizen. Die zugehörigen verträglichen virtuellen Verzerrungen ergeben sich analog zu Gl. (2.222)

$$\delta\underline{\varepsilon}(x_1,x_2) = \underline{B}(x_1,x_2) \cdot \delta\underline{p} \quad \text{mit } \delta\underline{p} = \underline{A}^{-1} \cdot \delta\underline{v}(e) \tag{2.226}$$

Formuliert wird die virtuelle äußere Arbeit δW_a an einem finiten Element. Im vorliegenden Fall sind das die virtuellen Arbeiten der Oberflächenkräfte $\underline{p} = [p_1, p_2]$, der Knotenkräfte $\underline{F}(e)$ und der Massenkräfte $(\rho \cdot \underline{g})$

$$\delta W_a = \delta\underline{v}^T(e) \cdot \underline{F}(e) + \int_V \underline{\delta v}^T(x_1,x_2) \cdot \rho\, g\, dV + \int_A \delta\underline{v}^T(x_1,x_2) \cdot \underline{p}(x_1,x_2)\, dA \tag{2.227}$$

Mit

$$\underline{p} = \underline{p}(e) = \begin{bmatrix} p_1(x_1,x_2) \\ p_2(x_1,x_2) \end{bmatrix}$$

und unter Beachtung von Gl. (2.225) folgt

$$\delta W_a = \delta \underline{v}^T(e) \cdot \underline{F}(e) + \underline{\delta v}^T(e) \left[\int_V \underline{N}^T \cdot \rho g \, dV + \int_A \underline{N}^T \cdot \underline{p}(e) \, dA \right] \tag{2.228}$$

Die virtuelle innere Arbeit kann unter Berücksichtigung der Gln. (2.224) und (2.226) folgendermaßen angegeben werden

$$\delta W_i = \int_V \delta \underline{\varepsilon}^T \cdot \underline{\sigma} \, dV = \delta \underline{p}^T \int_V \underline{B}^T \cdot \underline{E} \cdot \underline{\varepsilon} \, dV \tag{2.229}$$

$$\delta W_i = \delta \underline{v}^T(e) \cdot \left(\underline{A}^{-1}\right)^T \left[\int_V \underline{B}^T \cdot \underline{E} \cdot \underline{B} \, dV \right] \underline{A}^{-1} \cdot \underline{v}(e) \tag{2.230}$$

Aus $\delta W_i - \delta W_a = 0$ folgt

$$\delta \underline{v}^T(e) \left\{ \underbrace{\left(\underline{A}^{-1}\right)^T \left[\int_V \underline{B}^T \cdot \underline{E} \cdot \underline{B} \, dV \right] \underline{A}^{-1}}_{\underline{K}(e)} \cdot \underline{v}(e) - \underline{F}(e) - \underbrace{\left[\int_V \underline{N}^T \cdot \rho \underline{g} \, dV + \int_A \underline{N}^T \cdot \underline{p} \, dA \right]}_{\overset{\circ}{\underline{F}}(e)} \right\} = 0$$

Unter Verwendung der Abkürzungen $\underline{K}(e)$ und $\overset{\circ}{\underline{F}}(e)$ wird

$$\underline{F}(e) = \overset{\circ}{\underline{F}}(e) + \underline{K}(e) \cdot \underline{v}(e) \tag{2.231}$$

$\underline{K}(e)$ ist die Elementsteifigkeitsmatrix, und $\overset{\circ}{\underline{F}}(e)$ enthält die Knotenkräfte infolge äußerer Einwirkungen. Für das betrachtete Dreiknoten-Dreieckscheibenelement wird die Integration über das Volumen aufgespalten in eine Integration über die Fläche und eine Integration über die Höhe. Es folgt

$$\underline{K}(e) = \left(\underline{A}^{-1}\right)^T \cdot \underline{B}^T \cdot \underline{E} \cdot \underline{B} \cdot \underline{A}^{-1} \cdot d(e) \cdot A(e) \tag{2.232}$$

Dabei sind d(e) die Dicke und A(e) die Fläche des Elementes e. Für $\underline{B} \cdot \underline{A}^{-1}$ ergibt sich

$$\underline{B} \cdot \underline{A}^{-1} = \begin{bmatrix} x_2(jk) & 0 & x_2(ki) & 0 & x_2(ij) & 0 \\ 0 & x_1(kj) & 0 & x_1(ik) & 0 & x_1(ji) \\ x_1(kj) & x_2(jk) & x_1(ik) & x_2(ki) & x_1(ji) & x_2(ij) \end{bmatrix} \frac{1}{2\,A(e)} \tag{2.233}$$

mit $x_1(ik) = x_1(i) - x_1(k)$, $x_2(jk) = x_2(j) - x_2(k)$ usw.

Die (6×6)-Elementsteifigkeitsmatrix $\underline{K}(e)$ besitzt 9 (2×2)-Submatrizen

$$\underline{K}(e) = \frac{E \cdot d(e)}{4 \cdot A(e) \cdot (1 - \nu^2)} \begin{bmatrix} \underline{K}(ie,i) & \underline{K}(ie,j) & \underline{K}(ie,k) \\ \underline{K}(je,i) & \underline{K}(je,j) & \underline{K}(je,k) \\ \underline{K}(ke,i) & \underline{K}(ke,j) & \underline{K}(ke,k) \end{bmatrix} \tag{2.234}$$

Der Verzerrungszustand innerhalb dieses Elementes ist konstant. Es wird auch als CST-Element (Constant Strain Triangle Element) bezeichnet.

Die Gl. (2.231) repräsentiert die Abhängigkeit der Knotenkräfte $\underline{F}(e)$ von den Knotenverschiebungen $\underline{v}(e)$. Sie gilt in dieser allgemeinen (statischen) Form für Stab-, Scheiben-, Platten-, Schalen- und Körperelemente unterschiedlicher Geometrie.

2.5.2 Ansatzfunktionen, Genauigkeit und Konvergenz

Die Ergebnisse einer FE-Berechnung sind i.d.R. fehlerbehaftet. Elementgröße (h) und Grad der Ansatzfunktionen (p) bestimmen die Güte der Näherungslösung einer FE-Rechnung. Dementsprechend wird die Konvergenz der Näherungslösung studiert, um eine Verbesserung der Genauigkeit einer Lösung zu ermöglichen und zu beurteilen. Das gelingt durch Verkleinerung der Elemente unter Beibehaltung der Polynomordnung (h-Konvergenz) bzw. durch Erhöhung der Ordnung der Polynome der Ansatzfunktionen bei konstanter Elementgröße (p-Konvergenz). Die Kombination von h- und p-Konvergenz ist möglich.

Erfüllen die Ansatzfunktionen bestimmte Bedingungen, tritt bei Verkleinerung der Elemente Konvergenz bezüglich der potentiellen Energie Π bzw. bezüglich der Verschiebungen v ein. Die kinematischen Forderungen an Ansatzfunktionen für Verschiebungselemente sind:

- Erfassung der konstanten Verzerrungen im Element
- Unabhängigkeit von der Lage des Elementkoordinatensystems (Drehinvarianz)
- Einhaltung der Kompatibilität zwischen den Elementen (konforme Elemente)

Die zugehörigen mathematischen Forderungen betreffen die Vollständigkeit des Ansatzpolynoms, die Stetigkeit und die Differenzierbarkeit des Ansatzes.

Bei Verwendung von finiten Verschiebungselementen wird ein zu steifes System modelliert. Die Näherungsenergie Π_N konvergiert deshalb von „oben“, und der Näherungswert der Verschiebung v_N konvergiert von „unten“, siehe Bild 2.25.

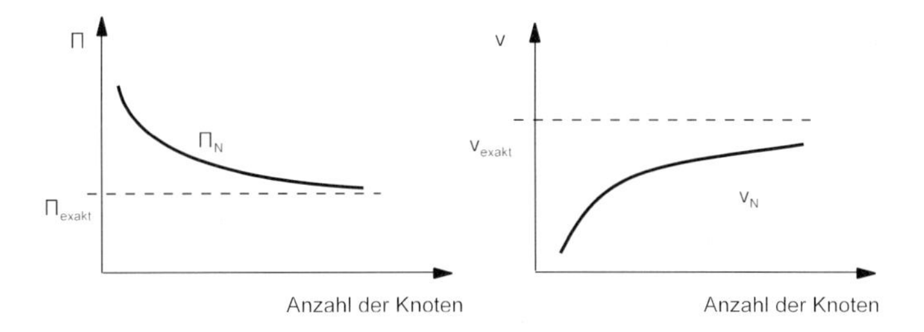

Bild 2.25 Konvergenzverhalten

Für die Ansatzfunktionen in den Matrizen $\underline{M}(\underline{x})$ oder $\underline{N}(\underline{x})$, siehe Gln. (2.217) und (2.220), werden vorteilhaft Polynome n-ter Ordnung mit freien Parametern $\underline{p}$ gewählt. Allgemein gilt, daß Ansatzpolynome höherer Ordnung eine bessere Näherung des Spannungs- und Verschiebungszustandes liefern als Polynome niedriger Ordnung. Die Vollständigkeit der gewählten Polynome ist ein wichtiges Kriterium. Je höher die Ordnung eines Polynoms ist, um so mehr Stützwerte und damit um so mehr Knotenpunkte werden benötigt.

Ansatzfunktionen müssen bestimmte kinematische und zugehörige mathematische Forderungen erfüllen, damit bei Verkleinerung der Elementgröße monotone Konvergenz für das Funktional der potentiellen Energie und die Verschiebungen eintritt.

Ansatzfunktionen sind C_0-stetig, wenn an den Elementrändern die Funktionswerte der Verschiebungen benachbarter Elemente übereinstimmen (nullte Ableitung). C_1-Stetigkeit liegt vor, wenn an den Elementrändern die Funktionswerte der Verschiebungen und der Verdrehungen benachbarter Elemente übereinstimmen (erste Ableitung).

Oft wird die direkte Wahl der Formfunktionen $\underline{N}(\underline{x})$ bevorzugt, um die Normierung des Verschiebungsfeldes zu umgehen.

Im Werkstoffgesetz können Anfangsverzerrungen $\underline{\varepsilon}_0$ (z.B. aus früherer Beanspruchung oder Temperaturwirkung) und Anfangsspannungen $\underline{\sigma}_0$ berücksichtigt werden.

Die Grundgleichungen der Verschiebungsform der Finite-Elemente-Methode können auf zeitabhängige Einwirkungen übertragen werden. Zusätzlich werden dann Elementmassenmatrizen $\underline{M}(e)$ und bei gedämpften Systemen Elementdämpfungsmatrizen $\underline{D}(e)$ eingeführt.

Das in Abschn. 2.5.1 mit fünf Schritten beschriebene Vorgehen ist auf die Entwicklung finiter Elemente übertragbar, die Elementsteifigkeitsmatrizen und -knotenkräfte unterschiedlicher Dimension und Belegung erhalten. Mit der Gl. (2.230) sind die mechanischen Eigenschaften eines finiten Elementes e näherungsweise erfaßt. Die Zusammenfassung der Elemente zum Gesamtsystem wird in Kap. 4 gezeigt und die zugehörigen Gleichgewichtsbedingungen ausgewertet.

Mit Kenntnis der Knotenverschiebungen eines Elementes $\underline{v}(e)$ können in einer Nachlaufrechnung Verschiebungen und Spannungen im Element bestimmt werden. Die Verschiebungen $\underline{v}(\underline{x})$ folgen direkt aus dem Verschiebungsansatz. Die Verzerrungen werden durch Differenzieren der Verschiebungen (Verzerrungs-Verschiebungs-Abhängigkeiten), siehe Gl. (2.222), erhalten.

Mit dem Werkstoffgesetz, siehe z.B. Gl. (2.223), folgen die Spannungen. Der Verlauf der Spannungen ist an den Elementrändern nicht stetig, denn beim PvV werden die Gleichgewichtsbedingungen nur im integralen Mittel erfüllt.

Zur Beurteilung der fehlerbehafteten Ergebnisse einer FE-Berechnung muß bekannt sein, wie groß die Fehler sind und wo diese auftreten. Eine Verringerung des Fehlers kann durch Ausnutzung der Konvergenzeigenschaften (h-Konvergenz oder p-Konvergenz) erreicht werden.

Größe und Ort der Fehler können erst nach der FE-Berechnung bestimmt werden (*a posteriori*-Fehlerermittlung). Die Spannungen sind oft innerhalb der Elemente konstant und ändern sich an den Elementrändern sprunghaft. Dieser fehlerhafte Spannungsverlauf kann zur Berechnung eines Fehlermaßes dienen. Ist die örtliche Verteilung der Fehler bekannt, können Fehler durch gezielte Netzverfeinerung verringert werden. Als Fehlermaße werden z.B. Formänderungsmaße (wie die auf das Elementvolumen bezogene potentielle Energie) und Spannungsmaße verwendet.

Literatur zur Entwicklung, Adaption und Anwendung finiter Elemente, siehe [3], [37] und [90].

3 Reduktionsmethode – Statik und Kinetik

Viele mechanische Probleme, die sich mathematisch durch gewöhnliche Differentialgleichungen beschreiben lassen, können computerorientiert mit der Reduktionsmethode (Übertragungsverfahren) gelöst werden.

Das Verfahren wurde theoretisch und algorithmisch quasi gleichzeitig mit der Deformationsmethode entwickelt, siehe z.B. [22], [29], [91]. Die Abhängigkeiten der Zustandsvariablen werden systematisch in Matrizenform gebracht, die sich gut für die Schematisierung und Computeranwendung eignet. Die Reduktionsmethode ist sehr zweckmäßig mit der Deformationsmethode kombinierbar und vermag letztere vorteilhaft zu ergänzen. Die Eigenschaft der zwei Methoden, einander zu komplementieren ist nicht unerwartet, da beiden die Differentialgleichung des zu behandelnden mechanischen Problems zugrunde liegt. Die zwei Methoden folgen unterschiedlichen Wegen bei der Problemlösung und daraus resultieren unterschiedliche Beziehungen mit unterschiedlichen mechanischen Interpretationen:

- In der Deformationsmethode werden kinematische Randbedingungen verwendet, um die Differentialgleichung zu lösen, bei der Reduktionsmethode wird die Differentialgleichung nach der mathematischen Methode der Anfangsparameter gelöst.
- In der Deformationsmethode werden Verschiebungen (Translationen und Rotationen) als Unbekannte eingeführt, die Unbekannten der Reduktionsmethode sind sowohl Weg- als auch Kraftgrößen.
- Die Grundbeziehung der Deformationsmethode ist die Kraft-Verschiebungs-Abhängigkeit, die Grundbeziehung der Reduktionsmethode ist eine gemischte Form.

Die inhärente Verwandtschaft der Methoden bleibt jedoch erhalten und gestattet einen fließenden Übergang zwischen den beiden.

Die Reduktionsmethode besitzt nicht die Anwendungsbreite der Deformationsmethode, erweist sich jedoch bei der Analyse strangartiger Strukturen oft als effizienter. Die Grenzen ihrer Anwendbarkeit wurden frühzeitig erkannt. Sie eignet sich besonders gut für Einzelstäbe, die sich in ein Rechenmodell mit abschnittsweise konstanten Parametern (Steifigkeit, Massebelegung, Stabdruckkraft, Bettungszahl usw.) überführen lassen. Sowohl das einfache Rechenschema als auch die niedrige und konstant bleibende Anzahl der Unbekannten sind besonders vorteilhaft für Problemstellungen der linearen und der nichtlinearen Statik sowie der linearen Kinetik. Linear elastische Zwischenstützungen und allgemeine Federgelenke können problemlos mit den Algorithmen erfaßt werden.

Die algorithmische Umsetzung wirkt schwerfälliger, wenn das System starre Zwischenlager, reibungslose Gelenke oder sonstige Schnittkraftnullfelder aufweist. Die Lösung solcher Stabzüge mit der Reduktionsmethode ist durchaus möglich, es wird jedoch an Effizienz eingebüßt: die Anzahl der Unbekannten nimmt zu und das Rechenschema ist nicht mehr so übersichtlich. Als eine Schwäche kann sich u.U. die sinkende Rechengenauigkeit erweisen, vor allem bei langen Stabzügen mit vielen Kopplungsstellen und Zwischenlagern. Das Vorgehen stößt an Grenzen, wenn die Tragstruktur Verzweigungen enthält und komplexer wird.

Im Hinblick auf die Computeranwendung ist die Reduktionsmethode rational und kritisch zu evaluieren und dort sinnvoll einzusetzen, wo ihre Vorzüge zur Geltung kommen können. Zweckmäßig ist eine Teilung der rechnergestützten Analyse nach dem Prinzip: die Reduktionsmethode – für den Stab, die Deformationsmethode – für das System.

Die Grundlagen der Methode und das algorithmische Vorgehen werden nachfolgend anhand überschaubarer Beispiele erläutert. Ausführlichere mathematische Formulierungen werden absichtlich vermieden und die mechanische Interpretation der Zusammenhänge in den Vordergrund gestellt. Der Fokus wird auf die Anwendung der Reduktionsmethode für den Einzelstab ausgerichtet. Auf die Behandlung von Stabzügen wird nur kurz eingegangen, da letztere effizienter mit der Deformationsmethode behandelt werden. Die Algorithmen werden in Abschn. 3.2 vervollständigt und für typische Aufgaben der linearen Statik illustriert. Die Anwendung des Verfahrens auf Problemstellungen der linearen Kinetik und der nichtlinearen Statik nach Theorie II. Ordnung wird in den Abschn. 3.3 und 3.4 präsentiert.

Für die statischen und kinematischen Variablen werden in diesem Kapitel die Bezeichnungen der klassischen technischen Biegetheorie verwendet. Bei der Behandlung des Zusammenhangs mit der Deformationsmethode werden in Abschn. 4.2.6 die Bezeichnungen entsprechend angepaßt.

3.1 Methodische Grundlagen

Die grundlegende Beziehung der Reduktionsmethode spiegelt die Zusammenhänge wider, die zwischen den Zustandsvariablen von zwei konsekutiven Systemschnitten bestehen. Die Grundgleichung lautet in Matrix-Vektor-Form

$$\underline{Z}_s = \underline{F}_{s,s-1} \cdot \underline{Z}_{s-1} \tag{3.1}$$

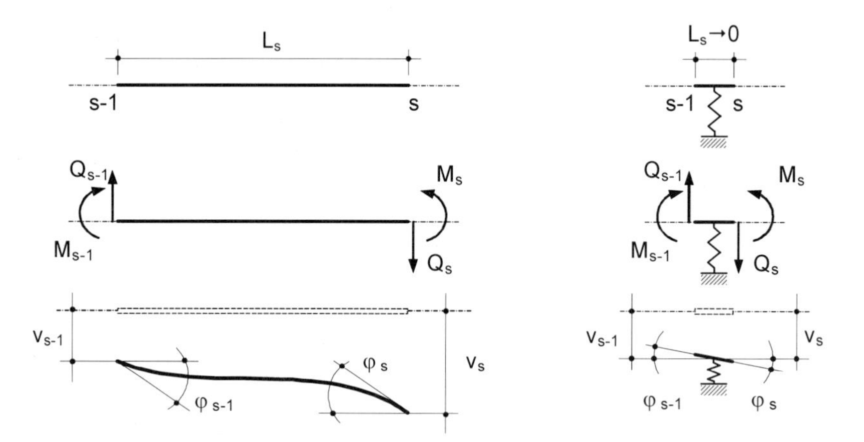

Bild 3.1 Zustandsgrößen am Beispiel der ebenen Biegung

Die Zustandsvektoren $\underline{z}$ fassen in geordneter Reihenfolge die n kinematischen und n statischen Zustandsgrößen der aufeinanderfolgenden Schnittufer s-1 bzw. s zusammen. Die physikalische Natur der Zustandsgrößen und ihre Anzahl sind problemspezifisch. Bei ebener Biegung z.B. gilt n = 2, die kinematischen Variablen sind die Transversalverschiebung v und die Verdrehung φ, die statischen – das Biegemoment M und die Querkraft Q, siehe Bild 3.1. Bei Aufgaben mit Längskraftdehnung kommen noch die Normalkraft N und die Längsverschiebung u hinzu, bei räumlich wirkenden Stäben mit kompaktem Querschnitt – weitere drei kinematische und drei statische Zustandsgrößen usw.

Die Weg- und die Kraftgrößen lassen sich paarweise über die mechanische Arbeit verknüpfen (konjugieren). Das Biegemoment M und die Verdrehung φ bilden z.B. ein konjugiertes Paar, da ihr Produkt als Arbeit interpretierbar ist. Analog bildet die Querkraft Q ein konjugiertes Paar mit der Verschiebung v, die Normalkraft N mit der Verschiebung u usw.

Ein Zustandsvektor besteht aus insgesamt 2n physikalischen Größen, die n konjugierte Paare bilden. Das letzte Element des Zustandsvektors – die Zahl 1 – ist ein algorithmisch bedingter Identitätsfaktor, dessen Zweck unten erläutert wird.

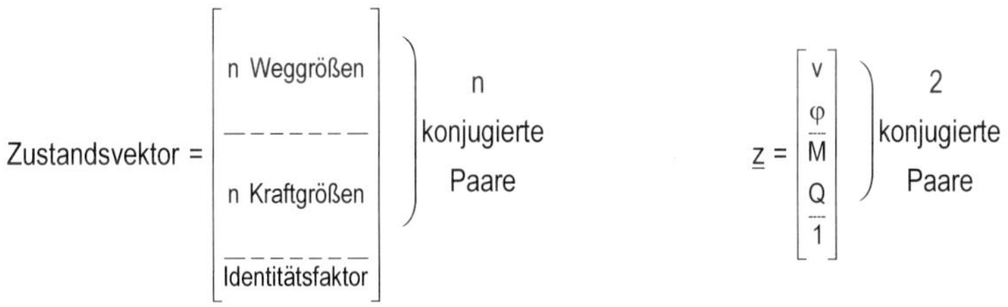

$$\text{Zustandsvektor} = \begin{bmatrix} \text{n Weggrößen} \\ \hline \text{n Kraftgrößen} \\ \hline \text{Identitätsfaktor} \end{bmatrix} \left.\right\} \begin{matrix} \text{n} \\ \text{konjugierte} \\ \text{Paare} \end{matrix} \qquad \underline{z} = \begin{bmatrix} v \\ \varphi \\ \hline M \\ Q \\ \hline 1 \end{bmatrix} \left.\right\} \begin{matrix} 2 \\ \text{konjugierte} \\ \text{Paare} \end{matrix}$$

Bild 3.2 Formale Struktur des Zustandsvektors

Die Grundgleichung (3.1) deutet darauf hin, daß der mechanische Zustand im Schnitt s auf den Zustand im Schnitt s-1 mittels der Matrix $\underline{F}_{s-1,s}$ zurückgeführt (reduziert) wird, daher die Bezeichnung des Verfahrens als *Reduktionsmethode*. Die Matrix verknüpft die statischen und kinematischen Größen der Schnittufer untereinander und vermittelt figurativ eine Übertragung des mechanischen Zustands im Feld vom einen Schnitt auf den anderen. Aus diesem Grund wird $\underline{F}$ allgemein *Übertragungsmatrix* genannt und auf das Verfahren als *Übertragungsmatrizenverfahren* verwiesen. Sind s-1 und s, wie links im Bild 3.1, die Randschnitte eines Stabfeldes endlicher Länge L_s, dann wird die Matrix konkreter als *Feldmatrix* bezeichnet. Handelt es sich dagegen, wie rechts im Bild 3.1, um konsekutive Schnittufer unmittelbar vor und nach einer Unstetigkeitsstelle, dann geht das Feld quasi in einen Punkt mit der Länge Null ($L_s \rightarrow 0$) über und die Matrix $\underline{F}_{s-1,s}$ wird als *Übergangs-* bzw. *Punktmatrix* bezeichnet.

Die Struktur der Übertragungsbeziehung (3.1) soll mit der schematischen Darstellung nach Bild 3.3 zunächst formal umrissen werden. Der quadratische (2n×2n)-Koeffizientenblock bildet den Großteil der Matrix. Die Koeffizienten verkörpern die geometrischen und physikalischen Eigenschaften des Stababschnittes, wie Abschnittslänge, Biegesteifigkeit, Massebelegung u.a. Die letzte Matrixspalte ist der Lastvektor. Er enthält n Lastgrößen, die aus eingeprägten Lasten, thermischer Beanspruchung oder sonstigen äußeren Einwirkungen resultieren.

Koeffizienten Lastgrößen

Zustandsgrößen im Endschnitt

$$\begin{bmatrix} v_S \\ \varphi_S \\ M_S \\ Q_S \\ \hline 1 \end{bmatrix} = \left[\begin{array}{cccc|c} f_{vv} & f_{v\varphi} & f_{vM} & f_{vQ} & f_{vq} \\ f_{\varphi v} & f_{\varphi\varphi} & f_{\varphi M} & f_{\varphi Q} & f_{\varphi q} \\ f_{Mv} & f_{M\varphi} & f_{MM} & f_{MQ} & f_{Mq} \\ f_{Qv} & f_{Q\varphi} & f_{QM} & f_{QQ} & f_{Qq} \\ \hline 0 & 0 & 0 & 0 & 1 \end{array}\right] \cdot \begin{bmatrix} v_{s-1} \\ \varphi_{s-1} \\ M_{s-1} \\ Q_{s-1} \\ \hline 1 \end{bmatrix}$$

Zustandsgrößen im Anfangsschnitt

Identitätszeile

Bild 3.3 Struktur der Übertragungsbeziehung am Beispiel der ebenen Biegung

Mit der aus Nullen und Einsen bestehenden letzten Zeile, wird die Gleichung gezielt um eine Identitätsbeziehung erweitert. Die Identitätszeile erfüllt einen algorithmisch relevanten Zweck, nämlich den Koeffizientenblock und den Lastvektor einheitlich in einer quadratischen Matrix unterzubringen und auf diese Weise die Grundgleichung in der mathematisch kompakten Form eines Matrix-Vektor-Produkts zu überführen. Die Identitätszeile dient damit dem numerischen und algorithmischen Komfort.

3.1.1 Reduktionsbeziehungen

Die Grundgleichung (3.1) bildet funktionelle Zusammenhänge im Rahmen einzelner Stabsegmente ab: Stabfelder von endlicher Länge bzw. Übergangsstellen mit Null-Länge. Der gesamte Stab wird bei numerischen Analysen als eine endliche Menge von r aufeinanderfolgenden Segmenten diskret modelliert, siehe Bild 3.4. Die Kopplung der einzelnen Stabsegmente und das Herleiten einer analogen Beziehung für den gesamten Stab gelingen mathematisch unkompliziert über das Gesamtprodukt der Übertragungsmatrizen sämtlicher Segmente

$$\underline{F}_{r,0} = \underline{F}_{r,r-1} \cdot \underline{F}_{r-1,r-2} \cdot \ldots \cdot \underline{F}_{s,s-1} \cdot \underline{F}_{s-1,s-2} \cdot \ldots \cdot \underline{F}_{2,1} \cdot \underline{F}_{1,0} \tag{3.2}$$

Auf diese Weise können die Zustandsgrößen der Randschnitte untereinander verknüpft und folgende Reduktionsbeziehung für den gesamten Stab formuliert werden

$$\underline{z}_r = \underline{F}_{r,0} \cdot \underline{z}_0 \tag{3.3}$$

mit $\underline{z}_0$ Zustandsvektor im Randschnitt 0 (Stabanfang)
$\underline{z}_r$ Zustandsvektor im Randschnitt r (Stabende)
$\underline{F}_{r,0}$ Übertragungsmatrix des gesamten Stabes

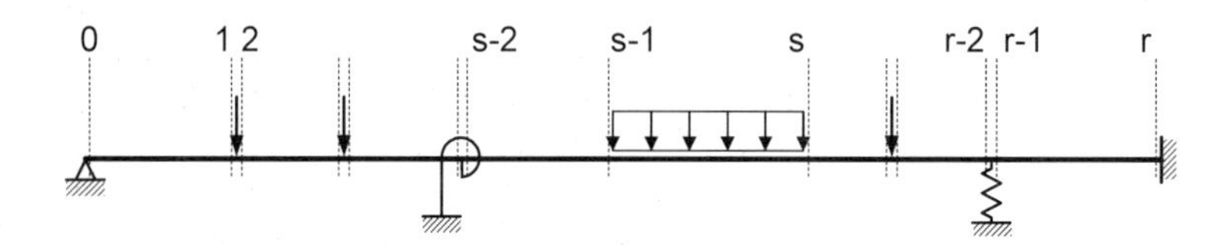

Bild 3.4 Diskretes Stabmodell aus r Stabfeldern und Übergangspunkten

Die Zustandsgrößen in jedem Schnitt lassen sich in analoger Form auf die Zustandsvariablen des Stabanfangs reduzieren. Über das Matrixprodukt

$$\underline{F}_{s,0} = \underline{F}_{s,s-1} \cdot \underline{F}_{s-1,s-2} \cdot \ldots \cdot \underline{F}_{2,1} \cdot \underline{F}_{1,0} \tag{3.4}$$

wird die Beziehung

$$\underline{z}_s = \underline{F}_{s,0} \cdot \underline{z}_0 \tag{3.5}$$

formuliert, mit der die Weg- und Kraftgrößen im beliebigen Schnitt s auf die 2n Anfangswerte im Anfangsschnitt 0 zurückgeführt werden. Die Komponenten des Anfangsvektors $\underline{z}_0$ erweisen sich demnach als Hauptunbekannte. Mit Kenntnis von $\underline{z}_0$ können die Zustandsgrößen in den anderen Schnitten ermittelt werden.

Die für die Bestimmung der Anfangsvariablen benötigten 2n Gleichungen werden aus den Randbedingungen hergeleitet. An jedem Stabrand stehen n statische und/oder kinematische Bedingungen zur Verfügung. Es handelt sich dabei um explizite Vorgaben von Weg- bzw. Kraftgrößen, meistens als Nullwerte bzw. um konstitutive Beziehungen zwischen konjugierten Weg- und Kraftgrößen, siehe Bild 3.5. Von Null verschiedene Verschiebungen werden z.B. bei der Simulation von Stützensenkungen vorgeschrieben, von Null verschiedene Kraftgrößen – bei eingeprägten Randkräften und -momenten. Die konstitutive Beziehung $Q = K_v \cdot v$ ist kennzeichnend für die linear elastische Stützung, $M = K_\varphi \cdot \varphi$ – für die linear elastische Einspannung.

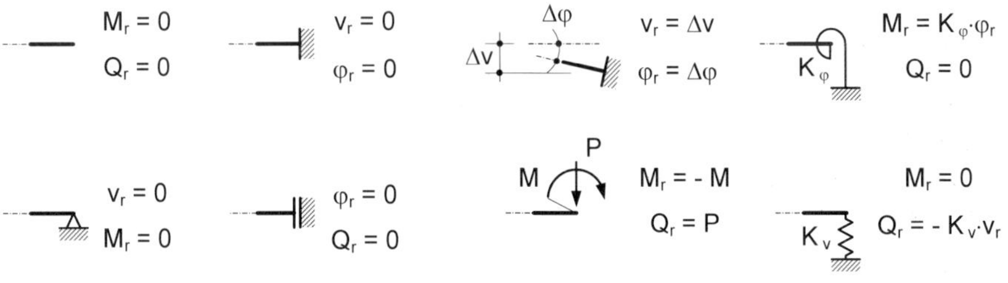

Bild 3.5 Beispiele für Randbedingungen

Jede vorgeschriebene Zustandsgröße und jede konstitutive Beziehung reduzieren die Anzahl der unbekannten Anfangsvariablen bzw. liefern eine zusätzliche Gleichung für deren Bestimmung. Die insgesamt 2n Randbedingungen führen zu den benötigten 2n Bestimmungsgleichungen. Nach deren Auflösung können die Kraft- und Weggrößen in jedem beliebigen Schnitt s mit Hilfe der Reduktionsbeziehung (3.5) ermittelt werden.

Das Vorgehen ist exemplarisch in Bild 3.6 skizziert. Die Lagerung am Stabanfang liefert explizit vorgeschriebene Nullwerte für die Verschiebung v_0 und das Biegemoment M_0. Damit stehen n der Anfangswerte fest. Für die Bestimmung der restlichen n – die Querkraft Q_0 und die Verdrehung φ_0 – werden die Randbedingungen am Stabende ausgewertet. Die Einspannung am rechten Rand führt über die Null-Werte der Verschiebung v_r und der Verdrehung φ_r zu n weiteren Vorgaben. Die insgesamt 2·n Randbedingungen werden in die Reduktionsbeziehung (3.3) eingesetzt. Die Auflösung der entsprechenden Gleichungen nach φ_0 und Q_0 liefert die noch fehlenden Komponenten des Anfangsvektors $\underline{z}_0$. Die Schnittkräfte und Verschiebungen im Stab werden anschließend mit den Beziehungen gemäß Gln. (3.5) bzw. (3.1) ermittelt.

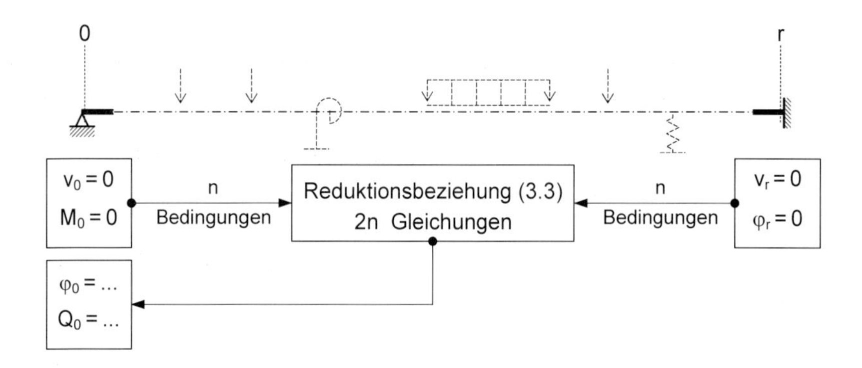

Bild 3.6 Bestimmung der Anfangsvariablen am Prinzipbeispiel

Die algorithmische Umsetzung der Reduktionsmethode läßt sich in vier Schritten zusammenfassen:

1. *Modellbildung.* Der Stab wird als eine diskrete Struktur aus r aufeinanderfolgenden Segmenten modelliert. Das einzelne Segment ist entweder ein Stabfeld von endlicher Länge L_s und mit konstanten Parametern (Steifigkeit EI, Druckkraft S, Bettungszahl K_B, Massebelegung μ usw.), oder eine Übergangsstelle mit der Länge null ($L_s \rightarrow 0$). Stetig veränderliche Stabparameter werden durch abschnittsweise konstante ersetzt, die Genauigkeit der Approximation wird über die Diskretisierungsdichte gesteuert.

2. *Stabmatrix.* In einer Segmentschleife (1 ... r) wird für jedes Segment die Übertragungsmatrix als Feld- bzw. Punktmatrix bereitgestellt. Das Gesamtprodukt gemäß Gl. (3.2) wird sequentiell gebildet. Am Zyklusende liegt die Stabübertragungsmatrix $\underline{F}_{r,0}$ vor.

3. *Anfangsvektor.* Die Randbedingungen am Stabanfang und am Stabende werden mit einbezogen und in die Reduktionsbeziehung (3.3) eingesetzt. Die Auflösung der Bestimmungsgleichungen liefert die unbekannten Anfangsvariablen. Die n kinematischen und n statischen Komponenten des Anfangsvektors $\underline{z}_0$ stehen damit fest.

4. *Zustandsgrößen.* Die Reduktionsbeziehung nach Gl. (3.5) wird zur Bestimmung der Zustandsgrößen im Stab angewendet. Der Schnittkraft- und Verschiebungszustand ist damit vollständig bestimmbar.

Das fundamentale Merkmal der Reduktionsmethode ist am so umrissenen Algorithmus deutlich erkennbar: die besondere Eignung der Matrix-Vektor-Formulierungen für eine unkomplizierte und bequeme praktische Anwendung. Die rechentechnisch aufwendigste Operation ist lediglich die triviale Matrizenmultiplikation; die Hauptunbekannten sind stets die Anfangsvariablen; die Anzahl der aufzulösenden Bestimmungsgleichungen ist gering, konstant und unabhängig von der Diskretisierungsdichte.

Die numerische Umsetzung der Reduktionsmethode erfordert keinen extensiven Programmieraufwand und ist bei dem heutigen Stand der Rechentechnik problemlos mittels konventioneller Software realisierbar. Für die rechnerische Analyse der in diesem Kapitel aufgeführten Beispiele wurden z.B. gängige Kalkulationstabellen (*spreadsheets*) angewendet.

3.1.2 Physikalische Deutung

Die Struktur der Übertragungsmatrix wurde vorerst nur formal dargestellt. Bedingt durch die Gliederung der Zustandsvektoren ist auch eine konkrete physikalische Deutung der einzelnen Matrixteile möglich. Vier quadratische Submatrizen sind im Gefüge des Koeffizientenblocks deutlich zu erkennen, siehe Bild 3.7, deren Koeffizienten physikalisch klar interpretierbar sind. Die Identitätszeile besitzt keine physikalische Bedeutung und wird nur für die algorithmische Formulierung eingeführt.

Der *Kinematik-Block* bringt Korrelationen zum Ausdruck, die ausschließlich Weggrößen untereinander verknüpfen. Die Blockkoeffizienten bilden in dem Sinne kinematische Beziehungen ab, die den Verschiebungszustand des betrachteten Stabsegments repräsentieren.

Der *Nachgiebigkeitsblock* stellt Weggrößen als Funktionen von Kraftgrößen dar. Das sind Zusammenhänge, die für das klassische Kraftgrößenverfahren charakteristisch sind. Die Blockkoeffizienten tragen demnach den physikalischen Charakter von Nachgiebigkeitszahlen.

Der *Steifigkeitsblock* dagegen bildet Kraftgrößen in Abhängigkeit von Weggrößen ab. Derartige Zusammenhänge sind kennzeichnend für die Deformationsmethode. Die Koeffizienten dieses Blocks sind demnach als Steifigkeitszahlen interpretierbar.

Der *Gleichgewichtsblock* verknüpft ausschließlich Kraftgrößen untereinander und steht damit repräsentativ für den Gleichgewichtszustand des Stabsegments.

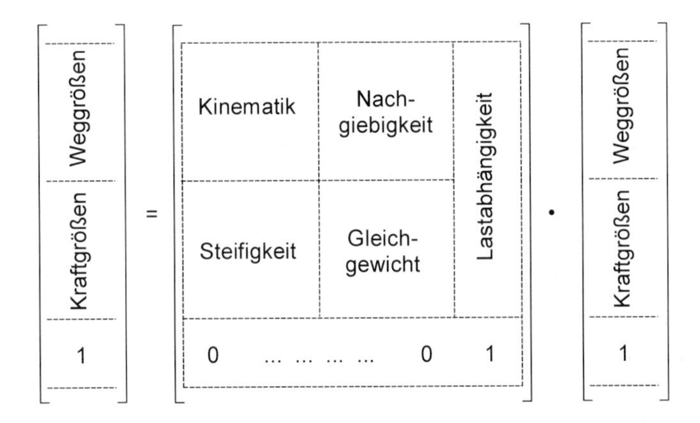

Bild 3.7 Physikalische Interpretation der Grundbeziehung

Die physikalische Deutung der Matrixbestandteile kann detailliert bis hin zur konkreten Interpretation der einzelnen Koeffizienten geführt werden. Die Koeffizienten der einzelnen Spalten sind als Einflußfaktoren der Zustandsgrößen am Segmentanfang (s-1) auf die Zustandsgrößen am Segmentende interpretierbar. Der erste Index ordnet den Koeffizient einer Zustandsgröße im Schnitt s zu, der zweite weist auf die entsprechende Ursache hin.

Das Bild 3.8 veranschaulicht am Beispiel der ebenen Biegung nach Theorie I. Ordnung die kinematischen Einheitszustände $v_{s-1} = 1$ bzw. $\varphi_{s-1} = 1$ mit den von Null verschiedenen Koeffizienten f. Die Starrkörperverschiebung bzw. -drehung sind Zustände kinematischer Art. Sie führen zu den angegebenen Verschiebungen f_{vv} bzw. $f_{v\varphi}$ und der Verdrehung $f_{\varphi\varphi}$ am Segmentende.

Da beide Zustände verformungsfrei sind, bleiben die Kraft-Koeffizienten der ersten zwei Matrixspalten identisch gleich Null.

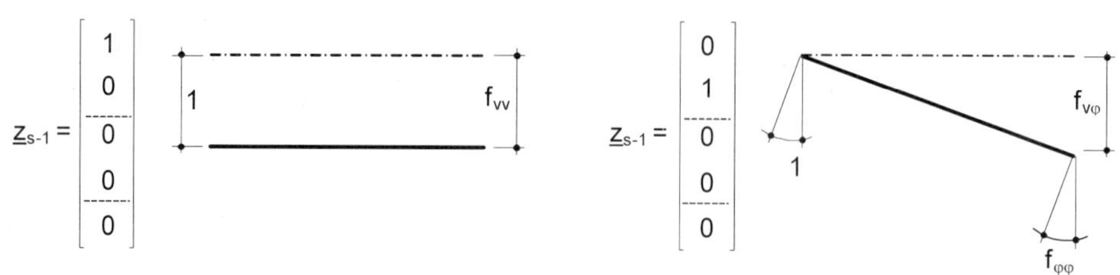

Bild 3.8 Kinematische Einheitszustände $v_{s-1} = 1$, $\varphi_{s-1} = 1$

Die statischen Einheitseinwirkungen $M_{s-1} = 1$ bzw. $Q_{s-1} = 1$ erfordern von Null verschiedene Kraftgrößen am Segmentende um das Gleichgewicht herzustellen. Das sind die in Bild 3.9 dargestellten Biegemomente f_{MM} bzw. f_{MQ} sowie die Querkraft f_{QQ}. Die Kräfte und Momente an beiden Enden führen zu Formänderungen, woraus die Verschiebungen f_{vM} bzw. f_{vQ} und die Verdrehungen $f_{\varphi M}$ bzw. $f_{\varphi Q}$ am Segmentende resultieren.

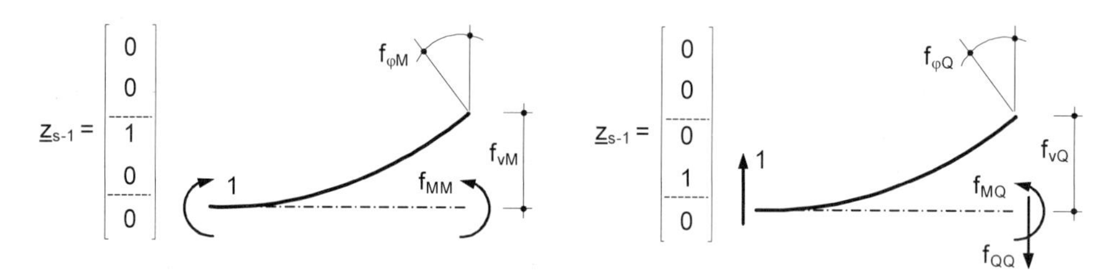

Bild 3.9 Statische Einheitszustände $M_{s-1} = 1$, $Q_{s-1} = 1$

Die *Lastgrößen* in der letzten Matrixspalte spiegeln Lastabhängigkeiten (Index q) wider. Sie stellen aus physikalischer Sicht den Einfluß vorhandener Einwirkungen auf die Zustandsgrößen am Segmentende dar und sind unabhängig von den Zustandsgrößen am Segmentanfang. Bild 3.10 zeigt exemplarisch die Interpretation der Lastgrößen im Falle einer Querlast p. Alle Anfangsgrößen werden zu Null gesetzt, die Weg- und Kraftgrößen am Segmentende resultieren dann nur aus der Belastung. Mit dem Biegemoment f_{Mq} und der Querkraft f_{Qq} wird das Gleichgewicht hergestellt, die Verschiebung f_{vq} und die Verdrehung $f_{\varphi q}$ am Segmentende folgen aus der Formänderungsarbeit.

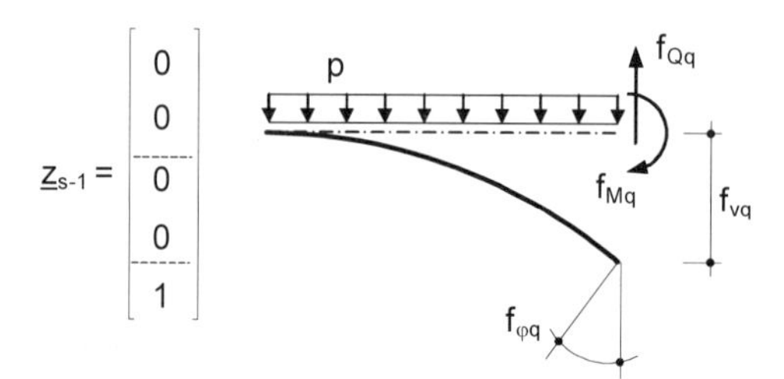

Bild 3.10 Lastzustand im Segment (s-1,s), Lastgrößen

3.1.3 Feldmatrix

Jedem mechanischen Problem, das sich durch gewöhnliche Differentialgleichungen beschreiben läßt, wird ein System aus simultan zu erfüllenden Bedingungen zugeordnet, deren Anzahl problemspezifisch ist. Die Bestimmung der Koeffizienten der Übertragungsmatrix beruht auf der Lösung der kennzeichnenden Differentialgleichung und der Erfüllung der Gleichgewichts- und der Formänderungsbedingungen.

Die vollständige Lösung besteht aus dem homogenen (lastunabgängigen) und dem partikulären (lastabhängigen) Teil. Auf Grund der Struktur der Grundbeziehung (3.1) bietet sich ein zweistufiger Lösungsprozeß der Differentialgleichung an.

Das Ziel besteht im ersten Schritt darin, die Zustandsvariablen am Segmentende als Funktionen der Anfangsvariablen abzubilden, ohne äußere Einwirkungen einzubeziehen. Die Lastfunktion wird deshalb vorläufig ausgeklammert und nur die homogene Lösung betrachtet. Die Ermittlung der Integrationskonstanten erfolgt nach der Methode der Anfangsparameter: die Bestimmungsgleichungen werden den Zustandsvariablen am Segmentanfang (s-1) zugeordnet, daraus werden die Integrationskonstanten ermittelt. Die homogene Lösung und ihre Ableitungen liefern über die Gleichgewichts- und die Formänderungsbedingungen die Koeffizienten der Feldmatrix.

Die Lasten werden im zweiten Lösungsschritt über die Gesamtlösung der Differentialgleichung berücksichtigt. Um ausschließlich den Einfluß der Belastung zu erfassen, werden die Anfangsparameter zu Null gesetzt und damit aus der Gesamtlösung ausgeklammert. Dadurch werden gleichzeitig die Bestimmungsgleichungen für die Integrationskonstanten erhalten. Die Gesamtlösung der Differentialgleichung führt über die Formänderungs- und Gleichgewichtsbedingungen zu den Lastgrößen.

Die Algorithmen bauen auf die Lösungen der differentialen Formulierungen für verschiedene Problemstellungen auf. Die Feldmatrix wird erhalten durch die Überführung der in Abschn. 2.3 aufgeführten Ergebnisse in das Schema der Übertragungsbeziehung. Als Illustration soll die Feldmatrix des Stabfeldes (s-1,s) gemäß Bild 3.4 angegeben werden. Es steht unter der Wirkung einer konstanten Querlast, der Querschnittsverlauf sei auch konstant. Die Feldmatrix folgt aus der Gl. (2.168) mit $x_1 = L_s$ und $p(x_1) = p_0 =$ konst. zu

$$\underline{F}_{s-1,s} = \left[\begin{array}{cccc|c} 1 & L_s & -\dfrac{L_s^2}{2EI} & -\dfrac{L_s^3}{6EI} & \dfrac{L_s^4}{24EI}\cdot p_0 \\ 0 & 1 & -\dfrac{L_s}{EI} & -\dfrac{L_s^2}{2EI} & \dfrac{L_s^3}{6EI}\cdot p_0 \\ 0 & 0 & 1 & L_s & -\dfrac{L_s^2}{2}\cdot p_0 \\ 0 & 0 & 0 & 1 & -L_s\cdot p_0 \\ \hline 0 & 0 & 0 & 0 & 1 \end{array}\right] \tag{3.6}$$

Die Lastgrößen für weitere Lastfälle (siehe Tabelle 3.1) können analog hergeleitet werden. Speziell für den Fall „ungleichförmige Temperaturänderung“ muß die Momenten-Krümmungs-Abhängigkeit um die Temperaturänderung $\Delta T = t_u - t_o$ und den Temperaturausdehnungskoeffizienten α_T erweitert werden.

$$v''(x_1) = -\frac{M(x_1)}{EI} - \alpha_T \cdot \frac{t_u - t_o}{h} \tag{3.7}$$

Die Lastvektoren für Einzellasten (P, M) werden über Analogien einfach erhalten. Die Wirkung z.B. des Einzelmomentes M unterscheidet sich von der des Anfangsmomentes M_{s-1} lediglich durch den Abstand des Wirkungsorts zum Schnitt s. Der Lastvektor für diesen Fall ist ein Abbild der 3. Spalte des Koeffizientenblocks, mit dem Unterschied, daß die Segmentlänge L_s durch den Abstand $\xi' L_s$ ersetzt werden muß. Der Lastvektor für den Fall „Einzellast P" ist in Analogie ein Abbild der zu Q_{s-1} entsprechenden 4. Spalte des Koeffizientenblocks: statt L_s wird auch hier $\xi' L_s$ eingesetzt; der Wirkungssinn von P und Q_{s-1} wird durch die Umkehrung der Vorzeichen berücksichtigt.

Tabelle 3.1 Lastgrößen bei ebener Biegung nach Elastizitätstheorie I. Ordnung

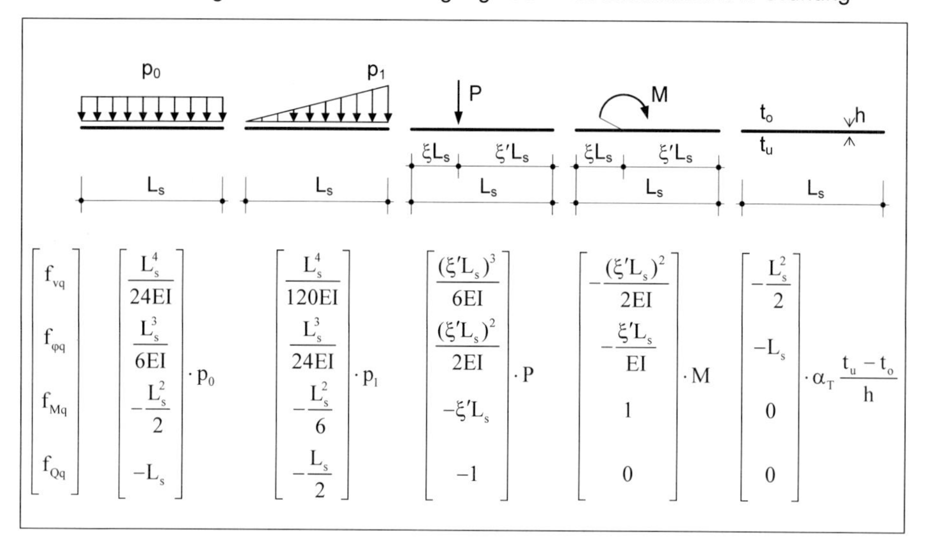

Die Übertragungsbeziehung für die Längskraftdehnung nach Elastizitätstheorie I. Ordnung wird bei konstanter Dehnsteifigkeit EA aus der Differentialgleichung

$$EA \cdot u''(x_1) = -s(x_1) \tag{3.8}$$

erhalten, mit $u(x_1)$ – Längsverschiebung und $s(x_1)$ – verteilter Axiallast. Die Aufbereitung der Lösung nach der Methode der Anfangsparameter und die Überführung in das Übertragungsschema liefert

$$\begin{bmatrix} u_s \\ N_s \\ \hline 1 \end{bmatrix} = \left[\begin{array}{cc|c} 1 & \frac{L_s}{EA} & f_{uq} \\ 0 & 1 & f_{Nq} \\ \hline 0 & 0 & 1 \end{array}\right] \cdot \begin{bmatrix} u_{s-1} \\ N_{s-1} \\ \hline 1 \end{bmatrix} \tag{3.9}$$

Die Lastgrößen f_{uq} und f_{Nq} für häufig vorkommende Lastfälle sind in Tabelle 3.2 angegeben, mit t_s gleichförmige Temperaturänderung und α_T Temperaturausdehnungskoeffizient.

Tabelle 3.2 Lastgrößen für Längskraftbeanspruchung nach Elastizitätstheorie I. Ordnung

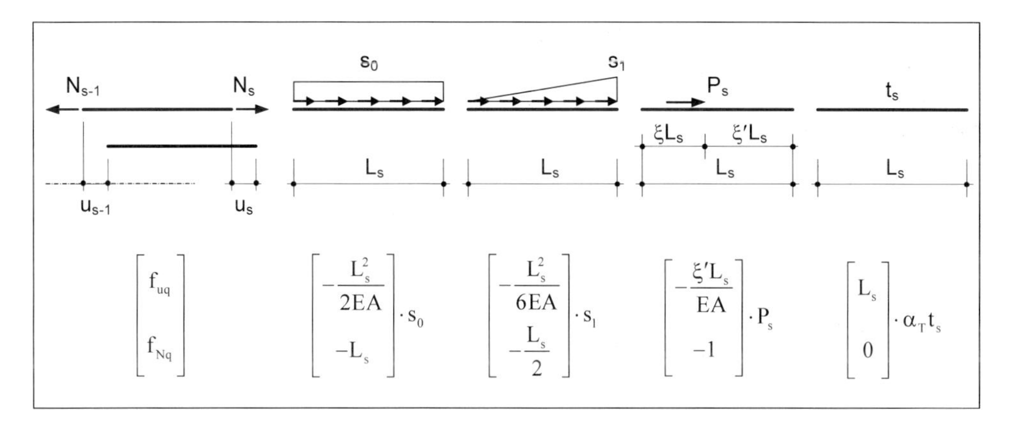

Die Zusammenfassung der Längsdehnungs- und der Biegeverformungsanteile führt zur vollständigen Übertragungsbeziehung des endlichen, eben wirkenden Stabsegments nach Elastizitätstheorie I. Ordnung.

$$\begin{bmatrix} u_s \\ v_s \\ \varphi_s \\ M_s \\ Q_s \\ N_s \\ -- \\ 1 \end{bmatrix} = \left[\begin{array}{cccccc:c} 1 & 0 & 0 & 0 & 0 & \frac{L_s}{EA} & f_{uq} \\ 0 & 1 & L_s & -\frac{L_s^2}{2EI} & -\frac{L_s^3}{6EI} & 0 & f_{vq} \\ 0 & 0 & 1 & -\frac{L_s}{EI} & -\frac{L_s^2}{2EI} & 0 & f_{\varphi q} \\ 0 & 0 & 0 & 1 & L_s & 0 & f_{Mq} \\ 0 & 0 & 0 & 0 & 1 & 0 & f_{Qq} \\ 0 & 0 & 0 & 0 & 0 & 1 & f_{Nq} \\ \hdashline 0 & 0 & 0 & 0 & 0 & 0 & 1 \end{array}\right] \cdot \begin{bmatrix} u_{s-1} \\ v_{s-1} \\ \varphi_{s-1} \\ M_{s-1} \\ Q_{s-1} \\ N_{s-1} \\ --- \\ 1 \end{bmatrix} \qquad (3.10)$$

Die Symmetrie des Koeffizientenblocks bezüglich seiner Nebendiagonale ist kein zufälliges Ergebnis, sondern ein konkretes Resultat der Reziprozitätssätze, siehe Abschn. 2.2.3.

3.1.4 Fortleitung der Zustandsgrößen im Stab

Im Verlauf der Zustandsfunktionen gibt es Sprungstellen, deren Ursachen verschiedener Art sein können. In den meisten Fällen handelt es sich um real existierende strukturelle Unstetigkeiten wie diskrete Zwischenstützungen oder Kopplungsapparate. Diskontinuitäten im Verlauf der Zustandsfunktionen können aus Einzellasten an den Abschnittsgrenzen resultieren, die zu Sprüngen im Schnittkraftverlauf führen. Im Rechenmodell können auch Unstetigkeiten auftreten, die in der realen Struktur nicht existieren, z.B. wenn ein stetig veränderlicher Querschnittsverlauf diskretisiert und als abschnittsweise konstant modelliert wird.

Unabhängig davon, ob ein Sprung strukturell, lastinduziert, modellbedingt oder von gemischtem Charakter ist, bestimmend für die Fortleitung der Zustandsgrößen sind stets die Gleichgewichts- und die Verträglichkeitsbedingungen an der Sprungstelle. Dabei handelt es sich nicht um differentiale Beziehungen, sondern um Zusammenhänge zwischen finiten Zustandsgrößen in der unmittelbaren Umgebung der Sprungstelle. Die Sprungstellen werden als Segmente mit der Länge Null ($L_s \to 0$) modelliert. Bei der algorithmischen Behandlung werden zwei Arten unterschieden: Sprungstellen ohne und solche mit Zwischenbedingungen.

Sprungstellen ohne Zwischenbedingungen sind Unstetigkeitsstellen, an denen die Sprunggröße entweder explizit vorgeschrieben ist oder mit der zu ihr konjugierten Zustandsgröße über eine konstitutive Beziehung gekoppelt wird. An Sprungstellen ohne Nebenbedingungen werden keine zusätzlichen Systemvariable eingeführt. Die Übertragung zwischen den konsekutiven Schnitten unmittelbar vor und nach der Unstetigkeitsstelle erfolgt über eine Punktmatrix. Ihre Struktur stimmt mit der der Feldmatrix überein, die physikalische Interpretation der Matrixblöcke ist identisch, ihre Elemente werden aus Gleichgewichts- und Verträglichkeitsbedingungen erhalten.

Punktlasten. Einzelmomente M, Querlasten P, Längslasten P_L – stellen explizit vorgeschriebene Schnittkraft-Sprunggrößen dar.

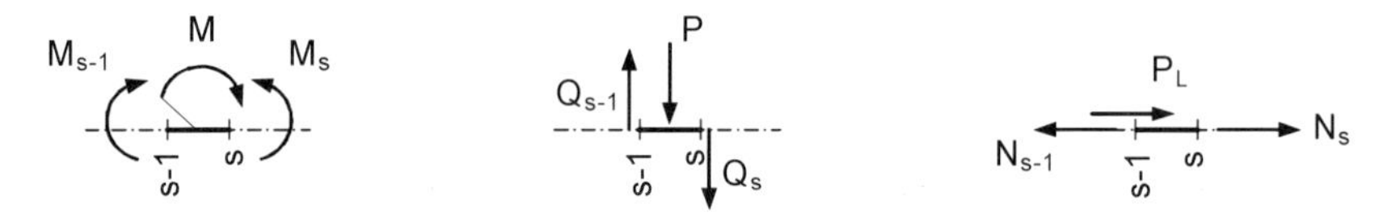

Bild 3.11 Sprungstellen infolge Punktlasten

Für die Schnitte unmittelbar vor und nach dem Eintragungsort gelten n Verträglichkeits- und n Gleichgewichtsbedingungen

$$\begin{aligned} u_s &= u_{s-1} \\ v_s &= v_{s-1} \\ \varphi_s &= \varphi_{s-1} \end{aligned} \tag{3.11a}$$

$$\begin{aligned} M_s &= M_{s-1} + M \\ Q_s &= Q_{s-1} - P \\ N_s &= N_{s-1} - P_L \end{aligned} \tag{3.11b}$$

Die Punktmatrix wird erhalten, indem diese 2n Bedingungen konform mit dem Übertragungsschema notiert werden. Die Sprunggrößen, d.h. die Einzellasten, werden über den Lastvektor erfaßt, der Koeffizientenblock bleibt eine Einheitsmatrix. Die Übertragungsbeziehung ist

$$\begin{bmatrix} u_s \\ v_s \\ \varphi_s \\ M_s \\ Q_s \\ N_s \\ \hline 1 \end{bmatrix} = \left[\begin{array}{cccccc|c} 1 & 0 & 0 & 0 & 0 & 0 & 0 \\ 0 & 1 & 0 & 0 & 0 & 0 & 0 \\ 0 & 0 & 1 & 0 & 0 & 0 & 0 \\ 0 & 0 & 0 & 1 & 0 & 0 & M \\ 0 & 0 & 0 & 0 & 1 & 0 & -P \\ 0 & 0 & 0 & 0 & 0 & 1 & -P_L \\ \hline 0 & 0 & 0 & 0 & 0 & 0 & 1 \end{array}\right] \cdot \begin{bmatrix} u_{s-1} \\ v_{s-1} \\ \varphi_{s-1} \\ M_{s-1} \\ Q_{s-1} \\ N_{s-1} \\ \hline 1 \end{bmatrix} \tag{3.12}$$

Vorgeschriebene Verschiebungssprünge. Explizit vorgeschriebene Sprünge im Verlauf der Verschiebungsfunktionen stellen ein Gedankenmodell dar, das für die Ermittlung von Schnittkraft-Einflußfunktionen relevant ist. Die Problematik wird in Abschn. 3.2.2 behandelt, die Punktmatrix wird für diesen Fall formal hergeleitet.

Die Gleichgewichtsbedingungen an diesen Sprungsstellen sind Identitätsbeziehungen

$$\begin{aligned} M_s &= M_{s-1} \\ Q_s &= Q_{s-1} \\ N_s &= N_{s-1} \end{aligned} \tag{3.13a}$$

Die Verträglichkeitsbedingungen sind

$$\begin{aligned} u_s &= u_{s-1} + \Delta u \\ v_s &= v_{s-1} + \Delta v \\ \varphi_s &= \varphi_{s-1} + \Delta\varphi \end{aligned} \tag{3.13b}$$

mit Δu vorgeschriebener Verschiebungssprung in Längsrichtung
Δv vorgeschriebener Verschiebungssprung in Querrichtung
$\Delta\varphi$ vorgeschriebener Verdrehungssprung

Vorgeschriebene Verschiebungssprünge werden analog zu den Einzellasten über den Lastvektor der Punktmatrix erfaßt und führen zu der Übertragungsbeziehung

$$\begin{bmatrix} u_s \\ v_s \\ \varphi_s \\ M_s \\ Q_s \\ N_s \\ \hline 1 \end{bmatrix} = \left[\begin{array}{cccccc|c} 1 & 0 & 0 & 0 & 0 & 0 & \Delta u \\ 0 & 1 & 0 & 0 & 0 & 0 & \Delta v \\ 0 & 0 & 1 & 0 & 0 & 0 & \Delta\varphi \\ 0 & 0 & 0 & 1 & 0 & 0 & 0 \\ 0 & 0 & 0 & 0 & 1 & 0 & 0 \\ 0 & 0 & 0 & 0 & 0 & 1 & 0 \\ \hline 0 & 0 & 0 & 0 & 0 & 0 & 1 \end{array}\right] \cdot \begin{bmatrix} u_{s-1} \\ v_{s-1} \\ \varphi_{s-1} \\ M_{s-1} \\ Q_{s-1} \\ N_{s-1} \\ \hline 1 \end{bmatrix} \tag{3.14}$$

Translations- und Rotationsfedern. Linear elastische Stützungen, siehe Bild 3.12, führen auch zu Sprüngen im Schnittkraftverlauf, die Sprunggröße ist die Federkraft bzw. das Federmoment. Im Unterschied zu den Punktlasten ist die Sprunggröße nicht vorgeschrieben. Sie hängt vom Verschiebungszustand und von der Federsteifigkeit ab. Die Sprunggröße stellt keine neue Unbekannte dar, da sie sich über die linear elastische Federbeziehung eliminieren läßt.

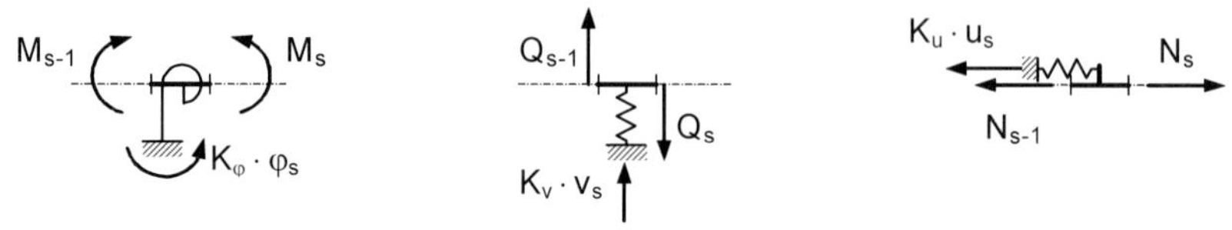

M_{s-1} M_s $K_\varphi \cdot \varphi_s$ Q_{s-1} Q_s $K_v \cdot v_s$ $K_u \cdot u_s$ N_s N_{s-1}

Bild 3.12 Diskrete Federstützungen

Für diskrete linear elastische Stützungen gelten die Verträglichkeitsbedingungen

$$\begin{aligned} u_s &= u_{s-1} \\ v_s &= v_{s-1} \\ \varphi_s &= \varphi_{s-1} \end{aligned} \tag{3.15a}$$

und die Gleichgewichtsbedingungen

$$\begin{aligned} M_s &= M_{s-1} - K_\varphi \cdot \varphi_s \\ Q_s &= Q_{s-1} + K_v \cdot v_s \\ N_s &= N_{s-1} + K_u \cdot u_s \end{aligned} \tag{3.15b}$$

mit K_φ, K_v, K_u linear elastische Federsteifigkeiten.

Die linear elastischen Translations- und Rotationsfedern erhöhen die Steifigkeit des Systems. Sie werden dementsprechend im Steifigkeitsblock der Punktmatrix erfaßt.

$$\begin{bmatrix} u_s \\ v_s \\ \varphi_s \\ M_s \\ Q_s \\ N_s \\ \hline 1 \end{bmatrix} = \left[\begin{array}{cccccc|c} 1 & 0 & 0 & 0 & 0 & 0 & 0 \\ 0 & 1 & 0 & 0 & 0 & 0 & 0 \\ 0 & 0 & 1 & 0 & 0 & 0 & 0 \\ 0 & 0 & -K_\varphi & 1 & 0 & 0 & 0 \\ 0 & K_v & 0 & 0 & 1 & 0 & 0 \\ K_u & 0 & 0 & 0 & 0 & 1 & 0 \\ \hline 0 & 0 & 0 & 0 & 0 & 0 & 1 \end{array}\right] \cdot \begin{bmatrix} u_{s-1} \\ v_{s-1} \\ \varphi_{s-1} \\ M_{s-1} \\ Q_{s-1} \\ N_{s-1} \\ \hline 1 \end{bmatrix} \tag{3.16}$$

Nachgiebige Kopplungen. An manchen konstruktiven Schwachstellen, z.B. an einem Stumpfstoß, gelingt die Kraftübertragung nur auf Kosten zusätzlicher Verformungen. Die Kopplung zeichnet sich durch eine erhöhte, quasi in einem Punkt konzentrierte Nachgiebigkeit aus. Der Schnittkraftverlauf ist stetig, die Verschiebungen dagegen zeigen sprungartige Änderungen.

Derartige *semi-rigid joints* lassen sich als allgemeine Federgelenke (linear elastische M-, Q- oder N-Modelle) modellieren, siehe Bild 3.13. Der Verschiebungs- bzw. Verdrehungssprung ist vom Schnittkraftzustand und von der Nachgiebigkeit der Kopplungsstelle abhängig. Die Sprunggrößen werden auch in diesem Fall über linear elastische Federbeziehungen eliminiert.

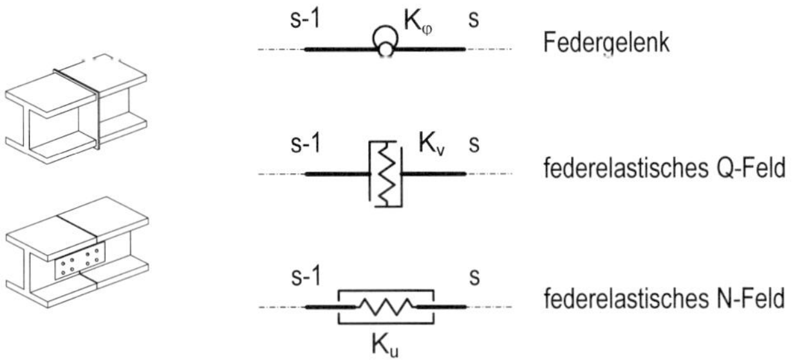

s-1 K_φ s Federgelenk

s-1 K_v s federelastisches Q-Feld

s-1 s K_u federelastisches N-Feld

Bild 3.13 Modelle teilweise nachgiebiger Kopplungen im Stab

Die Gleichgewichtsbedingungen an der Unstetigkeitsstelle sind

$$\begin{aligned} M_s &= M_{s-1} \\ Q_s &= Q_{s-1} \\ N_s &= N_{s-1} \end{aligned} \tag{3.17a}$$

Die Nachgiebigkeit spiegelt sich in den Verträglichkeitsbedingungen wider

$$\begin{aligned} u_s &= u_{s-1} + N_{s-1} / K_u \\ v_s &= v_{s-1} + Q_{s-1} / K_v \\ \varphi_s &= \varphi_{s-1} - M_{s-1} / K_\varphi \end{aligned} \tag{3.17b}$$

mit K_u, K_v, K_φ linear elastische Federsteifigkeiten.

Die Translations- und Rotationsfedern gewährleisten zwar die Fortleitung der Schnittkräfte, die Nachgiebigkeit des Systems nimmt jedoch zu. Die Unstetigkeit wird mit dem Nachgiebigkeitsblock der Punktmatrix erfaßt.

$$\begin{bmatrix} u_s \\ v_s \\ \varphi_s \\ M_s \\ Q_s \\ N_s \\ \hline 1 \end{bmatrix} = \left[\begin{array}{cccccc|c} 1 & 0 & 0 & 0 & 0 & 1/K_u & 0 \\ 0 & 1 & 0 & 0 & 1/K_v & 0 & 0 \\ 0 & 0 & 1 & -1/K_\varphi & 0 & 0 & 0 \\ 0 & 0 & 0 & 1 & 0 & 0 & 0 \\ 0 & 0 & 0 & 0 & 1 & 0 & 0 \\ 0 & 0 & 0 & 0 & 0 & 1 & 0 \\ \hline 0 & 0 & 0 & 0 & 0 & 0 & 1 \end{array}\right] \cdot \begin{bmatrix} u_{s-1} \\ v_{s-1} \\ \varphi_{s-1} \\ M_{s-1} \\ Q_{s-1} \\ N_{s-1} \\ \hline 1 \end{bmatrix} \tag{3.18}$$

Knickstellen. Sprungartige Änderungen der Stabachsenneigung, siehe Bild 3.14, werden über eine Transformation des Bezugssystems erfaßt.

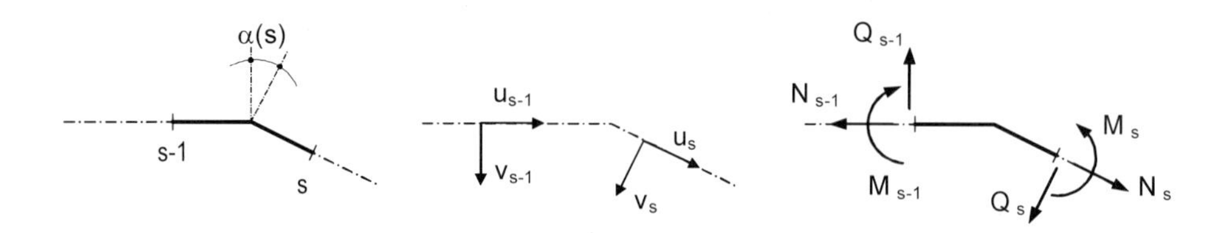

Bild 3.14 Knickstelle

Für die Verschiebungen vor und nach der Knickstelle gelten die Transformationsbeziehungen

$$\begin{aligned} u_s &= u_{s-1} \cdot \cos\alpha(s) + v_{s-1} \cdot \sin\alpha(s) \\ v_s &= v_{s-1} \cdot \cos\alpha(s) - u_{s-1} \cdot \sin\alpha(s) \\ \varphi_s &= \varphi_{s-1} \end{aligned} \tag{3.19a}$$

mit dem Transformationswinkel $\alpha(s)$.

Analoge Beziehungen gelten auch für die Schnittkräfte

$$\begin{aligned} N_s &= N_{s-1} \cdot \cos\alpha(s) + Q_{s-1} \cdot \sin\alpha(s) \\ Q_s &= Q_{s-1} \cdot \cos\alpha(s) - N_{s-1} \cdot \sin\alpha(s) \\ M_s &= M_{s-1} \end{aligned} \tag{3.19b}$$

Die Anpassung der Transformation an die Struktur der Übertragungsbeziehung führt zu

$$\begin{bmatrix} u_s \\ v_s \\ \varphi_s \\ M_s \\ Q_s \\ N_s \\ \hline 1 \end{bmatrix} = \left[\begin{array}{cccccc|c} c & s & 0 & 0 & 0 & 0 & 0 \\ -s & c & 0 & 0 & 0 & 0 & 0 \\ 0 & 0 & 1 & 0 & 0 & 0 & 0 \\ 0 & 0 & 0 & 1 & 0 & 0 & 0 \\ 0 & 0 & 0 & 0 & c & -s & 0 \\ 0 & 0 & 0 & 0 & s & c & 0 \\ \hline 0 & 0 & 0 & 0 & 0 & 0 & 1 \end{array}\right] \cdot \begin{bmatrix} u_{s-1} \\ v_{s-1} \\ \varphi_{s-1} \\ M_{s-1} \\ Q_{s-1} \\ N_{s-1} \\ \hline 1 \end{bmatrix} \quad \text{mit} \quad \begin{aligned} c &= \cos\alpha(s) \\ s &= \sin\alpha(s) \end{aligned} \tag{3.20}$$

Exzentrizitäten. Sehr steife (quasi starre) Anschlußbereiche werden bei der numerischen Analyse wie Sprungstellen ohne Zwischenbedingungen behandelt. Das sind i.d.R. Randbereiche, deren Steifigkeit wegen der konstruktiven Ausbildung wesentlich größer ist als die Stabsteifigkeit. Sprungartige Querschnittsänderungen können auch zu exzentrischen Übergangsstellen im Berechnungsmodell führen, siehe Bild 3.15. Ein adäquates Modell für die Erfassung derartiger Bereiche ist der ideal starre exzentrische Anschluß.

Exzentrische Übergangsstellen sind weder Punkte noch übliche Stabfelder, sondern endliche Systemteile. Die Übertragungsmatrix stellt einen Grenzfall zwischen Punkt- und Feldmatrix dar. Einerseits wird, wie beim Stabfeld, ein endlicher Bereich überbrückt. Andererseits werden die Matrixelemente nicht über differentiale Gleichgewichts- und Formänderungsbedingungen erhalten, sondern wie beim Punkt, aus Gleichgewichts- und Verträglichkeitsbeziehungen zwischen finiten Zustandsgrößen.

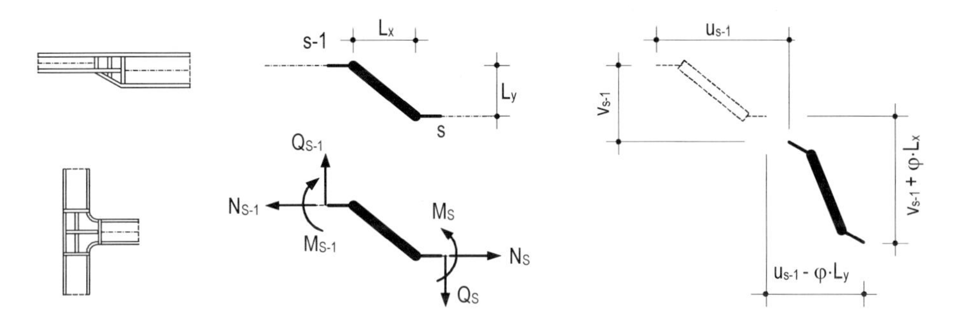

Bild 3.15 Starre exzentrische Übergangsstellen

Für kleine Verschiebungen gelten die Verträglichkeitsbedingungen

$$\begin{aligned} \varphi_s &= \varphi_{s-1} \\ u_s &= u_{s-1} - L_y \cdot \varphi_{s-1} \\ v_s &= v_{s-1} + L_x \cdot \varphi_{s-1} \end{aligned} \tag{3.21a}$$

Die Gleichgewichtsbeziehungen sind

$$\begin{aligned} N_s &= N_{s-1} \\ Q_s &= Q_{s-1} \\ M_s &= M_{s-1} + L_x \cdot Q_{s-1} - L_y \cdot N_{s-1} \end{aligned} \tag{3.21b}$$

Die Übertragungsmatrix wird erhalten zu

$$\begin{bmatrix} u_s \\ v_s \\ \varphi_s \\ M_s \\ Q_s \\ N_s \\ \hline 1 \end{bmatrix} = \left[\begin{array}{cccccc|c} 1 & 0 & -L_y & 0 & 0 & 0 & 0 \\ 0 & 1 & L_x & 0 & 0 & 0 & 0 \\ 0 & 0 & 1 & 0 & 0 & 0 & 0 \\ 0 & 0 & 0 & 1 & L_x & -L_y & 0 \\ 0 & 0 & 0 & 0 & 1 & 0 & 0 \\ 0 & 0 & 0 & 0 & 0 & 1 & 0 \\ \hline 0 & 0 & 0 & 0 & 0 & 0 & 1 \end{array}\right] \cdot \begin{bmatrix} u_{s-1} \\ v_{s-1} \\ \varphi_{s-1} \\ M_{s-1} \\ Q_{s-1} \\ N_{s-1} \\ \hline 1 \end{bmatrix} \tag{3.22}$$

Die Belegung des Kinematik-Blocks bildet die Starrkörperverschiebungen – Translation und Rotation – ab. Der Einfluß der Exzentrizität auf den Schnittkraftzustand ist aus der Belegung des Gleichgewichtsblocks erkennbar.

Starre Zwischenstützungen und Schnittkraftnullfelder. Derartige Unstetigkeitsstellen werden als Sprungstellen mit Zwischenbedingungen bezeichnet. Sie sind charakteristisch für Stabzüge und nicht für den Einzelstab. Ihre Behandlung wird hier nur prinzipiell erörtert, weil – wie im einführenden Kommentar bereits erwähnt – die rechnerische Analyse von Stabzügen wesentlich effizienter auf der Basis der Deformationsmethode durchgeführt werden kann.

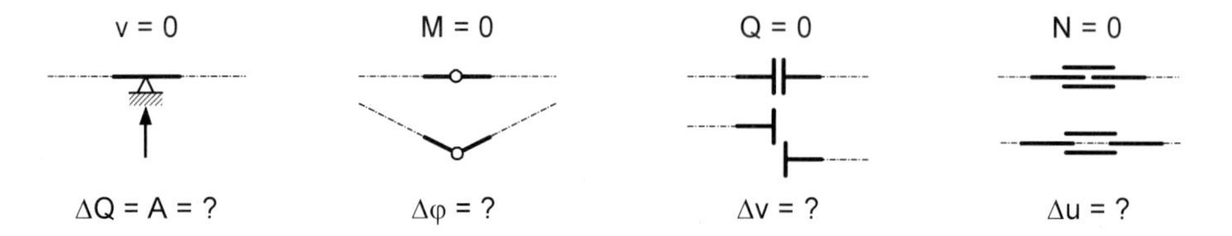

Bild 3.16 Unstetigkeitsstellen mit Zwischenbedingungen – Beispiele

Die Zwischenlager bewirken sprunghafte Änderungen im Schnittkraftverlauf, während die Gelenke und Schnittkraftnullfelder zu Verdrehungs- bzw. Verschiebungssprüngen führen. Die wesentlichen Merkmale der Sprungstellen mit Zwischenbedingungen sind:

- Mindestens eine der Zustandsvariablen – Weg- oder Kraftgröße – ist an der Sprungstelle explizit vorgeschrieben. Das ist z.B. die Verschiebung ($v = 0$) am Zwischenlager bzw. das Biegemoment ($M = 0$) am reibungslosen Gelenk, siehe Bild 3.16.
- Die zu der vorgeschriebenen Zustandsvariablen konjugierte Kraft- bzw. Weggröße ist sprunghaft veränderlich, die Sprunggröße ist unbekannt. Die Stützkraft am Zwischenlager ist z.B. eine unbekannte Sprunggröße (ΔQ) im Querkraftverlauf. Analog stellt die gegenseitige Verdrehung der Schnittufer am Gelenk eine unbekannte Sprunggröße ($\Delta\varphi$) im Verlauf der Verdrehungsfunktion dar.

Die Übertragung erfolgt nicht mehr gemäß der Grundbeziehung nach Gl. (3.1). Die Gl. (3.1) wird um einen unbekannten Sprungvektor erweitert. Für ein Gelenk gilt z.B.

$$\begin{bmatrix} v_g \\ \varphi_g \\ M_g \\ Q_g \\ \hline 1 \end{bmatrix} = \left[\begin{array}{cccc|c} 1 & 0 & 0 & 0 & 0 \\ 0 & 1 & 0 & 0 & 0 \\ 0 & 0 & 1 & 0 & 0 \\ 0 & 0 & 0 & 1 & 0 \\ \hline 0 & 0 & 0 & 0 & 1 \end{array}\right] \cdot \begin{bmatrix} v_{g-1} \\ \varphi_{g-1} \\ M_{g-1} \\ Q_{g-1} \\ \hline 1 \end{bmatrix} + \begin{bmatrix} 0 \\ 1 \\ 0 \\ 0 \\ \hline 0 \end{bmatrix} \cdot \Delta\varphi_g \tag{3.23a}$$

$$\underline{z}_g = \underline{F}_{g-1,g} \cdot \underline{z}_{g-1} + \underline{z}_\varphi \cdot \Delta\varphi_g$$

Für die starre Zwischenstützung gilt analog

$$\begin{bmatrix} v_s \\ \varphi_s \\ M_s \\ Q_s \\ \hline 1 \end{bmatrix} = \left[\begin{array}{cccc|c} 1 & 0 & 0 & 0 & 0 \\ 0 & 1 & 0 & 0 & 0 \\ 0 & 0 & 1 & 0 & 0 \\ 0 & 0 & 0 & 1 & 0 \\ \hline 0 & 0 & 0 & 0 & 1 \end{array}\right] \cdot \begin{bmatrix} v_{s-1} \\ \varphi_{s-1} \\ M_{s-1} \\ Q_{s-1} \\ \hline 1 \end{bmatrix} + \begin{bmatrix} 0 \\ 0 \\ 0 \\ 1 \\ \hline 0 \end{bmatrix} \cdot \Delta Q_s \tag{3.23b}$$

$$\underline{z}_s = \underline{F}_{s-1,s} \cdot \underline{z}_{s-1} + \underline{z}_Q \cdot \Delta Q_s$$

Die wichtigste Folge ist die Einführung von zusätzlichen unbekannten Variablen. Die unbekannte Sprunggröße – Kraft oder Verschiebung – läßt sich nicht sofort eliminieren, sondern wird als unabhängige Variable neben den Ausgangsunbekannten im Anfangsschnitt 0 mitgeführt.

Für die algorithmische Behandlung der neuen Unbekannten (hier z.B. ΔQ_s bzw. $\Delta\varphi_g$) gibt es zwei Möglichkeiten.

(A) *Mitnahme der Unbekannten*

- Die Fortleitung der Zustandsgrößen bis zum Endpunkt r wird unter Berücksichtigung der erweiterten Übertragungsbeziehungen (3.23a,b) geführt. Für ein System, das Sprungstellen mit Zwischenbedingungen enthält (hier ein Gelenk und ein Zwischenlager), gilt am Ende nicht die homogene Reduktionsbeziehung nach Gl. (3.3), sondern

$$\underline{z}_r = \underline{F}_{r,0} \cdot \underline{z}_0 + \underline{F}_{r,g} \cdot \underline{z}_\varphi \cdot \Delta\varphi_g + \underline{F}_{r,s} \cdot \underline{z}_Q \cdot \Delta Q_s \tag{3.24}$$

$$\text{mit} \quad \underline{F}_{r,g} = \underline{F}_{r,r-1} \cdot \underline{F}_{r-1,r-2} \cdot \ldots \cdot \underline{F}_{g+1,g}$$

$$\underline{F}_{r,s} = \underline{F}_{r,r-1} \cdot \underline{F}_{r-1,r-2} \cdot \ldots \cdot \underline{F}_{s+1,s}$$

Die Anzahl der Unbekannten wird damit um die Anzahl der unbekannten Sprunggrößen an den Zwischenpunkten erhöht.

- Zu den Randbedingungen kommen noch Zwischenbedingungen hinzu, z.B. die vorgeschriebene Verschiebung am Zwischenlager und das vorgeschriebene Moment am Gelenk

$$v_s = 0, \qquad M_g = 0 \tag{3.25}$$

Damit steht ein um die Anzahl der zusätzlichen Unbekannten vergrößertes System von Bestimmungsgleichungen zur Verfügung. Dessen Auflösung liefert sowohl die unbekannten Anfangsvariablen als auch die Sprunggrößen an den Zwischenpunkten.

(B) *Substitution der Unbekannten*

- An jeder Sprungstelle wird mit der entsprechenden Zwischenbedingung eine der anfänglichen Unbekannten eliminiert. Gleichzeitig wird die unbekannte Sprunggröße als neue unbekannte Variable eingeführt. Die Anzahl der Unbekannten ändert sich dabei nicht.
- Die Belegung des Vektors der Unbekannten ist nicht mehr homogen, es besteht im Weiteren nicht ausschließlich aus konjugierten Paaren. Die Wirkungsgrößen werden teils auf den Anfangspunkt 0, teils auf den Sprungpunkt reduziert.
- Nach der Auswertung der Randbedingungen ist eine Rücksubstitution erforderlich, um die Anfangsvariablen zu bestimmen.

Das Vorgehen (A) läßt sich relativ einfach algorithmisch umsetzen. Es kann jedoch zu einer erhöhten Fehlerempfindlichkeit bei der Auflösung des Gleichungssystems führen, weil jede Zwischenstützung und jedes Schnittkraftnullfeld den Einfluß der Anfangsvariablen auf die Wirkungsgrößen am Stabende abschwächt. Das Vorgehen (B) ist numerisch robuster, die laufende Ablösung der Unbekannten kann die Fehlerempfindlichkeit reduzieren. Das Rechenschema büßt jedoch viel an Überschaubarkeit ein, die algorithmische Umsetzung wirkt schwerfällig, die algorithmische Abarbeitung ist nicht mehr so kompakt.

3.1.5 Rechenschema

Die Bestimmung des Anfangsvektors $\underline{z}_0$ stellt den Kern der Lösung dar. Sie gelingt mit Hilfe der Randbedingungen. Der Schnittkraft- und Verschiebungszustand im Stab wird über die Reduktionsbeziehungen gemäß den Gln. (3.2) und (3.4) auf die Anfangsgrößen zurückgeführt. Die numerische Umsetzung der Reduktionsmethode für den Stab ist ein Vier-Schritt-Algorithmus.

Trennung der Unbekannten. Der Anfangsvektor $\underline{z}_0$ enthält nur n Unbekannte. Die anderen n Größen sind mit den Anfangsbedingungen entweder explizit vorgeschrieben oder bei linear elastischer Stützung durch die zu ihnen konjugierten Unbekannten beschreibbar. Die Trennung der unbekannten von den bekannten Anfangsgrößen vereinfacht die Lösung und gestaltet sie algorithmisch effizienter.

Der Anfangsvektor $\underline{z}_0$ wird als Produkt aus einer Modalmatrix $\underline{R}_0$ und einem Vektor der Unbekannten $\underline{x}_0$ aufgespalten

$$\underline{z}_0 = \underline{R}_0 \cdot \begin{bmatrix} \underline{x}_0 \\ \hline 1 \end{bmatrix} \tag{3.26}$$

Der Teilvektor $\underline{x}_0$ enthält nur die n unbekannten Anfangsgrößen. Das ergänzende Element, die Eins, ist auch hier ein algorithmischer Identitätsfaktor.

Die Modalmatrix bildet die Randbedingungen am Stabanfang ab – daher die hier gewählte Bezeichnung $\underline{R}_0$. Sie stellt eine $(2n+1)\times(n+1)$-Matrix dar. Die ersten n Spalten sind den n Unbekannten zugeordnet, die letzte ist für explizit vorgeschriebene äußere Einwirkungen am Stabanfang reserviert. Die Aufspaltung gemäß Gl. (3.26) und das Prinzip der Belegung der Modalmatrix werden mit drei Beispielen erläutert.

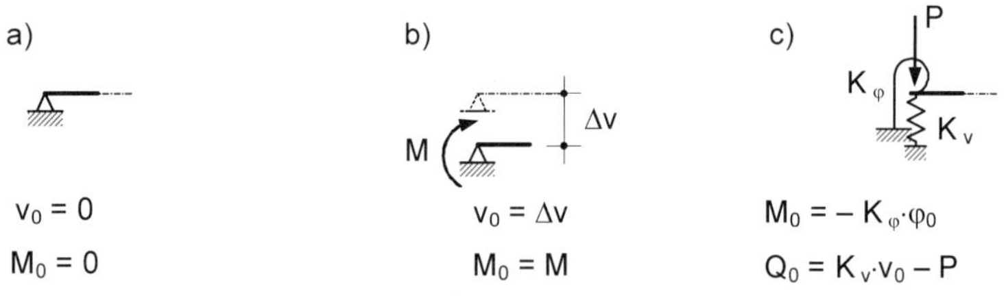

a)

$v_0 = 0$

$M_0 = 0$

b)

$v_0 = \Delta v$

$M_0 = M$

c)

$M_0 = -K_\varphi \cdot \varphi_0$

$Q_0 = K_v \cdot v_0 - P$

Bild 3.17 Randbedingungen am Stabanfang – Beispiele

Am festen Lager in Bild 3.17 (a) sind die Verschiebung v_0 und das Biegemoment M_0 zu Null vorgeschrieben, die Unbekannten sind die Verdrehung φ_0 und die Querkraft Q_0. Die Aufspaltung des Anfangsvektors $\underline{z}_0$ gemäß Gl. (3.26) führt zu

$$\begin{bmatrix} v_0 \\ \varphi_0 \\ M_0 \\ Q_0 \\ \hline 1 \end{bmatrix} = \left[\begin{array}{cc|c} 0 & 0 & 0 \\ 1 & 0 & 0 \\ 0 & 0 & 0 \\ 0 & 1 & 0 \\ \hline 0 & 0 & 1 \end{array}\right] \cdot \begin{bmatrix} \varphi_0 \\ Q_0 \\ \hline 1 \end{bmatrix} \tag{3.27a}$$

Im Fall (b) ist am unverschieblichen Lager eine von Null verschiedene Stützensenkung Δv vorgeschrieben, das Moment M wirkt als Einzellastlast. Die zwei explizit vorgeschriebenen Einwirkungen werden mit der letzten Spalte der Modalmatrix erfaßt

$$\begin{bmatrix} v_0 \\ \varphi_0 \\ M_0 \\ Q_0 \\ \hline 1 \end{bmatrix} = \left[\begin{array}{cc|c} 0 & 0 & \Delta v \\ 1 & 0 & 0 \\ 0 & 0 & M \\ 0 & 1 & 0 \\ \hline 0 & 0 & 1 \end{array}\right] \cdot \begin{bmatrix} \varphi_0 \\ Q_0 \\ \hline 1 \end{bmatrix} \tag{3.27b}$$

Bei der linear elastischen Stützung (c) sind zwar alle Anfangswerte unbekannt, aber M_0 und Q_0 lassen sich mit Hilfe der Federbeziehungen eliminieren. Für das Moment gilt $M_0 = -K_\varphi \cdot \varphi_0$, bei der Querkraft ($Q_0 = K_v \cdot v_0 - P$) wird ist noch die Einzellast P berücksichtigt

$$\begin{bmatrix} v_0 \\ \varphi_0 \\ M_0 \\ Q_0 \\ \hline 1 \end{bmatrix} = \left[\begin{array}{cc|c} 1 & 0 & 0 \\ 0 & 1 & 0 \\ 0 & -K_\varphi & 0 \\ K_v & 0 & -P \\ \hline 0 & 0 & 1 \end{array}\right] \cdot \begin{bmatrix} v_0 \\ \varphi_0 \\ \hline 1 \end{bmatrix} \tag{3.27c}$$

Mit der modalen Aufspaltung werden zuerst die Randbedingungen am Stabanfang erfaßt und die bekannten bzw. beschreibbaren Anfangsgrößen am Stabanfang aussortiert.

Vorwärtsgang. Die Fortleitung der Zustandsgrößen bis zum Stabende m, siehe Gln. (3.2) und (3.3), gestaltet sich zu

$$\underline{z}_r = \underline{F}_{r,0} \cdot \underline{R}_0 \cdot \begin{bmatrix} \underline{x}_0 \\ \hline 1 \end{bmatrix} \tag{3.28}$$

$$\text{mit} \quad \underline{F}_{r,0} = \underline{F}_{r,r-1} \cdot \ldots \cdot \underline{F}_{s,s-1} \cdot \ldots \cdot \underline{F}_{1,0}$$

Die Feld- bzw. Punktmatrizen werden in einem Vorwärtsgang fortlaufend bereitgestellt und ihr Gesamtprodukt wird sequentiell gebildet. Damit werden letzendlich die Zustandsgrößen am Stabende auf die n unbekannten Komponenten von $\underline{x}_0$ zurückgeführt.

Ermittlung der Unbekannten. Am Stabende r werden mit Hilfe der Randbedingungen die für die Ermittlung der Unbekannten benötigten Gleichungen bereitgestellt. Zu diesem Zweck wird eine weitere Modalmatrix $\underline{R}_r$ eingeführt, die über das Produkt

$$\underline{R}_r \cdot \underline{F}_{r,0} \cdot \underline{R}_0 \tag{3.29}$$

zum Gleichungssystem

$$\underline{A} \cdot \underline{x}_0 + \underline{b} = 0 \tag{3.30}$$

mit dem Vektor der Unbekannten $\underline{x}_0$ führt.

Die Bereitstellung der Koeffizientenmatrix $\underline{A}$ und des Spaltenvektors $\underline{b}$ geschieht nach dem Schema

$$\begin{bmatrix} \times & \times & \times & \times & \vdots & \times \\ \times & \times & \times & \times & \vdots & \times \end{bmatrix} \cdot \begin{bmatrix} \times & \times & \vdots & \times \\ \times & \times & \vdots & \times \\ \times & \times & \vdots & \times \\ \times & \times & \vdots & \times \\ \hline \times & \times & \vdots & \times \end{bmatrix} = \left[\begin{bmatrix} \times & \times \\ \times & \times \end{bmatrix} \vdots \begin{Bmatrix} \times \\ \times \end{Bmatrix} \right] \tag{3.31}$$

$$\underline{R}_r \quad \cdot \quad \underline{F}_{r,0} \cdot \underline{R}_0 \quad = \left[\quad \underline{A} \qquad \underline{b} \quad \right]$$

Die Modalmatrix $\underline{R}_r$ bildet die Randbedingungen am Stabende ab. Sie ist eine $n\times(n+1)$-Matrix. Jede Zeile von $\underline{R}_r$ ist einer Randbedingung am Stabende zugeordnet. Mit den Elementen der letzten Spalte werden explizit vorgeschriebene äußere Einwirkungen am Stabende erfaßt.

Das Prinzip der Belegung der Modalmatrix $\underline{R}_r$ wird anhand von drei Beispielen erläutert, siehe Bild 3.18.

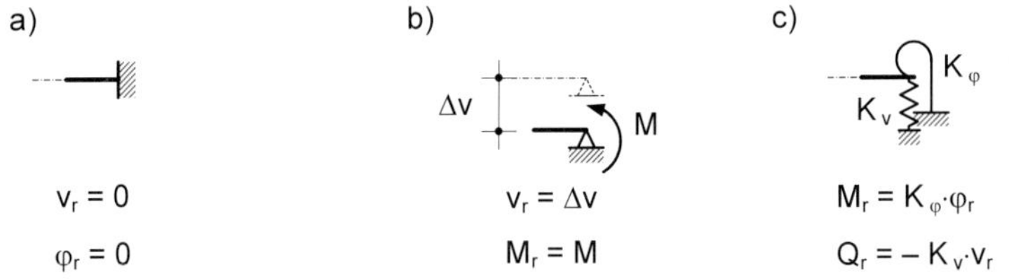

Bild 3.18 Randbedingungen am Stabende – Beispiele

Der Einspannung in Bild 3.18 a) bedeutet zu Null vorgeschriebene Verschiebungen v_r und Verdrehung φ_r am Rand r. Die Modalmatrix ist

$$\underline{R}_r = \begin{bmatrix} 1 & 0 & 0 & 0 & \vdots & 0 \\ 0 & 1 & 0 & 0 & \vdots & 0 \end{bmatrix} \tag{3.32a}$$

Die erste Zeile ist der Gleichung $v_r = 0$ zugeordnet; die 1 als erstes Element entspricht der Anordnung von v_r als erstes Element des Zustandsvektors $\underline{z}_r$. Die Belegung der zweiten Zeile bildet die Randbedingung $\varphi_r = 0$ ab und die Position von φ_r als zweites Element des Zustandsvektors.

Am unverschieblichen Lager in Bild 3.18 b) sind die Stützensenkung Δv und das Moment M als Randlast vorgeschrieben. Diesen Randbedingungen entspricht die Modalmatrix

$$\underline{R}_r = \begin{bmatrix} 1 & 0 & 0 & 0 & \vdots & -\Delta v \\ 0 & 0 & 1 & 0 & \vdots & M \end{bmatrix} \tag{3.32b}$$

Die Verschiebung und das Moment am Lager sind in der Regel identisch gleich Null. In diesem Fall bedarf es einer Zurücksetzung um den Betrag Δv bzw. eines Sprungs der Größe M, um die Randbedingungen zu erfüllen. Die explizit vorgeschriebene Stützensenkung und das Randmoment werden mit der letzten Spalte der Modalmatrix erfaßt und über die Gl. (3.31) in den Spaltenvektor $\underline{b}$ des Gleichungssystems eingebunden.

Für den Fall nach Bild 3.18 c) gelten die Bedingungen $Q_r + K_v \cdot v_r = 0$ und $M_r - K_\varphi \cdot \varphi_r = 0$, mit K_v und K_φ Federsteifigkeiten. Die Koeffizienten vor den Zustandsvariablen in den beiden Bedingungsgleichungen werden entsprechend der Zuordnung in die Modalmatrix belegt. Damit wird für diese linear elastische Lagerung erhalten

$$\underline{R}_r = \left[\begin{array}{cccc|c} K_v & 0 & 0 & 1 & 0 \\ 0 & -K_\varphi & 1 & 0 & 0 \end{array}\right] \tag{3.32c}$$

Aus dem Produkt gemäß Gl. (3.31) werden die Koeffizientenmatrix $\underline{A}$ und der inhomogene Spaltenvektor $\underline{b}$ des Gleichungssystems erhalten. Die Auflösung liefert die Komponenten des Vektors

$$\underline{x}_0 = -\underline{A}^{-1} \cdot \underline{b} \tag{3.33}$$

Mit Kenntnis des Anfangsvektors kann der Schnittkraft- und Verschiebungszustand im Stab ermittelt werden.

Zweiter Vorwärtsgang. Für die rechnerische Ermittlung der Zustandsgrößen im Stab gibt es aus rechenorganisatorischer Sicht zwei mögliche Vorgehen:

(a) Sämtliche Zustandsvektoren werden nach dem Schema

$$\underline{z}_s = \underline{F}_{s,0} \cdot \underline{R}_0 \cdot \left[\begin{array}{c} \underline{x}_0 \\ \hline 1 \end{array}\right] \tag{3.34a}$$

mit $\underline{F}_{s,0} = \underline{F}_{s,s-1} \cdot \underline{F}_{s-1,s-2} \cdot \ldots \cdot \underline{F}_{2,1} \cdot \underline{F}_{1,0}$

berechnet und stets auf den Vektor $\underline{x}_0$ zurückgeführt. Dieses Vorgehen ist dann anzuwenden, wenn die Matrixprodukte $\underline{F}_{s,0} \cdot \underline{R}_0$ zwischenzeitlich gespeichert werden.

(b) Beim alternativen Vorgehen wird als erstes der Anfangsvektor $\underline{z}_0$ aus Gl. (3.26) erhalten. Darauffolgend werden die Schnittkräfte und die Verschiebungen bis zum Stabende in einer Schleife ($s = 1 \ldots r$) ermittelt. Der Zustand an jedem Punkt wird dabei auf den des vorhergehenden zurückgeführt und aus der Reduktionsbeziehung ermittelt

$$\underline{z}_s = \underline{F}_{s,s-1} \cdot \underline{z}_{s-1} \tag{3.34b}$$

Dieses Vorgehen wird angewendet, wenn die einzelnen Übertragungsmatrizen zwischenzeitlich gespeichert bzw. im zweiten Vorwärtsgang neu aufgestellt werden.

Das Vorgehen ist in Bild 3.19 schematisch zusammengefaßt.

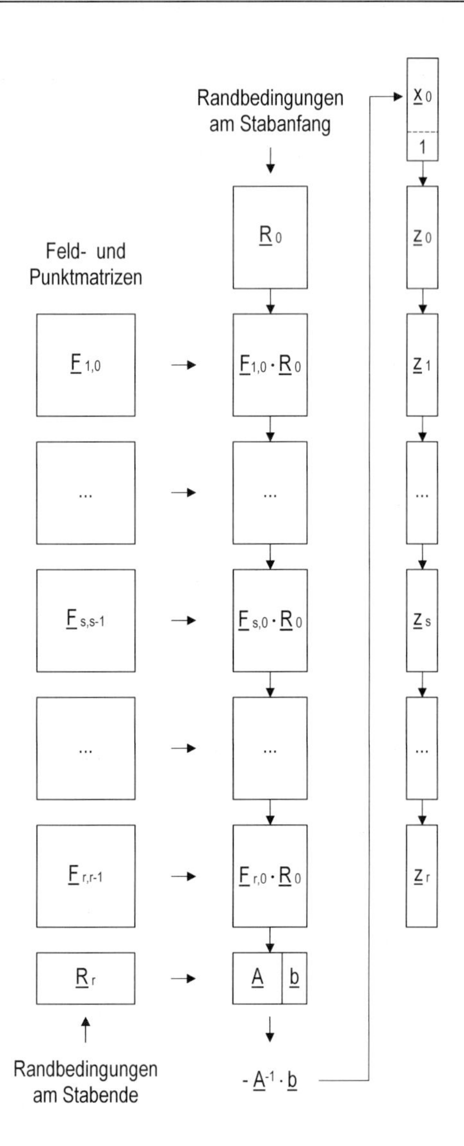

Bild 3.19 Rechenschema der Reduktionsmethode

Die Blöcke der ersten Spalte sind die bereitzustellenden Übertragungsmatrizen. Die Blöcke der zweiten Spalte entstehen während der fortlaufenden Produktbildung im ersten Vorwärtsgang. Nach der Bereitstellung des Gleichungssystems mit Hilfe der Modalmatrix $\underline{R}_r$ und seiner Auflösung wird auch der Vektor $\underline{x}_0$ erhalten. Im zweiten Vorwärtsgang werden die Schnittkräfte und die Verschiebungen im Stabinneren sowie am Stabende nach dem Vorgehen (a) oder (b) sequentiell berechnet.

3.2 Lineare Statik – Elastizitätstheorie I. Ordnung

In diesem Abschnitt wird die Anwendung der dargelegten Zusammenhänge und Algorithmen zur Ermittlung des Schnittkraft- und Verschiebungszustands demonstriert. Einzelne Elemente des Rechenschemas werden alternativ behandelt und entsprechend kommentiert. Im zweiten Teil wird auf die Ermittlung von Einflußfunktionen mit der Reduktionsmethode eingegangen, die Algorithmen werden entsprechend ergänzt.

Es gelten die üblichen Annahmen der linearen Statik nach Elastizitätstheorie I. Ordnung: kleine Verschiebungen und Verdrehungen, Gültigkeit der kinematischen Hypothese von *Bernoulli/ Navier*, linear elastisches Stoffverhalten, Formulierung des Gleichgewichts in der unverformten Systemkonfiguration.

3.2.1 Ermittlung der Zustandsgrößen

Die im vorhergehenden Abschnitt entwickelten Feld- und Punktmatrizen sind die Bausteine des Rechenschemas für die Aufgaben der linearen Statik. Das Vorgehen wird nachfolgend anhand von überschaubaren und leicht nachvollziehbaren Beispielen illustriert.

Die Analyse des Systems gemäß Bild 3.20 bedarf keiner computerorientierten Methode. Das klassische Rechenmodell stellt einen starr gelagerten Zweifeldträger mit gleichen Stützweiten unter konstanter Linienlast dar. Die Ergebnisse der Tabellenbuch-gestützten Handrechnung sind rechts in Bild 3.20 dargestellt.

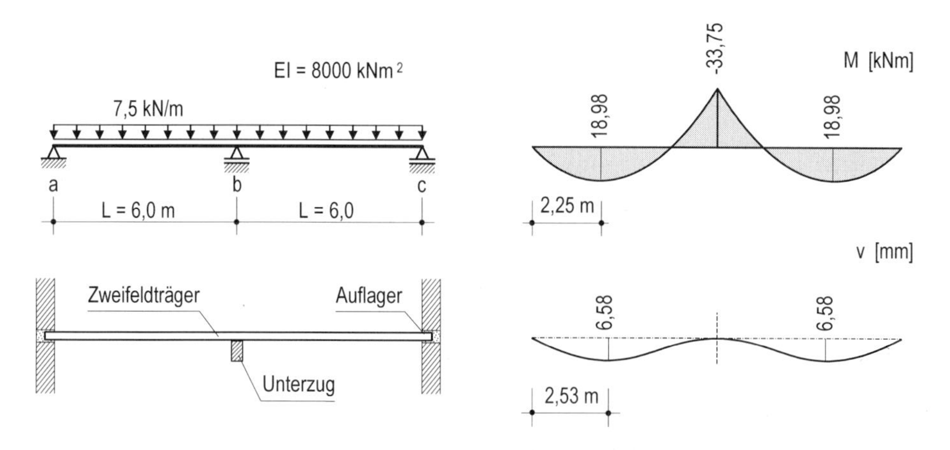

Bild 3.20 Referenzmodell – Zweifeldträger unter Linienlast, Momenten- und Biegelinie

Im folgenden werden einige Veränderungen am Rechenmodell vorgenommen, die zwar die Realität adäquater abbilden, eine Handrechnung jedoch beträchtlich erschweren oder gar unpraktikabel gestalten. Die Modellvarianten liefern eine Basis für die numerische Illustration der Reduktionsmethode. Das statische System gemäß Bild 3.20 dient als Referenzmodell bei der Auswertung.

Beispiel 3.1 – Modellvariante A mit linear elastischer Stützung Während das unnachgiebige Lager ein adäquates Modell für die Randstützung darstellt, trifft dies für das Zwischenlager nicht immer zu. Der Unterzug ist ein deformierbares Tragelement, dessen Formänderung u.U. zu berücksichtigen ist. Eine dazu geeignete Modellierung ist die linear elastische Stützung in Trägermitte. Die angegebene Federsteifigkeit $K_{v,(1-2)} = 6000$ kN/m entspricht einer Nachgiebigkeit des Unterzugs von ca. 0,17 mm je kN Querlast.

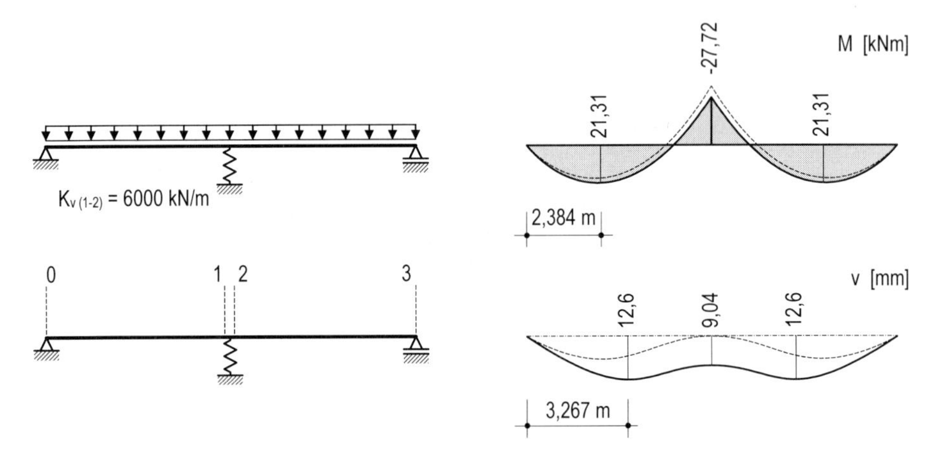

Bild 3.21 Modellvariante A – Rechenmodell, M-Diagramm, Biegelinie

Das Rechenmodell, links unten in Bild 3.21, besteht aus den Feldern (0-1) und (2-3) und dem federgestützten Übergangspunkt (1-2). Die unbekannten Anfangsgrößen sind die Verdrehung φ_0 und die Querkraft Q_0. Das Moment M_0 und die Verschiebung v_0 sind gleich Null. Diesen Randbedingungen am Stabanfang entspricht die Modalmatrix $\underline{R}_0$ nach Gl. (3.27a).

Die Feldmatrizen $\underline{F}_{1,0}$ und $\underline{F}_{3,2}$ werden nach Gl. (3.6) gebildet, jeweils mit EI = 8000 kNm^2 und $L_s = 6$ m. Die Lastgrößen sind der Tabelle 3.1 zu entnehmen mit $p_0 = 7{,}5$ kN/m.

Die Punktmatrix $\underline{F}_{2,1}$ und die Übergangsbeziehung an der elastischen Federstützung folgen aus Gl. (3.16), die Längskraft-Dehnungsanteile werden dabei ignoriert

$$\begin{bmatrix} v_2 \\ \varphi_2 \\ M_2 \\ Q_2 \\ \hline 1 \end{bmatrix} = \left[\begin{array}{cccc|c} 1 & 0 & 0 & 0 & 0 \\ 0 & 1 & 0 & 0 & 0 \\ 0 & 0 & 1 & 0 & 0 \\ K_{v,(1-2)} & 0 & 0 & 1 & 0 \\ \hline 0 & 0 & 0 & 0 & 1 \end{array}\right] \cdot \begin{bmatrix} v_1 \\ \varphi_1 \\ M_1 \\ Q_1 \\ \hline 1 \end{bmatrix}$$

$$\underline{z}_2 = \underline{F}_{2,1} \cdot \underline{z}_1$$

Die Belegung der Modalmatrix $\underline{R}_3$ entspricht den Randbedingungen $v_3 = 0$ und $M_3 = 0$ am Stabende.

Die numerische Umsetzung des Rechenschemas liefert den Zahlen-Teppich in Bild 3.22.

6,479E-03	$\underline{x}_0$
1,788E+01	
1	

MODALMATRIX $\underline{R}_0$

0	0	0	0,00000	
1	0	0	0,00648	
0	0	0	0,00	$\underline{z}_0$
0	1	0	17,88	
0	0	1	1	

FELDMATRIX $\underline{F}_{1,0}$

1	6,000E+00	-2,250E-03	-4,500E-03	5,063E-02	6,000E+00	-4,500E-03	5,063E-02	0,00904	
0	1	-7,500E-04	-2,250E-03	3,375E-02	1,000E+00	-2,250E-03	3,375E-02	0,00000	
0	0	1	6,000E+00	-1,350E+02	0,000E+00	6,000E+00	-1,350E+02	-27,72	$\underline{z}_1$
0	0	0	1	-4,500E+01	0,000E+00	1,000E+00	-4,500E+01	-27,12	
0	0	0	0	1	0	0	1	1	

PUNKTMATRIX $\underline{F}_{2,1}$

1	0	0	0	0	6,000E+00	-4,500E-03	5,063E-02	0,00904	
0	1	0	0	0	1,000E+00	-2,250E-03	3,375E-02	0,00000	
0	0,000E+00	1	0	0	0,000E+00	6,000E+00	-1,350E+02	-27,72	$\underline{z}_2$
6,000E+03	0	0	1	0	3,600E+04	-2,600E+01	2,588E+02	27,12	
0	0	0	0	1	0	0	1	1	

FELDMATRIX $\underline{F}_{3,2}$

1	6,000E+00	-2,250E-03	-4,500E-03	5,063E-02	-1,500E+02	8,550E-02	-5,569E-01	0,00000	
0	1	-7,500E-04	-2,250E-03	3,375E-02	-8,000E+01	5,175E-02	-4,134E-01	-0,00648	
0	0	1	6,000E+00	-1,350E+02	2,160E+05	-1,500E+02	1,283E+03	0,00	$\underline{z}_3$
0	0	0	1	-4,500E+01	3,600E+04	-2,600E+01	2,138E+02	-17,88	
0	0	0	0	1	0	0	1	1	

1	0	0	0	0	-1,500E+02	8,550E-02	-5,569E-01
0	0	1	0	0	2,160E+05	-1,500E+02	1,283E+03

MODALMATRIX $\underline{R}_3$ $\underline{A}$ $\underline{b}$

Bild 3.22 Rechenschema – Modellvariante A

Die Zustandsgrößen im Inneren der Felder werden mit Hilfe der in Abschn. 2.3 hergeleiteten Beziehungen ermittelt, die Vektoren $\underline{z}_0$ und z_2 enthalten die jeweiligen Anfangsgrößen. Für das Feld (0-1) z.B. wird aus Gl. (2.168) mit $\varphi_0 = 0{,}00648$ rad und $Q_0 = 17{,}88$ kN erhalten

$$v(x_1) = x_1 \cdot 0{,}00648 - \frac{x_1^3}{6 \cdot 8000} \cdot 17{,}88 + \frac{x_1^4}{24 \cdot 8000} \cdot 7{,}5 \qquad M(x_1) = x_1 \cdot 17{,}88 - \frac{x_1^2}{2} \cdot 7{,}5$$

Die Momentenfunktion und die Biegelinie bei linear elastischer Stützung sind rechts in Bild 3.21 angegeben, die Lösung für das Referenzmodell ist zum Vergleich mit gestrichelter Linie dargestellt. Das Stützmoment wird um ca. 18% abgebaut, das Feldmoment nimmt um 12% zu, die Auslastung wird gleichmäßiger. Die Verformungen nehmen erwartungsgemäß stark zu, die maximale Durchbiegung im Feld verdoppelt sich nahezu.

Beispiel 3.2 – Modellvariante B mit Federgelenk im Feld Montagestöße können sich u.U. als Schwachstellen im Stab erweisen. Diese Situation wird für eine Stoßstelle im Drittelpunkt des rechten Feldes simuliert, siehe Bild 3.23. Der Montagestoß wird als ein Federgelenk mit der Drehsteifigkeit $K_{\varphi,(3\text{-}4)} = 4000$ kNm/rad modelliert, der Wert soll experimentell ermittelt worden sein. Das Rechenmodell, links unten im Bild, besteht nun aus drei Feldern und zwei Übergangsstellen – der elastischen Stützung (1-2) und dem Federgelenk (3-4).

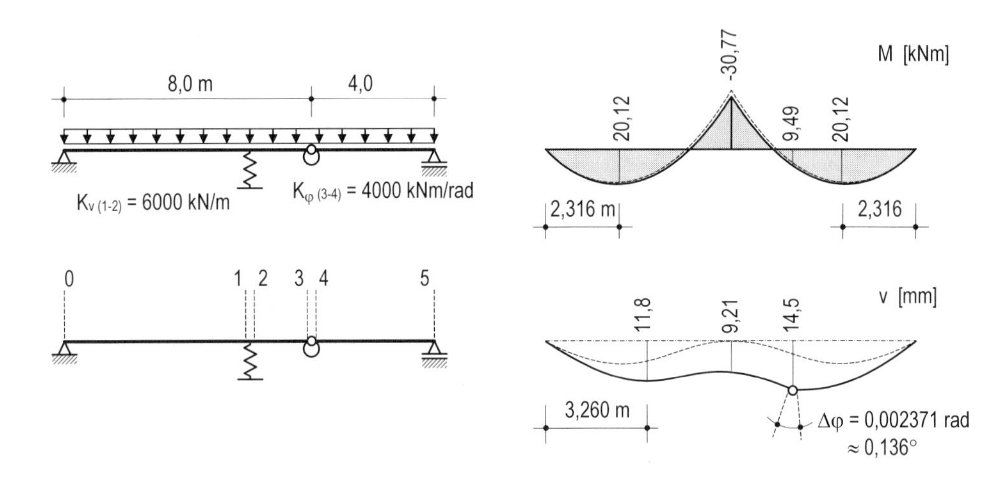

Bild 3.23 Modellvariante B – Rechenmodell, Momenten- und Verschiebungsfunktionen

Das neue Element im Rechenschema ist die Übergangsbeziehung am Federgelenk. Sie wird aus Gl. (3.18) nach Bereinigung der Längskraft und der Längsdehnung erhalten

$$\begin{bmatrix} v_4 \\ \varphi_4 \\ M_4 \\ Q_4 \\ \hline 1 \end{bmatrix} = \left[\begin{array}{cccc|c} 1 & 0 & 0 & 0 & 0 \\ 0 & 1 & -K_{\varphi,(3-4)} & 0 & 0 \\ 0 & 0 & 1 & 0 & 0 \\ 0 & 0 & 0 & 1 & 0 \\ \hline 0 & 0 & 0 & 0 & 1 \end{array}\right] \cdot \begin{bmatrix} v_3 \\ \varphi_3 \\ M_3 \\ Q_3 \\ \hline 1 \end{bmatrix}$$

$$\underline{z}_4 = \underline{F}_{4,3} \cdot \underline{z}_3$$

Das rechte Stabfeld wird zweigeteilt, ansonsten bleibt die Organisation des Rechenschemas so wie bei der Modellvariante A. Nach der Bestimmung der Anfangswerte und der Zustandsvektoren $\underline{z}_0$ bis $\underline{z}_5$, siehe Bild 3.24, werden die Wirkungsgrößen in den Feldern (0-1), (2-3) und (4-5) mit Hilfe der Beziehungen (2.168) ausgewertet.

Die Momenten- und die Verschiebungsfunktion, rechts in Bild 3.23, zeigen die Auswirkung der Schwachstelle. Es findet eine Schnittkraftumlagerung statt. Wegen der erhöhten Nachgiebigkeit im Feld wird die Federstützung in Stabmitte stärker beansprucht und das Stützmoment nimmt infolgedessen zu. Die Verschiebungsfunktion ist nicht mehr symmetrisch, die Durchbiegung nimmt weiter zu und erreicht den Maximalwert von 14,5 mm, die Rotationsnachgiebigkeit an der Stoßstelle führt zu einem Knick von ca. 0,136 °.

$\underline{x}_0$
6,126E-03
1,737E+01
1

MODALMATRIX $\underline{R}_0$

			$\underline{z}_0$
0	0	0	0,00000
1	0	0	0,00613
0	0	0	0,00
0	1	0	17,37
0	0	1	1

FELDMATRIX $\underline{F}_{1,0}$

								$\underline{z}_1$
1	6,000E+00	-2,250E-03	-4,500E-03	5,063E-02	6,000E+00	-4,500E-03	5,063E-02	0,00921
0	1	-7,500E-04	-2,250E-03	3,375E-02	1,000E+00	-2,250E-03	3,375E-02	0,00079
0	0	1	6,000E+00	-1,350E+02	0,000E+00	6,000E+00	-1,350E+02	-30,77
0	0	0	1	-4,500E+01	0,000E+00	1,000E+00	-4,500E+01	-27,63
0	0	0	0	1	0	0	1	1

PUNKTMATRIX $\underline{F}_{2,1}$

								$\underline{z}_2$
1	0	0	0	0	6,000E+00	-4,500E-03	5,063E-02	0,00921
0	1	0	0	0	1,000E+00	-2,250E-03	3,375E-02	0,00079
0	0	1	0	0	0,000E+00	6,000E+00	-1,350E+02	-30,77
6,000E+03	0	0	1	0	3,600E+04	-2,600E+01	2,588E+02	27,63
0	0	0	0	1	0	0	1	1

FELDMATRIX $\underline{F}_{3,2}$

								$\underline{z}_3$
1	2,000E+00	-2,500E-04	-1,667E-04	6,250E-04	2,000E+00	-6,167E-03	1,094E-01	0,01450
0	1	-2,500E-04	-2,500E-04	1,250E-03	-8,000E+00	2,750E-03	4,063E-03	0,00283
0	0	1	2,000E+00	-1,500E+01	7,200E+04	-4,600E+01	3,675E+02	9,49
0	0	0	1	-1,500E+01	3,600E+04	-2,600E+01	2,438E+02	12,63
0	0	0	0	1	0	0	1	1

PUNKTMATRIX $\underline{F}_{4,3}$

								$\underline{z}_4$
1	0	0	0	0	2,000E+00	-6,167E-03	1,094E-01	0,01450
0	1	-2,500E-04	0	0	-2,600E+01	1,425E-02	-8,781E-02	0,00045
0	0	1	0	0	7,200E+04	-4,600E+01	3,675E+02	9,49
0	0	0	1	0	3,600E+04	-2,600E+01	2,438E+02	12,63
0	0	0	0	1	0	0	1	1

FELDMATRIX $\underline{F}_{5,4}$

								$\underline{z}_5$
1	4,000E+00	-1,000E-03	-1,333E-03	1,000E-02	-2,220E+02	1,315E-01	-9,244E-01	0,00000
0	1	-5,000E-04	-1,000E-03	1,000E-02	-9,800E+01	6,325E-02	-5,053E-01	-0,00692
0	0	1	4,000E+00	-6,000E+01	2,160E+05	-1,500E+02	1,283E+03	0,00
0	0	0	1	-3,000E+01	3,600E+04	-2,600E+01	2,138E+02	-17,37
0	0	0	0	1	0	0	1	1

MODALMATRIX $\underline{R}_5$					$\underline{A}$		$\underline{b}$
1	0	0	0	0	-2,220E+02	1,315E-01	-9,244E-01
0	0	1	0	0	2,160E+05	-1,500E+02	1,283E+03

Bild 3.24 Rechenschema – Modellvariante B

Ein gewisser Nachteil ist die steigende Anzahl der erforderlichen Zwischenschritte: zur Erfassung des Federgelenks muß das rechte Stabfeld geteilt und ein Sprungpunkt eingeführt werden. Dies führt algorithmisch zu zwei zusätzlichen Schritten mit den entsprechenden Matrizenprodukten. Der Nachteil läßt sich leicht beseitigen, indem die Sprungstelle in das Stabfeld einbezogen wird. Im vorliegenden Fall kann z.B. die Sprungstelle (3-4) in das vorhergehende Feld (2-3) eingegliedert werden über die Beziehung

$$\underline{z}_4 = \underline{L}_{4,2} \cdot \underline{z}_2 \tag{3.35}$$

Die Matrix $\underline{L}_{4,2}$ in Gl. (3.35) wird als *Leitmatrix* bezeichnet. Sie wird als Produkt aus der Feldmatrix $\underline{F}_{3,2}$ und der Punktmatrix $\underline{F}_{4,3}$ erhalten

$$\underline{L}_{4,2}=\underline{F}_{4,3}\cdot\underline{F}_{3,2}=\left[\begin{array}{cccc|c} 1 & L_3 & -\dfrac{L_3^2}{2EI} & -\dfrac{L_3^3}{6EI} & f_{vq} \\ 0 & 1 & -\dfrac{L_3}{EI}-\dfrac{1}{K_{\varphi,(3-4)}} & -\dfrac{L_3^2}{2EI}-\dfrac{L_3}{K_{\varphi,(3-4)}} & f_{\varphi q}-\dfrac{f_{Mq}}{K_{\varphi,(3-4)}} \\ 0 & 0 & 1 & L_3 & f_{Mq} \\ 0 & 0 & 0 & 1 & f_{Qq} \\ \hline 0 & 0 & 0 & 0 & 1 \end{array}\right] \tag{3.36}$$

Die Schnittstelle 3 wird damit aus dem Rechengang eliminiert und nur die Schnittstelle 4 rechts vom Sprungpunkt beibehalten. Die Zustandsgrößen in 4 werden über die Leitmatrix $\underline{L}_{4,2}$ direkt auf die Zustandsgrößen in 2 reduziert. Mit der Sprungstelle (1-2) und dem vorhergehenden Feld (0-1) kann analog vorgegangen werden mit der Leitmatrix

$$\underline{L}_{2,0}=\underline{F}_{2,1}\cdot\underline{F}_{1,0}=\left[\begin{array}{cccc|c} 1 & L_1 & -\dfrac{L_1^2}{2EI} & -\dfrac{L_1^3}{6EI} & f_{vq} \\ 0 & 1 & -\dfrac{L_1}{EI} & -\dfrac{L_1^2}{2EI} & f_{\varphi q} \\ 0 & 0 & 1 & L_s & f_{Mq} \\ K_{v,(1-2)} & L_1 K_{v,(1-2)} & -\dfrac{L_1^2 K_{v,(1-2)}}{2EI} & 1-\dfrac{L_s^3 K_{v,(1-2)}}{6EI} & f_{Qq}+f_{vq}K_{v,(1-2)} \\ \hline 0 & 0 & 0 & 0 & 1 \end{array}\right] \tag{3.37}$$

Bei der Fortleitung der Zustandsgrößen wird die Schnittstelle 1 übersprungen und ein direkter Zusammenhang des Zustandsvektors $\underline{z}_2$ zum Anfangsvektor $\underline{z}_0$ hergestellt. Dieses aufwand- und zeitsparende Rechenschema wird bei der numerischen Analyse mit der Modellvariante C angewendet.

Beispiel 3.3 – Modellvariante C mit elastischer Einspannung In Abhängigkeit von der technologisch-konstruktiven Ausbildung der Auflager kann in manchen Fällen ein gewisser Grad der Einspannung am Rand vorliegen. Die elastische Einspannung wird mit Drehfedern an den Stabenden simuliert. Die Federsteifigkeit soll $K_{\varphi 0}=K_{\varphi 5}=3200$ kNm/rad an beiden Stabrändern sein, siehe Bild 3.25. Die Verschiebungsfeder in Stabmitte und das Federgelenk an der Stoßstelle werden bei dem Rechengang in die Leitmatrizen $\underline{L}_{2,0}$ bzw. $\underline{L}_{4,2}$ eingebunden.

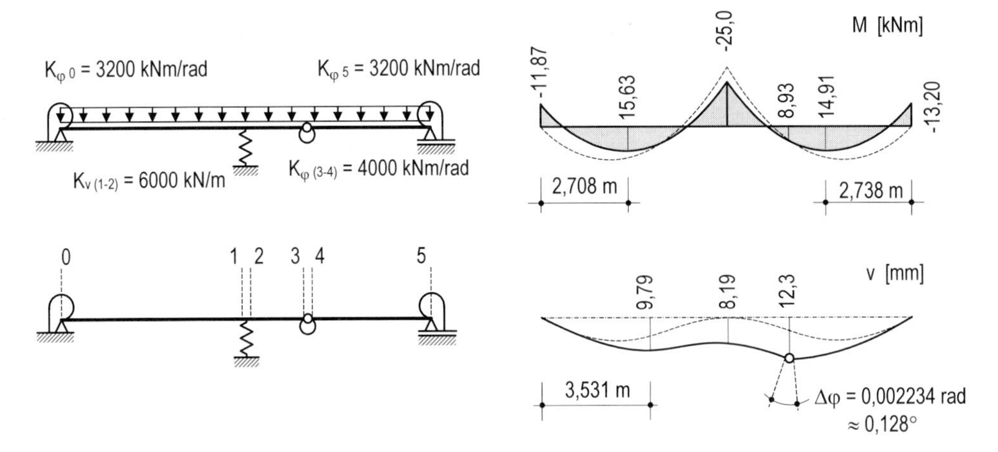

Bild 3.25 Modellvariante C mit linear elastischer Einspannung am Rand

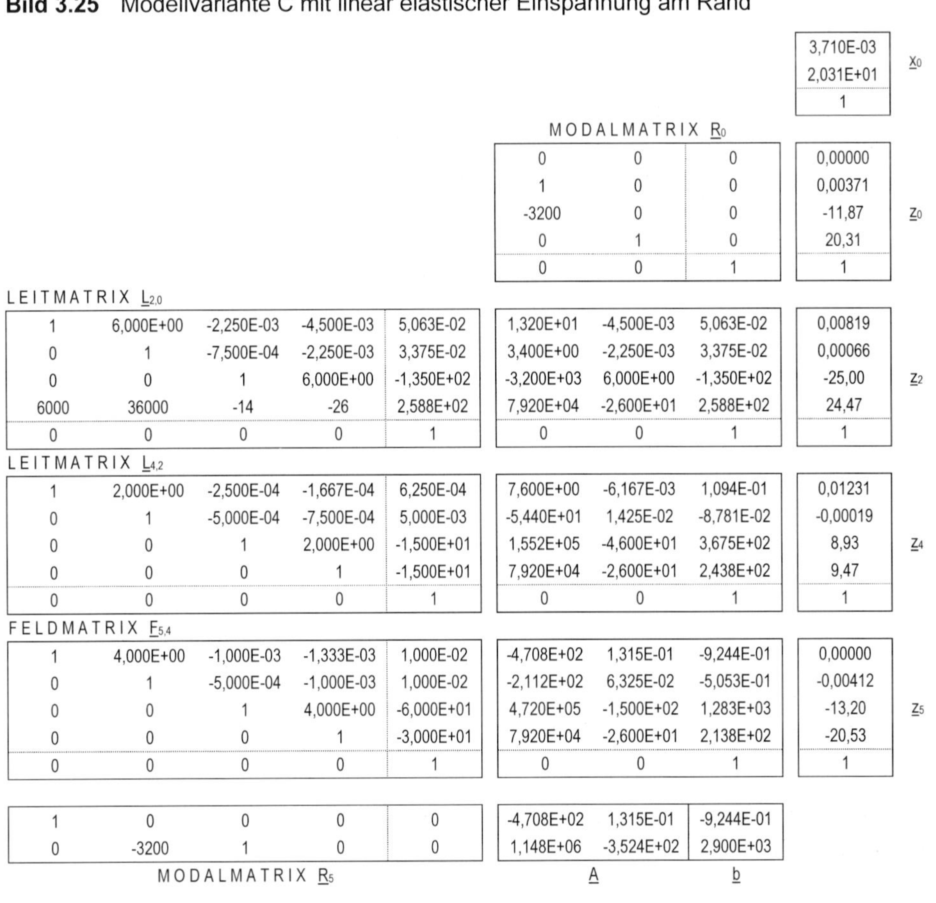

$\underline{x}_0$

3,710E-03
2,031E+01
1

MODALMATRIX $\underline{R}_0$

			$\underline{z}_0$
0	0	0	0,00000
1	0	0	0,00371
-3200	0	0	-11,87
0	1	0	20,31
0	0	1	1

LEITMATRIX $\underline{L}_{2,0}$

								$\underline{z}_2$
1	6,000E+00	-2,250E-03	-4,500E-03	5,063E-02	1,320E+01	-4,500E-03	5,063E-02	0,00819
0	1	-7,500E-04	-2,250E-03	3,375E-02	3,400E+00	-2,250E-03	3,375E-02	0,00066
0	0	1	6,000E+00	-1,350E+02	-3,200E+03	6,000E+00	-1,350E+02	-25,00
6000	36000	-14	-26	2,588E+02	7,920E+04	-2,600E+01	2,588E+02	24,47
0	0	0	0	1	0	0	1	1

LEITMATRIX $\underline{L}_{4,2}$

								$\underline{z}_4$
1	2,000E+00	-2,500E-04	-1,667E-04	6,250E-04	7,600E+00	-6,167E-03	1,094E-01	0,01231
0	1	-5,000E-04	-7,500E-04	5,000E-03	-5,440E+01	1,425E-02	-8,781E-02	-0,00019
0	0	1	2,000E+00	-1,500E+01	1,552E+05	-4,600E+01	3,675E+02	8,93
0	0	0	1	-1,500E+01	7,920E+04	-2,600E+01	2,438E+02	9,47
0	0	0	0	1	0	0	1	1

FELDMATRIX $\underline{F}_{5,4}$

								$\underline{z}_5$
1	4,000E+00	-1,000E-03	-1,333E-03	1,000E-02	-4,708E+02	1,315E-01	-9,244E-01	0,00000
0	1	-5,000E-04	-1,000E-03	1,000E-02	-2,112E+02	6,325E-02	-5,053E-01	-0,00412
0	0	1	4,000E+00	-6,000E+01	4,720E+05	-1,500E+02	1,283E+03	-13,20
0	0	0	1	-3,000E+01	7,920E+04	-2,600E+01	2,138E+02	-20,53
0	0	0	0	1	0	0	1	1

MODALMATRIX $\underline{R}_5$					$\underline{A}$		$\underline{b}$
1	0	0	0	0	-4,708E+02	1,315E-01	-9,244E-01
0	-3200	1	0	0	1,148E+06	-3,524E+02	2,900E+03

Bild 3.26 Rechenschema – Modellvariante C

Der Rechengang ist dem Bild 3.26 zu entnehmen. Die Fortleitung bis zum Schnitt 4 wird mit den gemäß den Gln. (3.37) und (3.36) belegten Leitmatrizen $\underline{L}_{2,0}$ und $\underline{L}_{4,2}$ durchgeführt. Die Drehfedersteifigkeiten $K_{\varphi 0}$ und $K_{\varphi 5}$ werden über die Modalmatrizen $\underline{R}_0$ bzw. $\underline{R}_5$ erfaßt.

Die Zustandsfunktionen der einzelnen Felder werden wieder mit Hilfe der Beziehungen nach Gl. (2.168) berechnet. Für das Stabfeld (0-1) z.B. wird mit $\varphi_0 = 0{,}00371$ rad, $M_0 = -11{,}87$ kNm und $Q_0 = 20{,}31$ kN erhalten

$$v(x_1) = x_1 \cdot 0{,}00371 - \frac{x_1^2}{2 \cdot 8000} \cdot (-11{,}87) - \frac{x_1^3}{6 \cdot 8000} \cdot 20{,}31 + \frac{x_1^4}{24 \cdot 8000} \cdot 7{,}5$$

$$M(x_1) = -11{,}87 + x_1 \cdot 20{,}31 - \frac{x_1^2}{2} \cdot 7{,}5$$

Kontinuierliche linear elastische Bettung. Die Beziehungen für den eben wirkenden geraden Stab mit konstanter Biegesteifigkeit EI und einer kontinuierlichen linear elastischen Bettung wurden in Abschn. 2.3.1 hergeleitet. Die Überführung der Gl. (2.88) in das Übertragungsschema liefert die Reduktionsbeziehung für das elastisch gebettete Stabfeld der Länge L_s

$$\begin{bmatrix} v_s \\ \varphi_s \\ M_s \\ Q_s \\ \hline 1 \end{bmatrix} = \left[\begin{array}{cccc|c} \Phi_1 & \dfrac{\Phi_2}{\alpha} & \dfrac{-\Phi_3}{EI\alpha^2} & \dfrac{-\Phi_4}{EI\alpha^3} & f_{vq} \\ -4\alpha\Phi_4 & \Phi_1 & \dfrac{-\Phi_2}{EI\alpha} & \dfrac{-\Phi_3}{EI\alpha^2} & f_{\varphi q} \\ 4EI\alpha^2\Phi_3 & 4EI\alpha\Phi_4 & \Phi_1 & \dfrac{\Phi_2}{\alpha} & f_{Mq} \\ 4EI\alpha^3\Phi_2 & 4EI\alpha^2\Phi_3 & -4\alpha\Phi_4 & \Phi_1 & f_{Qq} \\ \hline 0 & 0 & 0 & 0 & 1 \end{array}\right] \cdot \begin{bmatrix} v_{s-1} \\ \varphi_{s-1} \\ M_{s-1} \\ Q_{s-1} \\ \hline 1 \end{bmatrix} \tag{3.38}$$

mit $\alpha = \sqrt[4]{\dfrac{K_B \cdot b}{4EI}}$ [Länge^{-1}] Bettungsparameter nach Gl. (2.70)

K_B linear elastische Bettungszahl als Flächenkraft je Einheit Breite (z.B. kN/m^3)
b Kontaktbreite zwischen dem Träger und der elastischen Bettung
EI Biegesteifigkeit des Trägers
$\lambda = L_s \cdot \alpha$ bezogene Länge

und den Ansatzfunktionen

$$\Phi_1 = \cosh\lambda\cos\lambda \qquad \Phi_2 = \frac{\cosh\lambda\sin\lambda + \sinh\lambda\cos\lambda}{2}$$

$$\Phi_3 = \frac{\sinh\lambda\sin\lambda}{2} \qquad \Phi_4 = \frac{\cosh\lambda\sin\lambda - \sinh\lambda\cos\lambda}{4}$$

Die Lastgrößen für häufig vorkommende Lastfälle sind in Tab. 3.3 angegeben.

Tabelle 3.3 Lastgrößen für kontinuierliche linear elastische Bettung

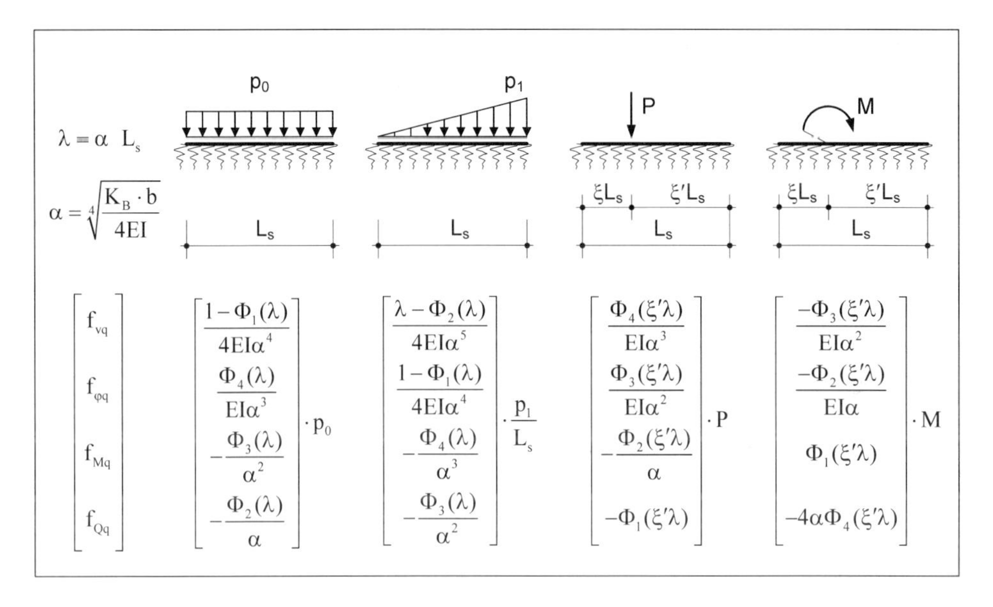

$\lambda = \alpha\, L_s$, $\quad \alpha = \sqrt[4]{\dfrac{K_B \cdot b}{4EI}}$

	p_0 (über L_s)	p_1 (über L_s)	P (ξL_s, $\xi' L_s$, L_s)	M (ξL_s, $\xi' L_s$, L_s)
f_{vq}	$\dfrac{1-\Phi_1(\lambda)}{4EI\alpha^4}$	$\dfrac{\lambda-\Phi_2(\lambda)}{4EI\alpha^5}$	$\dfrac{\Phi_4(\xi'\lambda)}{EI\alpha^3}$	$\dfrac{-\Phi_3(\xi'\lambda)}{EI\alpha^2}$
$f_{\varphi q}$	$\dfrac{\Phi_4(\lambda)}{EI\alpha^3}$	$\dfrac{1-\Phi_1(\lambda)}{4EI\alpha^4}$	$\dfrac{\Phi_3(\xi'\lambda)}{EI\alpha^2}$	$\dfrac{-\Phi_2(\xi'\lambda)}{EI\alpha}$
f_{Mq}	$-\dfrac{\Phi_3(\lambda)}{\alpha^2}$	$-\dfrac{\Phi_4(\lambda)}{\alpha^3}$	$-\dfrac{\Phi_2(\xi'\lambda)}{\alpha}$	$\Phi_1(\xi'\lambda)$
f_{Qq}	$-\dfrac{\Phi_2(\lambda)}{\alpha}$	$-\dfrac{\Phi_3(\lambda)}{\alpha^2}$	$-\Phi_1(\xi'\lambda)$	$-4\alpha\Phi_4(\xi'\lambda)$
Faktor	$\cdot\, p_0$	$\cdot\, \dfrac{p_1}{L_s}$	$\cdot\, P$	$\cdot\, M$

Der Programmieraufwand für die Bereitstellung der Feldmatrizen elastisch gebetteter Stabsegmente ist etwas größer, ansonsten verläuft der Rechengang nach dem angegebenen Schema.

Beispiel 3.4 Für den links in Bild 3.27 dargestellten elastisch gebetteten Pfahl wird der Einfluß der Bettungssteifigkeit (Bettungszahl K_B) auf das Trag- und Verformungsverhalten bei horizontaler Belastung untersucht. Das Rechenmodell besteht aus zwei Stabsegmenten: das untere hat die Länge L = 10 m und ist elastisch gebettet; das obere steht unter der Wirkung einer Horizontallast F am Pfahlkopf. Die Biegesteifigkeit ist konstant ($EI = 4{,}992 \cdot 10^6$ kNm^2), die Kontaktbreite ist b = 0,8 m.

Die praxisübliche Tragwerksbemessung führt in der Regel zu reduzierten Längen der Größenordnung zwischen $\lambda = 1$ und $\lambda = 5$. Im Falle einer „weichen" Bettung ist $\lambda \leq 1$ und der elastisch gebettete Stab verhält sich quasi wie ein Starrkörper. Reduzierte Längen $\lambda \geq 5$ deuten auf eine sehr steife Bettung im Verhältnis zur Biegesteifigkeit EI hin, die zu einem raschen „Abklingen" der Zustandsfunktionen führt.

Der Rechenablauf ist exemplarisch in Bild 3.28 für den Fall einer „weichen" Bettung ($\lambda = 1$) dargestellt. Die Horizontallast (F = 1 kN) wird als ein vorgeschriebener Querkraftsprung über die Lastspalte der Modalmatrix $\underline{R}_0$ erfaßt. Die unbekannten Anfangsgrößen sind die Verschiebung v_0 und die Verdrehung φ_0 am Pfahlkopf. Der Koeffizientenblock der Feldmatrix $\underline{F}_{2,1}$ gemäß Gl. (3.38) ist voll belegt infolge der elastischen Bettung. Die Bestimmungsgleichungen für die unbekannten Anfangsparameter werden mit Hilfe der Modalmatrix $\underline{R}_2$ aus den Randbedingungen $M_2 = 0$ und $Q_2 = 0$ an der Pfahlspitze erhalten.

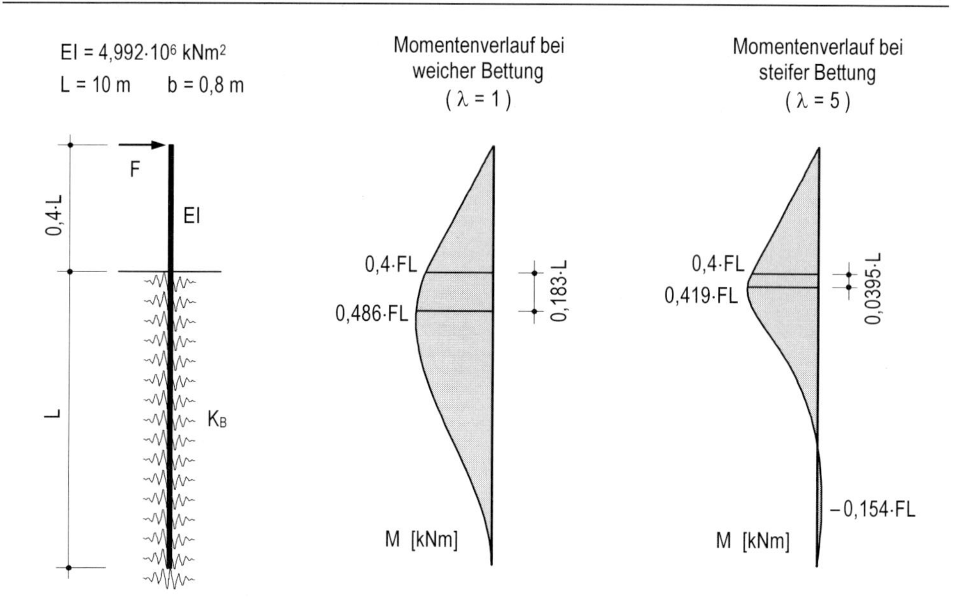

Bild 3.27 Statisches System, Momentenverlauf für die Grenzfälle $\lambda = 1$ und $\lambda = 5$

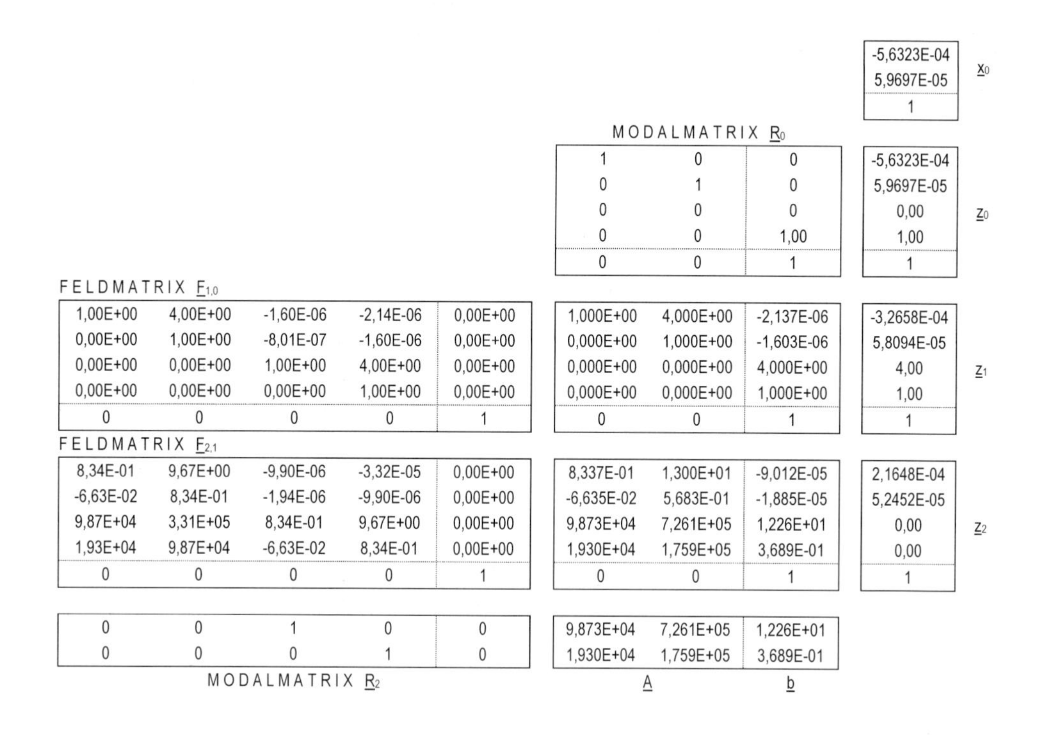

$\underline{x}_0$

-5,6323E-04
5,9697E-05
1

MODALMATRIX $\underline{R}_0$

1	0	0
0	1	0
0	0	0
0	0	1,00
0	0	1

$\underline{z}_0$

-5,6323E-04
5,9697E-05
0,00
1,00
1

FELDMATRIX $\underline{F}_{1,0}$

1,00E+00	4,00E+00	-1,60E-06	-2,14E-06	0,00E+00
0,00E+00	1,00E+00	-8,01E-07	-1,60E-06	0,00E+00
0,00E+00	0,00E+00	1,00E+00	4,00E+00	0,00E+00
0,00E+00	0,00E+00	0,00E+00	1,00E+00	0,00E+00
0	0	0	0	1

1,000E+00	4,000E+00	-2,137E-06
0,000E+00	1,000E+00	-1,603E-06
0,000E+00	0,000E+00	4,000E+00
0,000E+00	0,000E+00	1,000E+00
0	0	1

$\underline{z}_1$

-3,2658E-04
5,8094E-05
4,00
1,00
1

FELDMATRIX $\underline{F}_{2,1}$

8,34E-01	9,67E+00	-9,90E-06	-3,32E-05	0,00E+00
-6,63E-02	8,34E-01	-1,94E-06	-9,90E-06	0,00E+00
9,87E+04	3,31E+05	8,34E-01	9,67E+00	0,00E+00
1,93E+04	9,87E+04	-6,63E-02	8,34E-01	0,00E+00
0	0	0	0	1

8,337E-01	1,300E+01	-9,012E-05
-6,635E-02	5,683E-01	-1,885E-05
9,873E+04	7,261E+05	1,226E+01
1,930E+04	1,759E+05	3,689E-01
0	0	1

$\underline{z}_2$

2,1648E-04
5,2452E-05
0,00
0,00
1

MODALMATRIX $\underline{R}_2$

0	0	1	0	0
0	0	0	1	0

$\underline{A}$ / $\underline{b}$

9,873E+04	7,261E+05	1,226E+01
1,930E+04	1,759E+05	3,689E-01

Bild 3.28 Rechenschema und Zahlenergebnisse für $\lambda = 1$ (weiche Bettung)

Der Rechengang nach dem Schema gemäß Bild 3.28 liefert die Zustandsgrößen in ausgewählten Punkten – am Pfahlkopf ($\underline{z}_0$), an der Übergangsstelle ($\underline{z}_1$) sowie an der Pfahlspitze ($\underline{z}_2$). Die Zustandsfunktionen des elastisch gebetteten unteren Teils werden mit Hilfe der Beziehungen nach Gl. (2.88) ermittelt, z.B.

$$v(x_1) = \Phi_1(\xi) \cdot v_1 + \frac{\Phi_2(\xi)}{\alpha} \cdot \varphi_1 - \frac{\Phi_3(\xi)}{EI\alpha^2} \cdot M_1 - \frac{\Phi_4(\xi)}{EI\alpha^3} \cdot Q_1$$

$$M(x_1) = 4EI\alpha^2\Phi_3(\xi) \cdot v_1 + 4EI\alpha\Phi_4(\xi) \cdot \varphi_1 + \Phi_1(\xi) \cdot M_1 + \frac{\Phi_2(\xi)}{\alpha} \cdot Q_1$$

mit $\xi = \alpha \cdot x_1$ und den Ansatzfunktionen

$$\Phi_1(\xi) = \cosh\xi\cos\xi \qquad \Phi_2(\xi) = \frac{\cosh\xi\sin\xi + \sinh\xi\cos\xi}{2}$$

$$\Phi_3(\xi) = \frac{\sinh\xi\sin\xi}{2} \qquad \Phi_4(\xi) = \frac{\cosh\xi\sin\xi - \sinh\xi\cos\xi}{4}$$

Rechts im Bild 3.27 ist exemplarisch der Momentenverlauf für die zwei Grenzfälle $\lambda = 1$ bzw. $\lambda = 5$ dargestellt.

Bild 3.29 illustriert das Verformungsverhalten der Pfahlgründung bei horizontaler Belastung in Abhängigkeit von der Bettungssteifigkeit. Durch die Variation der Bettungszahl K_B werden verschiedene Steifigkeitsverhältnisse simuliert und rechnerisch untersucht. Die ausgewählten Verformungsbilder liegen in dem Bereich zwischen $\lambda = 1$ (starrer Pfahl in weicher Bettung) und $\lambda = 5$ (weicher Pfahl in starrer Bettung).

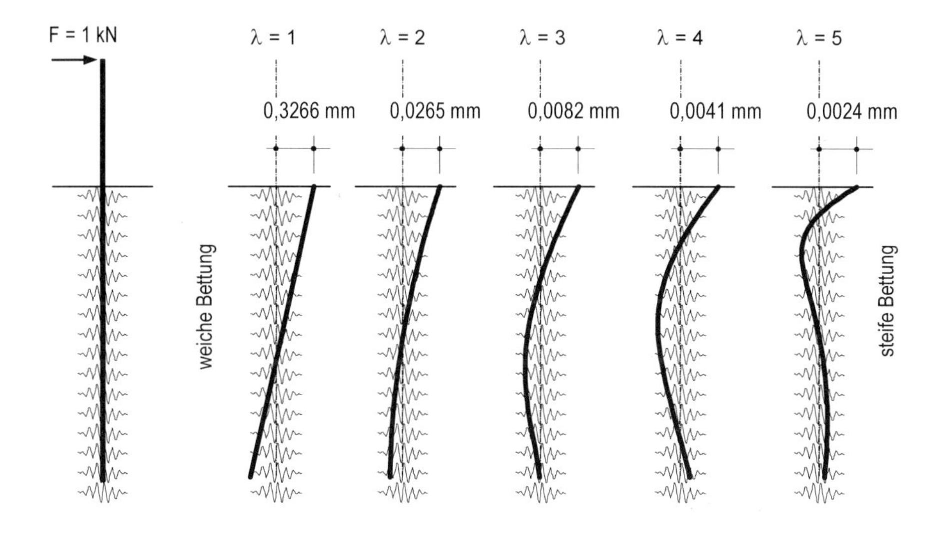

Bild 3.29 Verformung des elastisch gebetteten Pfahls – qualitative Darstellung

3.2.2 Einflußfunktionen

Mit Hilfe von Einflußfunktionen werden ungünstigste Laststellungen ortsveränderlicher statischer Lasten, die an ausgewählten Systempunkten zu Extremwerten der Zustandsgrößen führen, bestimmt. Bei der Bestimmung der Einflußfunktion einer Verschiebung $\delta_{i,m}$ oder einer Kraftgröße $S_{i,m}$ im Punkt i wird der Lastgurt einer Wanderlast der Größe Eins vorgegeben. Die Wirkungsgröße wird als Funktion des Lastangriffsortes aufgetragen. Der erste Index (i) steht für den Ort der Wirkungsgröße, der zweite Index (m) – für die Stellung der Wanderlast.

Die Verschiebung δ_i, deren Einflußfunktion zu ermitteln ist, kann eine absolute oder relative (gegenseitige) Verschiebung bzw. Verdrehung sein – v_i, Δv_i, φ_i, $\Delta\varphi_i$ usw. Kraftgrößen S_i sind i.d.R. Schnitt- oder Stützkräfte – M_i, Q_i, N_i, A_i usw. Die ortsveränderliche Last ist eine Einzelkraft $P_m = 1$ oder ein Einzelmoment $M_m = 1$.

Für die Ermittlung der Einflußfunktionen gibt es grundsätzlich zwei Vorgehen.

Bei dem statischen Vorgehen wird das System mehrfach für verschiedene Laststellungen m der Wanderlast gelöst. Die dabei ermittelten Einflußwerte ($\delta_{i,m}$ bzw. $S_{i,m}$) werden jeweils am Punkt m des Lastgurtes als Ordinaten eingetragen und anschließend zur Einflußfunktion zusammengefaßt. Das statische Vorgehen eignet sich für die Handrechnung bei einfachen statisch bestimmten Systemen und zwar nur für die Ermittlung der Einflußfunktionen von Schnitt- und Stützkräften. Für Computerberechnungen ist es ineffizient und wird kaum praktiziert.

Grundlage des kinematischen Vorgehens sind die Reziprozitätsbeziehungen, siehe Abschn. 2.2. Die Einflußfunktionen werden mit Hilfe von virtuellen (gedachten) Einheitseinwirkungen als Zustandsfunktionen des Lastgurtpfads ermittelt: als Verschiebungsfunktion des Lastgurtes, wenn die Wanderlast eine Einzelkraft ist bzw. als Verdrehungsfunktion, wenn es sich um ein ortsveränderliches Einzelmoment handelt. Die virtuelle Einheitseinwirkung ist stets mit der Zustandsgröße konjugiert, deren Einflußlinie zu bestimmen ist, z.B.: eine virtuelle Einzelkraft für die Einflußfunktion einer Verschiebung; ein virtuelles Einzelmoment für die einer Verdrehung; virtuelle gegenseitige Verdrehungen oder Verschiebungen für die Einflußfunktionen von Schnittkräften usw.

Einflußfunktionen für Verschiebungen. Der Satz von *Maxwell*, siehe Abschn. 2.2, bildet die theoretische Grundlage für die computergestützte Ermittlung der Einflußfunktionen. Seine Interpretation läßt sich wie folgt zusammenfassen:

> *Die Einflußfunktion* $\delta_{i,m}$ *für die Verschiebung an der Stelle i infolge einer ortsveränderlichen Einzellast* $P_m = 1$ *ist identisch mit der zur Wanderlast konjugierten Verschiebungszustandsfunktion* $\delta_{m,i}$ *des Lastgurts infolge der zur Verschiebung* δ_i *konjugierten Last* $P_i = 1$.

Anders gesagt – der Satz von *Maxwell* ermöglicht es, Einflußfunktionen für Weggrößen als Zustandsfunktionen des Lastgurtes zu bestimmen. Die computergestützte Ermittlung der Einflußfunktionen für Verschiebungen und Verdrehungen verläuft in folgender Sequenz:

(1) An der Stelle i wird als Last die zur Verschiebung bzw. Verdrehung δ_i konjugierte Einheitslast angesetzt – eine Einzelkraft $P_i = 1$ bzw. ein Einzelmoment $M_i = 1$.

(2) Der Rechengang wird wie in Abschn. 3.2.1 erläutert durchgeführt.

(3) Die zur Wanderlast konjugierte Verschiebungsfunktion ist formal identisch mit der Einflußfunktion $\delta_{i,m}$: das ist die Verschiebungsfunktion $v(x_1)$ des Lastgurtes für den Fall einer Wanderlast $P_m = 1$, bzw. die Verdrehungsfunktion des Lastgurts $\varphi(x_1)$ im Falle eines ortsveränderlichen Momentes $M_m = 1$.

Beispiel 3.5 Für das statische System vom Beispiel 3.1 – Modellvariante A, siehe Bild 3.21, werden die folgenden Einflußfunktionen ermittelt:

$\varphi_{0,m}$ Verdrehung am linken Rand infolge einer ortsveränderlichen Kraft $P_m = 1$

$v_{i,m}$ Durchbiegung in Feldmitte infolge eines ortsveränderlichen Moments $M_m = 1$

Für die Ermittlung von $\varphi_{0,m}$ wird als virtuelle Last das zur Verdrehung konjugierte Einzelmoment $M_0 = 1$ angesetzt, siehe Bild 3.30a. Die Einflußfunktion ist identisch mit der zur ortsveränderlichen Kraft P_m konjugierten Verschiebungsfunktion $v(x_1)$, d.h. mit der Biegelinie des Lastgurtes.

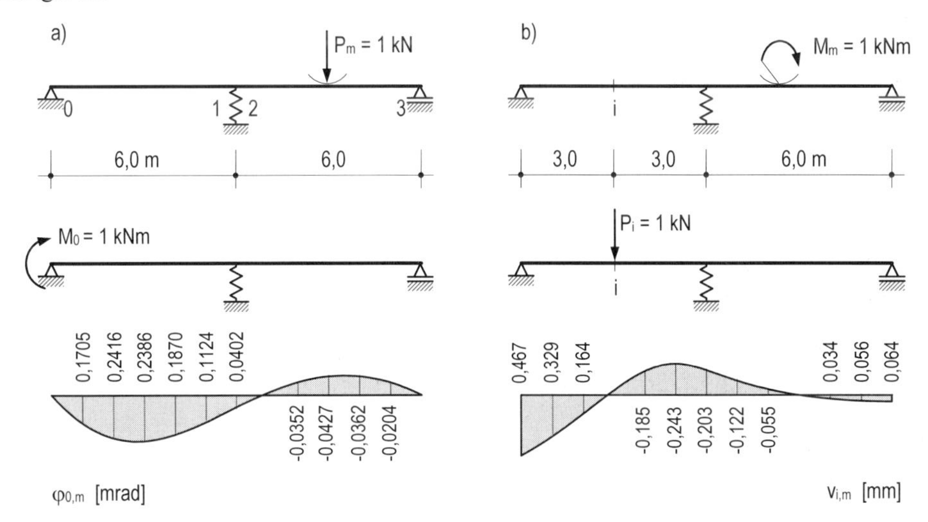

Bild 3.30 Einflußfunktionen für die Verdrehung am linken Rand infolge $P_m = 1$ (a) und die Durchbiegung in Feldmitte infolge $M_m = 1$ (b)

Das explizit vorgeschriebene Randmoment $M_0 = 1$ kNm wird über die Lastspalte der Modalmatrix $\underline{R}_0$ erfaßt, siehe Gl. (3.27b). Der Rechengang mit der Reduktionsmethode liefert die Komponenten der Zustandsvektoren $\underline{z}_0$ und $\underline{z}_2$. Die Bestimmung der Ordinaten in den zwei Feldern erfolgt anschließend mit Hilfe der Reduktionsbeziehungen.

Feld 0-1: $$\varphi_{0,m} = v(x_1) = x_1 \cdot \varphi_0 - \frac{x_1^2}{2EI} \cdot M_0 - \frac{x_1^3}{6EI} \cdot Q_0 \qquad 0 \le x_1 \le 6\text{ m}$$

Feld 2-3: $$\varphi_{0,m} = v(x_1) = v_2 + x_1 \cdot \varphi_2 - \frac{x_1^2}{2EI} \cdot M_2 - \frac{x_1^3}{6EI} \cdot Q_2 \qquad 0 \le x_1 \le 6\text{ m}$$

Die Einflußfunktion $v_{i,m}$ für die Durchbiegung in Feldmitte fällt mit der Verdrehungsfunktion $\varphi(x_1)$ des Lastgurtes zusammen, da die Wanderlast im zweiten Fall, siehe Bild 3.30b, ein ortsveränderliches Moment $M_m = 1$ ist. Als Belastung wird die zu v_i konjugierte Kraft $P_i = 1$ kN angesetzt und über den Lastvektor der Feldmatrix $\underline{F}_{1,0}$ erfaßt, siehe Tabelle 3.1. Nach der Bestimmung der Zustandsvektoren $\underline{z}_0$ und $\underline{z}_2$ folgt die Auswertung der Einflußfunktion mit Hilfe der Reduktionsbeziehungen

Feld 0-1:
$$v_{i,m} = \varphi(x_1) = \varphi_0 - \frac{x_1^2}{2EI} \cdot Q_0 \qquad 0 \le x_1 \le 3\ \text{m}$$

$$v_{i,m} = \varphi(x_1) = \varphi_0 - \frac{x_1^2}{2EI} \cdot Q_0 + \frac{(x_1 - 3)^2}{2EI} \cdot 1\,\text{kN} \qquad 3 \le x_1 \le 6\ \text{m}$$

Feld 2-3:
$$v_{i,m} = \varphi(x_1) = \varphi_2 - \frac{x_1}{EI} \cdot M_2 - \frac{x_1^2}{2EI} \cdot Q_2 \qquad 0 \le x_1 \le 6\ \text{m}$$

Einflußfunktionen für Schnittkräfte. Die Ermittlung der Einflußfunktionen für Schnittkräfte $S_{i,m}$ erfolgt an einem statischen Ersatzsystem. Letzteres entsteht durch die Einführung eines Schnittkraftnullfeldes an der Stelle i – ein Gelenk für die Einflußfunktion eines Biegemomentes, ein Querkraftnullfeld für die einer Querkraft usw. Statisch bestimmte Systeme werden dadurch in kinematische Ketten überführt, bei statisch unbestimmten wird der Grad der Unbestimmtheit um Eins reduziert.

Die Schnittkraft $S_{i,m}$ muß das Gleichgewicht am Ersatzsystem für willkürliche Stellungen der Wanderlast P_m herstellen. Die entsprechende Gleichgewichtsbedingung wird über die Arbeit von P_m und S_i formuliert

$$P_m \cdot \delta_m + S_i \cdot \delta_i = 0 \tag{3.39}$$

mit δ_m und δ_i konjugierte Verschiebungen zu P_m bzw. S_i.

Die Gl. (3.39) führt wegen $P_m = 1$ zu

$$S_i = -\frac{\delta_m}{\delta_i} \tag{3.40}$$

Wird nun $\delta_i = -1$ angesetzt, dann folgt formell und zwar für jede beliebige Stellung m der Wanderlast P_m

$$S_{i,m} = \delta_{m,i} \tag{3.41}$$

Die verbale Interpretation dieser Beziehung lautet:

> *Die Einflußfunktion* $S_{i,m}$ *für die Schnittkraft im Schnitt i infolge einer ortsveränderlichen Einzellast* $P_m = 1$ *ist formal identisch mit der zur Wanderlast konjugierten Verschiebungszustandsfunktion* $\delta_{m,i}$ *des Lastgurts infolge der zur Schnittkraft* S_i *konjugierten Verschiebung* $\delta_i = -1$.

Die zu den Schnittkräften konjugierten Verschiebungen sind stets gegenseitige Verschiebungen (Δu, Δv, $\Delta\varphi$). Das Minus-Vorzeichen bezieht sich auf die von der Schnittkraft geleistete Arbeit: die gegenseitige Verschiebung bzw. Verdrehung δ_i der Größe Eins wird so angesetzt, daß die Schnittkraft S_i negative Arbeit leistet.

Die praktische Ermittlung läßt sich in drei Schritten beschreiben:

(1) Am Ort der Schnittkraft (N_i, Q_i, M_i), deren Einflußfunktion zu ermitteln ist, wird eine gegenseitige Verschiebung bzw. Verdrehung ($\Delta u_i = -1$, $\Delta v_i = -1$, $\Delta\varphi_i = -1$) erzwungen.

(2) Der Verschiebungs- bzw. Verdrehungssprung wird in der Feldmatrix über den Lastvektor erfaßt, siehe Tabelle 3.4.

(3) Die zur Wanderlast konjugierte Funktion ist formal mit der gesuchten Einflußfunktion identisch: das ist die Verschiebungsfunktion $v(x_1)$ des Lastgurtes für den Fall einer Wanderlast $P_m = 1$, bzw. die Verdrehungsfunktion $\varphi(x_1)$ im Falle eines ortsveränderlichen Momentes $M_m = 1$.

Tabelle 3.4 Verschiebungssprünge und Lastvektoren für Schnittkrafteinflußfunktionen

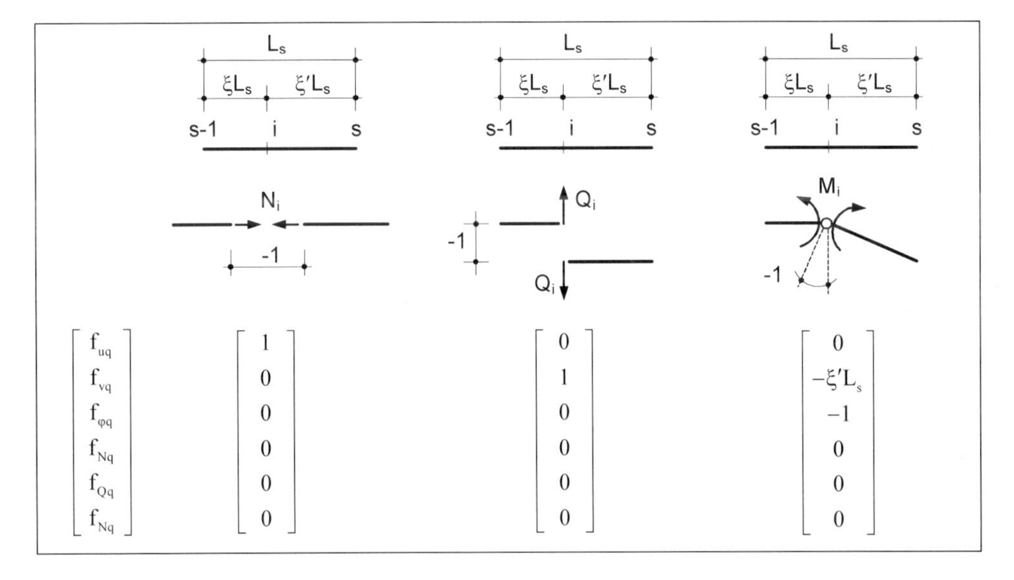

$$\begin{bmatrix} f_{uq} \\ f_{vq} \\ f_{\varphi q} \\ f_{Nq} \\ f_{Qq} \\ f_{Nq} \end{bmatrix} \quad \begin{bmatrix} 1 \\ 0 \\ 0 \\ 0 \\ 0 \\ 0 \end{bmatrix} \quad \begin{bmatrix} 0 \\ 1 \\ 0 \\ 0 \\ 0 \\ 0 \end{bmatrix} \quad \begin{bmatrix} 0 \\ -\xi' L_s \\ -1 \\ 0 \\ 0 \\ 0 \end{bmatrix}$$

Beispiel 3.6 Für das statische System gemäß Beispiel 3.1 werden die Einflußfunktionen für die das Biegemoment $M_{i,m}$ und die Querkraft $Q_{i,m}$ in Feldmitte infolge einer Wanderlast $P_m = 1$ ermittelt.

Für die Ermittlung von $M_{i,m}$ wird ein Gelenk an der Stelle i ($\xi' = 0{,}5$) eingeführt und ein Verdrehungssprung der Größe Eins erzwungen, siehe Bild 3.31. Daraus resultieren folgende Lastgrößen im Feld 0-1: $f_{vq} = -\xi' \cdot L_s = -3$ m; $f_{\varphi q} = -1$ rad.

Der Rechengang mit der Reduktionsmethode, in Bild 3.32 ausführlich dargestellt, führt zu den Zustandsgrößen:

$v_0 = 0$, $\varphi_0 = 0{,}38839$ rad, $M_0 = 0$, $Q_0 = -160{,}71$ kN

$v_2 = 0{,}05357$ m, $\varphi_2 = -0{,}25$ rad, $M_2 = -964{,}29$ kNm, $Q_2 = 160{,}71$ kN

Die Einflußfunktion fällt mit der zu P_m konjugierten Biegelinie $v(x_1)$ zusammen. Die Auswertung findet mit Hilfe der Reduktionsbeziehungen statt.

Feld 0-1: $M_{i,m} = v(x_1) = x_1 \cdot \varphi_0 - \frac{x_1^3}{6EI} \cdot Q_0$ $\quad 0 \le x_1 \le 3\,\text{m}$

$M_{i,m} = v(x_1) = x_1 \cdot \varphi_0 - \frac{x_1^3}{6EI} \cdot Q_0 - (x_1 - 3)$ $\quad 3 \le x_1 \le 6\,\text{m}$

Feld 2-3: $M_{i,m} = v(x_1) = v_2 + x_1 \cdot \varphi_2 - \frac{x_1^2}{2EI} \cdot M_2 - \frac{x_1^3}{6EI} \cdot Q_2$ $\quad 0 \le x_1 \le 6\,\text{m}$

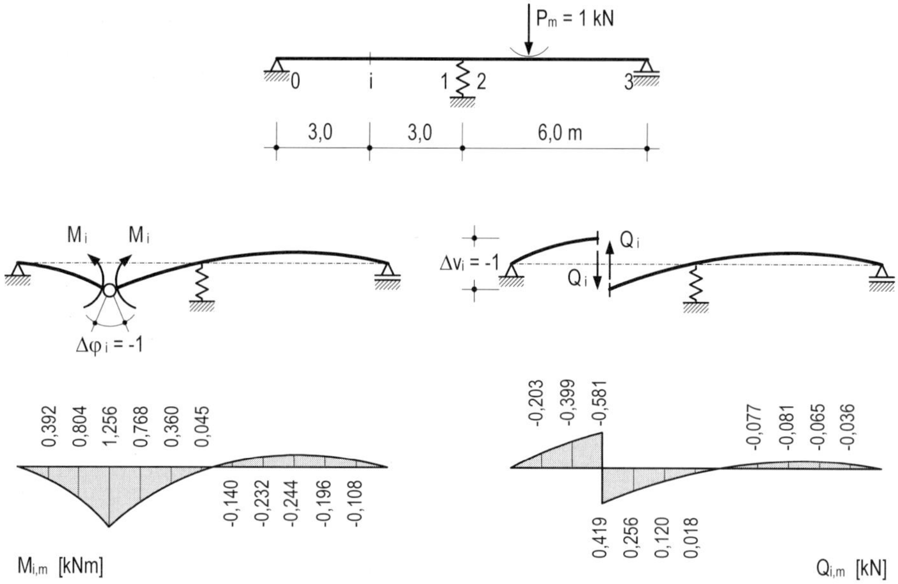

Bild 3.31 Einflußfunktionen für das Biegemoment und die Querkraft in Feldmitte

Die Ermittlung der Einflußfunktion $Q_{i,m}$ verläuft analog. Der Verschiebungssprung $\Delta v_i = -1$ m führt zu den folgenden Lastkomponenten im Feld 0-1: $f_{vq} = -1$ m, $f_{\varphi q} = 0$, $f_{Mq} = 0$, $f_{Qq} = 0$. Der Rechengang mit der Reduktionsmethode liefert:

$v_0 = 0$, $\quad \varphi_0 = -0{,}20387$ rad, $\quad M_0 = 0$, $\quad Q_0 = -53{,}571$ kN

$v_2 = 0{,}01786$ m, $\quad \varphi_2 = -0{,}08333$ rad, $\quad M_2 = -321{,}43$ kNm, $\quad Q_2 = 53{,}571$ kN

Die Auswertung mit den Reduktionsbeziehungen führt anschließend zu

Feld 0-1: $Q_{i,m} = v(x_1) = x_1 \cdot \varphi_0 - \frac{x_1^3}{6EI} \cdot Q_0$ $\quad 0 \le x_1 \le 3\,\text{m}$

$Q_{i,m} = v(x_1) = x_1 \cdot \varphi_0 - \frac{x_1^3}{6EI} \cdot Q_0 + 1$ $\quad 3 \le x_1 \le 6\,\text{m}$

Feld 2-3: $Q_{i,m} = v(x_1) = v_2 + x_1 \cdot \varphi_2 - \frac{x_1^2}{2EI} \cdot M_2 - \frac{x_1^3}{6EI} \cdot Q_2$ $\quad 0 \le x_1 \le 6\,\text{m}$

$\underline{x}_0$

$\underline{x}_0$
3,884E-01
-1,607E+02
1

MODALMATRIX $\underline{R}_0$

			$\underline{z}_0$
0	0	0	0,00000
1	0	0	0,38839
0	0	0	0,00
0	1	0	-160,71
0	0	1	1

FELDMATRIX $\underline{F}_{1,0}$

								$\underline{z}_1$
1	6,000E+00	-2,250E-03	-4,500E-03	-3,000E+00	6,000E+00	-4,500E-03	-3,000E+00	0,05357
0	1	-7,500E-04	-2,250E-03	-1,000E+00	1,000E+00	-2,250E-03	-1,000E+00	-0,25000
0	0	1	6,000E+00	0,000E+00	0,000E+00	6,000E+00	0,000E+00	-964,29
0	0	0	1	0,000E+00	0,000E+00	1,000E+00	0,000E+00	-160,71
0	0	0	0	1	0	0	1	1

PUNKTMATRIX $\underline{F}_{2,1}$

								$\underline{z}_2$
1	0	0	0	0	6,000E+00	-4,500E-03	-3,000E+00	0,05357
0	1	0	0	0	1,000E+00	-2,250E-03	-1,000E+00	-0,25000
0	0,000E+00	1	0	0	0,000E+00	6,000E+00	0,000E+00	-964,29
6,000E+03	0	0	1	0	3,600E+04	-2,600E+01	-1,800E+04	160,71
0	0	0	0	1	0	0	1	1

FELDMATRIX $\underline{F}_{3,2}$

								$\underline{z}_3$
1	6,000E+00	-2,250E-03	-4,500E-03	0,000E+00	-1,500E+02	8,550E-02	7,200E+01	0,00000
0	1	-7,500E-04	-2,250E-03	0,000E+00	-8,000E+01	5,175E-02	3,950E+01	0,11161
0	0	1	6,000E+00	0,000E+00	2,160E+05	-1,500E+02	-1,080E+05	0,00
0	0	0	1	0,000E+00	3,600E+04	-2,600E+01	-1,800E+04	160,71
0	0	0	0	1	0	0	1	1

MODALMATRIX $\underline{R}_3$					$\underline{A}$		$\underline{b}$
1	0	0	0	0	-1,500E+02	8,550E-02	7,200E+01
0	0	1	0	0	2,160E+05	-1,500E+02	-1,080E+05

Bild 3.32 Rechenschema – Einflußfunktion des Biegemomentes in Feldmitte

Einflußfunktionen für Stützkräfte. Auflagerreaktionen (Stützkräfte, Einspannmomente) werden analog behandelt. Die zur Gl. (3.41) analoge Beziehung ist

$$R_{i,m} = \delta_{m,i} \tag{3.42}$$

mit R_i Stützkraft an der Stelle i.

Die eingeprägte Einheitsverschiebung ($\Delta u_i = -1$ m, $\Delta v_i = -1$ m) bzw. Verdrehung ($\Delta\varphi_i = -1$ rad) wird gemäß Gl. (3.14) als eine vorgeschriebene Auflagerverschiebung bzw. -verdrehung betrachtet und mit Hilfe der Punktmatrix an der entsprechenden Stelle erfaßt.

Die Einflußfunktion $R_{i,m}$ ist formell identisch mit der Verschiebungs- bzw. der Verdrehungsfunktion $\delta_{m,i}$ des Lastgurtes, je nachdem ob die Wanderlast eine Einzelkraft $P_m = 1$ oder ein Einzelmoment $M_m = 1$ ist.

Beispiel 3.7 Für das statische System vom Beispiel 3.1 werden die Einflußfunktionen für die Stützkräfte A (Bild 3.33) und B (Bild 3.34) infolge einer ortsveränderlichen Einzellast $P_m = 1$ ermittelt.

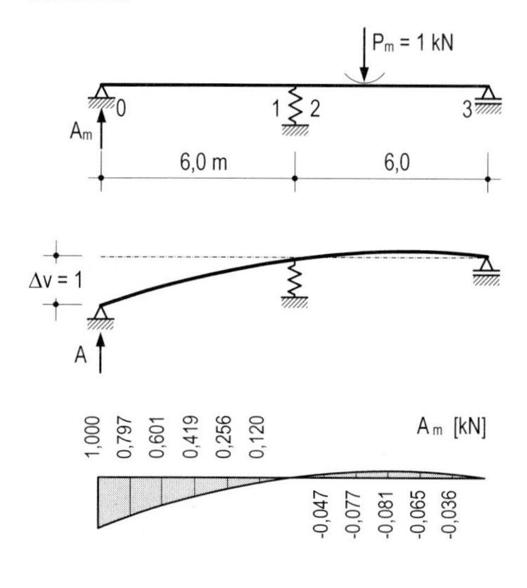

Bild 3.33 Einflußfunktion für die Stützkraft A

Am linken Lager wird eine Stützensenkung der Größe Eins vorgegeben und zwar so, daß die Stützkraft A negative Arbeit leistet. Die explizit vorgeschriebene Verschiebung wird über die Lastspalte der Modalmatrix $\underline{R}_0$ erfaßt, siehe z.B. Gl. (3.27b). Die Einflußfunktion fällt mit der Biegelinie $v(x_1)$ des Lastgurtes zusammen.

Der Rechengang mit der Reduktionsmethode liefert die Zustandsgrößen in den Anfangsschnitten der zwei Stabfelder:

$$v_0 = 1\,\text{m} \qquad v_2 = 0{,}01786\,\text{m}$$
$$\varphi_0 = -0{,}20387\,\text{rad} \qquad \varphi_2 = -0{,}08333\,\text{rad}$$
$$M_0 = 0 \qquad M_2 = -321{,}43\,\text{kNm}$$
$$Q_0 = -53{,}571\,\text{kN} \qquad Q_2 = 53{,}571\,\text{kN}$$

Die Auswertung der Einflußlinie führt anschließend zu

Feld 0-1: $$A_m = v(x_1) = 1 + x_1 \cdot \varphi_0 - \frac{x_1^3}{6EI} \cdot Q_0 \qquad 0 \le x_1 \le 6\,\text{m}$$

Feld 2-3: $$A_m = v(x_1) = v_2 + x_1 \cdot \varphi_2 - \frac{x_1^2}{2EI} \cdot M_2 - \frac{x_1^3}{6EI} \cdot Q_2 \qquad 0 \le x_1 \le 6\,\text{m}$$

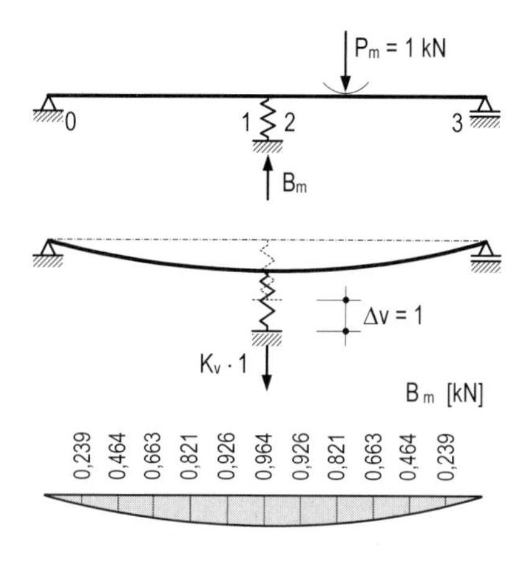

Bild 3.34 Einflußfunktion für die Stützkraft B

Die Besonderheit bei der Bestimmung von B_m resultiert aus der federelastischen Stützung. Die erzwungene Einheitsverschiebung führt zur Federkraft $K_v \cdot 1$. Sie bewirkt einen Querkraftsprung, der über den Lastvektor der Punktmatrix $\underline{F}_{2,1}$ erfaßt wird

$$\begin{bmatrix} f_{vq} \\ \varphi_{vq} \\ M_{vq} \\ Q_{vq} \end{bmatrix} = \begin{bmatrix} 0 \\ 0 \\ 0 \\ -K_v \cdot 1 \end{bmatrix}$$

Der Rechengang nach der Reduktionsmethode ist ausführlich in Bild 3.35 dargestellt.

	$\underline{x}_0$
2,411E-01	
1,071E+02	
1	

MODALMATRIX $\underline{R}_0$

				$\underline{z}_0$
0	0	0	0,00000	
1	0	0	0,24107	
0	0	0	0,00	
0	1	0	107,14	
0	0	1	1	

FELDMATRIX $\underline{F}_{1,0}$

									$\underline{z}_1$
1	6,000E+00	-2,250E-03	-4,500E-03	0,000E+00	6,000E+00	-4,500E-03	0,000E+00	0,96429	
0	1	-7,500E-04	-2,250E-03	0,000E+00	1,000E+00	-2,250E-03	0,000E+00	0,00000	
0	0	1	6,000E+00	0,000E+00	0,000E+00	6,000E+00	0,000E+00	642,86	
0	0	0	1	0,000E+00	0,000E+00	1,000E+00	0,000E+00	107,14	
0	0	0	0	1	0	0	1	1	

PUNKTMATRIX $\underline{F}_{2,1}$

									$\underline{z}_2$
1	0	0	0	0	6,000E+00	-4,500E-03	0,000E+00	0,96429	
0	1	0	0	0	1,000E+00	-2,250E-03	0,000E+00	0,00000	
0	0,000E+00	1	0	0	0,000E+00	6,000E+00	0,000E+00	642,86	
6,000E+03	0	0	1	-6,000E+03	3,600E+04	-2,600E+01	-6,000E+03	-107,14	
0	0	0	0	1	0	0	1	1	

FELDMATRIX $\underline{F}_{3,2}$

									$\underline{z}_3$
1	6,000E+00	-2,250E-03	-4,500E-03	0,000E+00	-1,500E+02	8,550E-02	2,700E+01	0,00000	
0	1	-7,500E-04	-2,250E-03	0,000E+00	-8,000E+01	5,175E-02	1,350E+01	-0,24107	
0	0	1	6,000E+00	0,000E+00	2,160E+05	-1,500E+02	-3,600E+04	0,00	
0	0	0	1	0,000E+00	3,600E+04	-2,600E+01	-6,000E+03	-107,14	
0	0	0	0	1	0	0	1	1	

1	0	0	0	0	-1,500E+02	8,550E-02	2,700E+01
0	0	1	0	0	2,160E+05	-1,500E+02	-3,600E+04
MODALMATRIX $\underline{R}_3$					$\underline{A}$		$\underline{b}$

Bild 3.35 Rechengang zur Ermittlung der Einflußfunktion für die Stützkraft B

Nach der Bestimmung der Zustandsgrößen in den Schnitten 0 und 2 folgt die Auswertung der Einflußlinie

$$\text{Feld 0-1:} \qquad B_m = v(x_1) = x_1 \cdot \varphi_0 - \frac{x_1^3}{6EI} \cdot Q_0 \qquad 0 \le x_1 \le 6\,\text{m}$$

$$\text{Feld 2-3:} \qquad B_m = v(x_1) = v_2 + x_1 \cdot \varphi_2 - \frac{x_1^2}{2EI} \cdot M_2 - \frac{x_1^3}{6EI} \cdot Q_2 \qquad 0 \le x_1 \le 6\,\text{m}$$

Die Einflußfunktion für die Stützkraft B läßt sich alternativ als das K_v-fache der Einflußfunktion für die Verschiebung in Trägermitte bestimmen. Zu diesem Zweck wird eine virtuelle Last $P_i = 1$ an der Stützstelle angesetzt und das System nach der Reduktionsmethode berechnet. Das K_v-fache der Biegelinie $v(x_1)$ ist dann formal mit der Einflußfunktion B_m identisch.

3.3 Lineare Kinetik

Die Anwendung der Methode wird zur Lösung folgender Aufgaben der linearen Kinetik gezeigt:

- die Eigenwertaufgabe – Ermittlung der Eigenkreisfrequenzen und der Eigenschwingungsformen massebelegter Stäbe,
- die ungedämpfte Schwingung bei harmonischer Erregung – Ermittlung der Amplituden der Zustandsfunktionen unter der stationären Wirkung einer harmonischen Belastung.

Die Behandlung beruht auf den Lösungen der Differentialgleichungen für die Transversal- und die Längsschwingung. Die Feldmatrix wird durch die Überführung der in Abschn. 2.3.2 hergeleiteten Beziehungen in das Übertragungsschema der Reduktionsmethode erhalten.

Feldmatrix. Für ein Stabfeld (s-1,s) der Länge L_s mit konstanter Massebelegung μ und Biegesteifigkeit EI folgt aus der Gl. (2.110) bei Transversalschwingung

$$\underline{F}_{s,s-1} = \left[\begin{array}{cccc|c} \Phi_1(\lambda) & \dfrac{\Phi_2(\lambda)}{\alpha} & \dfrac{-\Phi_3(\lambda)}{EI\alpha^2} & \dfrac{-\Phi_4(\lambda)}{EI\alpha^3} & f_{vq} \\ -EI\alpha\Phi_4(\lambda) & \Phi_1(\lambda) & \dfrac{-\Phi_2(\lambda)}{EI\alpha} & \dfrac{-\Phi_3(\lambda)}{EI\alpha^2} & f_{\varphi q} \\ -EI\alpha^2\Phi_3(\lambda) & -EI\alpha\Phi_4(\lambda) & \Phi_1(\lambda) & \dfrac{\Phi_2(\lambda)}{\alpha} & f_{Mq} \\ -EI\alpha^3\Phi_2(\lambda) & -EI\alpha^2\Phi_3(\lambda) & -EI\alpha\Phi_4(\lambda) & \Phi_1(\lambda) & f_{Qq} \\ \hline 0 & 0 & 0 & 0 & 1 \end{array}\right] \tag{3.43a}$$

mit $\lambda = \alpha \cdot L_s$, $\alpha = \sqrt[4]{\dfrac{\mu \cdot \Omega^2}{EI}}$

$\Phi_1 \ldots \Phi_4$ Ansatzfunktionen für harmonische Schwingung, siehe Gl. (2.102).

Bei Längsschwingung wird analog aus der Gl. (2.127) für ein Stabfeld mit konstanter Dehnsteifigkeit EA erhalten

$$\underline{F}_{s,s-1} = \left[\begin{array}{cc|c} \cos\varepsilon & \dfrac{\sin\varepsilon}{EA\beta} & f_{uq} \\ -EA\beta\sin\varepsilon & \cos\varepsilon & f_{Nq} \\ \hline 0 & 0 & 1 \end{array}\right] \tag{3.43b}$$

mit $\varepsilon = \beta \cdot L_s$ und $\beta = \sqrt{\dfrac{\mu \cdot \Omega^2}{EA}}$

Die Zusammenfassung der Übertragungsmatrizen für die Quer- und Längsschwingung nach Gln. (3.44a,b) liefert die Feldmatrix des harmonisch schwingenden eben wirkenden Stabfeldes

$$\left[\begin{array}{cccccc|c}
\cos\varepsilon & 0 & 0 & 0 & 0 & \dfrac{\sin\varepsilon}{EA\beta} & f_{uq} \\
0 & \Phi_1(\lambda) & \dfrac{\Phi_2(\lambda)}{\alpha} & \dfrac{-\Phi_3(\lambda)}{EI\alpha^2} & \dfrac{-\Phi_4(\lambda)}{EI\alpha^3} & 0 & f_{vq} \\
0 & -EI\alpha\Phi_4(\lambda) & \Phi_1(\lambda) & \dfrac{-\Phi_2(\lambda)}{EI\alpha} & \dfrac{-\Phi_3(\lambda)}{EI\alpha^2} & 0 & f_{\varphi q} \\
0 & -EI\alpha^2\Phi_3(\lambda) & -EI\alpha\Phi_4(\lambda) & \Phi_1(\lambda) & \dfrac{\Phi_1(\lambda)}{\alpha} & 0 & f_{Mq} \\
0 & -EI\alpha^3\Phi_2(\lambda) & -EI\alpha^2\Phi_3(\lambda) & -EI\alpha\Phi_4(\lambda) & \Phi_1(\lambda) & 0 & f_{Qq} \\
-EA\beta\sin\varepsilon & 0 & 0 & 0 & 0 & \cos\varepsilon & f_{Nq} \\
\hline
0 & 0 & 0 & 0 & 0 & 0 & 1
\end{array}\right] \quad (3.44)$$

Bei den Aufgaben der Kinetik sind die Komponenten der Feldmatrix im Unterschied zur linearen Statik keine Konstanten, sondern Funktionen der Kreisfrequenz Ω mit der Massebelegung μ als Parameter. Soll in einem Stababschnitt die Wirkung der *d'Alembert*schen Trägheitskräfte vernachlässigbar sein, dann wird er im Modell als masselos ($\mu = 0$) betrachtet und seine Feldmatrix geht in die statische Feldmatrix gemäß Gl. (3.10) über.

Harmonische Erregung. Bei einer stationären harmonischen Belastung stellt sich nach der Übergangsphase eine harmonische Schwingung mit der Erregerkreisfrequenz Ω ein. Die Wirkung der harmonischen Erregung wird über die Lastgrößen f_{iq} der Feldmatrix erfaßt. Sie werden, wie im statischen Fall, aus der partikulären Lösung der Differentialgleichung für die Transversal- bzw. die Längsschwingung hergeleitet, siehe Abschn. 2.3.2. Die Lastvektoren für häufig vorkommende Belastungen sind in Tabelle 3.5 für die Transversal- bzw. in Tabelle 3.6 für die Längsschwingung zusammengefaßt.

Die Zeitvariable t läßt sich durch die Separation der Argumente aus der Lösung eliminieren. Das kinetische Problem der harmonisch erregten Schwingung wird damit in eine (quasi-)statische Aufgabe überführt und der Rechengang bleibt formell identisch mit der Lösung statischer Aufgaben. Die Unterschiede bestehen in der unterschiedlichen Belegung der Übertragungsmatrizen, die frequenzabhängig sind und die Wirkung der Massenkräfte implizit enthalten. Die Zustandsgrößen stellen Amplituden dar, die nicht nur von der Lastintensität und den Systemeigenschaften, sondern auch von der Erregerkreisfrequenz Ω abhängen.

Tabelle 3.5 Lastgrößen für Transversalschwingung

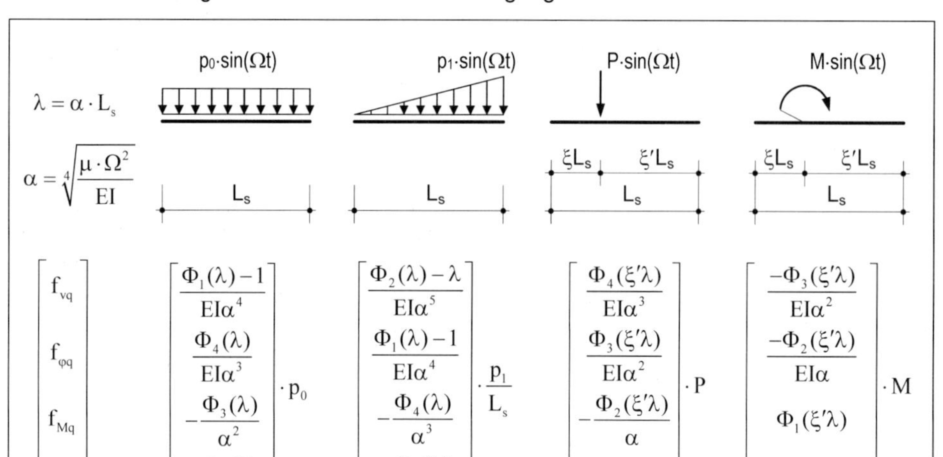

$\lambda = \alpha \cdot L_s$, $\quad \alpha = \sqrt[4]{\dfrac{\mu \cdot \Omega^2}{EI}}$

	$p_0 \cdot \sin(\Omega t)$, L_s	$p_1 \cdot \sin(\Omega t)$, L_s	$P \cdot \sin(\Omega t)$, ξL_s, $\xi' L_s$, L_s	$M \cdot \sin(\Omega t)$, ξL_s, $\xi' L_s$, L_s
f_{vq}	$\dfrac{\Phi_1(\lambda)-1}{EI\alpha^4}$	$\dfrac{\Phi_2(\lambda)-\lambda}{EI\alpha^5}$	$\dfrac{\Phi_4(\xi'\lambda)}{EI\alpha^3}$	$\dfrac{-\Phi_3(\xi'\lambda)}{EI\alpha^2}$
$f_{\varphi q}$	$\dfrac{\Phi_4(\lambda)}{EI\alpha^3}$	$\dfrac{\Phi_1(\lambda)-1}{EI\alpha^4}$	$\dfrac{\Phi_3(\xi'\lambda)}{EI\alpha^2}$	$\dfrac{-\Phi_2(\xi'\lambda)}{EI\alpha}$
f_{Mq}	$-\dfrac{\Phi_3(\lambda)}{\alpha^2}$	$-\dfrac{\Phi_4(\lambda)}{\alpha^3}$	$-\dfrac{\Phi_2(\xi'\lambda)}{\alpha}$	$\Phi_1(\xi'\lambda)$
f_{Qq}	$-\dfrac{\Phi_2(\lambda)}{\alpha}$	$-\dfrac{\Phi_3(\lambda)}{\alpha^2}$	$-\Phi_1(\xi'\lambda)$	$-4\alpha\Phi_4(\xi'\lambda)$
Faktor	$\cdot p_0$	$\cdot \dfrac{p_1}{L_s}$	$\cdot P$	$\cdot M$

Tabelle 3.6 Lastgrößen für Längsschwingung

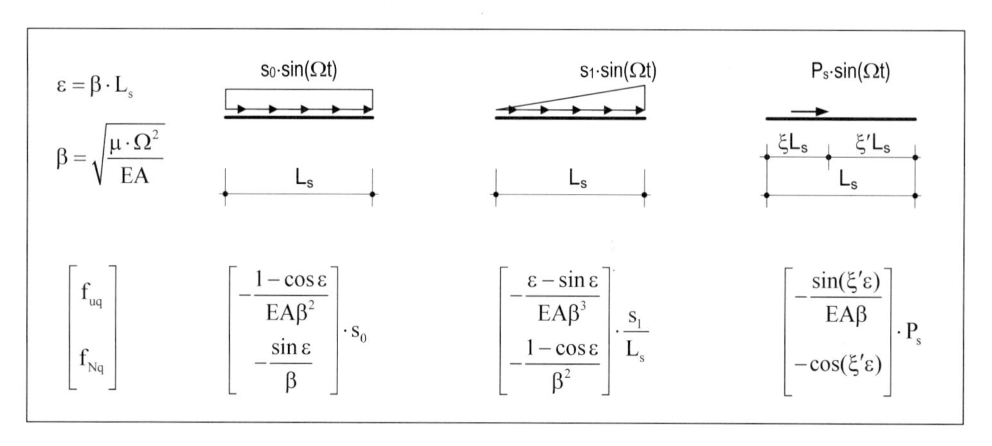

$\varepsilon = \beta \cdot L_s$, $\quad \beta = \sqrt{\dfrac{\mu \cdot \Omega^2}{EA}}$

	$s_0 \cdot \sin(\Omega t)$, L_s	$s_1 \cdot \sin(\Omega t)$, L_s	$P_s \cdot \sin(\Omega t)$, ξL_s, $\xi' L_s$, L_s
f_{uq}	$-\dfrac{1-\cos\varepsilon}{EA\beta^2}$	$-\dfrac{\varepsilon-\sin\varepsilon}{EA\beta^3}$	$-\dfrac{\sin(\xi'\varepsilon)}{EA\beta}$
f_{Nq}	$-\dfrac{\sin\varepsilon}{\beta}$	$-\dfrac{1-\cos\varepsilon}{\beta^2}$	$-\cos(\xi'\varepsilon)$
Faktor	$\cdot s_0$	$\cdot \dfrac{s_1}{L_s}$	$\cdot P_s$

Eigenschwingungen. Bei Schwingungen ohne äußere Einwirkung sind die Komponenten f_{iq} des Lastvektors identisch gleich Null. Dies führt aus mathematischer Sicht zur Formulierung einer Eigenwertaufgabe. Das Gleichungssystem (3.30) zur Bestimmung des Anfangsvektors $\underline{x}_0$ ist in diesem Fall homogen

$$\underline{A}(\omega) \cdot \underline{x}_0 = 0 \tag{3.45}$$

und besitzt eine nichttriviale Lösung nur, wenn die Bedingung

$$\det |\underline{A}(\omega)| = 0 \tag{3.46}$$

erfüllt ist.

Die Bedingungsgleichung (3.46) ist transzendent, die Koeffizienten der Matrix $\underline{A}$ sind implizite Funktionen der Kreisfrequenz ω. Die Nullstellen ω_E der Determinantenfunktion det|A(ω)| werden numerisch ermittelt. Aus physikalischer Sicht stellen sie die Eigenkreisfrequenzen des Systems dar. Auf die mathematischen Aspekte der Eigenwertermittlung (Strategie der Absuche, Steuerung der Schrittweitengröße, Lokalisierung der Eigenwerte, Genauigkeit der Berechnung) wird in Abschn. 4.3 näher eingegangen.

Mit der Kenntnis eines Eigenwerts ω_{Ei} läßt sich der Anfangsvektor $\underline{x}_0$ als zugehöriger Eigenvektor bis auf einen freien Faktor bestimmen. Zu diesem Zweck wird einer der n unbekannten Komponenten von $\underline{x}_0$ ein von Null verschiedener Wert, z.B. Eins, vorgeschrieben. Das homogene Gleichungssystem (3.45) wird dadurch in ein rangreduziertes inhomogenes Gleichungssystem überführt, aus dessen Lösung die restlichen n-1 Komponenten von $\underline{x}_0$ erhalten werden. Die anschließende Berechnung der Verschiebungen im Stabinneren liefert die zur Eigenkreisfrequenz ω_{Ei} gehörige Eigenschwingungsform.

Punktmassen. Stellen mit konzentrierter Masse, siehe Bild 3.36, können bei der Reduktionsmethode wie Unstetigkeiten ohne Zwischenbedingungen behandelt werden.

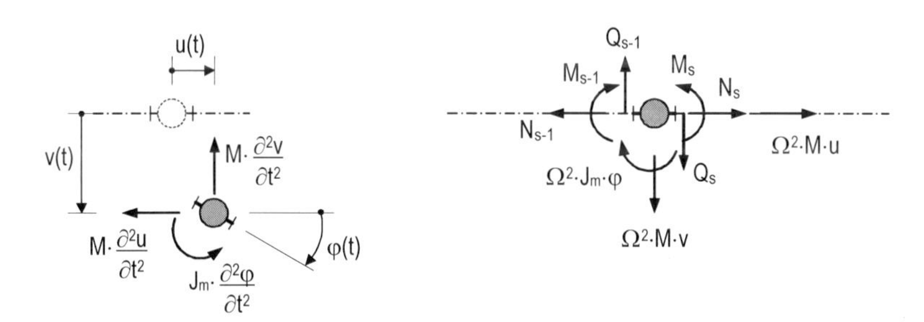

Bild 3.36 Punktmasse, Massenkräfte, Gleichgewicht

Die Massenkräfte bewirken beschleunigungsabhängige Sprünge im Schnittkraftverlauf

$$N_s = N_{s-1} + M \cdot \frac{\partial^2 u_{s-1}}{dt^2}$$
$$Q_s = Q_{s-1} + M \cdot \frac{\partial^2 v_{s-1}}{dt^2} \qquad (3.47)$$
$$M_s = M_{s-1} - J_M \cdot \frac{\partial^2 \varphi_{s-1}}{dt^2}$$

mit M Masse
J_M Massenträgheitsmoment (Massenmoment 2. Ordnung)

Die Beschleunigungskomponenten sind zwar unbekannt, lassen sich jedoch bei harmonischen Schwingungen über die Beziehungen

$$\frac{\partial^2 u}{dt^2} = -\Omega^2 \cdot u \qquad \frac{\partial^2 v}{dt^2} = -\Omega^2 \cdot v \qquad \frac{\partial^2 \varphi}{dt^2} = -\Omega^2 \cdot \varphi \qquad (3.48)$$

eliminieren. Für die Gleichgewichtsbedingungen an den Stellen mit konzentrierten Massen wird damit

$$\begin{aligned} N_s &= N_{s-1} - \Omega^2 \cdot M \cdot u_{s-1} \\ Q_s &= Q_{s-1} - \Omega^2 \cdot M \cdot v_{s-1} \\ M_s &= M_{s-1} + \Omega^2 \cdot J_M \cdot \varphi_{s-1} \end{aligned} \tag{3.49}$$

erhalten. Die Schnittkraftsprünge werden mit einer Punktmatrix erfaßt und führen zur kreisfrequenzabhängigen Übertragungsbeziehung

$$\begin{bmatrix} u_s \\ v_s \\ \varphi_s \\ M_s \\ Q_s \\ N_s \\ \hline 1 \end{bmatrix} = \left[\begin{array}{cccccc|c} 1 & 0 & 0 & 0 & 0 & 0 & 0 \\ 0 & 1 & 0 & 0 & 0 & 0 & 0 \\ 0 & 0 & 1 & 0 & 0 & 0 & 0 \\ 0 & 0 & \Omega^2 J_M & 1 & 0 & 0 & 0 \\ 0 & -\Omega^2 M & 0 & 0 & 1 & 0 & 0 \\ -\Omega^2 M & 0 & 0 & 0 & 0 & 1 & 0 \\ \hline 0 & 0 & 0 & 0 & 0 & 0 & 1 \end{array}\right] \cdot \begin{bmatrix} u_{s-1} \\ v_{s-1} \\ \varphi_{s-1} \\ M_{s-1} \\ Q_{s-1} \\ N_{s-1} \\ \hline 1 \end{bmatrix} \tag{3.50}$$

Beispiel 3.8a Für das statische System gemäß Bild 3.37 werden die ersten zwei Eigenkreisfrequenzen sowie die zugehörigen Eigenformen ermittelt. Die Massebelegung μ und die Biegesteifigkeit EI sind konstant. Die Längsschwingungsanteile werden vernachlässigt (EA → ∞).

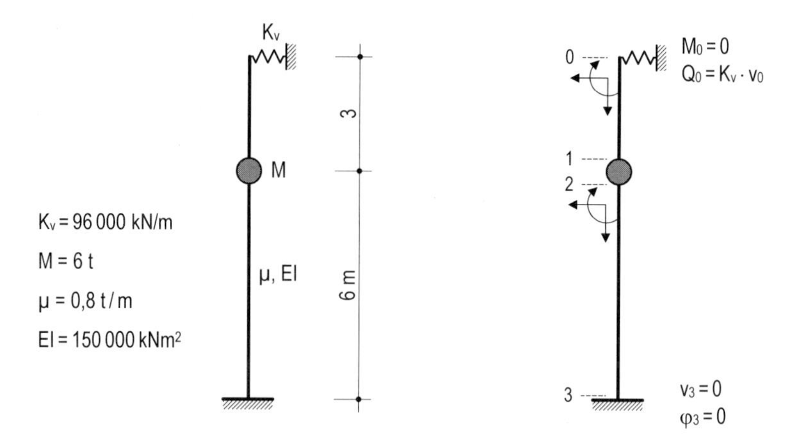

Bild 3.37 Massebelegte Stütze mit Punktmasse, Rechenmodell

Das Rechenmodell besteht aus den Stabfeldern (0-1) und (2-3), beide mit der konstanten Massebelegung μ, sowie der Übergangsstelle (1-2) mit der Punktmasse M.

Der Aufbau der Feldmatrizen $\underline{F}_{1,0}$ und $\underline{F}_{3,2}$ ist gemäß Gl. (3.43a), die Komponenten der Lastvektoren sind Null-Elemente. Die Übergangsmatrix am Ort der Punktmasse ist die Punktmatrix

$$\underline{F}_{2,1} = \left[\begin{array}{cccc|c} 1 & 0 & 0 & 0 & 0 \\ 0 & 1 & 0 & 0 & 0 \\ 0 & 0 & 1 & 0 & 0 \\ -\Omega^2 \cdot M & 0 & 0 & 1 & 0 \\ \hline 0 & 0 & 0 & 0 & 1 \end{array}\right]$$

Die Belegung der Modalmatrizen $\underline{R}_0$ und $\underline{R}_3$ entspricht den Randbedingungen: die unbekannten Anfangsgrößen am Stützenkopf (0) sind die Querverschiebung v_0 und die Verdrehung φ_0; das Moment M_0 ist gleich Null; die Querkraft wird aus der linear elastischen Federbeziehung eliminiert ($Q_0 = K_v \cdot v_0$). Für das Stabende (3) gelten die Bedingungen $v_3 = 0$ und $\varphi_3 = 0$.

Die Lösung erfolgt in zwei Schritten. Zunächst werden die gesuchten Eigenkreisfrequenzen lokalisiert. Zu diesem Zweck wird die Erregerfrequenz schrittweise variiert, in jedem Schritt wird die frequenzabhängige (2×2)-Matrix $\underline{A}(\omega)$ ermittelt und ihre Determinante $\det|\underline{A}(\omega)|$ berechnet.

Diese mehrfache Berechnung kann u.U. sehr zeitaufwendig sein. Sie gelingt effizienter, wenn die Variation von ω indirekt vorgenommen wird. Zu diesem Zweck wird eine fiktive Bezugsgröße λ_c eingeführt, die im integralen Mittel die Systemeigenschaften verkörpert. Im konkreten Fall wird z.B. mit der Gesamtlänge L = 9 m, der Biegesteifigkeit EI = 150000 kNm² und der Massebelegung μ = 0,8 t/m

$$\lambda_c = L \cdot \sqrt[4]{\frac{\mu \cdot \omega^2}{EI}} = 0{,}432506\sqrt{\omega}$$

als dimensionsloser Parameter eingeführt und schrittweise gesteigert. Als eine sinnvolle Schrittweite wird $\Delta\lambda_c = \pi/12 \ldots \pi/6 \approx 0{,}25 \ldots 0{,}50$ empfohlen. Auf diese Weise wurden sukzessiv Wertepaare (λ_c, $\det|\underline{A}(\omega)|$) ermittelt und der normierte Determinantenverlauf, links in Bild 3.38, erhalten. Die Eingrenzung der Nullstellen $\lambda_1 = 2{,}9936$ und $\lambda_2 = 6{,}4259$ erfolgt mit gewünschter Genauigkeit. Die Rückrechnung mit $\omega_{Ei} = \lambda_i^2 / 0{,}432506^2$ führt auf die Eigenkreisfrequenzen

$$\omega_{E1} = 47{,}91\ \text{s}^{-1} \qquad \omega_{E2} = 220{,}7\ \text{s}^{-1}$$

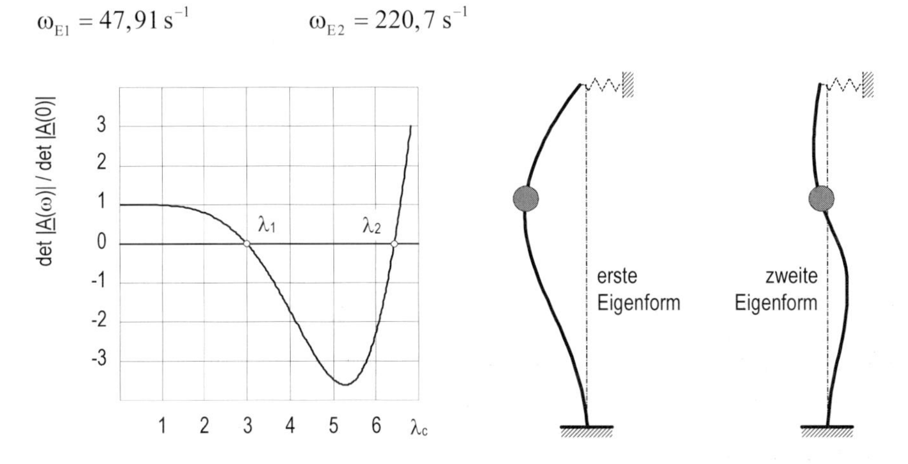

Bild 3.38 Determinantenfunktion, Eigenschwingungsformen

Im zweiten Schritt werden die zugehörigen Schwingungsformen ermittelt. Dies wird am Beispiel der ersten Eigenform demonstriert.

ω = **47,909**

$\underline{x}_0$:

$\underline{x}_0$
1
3,428E+00
1

MODALMATRIX $\underline{R}_0$ und $\underline{z}_0$:

			$\underline{z}_0$
1	0	0	1,00000
0	1	0	3,42779
0	0	0	0
96000	0	0	96000
0	0	1	1

FELDMATRIX $\underline{F}_{1,0}$:

								$\underline{z}_1$
1,041E+00	3,025E+00	-3,008E-05	-3,004E-05	0	-1,842E+00	3,025E+00	0	8,52630
5,515E-02	1,041E+00	-2,017E-05	-3,008E-05	0	-2,833E+00	1,041E+00	0	0,73671
-8,286E+03	-8,273E+03	1,041E+00	3,025E+00	0	2,821E+05	-8,273E+03	0	253738
-5,554E+03	-8,286E+03	5,515E-02	1,041E+00	0	9,441E+04	-8,286E+03	0	66013
0	0	0	0	1	0	0	1	1

PUNKTMATRIX $\underline{F}_{2,1}$:

								$\underline{z}_2$
1	0	0	0	0	-1,842E+00	3,025E+00	0	8,52630
0	1	0	0	0	-2,833E+00	1,041E+00	0	0,73671
0	0	1	0	0	2,821E+05	-8,273E+03	0	253738
-13771,50	0	0	1	0	1,198E+05	-4,994E+04	0	-51407
0	0	0	0	1	0	0	1	1

FELDMATRIX $\underline{F}_{3,2}$:

								$\underline{z}_3$
1,667E+00	6,797E+00	-1,253E-04	-2,445E-04	0	-8,697E+01	2,537E+01	0	0,00000
4,490E-01	1,667E+00	-4,532E-05	-1,253E-04	0	-3,334E+01	9,727E+00	0	0,00000
-3,451E+04	-6,735E+04	1,667E+00	6,797E+00	0	1,539E+06	-5,278E+05	0	-270268
-1,248E+04	-3,451E+04	4,490E-01	1,667E+00	0	4,471E+05	-1,607E+05	0	-103620
0	0	0	0	1	0	0	1	1

MODALMATRIX $\underline{R}_3$, $\underline{A}$, $\underline{b}$:

					$\underline{A}$		$\underline{b}$
1	0	0	0	0	-8,697E+01	2,537E+01	0
0	1	0	0	0	-3,334E+01	9,727E+00	0

Bild 3.39 Rechengang zur Ermittlung der ersten Eigenschwingungsform

Die (2×2)-Matrix $\underline{A}$ wird für $\omega_{E1} = 47{,}91\ s^{-1}$ singulär und vom Rang 1. Einer der Komponenten von $\underline{x}_0$, z.B. der Anfangsverschiebung, wird der Wert $v_0 = 1$ vorgeschrieben. Das homogene Gleichungssystem $\underline{A} \cdot \underline{x}_0 = 0$ wird umgewandelt

$$\begin{bmatrix} -86{,}97 & 25{,}37 \\ -33{,}34 & 9{,}727 \end{bmatrix} \cdot \begin{bmatrix} 1 \\ \varphi_0 \end{bmatrix} = \underline{0}$$

und liefert nach der Auflösung $\varphi_0 = 3{,}428$.

Damit ist der zu ω_{E1} gehörige Eigenvektor $\underline{x}_0$ bekannt, siehe Bild 3.39. Der zweite Vorwärtsgang liefert die Zustandsvektoren $\underline{z}_i$ (i = 0 ... 3). Die Eigenform, siehe Bild 3.38, wird als Verschiebungsfunktion aus den Beziehungen nach Gl. (2.110) mit $\xi = \alpha \cdot x_1$ erhalten

$$\text{Feld 0-1:}\quad v(x_1) = \Phi_1(\xi)\cdot v_0 + \frac{\Phi_2(\xi)}{\alpha}\cdot\varphi_0 - \frac{\Phi_4(\xi)}{EI\alpha^3}\cdot Q_0 \qquad 0 \le x_1 \le 3\,\text{m}$$

$$\text{Feld 2-3:}\quad v(x_1) = \Phi_1(\xi)\cdot v_2 + \frac{\Phi_2(\xi)}{\alpha}\cdot\varphi_2 - \frac{\Phi_3(\xi)}{EI\alpha^2}\cdot M_2 - \frac{\Phi_4(\xi)}{EI\alpha^3}\cdot Q_2 \qquad 0 \le x_1 \le 6\,\text{m}$$

Bei der Ermittlung der zu $\omega_{E2} = 220{,}7\ \text{s}^{-1}$ gehörigen zweiten Eigenform, rechts in Bild 3.38, wird analog verfahren.

Beispiel 3.8b Für das statische System gemäß Bild 3.40 werden die Amplituden der Biegemomente unter der Wirkung einer harmonischen Last $P(t) = P\cdot\sin(\Omega t)$ mit der Reduktionsmethode angegeben.

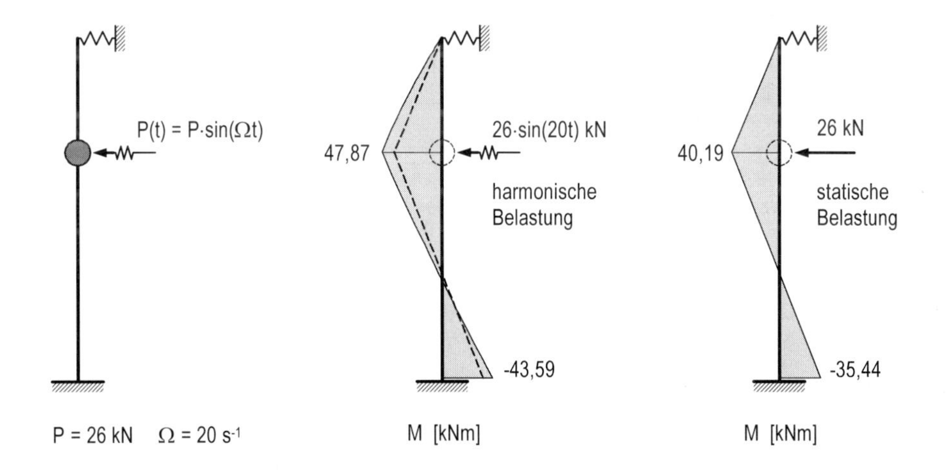

Bild 3.40 Harmonische Erregung, Amplituden der Biegemomente, statischer Fall

Der Rechengang ist analog zum statischen Fall, der Unterschied besteht in der frequenzabhängigen Belegung der Übertragungsmatrizen.

Die Feldmatrizen $\underline{F}_{1,0}$ und $\underline{F}_{3,2}$ werden gemäß Gl. (3.43a) mit der Erregerfrequenz $\Omega = 20\ \text{s}^{-1}$ gebildet. Die Punktmatrix $\underline{F}_{2,1}$ an der Übergangsstelle mit der konzentrierten Masse beinhaltet die *d'Alembert*sche Trägheitskraft ($\Omega^2\cdot M\cdot v_1$) sowie die Amplitude (P) der harmonischen Last

$$\underline{F}_{2,1} = \left[\begin{array}{cccc|c} 1 & 0 & 0 & 0 & 0 \\ 0 & 1 & 0 & 0 & 0 \\ 0 & 0 & 1 & 0 & 0 \\ -\Omega^2\cdot M & 0 & 0 & 1 & -P \\ \hline 0 & 0 & 0 & 0 & 1 \end{array}\right]$$

Nach dem ersten Vorwärtsgang werden die Amplitudenwerte der Anfangsparameter

$$v_0 = 1{,}698 \cdot 10^{-4}\ \text{m} \qquad \varphi_0 = 6{,}004 \cdot 10^{-4}\ \text{rad}$$

erhalten. Der zweite Vorwärtsgang liefert die Komponenten der Zustandsvektoren $\underline{z}_i$. Die Amplitudenfunktionen der Biegemomente werden aus Gl. (2.110) erhalten

$$\text{Feld 0-1:}\quad M(x_1) = -EI\alpha^2\Phi_3(\xi)\cdot v_0 - EI\alpha\Phi_4(\xi)\cdot\varphi_0 + \frac{\Phi_2(\xi)}{\alpha}\cdot Q_0$$

$$\text{Feld 2-3:}\quad M(x_1) = -EI\alpha^2\Phi_3(\xi)\cdot v_2 - EI\alpha\Phi_4(\xi)\cdot\varphi_2 + \Phi_1(\xi)\cdot M_2 + \frac{\Phi_2(\xi)}{\alpha}\cdot Q_2$$

Die Auswertung führt auf die in Bild 3.40 dargestellte Momentenfunktion, zum Vergleich sind rechts im Bild die Biegemomente bei ruhender (statischer) Belastung angegeben.

Beispiel 3.9 Für das in Bild 3.41 dargestellte System werden die Eigenfrequenzen ermittelt. Die Tragwerksparameter – Massebelegung, Biege- und Dehnsteifigkeit – sind konstant. Es werden sowohl die Transversal- als auch die Längsschwingungsanteile berücksichtigt.

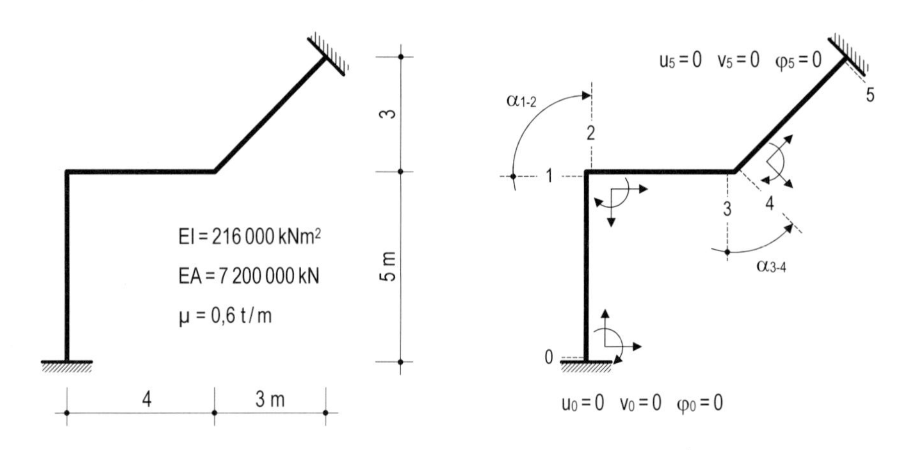

Bild 3.41 Massebelegtes Stabsystem, Rechenmodell

Für die Lösung dieser Eigenwertaufgabe wird das System als Stab mit geknickter Achse modelliert. Das Rechenmodell besteht aus den drei Feldern (0-1), (2-3) und (4-5) sowie den zwei Knickstellen (1-2) und (3-4).

Die Aufbereitung der frequenzabhängigen Feldmatrizen $\underline{F}_{1,0}$, $\underline{F}_{3,2}$ und $\underline{F}_{5,4}$ ist gemäß Gl. (3.44), die Feldlängen sind $L_{0\text{-}1}$ = 5 m, $L_{2\text{-}3}$ = 4 m, $L_{4\text{-}5}$ = 4,243 m. Der Übergang an den Knickstellen wird jeweils mit Hilfe einer Punktmatrix nach Gl. (3.20) erfaßt, die Koordinatentransformationswinkel sind $\alpha_{1\text{-}2} = +\pi/2$ bzw. $\alpha_{3\text{-}4} = -\pi/4$.

Die Modalmatrizen ($\underline{R}_0$, $\underline{R}_5$) werden entsprechend den Randbedingungen belegt. Unbekannt sind die Anfangsgrößen M_0, Q_0 und N_0; die Randbedingungen am Stabende sind $v_5 = 0$, $\varphi_5 = 0$ und $u_5 = 0$.

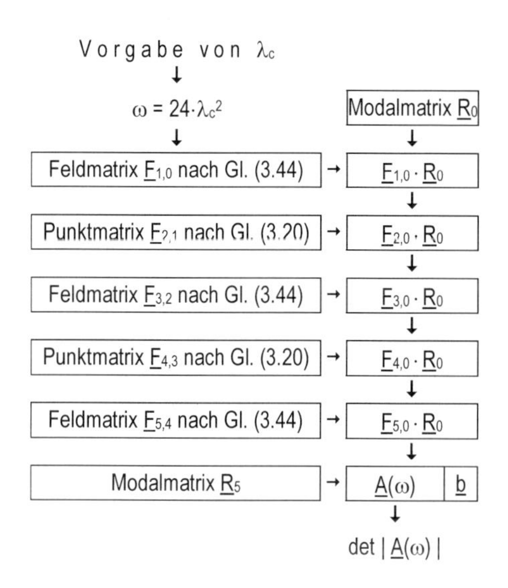

Bild 3.42 Rechenschema

Der Rechengang ist in Bild 3.42 schematisch dargestellt. Für die Steuerung der Eigenwertsuche wird als Bezugsgröße

$$\lambda_c = L_{0-1} \cdot \sqrt[4]{\frac{\mu \cdot \omega^2}{EI}} = \sqrt{\frac{\omega}{24}}$$

gewählt. Die sukzessive Steigerung von λ_c mit der Schrittweite $\Delta\lambda_c = 0{,}25$ und die Berechnung nach dem angegebenen Schema mit der zugehörigen Kreisfrequenz $\omega = 24 \cdot \lambda_c^2$ führen zum in Bild 3.43 dargestellen normierten Determinantenverlauf der Matrix $\underline{A}(\omega)$.

Die Nullstellen λ_i von det$|\underline{A}(\omega)|$ werden auf diese Weise erst lokalisiert und anschließend mit der gewünschten Genauigkeit ermittelt.

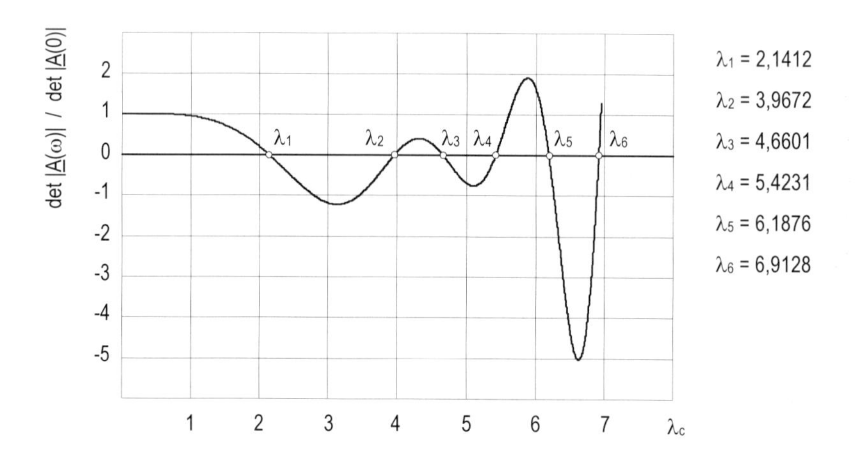

Bild 3.43 Determinantenfunktion, Nullstellen

Die Rückrechnung mit $\omega_{Ei} = 24 \cdot \lambda_i^2$ führt auf die Eigenkreisfrequenzen

$$\omega_{E1} = 110{,}03\,s^{-1} \qquad \omega_{E2} = 377{,}73\,s^{-1}$$

$$\omega_{E3} = 521{,}20\,s^{-1} \qquad \omega_{E4} = 705{,}84\,s^{-1}$$

$$\omega_{E5} = 918{,}86\,s^{-1} \qquad \omega_{E6} = 1146{,}9\,s^{-1}$$

Für die Bestimmung der dazu gehörigen Eigenschwingungsformen kann das in Beispiel 3.8a beschriebene Vorgehen angewendet werden.

3.4 Nichtlineare Statik

3.4.1 Elastizitätstheorie II. Ordnung

Die Gleichgewichtsbedingungen werden bei Problemstellungen nach Theorie II. Ordnung in der verformten Systemkonfiguration formuliert. Auf diese Weise wird der Wechselwirkung zwischen Verschiebungen und Schnittkräften Rechnung getragen. Die mathematische Formulierung ist bequemer, wenn die Transversalkraft T statt der Querkraft Q als Zustandsvariable eingeführt wird, da ihre Wirkungsrichtung unabhängig von der veränderlichen Tangentenneigung ist und im verformten Zustand invariant bleibt, siehe Abschn. 2.3.3.

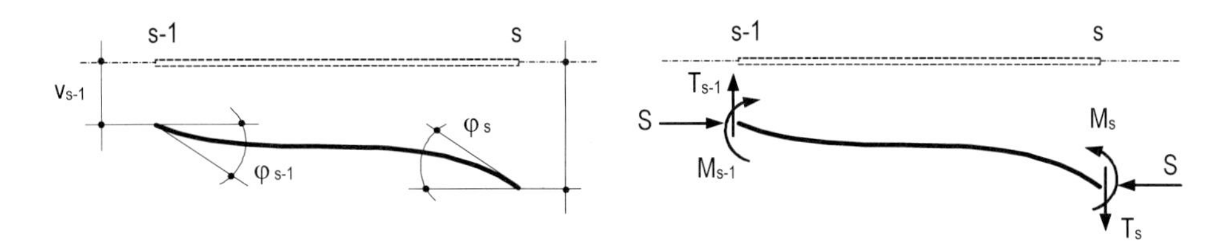

Bild 3.44 Zustandsgrößen nach Theorie II. Ordnung

Nachfolgend wird die Anwendung der Reduktionsmethode für zwei Aufgaben gezeigt:

- Ermittlung des Schnittkraft- und Verformungszustands unter Gebrauchslasten nach Elastizitätstheorie II. Ordnung
- Stabilitätsanalyse mittels der linearisierten Verzweigungsuntersuchung

Feldmatrix. Die Feldmatrix wird durch Überführung der Beziehungen nach Gl. (2.166) in das Übertragungsschema der Reduktionsmethode erhalten. Für ein Stabfeld (s-1,s) der Länge L_s mit konstanter Druckkraft S und Biegesteifigkeit EI folgt

$$\underline{F}_{s,s-1} = \left[\begin{array}{cccc:c} 1 & \frac{\sin\omega}{\omega}\cdot L_s & -\frac{1-\cos\omega}{\omega^2}\cdot\frac{L_s^2}{EI} & -\frac{\omega-\sin\omega}{\omega^3}\cdot\frac{L_s^3}{EI} & f_{vq} \\ 0 & \cos\omega & -\frac{\sin\omega}{\omega}\cdot\frac{L_s}{EI} & -\frac{1-\cos\omega}{\omega^2}\cdot\frac{L_s^2}{EI} & f_{\varphi q} \\ 0 & \frac{EI}{L_s}\cdot\omega\sin\omega & \cos\omega & \frac{\sin\omega}{\omega}\cdot L_s & f_{Mq} \\ 0 & 0 & 0 & 1 & f_{Tq} \\ \hdashline 0 & 0 & 0 & 0 & 1 \end{array}\right] \tag{3.51}$$

mit $\omega = L_s \cdot \sqrt{S/EI}$ Druckkennzahl des Stabfeldes

Im Unterschied zur linearen Statik sind die Matrixkoeffizienten nicht konstant, sondern stellen transzendente Funktionen der Stabdruckkraft S dar.

Werden auch die Längsdehnungsanteile einbezogen, wird die Feldmatrix des druckbeanspruchten eben wirkenden Stabfeldes nach Elastizitätstheorie II. Ordnung erhalten

$$\underline{F}_{s,s-1} = \left[\begin{array}{cccccc|c} 1 & 0 & 0 & 0 & 0 & \dfrac{L}{EA} & f_{uq} \\ 0 & 1 & \dfrac{\sin\omega}{\omega}\cdot L_s & -\dfrac{1-\cos\omega}{\omega^2}\cdot\dfrac{L_s^2}{EI} & -\dfrac{\omega-\sin\omega}{\omega^3}\cdot\dfrac{L_s^3}{EI} & 0 & f_{vq} \\ 0 & 0 & \cos\omega & -\dfrac{\sin\omega}{\omega}\cdot\dfrac{L_s}{EI} & -\dfrac{1-\cos\omega}{\omega^2}\cdot\dfrac{L_s^2}{EI} & 0 & f_{\varphi q} \\ 0 & 0 & \dfrac{EI}{L_s}\cdot\omega\sin\omega & \cos\omega & \dfrac{\sin\omega}{\omega}\cdot L_s & 0 & f_{Mq} \\ 0 & 0 & 0 & 0 & 1 & 0 & f_{Tq} \\ 0 & 0 & 0 & 0 & 0 & 1 & f_{Nq} \\ \hline 0 & 0 & 0 & 0 & 0 & 0 & 1 \end{array}\right] \tag{3.52}$$

Soll die Wirkung der Druckkraft vernachlässigbar sein, dann führt der Grenzwert $S \to 0$ zur statischen Feldmatrix nach Theorie I. Ordnung gemäß Gl. (3.10).

Die Querbelastung wird über die partikuläre Lösung der Gl. (2.165) mit den Komponenten f_{iq} des Lastvektors erfaßt. Sie werden als transzendente Funktionen der Druckkennzahl ω erhalten und hängen dadurch implizit von der Druckkraft S ab. Die Lastgrößen für einige häufig vorkommende Belastungen sind in Tab. 3.7 zusammengefaßt.

Tabelle 3.7 Lastgrößen bei Elastizitätstheorie II. Ordnung

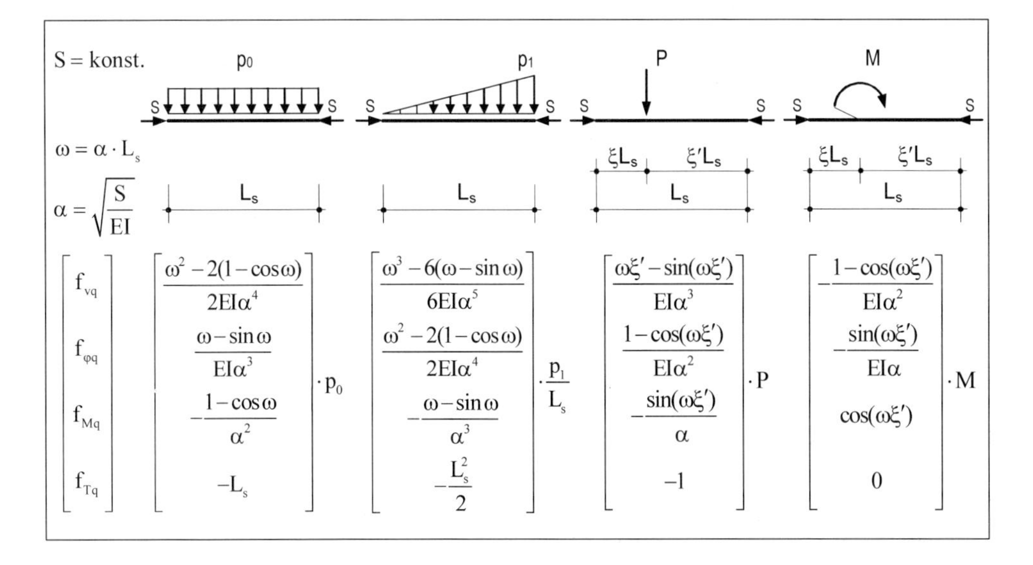

Statische Lösung nach Theorie II. Ordnung unter Gebrauchslasten. Die Formulierung der Gleichgewichtsbedingungen in der verformten Systemkonfiguration bewirkt eine mehr oder weniger ausgeprägte nichtlineare Abhängigkeit zwischen der Lastintensität, der Schnittkraftverteilung und dem Deformationszustand. Die Druckkraft ist einerseits ein wesentlicher Einflußfaktor für den zu bestimmenden Schnittkraftzustand; andererseits stellt sie, als Bestandteil ebendiesen Zustands, eine noch unbekannte Zustandsgröße dar. Dieser „Teufelskreis" der geometrisch nichtlinearen Beziehungen macht den iterativen Lösungsweg meistens unumgänglich.

Der Rechenablauf stellt eine mehrfache Wiederholung des in Abschn. 3.1 vorgestellten Rechenschemas dar. Zu Beginn wird das System nach Theorie I. Ordnung (0. Schritt) berechnet und damit die Anfangsnäherung $S^{[0]}$ der Druckkräfte erhalten. Der 1. Iterationsschritt nach Theorie II. Ordnung fängt mit $S^{[0]}$ als Eingangsgrößen an. Die Feldmatrizen werden dann gemäß Gl. (3.51) bzw. (3.52) belegt, auf diese Weise wird der steifigkeitsmindernden Wirkung der Druckkräfte Rechnung getragen. Der 1. Iterationsschritt liefert neue Zustandsgrößen und damit eine verbesserte Näherung $S^{[1]}$ der Druckkräfte. Diese dienen als Eingangsgrößen für den 2. Iterationsschritt usw. Die Iteration wird abgebrochen, wenn die vorgegebenen Genauigkeitskriterien erfüllt werden.

Der Iterationsprozeß ist bei sinnvoll dimensionierten Tragsystemen unter Gebrauchslasten in der Regel schnell konvergent. Erscheinungen wie eine verlangsamte Konvergenz mit u.U. oszillierenden Ergebnissen sind Vorboten des labilen Gleichgewichtszustands; die Divergenz stellt ein eindeutiges Instabilitätssymptom dar.

Der Kräftefluß im Bogen von Bild 3.45 ist durch Druck- und Biegebeanspruchung gekennzeichnet. Die Druckkräfte sind einerseits unbekannt und andererseits vom Verschiebungszustand abhängig. Es liegt eine (schwach) nichtlineare Abhängigkeit zwischen dem Druckkraftzustand und der Biegedeformation vor. Die Lösung nach Theorie II. Ordnung gelingt nur iterativ nach dem erläuterten Schema.

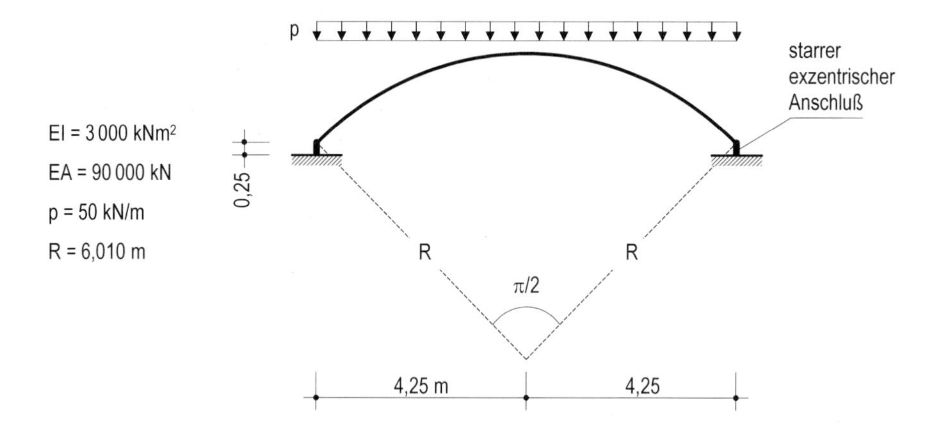

Bild 3.45 Symmetrischer Kreisbogen unter vertikaler Linienlast p = konst.

Die Iteration läßt sich bei Theorie II. Ordnung nur dann umgehen, wenn eine Entkopplung der Druckkräfte von den restlichen Schnittkräften vorhanden ist. Als Beispiel soll die Stütze in Bild

3.46 dienen. Die Struktur sowie die aus unabhängigen Längs- und Querlasten bestehende Belastung führen dazu, daß die Druckkräfte in den zwei Abschnitten unabhängig vom Biegezustand bleiben. Dieses System wird auch nach Theorie II. Ordnung in einem Schritt berechnet, weil die Druckkräfte erstens bekannt sind und zweitens keiner iterativen Präzisierung bedürfen.

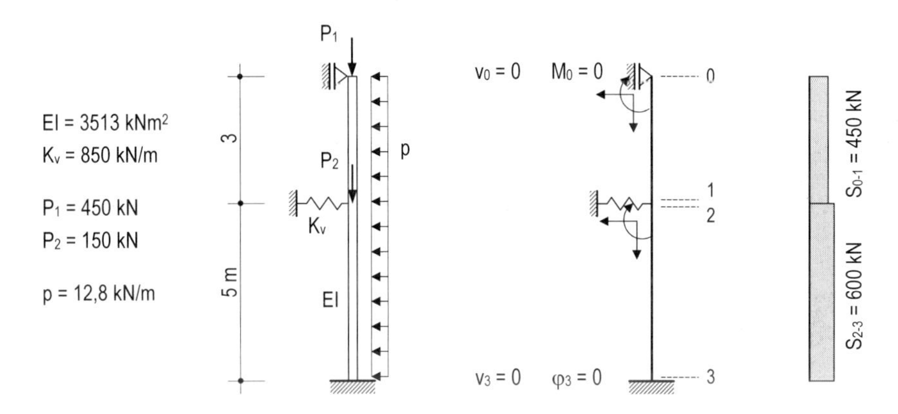

Bild 3.46 Zweigeschossige Stütze unter Druck- und Biegebeanspruchung: Statisches System, Rechenmodell, Druckkräfte

Gleichgewichtsverzweigung. Die Gleichgewichtsverzweigung stellt aus mathematischer Sicht ein Eigenwertproblem dar. Die Koeffizienten der Matrix $\underline{A}$, siehe Gl. (3.30), sind implizit vom Druckkraftzustand abhängig. Die Bedingungsgleichung für die Gleichgewichtsverzweigung ist

$$\det|\underline{A}(\underline{S})| = 0 \tag{3.53}$$

Bei der geometrisch nichtlinearen Theorie ist die Proportionalität zwischen den Lasten P und den Druckkräften S nicht mehr vorhanden. Die strenge Bestimmung der ersten nichttrivialen Lösung der transzendenten Gl. (3.53) – des kritischen Druckkraftzustands S_k – erfordert ein iteratives Vorgehen im Rahmen einer inkrementalen Laststeigerung. Eine für praktische Belange brauchbare Näherungslösung S_{ki} liefert die linearisierte Verzweigungsuntersuchung. Sie setzt ein linear elastisches Stoffverhalten voraus und führt folgende vereinfachende Annahmen ein:

- *Affine Laststeigerung:* die Lastkomponenten P werden linear proportional gesteigert; sie sind durch den Laststeigerungsfaktor ν gegenüber den Lasten im stabilen Gebrauchslastenzustand P_G bestimmt; für den kritischen Lastzustand gilt

$$P = \nu_{ki} \cdot P_G \tag{3.54a}$$

mit ν_{ki} Knicksicherheitsbeiwert (Verzweigungslastfaktor)

- *Linearisierung:* die nichtlinearen Anteile der Last-Druckkraft-Abhängigkeit werden ignoriert; die Druckkraftverteilung bleibt demzufolge unveränderlich während der Laststeigerung; im kritischen Lastzustand P_{ki} sind die Druckkräfte S_{ki} affin zu denen des stabilen Gebrauchslastzustands (P_G, S_G); aus Gl. (3.54a) folgt dann

$$S_{ki} = \nu_{ki} \cdot S_G \tag{3.54b}$$

Bei der linearisierten Untersuchung der Gleichgewichtsverzweigung wird die Bedingungsgleichung (3.53) in

$$\det|\underline{A}(\nu\cdot\underline{S}_G)|=0 \tag{3.55}$$

überführt. Die Nullstelle der Determinante entspricht dem Knicksicherheitsbeiwert ν_{ki}.

Ausgangspunkt für die Lösung der transzendenten Gl. (3.55) ist die Bestimmung der Druckkräfte (S_G) im stabilen Gebrauchslastzustand aus einer vorgezogenen Berechnung nach Theorie I. Ordnung ($S_G = S_I$), oder besser – nach Theorie II. Ordnung ($S_G = S_{II}$). Der Faktor ν wird dann sukzessiv gesteigert bis zur Lokalisierung und Einkreisung der ersten Determinantennullstelle mit gewünschter Genauigkeit. Der Lösungsweg ist analog zur Eigenkreisfrequenzermittlung, siehe Abschn. 3.3. Mit Kenntnis des Eigenwerts ν_{ki} läßt sich die zugehörige Eigenform (Knickform) bestimmen, auch hier wird wie bei der Ermittlung der Eigenschwingungsform verfahren.

Beispiel 3.10 Das System von Bild 3.46 wird unter Gebrauchslasten nach Elastizitätstheorie II. Ordnung berechnet, anschließend wird die Verzweigungslastintensität ermittelt.

Das Berechnungsmodell besteht aus den Feldern (0-1), (2-3) und der Übergangsstelle (1-2) mit der linear elastischen Federstützung. Die Druckkräfte, siehe Bild 3.46, sind abschnittsweise konstant; sie führen im Gebrauchslastzustand zu den Druckkennzahlen $\omega_{0-1} = 1{,}0737$, $\omega_{0-1} = 2{,}0663$. Die Aufbereitung der ω-abhängigen Feldmatrizen $\underline{F}_{1,0}$ und $\underline{F}_{3,2}$ erfolgt gemäß Gl. (3.51), der Übergang wird mit Hilfe der Punktmatrix $\underline{F}_{2,1}$ nach Gl. (3.16) erfaßt. Die Entkopplung von S_{0-1} und S_{2-3} von den restlichen Schnittkräften gestattet eine Ein-Schritt-Berechnung ohne Iteration. Der Anfangsvektor $\underline{x}_0$ und die Zustandsvektoren $\underline{z}_i$ können dem Rechenschema in Bild 3.48 entnommen werden.

Die Auswertung der Zustandsfunktionen erfolgt mit Hilfe der Beziehungen nach Gl. (2.166). In Bild 3.47 sind die Biegelinie v_{II} und die Momentenfunktion M_{II} dargestellt, zum Vergleich sind auch die Ergebnisse nach Theorie I. Ordnung (v_I, M_I) angegeben.

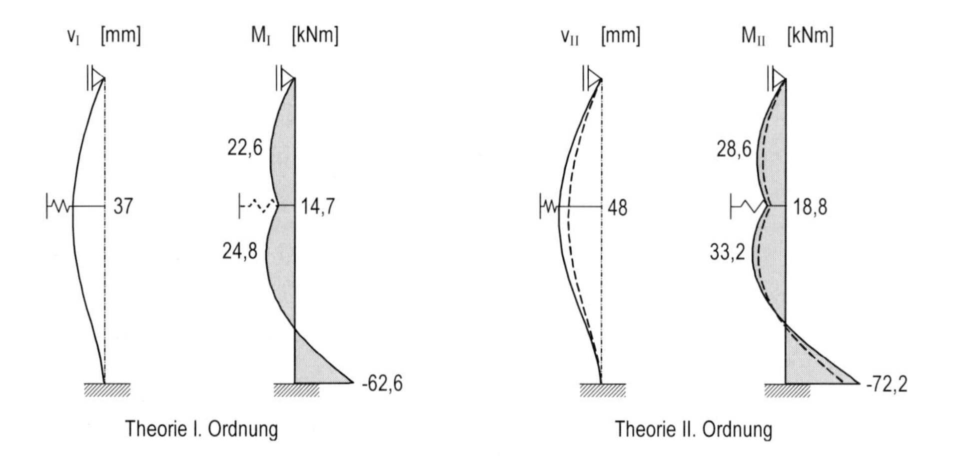

Bild 3.47 Biegelinie und Momentenfunktion nach Theorie I. und II. Ordnung

								$\underline{x}_0$
								2,3077E-02
								1,8577E+01
								1

MODALMATRIX $\underline{R}_0$

			$\underline{z}_0$
0	0	0	0,00000
1	0	0	0,02308
0	0	0	0,00
0	1	0	18,58
0	0	1	1

FELDMATRIX $\underline{F}_{1,0}$

								$\underline{z}_1$
1	2,456E+00	-1,162E-03	-1,209E-03	1,183E-02	2,46E+00	-1,21E-03	1,18E-02	0,04605
0	4,769E-01	-6,990E-04	-1,162E-03	1,548E-02	4,77E-01	-1,16E-03	1,55E-02	0,00489
0	1,105E+03	4,769E-01	2,456E+00	-5,228E+01	1,11E+03	2,46E+00	-5,23E+01	18,85
0	0	0	1	-3,840E+01	0,00E+00	1,00E+00	-3,84E+01	-19,82
0	0	0	0	1	0	0	1	1

PUNKTMATRIX $\underline{F}_{2,1}$

								$\underline{z}_2$
1	0	0	0	0	2,46E+00	-1,21E-03	1,18E-02	0,04605
0	1	0	0	0	4,77E-01	-1,16E-03	1,55E-02	0,00489
0	0	1	0	0	1,11E+03	2,46E+00	-5,23E+01	18,85
850	0	0	1	0	2,09E+03	-2,77E-02	-2,83E+01	19,32
0	0	0	0	1	0	0	1	1

FELDMATRIX $\underline{F}_{3,2}$

								$\underline{z}_3$
1	2,129E+00	-2,459E-03	-4,785E-03	8,236E-02	-9,24E+00	-9,59E-03	3,91E-01	0,00000
0	-4,755E-01	-6,059E-04	-2,459E-03	6,125E-02	-6,03E+00	-8,67E-04	1,55E-01	0,00000
0	1,277E+03	-4,755E-01	2,129E+00	-1,106E+02	4,53E+03	-2,71E+00	-1,26E+02	-72,18
0	0	0	1	-6,400E+01	2,09E+03	-2,77E-02	-9,23E+01	-44,68
0	0	0	0	1	0	0	1	1

MODALMATRIX $\underline{R}_3$					$\underline{A}$		$\underline{b}$
1	0	0	0	0	-9,24E+00	-9,59E-03	-3,91E-01
0	1	0	0	0	-6,03E+00	-8,67E-04	-1,55E-01

Bild 3.48 Zweigeschossige Stütze – Rechenschema nach Theorie II. Ordnung

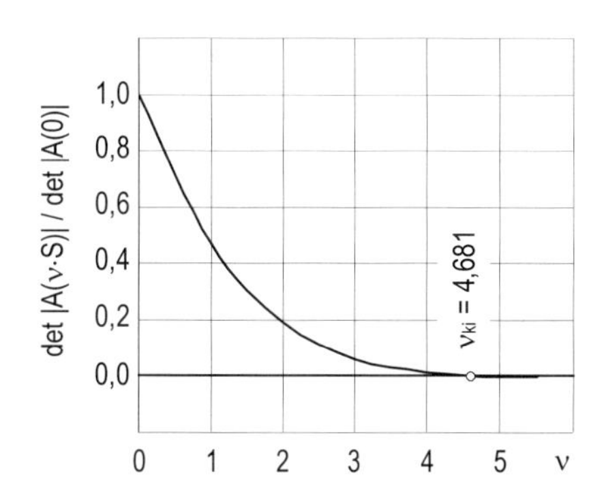

Bild 3.49 Determinantenfunktion

Bei der linearisierten Untersuchung der Gleichgewichtsverzweigung werden die Druckkräfte des Gebrauchslastzustands

$$S_{0\text{-}1} = 450 \text{ kN} \qquad S_{2\text{-}3} = 600 \text{ kN}$$

mit dem Faktor ν proportional gesteigert. In jedem Schritt werden mit den Druckkennzahlen

$$\omega_{0-1} = 1{,}0737\sqrt{\nu} \quad \text{bzw.} \quad \omega_{2-3} = 2{,}0663\sqrt{\nu}$$

die Feldmatrizen neu aufgestellt und die Koeffizientenmatrix $\underline{A}(\nu\underline{S})$ berechnet. Die affine Laststeigerung führt zum in Bild 3.49 angegebenen normierten Determinantenverlauf mit dem Knicksicherheitsfaktor $\nu_{ki} = 4{,}681$ als Nullstelle.

Die zugehörige Koeffizientenmatrix ist singulär und nunmehr vom Rang 2–1 = 1

$$\underline{A}(\nu_{ki}\cdot \underline{S})\cdot \underline{x}_0 = \begin{bmatrix} -9{,}2847\cdot 10^{-1} & -8{,}9326\cdot 10^{-4} \\ 4{,}2385\cdot 10^{-1} & 4{,}0778\cdot 10^{-4} \end{bmatrix} \cdot \begin{bmatrix} \varphi_0 = 1 \\ T_0 \end{bmatrix} = \underline{0} \quad \rightarrow \quad \underline{x}_0 = \begin{bmatrix} 1 \\ -1039{,}4 \end{bmatrix}$$

Der einen Anfangsvariablen wird ein nichttrivialer Wert vorgeschrieben, z.B. $\varphi_0 = 1$, die Lösung des rangreduzierten Gleichungssystems liefert $T_0 = -1039{,}4$. Anschließend werden wie üblich die Zustandsvektoren $\underline{z}_i$ berechnet sowie die Verschiebungsfunktion $v(x_1)$ ausgewertet, Sie stellt die zu $\nu_{ki} = 4{,}681$ gehörige Knickform, links in Bild 3.50, dar. Die Tatsache, daß die Stütze über die gesamte Höhe ausweicht, ist darauf zurückzuführen, daß die Stützfeder zu weich ist im Verhältnis zur bezogenen Biegesteifigkeit EI/L der Stütze.

Die wiederholte Berechnung mit einer doppelt so großen Federkonstante (K_v = 1700 kN/m) führt erwartungsgemäß zu einem höheren Knicksicherheitsbeiwert ($\nu_{ki} = 5{,}922$). Die zugehörige Knickform, rechts in Bild 3.50, deutet auf eine Verbesserung des Tragverhaltens hin: die Stütze weicht nicht mehr über die gesamte Höhe, sondern abschnittsweise aus; die Knicklänge ist wesentlich kleiner.

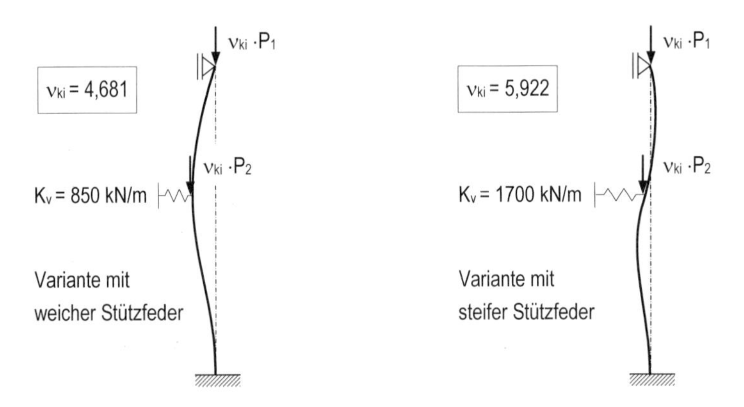

Bild 3.50 Knicksicherheitsfaktoren und Knickformen

Beispiel 3.11 Der Kreisbogen von Bild 3.45 wird unter Gebrauchslasten nach Elastizitätstheorie II. Ordnung berechnet. Anschließend werden die Verzweigungslast und die Knickform des Bogens ermittelt.

• *Rechenmodell* Die stetige Bogengeometrie wird durch ein reguläres Polygon aus geraden Abschnitten angenähert, siehe Bild 3.51. Um den Approximationsfehler in Grenzen zu halten, wird eine enge Teilung in zehn Abschnitte vorgenommen. Die Zentralwinkelschrittweite beträgt $\pi/20 = 9°$, die Abschnittslänge ergibt sich zu $L_s = 2R\cdot\sin 4{,}5°$, die Neigungswinkel γ der zehn Abschnitte sind nachfolgend zusammengestellt.

Feld	1-2	3-4	5-6	7-8	9-10	11-12	13-14	15-16	17-18	19-20
γ	–40,5°	–31,5°	–22,5°	–13,5°	–4,5°	+4,5°	+13,5°	+22,5°	+31,5°	+40,5°

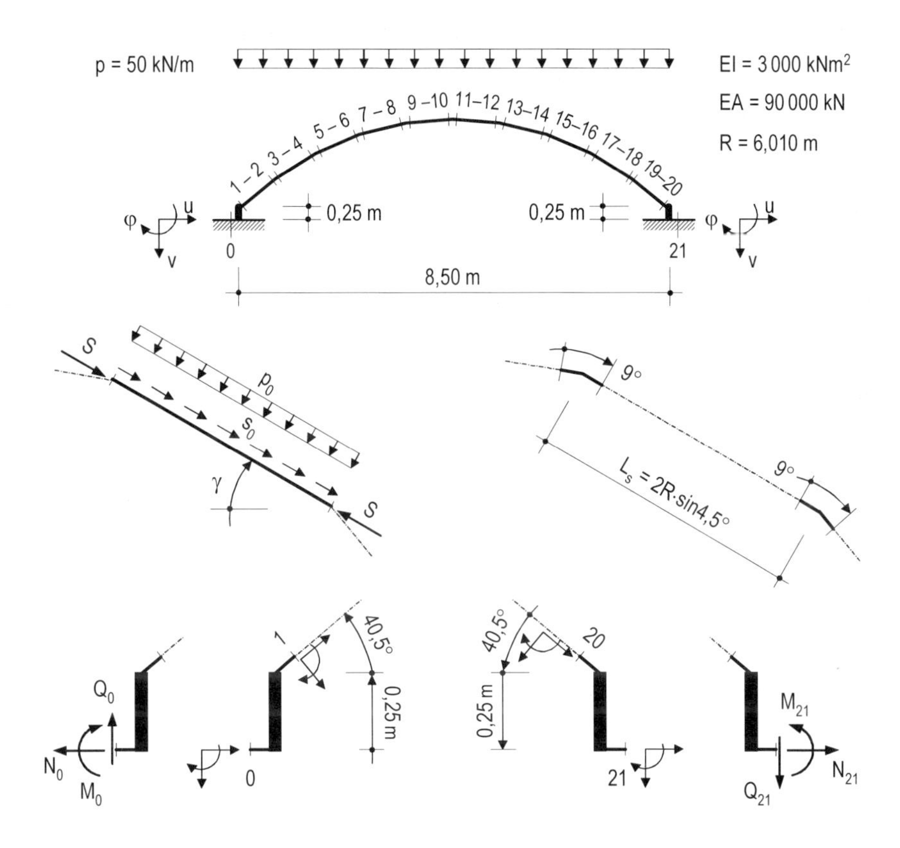

Bild 3.51 Rechenmodell und Details – Stababschnitt, Knickstellen, exzentrischer Anschluß

Für den Stabanfang (0) und das Stabende (21) wird als Bezugssystem u(→)-v(↓)-φ(↻) festgelegt. Die unbekannten Anfangsvariablen sind M_0, Q_0 und N_0. Am Stabende gilt $u_{21} = 0$, $v_{21} = 0$, $\varphi_{21} = 0$. Die (7×4)-Modalmatrix $\underline{R}_0$ und die (3×7)-Modalmatrix $\underline{R}_{21}$ werden diesen Randbedingungen entsprechend belegt, siehe Abschn. 3.1.5.

Der Übertragungsprozeß im polygonalen Modell stellt größtenteils eine alternierende Sequenz aus Feld- und Punktmatrizen dar: je eine Feldmatrix für die zehn Abschnitte, je eine Punktmatrix für die neun Knickstellen dazwischen.

Die Knickstellen werden mittels der Punktmatrizen $\underline{F}_{3,2}$, $\underline{F}_{5,4}$ ... $\underline{F}_{19,18}$ gemäß Gl. (3.20) erfaßt. Der Koordinatentransformationswinkel (Knickwinkel) ist stets $\alpha(s) = 9°$.

Die Feldmatrizen ($\underline{F}_{2,1}$, $\underline{F}_{4,3}$ ... $\underline{F}_{20,19}$) werden im Laufe der Iteration gemäß Gl. (3.52) nach Theorie II. Ordnung aufbereitet, nur im 0. Iterationsschritt werden sie nach Theorie I. Ordnung gemäß Gl. (3.10) gebildet. Die Lastgrößen f_{iq} werden abschnittsweise für die neigungsabhängigen Komponenten s_0 und p_0 der Linienlast p = 50 kN/m aufbereitet, siehe Tabellen 3.1, 3.2, 3.7. Die Axiallast im Abschnitt ist $s_0 = \cos\gamma \cdot \sin\gamma \cdot p$, die Querlast beträgt $p_0 = \cos^2\gamma \cdot p$.

Die Modellierung der Auflagerbereiche stellt eine gewisse Besonderheit dar. Die Übertragung am Stabanfang im Sinne der Reduktionsmethode ist eine Kombination aus Koordinatentransformation (Knick) und exzentrischer Kopplung, siehe Detail unten in Bild 3.51. Die Übertragungsmatrix $\underline{F}_{1,0}$ wird als Produkt aus zwei Punktmatrizen erhalten, dabei ist die Reihenfolge zu beachten. Die Indizes der Matrix bedeuten „Reduktion von (1) auf (0)“, d.h., auf dem Weg von (1) nach (0) wird erst der Knick und dann die Exzentrizität überbrückt.

$$\underline{F}_{1,0} = \begin{bmatrix} \text{Punktmatrix} \\ \text{für} \\ \text{Knick} \\ \text{nach Gl. (3.20)} \end{bmatrix} \cdot \begin{bmatrix} \text{Punktmatrix} \\ \text{für} \\ \text{Exzentrizität} \\ \text{nach Gl. (3.22)} \end{bmatrix} = \left[\begin{array}{cccccc|c} c & s & -cL_y & 0 & 0 & 0 & 0 \\ -s & c & sL_y & 0 & 0 & 0 & 0 \\ 0 & 0 & 1 & 0 & 0 & 0 & 0 \\ 0 & 0 & 0 & 1 & 0 & -L_y & 0 \\ 0 & 0 & 0 & 0 & c & -s & 0 \\ 0 & 0 & 0 & 0 & s & c & 0 \\ \hline 0 & 0 & 0 & 0 & 0 & 0 & 1 \end{array}\right]$$

mit $c = \cos(-40{,}5°)$, $s = \sin(-40{,}5°)$, $L_y = -0{,}25$ m

Die Reduktion „von (21) auf (20)“ am Stabende wird analog behandelt, nur die Reihenfolge des Produktes ist umgekehrt, die Übertragungsmatrix ist

$$\underline{F}_{21,20} = \begin{bmatrix} \text{Punktmatrix} \\ \text{für} \\ \text{Exzentrizität} \\ \text{nach Gl. (3.22)} \end{bmatrix} \cdot \begin{bmatrix} \text{Punktmatrix} \\ \text{für} \\ \text{Knick} \\ \text{nach Gl. (3.20)} \end{bmatrix} = \left[\begin{array}{cccccc|c} c & s & -L_y & 0 & 0 & 0 & 0 \\ -s & c & 0 & 0 & 0 & 0 & 0 \\ 0 & 0 & 1 & 0 & 0 & 0 & 0 \\ 0 & 0 & 0 & 1 & -sL_y & -cL_y & 0 \\ 0 & 0 & 0 & 0 & c & -s & 0 \\ 0 & 0 & 0 & 0 & s & c & 0 \\ \hline 0 & 0 & 0 & 0 & 0 & 0 & 1 \end{array}\right]$$

mit $c = \cos(-40{,}5°)$, $s = \sin(-40{,}5°)$, $L_y = +0{,}25$ m

• *Lösung nach Elastizitätstheorie II. Ordnung* Die iterative Lösung ist eine zyklische Wiederholung des Rechenschemas mit laufender Aktualisierung des Zustandsgrößen. Da der Normalkraftverlauf veränderlich ist, werden die ω-Kennzahlen der einzelnen Abschnitte aus einer mittleren Druckkraft im Abschnitt bestimmt. Im ersten Gang wird die Lösung nach Elastizitätstheorie I. Ordnung mit $S^{[0]} = 0$ und $\omega^{[0]} = 0$ durchgeführt (0. Iteration). Für jeden Abschnitt werden dann die mittlere Druckkraft $S^{[1]}$ und die zugehörige Kennzahl $\omega^{[1]}$ bereitgestellt

$$S^{[1]} = EA \cdot (u_{s-1} - u_s) / L_s \qquad \omega^{[1]} = L_s \cdot \sqrt{S^{[1]} / EI}$$

mit u_{s-1}, u_s Längsverschiebungen der Abschnittsränder

Sie dienen als Eingangsdaten für den 1. Iterationsschritt nach Theorie II. Ordnung. Die Werte der Druckkräfte $S^{[i]}$ und Druckkennzahlen $\omega^{[i]}$ werden analog vor jedem weiteren Iterationsschritt (i = 2, 3, ...) neu berechnet und aktualisiert.

Der Zyklus wird abgebrochen wenn festgestellt wird, daß die weitere Iteration zu keiner substantiellen Veränderung des Zustands führt. Als globaler Indikator für den Abbruch der Iteration kann die Änderung des Determinantenwertes der Matrix $\underline{A}(\underline{S})$ dienen.

Einige ausgewählte Ergebnisse der iterativen Lösung nach Elastizitätstheorie II. Ordnung sind nachfolgend zusammengestellt. Die Druckkräfte sind aufgrund der Symmetrie nur für das halbe System angegeben. Als Vergleichsbasis für den Determinantenwert wird det$|\underline{A}(0)|$ festgelegt. Die Zahlenwerte belegen, daß nach dem 3. Iterationsschritt keine nennenswerte Präzisierung der Ergebnisse zu erwarten ist, die Iteration wird abgebrochen.

Tabelle 3.8 Druckkräfte, bezogener Determinantenwert

Theorie	Iterations-schritt [i]	Druckkraft im Abschnitt in [kN]						$\frac{\det \vert \underline{A}(\underline{S}) \vert}{\det \vert \underline{A}(\underline{0}) \vert}$
		$S^{[i]}$	1-2	3-4	5-6	7-8	9-10	
I. Ordnung	0	$S^{[0]}$	–	–	–	–	–	100 %
II. Ordnung	1	$S^{[1]}$	303,4	280,5	259,3	243,3	234,8	70,49 %
	2	$S^{[2]}$	307,5	285,0	264,3	248,5	240,1	70,02 %
	3	$S^{[3]}$	307,6	285,1	264,4	248,6	240,2	70,01 %

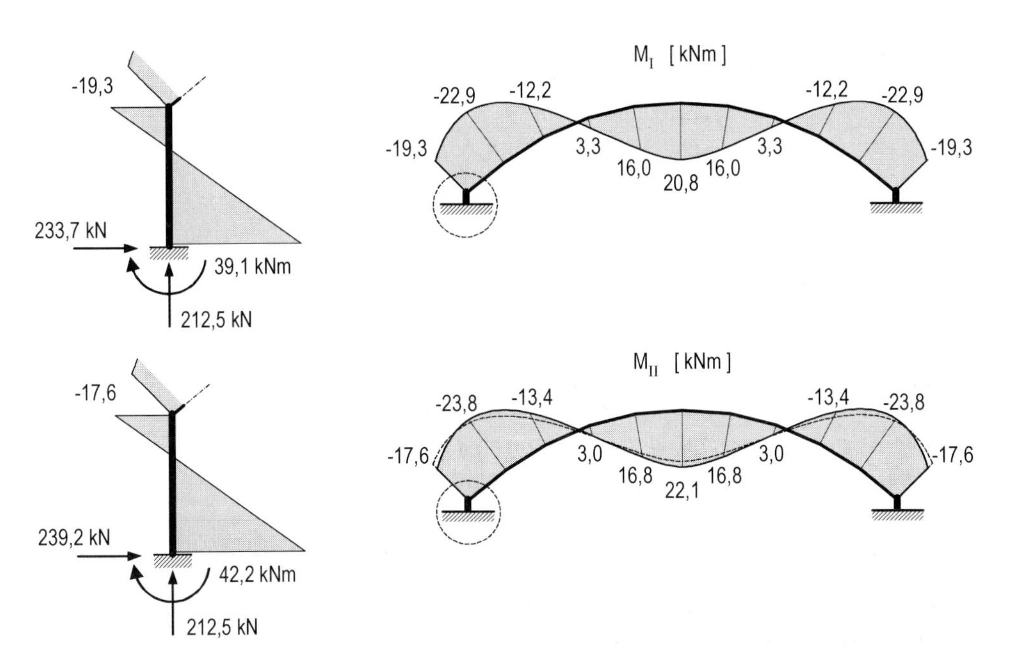

Bild 3.52 Biegemomente und Stützkräfte nach Elastizitätstheorie I. und II. Ordnung

• *Gleichgewichtsverzweigung* Die linearisierte Untersuchung der Gleichgewichtsverzweigung beginnt mit der Lösung des Systems unter Gebrauchslasten. Nach dem Rechengang nach Elastizitätstheorie I. Ordnung werden die mittleren Druckkräfte aller Abschnitte ermittelt. Im weiteren wird dieser Druckkraftzustand, siehe Zahlenwerte $S^{[1]}$ in Tabelle 3.8, als repräsentativ für den stabilen Grundzustand betrachtet

$$S_G = S^{[1]}$$

Als nächstes wird die affine Laststeigerung bis zur Lokalisierung und Bestimmung der ersten Nullstelle ν_{ki} von $\det|\underline{A}(\nu \cdot \underline{S}_G)|$ nach dem Schema vorgenommen:

(1) Vorgabe des Laststeigerungsfaktors ν

(2) Bereitstellen der Druckkennzahlen $\omega = L_s \cdot \sqrt{\nu \cdot S_G / EI}$ aller Abschnitte

(3) Aufstellen der Feldmatrizen nach Elastizitätstheorie II. Ordnung gemäß Gl. (3.52)

(4) Vorwärtsgang der Reduktionsmethode, Berechnung der Koeffizientenmatrix $\underline{A}(\nu \cdot \underline{S}_G)$

(5) Bestimmung des Determinantenwertes $\det|\underline{A}(\nu \cdot \underline{S}_G)|$

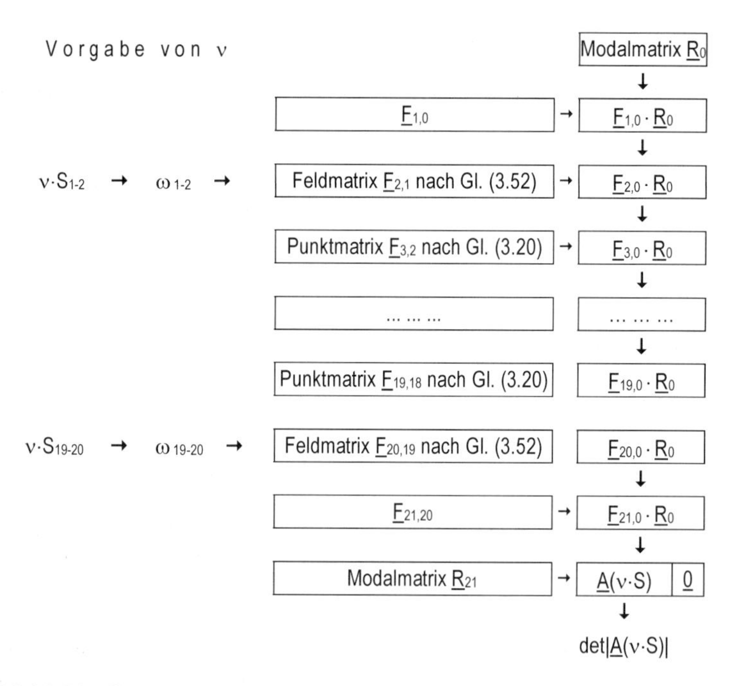

Bild 3.53 Rechenschema der linearisierten Verzweigungsuntersuchung

Mit dem Rechenschema wird der in Bild 3.54 dargestellte Determinantenverlauf mit dem Knicksicherheitsfaktor $\nu_{ki} = 11{,}02$ ermittelt. Die Verzweigungslast beträgt

$$p_{ki} = \nu_{ki} \cdot p = 551 \text{ kN/m}.$$

Die zugehörige Koeffizientenmatrix $\underline{A}(\nu_{ki} \cdot \underline{S}_G)$ ist singulär und vom Rang $3-1=2$. Mit der Vorgabe eines nichttrivialen Wertes für eine der Anfangsgrößen, z.B. $M_0 = 1$, wird das homogene Gleichungssystem

$$\underline{A}(\nu_{ki} \cdot \underline{S}) \cdot \underline{x}_0 = \begin{bmatrix} 8{,}175 \cdot 10^{-6} & 7{,}090 \cdot 10^{-5} & -5{,}326 \cdot 10^{-4} \\ -3{,}238 \cdot 10^{-4} & -2{,}756 \cdot 10^{-3} & -7{,}637 \cdot 10^{-5} \\ -4{,}533 \cdot 10^{-5} & -3{,}532 \cdot 10^{-4} & -1{,}071 \cdot 10^{-5} \end{bmatrix} \cdot \begin{bmatrix} M_0 = 1 \\ T_0 \\ N_0 \end{bmatrix} = \underline{0}$$

in ein rangreduziertes inhomogenes überführt

$$\begin{bmatrix} -2{,}756 \cdot 10^{-3} & -7{,}637 \cdot 10^{-5} \\ -3{,}532 \cdot 10^{-4} & -1{,}071 \cdot 10^{-5} \end{bmatrix} \cdot \begin{bmatrix} T_0 \\ N_0 \end{bmatrix} - \begin{bmatrix} 3{,}238 \cdot 10^{-4} \\ 4{,}533 \cdot 10^{-5} \end{bmatrix} = \underline{0}$$

aus dessen Lösung die restlichen Komponenten des Anfangsvektors $\underline{x}_0$ erhalten werden

$$\underline{x}_0 = \begin{bmatrix} M_0 \\ T_0 \\ N_0 \end{bmatrix} = \begin{bmatrix} 1 \\ -1{,}283 \cdot 10^{-1} \\ -1{,}728 \cdot 10^{-3} \end{bmatrix}$$

Die anschließend im Vorwärtsgang berechneten Verschiebungen der Punkte 1 ... 20 führen zu der in Bild 3.54 dargestellten antimetrischen Knickform.

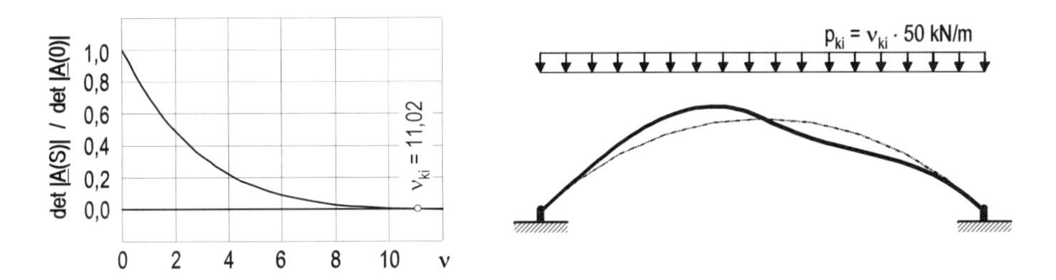

Bild 3.54 Determinantenfunktion, Knicksicherheitsfaktor, Knickform

Die Verzweigungslast p_{ki} stellt eine Näherung (obere Schranke) derjenigen Last dar, die zum Stabilitätsversagen führt. Ihr Wert hängt vom Druckkraftverlauf $\underline{S}_G$ im Grundzustand ab. Eine gewisse Präzisierung von p_{ki} kann durch die Wahl des Grundzustands erzielt werden.

Der oben geschilderten Untersuchung wurden die Druckkräfte $\underline{S}^{[1]}$ zugrunde gelegt, die aus der linear elastischen Lösung resultieren. Der nach Elastizitätstheorie II. Ordnung ermittelte Druckkraftzustand liefert eine zutreffendere Ausgangsposition.

Werden z.B. die iterativ „verbesserten“ Druckkräfte $\underline{S}_G = \underline{S}^{[2]}$ als Basis genommen, siehe Zahlenwerte in Tabelle 3.8, dann wird als Knicksicherheitsfaktor der niedrigere Wert $\nu_{ki} = 10{,}81$ erhalten. Die „verbesserte“ (nichtlineare) Verzweigungslast liegt damit um 2% niedriger und beträgt $p_{ki} = 540{,}5$ kN/m.

3.4.2 Anmerkungen zur physikalisch nichtlinearen Statik

Mit der Einführung geeigneter Materialmodelle ist die Reduktionsmethode auch auf physikalisch nichtlineare Probleme übertragbar. Nachfolgend wird die Anwendung des Verfahrens für druckbeanspruchte Biegestäbe mit nichtlinearem Stoffverhalten skizziert.

Das linear elastische Materialverhalten führt im Zusammenhang mit der kinematischen Hypothese von *Bernoulli/Navier* zur Entkopplung der geometrischen und stofflichen Parameter. Die einaxiale Spannungs-Dehnungs-Abhängigkeit wird durch einen konstanten Materialkennwert (E) erfaßt, die Spannungsintegration wird durch die Querschnittswertberechnung (I) substituiert und die Analyse wird auf der Makroebene der Schnittkräfte und Verschiebungen geführt. Sind die Druckkraft S und die Biegesteifigkeit EI zumindest abschnittsweise konstant, wird die differentiale Formulierung nach Elastizitätstheorie II. Ordnung erhalten

$$EI \cdot v^{IV}(x_1) + S \cdot v''(x_1) = p(x_1) \tag{3.56}$$

Die Lösung dieser linearen Differentialgleichung 4. Ordnung, siehe Abschn. 2.3.3, bildet die mathematische Basis der Reduktionsmethode.

Die realitätsnahe Simulation des Tragverhaltens verlangt oft die Inanspruchnahme nichtlinearer Materialmodelle. Die einaxiale Spannungs-Dehnungs-Abhängigkeit von Baustoffen wie Mauerwerk und Beton läßt sich nicht durch einen konstanten Materialparameter erfassen. Darüber hinaus führt die geringe Zugfestigkeit zur Rißbildung, die ihrerseits Systemmodifikationen und Spannungsumlagerungen einleitet.

Beide Phänomene – das nichtlineare Materialverhalten und die Spannungsrestriktionen – haben eine veränderliche Biegesteifigkeit $B(x_1,v)$ zur Folge, die zudem zustandsabhängig ist. Eine lineare differentiale Formulierung wie die elastizitätstheoretische Gl. (3.56) ist nicht möglich. Die kennzeichnende Differentialgleichung

$$\left(B(x_1, v) \cdot v''(x_1)\right)'' + S \cdot v''(x_1) = p(x_1) \tag{3.57}$$

ist nichtlinear und eine geschlossene Lösung scheidet aus. Prinzipiell gibt es zwei Lösungswege, beide sind iterativ und bedürfen eines einaxialen Materialmodells. Die Spannungsberechnung ist unumgänglich, da die Biegesteifigkeit spannungsabhängig ist und die Analyse nicht mehr ausschließlich auf der Ebene der Schnittkräfte geführt werden kann.

Eine Möglichkeit das Problem zu lösen besteht darin, die Differentialgleichung 4. Ordnung (3.57) in ein statisch äquivalentes Differentialgleichungssystem 1. Ordnung mit veränderlichen Koeffizienten umzuwandeln, siehe Abschn. 2.3.4. Die Übertragungsmatrix wird durch numerische Integration des Differentialgleichungssystems erhalten und in das Rechenschema der Reduktionsmethode eingebunden. Der Vorgang wird iteriert, die spannungsabhängigen Koeffizienten des Differentialgleichungssystems werden nach jedem Iterationsschritt neu bestimmt.

Die alternative Lösung gelingt mittels der abschnittsweisen Linearisierung der Differentialgleichung (3.57). Der Stab wird im Rahmen eines diskreten Rechenmodells als ein Gefüge aus kleinen Abschnitten endlicher Länge modelliert, siehe [81], [82]. Für jeden Abschnitt wird eine gemittelte Biegesteifigkeit B_s = konst. angesetzt. Die nichtlineare Gl. (3.57) wird damit in die abschnittsweise lineare Differentialgleichung

$$B_s \cdot v^{IV}(x_1) + S_s \cdot v''(x_1) = p(x_1) \tag{3.58}$$

überführt, deren Lösung mit der von Gl. (3.56) identisch ist. Für die Berechnung nach der Reduktionsmethode können Feldmatrizen nach Gl. (3.51) und Lastgrößen gemäß Tab. 3.7 angewendet werden, das Produkt (EI) ist dabei formal durch B_s zu ersetzen.

Die Vorteile des zweiten Vorgehens sind: die Algorithmen des elastizitätstheoretischen Rechenschemas werden unverandert angewendet; die Genauigkeit läßt sich durch den Grad der Diskretisierung steuern; die numerische Integration wird umgangen. Der Rechenzeitmehraufwand bei höherer Diskretisierungsdichte spielt keine bedeutende Rolle beim gegenwärtigen Stand der Computertechnik.

Das Hauptanliegen der Iteration ist die fortlaufende Präzisierung der mittleren Biegesteifigkeit B_s als Eingangsparameter. Die Systemlösung nach der Reduktionsmethode ist nur ein Element der Iterationsprozedur, siehe Bild 3.55. Sie schließt außerdem die Bestimmung des Spannungs- und Verzerrungszustands sowie die fortlaufende Aktualisierung der Parameter ein.

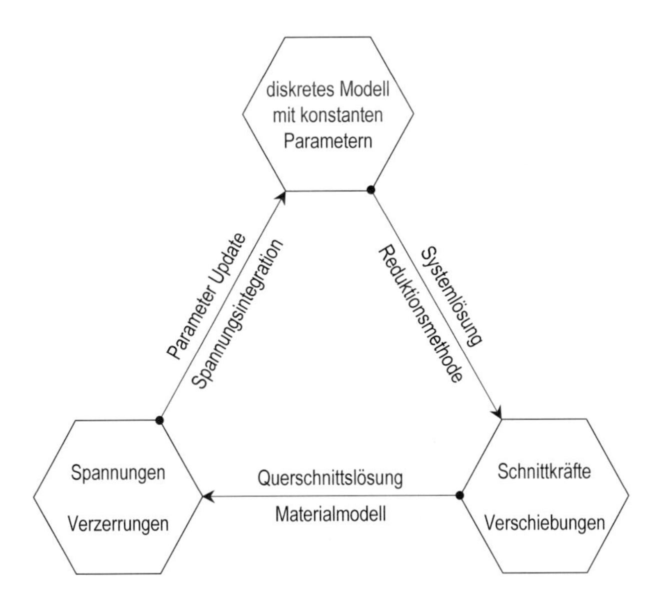

Bild 3.55 Schema der Iterationsprozedur

Systemlösung. Mit jedem Iterationsschritt (i) wird eine präzisere Näherung des tatsächlichen Schnittkraft- und Verschiebungszustands nach der Reduktionsmethode bestimmt. Als Eingangsparameter der Feldmatrizen dienen die zuletzt ermittelten Werte der mittleren Biegesteifigkeit $B_s^{[i]}$. Für den 0. Iterationsschritt wird $B_s^{[0]} = E_0 I$ angesetzt, mit $E_0 = \sigma'(0)$ – Anfangsmodul der Spannungs-Dehnungs-Funktion. Ansonsten bleibt der Algorithmus wie bei der linear elastischen Lösung nach Theorie II. Ordnung.

Nach der Ermittlung der Biegemomente werden auch die Krümmungen $K^{[i]} = M / B_s^{[i]}$ berechnet. Sie werden bei der Bestimmung des Verzerrungszustands benötigt.

Querschnittslösung. Mit den errechneten Schnittkräften und den Krümmungen $K^{[i]}$ werden durch das Stoffgesetz und die kinematische Hypothese von *Bernoulli/Navier* die Verzerrungen und die Spannungen in den entsprechenden Querschnitten ermittelt. Außerdem wird die physikalische Verträglichkeit der Verzerrungen überprüft und eventuell eingetretene Rißbildung erfaßt. Dieser Teil der Analyse erfordert ein adäquates einaxiales Materialmodell.

Für Baustoffe mit vernachlässigbarer Zugfestigkeit wie Mauerwerk und Beton hat sich ein Spannungsansatz bewährt, der die Arbeitslinie des Materials realitätstreu approximiert und darüber hinaus den Vorteil besitzt, explizit integrierbar zu sein, siehe [81]. Die Ansatzfunktion für den Druckbereich ($\varepsilon = 0 \ldots \varepsilon_u$) ist

$$\frac{\sigma(\varepsilon)}{f} = c\frac{\varepsilon}{\varepsilon_f} - (c-1)\cdot\left(\frac{\varepsilon}{\varepsilon_f}\right)^n \qquad (3.59)$$

mit f Druckfestigkeit
ε_f zugehörige Dehnung
ε_u Grenzwert der physikalisch möglichen Dehnung (Bruchdehnung $\varepsilon_u \geq \varepsilon_f$)
c, n Ansatzparameter $(1 \leq c)$, $(1 \leq n \leq 1/(c-1))$

Die Druckfestigkeit und die charakteristischen Werte der Dehnung sind experimentell bestimmbare Materialkennwerte. Die Ansatzparameter (c, n) werden im Vergleich der Ansatzfunktion mit experimentell ermittelten σ-ε-Abhängigkeiten durch Kalibrierung festgelegt.

Parameter Update. Der Gleichgewichtszustand ist dadurch gekennzeichnet, daß das Integral $\int \sigma\, z\, dA$ gleich dem Biegemoment M ist, siehe Bild 3.56. Solange dieser Zustand nicht erreicht ist, werden die Normalspannungen im Querschnitt $\sigma^{[i]}$ eine Näherung der tatsächlichen sein und zum Spannungsintegral $\int \sigma^{[i]} z\, dA$ führen, das dem Gleichgewicht nicht streng genügt. Dies ist auf das nichtlineare Materialverhalten zurückzuführen sowie auf den Umstand, daß die als Eingangsparameter dienende Biegesteifigkeit $B_s^{[i]}$ nur ein Näherungswert ist.

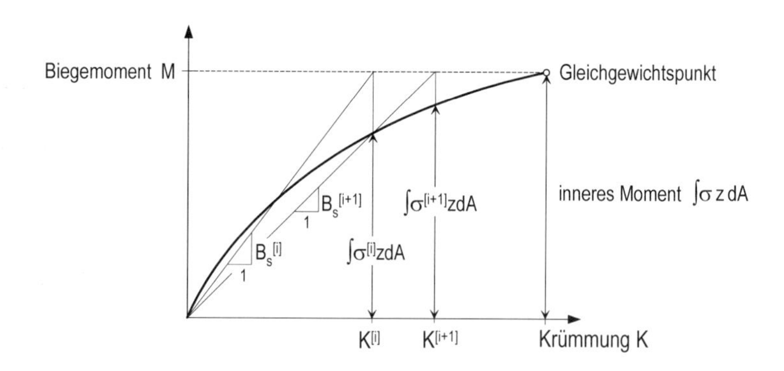

Bild 3.56 Präzisierung der Biegesteifigkeit – Sekanten-Iteration

Das im Iterationsschritt [i] berechnete Spannungsintegral dient dazu, eine präzisere Näherung $B_s^{[i+1]} = (\int \sigma^{[i]} zdA) / K^{[i]}$ der mittleren Biegesteifigkeit zu bestimmen, die als Eingangsparameter für den nächsten Iterationsschritt [i+1] eingeht.

Als Illustration des Vorgehens werden Ergebnisse der Untersuchung einer Mauerwerkskellerwand gezeigt, siehe Bild 3.57. Sie steht unter der Wirkung der außermittigen Auflast am Wandkopf. Die Eigenlast führt zu einem veränderlichen Druckkraftverlauf. Die Querbelastung im aufgeschütteten Endzustand entsteht aus dem seitlichen Erddruck und der Verkehrslast. Die geringe Zugfestigkeit des Baustoffs wird vernachlässigt, das Materialverhalten im Druckbereich ist nichtlinear, die Spannungs-Dehnungs-Funktion hat einen kubischen Verlauf.

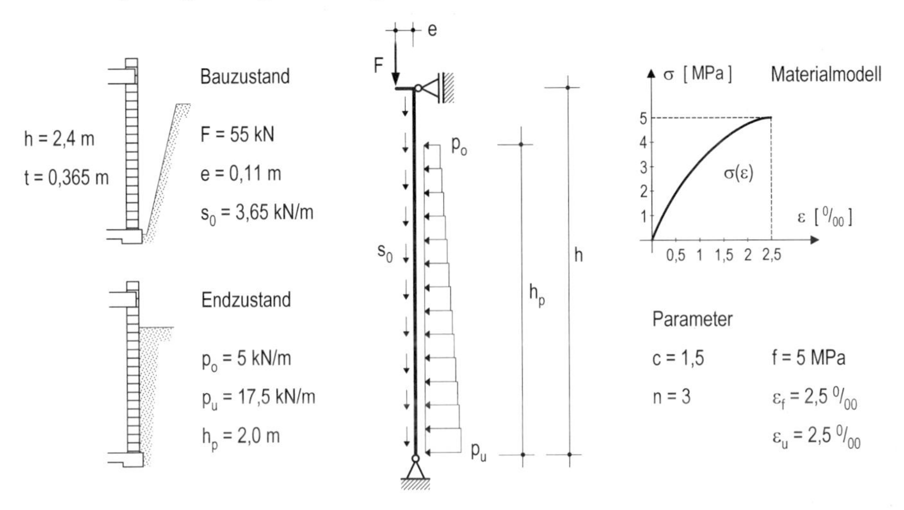

Bild 3.57 Statisches System und Belastung, nichtlineares Materialmodell

Für die numerische Simulation wird eine Teilung in 20 Abschnitte vorgenommen und die Berechnung für einen 1 m breiten Wandstreifen durchgeführt. Zwei Lastzustände werden untersucht: der Bauzustand ohne und der Endzustand mit Querbelastung. Die Unterschiede im Tragverhalten sind anhand der Ergebnisse in den Bildern 3.58 und 3.59 erkennbar.

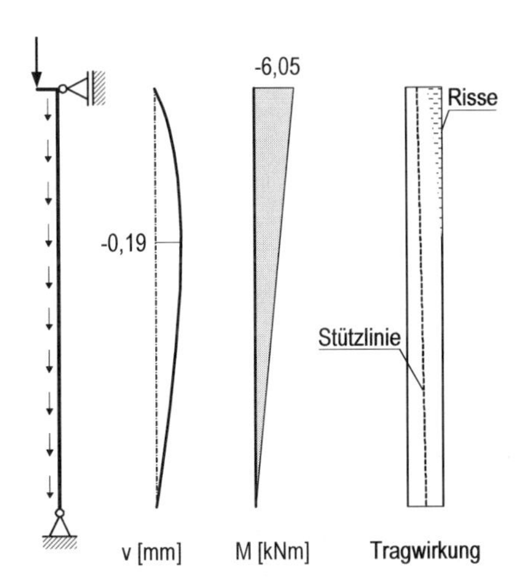

Bild 3.58 Tragverhalten im Bauzustand

Bauzustand. Die Wand steht unter Druck mit veränderlicher Intensität. Die Biegemomente sind vorwiegend auf die Lastexzentrizität zurückzuführen, der Einfluß der Verformung ist relativ gering. Der Momentenverlauf ist sehr schwach nichtlinear.

Am Wandkopf sind ca. 62% des Querschnitts überdrückt, der Rest ist unwirksam. Die Risse an der Außenseite nehmen im oberen Drittel der Wand progressiv ab.

Der Verlauf des Verhältnisses M/N ist quasi linear und deutet auf eine Stützlinienwirkung hin.

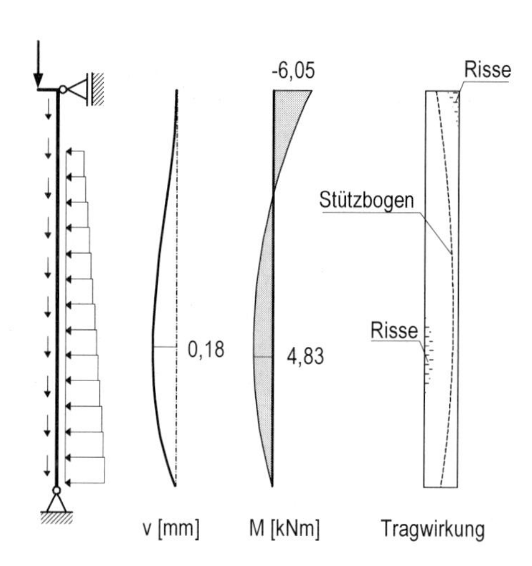

Bild 3.59 Tragverhalten im Endzustand

Endzustand. Die Querlast führt zu einem qualitativ anderen Tragverhalten. Der Momentenverlauf ist veränderlich. Die Krümmung der Biegelinie wechselt das Vorzeichen.

Die Wand steht in weiten Bereichen voll unter Druck. Die Rißbildung ist schwach und bleibt auf zwei relativ kleine Zonen beschränkt – an der Innenseite im unteren Teil der Wand und an der Außenseite am Wandkopf.

Der Verlauf des Verhältnisses M/N ist nichtlinear und läßt eine Stützbogen-Tragwirkung im Endzustand erkennen.

4 Deformationsmethode – Statik und Kinetik

4.1 Methodische Grundlagen

Die algorithmische Basis der meisten Statik-Programme ist die Deformationsmethode. Die Bezeichnungen (verallgemeinertes) Weggrößenverfahren, Steifigkeitsmethode, Formänderungsgrößenmethode, Verschiebungsgrößenmethode oder die englischsprachigen Begriffe *displacement method* bzw. *matrix stiffness method* sind Synonyme bzw. weisen auf den gleichartigen algorithmischen Ansatz hin. Große Akzeptanz und breite Anwendung der Deformationsmethode werden ursächlich durch die hervorragenden Möglichkeiten einer computergerechten Darstellung in Matrizenform erreicht.

Als Geburtsstunde der Deformationsmethode wird die Veröffentlichung von *A. Ostenfeld* [63] aus dem Jahr 1926 allgemein anerkannt. Wenig später erschienen fast zeitgleich Veröffentlichungen von *L. Mann* [43] und *K. Beyer* [12] mit ähnlich richtungsweisendem Charakter.

Das Lösen eines großen (linearen algebraischen) Gleichungssystems erwies sich zunächst als Hemmnis und viele Aktivitäten waren auf die Reduzierung der Größe des zu lösenden Gleichungssystems gerichtet. Mit der Entwicklung und Nutzung programmgesteuerter Rechenautomaten begann eine Expansion numerisch orientierter Modelle und Methoden. Mitte des vergangenen Jahrhunderts führten gewaltige Forschungsaktivitäten weltweit zur Entwicklung der Methode der Finiten Elemente (FEM). Die Wegbereiter der FEM wie *M. Turner*, *R. Clough*, *J. Argyris*, *R. Gallagher* und *O. Zienkiewicz* konnten schon programmgesteuerte Rechenautomaten einsetzen. In unmittelbarem Zusammenhang mit der rasanten Entwicklung der Rechentechnik stehen Fortentwicklung, Adaption und Anwendung der FEM. Das Konzept der Deformationsmethode findet sich bei der Auswertung der Knotengleichgewichtsbedingungen in der Verschiebungsform der FEM wider.

Das algorithmische Grundkonzept der Deformationsmethode ist im linearen statischen Fall als ein Geradeaus-Algorithmus mit vier Schritten grob charakterisiert.

1. Modellbildung – Definieren von Knoten und Elementen (Diskretisierung), Querschnitten, Rand- und Übergangsbedingungen und Koordinatensystemen
2. Aufstellen der Steifigkeitsbeziehungen und Belastungsgrößen für die Elemente
3. Auswertung der Gleichgewichtsbedingungen an den Knoten und Aufbau eines linearen algebraischen Gleichungssystems für alle unbekannten Deformationsgrößen (Verschiebungen) in einem globalen Koordinatensystem
4. Berechnung der Zustandsgrößen (Verschiebungen, Verzerrungen, Schnittkräfte, Spannungen, ...) an allen auszuwählenden Tragwerkspunkten

Viele praktische Aufgaben sind nur mit geometrisch und/oder physikalisch nichtlinearen Modellen zutreffend beschreibbar. Auf der Basis des Grundkonzepts können linearisierte statische und dynamische Aufgaben numerisch untersucht werden.

4.1.1 Modellbildung und Diskretisierung

Die Wahl eines Berechnungsmodells und die Diskretisierung (mathematisch-mechanische Approximation) bestimmen wesentlich Genauigkeit und Realitätsnähe einer (computergestützten) Tragwerksanalyse. Die Modellierung eines Tragwerkes führt auf ein (statisches) System mit n_K Knoten und n_E Elementen (Stab-, Flächen- oder Volumenelemente). Die Festlegung eines globalen Koordinatensystems $\underline{\tilde{x}}$ erleichtert die Addition der Vektorkomponenten.

Anzahl und Art der Komponenten des Verschiebungsvektors $\underline{v}$ eines Knotens i werden spezifisch für ein Tragwerk gewählt. In den Bildern 4.1 bis 4.5 sind dazu einige Beispiele gezeigt.

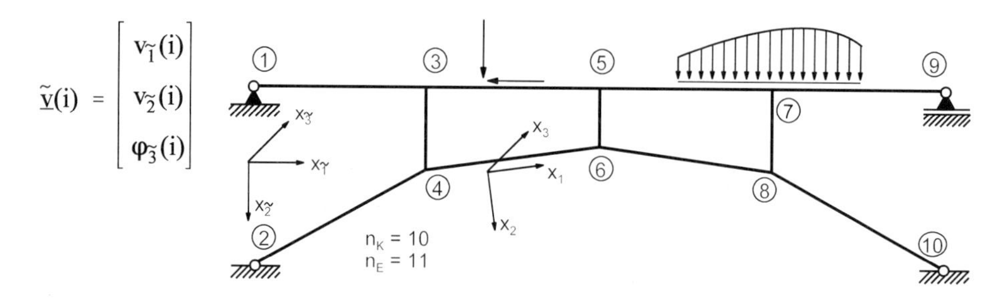

Bild 4.1 Stabtragwerk (eben wirkend)

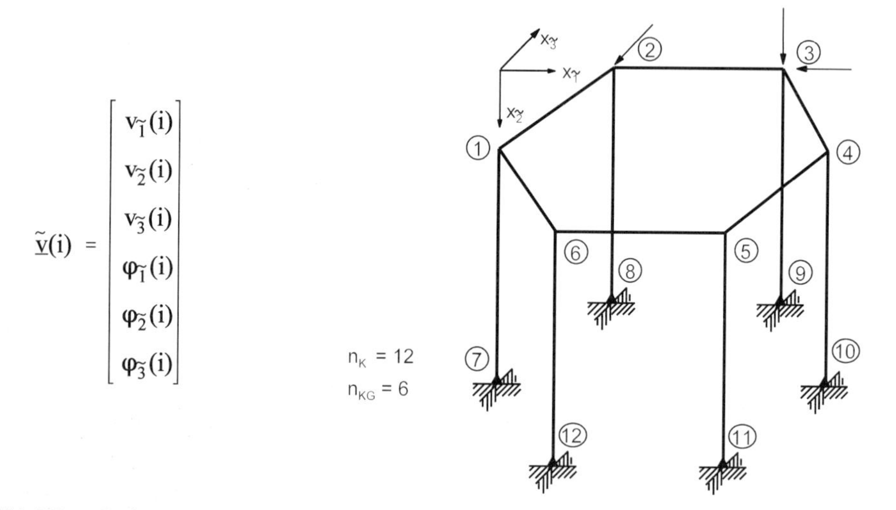

Bild 4.2 Stabtragwerk (räumlich wirkend)

Sonderfälle der Stabtragwerksmodelle sind eben und räumlich wirkende Fachwerke mit zwei und drei Translationsverschiebungen der Fachwerkknoten. Ideale Fachwerke sind Tragwerksmodelle mit Lasteintragung in den Knoten und ausschließlicher Längskraftwirkung (Zug- und Druckkräfte) in den Stäben. Eine Modellierung von Seilen als Fachwerkstäbe vernachlässigt u.a. die Wirkung des Seildurchhanges. Ein weiterer Sonderfall ist das Modell eines Trägerrostes mit drei Knotenverschiebungen (eine Translations-, zwei Rotationsverschiebungskomponenten). Das Trägerrostmodell besitzt die Knotenverschiebungsfreiheitsgrade einer Platte.

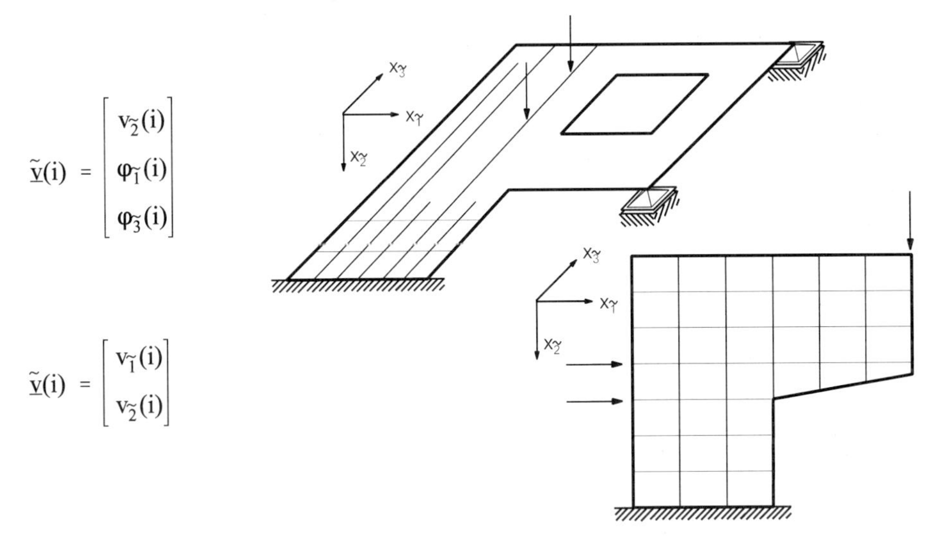

Bild 4.3 Eben wirkende Flächentragwerke (Platte und Scheibe)

Die Zusammenfassung von Platten- und Scheibenverschiebungen führt zu einem Faltwerkmodell mit fünf Knotenverschiebungen. Kinematische Verträglichkeit an den Faltwerkkanten wird oft mit einem sechsten Freiheitsgrad hergestellt.

$$\underline{\tilde{v}}(i) = \begin{bmatrix} v_{\tilde{1}}(i) \\ v_{\tilde{2}}(i) \\ v_{\tilde{3}}(i) \\ \varphi_{\tilde{1}}(i) \\ \varphi_{\tilde{2}}(i) \\ \varphi_{\tilde{3}}(i) \end{bmatrix}$$

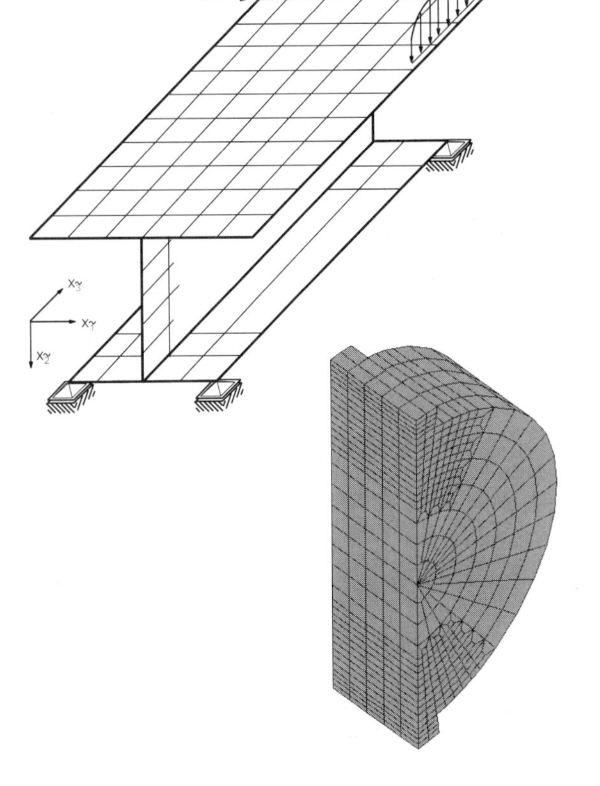

Bild 4.4 Falttragwerk

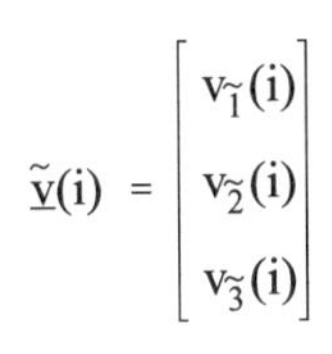

Bild 4.5 Körper

Die Verschiebungsvektoren aller Knoten $i = 1 \ldots n_K$ werden im Vektor $\underline{\tilde{v}}$ zusammengefaßt. Einzelne Komponenten des Knotenverschiebungsvektors können vorgeschrieben werden. Wird zwischen Knoten mit bekannten und unbekannten Deformationskomponenten unterschieden, ist eine Reduktion des zugeordneten linearen algebraischen Gleichungssystems möglich.

$$\underline{\tilde{v}} = \begin{bmatrix} \underline{\tilde{v}}(1) \\ \underline{\tilde{v}}(2) \\ \underline{\tilde{v}}(3) \\ . \\ . \\ \underline{\tilde{v}}(n_K) \end{bmatrix}$$

Knoten mit bekannten Knotenverschiebungskomponenten gleich null sind Stützknoten, die Anzahl ist n_R. Sie können aus dem aufzustellenden Gleichungssystem eliminiert werden und es verbleiben dann noch $n_{KG} = (n_K - n_R)$ Knoten mit unbekannten Knotenverschiebungen.

Auf diese Elimination kann verzichtet werden, wenn eine vergleichsweise sehr große Steifigkeit für die entsprechende Richtung der Stützung vorgegeben wird. Nach Lösung des Gleichungssystems folgen für die zugeordneten Knotenverschiebungen sehr kleine Werte. In Abschn. 4.1.3 wird die Einarbeitung von Randbedingungen ausführlicher beschrieben.

Den Verschiebungskomponenten der Knoten sind Verschiebungs- und Kraftkomponenten der Elemente zugeordnet, die in Vektoren zusammengefaßt werden. Beim eben wirkenden Stab sind das die Verschiebungen $\underline{v}$(ik) und $\underline{v}$(ki) und die Kräfte $\underline{F}$(ik) und $\underline{F}$(ki) der Ränder (ik) und (ki).

$$\underline{\tilde{v}}(ik) = \begin{bmatrix} v_{\tilde{1}}(ik) \\ v_{\tilde{2}}(ik) \\ \varphi_{\tilde{3}}(ik) \end{bmatrix} \quad \underline{\tilde{v}}(ki) = \begin{bmatrix} v_{\tilde{1}}(ki) \\ v_{\tilde{2}}(ki) \\ \varphi_{\tilde{3}}(ki) \end{bmatrix} \quad \underline{\tilde{F}}(ik) = \begin{bmatrix} F_{\tilde{1}}(ik) \\ F_{\tilde{2}}(ik) \\ M_{\tilde{3}}(ik) \end{bmatrix} \quad \underline{\tilde{F}}(ki) = \begin{bmatrix} F_{\tilde{1}}(ki) \\ F_{\tilde{2}}(ki) \\ M_{\tilde{3}}(ki) \end{bmatrix}$$

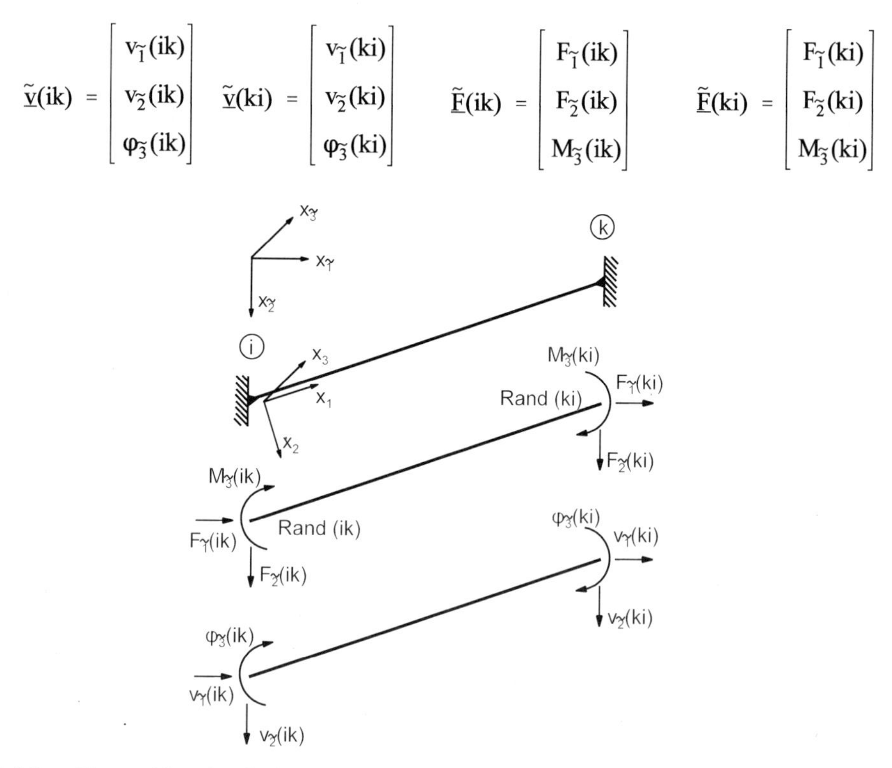

Bild 4.6 Eben wirkender Stab, Randschnittkräfte und Randverschiebungen im globalen Koordinatensystem

Die Schnittkräfte und Verschiebungen an den Rändern und in den Stäben werden in einem lokalen Koordinatensystem $\underline{x} = (x_1, x_2, x_3)$ beschrieben. Die Transformation der Randverschiebungen $\underline{v}(ik)$ von einem lokalen Koordinatensystem $\underline{x}$ in das globale Koordinatensystem $\tilde{\underline{x}}$ ist in Bild 4.7 skizziert.

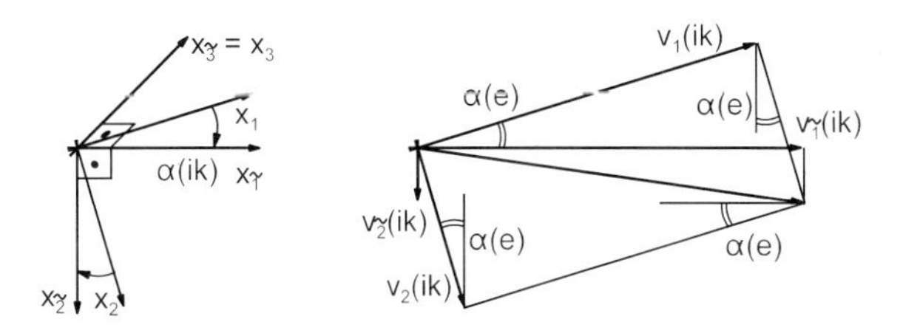

Bild 4.7 Randverschiebungen im lokalen und globalen Koordinatensystem

Der Transformationswinkel $\alpha(ik)$ stellt den Zusammenhang zwischen den Randverschiebungen im lokalen und im globalen Koordinatensystem her. Es gilt

$$v_{\tilde{1}}(ik) = \cos\alpha(ik)\cdot v_1(ik) + \sin\alpha(ik)\cdot v_2(ik) + 0\cdot\varphi_3(ik)$$

$$v_{\tilde{2}}(ik) = -\sin\alpha(ik)\cdot v_1(ik) + \cos\alpha(ik)\cdot v_2(ik) + 0\cdot\varphi_3(ik)$$

$$\varphi_{\tilde{3}}(ik) = 0\cdot v_1(ik) + 0\cdot v_2(ik) + 1\cdot\varphi_3(ik)$$

Für den eben wirkenden Stab e mit gerader Stabachse gibt es nur einen Winkel $\alpha(ik) = \alpha(e)$. Zusammengefaßt ist die Koordinatentransformation für die Randverschiebungen des Stabes e

$$\tilde{\underline{v}}(ik) = \underline{T}(e)\cdot\underline{v}(ik), \quad \tilde{\underline{v}}(ki) = \underline{T}(e)\cdot\underline{v}(ki) \tag{4.1}$$

und für die Randschnittkräfte des Stabes e

$$\tilde{\underline{F}}(ik) = \underline{T}(e)\cdot\underline{F}(ik), \quad \tilde{\underline{F}}(ki) = \underline{T}(e)\cdot\underline{F}(ki) \tag{4.2}$$

mit der Transformationsmatrix $\underline{T}(e)$ für eben wirkende Stabtragwerke

$$\underline{T}(e) = \begin{bmatrix} \cos\alpha(e) & \sin\alpha(e) & 0 \\ -\sin\alpha(e) & \cos\alpha(e) & 0 \\ 0 & 0 & 1 \end{bmatrix} \tag{4.3a}$$

Der räumlich wirkende Stab mit kompaktem Querschnitt hat sechs Translations- und Rotationsverschiebungskomponenten, siehe Bild 4.8. Die Transformationsmatrix $\underline{T}(e)$ für räumlich wirkende Stabtragwerke mit gerader Stabachse wird mit der Submatrix $\underline{T}_0(e)$ gebildet. Jedes Element von $\underline{T}_0(e)$ ist der zugehörige Richtungscosinus. Die Elemente können auch mit Hilfe der drei *Euler*schen Winkel ermittelt werden, siehe [59].

$$\underline{T}(e) = \begin{bmatrix} \underline{T}_0 & \underline{0} \\ \underline{0} & \underline{T}_0 \end{bmatrix} \qquad \underline{T}_0 = \begin{bmatrix} \cos\xi_{\tilde{1}1} & \cos\xi_{\tilde{1}2} & \cos\xi_{\tilde{1}3} \\ \cos\xi_{\tilde{2}1} & \cos\xi_{\tilde{2}2} & \cos\xi_{\tilde{2}3} \\ \cos\xi_{\tilde{3}1} & \cos\xi_{\tilde{3}2} & \cos\xi_{\tilde{3}3} \end{bmatrix} \tag{4.3b}$$

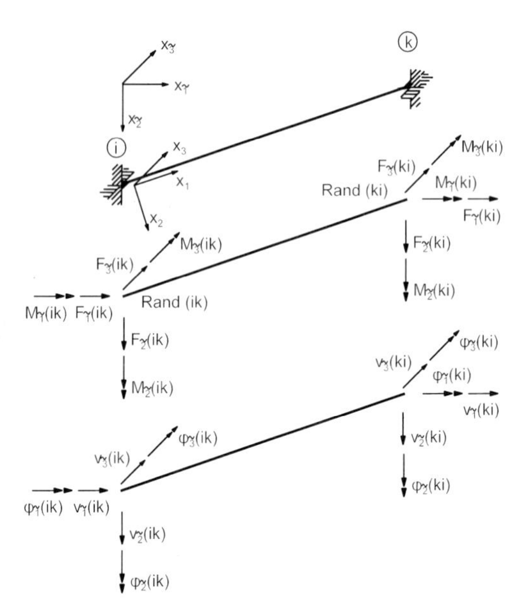

Bild 4.8 Räumlich wirkender Stab, Randverschiebungen und Randschnittkräfte im globalen Koordinatensystem

Für die Rücktransformation – die inverse Aufgabe – gilt

$$\underline{F}(ik) = \underline{T}(e)^{-1} \cdot \underline{\tilde{F}}(ik), \quad \underline{F}(ki) = \underline{T}(e)^{-1} \cdot \underline{\tilde{F}}(ki) \tag{4.4}$$

$$\underline{v}(ik) = \underline{T}(e)^{-1} \cdot \underline{\tilde{v}}(ik), \quad \underline{v}(ki) = \underline{T}(e)^{-1} \cdot \underline{\tilde{v}}(ki) \tag{4.5}$$

Wegen der Orthogonalität der Transformationsmatrix $\underline{T}(e)$ ist die inverse gleich der transponierten Matrix, $\underline{T}(e)^{-1} = \underline{T}(e)^{T}$.

4.1.2 Elementbeziehungen

Die Elementbeziehungen werden zunächst für ein Stabelement eingeführt. Im lokalen Koordinatensystem $\underline{x}$ lauten die Abhängigkeiten der Randschnittkräfte $\underline{F}(ik)$ und $\underline{F}(ki)$ von den Randverschiebungen $\underline{v}(ik)$ und $\underline{v}(ki)$

$$\underline{F}(ik) = \mathring{\underline{F}}(ik) + \underline{K}(ik,ik) \cdot \underline{v}(ik) + \underline{K}(ik,ki) \cdot \underline{v}(ki) \tag{4.6}$$

$$\underline{F}(ki) = \mathring{\underline{F}}(ki) + \underline{K}(ki,ik) \cdot \underline{v}(ik) + \underline{K}(ki,ki) \cdot \underline{v}(ki) \tag{4.7}$$

Werden die Randverschiebungen $\underline{v}(ik)$ und $\underline{v}(ki)$ im Vektor $\underline{v}(e)$ und die Randschnittkräfte $\underline{F}(ik)$ und $\underline{F}(ki)$ im Vektor $\underline{F}(e)$ zusammengefaßt, folgt

$$\underline{F}(e) = \mathring{\underline{F}}(e) + \underline{K}(e) \cdot \underline{v}(e) \tag{4.8}$$

Beim eben wirkenden Stab besteht die (6×6)-Steifigkeitsmatrix $\underline{K}(e)$ der Randschnittkraft-Randverschiebungs-(RSK-RV)-Abhängigkeiten aus den vier (3×3)-Submatrizen $\underline{K}(ik,ik)$, $\underline{K}(ik,ki)$,

$\underline{K}$(ki,ik) und $\underline{K}$(ki,ki). Die Vektoren der Randschnittkräfte des kinematisch bestimmt gelagerten Stabes $\overset{\circ}{\underline{F}}$(ik) und $\overset{\circ}{\underline{F}}$(ki) repräsentieren die Diskretisierung der Stabbelastung auf die Ränder (ik) und (ki), siehe Abschn. 4.2.1.

Beispiel 4.1 Für den eben wirkenden Stab mit konstantem Rechteckquerschnitt, siehe Bild 4.9, werden die Submatrizen der Elementsteifigkeitsmatrix unter Berücksichtigung der Querkraftgleitung (Stabtheorie nach *Timoshenko*) angegeben. Sie werden aus der Lösung der zugeordneten Differentialgleichung gewonnen, siehe Abschn. 2.3 und 4.2 oder auch [35], [71].

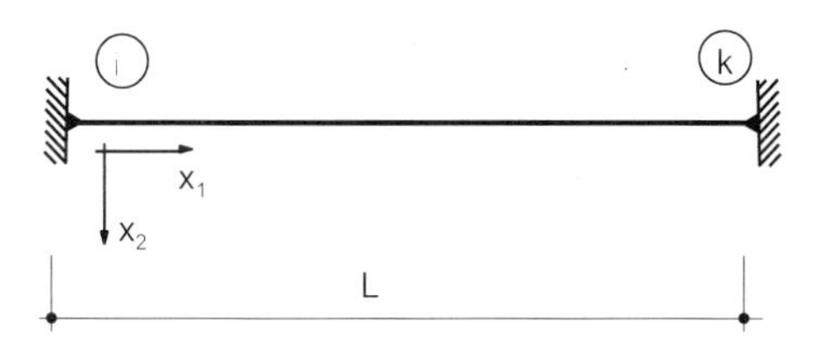

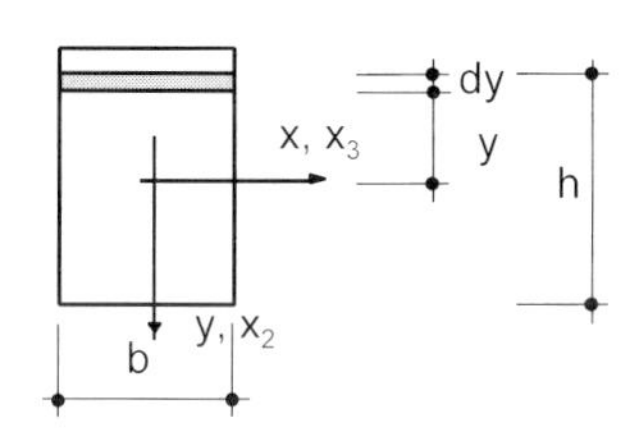

Bild 4.9 Eben wirkender Stab, Rechteckquerschnitt

Die vier Submatrizen der Elementsteifigkeitsmatrix $\underline{K}$(e) sind

$$\underline{K}(ik,ik) = \begin{bmatrix} \frac{EA}{L} & 0 & 0 \\ 0 & \frac{12EI}{(1+Q)\cdot L^3} & \frac{6EI}{(1+Q)\cdot L^2} \\ 0 & \frac{6EI}{(1+Q)\cdot L^2} & \frac{(4+Q)\cdot EI}{(1+Q)\cdot L} \end{bmatrix} \quad \underline{K}(ik,ki) = \begin{bmatrix} \frac{-EA}{L} & 0 & 0 \\ 0 & \frac{-12EI}{(1+Q)\cdot L^3} & \frac{6EI}{(1+Q)\cdot L^2} \\ 0 & \frac{-6EI}{(1+Q)\cdot L^2} & \frac{(2-Q)\cdot EI}{(1+Q)\cdot L} \end{bmatrix}$$

$$\underline{K}(ki,ik) = \begin{bmatrix} \frac{-EA}{L} & 0 & 0 \\ 0 & \frac{-12EI}{(1+Q)\cdot L^3} & \frac{-6EI}{(1+Q)\cdot L^2} \\ 0 & \frac{6EI}{(1+Q)\cdot L^2} & \frac{(2-Q)\cdot EI}{(1+Q)\cdot L} \end{bmatrix} \quad \underline{K}(ki,ki) = \begin{bmatrix} \frac{EA}{L} & 0 & 0 \\ 0 & \frac{12EI}{(1+Q)\cdot L^3} & \frac{-6EI}{(1+Q)\cdot L^2} \\ 0 & \frac{-6EI}{(1+Q)\cdot L^2} & \frac{(4+Q)\cdot EI}{(1+Q)\cdot L} \end{bmatrix}$$

mit dem Koeffizient $Q = \frac{12\cdot EI}{L^2\cdot G\cdot A_S}$, dem Schubmodul $G = \frac{E}{2\cdot(1+\nu)}$ und der Schubfläche $A_S = A / \kappa$, dem Schubkorrekturfaktor $\kappa = \frac{A}{I^2}\cdot\int\frac{(S_x(y))^2}{(b(y))^2}\cdot dA$ und der Querdehnzahl ν.

Für einen Rechteckquerschnitt gilt

$$dA = b\cdot dy \; ; \qquad A = b\cdot h \; ; \qquad I = \frac{b\cdot h^3}{12} \; ; \qquad S_x = \frac{b}{2}\cdot\left(\frac{h^2}{4} - y^2\right)$$

und

$$\kappa = \frac{b\cdot h}{\left(\frac{b\cdot h^3}{12}\right)^2}\cdot\int_{-\frac{h}{2}}^{\frac{h}{2}} \frac{b^2\cdot\left(\frac{h^2}{4}-y^2\right)^2}{4\cdot b^2}\cdot b\cdot dy = \frac{6}{5}$$

Die Randschnittkräfte des kinematisch bestimmt gelagerten Stabes mit einer Einzellast an beliebiger Stelle im Stab, siehe Bild 4.10, sind in den Gln. (4.9) bis (4.12) angegeben.

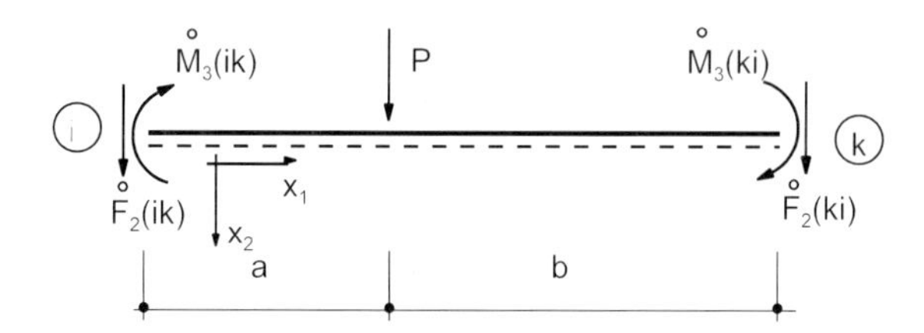

Bild 4.10 Eben wirkender Stab unter Einzellast

$$\overset{\circ}{M}_3(ik) = P\cdot a\cdot\left[\frac{2\cdot L\cdot a^2 + 3\cdot a\cdot b\cdot L - a\cdot L^2 + \frac{L^3\cdot Q}{2} + \frac{L^2\cdot Q\cdot a}{2}}{L^3\cdot(1+Q)} - 1\right] \tag{4.9}$$

$$\overset{\circ}{M}_3(ki) = -P\cdot a\cdot\left[\frac{-2\cdot L\cdot a^2 - 3\cdot a\cdot b\cdot L + 2\cdot a\cdot L^2 - \frac{L^3\cdot Q}{2} + \frac{L^2\cdot Q\cdot a}{2}}{L^3\cdot(1+Q)}\right] \tag{4.10}$$

$$\overset{\circ}{F}_2(ik) = -P\cdot\left[\frac{-4\cdot a^3 - 6\cdot a^2\cdot b + 3\cdot a^2\cdot L - L^2\cdot Q\cdot a}{L^3\cdot(1+Q)} + 1\right] \tag{4.11}$$

$$\overset{\circ}{F}_2(ki) = P\cdot\left[\frac{-4\cdot a^3 - 6\cdot a^2\cdot b + 3\cdot a^2\cdot L - L^2\cdot Q\cdot a}{L^3\cdot(1+Q)}\right] \tag{4.12}$$

Für $Q = 0$ werden die Steifigkeitsmatrizen und kinematisch bestimmten Randschnittkräfte des eben wirkenden geraden Stabes mit konstantem Querschnitt unter Vernachlässigung der Querkraftgleitung (Stabtheorie nach *Bernoulli*) erhalten.

Werden die RSK-RV-Abhängigkeiten (4.6) und (4.7) mit der Transformationsmatrix $\underline{T}(e)$ multipliziert

$$\underline{T}(e)\cdot\underline{F}(ik) = \underline{T}(e)\cdot\overset{\circ}{\underline{F}}(ik) + \underline{T}(e)\cdot\underline{K}(ik,ik)\cdot\underline{v}(ik) + \underline{T}(e)\cdot\underline{K}(ik,ki)\cdot\underline{v}(ki) \tag{4.13}$$

$$\underline{T}(e)\cdot\underline{F}(ki) = \underline{T}(e)\cdot\overset{\circ}{\underline{F}}(ki) + \underline{T}(e)\cdot\underline{K}(ki,ik)\cdot\underline{v}(ik) + \underline{T}(e)\cdot\underline{K}(ki,ki)\cdot\underline{v}(ki) \tag{4.14}$$

und für die lokalen Randverschiebungen $\underline{v}(ik)$ und $\underline{v}(ki)$ die Gl. (4.5) eingesetzt, folgen mit den Gln. (4.1) und (4.2) die RSK-RV-Abhängigkeiten im globalen Koordinatensystem

$$\underline{\tilde{F}}(ik) = \underline{\overset{\circ}{\tilde{F}}}(ik) + \underline{\tilde{K}}(ik,ik)\cdot\underline{\tilde{v}}(ik) + \underline{\tilde{K}}(ik,ki)\cdot\underline{\tilde{v}}(ki) \tag{4.15}$$

$$\underline{\tilde{F}}(ki) = \underline{\overset{\circ}{\tilde{F}}}(ki) + \underline{\tilde{K}}(ki,ik)\cdot\underline{\tilde{v}}(ik) + \underline{\tilde{K}}(ki,ki)\cdot\underline{\tilde{v}}(ki) \tag{4.16}$$

mit

$$\underline{\tilde{F}}(**) = \underline{T}(e) \cdot \underline{F}(**), \qquad \underline{\tilde{K}}(**,**) = \underline{T}(e) \cdot \underline{K}(**,**) \cdot \underline{T}(e)^{-1} \tag{4.17}$$

Beim Übergang vom Rand zum Knoten werden die Fälle:

- keine Verschiebungsunstetigkeiten zwischen Rand und Knoten, dann sind die Randverschiebungen $\underline{v}(ik)$, $\underline{v}(ki)$ mit den Knotenverschiebungen $\underline{v}(i)$, $\underline{v}(k)$ identisch,
- Verschiebungsunstetigkeiten zwischen Rand und Knoten, dann sind die Randverschiebungen $\underline{v}(ik)$, $\underline{v}(ki)$ nicht mit den Knotenverschiebungen $\underline{v}(i)$, $\underline{v}(k)$ identisch,

unterschieden. Zur Erfassung beliebiger Anschlußunstetigkeiten zwischen Rand und Knoten (allgemeines Federgelenk) wird in Abschn. 4.2.3 ein computerorientiertes Vorgehen beschrieben.

Die Abhängigkeiten der Randschnittkräfte $\underline{\tilde{F}}(ik)$ und $\underline{\tilde{F}}(ki)$ von den Verschiebungen der Knoten $\underline{\tilde{v}}(i)$ und $\underline{\tilde{v}}(k)$ – die RSK-KV-Abhängigkeiten des Stabes (ik) – sind im globalen Koordinatensystem

$$\underline{\tilde{F}}(ik) = \underline{\overset{\circ}{\tilde{F}}}(ik) + \underline{\tilde{K}}(ik,i)\cdot\underline{\tilde{v}}(i) + \underline{\tilde{K}}(ik,k)\cdot\underline{\tilde{v}}(k) \tag{4.18}$$

$$\underline{\tilde{F}}(ki) = \underline{\overset{\circ}{\tilde{F}}}(ki) + \underline{\tilde{K}}(ki,i)\cdot\underline{\tilde{v}}(i) + \underline{\tilde{K}}(ki,k)\cdot\underline{\tilde{v}}(k) \tag{4.19}$$

Werden die Gln. (4.18) und (4.19) ohne Tilde geschrieben, sind die Belegungen der Matrizen und Vektoren zu verwenden, die dem lokalen Koordinatensystem zugeordnet sind.

Die Steifigkeitsmatrix $\underline{K}(e)$ eines Elementes e der RSK-KV-Abhängigkeiten besteht beim Stab aus den vier Submatrizen $\underline{K}(ik,i)$, $\underline{K}(ik,k)$, $\underline{K}(ki,i)$ und $\underline{K}(ki,k)$. Die Vektoren $\underline{\overset{\circ}{F}}(ik)$ und $\underline{\overset{\circ}{F}}(ki)$ der Randschnittkräfte der kinematisch bestimmt gelagerten Elemente repräsentieren die Diskretisierung der Elementbelastung auf die Knoten i und k und können wie in Gl. (4.8) zum Vektor $\underline{\overset{\circ}{F}}(e)$ zusammengefaßt werden.

Die Gln. (4.18) und (4.19) lassen sich auf Elemente mit mehr als zwei Knoten übertragen. Für das in Bild 4.11 dargestellte Dreiknoten-Dreieckscheibenelement e mit den Knoten i, j und k gilt

$$\underline{\tilde{F}}(ie) = \underline{\overset{\circ}{\tilde{F}}}(ie) + \underline{\tilde{K}}(ie,i)\cdot\underline{\tilde{v}}(i) + \underline{\tilde{K}}(ie,j)\cdot\underline{\tilde{v}}(j) + \underline{\tilde{K}}(ie,k)\cdot\underline{\tilde{v}}(k) \tag{4.20}$$

$$\underline{\tilde{F}}(je) = \underline{\overset{\circ}{\tilde{F}}}(je) + \underline{\tilde{K}}(je,i)\cdot\underline{\tilde{v}}(i) + \underline{\tilde{K}}(je,j)\cdot\underline{\tilde{v}}(j) + \underline{\tilde{K}}(je,k)\cdot\underline{\tilde{v}}(k) \tag{4.21}$$

$$\underline{\tilde{F}}(ke) = \underline{\overset{\circ}{\tilde{F}}}(ke) + \underline{\tilde{K}}(ke,i)\cdot\underline{\tilde{v}}(i) + \underline{\tilde{K}}(ke,j)\cdot\underline{\tilde{v}}(j) + \underline{\tilde{K}}(ke,k)\cdot\underline{\tilde{v}}(k) \tag{4.22}$$

Die in Abschn. 2.5 entwickelte Elementsteifigkeitsmatrix $\underline{K}(e)$ für ein Dreiknoten-Dreieckscheibenelement ist in einem globalen Koordinatensystem beschrieben. Globales und lokales (Element-)Koordinatensystem sind identisch. Auf eine Unterscheidung der Matrizen mit/ohne Tilde kann in diesem Fall verzichtet werden.

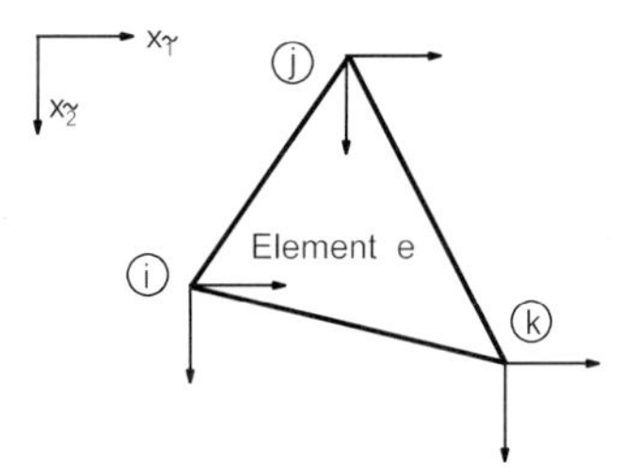

Bild 4.11 Scheibenelement mit drei Knoten

Für Elemente e mit den Knoten i, j, k, ... wird eine verallgemeinerte Darstellung der Randschnittkraft-Knotenverschiebungs-Abhängigkeiten gemäß Gl. (4.8) in globalen Koordinaten

$$\tilde{\underline{F}}(e) = \mathring{\tilde{\underline{F}}}(e) + \tilde{\underline{K}}(e) \cdot \tilde{\underline{v}}(e) \tag{4.23}$$

eingeführt. Die Gl. (4.23) ist die Elementbeziehung in globalen Koordinaten mit den (vergrößerten) Vektoren der Element-Randschnittkräfte und der Element-Knotenverschiebungen

$$\tilde{\underline{F}}(e) = \begin{bmatrix} \tilde{\underline{F}}(ie) \\ \tilde{\underline{F}}(je) \\ \tilde{\underline{F}}(ke) \\ \cdot \\ \cdot \end{bmatrix} \qquad \tilde{\underline{v}}(e) = \begin{bmatrix} \tilde{\underline{v}}(i) \\ \tilde{\underline{v}}(j) \\ \tilde{\underline{v}}(k) \\ \cdot \\ \cdot \end{bmatrix}$$

und der Elementsteifigkeitsmatrix

$$\tilde{\underline{K}}(e) = \begin{bmatrix} \tilde{\underline{K}}(ie,i) & \tilde{\underline{K}}(ie,j) & \tilde{\underline{K}}(ie,k) & \cdot & \cdot \\ \tilde{\underline{K}}(je,i) & \tilde{\underline{K}}(je,j) & \tilde{\underline{K}}(je,k) & \cdot & \cdot \\ \tilde{\underline{K}}(ke,i) & \tilde{\underline{K}}(ke,j) & \tilde{\underline{K}}(ke,k) & \cdot & \cdot \\ \cdot & \cdot & \cdot & \cdot & \cdot \\ \cdot & \cdot & \cdot & \cdot & \cdot \end{bmatrix}$$

Für einige Anwendungsfälle werden in den Abschn. 4.2, 4.3, und 4.4 Steifigkeitsmatrizen und kinematisch bestimmte Randschnittkraftvektoren entwickelt, siehe auch [35], [46], [71], [89].

4.1.3 Knotengleichgewichtsbedingungen

An jedem Knoten i wird das Kräfte- und Momentengleichgewicht der Knotenbelastung $\tilde{\underline{P}}$ und der an den Knoten übertragenen Randschnittkräfte $\tilde{\underline{F}}(ik)$ gefordert. Summiert wird über alle am Knoten i angreifenden Elemente mit den Nachbarknoten k_i. Diese Gleichgewichtsbedingungen werden im globalen Koordinatensystem $\tilde{\underline{x}}$ formuliert

$$\tilde{\underline{P}}(i) - \sum \tilde{\underline{F}}(ik_i) = 0 \tag{4.24}$$

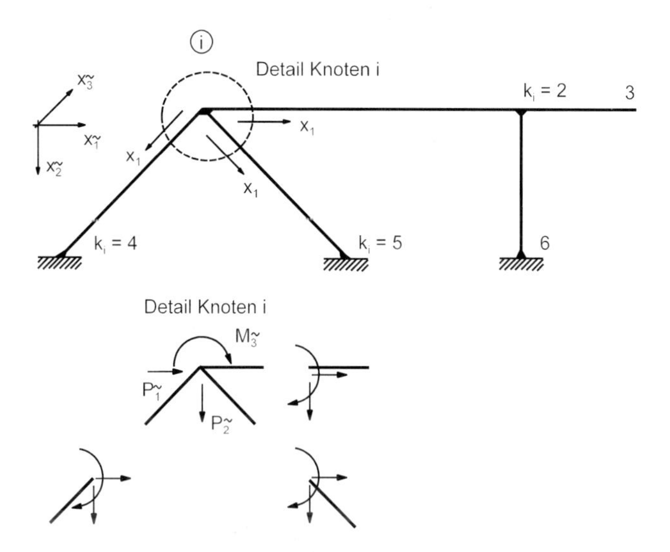

Bild 4.12 Kräftegleichgewicht am Knoten i

Werden für die Randschnittkräfte $\tilde{\underline{F}}(i\,k_i)$ die RSK-KV-Abhängigkeiten (4.18) und (4.19) eingesetzt, folgt das Gleichungssystem für die unbekannten Knotenverschiebungen $\tilde{\underline{v}}$ bei Verwendung globaler Koordinaten in Matrizenform

$$\tilde{\underline{P}} - \tilde{\underline{F}} = (\tilde{\underline{P}} - \overset{\circ}{\tilde{\underline{F}}}) - \tilde{\underline{K}} \cdot \tilde{\underline{v}} = 0 \tag{4.25}$$

mit

$\tilde{\underline{P}}$ Vektor der Knotenlasten

$\tilde{\underline{F}}$ Vektor der Randschnittkräfte

$\tilde{\underline{K}}$ Systemsteifigkeitsmatrix

$\tilde{\underline{v}}$ Vektor der unbekannten Knotenverschiebungen

$\overset{\circ}{\tilde{\underline{F}}}$ Vektor der Randschnittkräfte bei kinematisch bestimmter Lagerung der Elemente

Beispiel 4.2a Für ein eben wirkendes Stabtragwerk mit $n_K = 3$ Knoten sind nur die Verschiebungen des Knotens 1 unbekannt ($n_{KG} = 1$), siehe Bild 4.13.

$$\tilde{\underline{v}} = \tilde{\underline{v}}(1) = \begin{bmatrix} v_{\tilde{1}}(1) \\ v_{\tilde{2}}(1) \\ \varphi_{\tilde{3}}(1) \end{bmatrix}$$

$$\tilde{\underline{P}} = \tilde{\underline{P}}(1) = \begin{bmatrix} P_{\tilde{1}}(1) \\ P_{\tilde{2}}(1) \\ M_{\tilde{3}}(1) \end{bmatrix}$$

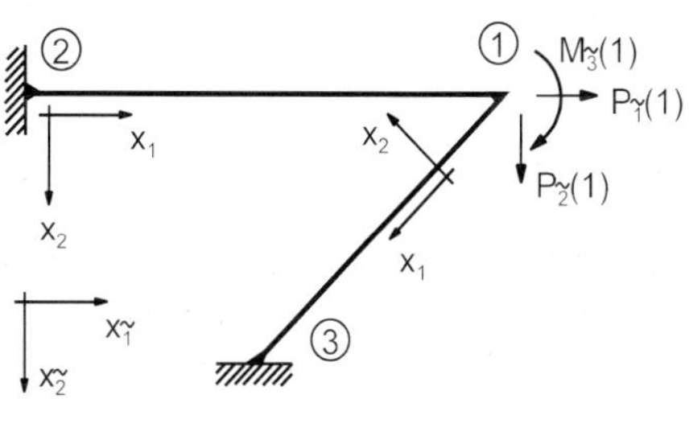

Bild 4.13 Eben wirkendes Stabsystem mit einem Knoten mit unbekannten Verschiebungen

Der Aufbau der Systemsteifigkeitsmatrix $\tilde{\underline{K}}$ in Abhängigkeit von den Elementsteifigkeitsmatrizen folgt aus dem Gleichgewicht am Knoten i = 1

$$\tilde{\underline{P}}(1) - \sum_{(1)} \tilde{\underline{F}}(1k_1) = \tilde{\underline{P}}(1) - \sum_{(1)} \overset{\circ}{\tilde{\underline{F}}}(1k_1) - \tilde{\underline{K}}\ \tilde{\underline{v}}(1) = 0$$

Der Index k_1 durchläuft die Knotennummern aller Nachbarknoten von Knoten 1, die mit diesem durch einen Stab verbunden sind. Für $k_1 = 2, 3$ ist

$$\sum_{(1)} \tilde{\underline{F}}(1k_1) = \tilde{\underline{F}}(12) + \tilde{\underline{F}}(13)$$

Unter Beachtung von RSK-KV-Abhängigkeiten (4.18) und (4.19) und mit $\tilde{\underline{v}}(2) = \tilde{\underline{v}}(3) = 0$ folgt die Systemsteifigkeitsmatrix im globalen Koordinatensystem

$$\tilde{\underline{K}} = \tilde{\underline{K}}(12,1) + \tilde{\underline{K}}(13,1)$$

Beispiel 4.2b Das räumlich wirkende Stabtragwerk nach Bild 4.14 mit $n_K = 8$ Knoten hat vier Knoten mit unbekannten Knotenverschiebungen ($n_{KG} = 4$).

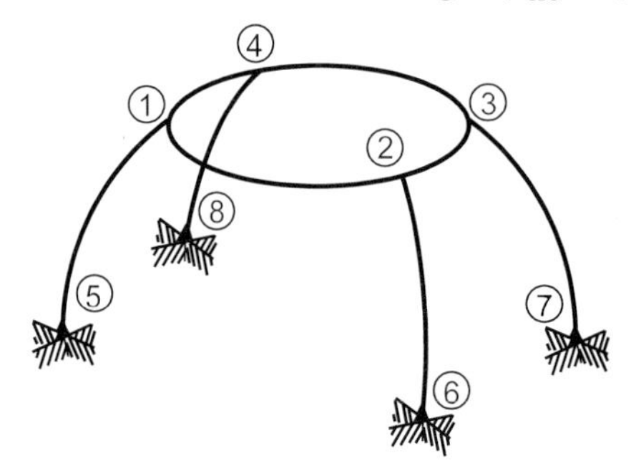

Bild 4.14 Räumliches Stabsystem

Der Vektor der unbekannten Knotenverschiebungen ist

$$\tilde{\underline{v}} = \begin{bmatrix} \tilde{\underline{v}}(1) \\ \tilde{\underline{v}}(2) \\ \tilde{\underline{v}}(3) \\ \tilde{\underline{v}}(4) \end{bmatrix}, \qquad \tilde{\underline{v}}(i) = \begin{bmatrix} v_{\tilde{1}}(i) \\ v_{\tilde{2}}(i) \\ v_{\tilde{3}}(i) \\ \varphi_{\tilde{1}}(i) \\ \varphi_{\tilde{2}}(i) \\ \varphi_{\tilde{3}}(i) \end{bmatrix}$$

Bei Stäben mit kompaktem Querschnitt (Vernachlässigung der Wölbkrafttorsion) treten in räumlichen Systemen sechs Unbekannte je Knoten auf. Bei dünnwandigen Stäben und Berücksichtigung der Wölbkrafttorsion kann sich die Anzahl der Unbekannten durch Auswertung des Wölbnormalspannungsgleichgewichts erhöhen.

Die Verschiebungen der Stützknoten 5, 6, 7 und 8 sind null: $\tilde{\underline{v}}(5) = \tilde{\underline{v}}(6) = \tilde{\underline{v}}(7) = \tilde{\underline{v}}(8) = 0$. Die statischen Knotengleichgewichtsbedingungen lauten

$$\tilde{\underline{P}}(i) - \sum_{(i)} \tilde{\underline{F}}(ik_i) = 0 \qquad i=1,2,3,4$$

$$i=1;\ k_1=4,2,5 \qquad \sum_{(1)} \tilde{\underline{F}}(1k_1) = \tilde{\underline{F}}(14) + \tilde{\underline{F}}(12) + \tilde{\underline{F}}(15)$$

$$i=2;\ k_2=1,3,6 \qquad \sum_{(2)} \underline{\tilde{F}}(2k_2) = \underline{\tilde{F}}(21) + \underline{\tilde{F}}(23) + \underline{\tilde{F}}(26)$$

$$i=3;\ k_3=2,4,7 \qquad \sum_{(3)} \underline{\tilde{F}}(3k_3) = \underline{\tilde{F}}(32) + \underline{\tilde{F}}(34) + \underline{\tilde{F}}(37)$$

$$i=4;\ k_4=3,1,8 \qquad \sum_{(4)} \underline{\tilde{F}}(4k_4) = \underline{\tilde{F}}(43) + \underline{\tilde{F}}(41) + \underline{\tilde{F}}(48)$$

Mit den Randschnittkraft-Knotenverschiebungs-Abhängigkeiten (4.18) und (4.19) folgt der Aufbau der Systemsteifigkeitsmatrix im globalen Koordinatensystem

$$\underline{\tilde{K}} = \begin{bmatrix} \sum_{(1)} \underline{\tilde{K}}(1k_1,1) & \underline{\tilde{K}}(12,2) & 0 & \underline{\tilde{K}}(14,4) \\ \underline{\tilde{K}}(21,1) & \sum_{(2)} \underline{\tilde{K}}(2k_2,2) & \underline{\tilde{K}}(23,3) & 0 \\ 0 & \underline{\tilde{K}}(32,2) & \sum_{(3)} \underline{\tilde{K}}(3k_3,3) & \underline{\tilde{K}}(34,4) \\ \underline{\tilde{K}}(41,1) & 0 & \underline{\tilde{K}}(43,3) & \sum_{(4)} \underline{\tilde{K}}(4k_4,4) \end{bmatrix}$$

Es ist z.B. $\sum_{(2)} \underline{\tilde{K}}(2k_2,2) = \underline{\tilde{K}}(21,2) + \underline{\tilde{K}}(23,2) + \underline{\tilde{K}}(26,2)$, mit $k_2 = 1,\ 3,\ 6$.

Wird formal die Systemsteifigkeitsmatrix für alle $n_K = 8$ Knoten aufgestellt, müssen die Verschiebungen der Stützknoten $\underline{\tilde{v}}(5) = \underline{\tilde{v}}(6) = \underline{\tilde{v}}(7) = \underline{\tilde{v}}(8) = 0$ vorgeschrieben werden.

Der für die beiden Schleifen über die Knoten $i = 1 \dots n_{KG}$ und die Elemente mit den Nachbarknoten k_i hergestellte Zusammenhang läßt sich für die programmtechnische Umsetzung in einer Inzidenzmatrix speichern.

Beispiel 4.3 Für das Stabtragwerk nach Bild 4.15 ($n_K = 10$, $n_{KG} = 7$) wird der Einfluß der Numerierung der Knoten auf den Aufbau der Systemsteifigkeitsmatrix $\underline{\tilde{K}}$ gezeigt.

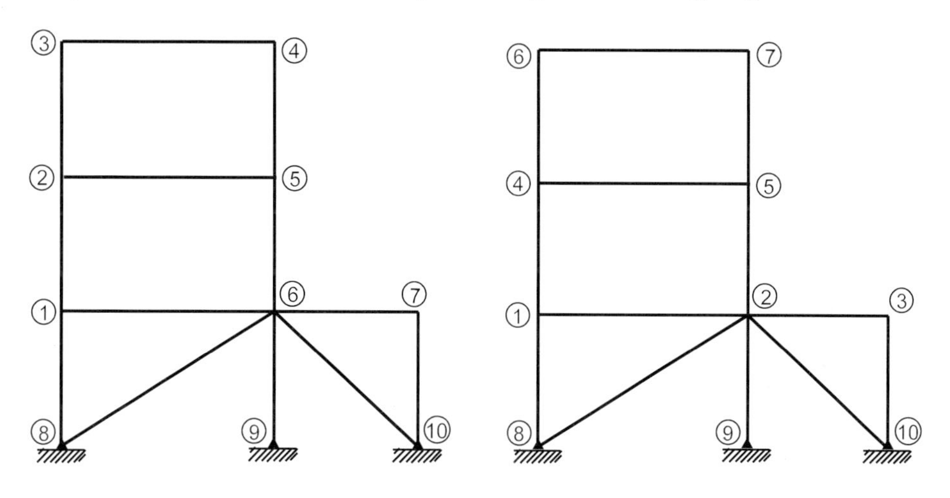

Bild 4.15 Rahmentragwerk, Knotennumerierung *Variante I* und *Variante II*

Bei ebener Wirkung treten an jedem Knoten i drei Unbekannte auf.

$$\tilde{\underline{v}}(i) = \begin{bmatrix} v_{\tilde{1}}(i) \\ v_{\tilde{2}}(i) \\ \varphi_{\tilde{3}}(i) \end{bmatrix}$$

Bei räumlicher Wirkung sind an jedem Knoten i sechs Verschiebungen unbekannt. Die Systemsteifigkeitsmatrix $\tilde{\underline{K}}$ in globalen Koordinaten wird für zwei Varianten der Knotennumerierung aufgestellt.

$$\tilde{\underline{v}}(i) = \begin{bmatrix} v_{\tilde{1}}(i) \\ v_{\tilde{2}}(i) \\ v_{\tilde{3}}(i) \\ \varphi_{\tilde{1}}(i) \\ \varphi_{\tilde{2}}(i) \\ \varphi_{\tilde{3}}(i) \end{bmatrix}$$

- Numerierung *Variante I*

$$\tilde{\underline{v}}(8) = \tilde{\underline{v}}(9) = \tilde{\underline{v}}(10) = 0$$

$$
\begin{aligned}
&i=1;\ k_1=2,8,6 && \sum_{(1)} \tilde{\underline{F}}(1k_1) = \tilde{\underline{F}}(12) + \tilde{\underline{F}}(18) + \tilde{\underline{F}}(16)\\
&i=2;\ k_2=1,3,5 && \sum_{(2)} \tilde{\underline{F}}(2k_2) = \tilde{\underline{F}}(21) + \tilde{\underline{F}}(23) + \tilde{\underline{F}}(25)\\
&i=3;\ k_3=2,4 && \sum_{(3)} \tilde{\underline{F}}(3k_3) = \tilde{\underline{F}}(32) + \tilde{\underline{F}}(34)\\
&i=4;\ k_4=3,5 && \sum_{(4)} \tilde{\underline{F}}(4k_4) = \tilde{\underline{F}}(43) + \tilde{\underline{F}}(45)\\
&i=5;\ k_5=2,4,6 && \sum_{(5)} \tilde{\underline{F}}(5k_5) = \tilde{\underline{F}}(52) + \tilde{\underline{F}}(54) + \tilde{\underline{F}}(56)\\
&i=6;\ k_6=1,5,7,8,9,10 && \sum_{(6)} \tilde{\underline{F}}(6k_6) = \tilde{\underline{F}}(61) + \tilde{\underline{F}}(65) + \tilde{\underline{F}}(67) + \tilde{\underline{F}}(68) + \tilde{\underline{F}}(69) + \tilde{\underline{F}}(6|10)\\
&i=7;\ k_7=6,10 && \sum_{(7)} \tilde{\underline{F}}(7k_7) = \tilde{\underline{F}}(76) + \tilde{\underline{F}}(7|10)
\end{aligned}
$$

$$\tilde{\underline{K}} = \begin{bmatrix}
\sum_{(1)} \tilde{\underline{K}}(1k_1,1) & \tilde{\underline{K}}(12,2) & 0 & 0 & 0 & \tilde{\underline{K}}(16,6) & 0 \\
\tilde{\underline{K}}(21,1) & \sum_{(2)} \tilde{\underline{K}}(2k_2,2) & \tilde{\underline{K}}(23,3) & 0 & \tilde{\underline{K}}(25,5) & 0 & 0 \\
0 & \tilde{\underline{K}}(32,2) & \sum_{(3)} \tilde{\underline{K}}(3k_3,3) & \tilde{\underline{K}}(34,4) & 0 & 0 & 0 \\
0 & 0 & \tilde{\underline{K}}(43,3) & \sum_{(4)} \tilde{\underline{K}}(4k_4,4) & \tilde{\underline{K}}(45,5) & 0 & 0 \\
0 & \tilde{\underline{K}}(52,2) & 0 & \tilde{\underline{K}}(54,4) & \sum_{(5)} \tilde{\underline{K}}(5k_5,5) & \tilde{\underline{K}}(56,6) & 0 \\
\tilde{\underline{K}}(61,1) & 0 & 0 & 0 & \tilde{\underline{K}}(65,5) & \sum_{(6)} \tilde{\underline{K}}(6k_6,6) & \tilde{\underline{K}}(67,7) \\
0 & 0 & 0 & 0 & 0 & \tilde{\underline{K}}(76,6) & \sum_{(7)} \tilde{\underline{K}}(7k_7,7)
\end{bmatrix}$$

- Numerierung *Variante II*

$$i=1;\ k_1=2,4,8 \qquad \sum_{(1)} \tilde{\underline{F}}(1k_1) = \tilde{\underline{F}}(12) + \tilde{\underline{F}}(14) + \tilde{\underline{F}}(18)$$

$$i=2;\ k_2=1,3,5,8,9,10 \qquad \sum_{(2)} \tilde{\underline{F}}(2k_2) = \tilde{\underline{F}}(21) + \tilde{\underline{F}}(23) + \tilde{\underline{F}}(25) + \tilde{\underline{F}}(28) + \tilde{\underline{F}}(29) + \tilde{\underline{F}}(2|10)$$

$$i=3;\ k_3=2,10 \qquad \sum_{(3)} \tilde{\underline{F}}(3k_3) = \tilde{\underline{F}}(32) + \tilde{\underline{F}}(3|10)$$

$$i=4;\ k_4=1,5,6 \qquad \sum_{(4)} \tilde{\underline{F}}(4k_4) = \tilde{\underline{F}}(41) + \tilde{\underline{F}}(45) + \tilde{\underline{F}}(46)$$

$$i=5;\ k_5=2,4,7 \qquad \sum_{(5)} \tilde{\underline{F}}(5k_5) = \tilde{\underline{F}}(52) + \tilde{\underline{F}}(54) + \tilde{\underline{F}}(57)$$

$$i=6;\ k_6=4,7 \qquad \sum_{(6)} \tilde{\underline{F}}(6k_6) = \tilde{\underline{F}}(64) + \tilde{\underline{F}}(67)$$

$$i=7;\ k_7=5,6 \qquad \sum_{(7)} \tilde{\underline{F}}(7k_7) = \tilde{\underline{F}}(75) + \tilde{\underline{F}}(76)$$

Bildung der globalen Systemsteifigkeitsmatrix

$$\tilde{\underline{K}} = \begin{bmatrix}
\sum_{(1)} \tilde{\underline{K}}(1k_1,1) & \tilde{\underline{K}}(12,2) & 0 & \tilde{\underline{K}}(14,4) & 0 & 0 & 0 \\
\tilde{\underline{K}}(21,1) & \sum_{(2)} \tilde{\underline{K}}(2k_2,2) & \tilde{\underline{K}}(23,3) & 0 & \tilde{\underline{K}}(25,5) & 0 & 0 \\
0 & \tilde{\underline{K}}(32,2) & \sum_{(3)} \tilde{\underline{K}}(3k_3,3) & 0 & 0 & 0 & 0 \\
\tilde{\underline{K}}(41,1) & 0 & 0 & \sum_{(4)} \tilde{\underline{K}}(4k_4,4) & \tilde{\underline{K}}(45,5) & \tilde{\underline{K}}(46,6) & 0 \\
0 & \tilde{\underline{K}}(52,2) & 0 & \tilde{\underline{K}}(54,4) & \sum_{(5)} \tilde{\underline{K}}(5k_5,5) & 0 & \tilde{\underline{K}}(57,7) \\
0 & 0 & 0 & \tilde{\underline{K}}(64,4) & 0 & \sum_{(6)} \tilde{\underline{K}}(6k_6,6) & \tilde{\underline{K}}(67,7) \\
0 & 0 & 0 & 0 & \tilde{\underline{K}}(75,5) & \tilde{\underline{K}}(76,6) & \sum_{(7)} \tilde{\underline{K}}(7k_7,7)
\end{bmatrix}$$

Unter der Knotennummernbandbreite n_{KB} wird die maximale Differenz der Knotennummern zweier durch Stäbe verbundener Knoten mit unbekannten Knotenverschiebungen verstanden.

Numerierung *Variante I*: $n_{KB} = 6$
Numerierung *Variante II*: $n_{KB} = 4$ (optimal)

Unter Ausnutzung der Symmetrie ergeben sich daraus die Bandbreiten der Koeffizientenmatrizen $n_B = n_{KB} \cdot f_G$, wobei $f_G = 3$ bzw. 6 bei ebener bzw. bei räumlicher Wirkung ist.

n_B	Numerierung *Variante I*	Numerierung *Variante II*
bei ebener Wirkung	18	12
bei räumlicher Wirkung	36	24

Die Anzahl n der erforderlichen Speicherplätze ergibt sich aus $n = [f_G \cdot (n_{KB} + 1) \cdot (n_{KG} \cdot f_G)]$. Die Anzahl der Knoten mit unbekannten Knotenverschiebungen ist $n_{KG} = 7$.

Wegen der Symmetrie der Systemsteifigkeitsmatrix braucht nur das halbe Band gespeichert werden. Die komprimierte Speicherform für die Numerierung nach *Variante II* ist:

$$\underline{\tilde{K}} = \begin{bmatrix} \sum\limits_{(1)} \underline{\tilde{K}}(1k_1,1) & \underline{\tilde{K}}(12,2) & 0 & \underline{\tilde{K}}(14,4) \\ \sum\limits_{(2)} \underline{\tilde{K}}(2k_2,2) & \underline{\tilde{K}}(23,3) & 0 & \underline{\tilde{K}}(25,5) \\ \sum\limits_{(3)} \underline{\tilde{K}}(3k_3,3) & 0 & 0 & 0 \\ \sum\limits_{(4)} \underline{\tilde{K}}(4k_4,4) & \underline{\tilde{K}}(45,5) & \underline{\tilde{K}}(46,6) & 0 \\ \sum\limits_{(5)} \underline{\tilde{K}}(5k_5,5) & 0 & \underline{\tilde{K}}(57,7) & 0 \\ \sum\limits_{(6)} \underline{\tilde{K}}(6k_6,6) & \underline{\tilde{K}}(67,7) & 0 & 0 \\ \sum\limits_{(7)} \underline{\tilde{K}}(7k_7,7) & 0 & 0 & 0 \end{bmatrix}$$

Beispiel 4.4 Das prinzipielle Vorgehen zum Aufbau des Gleichungssystem der unbekannten Knotenverschiebungen wird für ein Scheibentragwerk gezeigt. In Bild 4.16 sind die sehr grobe Diskretisierung mit finiten Dreiknoten-Dreieckelementen sowie die Numerierung der Elemente und Knoten eingetragen.

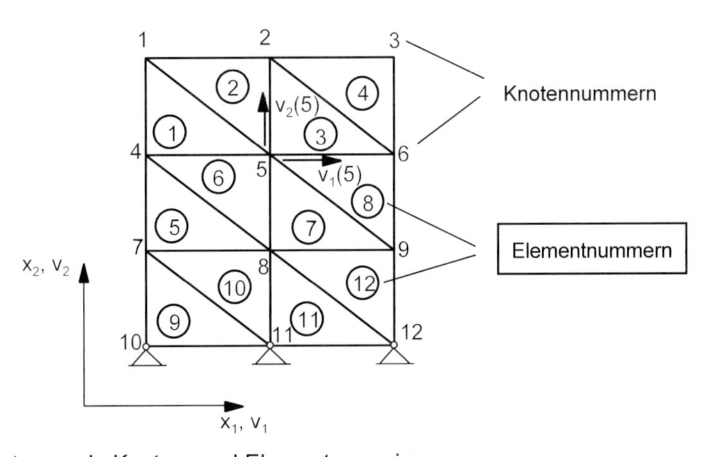

Bild 4.16 Scheibentragwerk, Knoten- und Elementnumerierung

An jedem Knoten tritt eine Verschiebung in x_1- und x_2-Richtung auf, z.B. $v_1(5)$ und $v_2(5)$. Das lokale (Element-)Koordinatensystem ist mit dem globalen Koordinatensystem identisch. Es wird nur das Koordinatensystem $\underline{x}$ weiterverwendet. Die Verschiebungen aller Knoten werden zum Vektor

$$\underline{v} = \{v_1(1), v_2(1), v_1(2), v_2(2), v_1(3), v_2(3), \dots, v_1(n_{KG}), v_2(n_{KG})\}$$

zusammengefaßt. Für das in Bild 4.16 dargestellte Tragwerk ist $n_{KG} = 9$.

Zusammengestellt wird ein Algorithmus, mit dessen Hilfe aus dem Vektor aller Knotenverschiebungen $\underline{v}$ die Verschiebungen $\underline{v}(e)$ des Elementes e herausgefiltert werden.

Beispielartig wird das Element e = 3 betrachtet, siehe Bild 4.17. Mit einer einfachen Matrizenmultiplikation werden aus dem Vektor $\underline{v}$ die Verschiebungen des Knotens 3 $\underline{v}(3) = \{v_1(2), v_2(2), v_1(5), v_2(5), v_1(6), v_2(6)\}$ erhalten. Dabei wurde i = 2, j = 5 und k = 6 gesetzt.

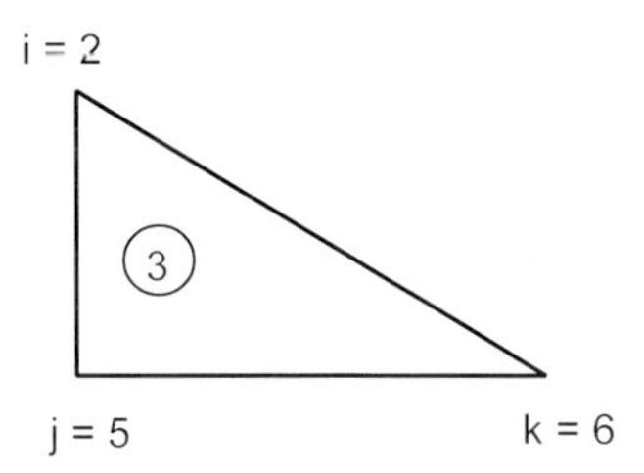

Bild 4.17 Element 3, Knotennumerierung

$$\begin{bmatrix} v_1(2) \\ v_2(2) \\ v_1(5) \\ v_2(5) \\ v_1(6) \\ v_2(6) \end{bmatrix} = \begin{bmatrix} 0 & 0 & 1 & 0 & 0 & 0 & 0 & 0 & 0 & 0 & 0 & 0 & 0 & \dots \\ 0 & 0 & 0 & 1 & 0 & 0 & 0 & 0 & 0 & 0 & 0 & 0 & 0 & \dots \\ 0 & 0 & 0 & 0 & 0 & 0 & 0 & 0 & 1 & 0 & 0 & 0 & 0 & \dots \\ 0 & 0 & 0 & 0 & 0 & 0 & 0 & 0 & 0 & 1 & 0 & 0 & 0 & \dots \\ 0 & 0 & 0 & 0 & 0 & 0 & 0 & 0 & 0 & 0 & 1 & 0 & 0 & \dots \\ 0 & 0 & 0 & 0 & 0 & 0 & 0 & 0 & 0 & 0 & 0 & 1 & 0 & \dots \end{bmatrix} \cdot \begin{bmatrix} v_1(1) \\ v_2(1) \\ v_1(2) \\ v_2(2) \\ v_1(3) \\ v_2(3) \\ v_1(4) \\ v_2(4) \\ v_1(5) \\ v_2(5) \\ v_1(6) \\ v_2(6) \\ v_1(7) \\ v_2(7) \\ \vdots \\ v_1(9) \\ v_2(9) \end{bmatrix}$$

$$\underline{v}(3) = \underline{L}(3) \cdot \underline{v}$$

$\underline{L}(3)$ ist eine *Boole*sche Matrix. Es sind nur diejenigen Elemente mit Eins belegt, die bei der Matrizenmultiplikation mit den herauszufilternden Verschiebungen verknüpft werden. Für ein beliebiges Element e gilt die Beziehung

$$\underline{v}(e) = \underline{L}(e) \cdot \underline{v}$$

Die Elemente e werden zum Gesamtsystem zusammengefaßt und die Gleichgewichtsbedingungen an allen Knoten ausgewertet. Die äußeren Einzelkräfte $P_1(i)$, $P_2(i)$ am Knoten i müssen mit den Knotenkräften aller am Knoten i anschließenden Elemente im Gleichgewicht stehen. Die Gleichgewichtsbedingungen an allen n_{KG} Knoten lauten

$$\underline{P} - \sum_e \underline{L}^T(e) \cdot \underline{F}(e) = 0$$

Dabei ist

$$\underline{P} = \{P_1(1), P_2(1), P_1(2), P_2(2), P_1(3), P_2(3), ..., P_1(n_{NG}), P_2(n_{NG})\}$$

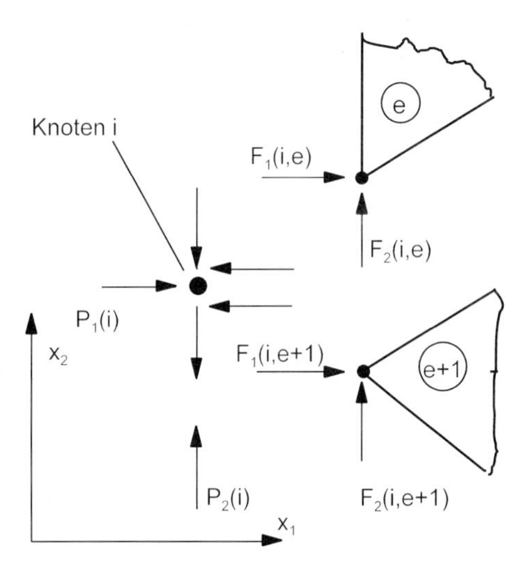

Bild 4.18 Knotengleichgewicht am Knoten i, Elemente e und e+1

Durch das Matrizenprodukt $\underline{L}^T(e) \cdot \underline{F}(e)$ werden die Knotenkräfte $\underline{F}$ des Elementes e so umsortiert, daß sie bei Subtraktion von $\underline{P}$ in der richtigen Zeile stehen. Das Einsetzen der Elementbeziehung

$$\underline{F}(e) = \overset{\circ}{\underline{F}}(e) + \underline{K}(e) \cdot \underline{v}(e)$$

ergibt für alle Elemente e

$$\underline{P} - \underbrace{\sum_e \underline{L}^T(e) \cdot \overset{\circ}{\underline{F}}(e)}_{\overset{\circ}{\underline{F}}} - \underbrace{\sum_e \underline{L}^T(e) \cdot \underline{K}(e) \cdot \underline{L}(e)}_{\underline{K}} \cdot \underline{v} = 0$$

Das für ein Scheibentragwerk skizzierte Aufstellen eines linearen algebraischen Gleichungssystems in der Form von Gl. (4.25) ist auf andere Tragwerke übertragbar, siehe Abschn. 4.1.1. Mit den Elementbeziehungen folgen systematisch die Koeffizientenmatrix (Systemsteifigkeitsmatrix) $\underline{K}$ und die rechte Seite $\underline{P} - \overset{\circ}{\underline{F}}$ der Deformationsmethode.

Linear elastische Knotenstützung. Die Berücksichtigung linear elastischer Knotenstützung gelingt durch die Addition der Matrix der Knotenfedersteifigkeiten $\underline{K}_F$ zur Systemsteifigkeitsmatrix. Die Knotenfedermatrix muß im globalen Koordinatensystem vorliegen, ggf. muß eine Transformation gemäß Gl. (4.17) ausgeführt werden. Für den Knoten i eines eben wirkenden Stabtragwerkes hat die Knotenfedermatrix in einem lokalen (Knoten-)Koordinatensystem die Form

$$\underline{K}_F(i) = \begin{bmatrix} K_{F1} & 0 & 0 \\ 0 & K_{F2} & 0 \\ 0 & 0 & K_{F3} \end{bmatrix} \tag{4.26}$$

wenn eine Entkopplung der Federsteifigkeiten in einzelne Richtungen vorliegt. Gekoppelte (Knotenfeder-)Steifigkeiten – zur Modellierung von Relativfedern – werden mit einer vollbelegten Knotenfedermatrix berücksichtigt.

$$\underline{K}_F(i) = \begin{bmatrix} K_{F11} & K_{F12} & K_{F13} \\ K_{F21} & K_{F22} & K_{F23} \\ K_{F31} & K_{F23} & K_{F33} \end{bmatrix} \quad \text{bzw.} \quad \underset{\sim}{\underline{K}}_F(i) = \begin{bmatrix} K_{F\tilde{1}\tilde{1}} & K_{F\tilde{1}\tilde{2}} & K_{F\tilde{1}\tilde{3}} \\ K_{F\tilde{2}\tilde{1}} & K_{F\tilde{2}\tilde{2}} & K_{F\tilde{2}\tilde{3}} \\ K_{F\tilde{3}\tilde{1}} & K_{F\tilde{2}\tilde{3}} & K_{F\tilde{3}\tilde{3}} \end{bmatrix} \qquad (4.27)$$

Die Systemfedermatrix $\underset{\sim}{\underline{K}}_F$ enthält die Knotenfedermatrizen $\underset{\sim}{\underline{K}}_F(i)$ aller Knoten i mit linear elastischer Stützung. Sie wird zum Block der „Hauptdiagonale" der Systemsteifigkeitsmatrix $\underset{\sim}{\underline{K}}$ addiert.

Randbedingungen. Berücksichtigt werden können homogene Randbedingungen (Verschiebungen gleich null) oder inhomogene Randbedingungen (Verschiebungen ungleich null). Unverschiebliche Auflager liefern homogene Randbedingungen; bei vorgegebenen Auflagerverschiebungen liegen inhomogene Randbedingungen vor. Um die Randbedingungen in das lineare algebraische Gleichungssystem einzuarbeiten, sind verschiedene Vorgehensweisen möglich.

• *Variante I zur Einarbeitung homogener Verschiebungs-Randbedingungen*

Wenn für die i-te Verschiebungskomponente in $\underset{\sim}{\underline{v}}$ eine homogene Randbedingung zu berücksichtigen ist, werden in $\underset{\sim}{\underline{K}}$ die i-te Zeile und die i-te Spalte sowie in der rechten Seite das i-te Element null gesetzt. Das Hauptdiagonalelement $\underset{\sim}{K}(i,i)$ wird eins gesetzt. In Bild 4.19 ist ein Gleichungssystem mit dem Vektor der Unbekannten $\underset{\sim}{\underline{v}} = \{v_1, v_2, ..., v_{10}\}$ nach Einarbeitung der homogenen Randbedingung $v_5 = 0$ gezeigt. Die Belegung der Elemente von $\underset{\sim}{\underline{K}}$ ist nur durch ein Kreuz × angedeutet. Die Symmetrie von $\underset{\sim}{\underline{K}}$ wird bei diesem Vorgehen nicht gestört.

	1	2	3	4	5	6	7	8	9	10				
1	X		X	X	0							v_1		X
2		X		X	0							v_2		X
3	X		X	X	0	X						v_3		X
4	X	X	X	X	0	X	X					v_4		X
5	0	0	0	0	1	0	0	0	0	0	·	v_5	=	0
6			X	X	0	X	X	X				v_6		X
7				X	0	X	X	X		X		v_7		X
8					0	X	X	X	X	X		v_8		X
9					0			X	X	X		v_9		X
10					0		X	X	X	X		v_{10}		X

Bild 4.19 Homogene Verschiebungs-Randbedingungen $v_5 = 0$, Variante I

• *Variante I zur Einarbeitung inhomogener Verschiebungs-Randbedingungen*
Der Verschiebungsvektor $\tilde{\underline{v}}$ wird aufgespalten in $\tilde{\underline{v}} = \tilde{\underline{v}}_R + \tilde{\underline{v}}_0$. Der Vektor $\tilde{\underline{v}}_0$ enthält alle vorgegebenen Verschiebungskomponenten – die inhomogenen Randbedingungen. Der Vektor $\tilde{\underline{v}}_R$ enthält alle zu berechnenden Verschiebungskomponenten. Das Gleichungssystem (4.25) nimmt damit die Form

$$\tilde{\underline{K}} \cdot (\tilde{\underline{v}}_R + \tilde{\underline{v}}_0) = \tilde{\underline{P}} - \overset{\circ}{\tilde{\underline{F}}} \tag{4.28}$$

an. Alle bekannten Anteile werden auf die rechte Seite gebracht

$$\tilde{\underline{K}} \cdot \tilde{\underline{v}}_R = \tilde{\underline{P}} - \overset{\circ}{\tilde{\underline{F}}} - \tilde{\underline{K}} \cdot \tilde{\underline{v}}_0 \tag{4.29}$$

Das Produkt aus Systemsteifigkeitsmatrix und inhomogenen Randbedingungen wird von der rechten Seite subtrahiert. Ist für die i-te Verschiebungskomponente in $\tilde{\underline{v}}$ eine Verschiebung ungleich null vorgeschrieben, werden danach die i-te Zeile und die i-te Spalte zu null gesetzt, und in das Hauptdiagonalelement $\tilde{K}(i,i)$ wird eine Eins eingespeichert. In der rechten Seite wird das i-te Element durch den vorgeschriebenen Verschiebungswert ersetzt. Die Symmetrie in $\tilde{\underline{K}}$ bleibt wiederum erhalten. In Bild 4.20 ist das Vorgehen für eine spezielle Systemsteifigkeitsmatrix $\underline{K}$ und eine vorgeschriebene Verschiebung $v_5 \neq 0$ gezeigt.

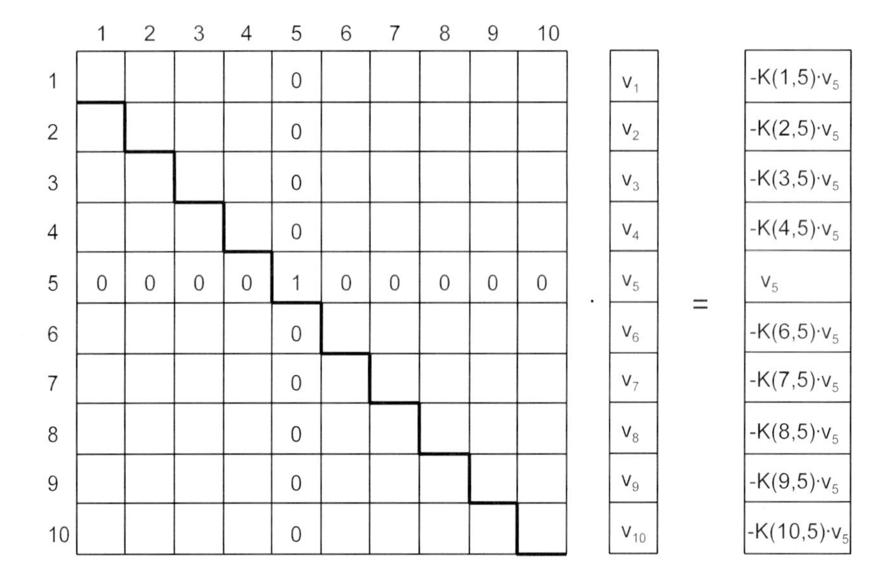

Bild 4.20 Inhomogene Verschiebungs-Randbedingungen $v_5 \neq 0$, Variante I

Die Einarbeitung von Verschiebungs-Randbedingungen, die in einem lokalen Koordinatensystem beschrieben werden, erfordert eine Transformation der entsprechenden Gleichungszeilen in dieses (lokale) Koordinatensystem.

• *Variante II zur Einarbeitung homogener und inhomogener Verschiebungs-Randbedingungen*
Vorgegeben sei die Verschiebungskomponente $\tilde{v}_{i0}$, entweder zu null oder verschieden von null. Das zugehörige Hauptdiagonalelement $\tilde{K}(i,i)$ wird mit einer großen Zahl, z.B. 10^{12}, multipliziert. Das Element in der i-ten Zeile der rechten Seite wird durch $\tilde{K}(i,i) \cdot 10^{12} \cdot \tilde{v}_{i0}$ ersetzt.

Bei diesem Vorgehen wird in der Systemsteifigkeitsmatrix $\underset{\sim}{\underline{K}}$ nur ein Element modifiziert, die Symmetrie von $\underset{\sim}{\underline{K}}$ bleibt erhalten.

Das Bild 4.21 zeigt ein algebraisches Gleichungssystem der Form $\underline{K} \cdot \underline{v} = \underline{P} - \overset{\circ}{\underline{F}}$ nach Einarbeitung der Randbedingung für die vorgeschriebene Verschiebungskomponente v_5.

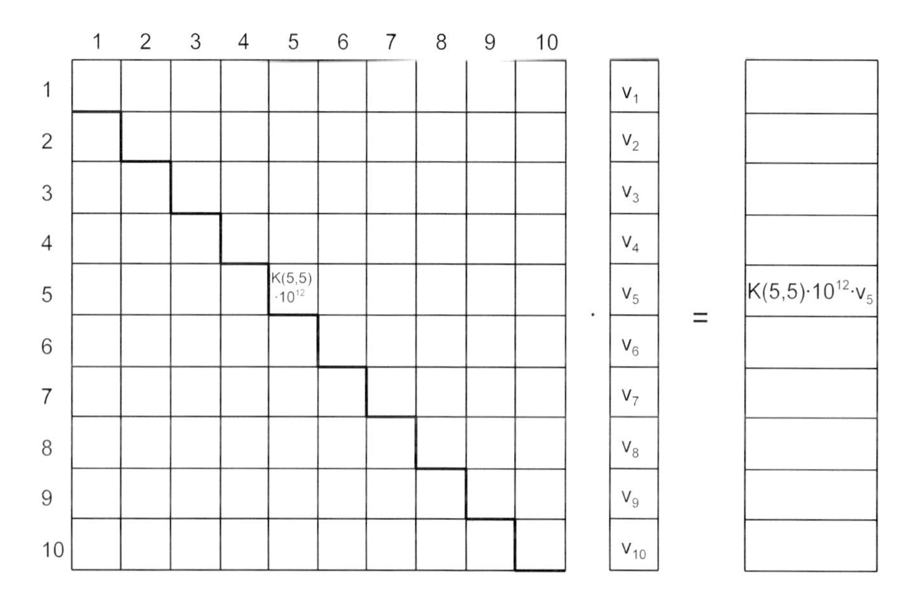

Bild 4.21 Verschiebungs-Randbedingung v_5, Variante II

Das Vorgehen nach *Variante II* ist bevorzugt für Problemstellungen der linearen Statik einzusetzen. Bei nichtlinearen und dynamischen Aufgaben kann die Fehlerempfindlichkeit beeinflußt werden.

4.1.4 Zustandsgrößen

Die Berechnung der Zustandsgrößen beginnt mit der Lösung des linearen algebraischen Gleichungssystems

$$(\underset{\sim}{\underline{K}} + \underset{\sim}{\underline{K}}_F) \cdot \underset{\sim}{\underline{v}} = \underset{\sim}{\underline{P}} - \overset{\circ}{\underset{\sim}{\underline{F}}} \tag{4.30}$$

In Gl. (4.30) sind die homogenen und inhomogenen Randbedingungen eingearbeitet – erhalten werden die Verschiebungskomponenten aller Knoten.

Bei praktischen Aufgaben entstehen schnell Gleichungssysteme mit sehr vielen Unbekannten; auch bis zu 100 000 Unbekannten und mehr. Die Probleme, die bei der Lösung großer linearer algebraischer Gleichungssysteme auftreten, sind der Speicherbedarf und die Rechenzeit. Für beide Probleme werden vielfältige Lösungen angeboten, die oft unter dem Zwang begrenzter Ressourcen entwickelt wurden und demgemäß etwas an Bedeutung verlieren. Die Entwicklung effizienter Verfahren zur Lösung sehr großer Gleichungssysteme ist noch nicht abgeschlossen.

Die Systemsteifigkeitsmatrix $\tilde{\underline{K}}$ ist bei großen Systemen i.d.R. nur schwach besetzt und besitzt oft eine ausgeprägte Band- und Blockstruktur. Wegen der Symmetrie der Koeffizientenmatrix braucht im linearen statischen Fall nur das halbe Band gespeichert werden, siehe Beispiel 4.3.

Die Knotennumerierung bestimmt die Bandbreite des zugeordneten linearen algebraischen Gleichungssystems. Gut entwickelte Programme unterscheiden eine externe (frei wählbare) und eine interne Numerierung. Nach einer programminternen Bandbreitenoptimierung wird die externe Numerierung in eine optimale interne umgewandelt.

Neben der zeilenweisen Speicherung der Koeffizientenmatrix in einem eindimensionalen Feld haben sich speicherplatzsparende Formen wie die Skyline-Technik bewährt, siehe z.B. [89].

Die zur Lösung des linearen Gleichungssystems (4.30) erforderliche Rechenzeit wird stark vom gewählten mathematischen Lösungsalgorithmus beeinflußt. Unterschieden werden direkte und iterative Methoden.

Alle direkten Methoden beruhen auf der sukzessiven Elimination der Unbekannten nach dem *Gauss*- oder dem *Cholesky*-Algorithmus für symmetrische Matrizen. Spezielle Techniken für Bandmatrizen, für Skyline-Matrizen und die Frontlösungsmethode sind etabliert.

Zu den iterativen Methoden gehören die Gesamtschrittverfahren (*Jacobi*-Verfahren), die Einzelschrittverfahren wie z.B. *Gauss-Seidel*-Verfahren, SOR-Verfahren (successiv over relaxation) und die PCG-Verfahren (preconditioned conjugate gradient method).

Für die Berechnung weiterer Zustandsgrößen werden beim Stab die aus der Lösung des Gleichungssystems (4.30) bekannten Verschiebungen der Knoten in die RSK-KV-Abhängigkeiten (4.18) und (4.19) eingesetzt und die tatsächlichen Randschnittkräfte zunächst im globalen Koordinatensystem berechnet. Verallgemeinert sind für die Berechnung weiterer Zustandsgrößen anstelle der RSK-KV-Abhängigkeiten der Stäbe (ik) die Elementbeziehungen der Elemente e zu verwenden.

Nach Transformation in das lokale Koordinatensystem und Berücksichtigung eventuell vorhandener Unstetigkeiten (Verschiebungssprunggrößen) und Exzentrizitäten zwischen Knoten und Rand sind die Vektoren der Randverschiebungen bekannt.

$$\tilde{\underline{v}}(ik) = \tilde{\underline{v}}(i) + \Delta\tilde{\underline{v}}(ik), \qquad \tilde{\underline{v}}(ki) = \tilde{\underline{v}}(k) + \Delta\tilde{\underline{v}}(ki) \tag{4.31}$$

Die Berechnung der Zustandsgrößen in den Elementen gelingt mit differentialen und/oder energetischen und/oder finiten Methoden und Formulierungen, siehe Kap. 2. Die in Kap. 3 beschriebene Reduktionsmethode basiert auf den differentialen Beziehungen und ermöglicht eine effiziente Ermittlung der Zustandsgrößen im Stab.

Bei einer sehr feinen Diskretisierung, d.h. bei kleinen Elementgrößen, werden oftmals nur die Knoten-/Randgrößen zur Nachweisführung verwendet.

4.2 Lineare Statik – Elastizitätstheorie I. Ordnung

4.2.1 Steifigkeitsmatrizen und Randschnittkräfte

Die Elemente der Steifigkeitsmatrizen $\underline{K}(e)$ und der kinematisch bestimmten Randschnittkraftvektoren $\overset{\circ}{\underline{F}}$ in den RSK-RV-Abhängigkeiten der Gln. (4.6) und (4.7) können unterschiedlich entwickelt werden, siehe Kap. 2. Die Anzahl der Knoten eines Elements multipliziert mit der Anzahl der Verschiebungsfreiheitsgrade bestimmt die Größe der Steifigkeitsmatrix.

Für den eben wirkenden geraden Stab mit zwei Knoten (i und k) und drei Verschiebungen der Ränder (ik) und (ki) ist eine übersichtliche Darstellung möglich. Die Elemente der (6×6)-Stabsteifigkeitsmatrix mit vier (3×3)-Submatrizen lassen sich interpretieren als Randschnittkräfte infolge von Einheitsverschiebungen.

$$\underline{K}(e) = \begin{bmatrix} [\underline{K}(ik,ik)] & [\underline{K}(ik,ki)] \\ [\underline{K}(ki,ik)] & [\underline{K}(ki,ki)] \end{bmatrix} = \begin{bmatrix} \begin{bmatrix} \text{RSK am Rand (ik),} \\ \text{infolge RV } \underline{v}(ik)=1 \end{bmatrix} & \begin{bmatrix} \text{RSK am Rand (ik),} \\ \text{infolge RV } \underline{v}(ki)=1 \end{bmatrix} \\ \begin{bmatrix} \text{RSK am Rand (ki),} \\ \text{infolge RV } \underline{v}(ik)=1 \end{bmatrix} & \begin{bmatrix} \text{RSK am Rand (ki),} \\ \text{infolge RV } \underline{v}(ki)=1 \end{bmatrix} \end{bmatrix}$$

Grundlage der Herleitung ist die differentiale Formulierung für den eben wirkenden geraden Stab (Stabtheorie nach *Bernoulli*) mit kontinuierlicher linear elastischer Bettung, siehe Abschn. 2.3.1. Die Lösung ohne Bettung ist dann als Sonderfall enthalten. Die Längsverschiebung v_1, die Querverschiebung v_2 und die Verdrehung φ_3 der beiden Ränder werden in den Vektoren $\underline{v}(ik)$ und $\underline{v}(ki)$ zusammengefaßt und im lokalen Koordinatensystem $\underline{x}$ beschrieben.

$$\underline{v}(ik) = \begin{bmatrix} v_1(ik) \\ v_2(ik) \\ \varphi_3(ik) \end{bmatrix} \qquad \underline{v}(ki) = \begin{bmatrix} v_1(ki) \\ v_2(ki) \\ \varphi_3(ki) \end{bmatrix} \tag{4.32}$$

Die Längsverschiebung ist entkoppelt von der Querverschiebung und der Verdrehung (Biegung). Die Differentialgleichung (2.69) beschreibt die Biegung des kontinuierlich linear elastisch gebetteten Stabes mit der Verschiebung v und der Verdrehung φ. Die Elemente der Stabsteifigkeitsmatrix werden aus vorzugebenden Einheitszuständen mit folgendem Algorithmus ermittelt:

(1) Einsetzen der vorgeschriebenen Werte (0 oder 1) von v_0 und φ_0 in die homogene Lösung für die Verschiebung (Schritt 1a) und Verschiebungsableitung (Schritt 1b) der Differentialgleichung (2.69) – das sind hier die Zeilen 1 und 2 der Gl. (2.81).
(2) Auflösung der beiden Gleichungen von Schritt 1 nach M_0 und Q_0.
(3) Einsetzen von v_0 und φ_0 (0 oder 1) sowie von M_0 und Q_0 in die homogene Lösung für die Momente (Schritt 3a) und Querkräfte (Schritt 3b) der Differentialgleichung (2.69) und Auflösung der beiden Gleichungen nach M_L und Q_L – das sind hier die Zeilen 3 und 4 der Gl. (2.81).
(4) Die Funktionen $\Phi_i(\lambda)$, siehe Gln. (2.79) und (2.80) werden in die Ausdrücke von Q_0, M_0, Q_L und M_L rücksubstituiert.

Einheitszustand E1 – Zustand v_0: $v(x_1=0)=1,\ \varphi(x_1=0)=0,\ v(x_1=L)=0,\ \varphi(x_1=L)=0$
Für den in Bild 4.22 dargestellten Einheitszustand 1 werden die Ergebnisse der Schritte 1) bis 4) des Algorithmus angegeben. Die bezogene Größe α nach Gl. (2.70) wird mit der Stablänge L multipliziert und die Größe $\lambda = \alpha \cdot L$ eingeführt. Die integrale Kenngröße λ des gebetteten Stabes faßt die Stablänge L, die Querschnittsbreite b, die Biegesteifigkeit EI und die Bettungsziffer K zusammen. Die Größen sind über den Stab mit der Stabkoordinate $x_1 = \xi \cdot L$ konstant.

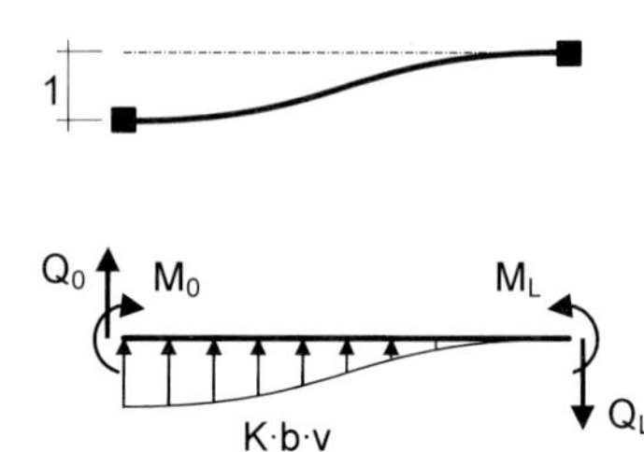

Bild 4.22 Einheitszustand v_0

(1a) $$\Phi_3(\lambda)\cdot\frac{M_0}{EI\alpha^2}+\Phi_4(\lambda)\cdot\frac{Q_0}{EI\alpha^3}=\Phi_1(\lambda)$$

(1b) $$\Phi_2(\lambda)\cdot\frac{M_0}{EI\alpha^2}+\Phi_3(\lambda)\cdot\frac{Q_0}{EI\alpha^3}=-4\Phi_4(\lambda)$$

(2) $$Q_0=-EI\alpha^3\cdot\frac{\Phi_1(\lambda)\cdot\Phi_2(\lambda)+4\Phi_3(\lambda)\cdot\Phi_4(\lambda)}{\Phi_3^2(\lambda)-\Phi_2(\lambda)\cdot\Phi_4(\lambda)}$$

$$M_0=EI\alpha^2\cdot\frac{\Phi_1(\lambda)\cdot\Phi_3(\lambda)+4\Phi_4^2(\lambda)}{\Phi_3^2(\lambda)-\Phi_2(\lambda)\cdot\Phi_4(\lambda)}$$

(3a) $$Q_L=-EI\alpha^3\cdot\frac{\Phi_2(\lambda)}{\Phi_3^2(\lambda)-\Phi_2(\lambda)\cdot\Phi_4(\lambda)}$$

(3b) $$M_L=-EI\alpha^2\cdot\frac{\Phi_3(\lambda)}{\Phi_3^2(\lambda)-\Phi_2(\lambda)\cdot\Phi_4(\lambda)}$$

(4) $$Q_0=-\frac{12EI}{L^3}\cdot\frac{\lambda^3}{3}\cdot\frac{\cosh\lambda\cdot\sinh\lambda+\cos\lambda\cdot\sin\lambda}{\sinh^2\lambda-\sin^2\lambda}\approx-\frac{12EI}{L^3}\cdot\left(1+\frac{13}{105}\cdot\lambda^4\right)$$

$$M_0=\frac{6EI}{L^2}\cdot\frac{\lambda^2}{3}\cdot\frac{\cosh^2\lambda\cdot\sin^2\lambda+\sinh^2\lambda\cdot\cos^2\lambda}{\sinh^2\lambda-\sin^2\lambda}\approx\frac{6EI}{L^2}\cdot\left(1+\frac{11}{315}\cdot\lambda^4\right)$$

$$Q_L=-\frac{12EI}{L^3}\cdot\frac{\lambda^3}{3}\cdot\frac{\cosh\lambda\cdot\sin\lambda+\sinh\lambda\cdot\cos\lambda}{\sinh^2\lambda-\sin^2\lambda}\approx-\frac{12EI}{L^3}\cdot\left(1-\frac{3}{70}\cdot\lambda^4\right)$$

$$M_L=-\frac{6EI}{L^2}\cdot\frac{\lambda^2}{3}\cdot\frac{2\sinh\lambda\cdot\sin\lambda}{\sinh^2\lambda-\sin^2\lambda}\approx-\frac{6EI}{L^2}\cdot\left(1-\frac{13}{630}\cdot\lambda^4\right)$$

Die eingeführten Näherungsausdrücke folgen aus Entwicklungen einer *Taylor*-Reihe für die trigonometrischen Funktionen und einigen Umformungen.

Einheitszustand E2 – Zustand φ_0: $v(x_1 = 0) = 0,\ \varphi(x_1 = 0) = 1,\ v(x_1 = L) = 0,\ \varphi(x_1 = L) = 0$

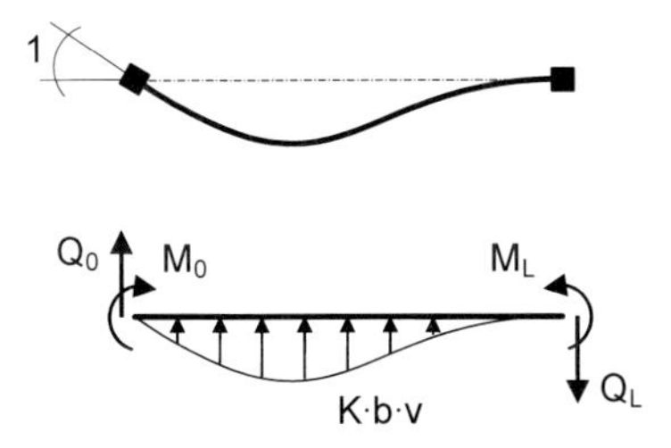

Bild 4.23 Einheitszustand φ_0

(1a) $$\Phi_3(\lambda)\cdot\frac{M_0}{EI\cdot\alpha}+\Phi_4(\lambda)\cdot\frac{Q_0}{EI\cdot\alpha^2}=\Phi_2(\lambda)$$

(1b) $$\Phi_2(\lambda)\cdot\frac{M_0}{EI\cdot\alpha}+\Phi_3(\lambda)\cdot\frac{Q_0}{EI\cdot\alpha^2}=\Phi_1(\lambda)$$

(2) $$Q_0=-EI\cdot\alpha^2\cdot\frac{\Phi_2^2(\lambda)-\Phi_1(\lambda)\cdot\Phi_3(\lambda)}{\Phi_3^2(\lambda)-\Phi_2(\lambda)\cdot\Phi_4(\lambda)}$$

$$M_0=EI\cdot\alpha\cdot\frac{\Phi_2(\lambda)\cdot\Phi_3(\lambda)-\Phi_1(\lambda)\cdot\Phi_4(\lambda)}{\Phi_3^2(\lambda)-\Phi_2(\lambda)\cdot\Phi_4(\lambda)}$$

(3a) $$Q_L=-EI\cdot\alpha^2\cdot\frac{\Phi_3(\lambda)}{\Phi_3^2(\lambda)-\Phi_2(\lambda)\cdot\Phi_4(\lambda)}$$

(3b) $$M_L=-EI\cdot\alpha\cdot\frac{\Phi_4(\lambda)}{\Phi_3^2(\lambda)-\Phi_2(\lambda)\cdot\Phi_4(\lambda)}$$

(4) $$Q_0=-\frac{6EI}{L^2}\cdot\frac{\lambda^2}{3}\cdot\frac{\cosh^2\lambda\cdot\sin^2\lambda+\sinh^2\lambda\cdot\cos^2\lambda}{\sinh^2\lambda-\sin^2\lambda}\approx-\frac{6EI}{L^2}\cdot\left(1+\frac{11}{315}\cdot\lambda^4\right)$$

$$M_0=\frac{4EI}{L}\cdot\frac{\lambda}{2}\cdot\frac{\cosh\lambda\cdot\sinh\lambda-\cos\lambda\cdot\sin\lambda}{\sinh^2\lambda-\sin^2\lambda}\approx\frac{4EI}{L}\cdot\left(1+\frac{1}{105}\cdot\lambda^4\right)$$

$$Q_L=-\frac{6EI}{L^2}\cdot\frac{\lambda^2}{3}\cdot\frac{2\sinh\lambda\cdot\sin\lambda}{\sinh^2\lambda-\sin^2\lambda}\approx-\frac{6EI}{L^2}\cdot\left(1-\frac{13}{630}\cdot\lambda^4\right)$$

$$M_L=-\frac{2EI}{L}\cdot\lambda\cdot\frac{\cosh\lambda\cdot\sin\lambda-\sinh\lambda\cdot\cos\lambda}{\sinh^2\lambda-\sin^2\lambda}\approx-\frac{2EI}{L}\cdot\left(1-\frac{1}{70}\cdot\lambda^4\right)$$

Analog und unter Ausnutzung der Symmetrie bzw. Antimetrie werden die beiden anderen Einheitszustände behandelt. Angegeben werden die Ergebnisse des Schrittes 4).

Einheitszustand E3 – Zustand v_L: $v(x_1 = 0) = 0,\ \varphi(x_1 = 0) = 0,\ v(x_1 = L) = 1,\ \varphi(x_1 = L) = 0$

$$Q_0 = \frac{12EI}{L^3} \cdot \frac{\lambda^3}{3} \cdot \frac{\cosh\lambda \cdot \sin\lambda + \sinh\lambda \cdot \cos\lambda}{\sinh^2\lambda - \sin^2\lambda} \approx \frac{12EI}{L^3} \cdot \left(1 - \frac{3}{70} \cdot \lambda^4\right)$$

$$M_0 = -\frac{6EI}{L^2} \cdot \frac{\lambda^2}{3} \cdot \frac{2\sinh\lambda \cdot \sin\lambda}{\sinh^2\lambda - \sin^2\lambda} \approx -\frac{6EI}{L^2} \cdot \left(1 - \frac{13}{630} \cdot \lambda^4\right)$$

$$Q_L = \frac{12EI}{L^3} \cdot \frac{\lambda^3}{3} \cdot \frac{\cosh\lambda \cdot \sinh\lambda + \cos\lambda \cdot \sin\lambda}{\sinh^2\lambda - \sin^2\lambda} \approx \frac{12EI}{L^3} \cdot \left(1 + \frac{13}{105} \cdot \lambda^4\right)$$

$$M_0 = \frac{6EI}{L^2} \cdot \frac{\lambda^2}{3} \cdot \frac{\cosh^2\lambda \cdot \sin^2\lambda + \sinh^2\lambda \cdot \cos^2\lambda}{\sinh^2\lambda - \sin^2\lambda} \approx \frac{6EI}{L^2} \cdot \left(1 + \frac{11}{315} \cdot \lambda^4\right)$$

Einheitszustand E4 – Zustand φ_L: $v(x_1 = 0) = 0,\ \varphi(x_1 = 0) = 0,\ v(x_1 = L) = 0,\ \varphi(x_1 = L) = 1$

$$Q_0 = -\frac{6EI}{L^2} \cdot \frac{\lambda^2}{3} \cdot \frac{2\sinh\lambda \cdot \sin\lambda}{\sinh^2\lambda - \sin^2\lambda} \approx -\frac{6EI}{L^2} \cdot \left(1 - \frac{13}{630} \cdot \lambda^4\right)$$

$$M_0 = \frac{2EI}{L} \cdot \lambda \cdot \frac{\cosh\lambda \cdot \sin\lambda - \sinh\lambda \cdot \cos\lambda}{\sinh^2\lambda - \sin^2\lambda} \approx \frac{2EI}{L} \cdot \left(1 - \frac{1}{70} \cdot \lambda^4\right)$$

$$Q_L = -\frac{6EI}{L^2} \cdot \frac{\lambda^2}{3} \cdot \frac{\cosh^2\lambda \cdot \sin^2\lambda + \sinh^2\lambda \cdot \cos^2\lambda}{\sinh^2\lambda - \sin^2\lambda} \approx -\frac{6EI}{L^2} \cdot \left(1 + \frac{11}{315} \cdot \lambda^4\right)$$

$$M_L = -\frac{4EI}{L} \cdot \frac{\lambda}{2} \cdot \frac{\cosh\lambda \cdot \sinh\lambda - \cos\lambda \cdot \sin\lambda}{\sinh^2\lambda - \sin^2\lambda} \approx -\frac{4EI}{L} \cdot \left(1 + \frac{1}{105} \cdot \lambda^4\right)$$

Die vier Einheitszustände bilden die Basis für die Entwicklung der Steifigkeitsmatrix.

Vorzeichendefinition. Die Elementbeziehungen werden für ein Stabelement im lokalen Koordinatensystem $\underline{x}$ eingeführt. Die Definition der Randschnittkräfte M_0, Q_0, M_L und Q_L, ist die der Technischen Biegelehre. Der Zusammenhang mit den Definitionen der Randschnittkräfte der Deformationsmethode ist aus Bild 4.24 ersichtlich.

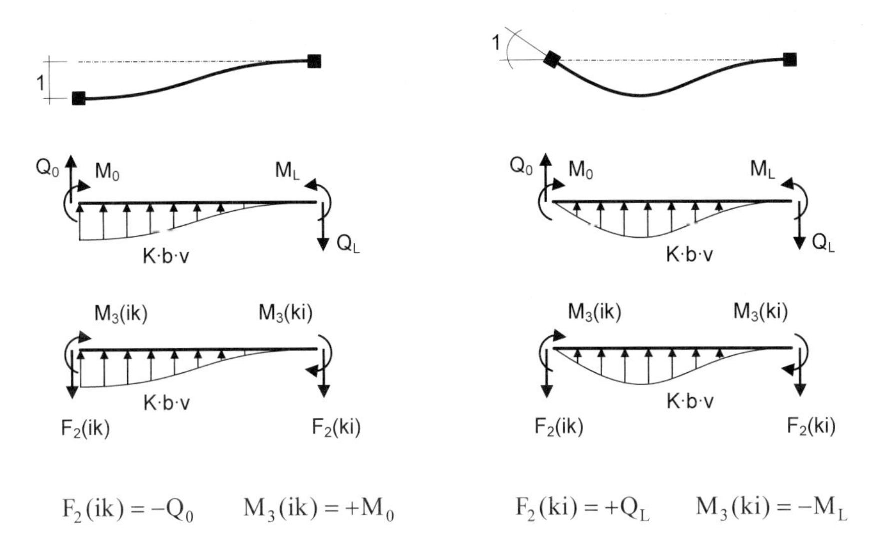

Bild 4.24 Einheitszustände und Schnittkraftdefinition

Die Randschnittkräfte $F_2(ik)$, $M_3(ik)$, $F_2(ki)$, $M_2(ki)$ der einzelnen Einheitszustände werden den Koeffizienten der dem Zustand entsprechenden Spalte der Steifigkeitsmatrix zugeordnet.

Mit dem Verschiebungsvektor gemäß Gl. (4.32) werden z.B. für die Einheitszustände E1 und E2 die Spalten 2 und 3 der Steifigkeitsmatrix $\underline{K}(e)$ erhalten.

$v(0) = 1,\ \varphi(0) = 0,\ v(L) = 0,\ \varphi(L) = 0$	$v(0) = 0,\ \varphi(0) = 1,\ v(L) = 0,\ \varphi(L) = 0$
0	0
$\frac{12EI}{L^3} \cdot \frac{\lambda^3}{3} \cdot \frac{\cosh\lambda \cdot \sinh\lambda + \cos\lambda \cdot \sin\lambda}{\sinh^2\lambda - \sin^2\lambda}$	$\frac{6EI}{L^2} \cdot \frac{\lambda^2}{3} \cdot \frac{\cosh^2\lambda \cdot \sin^2\lambda + \sinh^2\lambda \cdot \cos^2\lambda}{\sinh^2\lambda - \sin^2\lambda}$
$\frac{6EI}{L^2} \cdot \frac{\lambda^2}{3} \cdot \frac{\cosh^2\lambda \cdot \sin^2\lambda + \sinh^2\lambda \cdot \cos^2\lambda}{\sinh^2\lambda - \sin^2\lambda}$	$\frac{4EI}{L} \cdot \frac{\lambda}{2} \cdot \frac{\cosh\lambda \cdot \sinh\lambda - \cos\lambda \cdot \sin\lambda}{\sinh^2\lambda - \sin^2\lambda}$
0	0
$-\frac{12EI}{L^3} \cdot \frac{\lambda^3}{3} \cdot \frac{\cosh\lambda \cdot \sin\lambda + \sinh\lambda \cdot \cos\lambda}{\sinh^2\lambda - \sin^2\lambda}$	$-\frac{6EI}{L^2} \cdot \frac{\lambda^2}{3} \cdot \frac{2\sinh\lambda \cdot \sin\lambda}{\sinh^2\lambda - \sin^2\lambda}$
$\frac{6EI}{L^2} \cdot \frac{\lambda^2}{3} \cdot \frac{2\sinh\lambda \cdot \sin\lambda}{\sinh^2\lambda - \sin^2\lambda}$	$\frac{2EI}{L} \cdot \lambda \cdot \frac{\cosh\lambda \cdot \sin\lambda - \sinh\lambda \cdot \cos\lambda}{\sinh^2\lambda - \sin^2\lambda}$

Mit den Randschnittkräften der vier Einheitszustände können die Spalten 2, 3, 5 und 6 der Steifigkeitsmatrix gefüllt werden.

Die Spalten 1 und 4 werden mit den Randschnittkräften infolge Einheitsverschiebungen aus der Lösung der Differentialgleichung 2. Ordnung für die Längsverschiebung $u(x_1)$ – ohne Berücksichtigung einer kontinuierlichen linear elastischen Bettung in Längsrichtung – belegt. Die zugehörige Lösung kann z.B. aus den Termen für den Fall einer harmonischen Längsschwingung mit kontinuierlich verteilten Massen, siehe Abschn. 4.3.2, entwickelt werden. In die Elemente k_{11}, k_{14}, k_{41} und k_{44} werden die entsprechenden Anteile (ohne Berücksichtigung der Trägheitswirkung) hier eingefügt. Die Belegung der Steifigkeitsmatrix ist

$$\underline{K}(e)=\begin{bmatrix}\underline{K}(ik,ik) & \underline{K}(ik,ki)\\ \underline{K}(ki,ik) & \underline{K}(ki,ki)\end{bmatrix}=\left[\begin{array}{ccc|ccc} k_{11} & 0 & 0 & k_{14} & 0 & 0\\ & k_{22} & k_{23} & 0 & k_{25} & k_{26}\\ & & k_{33} & 0 & k_{35} & k_{36}\\ \hline S & & & k_{44} & 0 & 0\\ & Y & & & k_{55} & k_{56}\\ & & M & & & k_{66}\end{array}\right] \tag{4.33}$$

mit

$$k_{11}=\frac{EA}{L},\quad k_{14}=-k_{11},\quad k_{44}=k_{11}$$

$$k_{22}=\frac{12EI}{L^3}\cdot\frac{\lambda^3}{3}\cdot\frac{\cosh\lambda\cdot\sinh\lambda+\cos\lambda\cdot\sin\lambda}{\sinh^2\lambda-\sin^2\lambda},\qquad k_{55}=k_{22}$$

$$k_{23}=\frac{6EI}{L^2}\cdot\frac{\lambda^2}{3}\cdot\frac{\cosh^2\lambda\cdot\sin^2\lambda+\sinh^2\lambda\cdot\cos^2\lambda}{\sinh^2\lambda-\sin^2\lambda},\qquad k_{56}=-k_{23}$$

$$k_{33}=\frac{4EI}{L}\cdot\frac{\lambda}{2}\cdot\frac{\cosh\lambda\cdot\sinh\lambda-\cos\lambda\cdot\sin\lambda}{\sinh^2\lambda-\sin^2\lambda},\qquad k_{66}=k_{33}$$

$$k_{25}=-\frac{12EI}{L^3}\cdot\frac{\lambda^3}{3}\cdot\frac{\cosh\lambda\cdot\sin\lambda+\sinh\lambda\cdot\cos\lambda}{\sinh^2\lambda-\sin^2\lambda}$$

$$k_{35}=-\frac{6EI}{L^2}\cdot\frac{\lambda^2}{3}\cdot\frac{2\sinh\lambda\cdot\sin\lambda}{\sinh^2\lambda-\sin^2\lambda}\qquad k_{26}=-k_{35}$$

$$k_{36}=\frac{2EI}{L}\cdot\lambda\cdot\frac{\cosh\lambda\cdot\sin\lambda-\sinh\lambda\cdot\cos\lambda}{\sinh^2\lambda-\sin^2\lambda}$$

Die *Taylor*-Reihen konvergieren in diesem Fall (z.T. sehr) langsam, insbesondere dann, wenn die bezogene Länge größer wird. Große λ-Werte bedeuten aus physikalischer Sicht relativ „weiche" Balken auf relativ „starrer" Bettung. Die Näherungslösungen der Reihenentwicklung liefern plausible Ergebnisse für kleine λ-Werte, d.h. für relativ starre Stäbe.

Für den Grenzübergang $\lambda \to 0$ wird die Steifigkeitsmatrix für den eben wirkenden geraden Stab mit konstantem Querschnitt nach Elastizitätstheorie I. Ordnung (kinematische Hypothese nach *Bernoulli*) erhalten. Diese Lösung folgt natürlich auch aus den Vereinfachungen der Lösung für die harmonische Schwingung, siehe Abschn. 4.3, und der Lösung nach Elastizitätstheorie II. Ordnung, siehe Abschn. 4.4.

Die vier Submatrizen der Elementsteifigkeitsmatrix $\underline{K}(e)$ sind

$$\underline{K}(ik,ik) = \begin{bmatrix} \frac{EA}{L} & 0 & 0 \\ 0 & \frac{12EI}{L^3} & \frac{6EI}{L^2} \\ 0 & \frac{6EI}{L^2} & \frac{4EI}{L} \end{bmatrix} \tag{4.34a}$$

$$\underline{K}(ik,ki) = \begin{bmatrix} \frac{-EA}{L} & 0 & 0 \\ 0 & \frac{-12EI}{L^3} & \frac{6EI}{L^2} \\ 0 & \frac{-6EI}{L^2} & \frac{2EI}{L} \end{bmatrix} \tag{4.34b}$$

$$\underline{K}(ki,ik) = \begin{bmatrix} \frac{-EA}{L} & 0 & 0 \\ 0 & \frac{-12EI}{L^3} & \frac{-6EI}{L^2} \\ 0 & \frac{6EI}{L^2} & \frac{2EI}{L} \end{bmatrix} \tag{4.34c}$$

$$\underline{K}(ki,ki) = \begin{bmatrix} \frac{EA}{L} & 0 & 0 \\ 0 & \frac{12EI}{L^3} & \frac{-6EI}{L^2} \\ 0 & \frac{-6EI}{L^2} & \frac{4EI}{L} \end{bmatrix} \tag{4.34d}$$

In den Tab. 4.1 bis 4.3 sind für einfache Belastungsfälle (Quer- und Längsbelastung) die Randschnittkräfte des kinematisch bestimmt gelagerten eben wirkenden Stabes (Stabtheorie nach *Bernoulli*) zusammengestellt.

Tabelle 4.1 Randschnittkräfte des kinematisch bestimmt gelagerten Stabes, Rand (ik)

Biegebeanspruchung

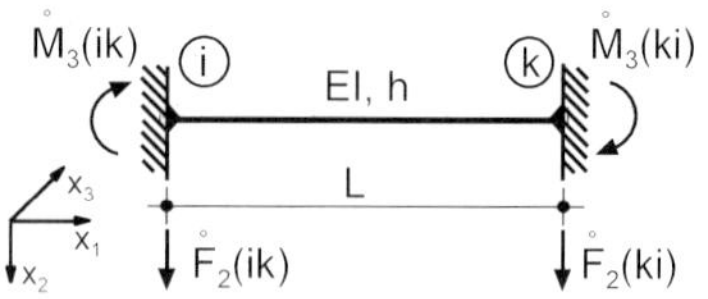

$\overset{\circ}{M}_3(ik)$ (i) EI, h (k) $\overset{\circ}{M}_3(ki)$
L
x_3 x_1 x_2
$\overset{\circ}{F}_2(ik)$ $\overset{\circ}{F}_2(ki)$

EI = konst.

Belastung	$\overset{\circ}{F}_2(ik)$	$\overset{\circ}{M}_3(ik)$
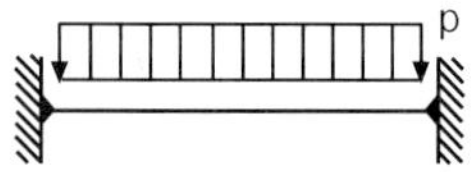 p	$-\frac{1}{2}\,pL$	$-\frac{1}{12}\,pL^2$
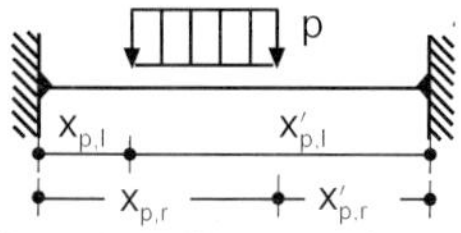 p; $x_{p,l}$, $x'_{p,l}$; $x_{p,r}$, $x'_{p,r}$	$-\frac{pL}{2}\left(\xi'^2-\zeta'^2\right)+\frac{\overset{\circ}{M}_3(ik)+\overset{\circ}{M}_3(ki)}{L}$	$-\frac{pL^2}{12}\left[6\left(\zeta^2-\xi^2\right)-8\left(\zeta^3-\xi^3\right)+3\left(\zeta^4-\xi^4\right)\right]$
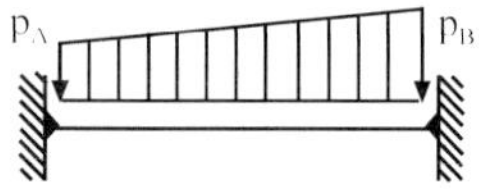 p_A, p_B	$-\frac{L}{20}\left(7p_A+3p_B\right)$	$-\frac{L^2}{60}\left(3p_A+2p_B\right)$
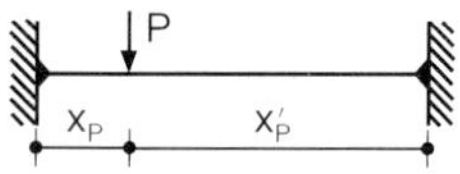 P; x_P, x'_P	$-P\,\xi'\left(1-\xi^2+\xi\,\xi'\right)$	$-PL\,\xi\,\xi'^2$
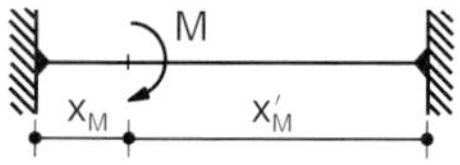 M; x_M, x'_M	$+\frac{6}{L}\,M\,\xi\,\xi'$	$+M\,\xi'\left(2-3\,\xi'\right)$
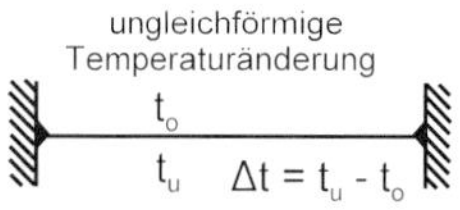 ungleichförmige Temperaturänderung; t_o; t_u; $\Delta t = t_u - t_o$	0	$-EI\,\frac{\alpha_T\cdot\Delta t}{h}$

Bezeichnungen $\frac{x_i}{L}=\xi;\ \frac{x_i'}{L}=\xi'\quad i=p,l;\,P;\,M\qquad \frac{x_{p,r}}{L}=\zeta;\ \frac{x'_{p,r}}{L}=\zeta'$

Tabelle 4.2 Randschnittkräfte des kinematisch bestimmt gelagerten Stabes, Rand (ki)

Biegebeanspruchung

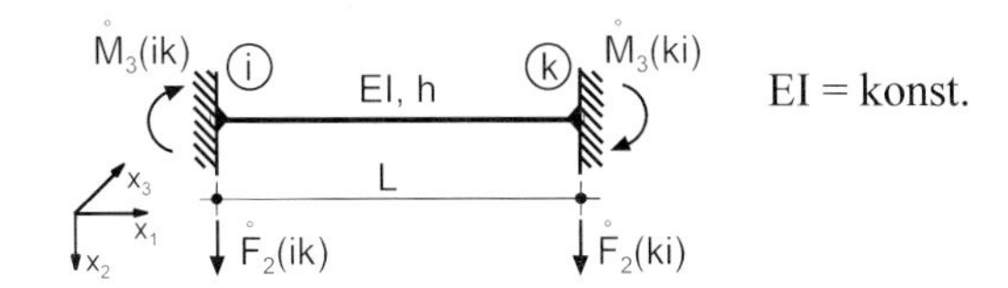

EI = konst.

Belastung	$\overset{\circ}{F}_2(ki)$	$\overset{\circ}{M}_3(ki)$
p	$-\frac{1}{2}\,pL$	$+\frac{1}{12}\,pL^2$
p; $x_{p,l}$, $x'_{p,l}$; $x_{p,r}$, $x'_{p,r}$	$-\frac{pL}{2}\left(\zeta^2-\xi^2\right)-\frac{\overset{\circ}{M}_3(ik)+\overset{\circ}{M}_3(ki)}{L}$	$+\frac{pL^2}{12}\left[6\left(\xi'^2-\zeta'^2\right)-8\left(\xi'^3-\zeta'^3\right)+3\left(\xi'^4-\zeta'^4\right)\right]$
p_A, p_B	$-\frac{L}{20}\left(3p_A+7p_B\right)$	$+\frac{L^2}{60}\left(2p_A+3p_B\right)$
P; x_P, x'_P	$-P\,\xi\left(1-\xi'^2+\xi\,\xi'\right)$	$+PL\,\xi^2\,\xi'$
M; x_M, x'_M	$-\frac{6}{L}\,M\,\xi\,\xi'$	$+M\,\xi\,(2-3\,\xi)$
ungleichförmige Temperaturänderung; t_o, t_u, $\Delta t = t_u - t_o$	0	$+EI\,\frac{\alpha_T\cdot\Delta t}{h}$

Bezeichnungen $\quad \frac{x_i}{L}=\xi;\ \frac{x_i'}{L}=\xi' \quad i = p,l;\ P;\ M \quad \frac{x_{p,r}}{L}=\zeta;\ \frac{x_{p,r}'}{L}=\zeta'$

Tabelle 4.3 Randschnittkräfte des kinematisch bestimmt gelagerten Stabes

Längsbeanspruchung

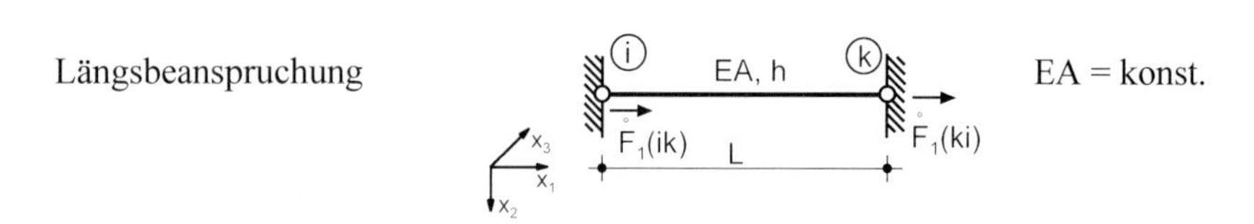

EA = konst.

Belastung	$\overset{\circ}{F}_1(ik)$	$\overset{\circ}{F}_1(ki)$
	$-\frac{1}{2}\,sL$	$-\frac{1}{2}\,sL$
	$-\frac{1}{3}\,sL$	$-\frac{1}{6}\,sL$
	$-\frac{1}{6}\,sL$	$-\frac{1}{3}\,sL$
	$-sL(\zeta-\xi)\cdot\left[\zeta'+\frac{1}{2}(\zeta-\xi)\right]$	$-sL(\zeta-\xi)\cdot\left[\xi+\frac{1}{2}(\zeta-\xi)\right]$
	$-P_1\,\xi'$	$-P_1\,\xi$

Bezeichnungen $\frac{x_i}{L}=\xi\,;\ \frac{x_i'}{L}=\xi'$ $\quad i=p,l;\ P$ $\quad \frac{x_{p,r}}{L}=\zeta\,;\ \frac{x_{p,r}'}{L}=\zeta'$

Mit der Steifigkeitsmatrix des eben wirkenden geraden Stabes nach Gl. (4.34) wird die Steifigkeitsmatrix des räumlich wirkenden geraden Stabes mit kompaktem Querschnitt (Berücksichtigung nur der *St. Venant*schen Torsion) nach Elastizitätstheorie I. Ordnung entwickelt.

Die Randverschiebungsvektoren

$$\underline{v}(ik) = \begin{bmatrix} v_1(ik) \\ v_2(ik) \\ v_3(ik) \\ \varphi_1(ik) \\ \varphi_2(ik) \\ \varphi_3(ik) \end{bmatrix} \qquad \underline{v}(ki) = \begin{bmatrix} v_1(ki) \\ v_2(ki) \\ v_3(ki) \\ \varphi_1(ki) \\ \varphi_2(ki) \\ \varphi_3(ki) \end{bmatrix} \tag{4.35}$$

führen auf eine (12×12)-Steifigkeitsmatrix. Unter Beachtung von

$$\varphi_3(x_1) = \frac{dv_2(x_1)}{dx_1} = v_2'(x_1) \quad \text{und} \quad \varphi_2(x_1) = -\frac{dv_3(x_1)}{dx_1} = -v_3'(x_1) \tag{4.36}$$

können die Elemente übertragen werden, die zu Längsverschiebung und Biegung gehören, siehe Gl. (4.37). Die Torsionsverdrehung φ_1 wird mit der *St. Venant*schen Torsionsspannungsfunktion ermittelt. Die Trägheitsmomente sind I_1, I_2 und I_3.

$$\underline{K}(e) = \begin{bmatrix}
\frac{EA}{L} & & & & & & -\frac{EA}{L} & & & & & \\
& \frac{12EI_3}{L^3} & & & & \frac{6EI_3}{L^2} & & \frac{-12EI_3}{L^3} & & & & \frac{6EI_3}{L^2} \\
& & \frac{12EI_2}{L^3} & & -\frac{6EI_2}{L^2} & & & & -\frac{12EI_2}{L^3} & & -\frac{6EI_2}{L^2} & \\
& & & \frac{GI_1}{L} & & & & & & -\frac{GI_1}{L} & & \\
& & -\frac{6EI_2}{L^2} & & \frac{4EI_2}{L} & & & & \frac{6EI_2}{L^2} & & \frac{2EI_2}{L} & \\
& \frac{6EI_3}{L^2} & & & & \frac{4EI_3}{L} & & -\frac{6EI_3}{L^2} & & & & \frac{2EI_3}{L} \\
-\frac{EA}{L} & & & & & & \frac{EA}{L} & & & & & \\
& -\frac{12EI_3}{L^3} & & & & -\frac{6EI_3}{L^2} & & \frac{12EI_3}{L^3} & & & & -\frac{6EI_3}{L^2} \\
& & -\frac{12EI_2}{L^3} & & \frac{6EI_2}{L^2} & & & & \frac{12EI_2}{L^3} & & \frac{6EI_2}{L^2} & \\
& & & -\frac{GI_1}{L} & & & & & & \frac{GI_1}{L} & & \\
& & -\frac{6EI_2}{L^2} & & \frac{2EI_2}{L} & & & & \frac{6EI_2}{L^2} & & \frac{4EI_2}{L} & \\
& \frac{6EI_3}{L^2} & & & & \frac{2EI_3}{L} & & -\frac{6EI_3}{L^2} & & & & \frac{4EI_3}{L}
\end{bmatrix} \tag{4.37}$$

4.2.2 Ermittlung der Zustandsgrößen

Die in den Abschn. 4.1 und 4.2.1 beschriebenen Algorithmen werden zur Berechnung der Zustandsgrößen (Verschiebungen und Schnittkräfte) für einfache, leicht nachvollziehbare Beispiele angewendet.

Die drei Beispielsysteme enthalten keine Verschiebungsunstetigkeiten im Stabanschluß. Die eben wirkenden Stabtragwerke, siehe Beispiele 4.5 und 4.6, haben einen bzw. zwei Knoten mit unbekannten Verschiebungen. Mit dem Beispiel 4.7 werden Teile die Berechnung räumlicher Stabtragwerke skizziert.

Beispiel 4.5 Für das eben wirkende Stabsystem nach Bild 4.25 werden die Schnittkraftzustandsfunktionen nach Elastizitätstheorie I. Ordnung bestimmt. Die Lösungen gemäß den Stabtheorien nach *Bernoulli* und *Timoshenko* werden für den Lastfall 1 verglichen.

Für alle Stäbe ist:

$E = 2{,}1 \cdot 10^8$ kN/m²
$I = 1{,}32 \cdot 10^{-5}$ m⁴
$A = 2{,}39 \cdot 10^{-3}$ m²
$\alpha_T = 1{,}2 \cdot 10^{-5}$ K⁻¹
$\mu = 0{,}3$
$\kappa = 2{,}69$

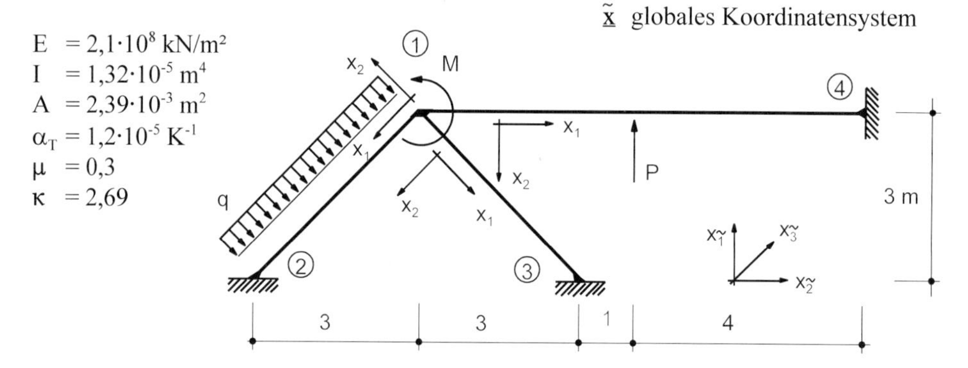

Bild 4.25 Ebenes Stabtragwerk

Lastfall 1 (äußere Einwirkungen):
$P = 10$ kN
$q = 2$ kN/m
$M = 5$ kNm

Lastfall 2 (Zwang):
Temperaturerhöhung $t_s(14) = 20$ K

Lastfall 3 (Zwang):
Temperaturänderung $\Delta t(14) = 10$ K
Stab (14): Querschnitt $h = 0{,}18$ m

Lastfall 4 (Zwang):
Stützpunktverschiebung $v_{\tilde{1}s}(4) = -0{,}02$ m

Das Gleichungssystem für die unbekannten Knotenverschiebungen $\tilde{\underline{v}}$ wird in Matrizenform gemäß Gl. (4.25) im globalen Koordinatensystem aufgestellt. Es gibt keine Anschlußunstetigkeiten zwischen den Stabrändern (ik), (ki) und den Knoten (i), (k). Die Stabrandverschiebungen $\underline{v}(ik)$, $\underline{v}(ki)$ sind mit den Knotenverschiebungen $\underline{v}(i)$, $\underline{v}(k)$ identisch. Das System hat nur einen Knoten mit unbekannten Knotenverschiebungen. Die Abhängigkeit der Systemsteifigkeitsmatrix $\tilde{\underline{K}}$ von den Stabsteifigkeitsmatrizen folgt aus dem Gleichgewicht am Knoten 1

$$\tilde{\underline{P}}(1) - \sum_{(1)} \tilde{\underline{F}}(1k_1) = \tilde{\underline{P}}(1) - \sum_{(1)} \overset{\circ}{\tilde{\underline{F}}}(1k_1) - \tilde{\underline{K}}\,\tilde{\underline{v}}(1) = 0$$

Der Vektor der (unbekannten) Knotenverschiebungen ist $\tilde{\underline{v}} = \tilde{\underline{v}}(1) = \begin{bmatrix} v_{\tilde{1}}(1) \\ v_{\tilde{2}}(1) \\ \varphi_{\tilde{3}}(1) \end{bmatrix}$

Der Index k_1 durchläuft die Knotennummern aller Nachbarknoten von Knoten 1, die mit diesem durch einen Stab verbunden sind ($k_1 = 2, 3, 4$).

$$\sum_{(1)} \tilde{\underline{F}}(1k_1) = \tilde{\underline{F}}(12) + \tilde{\underline{F}}(13) + \tilde{\underline{F}}(14)$$

Unter Beachtung der Gl. (4.18) und mit $\tilde{\underline{v}}(2) = \tilde{\underline{v}}(3) = \tilde{\underline{v}}(4) = 0$ folgt

$$\tilde{\underline{K}} = \tilde{\underline{K}}(12,1) + \tilde{\underline{K}}(13,1) + \tilde{\underline{K}}(14,1)$$

Die benötigte Stabsteifigkeitsmatrix $\underline{K}(ik,i)$ ist im lokalen Stabkoordinatensystem und ohne Berücksichtigung der Querkraftgleitung in Gl. (4.34a) angegeben.

Zahlenmäßig sind für:
- Stab (12), (13)
  $L(12) = L(13) = 3 \cdot \sqrt{2}$ m

$$\underline{K}(12,1) = \underline{K}(13,1) = \begin{bmatrix} 118299 & 0 & 0 \\ 0 & 435{,}6 & 924{,}0 \\ 0 & 924{,}0 & 2613{,}5 \end{bmatrix}$$

- Stab (14)
  $L(14) = 8$ m

$$\underline{K}(14,1) = \begin{bmatrix} 62740 & 0 & 0 \\ 0 & 64{,}97 & 259{,}88 \\ 0 & 259{,}88 & 1386{,}5 \end{bmatrix}$$

Die Submatrizen $\underline{K}(ik,i)$, $\underline{K}(ik,k)$, $\underline{K}(ki,i)$, $\underline{K}(ki,k)$ der Stabsteifigkeitsmatrix für den geraden (eben wirkenden) Stab haben die Form

$$\underline{K}(**,*) = \begin{bmatrix} A & 0 & 0 \\ 0 & B & C \\ 0 & D & E \end{bmatrix}, \text{ wenn } \underline{v} = \begin{bmatrix} v_1 \\ v_2 \\ \varphi_3 \end{bmatrix}$$

Die Transformation der Submatrizen der Steifigkeitsmatrix des Stabes aus dem lokalen in das globale Koordinatensystem gemäß Gl. (4.17) erfolgt mit der Transformationsmatrix $\underline{T}(e)$ für eben wirkende Stabsysteme gemäß Gl. (4.3) und dem Transformationswinkel $\alpha(e) = \alpha$

$$\tilde{\underline{K}}(**,*) = \begin{bmatrix} A \cdot \cos^2\alpha + B \cdot \sin^2\alpha & -A \cdot \cos\alpha \cdot \sin\alpha + B \cdot \cos\alpha \cdot \sin\alpha & C \cdot \sin\alpha \\ -A \cdot \cos\alpha \cdot \sin\alpha + B \cdot \cos\alpha \cdot \sin\alpha & A \cdot \sin^2\alpha + B \cdot \cos^2\alpha & C \cdot \cos\alpha \\ D \cdot \sin\alpha & D \cdot \cos\alpha & E \end{bmatrix}$$

Die Transformationswinkel der Stäbe können für $e = (12)$: $\alpha(12) = 135°$; $e = (13)$: $\alpha(13) = 225°$ und $e = (14)$: $\alpha(14) = 270°$ angegeben werden, siehe Bild 4.25. Die zahlenmäßige Belegung der globalen Stabsteifigkeitsmatrizen $\tilde{\underline{K}}(ik,i)$ ist für:

- Stab (12)

$$\cos(\alpha(12)) = -0{,}5\cdot\sqrt{2} \qquad \sin(\alpha(12)) = 0{,}5\cdot\sqrt{2} \qquad \underline{\tilde{K}}(12,1) = \begin{bmatrix} 59367 & 58931{,}7 & 653{,}4 \\ 58931{,}7 & 59367 & -653{,}4 \\ 653{,}4 & -653{,}4 & 2613{,}5 \end{bmatrix}$$

- Stab (13)

$$\cos(\alpha(13)) = -0{,}5\cdot\sqrt{2} \qquad \sin(\alpha(13)) = -0{,}5\cdot\sqrt{2} \qquad \underline{\tilde{K}}(13,1) = \begin{bmatrix} 59367 & -58931{,}7 & -653{,}4 \\ -58931{,}7 & 59367 & -653{,}4 \\ -653{,}4 & -653{,}4 & 2613{,}5 \end{bmatrix}$$

- Stab (14)

$$\cos(\alpha(14)) = 0 \qquad \sin(\alpha(14)) = -1 \qquad \underline{\tilde{K}}(14,1) = \begin{bmatrix} 64{,}97 & 0 & -259{,}88 \\ 0 & 62738 & 0 \\ -259{,}88 & 0 & 1386 \end{bmatrix}$$

Die Koeffizientenmatrix des linearen Gleichungssystems (Systemsteifigkeitsmatrix $\underline{\tilde{K}}$) für die unbekannten Knotenverschiebungen im globalen Koordinatensystem ergibt sich zu

$$\underline{\tilde{K}} = \underline{\tilde{K}}(12,1) + \underline{\tilde{K}}(13,1) + \underline{\tilde{K}}(14,1) = \begin{bmatrix} 11880 & 0 & -259{,}88 \\ 0 & 181472 & -1306{,}73 \\ -259{,}88 & -1306{,}73 & 6613 \end{bmatrix}$$

Der Knotenlastvektor im globalen Koordinatensystem ist im *Lastfall 1*

$$\underline{\tilde{P}}(1) = \begin{bmatrix} 0 \\ 0 \\ -5 \end{bmatrix}$$

Die Berechnung der Vektoren der kinematisch bestimmten Randschnittkräfte im lokalen Koordinatensystem kann mit Tab. 4.1erfolgen, siehe z.B. auch [71], [73], [35].

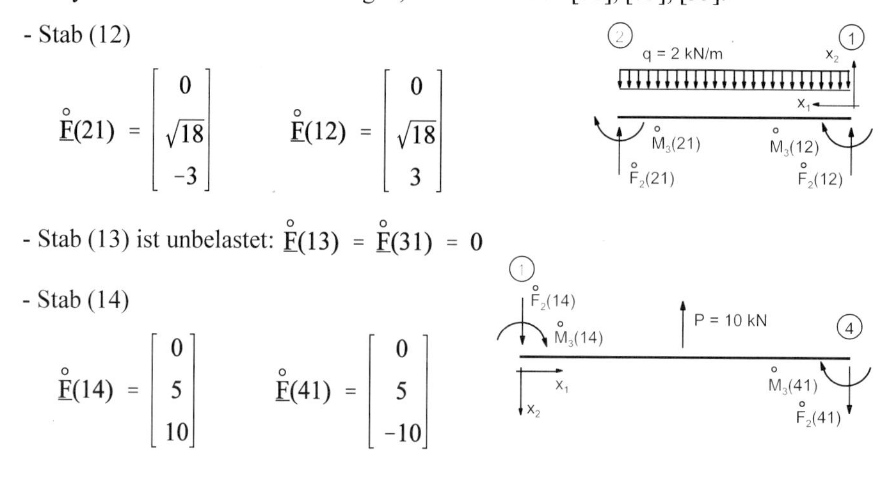

Bild 4.26 Kinematisch bestimmte Randschnittkräfte, *Lastfall 1*

Nach Anwendung der Gl. (4.17) sind die Vektoren der kinematisch bestimmten Randschnittkräfte im globalen Koordinatensystem

$$\overset{\circ}{\tilde{\underline{F}}}(41) = \begin{bmatrix} -5 \\ 0 \\ -10 \end{bmatrix} \qquad \overset{\circ}{\tilde{\underline{F}}}(12) = \begin{bmatrix} 3 \\ -3 \\ 3 \end{bmatrix} \qquad \overset{\circ}{\tilde{\underline{F}}}(21) = \begin{bmatrix} 3 \\ -3 \\ -3 \end{bmatrix} \qquad \overset{\circ}{\tilde{\underline{F}}}(14) = \begin{bmatrix} -5 \\ 0 \\ 10 \end{bmatrix}$$

Der Belastungsvektor ($\tilde{\underline{P}} - \overset{\circ}{\tilde{\underline{F}}}$) ist im Lastfall 1

$$\tilde{\underline{P}}(1) - \sum_{(1)} \overset{\circ}{\tilde{\underline{F}}}(1k_1) = \tilde{\underline{P}}(1) - (\overset{\circ}{\tilde{\underline{F}}}(12) + \overset{\circ}{\tilde{\underline{F}}}(13) + \overset{\circ}{\tilde{\underline{F}}}(14)) = \begin{bmatrix} 2 \\ 3 \\ -18 \end{bmatrix}$$

Das lineare Gleichungssystem für die unbekannten Knotenverschiebungen

$$\begin{bmatrix} 11880 & 0 & -259{,}88 \\ 0 & 181472 & -1306{,}73 \\ -259{,}88 & -1306{,}73 & 6613 \end{bmatrix} \cdot \begin{bmatrix} v_{\tilde{1}}(1) \\ v_{\tilde{2}}(1) \\ \varphi_{\tilde{3}}(1) \end{bmatrix} = \begin{bmatrix} 2 \\ 3 \\ -18 \end{bmatrix}$$

hat die Lösung

$$\tilde{\underline{v}}(1) = \begin{bmatrix} v_{\tilde{1}}(1) \\ v_{\tilde{2}}(1) \\ \varphi_{\tilde{3}}(1) \end{bmatrix} = \begin{bmatrix} 1{,}088 \\ -0{,}307 \\ -272{,}2 \end{bmatrix} \cdot 10^{-5} \begin{matrix} \text{m} \\ \text{m} \\ \text{rad} \end{matrix}$$

Die Randschnittkräfte an den Stabrändern des Knotens 1 im globalen Koordinatensystem folgen gemäß Gl. (4.18) zu

$$\tilde{\underline{F}}(1k_1) = \overset{\circ}{\tilde{\underline{F}}}(1k_1) + \tilde{\underline{K}}(1k_1,1) \cdot \tilde{\underline{v}}(1) + \tilde{\underline{K}}(1k_1,k_1) \cdot \tilde{\underline{v}}(k_1)$$

und wegen $\tilde{\underline{v}}(k_1) = 0$ für $k_1 = 2, 3, 4$ sind

$$\tilde{\underline{F}}(12) = \begin{bmatrix} 3 \\ -3 \\ 3 \end{bmatrix} + \tilde{\underline{K}}(12,1) \cdot \tilde{\underline{v}}(1) = \begin{bmatrix} 1{,}686 \\ -0{,}763 \\ -4{,}105 \end{bmatrix}$$

$$\tilde{\underline{F}}(13) = \tilde{\underline{K}}(13,1) \cdot \tilde{\underline{v}}(1) = \begin{bmatrix} 2{,}605 \\ 0{,}955 \\ -7{,}119 \end{bmatrix}$$

$$\tilde{\underline{F}}(14) = \begin{bmatrix} -5 \\ 0 \\ 10 \end{bmatrix} + \tilde{\underline{K}}(14,1) \cdot \tilde{\underline{v}}(1) = \begin{bmatrix} -4{,}292 \\ -0{,}193 \\ 6{,}224 \end{bmatrix}$$

Die Knotenverschiebungen $\tilde{\underline{v}}(1)$ und die Randschnittkräfte $\tilde{\underline{F}}(1k)$ können über das Knotengleichgewicht am Knoten 1 kontrolliert werden:

$$\tilde{\underline{P}} - \tilde{\underline{F}}(12) - \tilde{\underline{F}}(13) - \tilde{\underline{F}}(14) = 0\ ?$$

$$\begin{bmatrix} 0 \\ 0 \\ -5 \end{bmatrix} - \begin{bmatrix} 1{,}686 \\ -0{,}763 \\ -4{,}105 \end{bmatrix} - \begin{bmatrix} 2{,}605 \\ 0{,}955 \\ -7{,}119 \end{bmatrix} - \begin{bmatrix} -4{,}292 \\ -0{,}193 \\ 6{,}224 \end{bmatrix} = \begin{bmatrix} 0 \\ 0 \\ 0 \end{bmatrix}$$

Die lokalen Randschnittkräfte $\underline{F}(**)$ folgen durch Rücktransformation aus den globalen Randschnittkräften $\tilde{\underline{F}}(**)$ gemäß Gl. (4.4)

$$\underline{F}(12) = \begin{bmatrix} -0{,}653 \\ 1{,}732 \\ -4{,}105 \end{bmatrix} \qquad \underline{F}(13) = \begin{bmatrix} -1{,}167 \\ -2{,}518 \\ -7{,}119 \end{bmatrix} \qquad \underline{F}(14) = \begin{bmatrix} -0{,}193 \\ 4{,}292 \\ 6{,}224 \end{bmatrix}$$

An den Stützknoten werden die globalen Randschnittkräfte gemäß Gl. (4.19) erhalten

$$\tilde{\underline{F}}(k_1 1) = \mathring{\tilde{\underline{F}}}(k_1 1) + \tilde{\underline{K}}(k_1 1,1)\cdot\tilde{\underline{v}}(1) \quad \text{für } k_1 = 2,3,4$$

Bei Fehlen von Anschlußunstetigkeiten an den Stabrändern sind die erforderlichen lokalen Stabsteifigkeitsmatrizen ohne Beachtung der Querkraftgleitung gemäß Gl.(4.34c) bzw. numerisch ausgewertet

$$\underline{K}(21,1) = \begin{bmatrix} -118299 & 0 & 0 \\ 0 & -435{,}6 & -924{,}0 \\ 0 & 924{,}0 & 1306{,}7 \end{bmatrix} = \underline{K}(31,1)$$

$$\underline{K}(41,1) = \begin{bmatrix} -62738 & 0 & 0 \\ 0 & -64{,}97 & -259{,}88 \\ 0 & 259{,}88 & 693 \end{bmatrix}$$

Nach der Transformation gemäß Gl. (4.17) ist im globalen Koordinatensystem

$$\tilde{\underline{K}}(21,1) = \begin{bmatrix} -59367 & -58931{,}7 & -653{,}4 \\ -58931{,}7 & -59367 & 653{,}4 \\ 653{,}4 & -653{,}4 & 1306{,}7 \end{bmatrix} \quad \tilde{\underline{K}}(31,1) = \begin{bmatrix} -59367 & 58931{,}7 & 653{,}4 \\ 58931{,}7 & -59367 & 653{,}4 \\ -653{,}4 & -653{,}4 & 1306{,}7 \end{bmatrix}$$

$$\tilde{\underline{K}}(41,1) = \begin{bmatrix} -64{,}97 & 0 & 259{,}88 \\ 0 & -62738 & 0 \\ -259{,}88 & 0 & 693 \end{bmatrix}$$

Damit ergeben sich an den Stützknoten die Randschnittkräfte

$$\tilde{\underline{F}}(21) = \begin{bmatrix} 3 \\ -3 \\ -3 \end{bmatrix} + \tilde{\underline{K}}(21,1)\cdot\tilde{\underline{v}}(1) = \begin{bmatrix} 4{,}314 \\ -5{,}237 \\ -6{,}548 \end{bmatrix}$$

$$\tilde{\underline{F}}(31) = \quad \tilde{\underline{K}}(31,1)\cdot\tilde{\underline{v}}(1) = \begin{bmatrix} -2{,}605 \\ -0{,}955 \\ -3{,}562 \end{bmatrix}$$

$$\tilde{\underline{F}}(41) = \begin{bmatrix} -5 \\ 0 \\ -10 \end{bmatrix} + \tilde{\underline{K}}(41,1)\cdot\tilde{\underline{v}}(1) = \begin{bmatrix} -5{,}708 \\ 0{,}193 \\ -11{,}889 \end{bmatrix}$$

bzw. im lokalen Koordinatensystem mit $\underline{F}(k_1 1) = \underline{T}^{-1}(1k_1)\cdot\tilde{\underline{F}}(k_1 1)$ für $k_1 = 2,3,4$

$$\underline{F}(21) = \begin{bmatrix} 0{,}653 \\ 6{,}754 \\ -6{,}548 \end{bmatrix} \qquad \underline{F}(31) = \begin{bmatrix} 1{,}167 \\ 2{,}518 \\ -3{,}562 \end{bmatrix} \qquad \underline{F}(41) = \begin{bmatrix} 0{,}193 \\ 5{,}708 \\ -11{,}889 \end{bmatrix}$$

Mit diesen Randschnittkräften an den Stützknoten sind auch die Stützkräfte (und Stützmomente) bekannt. Zur Kontrolle der Randschnittkräfte können die (jeweils drei) Gleichgewichtsbedingungen an den Stäben ausgewertet werden.

- Stab (12)
- Stab (13)
- Stab (14)

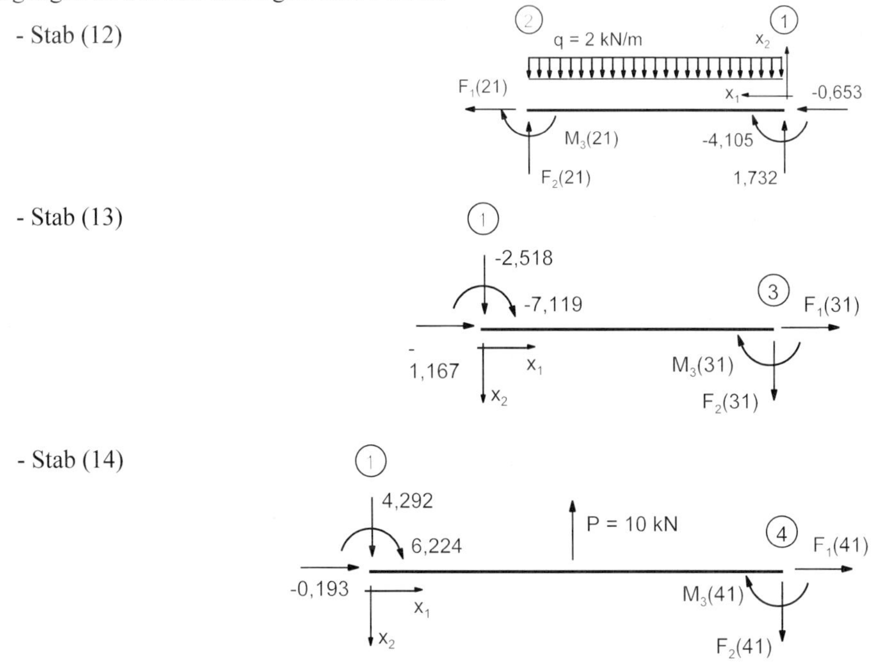

Bild 4.27 Kinematisch bestimmte Randschnittkräfte

Alternativ können die Randschnittkräfte $\underline{F}(ki)$ an den Stützknoten mittels der Stabgleichgewichtsbedingungen auch aus den Randschnittkräften $\underline{F}(ik)$ und den Stabbelastungen berechnet werden. Bei diesem Vorgehen können dann wiederum die mit den Stabsteifigkeitsmatrizen $\underline{K}(ki,i)$ berechneten Randschnittkräfte $\underline{F}(ki)$ zur Kontrolle herangezogen werden.

Nach Kenntnis der Randschnittkräfte im lokalen Koordinatensystem sind noch die drei Schnittkräfte an jeder Stabstelle s aus den drei Gleichgewichtsbedingungen am Stababschnitt (i,s) oder am Stababschnitt (k,s) zu ermitteln.

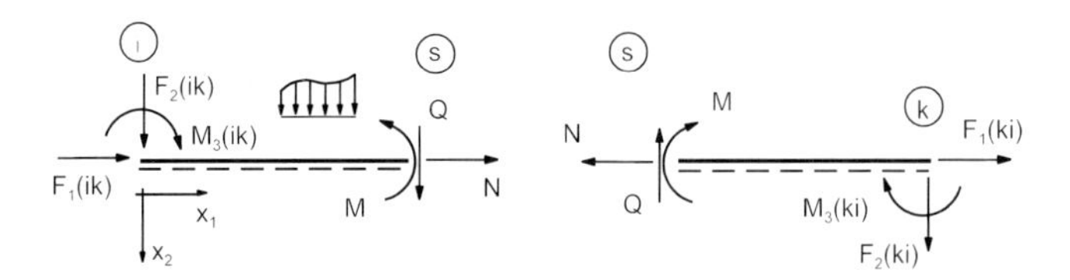

Bild 4.28 Ebenes Stabtragwerk, Schnittstelle s

Für den *Lastfall 1* sind die Schnittkraftzustandsfunktionen in Bild 4.29 dargestellt.

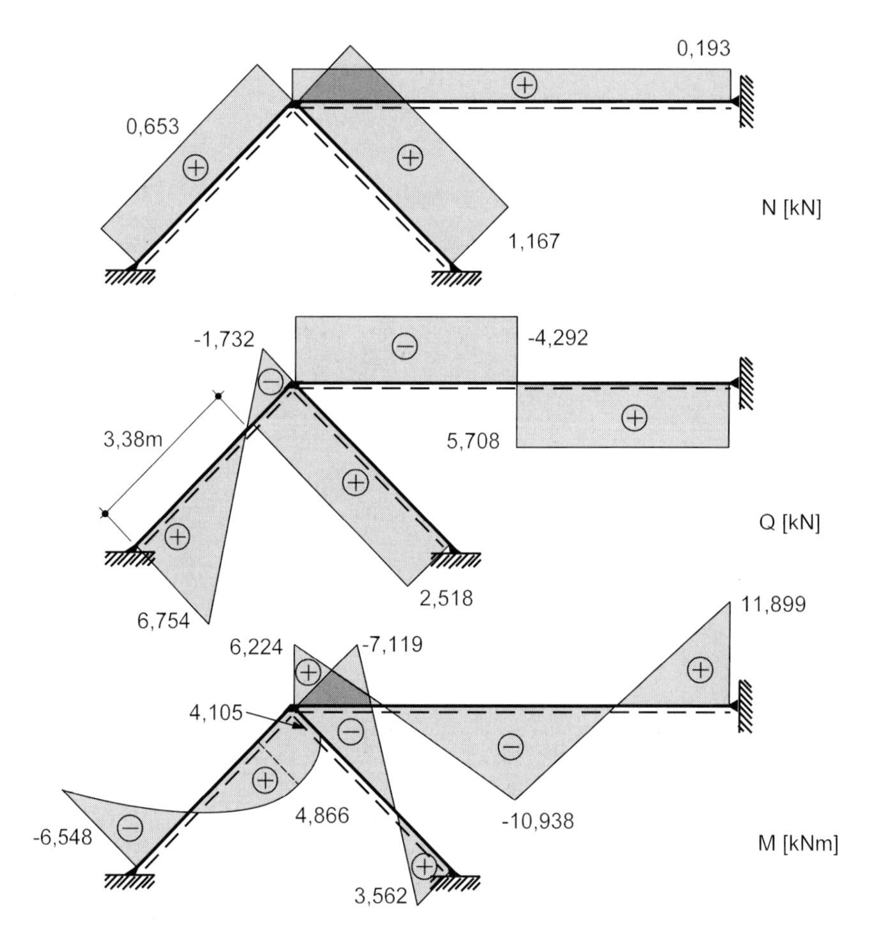

Bild 4.29 Ebenes Stabtragwerk, Schnittkraftzustandsfunktionen

Für die *Lastfälle 2, 3* und *4* wird die Ermittlung der kinematisch bestimmten Randschnittkräfte im lokalen bzw. globalen Koordinatensystem angegeben. Das weitere Vorgehen zur Ermittlung der Schnittkraftzustandsfunktionen entspricht dem von *Lastfall 1*.

Im *Lastfall 2* (Zwang) führt die gleichförmige Temperaturänderung $t_s = 20$ K in Stab (14) bei kinematisch bestimmter Randlagerung zur Druckkraft $E\,A\,\alpha_T\,t_s = 120{,}456$ kN und damit zu den kinematisch bestimmten Randschnittkraftvektoren des Stabes (14)

$$\overset{\circ}{\underline{F}}(14) = \begin{bmatrix} 120{,}456 \\ 0 \\ 0 \end{bmatrix} \quad \overset{\circ}{\underline{F}}(41) = \begin{bmatrix} -120{,}456 \\ 0 \\ 0 \end{bmatrix}$$

$\overset{\circ}{F}_{10}(14)$ ① ④ $\overset{\circ}{F}_{10}(41)$

Bild 4.30 Kinematisch bestimmte Randschnittkräfte, *Lastfall 2*

Im *Lastfall 3* (Zwang) sind infolge der ungleichförmigen Temperaturänderung $\Delta t = 10$ K in Stab (14) die Randmomente $(E\,I\,\alpha_T\,\Delta t)\,/\,h = 1{,}848$ kNm bei kinematisch bestimmter Randlagerung und damit der kinematisch bestimmte Randschnittkraftvektor des Stabes (14)

$$\overset{\circ}{\underline{F}}(14) = \begin{bmatrix} 0 \\ 0 \\ -1{,}848 \end{bmatrix} \quad \overset{\circ}{\underline{F}}(41) = \begin{bmatrix} 0 \\ 0 \\ 1{,}848 \end{bmatrix}$$

$-\overset{\circ}{M}_{30}(14)$ $\overset{\circ}{M}_{30}(41)$ ① ④

Bild 4.31 Kinematisch bestimmte Randschnittkräfte, *Lastfall 3*

Im *Lastfall 4* (Zwang) führt die Stützpunktverschiebung $v_{\tilde{I}s} = -0{,}02$ m am Knoten 4 mit den Randschnittkraft-Knotenverschiebungs-Abhängigkeiten der Gln. (4.18) und (4.19) zu den kinematisch bestimmten Randschnittkräften in globalen Koordinaten

$$\overset{\approx}{\underline{F}}(41) = \underline{\tilde{K}}(41,4)\cdot\overset{\approx}{\underline{v}}(4)$$

$$\overset{\approx}{\underline{F}}(14) = \underline{\tilde{K}}(14,4)\cdot\overset{\approx}{\underline{v}}(4) \quad \text{mit } \overset{\approx}{\underline{v}}(4) = \begin{bmatrix} -0{,}02 \\ 0 \\ 0 \end{bmatrix}$$

und damit zu

$$\overset{\approx}{\underline{F}}(14) = \begin{bmatrix} -64{,}97\cdot(-0{,}02) \\ 0 \\ 259{,}88\cdot(-0{,}02) \end{bmatrix} = \begin{bmatrix} 1{,}289 \\ 0 \\ -5{,}198 \end{bmatrix}$$

Für den *Lastfall 1* erfolgt zusätzlich die Berechnung des Schnittkraftzustandes nach Elastizitätstheorie I. Ordnung unter Berücksichtigung der Querkraftgleitung (Stabtheorie nach *Timoshenko*). Im Beispiel 4.1 nach Bild 4.9 sind die vier Submatrizen der Randschnittkraft-Knotenverschiebungs-Abhängigkeiten und in den Gln. (4.9) bis (4.12) die kinematisch bestimmten Randschnittkräfte für den Stab mit Einzellast unter Berücksichtigung der Querkraftgleitung angegeben. Bei einem beidseitig eingespannten bzw. beidseitig gelenkig gelagerten Stab mit konstantem Querschnitt und unter konstanter Linienlast (Stab (12)) hat die Querkraftgleitung keinen Einfluß auf die kinematisch bestimmten Randschnittkräfte.

Für den Stab (14) und a = b = L/2 heben sich die positiven und negativen Querkraftanteile bei der Ermittlung der kinematisch bestimmten Randschnittkräfte auf. Die Gln. (4.9) bis (4.12) gehen in die Gleichungen zur Ermittlung der kinematisch bestimmten Randschnittkräfte ohne Berücksichtigung der Querkraftgleitung über und der Belastungsvektor ($\tilde{\underline{P}} - \tilde{\underline{\mathring{F}}}$) ist hier unabhängig von der Querkraftgleitung

$$\tilde{\underline{P}}(1) - \sum_{(1)} \tilde{\underline{\mathring{F}}}(1k) = \tilde{\underline{P}}(1) - (\tilde{\underline{\mathring{F}}}(12) + \tilde{\underline{\mathring{F}}}(13) + \tilde{\underline{\mathring{F}}}(14)) = \begin{bmatrix} 2 \\ 3 \\ -18 \end{bmatrix}$$

Die zahlenmäßige Berechnung der Stabsteifigkeitsmatrizen im lokalen Koordinatensystem bei Berücksichtigung der Querkraftgleitung ergibt für:

- Stab (12), (13)

$$\underline{K}(12,1) = \underline{K}(13,1) = \begin{bmatrix} 118299 & 0 & 0 \\ 0 & 424{,}64 & 900{,}8 \\ 0 & 900{,}8 & 2564{,}3 \end{bmatrix}$$

- Stab (14)

$$\underline{K}(14,1) = \begin{bmatrix} 62737{,}5 & 0 & 0 \\ 0 & 64{,}5 & 258{,}0 \\ 0 & 258{,}0 & 1378{,}5 \end{bmatrix}$$

und im globalen Koordinatensystem für:

- Stab (12)

$$\tilde{\underline{K}}(12,1) = \begin{bmatrix} 59361{,}8 & 58937{,}2 & 636{,}9 \\ 58937{,}2 & 59361{,}8 & -636{,}9 \\ 636{,}9 & -636{,}9 & 2564{,}3 \end{bmatrix}$$

- Stab (13)

$$\tilde{\underline{K}}(13,1) = \begin{bmatrix} 59361{,}8 & -58937{,}2 & -636{,}9 \\ -58937{,}2 & 59361{,}8 & -636{,}9 \\ -636{,}9 & -636{,}9 & 2564{,}3 \end{bmatrix}$$

- Stab (14)

$$\tilde{\underline{K}}(14,1) = \begin{bmatrix} 64{,}5 & 0 & -258{,}0 \\ 0 & 62737{,}5 & 0 \\ -258{,}0 & 0 & 1378{,}5 \end{bmatrix}$$

Die Koeffizientenmatrix des linearen Gleichungssystems für die unbekannten Knotenverschiebungen im globalen Koordinatensystem (Systemsteifigkeitsmatrix $\tilde{\underline{K}}$) ist

$$\tilde{\underline{K}} = \tilde{\underline{K}}(12,1) + \tilde{\underline{K}}(13,1) + \tilde{\underline{K}}(14,1) = \begin{bmatrix} 118788 & 0 & -258{,}0 \\ 0 & 181461 & -1273{,}9 \\ -258{,}0 & -1273{,}9 & 6507{,}1 \end{bmatrix}$$

Das lineare Gleichungssystem für die unbekannten Knotenverschiebungen

$$\begin{bmatrix} 118788 & 0 & -258{,}0 \\ 0 & 181461 & -1273{,}9 \\ -258{,}0 & -1273{,}9 & 6507{,}1 \end{bmatrix} \cdot \begin{bmatrix} v_{\tilde{1}}(1) \\ v_{\tilde{2}}(1) \\ \varphi_{\tilde{3}}(1) \end{bmatrix} = \begin{bmatrix} 2 \\ 3 \\ -18 \end{bmatrix}$$

hat im *Lastfall 1* bei Berücksichtigung der Querkraftgleitung die Lösung

$$\tilde{\underline{v}}(1) = \begin{bmatrix} v_{\tilde{1}}(1) \\ v_{\tilde{2}}(1) \\ \varphi_{\tilde{3}}(1) \end{bmatrix} = \begin{bmatrix} 1{,}0828 \\ -0{,}2888 \\ -276{,}64 \end{bmatrix} \cdot 10^{-5} \begin{matrix} \text{m} \\ \text{m} \\ \text{rad} \end{matrix}$$

Die Differenz der Knotenverdrehungen am Knoten 1mit und ohne Berücksichtigung der Querkraftgleitung beträgt hier rund 1,6 %.

Die globalen Randschnittkräfte am Knoten 1 ergeben sich zu

$$\tilde{\underline{F}}(12) = \begin{bmatrix} 1{,}710 \\ -0{,}771 \\ -4{,}085 \end{bmatrix} \qquad \tilde{\underline{F}}(13) = \begin{bmatrix} 2{,}575 \\ 0{,}952 \\ -7{,}099 \end{bmatrix} \qquad \tilde{\underline{F}}(14) = \begin{bmatrix} -4{,}286 \\ -0{,}181 \\ 6{,}184 \end{bmatrix}$$

Die lokalen Randschnittkräfte am Knoten 1 sind

$$\underline{F}(12) = \begin{bmatrix} -0{,}664 \\ 1{,}755 \\ -4{,}085 \end{bmatrix} \qquad \underline{F}(13) = \begin{bmatrix} -1{,}147 \\ -2{,}494 \\ -7{,}098 \end{bmatrix} \qquad \underline{F}(14) = \begin{bmatrix} -0{,}181 \\ 4{,}286 \\ 6{,}184 \end{bmatrix}$$

Beispiel 4.6 Für das eben wirkende Stabsystem nach Bild 4.32 wird mit Hilfe der Deformationsmethode die Momentenzustandsfunktion nach Elastizitätstheorie I. Ordnung bestimmt.

Für alle Stäbe ist:

$E = 2{,}1 \cdot 10^8$ kN/m²
$I = 10^{-4}$ m⁴
$A = 10^{-3}$ m²

$K_\varphi = 10^4$ kNm/rad
(Drehfedersteifigkeit)

Belastung:

$P = 10$ kN
$q = 5$ kN/m

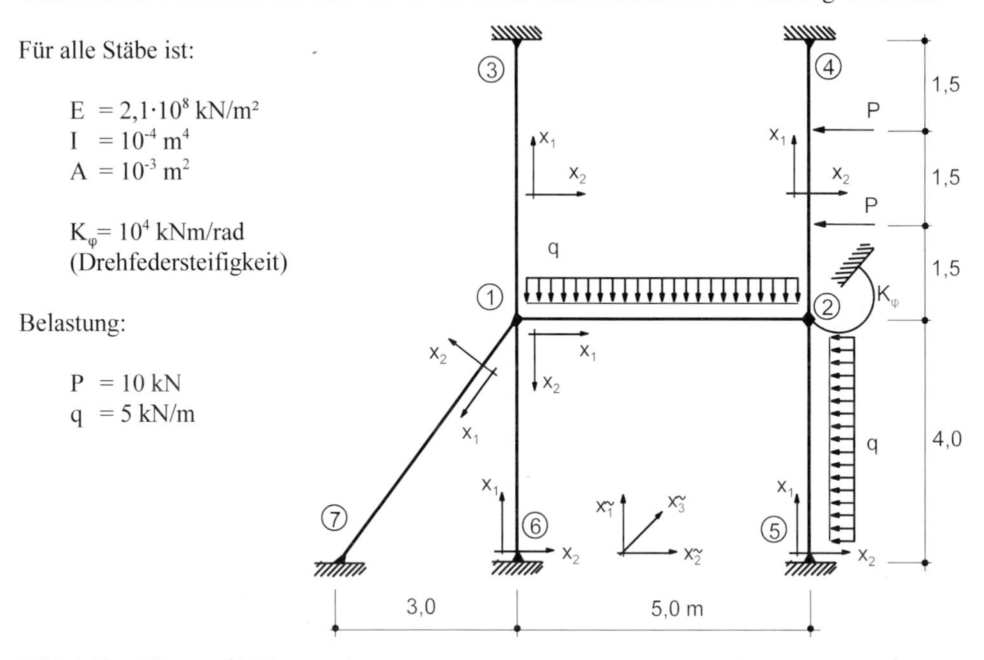

Bild 4.32 Ebenes Stabtragwerk

Das System hat zwei freie Knoten (Knoten 1 und 2), so daß in der Bestimmungsgleichung

$(\tilde{\underline{P}} - \overset{\circ}{\tilde{\underline{F}}}) - \tilde{\underline{K}} \cdot \tilde{\underline{v}} = 0$ die Vektoren $\tilde{\underline{v}}$ und $\tilde{\underline{P}}$ wie folgt belegt sind:

$$\tilde{\underline{v}} = \begin{bmatrix} \tilde{\underline{v}}(1) \\ \tilde{\underline{v}}(2) \end{bmatrix} = \begin{bmatrix} v_{\tilde{1}}(1) \\ v_{\tilde{2}}(1) \\ \varphi_{\tilde{3}}(1) \\ v_{\tilde{1}}(2) \\ v_{\tilde{2}}(2) \\ \varphi_{\tilde{3}}(2) \end{bmatrix} \qquad \tilde{\underline{P}} = \begin{bmatrix} \tilde{\underline{P}}(1) \\ \tilde{\underline{P}}(2) \end{bmatrix} = \begin{bmatrix} P_{\tilde{1}}(1) \\ P_{\tilde{2}}(1) \\ M_{\tilde{3}}(1) \\ P_{\tilde{1}}(2) \\ P_{\tilde{2}}(2) \\ M_{\tilde{3}}(2) \end{bmatrix}$$

$$\tilde{\underline{v}}(3) = \tilde{\underline{v}}(4) = \tilde{\underline{v}}(5) = \tilde{\underline{v}}(6) = \tilde{\underline{v}}(7) = 0$$

Die Abhängigkeit der Systemsteifigkeitsmatrix $\tilde{\underline{K}}$ von den Stabsteifigkeitsmatrizen ist aus den Gleichgewichtsbedingungen an den Knoten 1 und 2

$$\begin{bmatrix} \tilde{\underline{P}}(1) \\ \tilde{\underline{P}}(2) \end{bmatrix} - \begin{bmatrix} \sum\limits_{(1)} \tilde{\underline{F}}(1k_1) \\ \sum\limits_{(2)} \tilde{\underline{F}}(2k_2) \end{bmatrix} - \begin{bmatrix} 0 \\ \tilde{\underline{K}}_F \; \tilde{\underline{v}}(2) \end{bmatrix} = (\tilde{\underline{P}} - \overset{\circ}{\tilde{\underline{F}}}) - \tilde{\underline{K}} \cdot \tilde{\underline{v}} = 0$$

unter Beachtung der RSK-KV-Abhängigkeit: $\tilde{\underline{F}}(ik) = \overset{\circ}{\tilde{\underline{F}}}(ik) + \tilde{\underline{K}}(ik,i) \cdot \tilde{\underline{v}}(i) + \tilde{\underline{K}}(ik,k) \cdot \tilde{\underline{v}}(k)$

für $i = 1$ und $k = k_1 = 2, 3, 6, 7$
$i = 2$ und $k = k_2 = 1, 4, 5$ erkennbar

$$\sum_{(1)} \tilde{\underline{F}}(1k_1) = \tilde{\underline{F}}(12) + \tilde{\underline{F}}(13) + \tilde{\underline{F}}(16) + \tilde{\underline{F}}(17)$$

$$\sum_{(2)} \tilde{\underline{F}}(2k_2) = \tilde{\underline{F}}(21) + \tilde{\underline{F}}(24) + \tilde{\underline{F}}(25)$$

$$\tilde{\underline{K}} = \begin{bmatrix} \sum\limits_{(1)} \tilde{\underline{K}}(1k_1,1) & \tilde{\underline{K}}(12,2) \\ \tilde{\underline{K}}(21,1) & \sum\limits_{(2)} \tilde{\underline{K}}(2k_2,2) + \tilde{\underline{K}}_F(2) \end{bmatrix}$$

Alle Stäbe sind ohne Verschiebungsunstetigkeiten an die Knoten angeschlossen, so daß in lokalen Stabkoordinaten – ohne Beachtung der Querkraftgleitung – die Gln. (4.34) gelten.

Die Stabsteifigkeitsmatrizen im globalen Koordinatensystem werden analog zu Beispiel 4.5 ermittelt. Die linear-elastische Knotenfedermatrix am Knoten 2 besitzt nur ein Element ungleich Null („Drehfederanteil").

$$\tilde{\underline{K}}_F(2) = \begin{bmatrix} K_{\tilde{1}\tilde{1}} & K_{\tilde{1}\tilde{2}} & K_{\tilde{1}\tilde{3}} \\ K_{\tilde{2}\tilde{1}} & K_{\tilde{2}\tilde{2}} & K_{\tilde{2}\tilde{3}} \\ K_{\tilde{3}\tilde{1}} & K_{\tilde{2}\tilde{3}} & K_{\tilde{3}\tilde{3}} \end{bmatrix} = \begin{bmatrix} 0 & 0 & 0 \\ 0 & 0 & 0 \\ 0 & 0 & K_\varphi \end{bmatrix}$$

Der Vektor $\overset{\circ}{\tilde{\underline{F}}}$ der Randschnittkräfte bei kinematisch bestimmter Lagerung der Stäbe ist

$$\overset{\circ}{\tilde{\underline{F}}} = \begin{bmatrix} \sum_{(1)} \overset{\circ}{\tilde{\underline{F}}}(1k_1) \\ \sum_{(2)} \overset{\circ}{\tilde{\underline{F}}}(2k_2) \end{bmatrix} = \begin{bmatrix} \overset{\circ}{F}_{\tilde{1}}(12) + \overset{\circ}{F}_{\tilde{1}}(13) + \overset{\circ}{F}_{\tilde{1}}(16) + \overset{\circ}{F}_{\tilde{1}}(17) \\ \overset{\circ}{F}_{\tilde{2}}(12) + \overset{\circ}{F}_{\tilde{2}}(13) + \overset{\circ}{F}_{\tilde{2}}(16) + \overset{\circ}{F}_{\tilde{2}}(17) \\ \overset{\circ}{M}_{\tilde{3}}(12) + \overset{\circ}{M}_{\tilde{3}}(13) + \overset{\circ}{M}_{\tilde{3}}(16) + \overset{\circ}{M}_{\tilde{3}}(17) \\ \overset{\circ}{F}_{\tilde{1}}(21) + \overset{\circ}{F}_{\tilde{1}}(24) + \overset{\circ}{F}_{\tilde{1}}(25) \\ \overset{\circ}{F}_{\tilde{2}}(21) + \overset{\circ}{F}_{\tilde{2}}(24) + \overset{\circ}{F}_{\tilde{2}}(25) \\ \overset{\circ}{M}_{\tilde{3}}(21) + \overset{\circ}{M}_{\tilde{3}}(24) + \overset{\circ}{M}_{\tilde{3}}(25) \end{bmatrix}$$

Die erforderlichen Stabsteifigkeitsmatrizen im globalen Koordinatensystem sind für:

- Stab (12): $L(12) = 5$ m, $\alpha = 270°$

$$\tilde{\underline{K}}(12,1) = \begin{bmatrix} 2016 & 0 & -5040 \\ 0 & 42000 & 0 \\ -5040 & 0 & 16800 \end{bmatrix} \qquad \tilde{\underline{K}}(21,2) = \begin{bmatrix} 2016 & 0 & 5040 \\ 0 & 42000 & 0 \\ 5040 & 0 & 16800 \end{bmatrix}$$

$$\tilde{\underline{K}}(12,2) = \begin{bmatrix} -2016 & 0 & -5040 \\ 0 & -42000 & 0 \\ 5040 & 0 & 8400 \end{bmatrix} \qquad \tilde{\underline{K}}(21,1) = \begin{bmatrix} -2016 & 0 & 5040 \\ 0 & -42000 & 0 \\ -5040 & 0 & 8400 \end{bmatrix}$$

- Stäbe (16), (25): $L(16) = L(25) = 4$ m, $\alpha = 0°$

$$\tilde{\underline{K}}(16,1) = \begin{bmatrix} 52500 & 0 & 0 \\ 0 & 3937{,}5 & -7875 \\ 0 & -7875 & 21000 \end{bmatrix} = \tilde{\underline{K}}(25,2)$$

$$\tilde{\underline{K}}(61,1) = \begin{bmatrix} -52500 & 0 & 0 \\ 0 & -3937{,}5 & 7875 \\ 0 & -7875 & 10500 \end{bmatrix} = \tilde{\underline{K}}(52,2)$$

- Stäbe (13), (24): $L(13) = L(24) = 4{,}5$ m, $\alpha = 0°$

$$\tilde{\underline{K}}(13,1) = \begin{bmatrix} 46666{,}6 & 0 & 0 \\ 0 & 2765{,}4 & 6222{,}2 \\ 0 & 6222{,}2 & 18666{,}6 \end{bmatrix} = \tilde{\underline{K}}(24,2)$$

$$\tilde{\underline{K}}(31,1) = \begin{bmatrix} -46666{,}6 & 0 & 0 \\ 0 & -2765{,}4 & -6222{,}2 \\ 0 & 6222{,}2 & 9333{,}3 \end{bmatrix} = \tilde{\underline{K}}(42,2)$$

- Stab (17): L (17) = 5 m, $\alpha = 143{,}13°$

$$\tilde{\underline{K}}(17,1) = \begin{bmatrix} 27605{,}7 & 19192{,}3 & 3024 \\ 19192{,}3 & 16410{,}3 & -4032 \\ 3024 & -4032 & 16800 \end{bmatrix} \quad \tilde{\underline{K}}(71,1) = \begin{bmatrix} -27605{,}7 & -19192{,}3 & 3024 \\ -19192{,}3 & -16410{,}3 & 4032 \\ -3024 & -4032 & 8400 \end{bmatrix}$$

Die Knotenfedermatrix am Knoten 2 ist

$$\tilde{\underline{K}}_F(2) = \begin{bmatrix} 0 & 0 & 0 \\ 0 & 0 & 0 \\ 0 & 0 & 10000 \end{bmatrix}$$

Die Knoten 1 und 2 sind unbelastet: $\tilde{\underline{P}} = 0$.

Die kinematisch bestimmten Randschnittkräfte sind für

- die Stäbe (13), (16), (17) sind unbelastet: $\overset{\circ}{\underline{F}}(13) = \overset{\circ}{\underline{F}}(31) = \overset{\circ}{\underline{F}}(16) = \overset{\circ}{\underline{F}}(61) = \overset{\circ}{\underline{F}}(17) = \overset{\circ}{\underline{F}}(71) = 0$

- Stab (12)

$$\overset{\circ}{\underline{F}}(12) = \begin{bmatrix} 12{,}50 \\ 0{,}00 \\ -10{,}42 \end{bmatrix} \quad \overset{\circ}{\underline{F}}(21) = \begin{bmatrix} 12{,}50 \\ 0{,}00 \\ 10{,}42 \end{bmatrix}$$

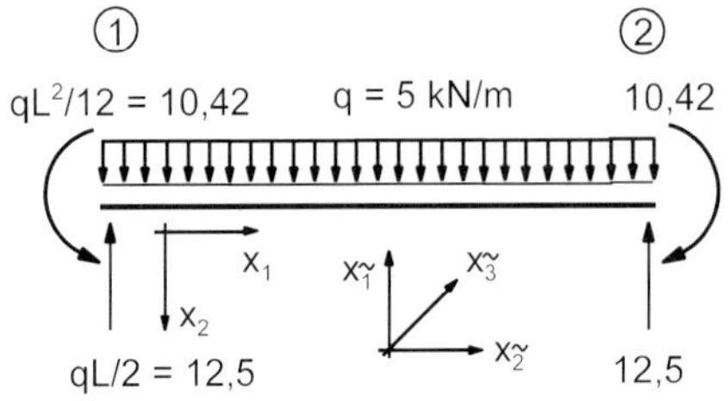

Bild 4.33 Kinematisch bestimmte Randschnittkräfte Stab (12)

- Stab (24)

$$\overset{\circ}{\underline{F}}(24) = \begin{bmatrix} 0{,}00 \\ 10{,}00 \\ 10{,}00 \end{bmatrix} \quad \overset{\circ}{\underline{F}}(42) = \begin{bmatrix} 0{,}00 \\ 10{,}00 \\ -10{,}00 \end{bmatrix}$$

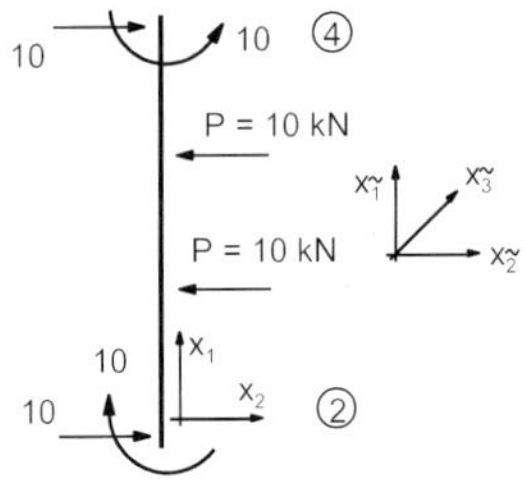

Bild 4.34 Kinematisch bestimmte Randschnittkräfte Stab (24)

- Stab (25)

$$\mathring{\underline{F}}(25) = \begin{bmatrix} 0{,}00 \\ 10{,}00 \\ -6{,}67 \end{bmatrix} \qquad \mathring{\underline{F}}(52) = \begin{bmatrix} 0{,}00 \\ 10{,}00 \\ 6{,}67 \end{bmatrix}$$

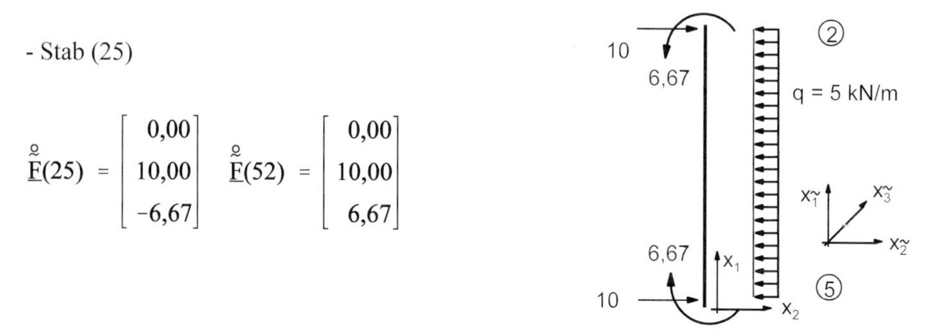

Bild 4.35 Kinematisch bestimmte Randschnittkräfte Stab (25)

Das Gleichungssystem für die unbekannten Knotenverschiebungen

$$\begin{bmatrix} 12{,}880 & 1{,}919 & -0{,}202 & -0{,}202 & 0{,}000 & -0{,}504 \\ 1{,}919 & 6{,}511 & -0{,}568 & 0{,}000 & -4{,}200 & 0{,}000 \\ -0{,}202 & -0{,}568 & 7{,}327 & 0{,}504 & 0{,}000 & 0{,}840 \\ -0{,}202 & 0{,}000 & 0{,}504 & 10{,}120 & 0{,}000 & 0{,}504 \\ 0{,}000 & -4{,}200 & 0{,}000 & 0{,}000 & 4{,}870 & -0{,}165 \\ -0{,}504 & 0{,}000 & 0{,}840 & 0{,}504 & -0{,}165 & 6{,}647 \end{bmatrix} 10^4 \cdot \begin{bmatrix} v_{\tilde{1}}(1) \\ v_{\tilde{2}}(1) \\ \varphi_{\tilde{3}}(1) \\ v_{\tilde{1}}(2) \\ v_{\tilde{2}}(2) \\ \varphi_{\tilde{3}}(2) \end{bmatrix} = \begin{bmatrix} -12{,}50 \\ 0{,}00 \\ 10{,}42 \\ -12{,}50 \\ -20{,}00 \\ -13{,}75 \end{bmatrix}$$

hat den Lösungsvektor

$$\underline{\tilde{v}} = \begin{bmatrix} \underline{\tilde{v}}(1) \\ \underline{\tilde{v}}(2) \end{bmatrix} = \begin{bmatrix} v_{\tilde{1}}(1) \\ v_{\tilde{2}}(1) \\ \varphi_{\tilde{3}}(1) \\ v_{\tilde{1}}(2) \\ v_{\tilde{2}}(2) \\ \varphi_{\tilde{3}}(2) \end{bmatrix} = \begin{bmatrix} -0{,}215 \\ -5{,}682 \\ 1{,}331 \\ -1{,}187 \\ -9{,}088 \\ -2{,}389 \end{bmatrix} 10^{-4} \quad \begin{matrix} \text{m} \\ \text{m} \\ \text{rad} \\ \text{m} \\ \text{m} \\ \text{rad} \end{matrix}$$

Analog zum Vorgehen in Beispiel 4.5 folgen über die RSK-KV-Abhängigkeiten die Randschnittkräfte zunächst im globalen Koordinatensystem. Verschiebungen und zugehörige globale Randschnittkräfte werden mit Hilfe der Knotengleichgewichtsbedingungen an den Knoten 1 und 2 kontrolliert.

$$\underline{\tilde{P}}(1) - \sum_{(1)} \underline{\tilde{F}}(1k_1) = 0 \qquad\qquad \underline{\tilde{P}}(2) - \sum_{(2)} \underline{\tilde{F}}(2k_2) - \underline{\tilde{K}}_F(2)\,\underline{\tilde{v}}(2) = 0$$

Das von der Drehfeder am Knoten 2 aufgenommene Stützmoment ist $\underline{\tilde{K}}_F(2) \cdot \underline{\tilde{v}}(2)$.

Nach Transformation der globalen Randschnittkräfte in das lokale Koordinatensystem folgen wie in Beispiel 4.5 wiederum die Schnittkräfte im Stabinneren aus den Gleichgewichtsbedingungen am jeweiligen Stababschnitt. Sind lediglich die Biegemomente gefordert, reicht das

Momentengleichgewicht am jeweiligen Stababschnitt aus. Die Momentenfunktion ist in Bild 4.36 aufgetragen.

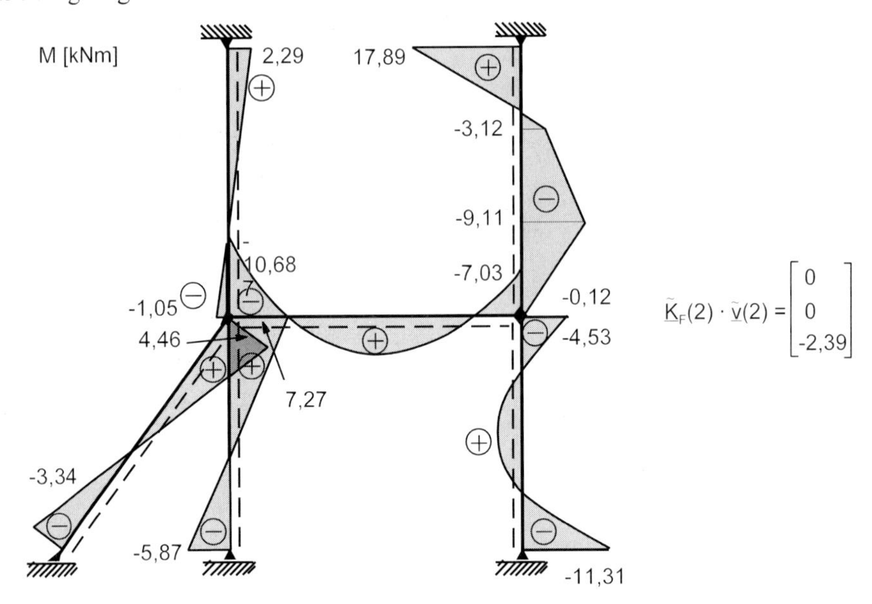

Bild 4.36 Momentenzustandsfunktion

Die Wirkung der (linear elastischen) Knotenfedern kann auch über fiktive Zusatzstäbe mit entsprechenden Stabsteifigkeitsmatrizen erfaßt werden. Zur Erfassung der Drehfeder am Knoten 2 wird folgender fiktiver Zusatzstab mit spezieller Stabsteifigkeitsmatrix, siehe Abschn. 4.2.3, eingeführt:

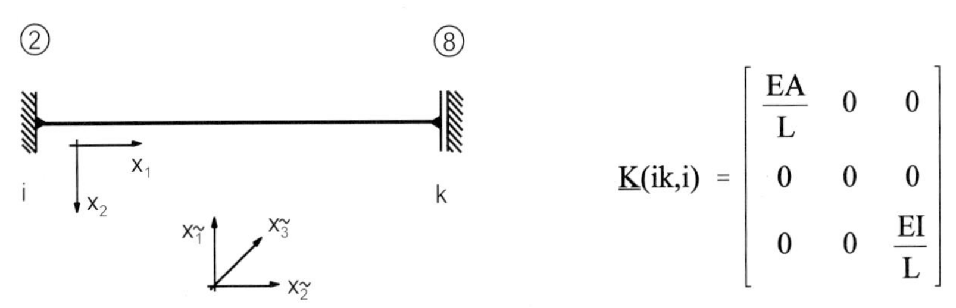

Bild 4.37 Fiktiver Stab

Mit $EI = 21000 \text{ kNm}^2$, der fiktiven Größe $EA / L = 0$ und $K_{\tilde{3}\tilde{3}} = K_\varphi = 10^4$ kNm/rad = EI/L und der zugehörigen Länge L = 2,1 m folgt für die Stabsteifigkeitsmatrix $\underline{K}(ik,i)$ des fiktiven Stabes

$$\underline{K}(28,2) = \begin{bmatrix} 0 & 0 & 0 \\ 0 & 0 & 0 \\ 0 & 0 & 10000 \end{bmatrix}$$

Dies entspricht der Knotenfedermatrix $\underline{K}_F(2)$.

Beispiel 4.7 Für das in Bild 4.38 dargestellte räumliche Stabsystem werden die dem Knoten 2 zugeordneten Zeilen der Koeffizientenmatrix $\underset{\sim}{\underline{K}}$ (Systemsteifigkeitsmatrix) des Gleichungssystems für die unbekannten Knotenverschiebungen angegeben.

Für alle Stäbe ist:

$E = 2 \cdot 10^8 \quad kN/m^2$
$G = 8 \cdot 10^7 \quad kN/m^2$

$I_1 = 2 \cdot 10^{-4} \quad m^4$
$I_2 = I_3 = 10^{-4} \quad m^4$
(Kreisringquerschnitt)
$A = 10^{-3} \quad m^2$

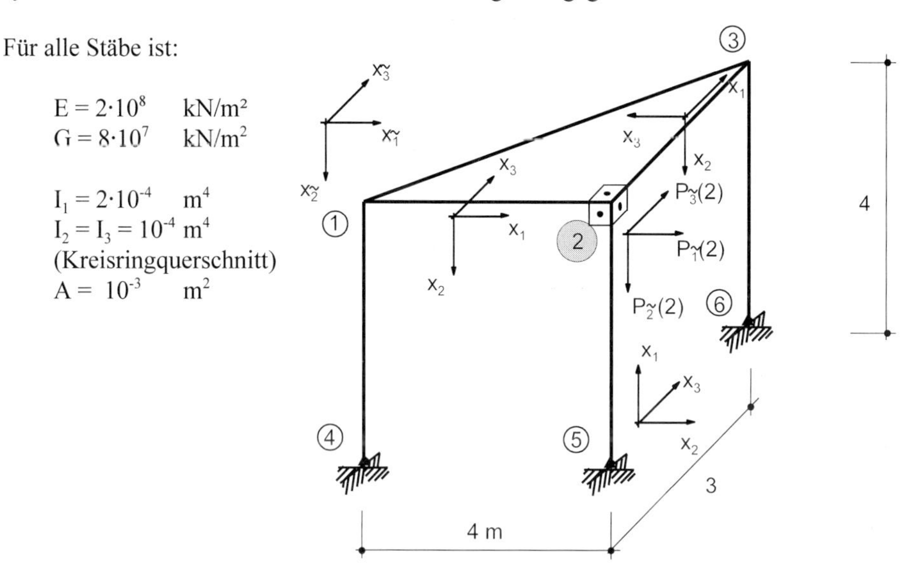

Bild 4.38 Räumliches Stabsystem mit drei freien Knoten

Für die Knoten 1 bis 3 sind die (statischen) Gleichgewichtsbedingungen $\underset{\sim}{\underline{P}}(i) - \sum_{(i)} \underset{\sim}{\underline{F}}(ik_i) = 0$ in globalen Koordinaten auszuwerten. Im räumlichen Fall sind an einem „freien" Knoten i sechs Verschiebungskomponenten unbekannt: $\underline{v}(i)^T = \{v_1(i), v_2(i), v_3(i), \varphi_1(i), \varphi_2(i), \varphi_3(i)\}$. Entsprechend sind an einem „freien" Knoten sechs Gleichgewichtsbedingungen auszuwerten. Die Stabsteifigkeitsmatrizen sind in den Gln. (4.37) angegeben. Für die Transformation vom lokalen in das globale Koordinatensystem gemäß Gl. (4.3b) wird die Transformationsmatrix $\underline{T}$ für den räumlichen Fall benötigt.

$$\underline{T} = \begin{bmatrix} \underline{T}_0 & \underline{0} \\ \underline{0} & \underline{T}_0 \end{bmatrix} \qquad \underline{T}_0 = \begin{bmatrix} \cos\xi_{\tilde{1}1} & \cos\xi_{\tilde{1}2} & \cos\xi_{\tilde{1}3} \\ \cos\xi_{\tilde{2}1} & \cos\xi_{\tilde{2}2} & \cos\xi_{\tilde{2}3} \\ \cos\xi_{\tilde{3}1} & \cos\xi_{\tilde{3}2} & \cos\xi_{\tilde{3}3} \end{bmatrix}$$

$\xi_{\tilde{i}k}$ ist der Winkel zwischen der globalen Achse $x_{\tilde{i}}$ und der lokalen Achse x_k.

Es folgt das lineare algebraische Gleichungssystem für die 18 unbekannten Knotenverschiebungen in globalen Koordinaten.

Systemverschiebungsvektor:

$$\underset{\sim}{\underline{v}} = \begin{bmatrix} \underset{\sim}{\underline{v}}(1) \\ \underset{\sim}{\underline{v}}(2) \\ \underset{\sim}{\underline{v}}(3) \end{bmatrix} \quad \text{mit} \quad \underset{\sim}{\underline{v}}(1) = \begin{bmatrix} v_{\tilde{1}}(1) \\ v_{\tilde{2}}(1) \\ v_{\tilde{3}}(1) \\ \varphi_{\tilde{1}}(1) \\ \varphi_{\tilde{2}}(1) \\ \varphi_{\tilde{3}}(1) \end{bmatrix} \quad \underset{\sim}{\underline{v}}(2) = \begin{bmatrix} v_{\tilde{1}}(2) \\ v_{\tilde{2}}(2) \\ v_{\tilde{3}}(2) \\ \varphi_{\tilde{1}}(2) \\ \varphi_{\tilde{2}}(2) \\ \varphi_{\tilde{3}}(2) \end{bmatrix} \quad \underset{\sim}{\underline{v}}(3) = \begin{bmatrix} v_{\tilde{1}}(3) \\ v_{\tilde{2}}(3) \\ v_{\tilde{3}}(3) \\ \varphi_{\tilde{1}}(3) \\ \varphi_{\tilde{2}}(3) \\ \varphi_{\tilde{3}}(3) \end{bmatrix}$$

Die Vektoren der Knotenlasten und der Randschnittkräfte sind:

$$\underline{\tilde{P}} = \begin{bmatrix} \underline{\tilde{P}}(1) \\ \underline{\tilde{P}}(2) \\ \underline{\tilde{P}}(3) \end{bmatrix} \qquad \underline{\tilde{F}} = \begin{bmatrix} \sum\limits_{(1)} \underline{\tilde{F}}(1k_1) \\ \sum\limits_{(2)} \underline{\tilde{F}}(2k_2) \\ \sum\limits_{(3)} \underline{\tilde{F}}(3k_3) \end{bmatrix}$$

Mit $k_1 = 2, 3, 4$, $k_2 = 1, 3, 5$ und $k_3 = 1, 2, 6$ folgt die Abhängigkeit der Systemsteifigkeitsmatrix $\underline{\tilde{K}}$ von den Stabsteifigkeitsmatrizen

$$\underline{\tilde{K}} = \begin{bmatrix} \sum\limits_{(1)} \underline{\tilde{K}}(1k_1,1) & \underline{\tilde{K}}(12,2) & \underline{\tilde{K}}(13,3) \\ \underline{\tilde{K}}(21,1) & \sum\limits_{(2)} \underline{\tilde{K}}(2k_2,2) & \underline{\tilde{K}}(23,3) \\ \underline{\tilde{K}}(31,1) & \underline{\tilde{K}}(32,2) & \sum\limits_{(3)} \underline{\tilde{K}}(3k_3,3) \end{bmatrix}$$

wobei $\underline{\tilde{K}}(**,*) = \underline{T} \cdot \underline{K}(**,*) \cdot \underline{T}^T$

Die Gleichungszeilen für den Knoten i = 2 werden zahlenmäßig aufgestellt und nachfolgende Stabsteifigkeitsmatrizen im lokalen und globalen Koordinatensystem benötigt:

- Stab (12): L(12) = 4 m (lokales = globales Koordinatensystem)

$$\underline{\tilde{K}}(21,2) = \underline{\tilde{K}}(ki,k) = \begin{bmatrix} 5{,}0 & 0 & 0 & 0 & 0 & 0 \\ 0 & 0{,}375 & 0 & 0 & 0 & -0{,}75 \\ 0 & 0 & 0{,}375 & 0 & 0{,}75 & 0 \\ 0 & 0 & 0 & 0{,}4 & 0 & 0 \\ 0 & 0 & 0{,}75 & 0 & 2{,}0 & 0 \\ 0 & -0{,}75 & 0 & 0 & 0 & 2{,}0 \end{bmatrix} 10^4$$

$$\underline{\tilde{K}}(21,1) = \underline{\tilde{K}}(ki,i) = \begin{bmatrix} -5{,}0 & 0 & 0 & 0 & 0 & 0 \\ 0 & -0{,}375 & 0 & 0 & 0 & -0{,}75 \\ 0 & 0 & -0{,}375 & 0 & 0{,}75 & 0 \\ 0 & 0 & 0 & -0{,}4 & 0 & 0 \\ 0 & 0 & -0{,}75 & 0 & 1{,}0 & 0 \\ 0 & 0{,}75 & 0 & 0 & 0 & 1{,}0 \end{bmatrix} 10^4$$

- Stab (23): L(23) = 3 m

Transformationsmatrix $\underline{T}(23) = \begin{bmatrix} \underline{T}_0(23) & \underline{0} \\ \underline{0} & \underline{T}_0(23) \end{bmatrix}$ $\underline{T}_0(23) = \begin{bmatrix} 0 & 0 & -1{,}0 \\ 0 & 1{,}0 & 0 \\ 1{,}0 & 0 & 0 \end{bmatrix}$

$$\underline{K}(23,2) = \underline{K}(ik,i) = \begin{bmatrix} 6{,}67 & 0 & 0 & 0 & 0 & 0 \\ 0 & 0{,}89 & 0 & 0 & 0 & 1{,}33 \\ 0 & 0 & 0{,}89 & 0 & -1{,}33 & 0 \\ 0 & 0 & 0 & 0{,}533 & 0 & 0 \\ 0 & 0 & -1{,}33 & 0 & 2{,}67 & 0 \\ 0 & 1{,}33 & 0 & 0 & 0 & 2{,}67 \end{bmatrix} 10^4$$

$$\tilde{\underline{K}}(23,2) = \begin{bmatrix} 0{,}89 & 0 & 0 & 0 & 1{,}33 & 0 \\ 0 & 0{,}89 & 0 & -1{,}33 & 0 & 0 \\ 0 & 0 & 6{,}67 & 0 & 0 & 0 \\ 0 & -1{,}33 & 0 & 2{,}67 & 0 & 0 \\ 1{,}33 & 0 & 0 & 0 & 2{,}67 & 0 \\ 0 & 0 & 0 & 0 & 0 & 0{,}533 \end{bmatrix} 10^4$$

$$\underline{K}(23,3) = \underline{K}(ik,k) = \begin{bmatrix} -6{,}67 & 0 & 0 & 0 & 0 & 0 \\ 0 & -0{,}89 & 0 & 0 & 0 & 1{,}33 \\ 0 & 0 & -0{,}89 & 0 & -1{,}33 & 0 \\ 0 & 0 & 0 & -0{,}533 & 0 & 0 \\ 0 & 0 & 1{,}33 & 0 & 1{,}33 & 0 \\ 0 & -1{,}33 & 0 & 0 & 0 & 1{,}33 \end{bmatrix} 10^4$$

$$\tilde{\underline{K}}(23,3) = \begin{bmatrix} -0{,}89 & 0 & 0 & 0 & 1{,}33 & 0 \\ 0 & -0{,}89 & 0 & -1{,}33 & 0 & 0 \\ 0 & 0 & -6{,}67 & 0 & 0 & 0 \\ 0 & 1{,}33 & 0 & 1{,}33 & 0 & 0 \\ -1{,}33 & 0 & 0 & 0 & 1{,}33 & 0 \\ 0 & 0 & 0 & 0 & 0 & -0{,}533 \end{bmatrix} 10^4$$

- Stab (25): L(25) = 4 m

Die lokalen Stabsteifigkeitsmatrizen des Stabes (25) sind identisch mit denen von Stab (12): $\underline{K}(21,2) = \underline{K}(25,2)$.

Transformationsmatrix $\underline{T}(25) = \begin{bmatrix} \underline{T}_0(25) & \underline{0} \\ \underline{0} & \underline{T}_0(25) \end{bmatrix}$ $\underline{T}_0(25) = \begin{bmatrix} 0 & 1{,}0 & 0 \\ -1{,}0 & 0 & 0 \\ 0 & 0 & 1{,}0 \end{bmatrix}$

$$\underline{\tilde{K}}(25,2) = \begin{bmatrix} 0{,}375 & 0 & 0 & 0 & 0 & -0{,}75 \\ 0 & 5{,}0 & 0 & 0 & 0 & 0 \\ 0 & 0 & 0{,}375 & 0{,}75 & 0 & 0 \\ 0 & 0 & 0{,}75 & 2{,}0 & 0 & 0 \\ 0 & 0 & 0 & 0 & 0{,}4 & 0 \\ -0{,}75 & 0 & 0 & 0 & 0 & 2{,}0 \end{bmatrix} 10^4$$

Die Gleichgewichtszeilen für den Knoten 2 lauten

$$\underline{\tilde{K}}(21,1)\cdot\underline{\tilde{v}}(1) + \left(\sum_{(2)} \underline{\tilde{K}}(2k_2,2)\right)\cdot\underline{\tilde{v}}(2) + \underline{\tilde{K}}(23,3)\cdot\underline{\tilde{v}}(3) = 0$$

und zahlenmäßig

$$\sum_{(2)} \underline{\tilde{K}}(2k_2,2) \qquad k_2 = 1,\ 3,\ 5$$

$$\sum_{(2)} \underline{\tilde{K}}(2k_2,2) = \begin{bmatrix} 6{,}265 & 0 & 0 & 0 & 1{,}33 & -0{,}75 \\ 0 & 6{,}265 & 0 & -1{,}33 & 0 & -0{,}75 \\ 0 & 0 & 7{,}42 & 0{,}75 & 0{,}75 & 0 \\ 0 & -1{,}33 & 0{,}75 & 5{,}067 & 0 & 0 \\ 1{,}33 & 0 & 0{,}75 & 0 & 5{,}067 & 0 \\ -0{,}75 & -0{,}75 & 0 & 0 & 0 & 4{,}533 \end{bmatrix} 10^4$$

Mit $\underline{\tilde{K}}(21,1), \sum_{(2)} \underline{\tilde{K}}(2k_2,2)$ und $\underline{\tilde{K}}(23,3)$ sind alle Untermatrizen zahlenmäßig bekannt, die in der Systemsteifigkeitsmatrix $\underline{\tilde{K}}$ dem Knoten 2 zugeordnet sind.

4.2.3 Unstetigkeiten im Stabanschluß

Für die Behandlung von Diskontinuitäten im Anschluß zwischen Stabrand und Knoten werden verallgemeinerte Beziehungen eingeführt, die es gestatten, quasi beliebige Anschlußkonstruktionen zu modellieren. Das Vorgehen wird für den eben wirkenden Stab gezeigt und ist auf den räumlichen Fall übertragbar.

Als Grundmodelle zur Erfassung der Verschiebungsunstetigkeit im Stabanschluß werden das Schnittkraftnullfeld und der linear elastische Anschluß eingeführt. Im Bild 4.39 sind Beispiele für die beiden Modelle dargestellt.

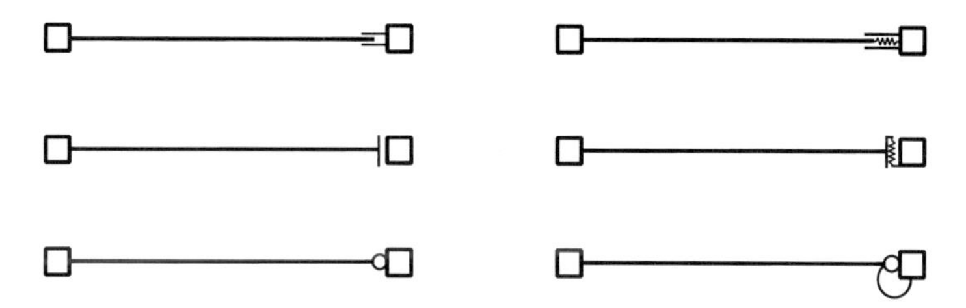

Bild 4.39 Schnittkraftnullfelder und linear elastische Anschlüsse

Jede Unstetigkeit führt zur Diskontinuität im Verschiebungsverlauf in Form eines Verschiebungssprungs zwischen dem Stabrand und dem anliegenden Knoten. Bei der Beschreibung wird zunächst davon ausgegangen, daß die Wirkungslinie der Sprunggröße parallel zu einer der lokalen Stabachsen verläuft. Anschließend wird noch geklärt, wie Unstetigkeiten zu behandeln sind, die einem beliebigen Koordinatensystem zugeordnet sind. Der Index j der Sprunggröße Δv_j soll die Zuordnung zu einem der verallgemeinerten Freiheitsgrade bezeichnen: die Indizes 1 bis 3 entsprechen den Randverschiebungen $v_1(ik)$, $v_2(ik)$ und $\varphi_3(ik)$, die Indizes 4 bis 6 stehen für $v_1(ki)$, $v_2(ki)$ und $\varphi_3(ki)$. Diese Systematik entspricht der Korrelation zwischen den Spalten $j = 1 \ldots 6$ der Stabsteifigkeitsmatrix $\underline{K}(e)$ und den Verschiebungs-Freiheitsgraden.

Jede Sprunggröße stellt eine neue Variable dar und erhöht die Anzahl der kinematischen Freiheitsgrade. Das Verfahren basiert auf der Elimination der zusätzlichen Unbekannten durch Zurückführen auf die Unbekannten der Deformationsmethode – die Knotenverschiebungen. Dazu werden Bedingungsgleichungen ausgewertet, die das mechanische Verhalten der Kopplungskonstruktion abbilden. Kennzeichnend für linear elastische Anschlüsse (Federgelenke) ist die konstitutive Beziehung zwischen dem Verschiebungssprung Δv_j und der konjugierten Schnittkraft F_j

$$F_j = K_j \cdot \Delta v_j \tag{4.38a}$$

mit K_j (linear) elastische Federsteifigkeit

Das Merkmal der Schnittkraftnullfelder (reibungslose Vollgelenke, Querkraft- und Normalkraft-Nullfelder) ist die verschwindende konjugierte Schnittgröße

$$F_j = 0 \tag{4.38b}$$

Ein Schnittkraftnullfeld kann als Grenzfall der linear elastischen Kopplung mit $K_j = 0$ behandelt werden.

Die algorithmische Abarbeitung einer Anschlußunstetigkeit hat zum Ziel, die Randschnittkraft-Randverschiebungs-Abhängigkeit des Stabelementes (e), siehe Gl. (4.8),

$$\underline{F}(e) = \overset{o}{\underline{F}}(e) + \underline{K}(e) \cdot \underline{v}(e) \tag{4.39}$$

in die Randschnittkraft-Knotenverschiebungs-Abhängigkeiten zu überführen, siehe Gln. (4.18) und (4.19), die hier verkürzt angeschrieben werden

$$\underline{F}(e) = \overset{o}{\underline{F}} + \underline{K} \cdot \underline{v} \tag{4.40}$$

Bei Stäben, die starr mit den anliegenden Knoten gekoppelt sind, besteht volle Identität der knotenbezogenen mit den stabbezogenen Komponenten

$$\underline{v} = \underline{v}(e) \tag{4.41a}$$

$$\overset{o}{\underline{F}} = \overset{o}{\underline{F}}(e) \tag{4.41b}$$

$$\underline{K} = \underline{K}(e) \tag{4.41c}$$

Die Abhängigkeit der Randschnittkräfte, ob von den Knoten- oder den Randverschiebungen, ist ein und dieselbe und der Übergang von den Stab- zu den Knotenvariablen ist eine formale Frage der Zuordnung.

Im Falle einer Anschlußunstetigkeit geht die Identität der Komponenten größenteils verloren. Die Randschnittkraft-Randverschiebungs-Abhängigkeit nach Gl. (4.39) bleibt bestehen, da die Diskontinuität jenseits des Stabrandes auftritt. Die Randschnittkraft-Knotenverschiebungs-Abhängigkeit kann analog zu Gl. (4.40) – mit einem tiefgestellten Index u als Hinweis auf die Unstetigkeit – notiert werden

$$\underline{F}(e) = \overset{o}{\underline{F}}_u + \underline{K}_u \cdot \underline{v} \tag{4.42}$$

Die Komponenten der rechten Seite von Gl. (4.42) – kinematisch bestimmter Randschnittkraftvektor und Stabsteifigkeitsmatrix – sind aus mehreren Gründen nicht mehr mit denen der Gl. (4.39) identisch.

a) Verschiebungssprung Δv_j

Die Identität der restlichen Rand- und Knotenverschiebungen bleibt erhalten und es gilt

$$\underline{v} = \underline{v}(e) + \Delta\underline{v} \tag{4.43}$$

wobei sämtliche Komponenten des Sprungvektors $\Delta\underline{v}$ bis auf die Sprunggröße Δv_j null sind

$$\begin{bmatrix} v_1 \\ \vdots \\ v_j \\ \vdots \\ v_6 \end{bmatrix} = \begin{bmatrix} v_1(e) \\ \vdots \\ v_j(e) \\ \vdots \\ v_6(e) \end{bmatrix} + \begin{bmatrix} 0 \\ \vdots \\ \Delta v_j \\ \vdots \\ 0 \end{bmatrix} \tag{4.44}$$

b) Umlagerung der lastabhängigen Randschnittkraftanteile um einen zunächst unbekannten Betrag. Anstelle der Gl. (4.41b) gilt nun

$$\overset{o}{\underline{F}}_u = \overset{o}{\underline{F}}(e) - \Delta\underline{F}_u \tag{4.45}$$

c) Steifigkeitsminderung

Die Identität der Stabsteifigkeitsmatrizen wird ersetzt durch

$$\underline{K}_u = \underline{K}(e) - \Delta\underline{K}_u \tag{4.46}$$

Die Randschnittkraft-Knotenverschiebungs-Abhängigkeit wird damit überführt zu

$$\underline{F}(e) = \overset{o}{\underline{F}}_u + \underline{K}_u \cdot \underline{v} = \left(\overset{o}{\underline{F}}(e) - \Delta F_u\right) + \left[\underline{K}(e) - \Delta\underline{K}_u\right] \cdot \underline{v} \tag{4.47}$$

Die Aufgabe besteht nun darin, den modifizierten kinematisch bestimmten Randschnittkraftvektor $\overset{o}{\underline{F}}_u$ und die modifizierte Stabsteifigkeitsmatrix $\underline{K}_u$ zu ermitteln. Die Sprunggröße Δv_j wird als zusätzliche Variable eliminiert und die Dekremente der Steifigkeitsmatrix $\Delta\underline{K}_u$ sowie des kinematisch bestimmten Randschnittkraftvektors $\Delta\underline{F}_u$ werden berechnet.

Die Lösung gelingt über die konstitutive Beziehung nach Gl. (4.38a). Sie stellt eine Zwangsbedingung für die zu Δv_j konjugierte Kraftgröße dar

$$F_j(e) = K_j \cdot \Delta v_j \tag{4.48}$$

Die aus dem Gleichungssystem (4.39) herausgelöste j-te Zeile führt über Gl. (4.44) zu

$$\begin{aligned} F_j(e) &= \overset{o}{F}_j + \underline{k}_j^T \cdot \underline{v}(e) \\ &= \overset{o}{F}_j + \underline{k}_j^T \cdot (\underline{v} - \Delta\underline{v}) \\ &= \overset{o}{F}_j + \underline{k}_j^T \cdot \underline{v} - k_{jj} \cdot \Delta v_j \end{aligned} \tag{4.49}$$

mit $\overset{o}{F}_j$ j-ter Koeffizient des kinematisch bestimmten Randschnittkraftvektors $\overset{o}{\underline{F}}(e)$

$\underline{k}_j$ j-te Spalte der symmetrischen Stabsteifigkeitsmatrix $\underline{K}(e)$

k_{jj} j-tes Hauptdiagonalenelement der Stabsteifigkeitsmatrix $\underline{K}(e)$

Die Auflösung der Gln. (4.48) und (4.49) nach Δv_j liefert den Unstetigkeitssprung als Funktion des Vektors der Knotenverschiebungen $\underline{v}$

$$\Delta v_j = \frac{\overset{o}{F}_j}{K_j + k_{jj}} + \frac{1}{K_j + k_{jj}} \cdot \underline{k}_j^T \cdot \underline{v} \tag{4.50}$$

Mit Gl. (4.50) gelingt es, die Sprunggröße aus der Menge der unabhängigen Variablen zu eliminieren. Freiwerte sind damit weiter ausschließlich die Knotenverschiebungen.

Die Randschnittkraft-Randverschiebungs-Abhängigkeit (4.39) wird darauffolgend in mehreren Schritten umgeformt. Als erstes werden die Randverschiebungen $\underline{v}(e)$ durch die Knotenverschiebungen $\underline{v}$ und die Sprunggrößen Δv_j substituiert

$$\begin{aligned} \underline{F}(e) &= \overset{o}{\underline{F}}(e) + \underline{K}(e) \cdot (\underline{v} - \Delta\underline{v}) = \\ &= \overset{o}{\underline{F}}(e) + \underline{K}(e) \cdot \underline{v} - \underline{k}_j \cdot \Delta v_j \end{aligned} \tag{4.51}$$

Die Sprunggröße Δv_j nach Gl. (4.50) wird in die Gl. (4.51) eingesetzt. Die Umformung und Gruppierung der Komponenten führt zu

$$\underline{F}(e) = \left(\overset{o}{\underline{F}}(e) - \frac{\overset{o}{F}_j}{K_j + k_{jj}} \cdot \underline{k}_j \right) + \left[\underline{K}(e) - \frac{1}{K_j + k_{jj}} \cdot \underline{k}_j \cdot \underline{k}_j^T \right] \cdot \underline{v} \tag{4.52}$$

Aus dem Vergleich der rechten Seiten der Gln. (4.52) und (4.47) werden die Dekremente des kinematisch bestimmten Randschnittkraftvektors und der Steifigkeitsmatrix erhalten

$$\Delta\underline{F}_u = \frac{\overset{o}{F}_j}{K_j + k_{jj}} \cdot \underline{k}_j \tag{4.53}$$

$$\Delta\underline{K}_u = \frac{1}{K_j + k_{jj}} \cdot \underline{k}_j \cdot \underline{k}_j^T \tag{4.54}$$

Abarbeitungsprozedur. Die Behandlung einer Stabanschlußunstetigkeit läßt sich zu folgender Sequenz zusammenfassen:

1) Zuordnung der Unstetigkeit zu einem der sechs Freiheitsgrade und Bereitstellung der zugehörigen Komponenten der Randschnittkraft-Randverschiebungs-Abhängigkeit:

   $\overset{o}{F}_j$ j-ter Koeffizient des kinematisch bestimmten Randschnittkraftvektors

   k_{jj} j-ter Hauptdiagonalenkoeffizient der Stabsteifigkeitsmatrix

   $\underline{k}_j$ j-te Spalte der Stabsteifigkeitsmatrix; wegen der Symmetrie ist die transponierte Spalte identisch mit der j-ten Matrixzeile

   K_j Federsteifigkeit der Anschlußkonstruktion bzw. $K_j = 0$ bei Schnittkraftnullfelder

2) Ermittlung des unstetigkeitsbedingten Randschnittkraftdekrements $\Delta\underline{F}_u$ nach Gl. (4.53)

3) Bestimmung des modifizierten kinematisch bestimmten Randschnittkraftvektors $\overset{o}{\underline{F}}_u$ nach Gl. (4.45)

4) Ermittlung des Steifigkeitsdekrements $\Delta\underline{K}_u$ nach Gl. (4.54)

5) Bestimmung der modifizierten Steifigkeitsmatrix $\underline{K}_u$ nach Gl. (4.46)

Die Abarbeitung erfolgt immer nur für eine Unstetigkeit. Durch wiederholte Anwendung des Algorithmus können mehrere Verschiebungssprunggrößen erfaßt werden, dabei wird immer auf die Randschnittkraft-Knotenverschiebungs-Abhängigkeit des vorangegangenen Schrittes zurückgegriffen.

Bezugssystem. Die vorgestellte Prozedur setzt – wie anfangs erwähnt– die Zuordnung der Unstetigkeit zu einer der stabeigenen Koordinatenachsen voraus. Dadurch wird gewährleistet, daß der Index j immer einer Spalte der Stabsteifigkeitsmatrix und einem Element des kinematisch bestimmten Randschnittkraftvektors entspricht. Nach der Abarbeitung folgt die Transformation des modifizierten Randschnittkraftvektors und der modifizierten Stabsteifigkeitsmatrix in das globale Koordinatensystem

$$\underline{\tilde{F}}(e) = \mathring{\underline{\tilde{F}}}_u + \underline{\tilde{K}}_u \cdot \underline{\tilde{v}} \qquad (4.55)$$

mit $\quad \mathring{\underline{\tilde{F}}}_u = \underline{T}(e) \cdot \underline{F}_u \qquad \underline{\tilde{K}}_u = \underline{T}(e) \cdot \underline{K}_u \cdot \underline{T}^T(e)$

$\underline{T}(e)$ gemäß Gl. (4.3) mit dem Transformationswinkel $\alpha(e) = \alpha(ik)$

Eine Unstetigkeit, deren Richtungsachse nicht mit einer lokalen, sondern globalen Achse übereinstimmt, wird in der umgekehrten Sequenz behandelt. Zunächst wird die Randschnittkraft-Randverschiebungs-Abhängigkeit in das globale Koordinatensystem transformiert zu

$$\underline{\tilde{F}}(e) = \mathring{\underline{\tilde{F}}}(e) + \underline{\tilde{K}}(e) \cdot \underline{\tilde{v}}(e) \qquad (4.56)$$

mit $\quad \mathring{\underline{\tilde{F}}}(e) = \underline{T}(e) \cdot \mathring{\underline{F}}(e) \qquad \underline{\tilde{K}}(e) = \underline{T}(e) \cdot \underline{K}(e) \cdot \underline{T}^T(e)$

Der Index j wird nun einer globalen Achse zugeordnet, die Modifikation der Stabsteifigkeitsmatrix und des kinematisch bestimmten Randschnittkraftvektors wird nach demselben Algorithmus vorgenommen. Für den kinematisch bestimmten Randschnittkraftvektor wird erhalten

$$\mathring{\underline{\tilde{F}}}_u = \mathring{\underline{\tilde{F}}}(e) - \Delta\underline{\tilde{F}}_u \qquad \text{mit} \quad \Delta\underline{\tilde{F}}_u = \frac{\mathring{\tilde{F}}_j}{K_j + \tilde{k}_{jj}} \cdot \underline{\tilde{k}}_j \qquad (4.57)$$

bzw. für die modifizierte Stabsteifigkeitsmatrix

$$\underline{\tilde{K}}_u = \underline{\tilde{K}}(e) - \Delta\underline{\tilde{K}}_u \qquad \text{mit} \quad \Delta\underline{\tilde{K}}_u = \frac{1}{K_j + \tilde{k}_{jj}} \cdot \underline{\tilde{k}}_j \cdot \underline{\tilde{k}}_j^T \qquad (4.58)$$

Verallgemeinert ist ein unstetigkeitseigenes Bezugssystem denkbar, das auch mit dem globalen nicht übereinstimmt. In diesem zugegeben seltenen Fall wird eine Transformation in das unstetigkeitsspezifische Koordinatensystem (Transformationswinkel α_u) vorgeschaltet. Diese zusätzliche Transformation kann ausgehend vom globalen Koordinatensystem vorgenommen werden

$$\mathring{\underline{\tilde{\tilde{F}}}}(e) = \underline{T}^T(u) \cdot \mathring{\underline{\tilde{F}}}(e) \qquad \underline{\tilde{\tilde{K}}}(e) = \underline{T}^T(u) \cdot \underline{\tilde{K}}(e) \cdot \underline{T}(u) \qquad (4.59a)$$

oder, mit $\alpha(eu) = \alpha(e) - \alpha(u)$, direkt vom lokalen

$$\mathring{\underline{\tilde{\tilde{F}}}}(e) = \underline{T}^T(eu) \cdot \mathring{\underline{F}}(e) \qquad \underline{\tilde{\tilde{K}}}(e) = \underline{T}^T(eu) \cdot \underline{F}(e) \cdot \underline{T}(eu) \qquad (4.59b)$$

Dadurch wird sichergestellt, daß es eine eindeutige Entsprechung zwischen dem Index j und der j-ten Spalte der Stabsteifigkeitsmatrix bzw. dem j-ten Element des kinematisch bestimmten Randschnittkraftvektors gibt, denn nur unter dieser Bedingung ist die vorgestellte Abarbeitungsprozedur gültig. Dann folgt die Modifikation des kinematisch bestimmten Randschnittkraftvektors

$$\mathring{\underline{\tilde{\tilde{F}}}}_u = \mathring{\underline{\tilde{\tilde{F}}}}(e) - \Delta\underline{\tilde{\tilde{F}}}_u \qquad \text{mit} \quad \Delta\underline{\tilde{\tilde{F}}}_u = \frac{\mathring{\tilde{\tilde{F}}}_j}{K_j + \tilde{\tilde{k}}_{jj}} \cdot \underline{\tilde{\tilde{k}}}_j \qquad (4.60)$$

bzw. der Stabsteifigkeitsmatrix

$$\underline{\tilde{\tilde{K}}}_u = \underline{\tilde{\tilde{K}}}(e) - \Delta\underline{\tilde{\tilde{K}}}_u \qquad \text{mit} \quad \Delta\underline{\tilde{\tilde{K}}}_u = \frac{1}{K_j + \tilde{\tilde{k}}_{jj}} \cdot \underline{\tilde{\tilde{k}}}_j \cdot \underline{\tilde{\tilde{k}}}_j^T \qquad (4.61)$$

Die modifizierten Komponenten der Randschnittkraft-Knotenverschiebungs-Abhängigkeit werden noch in das globale Koordinatensystem überführt

$$\overset{\circ}{\underline{\tilde{F}}}_u = \underline{T}(u) \cdot \overset{\circ}{\underline{\tilde{\tilde{F}}}}_u \qquad \underline{\tilde{K}}(e) = \underline{T}(u) \cdot \underline{\tilde{\tilde{K}}}_u \cdot \underline{T}^T(u) \tag{4.62}$$

Block-Prozedur. Das Vorgehen für eine beliebige Anschlußunstetigkeit (allgemeines Federgelenk) läßt sich auch in Matrix-Blockform formulieren, siehe z.B. [59]. Die Modifikation wird dann nicht mit der (6×6)-Stabsteifigkeitsmatrix vorgenommen, sondern mit ihren vier (3×3)-Matrixblöcken.

Der Zusammenhang zwischen der Sprunggröße in einem anschlußlokalen Koordinatensystem und dem globalen Koordinatensystem, siehe Bild 4.40, wird für den eben wirkenden Stab über die der Unstetigkeit zugeordnete Spalte der Transformationsmatrix hergestellt

$$\underline{T}(u) = \left[\underline{t}_1(u) \mid \underline{t}_2(u) \mid \underline{t}_3(u)\right] = \begin{bmatrix} \cos\alpha(u) & \sin\alpha(u) & 0 \\ -\sin\alpha(u) & \cos\alpha(u) & 0 \\ 0 & 0 & 1 \end{bmatrix} \tag{4.63}$$

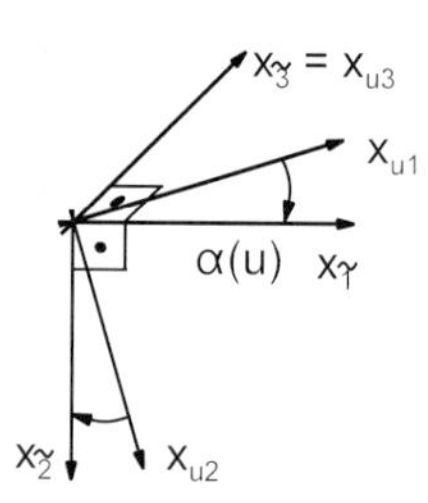

Bild 4.40 Globales und anschlußlokales Koordinatensystem für eine Sprunggröße

Die modifizierten Randschnittkräfte und Steifigkeitsmatrizen der Randschnittkraft-Knotenverschiebungs-Abhängigkeiten sind

$$\underline{\tilde{F}}(ik) = \overset{\circ}{\underline{\tilde{F}}}_u(ik) + \underline{\tilde{K}}_u(ik,i) \cdot \underline{\tilde{v}}(i) + \underline{\tilde{K}}_u(ik,k) \cdot \underline{\tilde{v}}(k) \tag{4.64}$$

$$\underline{\tilde{F}}(ki) = \overset{\circ}{\underline{\tilde{F}}}_u(ki) + \underline{\tilde{K}}_u(ki,i) \cdot \underline{\tilde{v}}(i) + \underline{\tilde{K}}_u(ki,k) \cdot \underline{\tilde{v}}(k) \tag{4.65}$$

Für eine Verschiebungsunstetigkeit am Stabrand (ik) gilt mit j = 1 ... 3

$$\overset{\circ}{\underline{\tilde{F}}}_u(ik) = \overset{\circ}{\underline{\tilde{F}}}(ik) - \frac{1}{\psi(ik)} \cdot \underline{\tilde{K}}(ik,i) \cdot \underline{t}_j(u) \cdot \underline{t}_j^T(u) \cdot \overset{\circ}{\underline{\tilde{F}}}(ik) \tag{4.66a}$$

$$\overset{\circ}{\underline{\tilde{F}}}_u(ki) = \overset{\circ}{\underline{\tilde{F}}}(ki) - \frac{1}{\psi(ik)} \cdot \underline{\tilde{K}}(ki,i) \cdot \underline{t}_j(u) \cdot \underline{t}_j^T(u) \cdot \overset{\circ}{\underline{\tilde{F}}}(ik) \tag{4.66b}$$

$$\underline{\tilde{K}}_u(ik,i) = \underline{\tilde{K}}(ik,i) - \frac{1}{\psi(ik)} \cdot \underline{\tilde{K}}(ik,i) \cdot \underline{t}_j(u) \cdot \underline{t}_j^T(u) \cdot \underline{\tilde{K}}(ik,i) \tag{4.66c}$$

$$\underline{\tilde{K}}_u(ik,k) = \underline{\tilde{K}}(ik,k) - \frac{1}{\psi(ik)} \cdot \underline{\tilde{K}}(ik,i) \cdot \underline{t}_j(u) \cdot \underline{t}_j^T(u) \cdot \underline{\tilde{K}}(ik,k) \tag{4.66d}$$

$$\underline{\tilde{K}}_u(ki,i) = \underline{\tilde{K}}(ki,i) - \frac{1}{\psi(ik)} \cdot \underline{\tilde{K}}(ki,i) \cdot \underline{t}_j(u) \cdot \underline{t}_j^T(u) \cdot \underline{\tilde{K}}(ik,i) \tag{4.66e}$$

$$\underline{\tilde{K}}_u(ki,k) = \underline{\tilde{K}}(ki,k) - \frac{1}{\psi(ik)} \cdot \underline{\tilde{K}}(ki,i) \cdot \underline{t}_j(u) \cdot \underline{t}_j^T(u) \cdot \underline{\tilde{K}}(ik,k) \tag{4.66f}$$

und

$$\psi(ik) = \underline{t}_j^T(u) \cdot \underline{\tilde{K}}(ik,i) \cdot \underline{t}_j(u) + K_j \tag{4.66g}$$

Für eine Verschiebungsunstetigkeit am Stabrand (ki) gilt analog mit j = 4 ... 6

$$\underline{\mathring{\tilde{F}}}_u(ik) = \underline{\mathring{\tilde{F}}}(ik) - \frac{1}{\psi(ki)} \cdot \underline{\tilde{K}}(ik,k) \cdot \underline{t}_{j-3}(u) \cdot \underline{t}_{j-3}^T(u) \cdot \underline{\mathring{\tilde{F}}}(ik) \tag{4.67a}$$

$$\underline{\mathring{\tilde{F}}}_u(ki) = \underline{\mathring{\tilde{F}}}(ki) - \frac{1}{\psi(ki)} \cdot \underline{\tilde{K}}(ki,k) \cdot \underline{t}_{j-3}(u) \cdot \underline{t}_{j-3}^T(u) \cdot \underline{\mathring{\tilde{F}}}(ki) \tag{4.67b}$$

$$\underline{\tilde{K}}_u(ik,i) = \underline{\tilde{K}}(ik,i) - \frac{1}{\psi(ki)} \cdot \underline{\tilde{K}}(ik,k) \cdot \underline{t}_{j-3}(u) \cdot \underline{t}_{j-3}^T(u) \cdot \underline{\tilde{K}}(ki,i) \tag{4.67c}$$

$$\underline{\tilde{K}}_u(ik,k) = \underline{\tilde{K}}(ik,k) - \frac{1}{\psi(ki)} \cdot \underline{\tilde{K}}(ik,k) \cdot \underline{t}_{j-3}(u) \cdot \underline{t}_{j-3}^T(u) \cdot \underline{\tilde{K}}(ki,k) \tag{4.67d}$$

$$\underline{\tilde{K}}_u(ki,i) = \underline{\tilde{K}}(ki,i) - \frac{1}{\psi(ki)} \cdot \underline{\tilde{K}}(ki,k) \cdot \underline{t}_{j-3}(u) \cdot \underline{t}_{j-3}^T(u) \cdot \underline{\tilde{K}}(ki,i) \tag{4.67e}$$

$$\underline{\tilde{K}}_u(ki,k) = \underline{\tilde{K}}(ki,k) - \frac{1}{\psi(ki)} \cdot \underline{\tilde{K}}(ki,k) \cdot \underline{t}_{j-3}(u) \cdot \underline{t}_{j-3}^T(u) \cdot \underline{\tilde{K}}(ki,k) \tag{4.67f}$$

mit

$$\psi(ki) = \underline{t}_{j-3}^T(u) \cdot \underline{\tilde{K}}(ki,k) \cdot \underline{t}_{j-3}(u) + K_j \tag{4.67g}$$

Beispiel 4.8 Betrachtet wird der in Bild 4.41 dargestellte eben wirkende Stab mit Querkraftnullfeld am Rand (ki) unter konstanter Querlast p. Der Querschnitt sei konstant (EI = konst., EA = konst.), die Schubverzerrung bleibt unberücksichtigt.

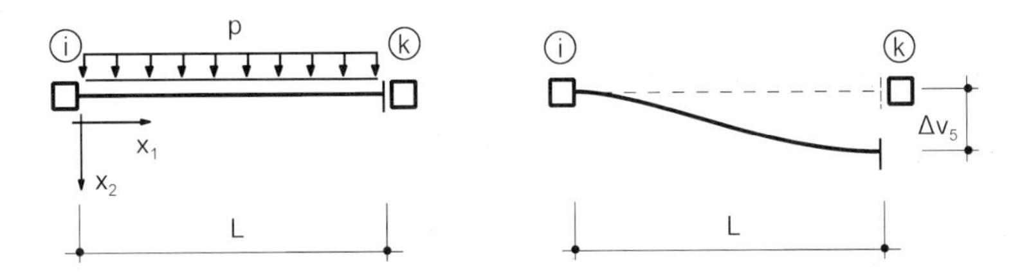

Bild 4.41 Querkraftnullfeld am Stabrand (ki), Verschiebungssprung in Richtung x_2

Die Komponenten der Randschnittkraft-Randverschiebungs-Abhängigkeit sind die des kinematisch bestimmt gelagerten Stabes mit beidseitiger Einspannung

$$\overset{\circ}{\underline{F}}(e)=\left[\begin{array}{c} 0 \\ -\frac{pL}{2} \\ -\frac{pL^2}{12} \\ \hline 0 \\ -\frac{pL}{2} \\ \frac{pL^2}{12} \end{array}\right] \qquad \underline{K}(e)=\left[\begin{array}{ccc|ccc} \frac{EA}{L} & 0 & 0 & -\frac{EA}{L} & 0 & 0 \\ 0 & \frac{12EI}{L^3} & \frac{6EI}{L^2} & 0 & -\frac{12EI}{L^3} & \frac{6EI}{L^2} \\ 0 & \frac{6EI}{L^2} & \frac{4EI}{L} & 0 & -\frac{6EI}{L^2} & \frac{2EI}{L} \\ \hline -\frac{EA}{L} & 0 & 0 & \frac{EA}{L} & 0 & 0 \\ 0 & -\frac{12EI}{L^3} & -\frac{6EI}{L^2} & 0 & \frac{12EI}{L^3} & -\frac{6EI}{L^2} \\ 0 & \frac{6EI}{L^2} & \frac{2EI}{L} & 0 & -\frac{6EI}{L^2} & \frac{4EI}{L} \end{array}\right]$$

Der Verschiebungssprung entspricht dem Freiheitsgrad $v_2(ki)$, der Index ist $j = 5$. Für die Federsteifigkeit wird $K_j = 0$ angesetzt, da es sich um ein Schnittkraftnullfeld handelt. Benötigt werden die Terme

$$\overset{0}{F}_5=-\frac{pL}{2}, \qquad k_{55}=\frac{12EI}{L^3}, \qquad \underline{k}_5^T=\left[\begin{array}{ccc|ccc} 0 & -\frac{12EI}{L^3} & -\frac{6EI}{L^2} & 0 & \frac{12EI}{L^3} & -\frac{6EI}{L^2} \end{array}\right]$$

Die Matrixspalte $\underline{k}_5$ ist hier als Matrixzeile (transponiert) angegeben. Die Dekremente werden gemäß den Gln. (4.53) und (4.54) ermittelt zu

$$\Delta\underline{F}_u=\left[\begin{array}{c} 0 \\ \frac{pL}{2} \\ \frac{pL^2}{4} \\ \hline 0 \\ -\frac{pL}{2} \\ \frac{pL^2}{4} \end{array}\right] \qquad \Delta\underline{K}_u=\left[\begin{array}{ccc|ccc} 0 & 0 & 0 & 0 & 0 & 0 \\ 0 & \frac{12EI}{L^3} & \frac{6EI}{L^2} & 0 & -\frac{12EI}{L^3} & \frac{6EI}{L^2} \\ 0 & \frac{6EI}{L^2} & \frac{3EI}{L} & 0 & -\frac{6EI}{L^2} & \frac{3EI}{L} \\ \hline 0 & 0 & 0 & 0 & 0 & 0 \\ 0 & -\frac{12EI}{L^3} & -\frac{6EI}{L^2} & 0 & \frac{12EI}{L^3} & -\frac{6EI}{L^2} \\ 0 & \frac{6EI}{L^2} & \frac{3EI}{L} & 0 & -\frac{6EI}{L^2} & \frac{3EI}{L} \end{array}\right]$$

Der ursprüngliche kinematisch bestimmte Randschnittkraftvektor und die ursprüngliche Steifigkeitsmatrix werden um die angegebenen Dekremente reduziert.

$$\underline{F}_u = \begin{bmatrix} 0 \\ -pL \\ -\dfrac{pL^2}{3} \\ \hline 0 \\ 0 \\ -\dfrac{pL^2}{6} \end{bmatrix}, \quad \underline{K}_u = \left[\begin{array}{ccc|ccc} \dfrac{EA}{L} & 0 & 0 & -\dfrac{EA}{L} & 0 & 0 \\ 0 & 0 & 0 & 0 & 0 & 0 \\ 0 & 0 & \dfrac{EI}{L} & 0 & 0 & -\dfrac{EI}{L} \\ \hline 0 & 0 & 0 & \dfrac{EA}{L} & 0 & 0 \\ 0 & 0 & 0 & 0 & 0 & 0 \\ 0 & 0 & -\dfrac{EI}{L} & 0 & 0 & \dfrac{EI}{L} \end{array}\right]$$

Die Nullen der 2. bzw. 5. Matrixspalte belegen, daß die Querverschiebungen der Knoten (i) und (k) keinen Einfluß auf den Zustand im Stab mit einem Querkraftnullfeld haben.

Beispiel 4.9 Betrachtet wird der in Bild 4.42 dargestellte eben wirkende Stab mit Federgelenk am Rand (ik). Die Federkonstante ist K_φ. Der Stabquerschnitt sei konstant, die Schubverzerrung soll unberücksichtigt bleiben. Die Intensität der Querlast p sei auch konstant.

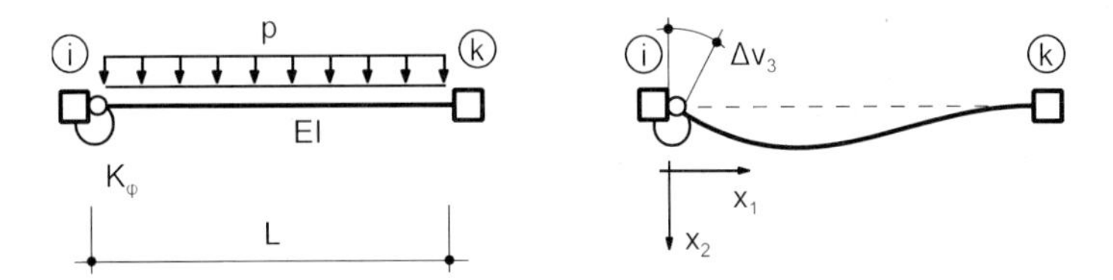

Bild 4.42 Federgelenk am Rand (ik), Verdrehungssprung in Richtung x_3

Das Federgelenk gestattet eine gegenseitige Verdrehung zwischen dem Rand und dem Knoten. Der Verdrehungssprung korrespondiert mit dem lokalen Freiheitsgrad φ_3(ik) und entspricht dem Index j = 3. Für die Modifikation des kinematisch bestimmten Randschnittkraftvektors und der Stabsteifigkeitsmatrix werden folgende Terme benötigt:

$$K_3 = K_\varphi, \quad \overset{0}{F}_3 = -\frac{pL^2}{12}, \quad \underline{k}_3^T = \left[\begin{array}{ccc|ccc} 0 & \dfrac{6EI}{L^2} & \dfrac{4EI}{L} & 0 & -\dfrac{6EI}{L^2} & \dfrac{2EI}{L} \end{array}\right], \quad k_{33} = \frac{4EI}{L}$$

Die Abarbeitungsprozedur führt über die Gln. (4.53) und (4.45) zum modifizierten kinematisch bestimmten Randschnittkraftvektor

$$\overset{o}{\underline{F}}_u = \begin{bmatrix} 0 \\ -\frac{pL}{2}(1-\phi) \\ -\frac{pL^2}{12}(1-4\phi) \\ \hline 0 \\ -\frac{pL}{2}(1+\phi) \\ \frac{pL^2}{12}(1+2\phi) \end{bmatrix} \qquad \text{mit} \qquad \phi = \frac{1}{\frac{K_\varphi}{EI/L}+4}$$

Der Faktor ϕ faßt den Einfluß der Federsteifigkeit K_φ und der bezogenen Biegesteifigkeit EI/L des Stabelements zusammen. Er kann daher als ein Maß für die Nachgiebigkeit des Stab-Knoten-Anschlusses interpretiert werden (*flexibility factor*). Die Grenzwerte des Nachgiebigkeitsfaktors sind:

$\phi = 1/4$ das ist der Fall des reibungslosen Gelenks mit $K_\varphi = 0$

$\phi = 0$ tritt bei $K_\varphi \to \infty$ auf und entspricht der starren Kopplung

Die modifizierte Steifigkeitsmatrix wird über die Gln. (4.54) und (4.46) erhalten, ihre Koeffizienten sind erwartungsgemäß auch vom Nachgiebigkeitsfaktor abhängig

$$\underline{K}_u = \left[\begin{array}{ccc|ccc} \frac{EA}{L} & 0 & 0 & -\frac{EA}{L} & 0 & 0 \\ 0 & \frac{12EI}{L^3}(1-3\phi) & \frac{6EI}{L^2}(1-4\phi) & 0 & -\frac{12EI}{L^3}(1-3\phi) & \frac{6EI}{L^2}(1-2\phi) \\ 0 & \frac{6EI}{L^2}(1-4\phi) & \frac{4EI}{L}(1-4\phi) & 0 & -\frac{6EI}{L^2}(1-4\phi) & \frac{2EI}{L}(1-4\phi) \\ \hline -\frac{EA}{L} & 0 & 0 & \frac{EA}{L} & 0 & 0 \\ 0 & -\frac{12EI}{L^3}(1-3\phi) & -\frac{6EI}{L^2}(1-4\phi) & 0 & \frac{12EI}{L^3}(1-3\phi) & -\frac{6EI}{L^2}(1-2\phi) \\ 0 & \frac{6EI}{L^2}(1-2\phi) & \frac{2EI}{L}(1-4\phi) & 0 & -\frac{6EI}{L^2}(1-2\phi) & \frac{4EI}{L}(1-\phi) \end{array}\right]$$

Die Grenzwerte des Nachgiebigkeitsfaktors führen zu Grenzlagen des kinematisch bestimmten Randschnittkraftvektors und der Stabsteifigkeitsmatrix. Für den Stab mit einem idealen, reibungslosen Gelenk am Rand (ik) wird mit $\phi = 1/4$ erhalten

$$\overset{\circ}{\underline{F}}_u = \begin{bmatrix} 0 \\ -\dfrac{3pL}{8} \\ 0 \\ \hline 0 \\ -\dfrac{5pL}{8} \\ \dfrac{pL^2}{8} \end{bmatrix}, \qquad \underline{K}_u = \left[\begin{array}{ccc|ccc} \dfrac{EA}{L} & 0 & 0 & -\dfrac{EA}{L} & 0 & 0 \\ 0 & \dfrac{3EI}{L^3} & 0 & 0 & -\dfrac{3EI}{L^3} & \dfrac{3EI}{L^2} \\ 0 & 0 & 0 & 0 & 0 & 0 \\ \hline -\dfrac{EA}{L} & 0 & 0 & \dfrac{EA}{L} & 0 & 0 \\ 0 & -\dfrac{3EI}{L^3} & 0 & 0 & \dfrac{3EI}{L^3} & -\dfrac{3EI}{L^2} \\ 0 & \dfrac{3EI}{L^2} & 0 & 0 & -\dfrac{3EI}{L^2} & \dfrac{3EI}{L} \end{array}\right]$$

Die Nullen in der dritten Matrixspalte bedeuten, daß die Verdrehung des Knotens (i) in diesem Grenzfall keine Wirkung auf den Schnittkraftzustand des Stabes hat.

Der andere Grenzwert ($\phi = 0$) ist aus praktischer Sicht quasi bedeutungslos, da er dem starren Anschluß mit $K_\varphi \to \infty$ entspricht und zum Stab ohne Anschlußunstetigkeit führt.

Für den Fall eines linear elastischen Federgelenks mit der Federkonstante K_φ am rechten Stabrand (ki) wird analog vorgegangen: der Verdrehungssprung zwischen dem Rand und dem Knoten (k) wird dem lokalen Freiheitsgrad φ_3(ki) zugeordnet; der Index ist j = 6. Die Basis bilden wieder die kinematisch bestimmten Randschnittkräfte und die Stabsteifigkeitsmatrix des kinematisch bestimmt gelagerten Stabes. Die Abarbeitungsprozedur führt zu den Vektor- und Matrix-Komponenten der Randschnittkraft-Knotenverschiebungs-Abhängigkeit. Für den modifizierten kinematisch bestimmten Randschnittkraftvektor bei Federgelenk am Rand (ki) wird erhalten

$$\overset{\circ}{\underline{F}}_u = \begin{bmatrix} 0 \\ -\dfrac{pL}{2}(1+\phi) \\ -\dfrac{pL^2}{12}(1+2\phi) \\ \hline 0 \\ -\dfrac{pL}{2}(1-\phi) \\ \dfrac{pL^2}{12}(1-4\phi) \end{bmatrix} \qquad \text{mit dem Nachgiebigkeitsfaktor} \qquad \phi = \frac{1}{\dfrac{K_\varphi}{EI/L} + 4}$$

bzw. für die modifizierte Stabsteifigkeitsmatrix

$$\underline{K}_u = \left[\begin{array}{ccc|ccc} \frac{EA}{L} & 0 & 0 & -\frac{EA}{L} & 0 & 0 \\ 0 & \frac{12EI}{L^3}(1-3\phi) & \frac{6EI}{L^2}(1-2\phi) & 0 & -\frac{12EI}{L^3}(1-3\phi) & \frac{6EI}{L^2}(1-4\phi) \\ 0 & \frac{6EI}{L^2}(1-2\phi) & \frac{4EI}{L}(1-\phi) & 0 & -\frac{6EI}{L^2}(1-2\phi) & \frac{2EI}{L}(1-4\phi) \\ \hline -\frac{EA}{L} & 0 & 0 & \frac{EA}{L} & 0 & 0 \\ 0 & -\frac{12EI}{L^3}(1-3\phi) & -\frac{6EI}{L^2}(1-2\phi) & 0 & \frac{12EI}{L^3}(1-3\phi) & -\frac{6EI}{L^2}(1-4\phi) \\ 0 & \frac{6EI}{L^2}(1-4\phi) & \frac{2EI}{L}(1-4\phi) & 0 & -\frac{6EI}{L^2}(1-4\phi) & \frac{4EI}{L}(1-4\phi) \end{array}\right]$$

Für den Grenzfall des reibungslosen Gelenks ($K_\varphi = 0$, $\phi = 1/4$) vereinfachen sich der modifizierte Vektor und die modifizierte Matrix zu

$$\overset{o}{\underline{F}}_u = \left[\begin{array}{c} 0 \\ -\frac{5pL}{8} \\ -\frac{pL^2}{8} \\ \hline 0 \\ -\frac{3pL}{8} \\ 0 \end{array}\right] \qquad \underline{K}_u = \left[\begin{array}{ccc|ccc} \frac{EA}{L} & 0 & 0 & -\frac{EA}{L} & 0 & 0 \\ 0 & \frac{3EI}{L^3} & \frac{3EI}{L^2} & 0 & -\frac{3EI}{L^3} & 0 \\ 0 & \frac{3EI}{L^2} & \frac{3EI}{L} & 0 & -\frac{3EI}{L^2} & 0 \\ \hline -\frac{EA}{L} & 0 & 0 & \frac{EA}{L} & 0 & 0 \\ 0 & -\frac{3EI}{L^3} & -\frac{3EI}{L^2} & 0 & \frac{3EI}{L^3} & 0 \\ 0 & 0 & 0 & 0 & 0 & 0 \end{array}\right]$$

Beispiel 4.10 Betrachtet wird ein Stab mit Kraftnullfeld am Rand (ki) unter konstanter Last p, siehe Bild 4.43. Der Stabquerschnitt sei konstant mit $EI = 1{,}26 \cdot 10^5$ kNm² und $EA = 6{,}3 \cdot 10^5$ kN, die Stablänge L = 5 m, der Transformationswinkel ist $\alpha(e) = \alpha(ik) = \pi - \arctan(4/3) = 126{,}87°$.

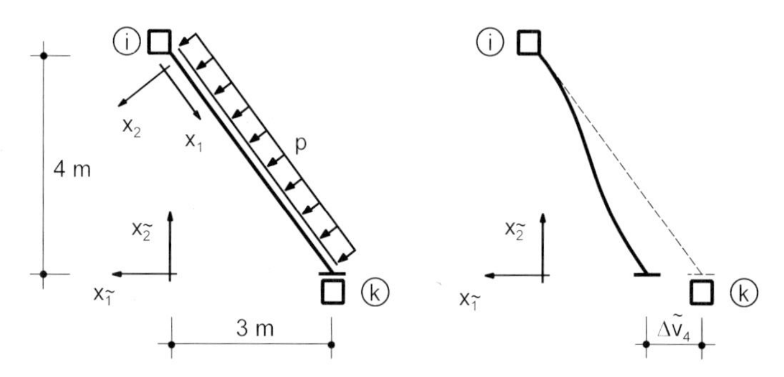

Bild 4.43 Stab mit globalem Kraftnullfeld am Rand (ki)

Die Unstetigkeit am Rand (ki) kann in diesem Fall keinem der stablokalen Freiheitsgrade zugeordnet werden, sie führt zu einem Verschiebungssprung in Richtung der globalen $x_{\bar{1}}$ -Achse. Die Modifikation muß nach der Transformation der Randschnittkraft-Randverschiebungs-Abhängigkeit in das globale Koordinatensystem vorgenommen werden.

Der kinematisch bestimmte Randschnittkraftvektor und die Stabsteifigkeitsmatrix werden im lokalen Koordinatensystem aufbereitet

$$\overset{o}{\underline{F}}(e) = \begin{bmatrix} 0 \\ -2{,}500 \\ -2{,}083 \\ \hline 0 \\ -2{,}500 \\ 2{,}083 \end{bmatrix} \cdot p \qquad \underline{K}(e) = \left[\begin{array}{ccc|ccc} 126000 & 0 & 0 & -126000 & 0 & 0 \\ 0 & 12096 & 30240 & 0 & -12096 & 30240 \\ 0 & 30240 & 100800 & 0 & -30240 & 50400 \\ \hline -126000 & 0 & 0 & 126000 & 0 & 0 \\ 0 & -12096 & -30240 & 0 & 12096 & -30240 \\ 0 & 30240 & 50400 & 0 & -30240 & 100800 \end{array}\right]$$

und anschließend in das globale transformiert

$$\overset{o}{\underline{\tilde{F}}}(e) = \begin{bmatrix} -2{,}000 \\ 1{,}500 \\ -2{,}083 \\ \hline -2{,}000 \\ 1{,}500 \\ 2{,}083 \end{bmatrix} \cdot p \qquad \underline{\tilde{K}}(e) = \left[\begin{array}{ccc|ccc} 53101 & 54674 & 24192 & -53101 & -54674 & 24192 \\ 54674 & 84995 & -18144 & -54674 & -84995 & -18144 \\ 24192 & -18144 & 100800 & -24192 & 18144 & 50400 \\ \hline -53101 & -54674 & -24192 & 53101 & 54674 & -24192 \\ -54674 & -84995 & 18144 & 54674 & 84995 & 18144 \\ 24192 & -18144 & 50400 & -24192 & 18144 & 100800 \end{array}\right]$$

Die Unstetigkeit entspricht der Verschiebung $v_{\bar{1}}(ki)$, der Index ist j = 4. Bei Kraftnullfeldern wird $K_j = 0$ angesetzt, die restlichen für die Modifikation benötigten Komponenten sind

$$\overset{o}{\tilde{F}}_4 = -2 \qquad \tilde{k}_{44} = 53101 \qquad \underline{\tilde{k}}_4^T = [-53101 \quad -54674 \quad -24192 \mid 53101 \quad 54674 \quad -24192]$$

Die Abarbeitungsprozedur führt zu dem modifizierten kinematisch bestimmten Randschnittkraftvektor und der modifizierten Stabsteifigkeitsmatrix in Bezug auf das globale Koordinatensystem

$$\overset{o}{\underline{\tilde{F}}}_u = \begin{bmatrix} -4{,}000 \\ -0{,}559 \\ -2{,}994 \\ \hline 0 \\ -3{,}559 \\ 1{,}172 \end{bmatrix} \cdot p \qquad \underline{\tilde{K}}_u = \left[\begin{array}{ccc|ccc} 0 & 0 & 0 & 0 & 0 & 0 \\ 0 & 28702 & -43052 & 0 & -28702 & -43052 \\ 0 & -43052 & 89779 & 0 & 43052 & 39379 \\ \hline 0 & 0 & 0 & 0 & 0 & 0 \\ 0 & -28702 & 43052 & 0 & 28702 & 43052 \\ 0 & -43052 & 39379 & 0 & 43052 & 89779 \end{array}\right]$$

Das (globale) horizontale Schnittkraftnullfeld ist durch die Nullen in der 1. und 4. Matrixspalte repräsentiert. Die horizontalen Knotenverschiebungen haben keinen Einfluß auf die Zustandsgrößen im Stab.

Wird der Stab zusätzlich mit einem idealen Gelenk (Momentennullfeld) am Rand (ik) modelliert, dann ist eine zweite Modifikation vorzunehmen, um diese weitere Verschiebungsunstetigkeit zu erfassen.

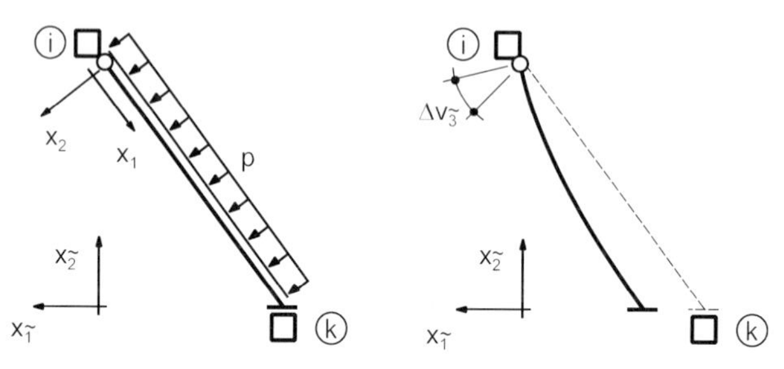

Bild 4.44 Stab mit Gelenk am Rand (ik) und globalem Kraftnullfeld am Rand (ki)

Als Ausgangsbasis dienen nun der oben angegebenen kinematisch bestimmte Randschnittkraftvektor und die Stabsteifigkeitsmatrix des vorhergehenden Schrittes. Die Diskontinuität ist dem Verdrehungssprung zwischen dem Rand (ik) und dem Knoten (i) zuzuordnen, der zugeordnete Index ist j = 3. Als Federkonstante wird $K_j = 0$ angesetzt, die restlichen Komponenten sind

$$\overset{o}{F}_{\tilde{3}} = -2{,}994 \qquad \tilde{k}_{33} = 89779 \qquad \underline{\tilde{k}}_3^T = \begin{bmatrix} 0 & -43052 & 89779 & \vdots & 0 & 43052 & 39379 \end{bmatrix}$$

Der nun zweifach modifizierte Vektor der kinematisch bestimmten Randschnittkräfte und die modifizierte Steifigkeitsmatrix sind

$$\underline{\overset{o}{\tilde{F}}}_u = \begin{bmatrix} -4{,}000 \\ -1{,}995 \\ 0 \\ \hdashline 0 \\ 4{,}995 \\ 2{,}486 \end{bmatrix} \cdot p \qquad \underline{\tilde{K}}_u = \left[\begin{array}{ccc:ccc} 0 & 0 & 0 & 0 & 0 & 0 \\ 0 & 8056 & 0 & 0 & -8056 & -24169 \\ 0 & 0 & 0 & 0 & 0 & 0 \\ \hdashline 0 & 0 & 0 & 0 & 0 & 0 \\ 0 & -8056 & 0 & 0 & 8056 & 24169 \\ 0 & -24169 & 0 & 0 & 24169 & 72506 \end{array}\right]$$

Beispiel 4.11 Für das in Bild 4.45 dargestellte eben wirkende Stabsystem mit Verschiebungsunstetigkeit im Stabanschluß wird der Schnittkraft- und Verschiebungszustand nach Elastizitätstheorie I. Ordnung ermittelt. Zur Erfassung der Unstetigkeit werden unterschiedliche Modellierungsvarianten betrachtet.

In *Variante A1* werden für die Verdrehungen der Ränder der Stäbe (12) und (13) Stabanschlußunstetigkeiten eingeführt. Der Vektor der unbekannten Knotenverschiebungen ist

$$\underline{\tilde{v}}(1) = \begin{bmatrix} v_{\tilde{1}}(1) \\ v_{\tilde{2}}(1) \end{bmatrix}$$

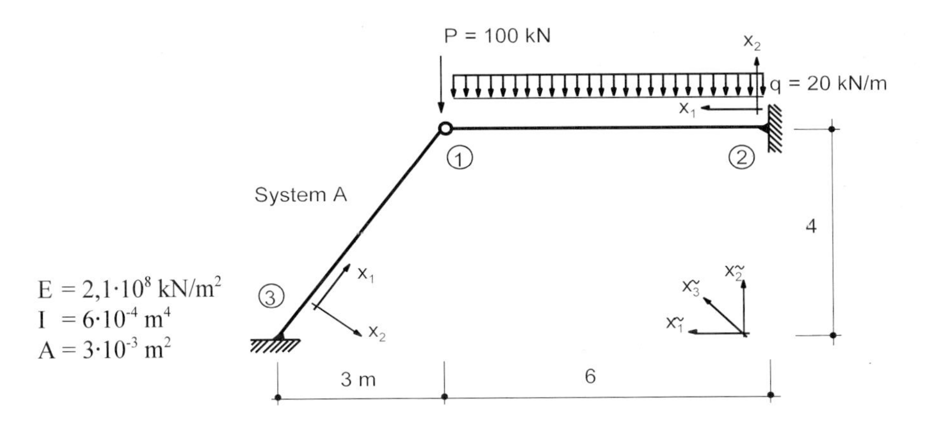

Bild 4.45 Stabsystem (A) mit Stabanschlußunstetigkeiten

Nach dem Korrekturalgorithmus von Abschn. 4.2.3 sind die Stabsteifigkeitsmatrizen für einen Stab (ik) mit Momentennullfeld (Gelenk) in k ohne Beachtung der Querkraftgleitung

$$\underline{K}(ik,i) = \begin{bmatrix} \frac{EA}{L} & 0 & 0 \\ 0 & \frac{3EI}{L^3} & \frac{3EI}{L^2} \\ 0 & \frac{3EI}{L^3} & \frac{3EI}{L} \end{bmatrix} \qquad \underline{K}(ki,k) = \begin{bmatrix} \frac{EA}{L} & 0 & 0 \\ 0 & \frac{3EI}{L^3} & 0 \\ 0 & 0 & 0 \end{bmatrix}$$

Die Stabsteifigkeitsmatrizen in globalen Koordinaten sind:

- Stab (12) $L(12) = 6$ m, $\alpha(12) = 0°$

$$\underline{\tilde{K}}(12,1) = \begin{bmatrix} 105000 & 0 & 0 \\ 0 & 1750 & 0 \\ 0 & 0 & 0 \end{bmatrix}$$

- Stab (13) $L(13) = 5$ m, $\alpha(13) = 233{,}13°$

$$\underline{\tilde{K}}(13,1) = \begin{bmatrix} 47295 & -59028 & 0 \\ -59028 & 81728 & 0 \\ 0 & 0 & 0 \end{bmatrix}$$

Die Randschnittkräfte des kinematisch bestimmt gelagerten Stabes (12), siehe Bild 4.46, sind

$$\underline{\mathring{\tilde{F}}}(12) = \begin{bmatrix} \mathring{F}_{\tilde{1}}(12) \\ \mathring{F}_{\tilde{2}}(12) \\ \mathring{M}_{\tilde{3}}(12) \end{bmatrix} = \begin{bmatrix} 0 \\ 45 \\ 0 \end{bmatrix}$$

Der Stab (13) ist unbelastet, d.h. $\underline{\mathring{\tilde{F}}}(13) = 0$.

Der Knotenlastvektor ist $\tilde{\underline{P}}(1) = \begin{bmatrix} 0 \\ -100 \\ 0 \end{bmatrix}$

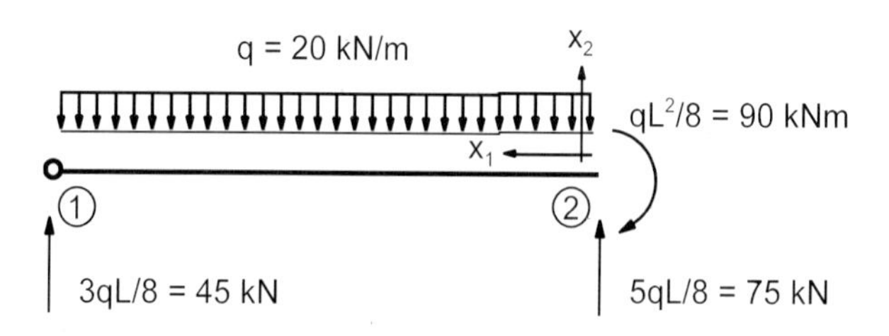

Bild 4.46 Kinematisch bestimmte Randschnittkräfte des Stabes (12)

Die Systemsteifigkeitsmatrix ist $\tilde{\underline{K}} = \tilde{\underline{K}}(12,1) + \tilde{\underline{K}}(13,1)$. Nach Elimination der dritten Zeile (Bedingungsgleichung für das Moment) wird das rangreduzierte lineare algebraische Gleichungssystem

$$\begin{bmatrix} 152295 & -59028 \\ -59028 & 83478 \end{bmatrix} \cdot \begin{bmatrix} v_{\tilde{1}}(1) \\ v_{\tilde{2}}(1) \end{bmatrix} = \begin{bmatrix} 0 \\ -145 \end{bmatrix}$$

gelöst.

$$\tilde{\underline{v}}(1) = \begin{bmatrix} v_{\tilde{1}}(1) \\ v_{\tilde{2}}(1) \end{bmatrix} = \begin{bmatrix} -9{,}274 \\ -23{,}928 \end{bmatrix} \cdot 10^{-4} \quad \begin{matrix} m \\ m \end{matrix}$$

Die Randschnittkräfte in globalen Koordinaten sind

$$\tilde{\underline{F}}(1k) = \mathring{\tilde{\underline{F}}}(1k) + \tilde{\underline{K}}(1k,1) \cdot \tilde{\underline{v}}(1) + \tilde{\underline{K}}(1k,k) \cdot \tilde{\underline{v}}(k)$$

$$\tilde{\underline{F}}(12) = \begin{bmatrix} 0 \\ 45 \\ 0 \end{bmatrix} + \tilde{\underline{K}}(12,1) \cdot \tilde{\underline{v}}(1) = \begin{bmatrix} -97{,}381 \\ 40{,}813 \\ 0{,}000 \end{bmatrix}$$

$$\tilde{\underline{F}}(21) = \begin{bmatrix} 0 \\ 75 \\ 90 \end{bmatrix} + \tilde{\underline{K}}(21,1) \cdot \tilde{\underline{v}}(1) = \begin{bmatrix} 97{,}377 \\ 79{,}187 \\ 115{,}124 \end{bmatrix}$$

$$\tilde{\underline{F}}(13) = \begin{bmatrix} 0 \\ 0 \\ 0 \end{bmatrix} + \tilde{\underline{K}}(13,1) \cdot \tilde{\underline{v}}(1) = \begin{bmatrix} 97{,}381 \\ -140{,}813 \\ 0{,}000 \end{bmatrix}$$

Nach der Transformation der Randschnittkräfte in das lokale Koordinatensystem und der Auswertung der Gleichgewichtsbedingungen im Stab folgen die Schnittkraft-Zustandsfunktionen, siehe Bild 4.47.

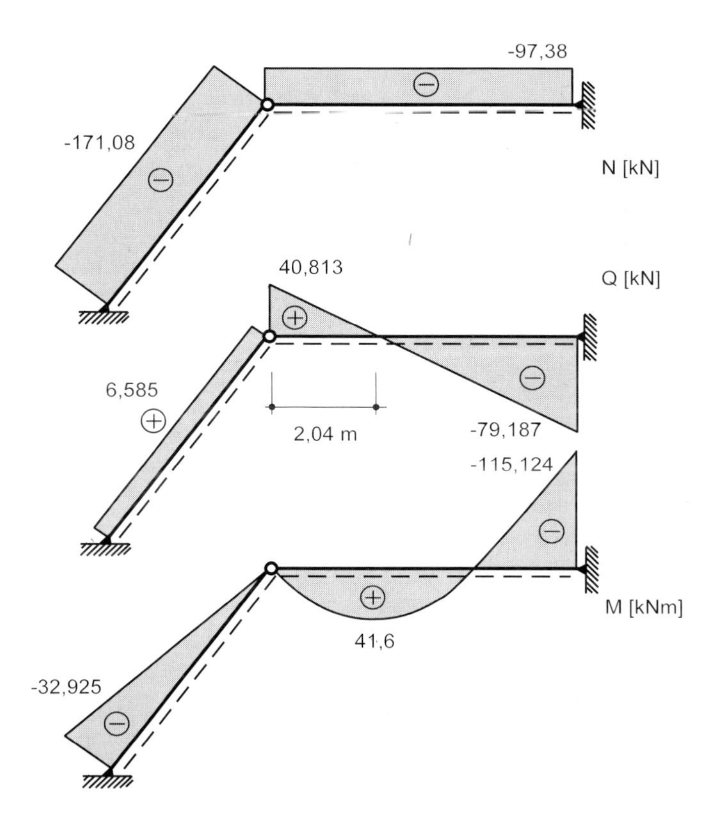

Bild 4.47 Zustandsfunktionen für Normalkraft, Querkraft und Moment

Die Modellierung von *Variante A1* führt auf ein singuläres Gleichungssystem, wenn programmintern die Gleichungszeile für $\varphi_3(1)$ nicht eliminiert wird. Bei der *Variante A2*, siehe Bild 4.48, wird nun im Stab (13) ein Momentennullfeld als Unstetigkeit (Verdrehungssprung $\varphi_{S3}(1)$) eingeführt. Der Vektor $\underline{\tilde{v}}(1)$ der unbekannten Knotenverschiebungen enthält auch die Verdrehung des Knotens (1).

$$\underline{\tilde{v}}(1) = \begin{bmatrix} v_{\tilde{1}}(1) \\ v_{\tilde{2}}(1) \\ \varphi_{\tilde{3}}(1) \end{bmatrix}$$

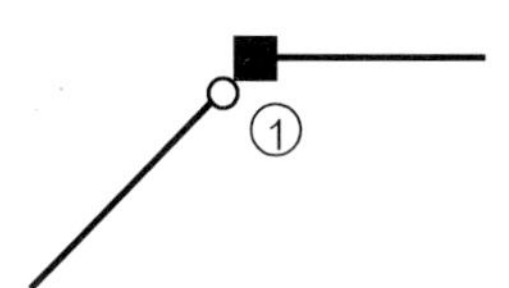

Bild 4.48 Knotenmodellierung *Variante A2*

Die Stabsteifigkeitsmatrizen in globalen Koordinaten sind:

- Stab (12) L(12) = 6 m, α(12) = 0°

$$\underline{\tilde{K}}(12,1) = \begin{bmatrix} 105000 & 0 & 0 \\ 0 & 7000 & -21000 \\ 0 & -21000 & 84000 \end{bmatrix}$$

- Stab (13) L(13) = 5 m, α(13) = 233,13°

$$\underline{\tilde{K}}(13,1) = \begin{bmatrix} 47295 & -59028 & 0 \\ -59028 & 81728 & 0 \\ 0 & 0 & 0 \end{bmatrix}$$

Die Randschnittkräfte des kinematisch bestimmt gelagerten Stabes (12), siehe Bild 4.49, sind

$$\underline{\mathring{\tilde{F}}}(12) = \begin{bmatrix} \mathring{F}_{\tilde{1}}(12) \\ \mathring{F}_{\tilde{2}}(12) \\ \mathring{M}_{\tilde{3}}(12) \end{bmatrix} = \begin{bmatrix} 0 \\ 60 \\ -60 \end{bmatrix}$$

Der Stab (13) ist unbelastet, d.h., $\underline{\mathring{\tilde{F}}}(13) = 0$.

Der Knotenlastvektor ist

$$\underline{\tilde{P}}(1) = \begin{bmatrix} 0 \\ -100 \\ 0 \end{bmatrix}$$

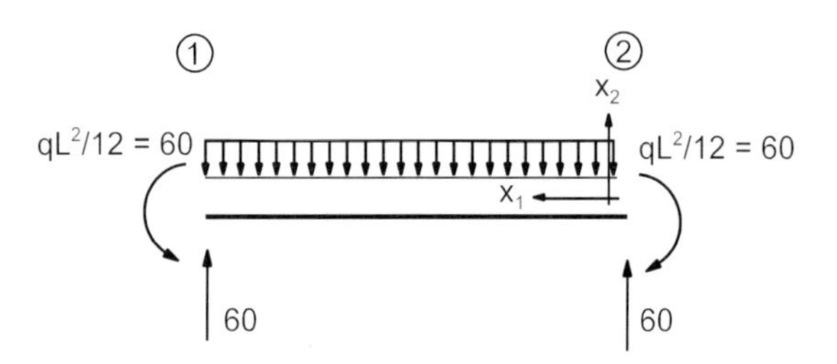

Bild 4.49 Kinematisch bestimmte Randschnittkräfte des Stabes (12)

Die Lösung des linearen algebraischen Gleichungssystems liefert die Knotenverschiebungen

$$\begin{bmatrix} 152295 & -59028 & 0 \\ -59028 & 88728 & -21000 \\ 0 & -21000 & 84000 \end{bmatrix} \cdot \begin{bmatrix} v_{\tilde{1}}(1) \\ v_{\tilde{2}}(1) \\ \varphi_{\tilde{3}}(1) \end{bmatrix} = \begin{bmatrix} 0 \\ -160 \\ 60 \end{bmatrix} \qquad \underline{\tilde{v}}(1) = \begin{bmatrix} -9{,}274 \\ -23{,}928 \\ 1{,}161 \end{bmatrix} \cdot 10^{-4} \begin{matrix} \text{m} \\ \text{m} \\ \text{rad} \end{matrix}$$

Die Schnittkraftzustandsfunktionen sind mit denen von *Variante A1* identisch, siehe Bild 4.47.

Auch bei einer (dritten) *Variante A3*, bei der nur der Stab (12) Anschlußunstetigkeiten aufweist und der Stab (13) beidseitig eingespannt ist, ergeben sich die gleichen Zustandsfunktionen.

Für die Systeme B und C, siehe Bild 4.50, werden die Auswirkungen unterschiedlicher Modellierungsvarianten von Stabanschlußunstetigkeiten auf die Ergebnisse nach Elastizitätstheorie I. Ordnung diskutiert.

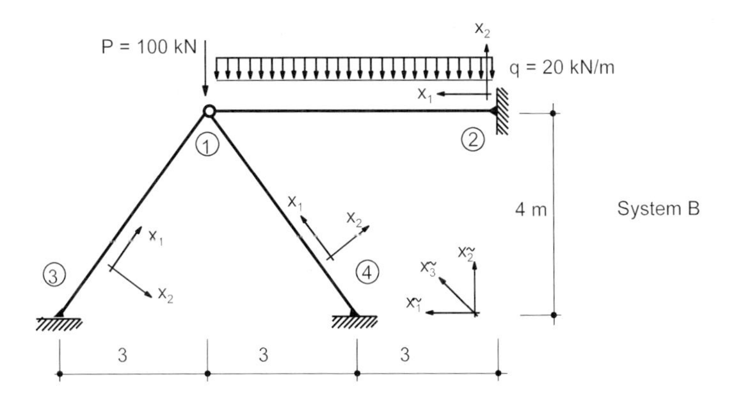

Bild 4.50a Stabsystem (B) mit Stabanschlußunstetigkeiten

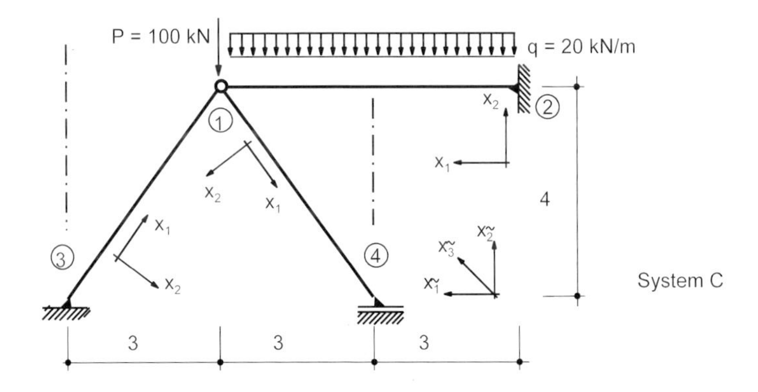

Bild 4.50b Stabsystem (C) mit Stabanschlußunstetigkeiten

Bei *Variante B1* werden in die Stäbe (12), (13) und (14) am Knoten 1 Gelenke eingeführt. Der Vektor der unbekannten Knotenverschiebungen ist

$$\tilde{\underline{v}}(1) = \begin{bmatrix} v_{\tilde{1}}(1) \\ v_{\tilde{2}}(1) \end{bmatrix}$$

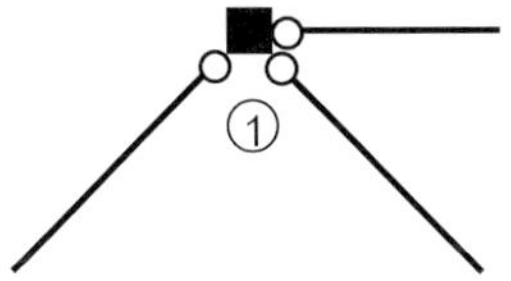

Bild 4.51 Knotenmodellierung *Variante B1*

Zur Systemsteifigkeitsmatrix $\tilde{\underline{K}}$ aus *Variante A1* wird die Stabsteifigkeitsmatrix des Stabes (14) in globalen Koordinaten addiert. Die Systemsteifigkeitsmatrix aus *Variante A1*

$$\tilde{\underline{K}} = \begin{bmatrix} 152295 & -59028 \\ -59028 & 83478 \end{bmatrix}$$

die zusätzliche globale Stabsteifigkeitsmatrix für den Stab(14) mit $L(14) = 5$ m, $\alpha(14) = 306{,}87°$ und Gelenk in Knoten 1

$$\underline{\tilde{K}}(14,1) = \begin{bmatrix} 47295 & 59028 \\ 59028 & 81728 \end{bmatrix}$$

die Randschnittkräfte der kinematisch bestimmt gelagerten Stäbe und der Knotenlastvektor

$$\underline{\overset{\circ}{\tilde{F}}}(12) = \underline{\overset{\circ}{\tilde{F}}}(12) = \begin{bmatrix} 0 \\ 45 \end{bmatrix} \qquad \underline{\overset{\circ}{\tilde{F}}}(13) = \underline{\overset{\circ}{\tilde{F}}}(14) = 0 \qquad \underline{\tilde{P}}(1) = \begin{bmatrix} 0 \\ -100 \end{bmatrix}$$

führen auf ein neues (erweitertes) lineares algebraisches Gleichungssystem mit der angegebenen Lösung.

$$\begin{bmatrix} 199590 & 0 \\ 0 & 165206 \end{bmatrix} \cdot \begin{bmatrix} v_{\tilde{1}}(1) \\ v_{\tilde{2}}(1) \end{bmatrix} = \begin{bmatrix} 0 \\ -145 \end{bmatrix} \qquad \underline{\tilde{v}}(1) = \begin{bmatrix} v_{\tilde{1}}(1) \\ v_{\tilde{2}}(1) \end{bmatrix} = \begin{bmatrix} 0 \\ -8{,}777 \end{bmatrix} \cdot 10^{-4} \begin{matrix} \mathrm{m} \\ \mathrm{m} \end{matrix}$$

Bei *Variante B2* werden in die Anschlüsse der Stäbe (12) und (13) am Knoten 1 Momentennullfelder eingeführt, Stab (14) hat keine Stabanschlußunstetigkeit. Der Vektor der unbekannten Knotenverschiebungen ist

$$\underline{\tilde{v}}(1) = \begin{bmatrix} v_{\tilde{1}}(1) \\ v_{\tilde{2}}(1) \\ \varphi_{\tilde{3}}(1) \end{bmatrix}$$

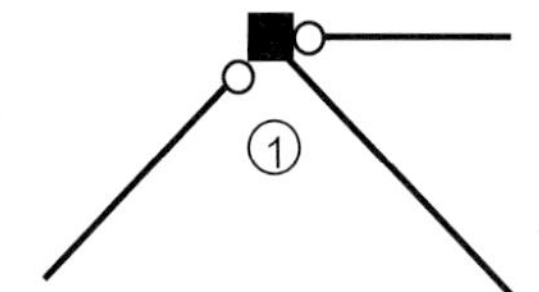

Bild 4.52 Knotenmodellierung *Variante B2*

Zur Systemsteifigkeitsmatrix aus *Variante A1* wird die Stabsteifigkeitsmatrix des Stabes (14) in globalen Koordinaten addiert.

Die zusätzlich benötigte Stabsteifigkeitsmatrix in globalen Koordinaten für den beidseitig eingespannten Stab(14) mit $L(14) = 5$ m, $\alpha(14) = 306{,}87°$ ist

$$\underline{\tilde{K}}(14,1) = \begin{bmatrix} 53101 & 54674 & 24674 \\ 54674 & 84995 & -18144 \\ 24674 & -18144 & 100800 \end{bmatrix}$$

Der Knotenlastvektor und der Vektor mit den Randschnittkräften der kinematisch bestimmt gelagerten Stäbe können von *Variante A1* übernommen und um die dritte Zeile ergänzt werden. Gelöst wird das lineare Gleichungssystem

$$\begin{bmatrix} 205396 & -4354 & 24674 \\ -4354 & 168473 & -18144 \\ 24674 & -18144 & 100800 \end{bmatrix} \cdot \begin{bmatrix} v_{\tilde{1}}(1) \\ v_{\tilde{2}}(1) \\ \varphi_{\tilde{3}}(1) \end{bmatrix} = \begin{bmatrix} 0 \\ -145 \\ 0 \end{bmatrix} \qquad \underline{\tilde{v}}(1) = \begin{bmatrix} v_{\tilde{1}}(1) \\ v_{\tilde{2}}(1) \\ \varphi_{\tilde{3}}(1) \end{bmatrix} = \begin{bmatrix} 0 \\ -8{,}777 \\ -1{,}580 \end{bmatrix} \cdot 10^{-4} \begin{matrix} \mathrm{m} \\ \mathrm{m} \\ \mathrm{rad} \end{matrix}$$

Die Berechnungen nach *Variante B1* und *Variante B2* führen am Knoten 1 zu denselben Verschiebungen. Jedoch kann mit einer Berechnung nach *Variante B1* am Knoten 1 keine unmittelbare Aussage über die Verdrehung der Stabränder der Stäbe (12), (13) und (14) gemacht werden. Mit einer Berechnung nach *Variante B2* ist dagegen die Verdrehung des Stabrandes am Knoten 1 des Stabes (14) bekannt. Die möglichen weiteren Varianten mit Unstetigkeiten in den Stabanschlüssen der Stäbe (13) und (14) bzw. der Stäbe (12) und (14) führen zu den Verdrehungen der Stabränder am Knoten 1 der Stäbe (12) bzw. (13). Mit allen o.g. Varianten werden dieselben Schnittkraft-Zustandsfunktionen erhalten.

Bei *Variante C1* besitzen die Stäbe (12) und (13) am Knoten 1 Momentennullfelder als Stabanschlußunstetigkeiten. Der Stab (14) hat am Knoten 4 eine Stabanschlußunstetigkeit in Richtung der (globalen) $x_{\tilde{1}}$-Achse. Der Vektor der unbekannten Knotenverschiebungen ist

$$\underline{\tilde{v}}(1) = \begin{bmatrix} v_{\tilde{1}}(1) \\ v_{\tilde{2}}(1) \\ \varphi_{\tilde{3}}(1) \end{bmatrix}$$

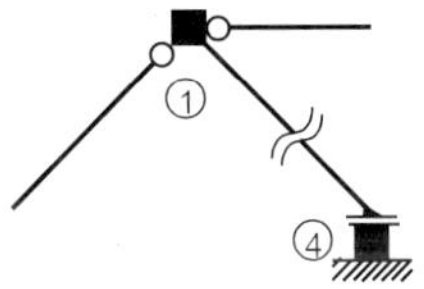

Bild 4.53 Knotenmodellierung *Variante C1*

Zur globalen Systemsteifigkeitsmatrix aus *Variante A1* wird die globale Stabsteifigkeitsmatrix des Stabes (14) addiert. Die Stabsteifigkeitsmatrix $\underline{K}$(ik,i) für einen am Knoten i eingespannten Stab und ein Kraftnullfeld unter einem Winkel β am Knoten k wurde im Beispiel 4.10 entwickelt.

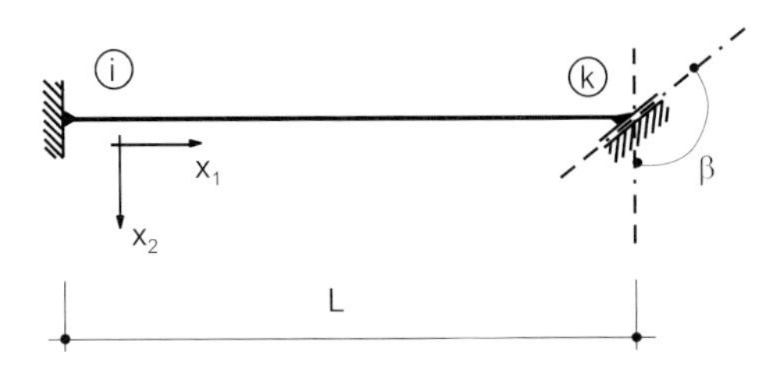

Bild 4.54 Stab (14) mit Stabanschlußunstetigkeit

Die zusätzlich benötigte Stabsteifigkeitsmatrix in globalen Koordinaten für den Stab(14) mit L(14) = 5 m, α(14) = 126,87°, β(14) = 126,87° ist

$$\underline{\tilde{K}}(14,1) = \begin{bmatrix} 0 & 0 & 0 \\ 0 & 28702 & -43052 \\ 0 & -43052 & 89779 \end{bmatrix}$$

Der Knotenlastvektor und der Vektor der Randschnittkräfte der kinematisch bestimmt gelagerten Stäbe bleiben gegenüber *Variante A1* unverändert. Das zugeordnete lineare algebraische Gleichungssystem wird gelöst

$$\begin{bmatrix} 152295 & -59028 & 0 \\ -59028 & 112180 & -43052 \\ 0 & -43052 & 89779 \end{bmatrix} \cdot \begin{bmatrix} v_{\tilde{1}}(1) \\ v_{\tilde{2}}(1) \\ \varphi_{\tilde{3}}(1) \end{bmatrix} = \begin{bmatrix} 0 \\ -145 \\ 0 \end{bmatrix} \qquad \underline{\tilde{v}}(1) = \begin{bmatrix} -8{,}186 \\ -21{,}120 \\ -10{,}128 \end{bmatrix} \cdot 10^{-4} \begin{matrix} \text{m} \\ \text{m} \\ \text{rad} \end{matrix}$$

Bei *Variante C2* werden bei den Stäben (12) und (13) am Knoten 1 Momentennullfelder als Unstetigkeiten eingeführt. Der Stab (14) geht ohne Unstetigkeit in die Berechnung ein. Knoten 4 besitzt einen Freiheitsgrad in Richtung der (globalen) $x_{\tilde{1}}$-Achse. Der Vektor der unbekannten Knotenverschiebungen ist

$$\underline{\tilde{v}} = \begin{bmatrix} \underline{\tilde{v}}(1) \\ \underline{\tilde{v}}(4) \end{bmatrix} = \begin{bmatrix} v_{\tilde{1}}(1) \\ v_{\tilde{2}}(1) \\ \varphi_{\tilde{3}}(1) \\ v_{\tilde{1}}(4) \end{bmatrix}$$

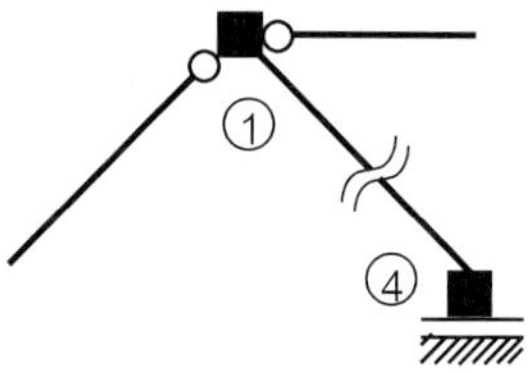

Bild 4.55 Knotenmodellierung *Variante C2*

Die Systemsteifigkeitsmatrix setzt sich zusammen aus

$$\underline{\tilde{K}} = \begin{bmatrix} \underline{\tilde{K}}(12,1) + \underline{\tilde{K}}(13,1) + \underline{\tilde{K}}(14,1) & \underline{\tilde{K}}(14,4) \\ \underline{\tilde{K}}(41,1) & \underline{\tilde{K}}(41,4) \end{bmatrix}$$

Dabei entsprechen die Steifigkeitsmatrizen $\underline{\tilde{K}}(12,1)$ und $\underline{\tilde{K}}(13,1)$ denen von *Variante A1*. Da die Verschiebung $v_{\tilde{2}}(4)$ und die Verdrehung $\varphi_{\tilde{3}}(4)$ zu Null vorgeschrieben sind, werden in den Matrizen $\underline{\tilde{K}}(14,4)$ und $\underline{\tilde{K}}(41,4)$ jeweils die zweite und dritte Spalte und in den Matrizen $\underline{\tilde{K}}(41,1)$ und $\underline{\tilde{K}}(41,4)$ jeweils die zweite und dritte Zeile gestrichen.

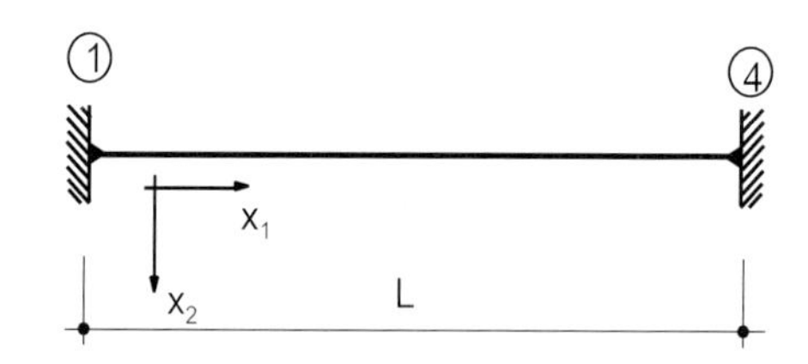

Bild 4.56 Modellierung Stab (14) in *Variante C2*

Die zusätzlich benötigten Stabsteifigkeitsmatrizen in globalen Koordinaten sind für den

- Stab(14): $L(14) = 5$ m, $\alpha(14) = 126{,}87°$

$$\underline{\tilde{K}}(14,1) = \begin{bmatrix} 53101 & 54674 & 24192 \\ 54674 & 84995 & -18144 \\ 24192 & -18144 & 100800 \end{bmatrix} \qquad \underline{\tilde{K}}(14,4) = \begin{bmatrix} -53101 & -54674 & 24192 \\ -54674 & -84995 & -18144 \\ -24192 & 18144 & 50400 \end{bmatrix}$$

$$\underset{\sim}{\tilde{K}}(41,1) = \begin{bmatrix} -53101 & -54674 & -24192 \\ -54674 & -84995 & 18144 \\ 24192 & -18144 & 50400 \end{bmatrix} \qquad \underset{\sim}{\tilde{K}}(41,4) = \begin{bmatrix} 53101 & 54674 & -24192 \\ 54674 & 84995 & 18144 \\ -24192 & 18144 & 100800 \end{bmatrix}$$

Der Knotenlastvektor und der Vektor der Randschnittkräfte der kinematisch bestimmt gelagerten Stäbe werden aus *Variante A1* übernommen und um Anteile aus dem Stab (14) sowie einer vierten Zeile erweitert. Das zugeordnete lineare algebraische Gleichungssystems wird gelöst.

$$\begin{bmatrix} 205396 & -4354 & 24192 & -53101 \\ -4354 & 168473 & -18144 & -54674 \\ 24192 & -18144 & 100800 & -24192 \\ -53101 & -54674 & -24192 & 53101 \end{bmatrix} \cdot \begin{bmatrix} v_{\tilde{1}}(1) \\ v_{\tilde{2}}(1) \\ \varphi_{\tilde{3}}(1) \\ v_{\tilde{1}}(4) \end{bmatrix} = \begin{bmatrix} 0 \\ -145 \\ 0 \\ 0 \end{bmatrix}$$

$$\underset{\sim}{\tilde{v}} = \begin{bmatrix} \underset{\sim}{\tilde{v}}(1) \\ \underset{\sim}{\tilde{v}}(4) \end{bmatrix} = \begin{bmatrix} v_{\tilde{1}}(1) \\ v_{\tilde{2}}(1) \\ \varphi_{\tilde{3}}(1) \\ v_{\tilde{1}}(4) \end{bmatrix} = \begin{bmatrix} -8{,}186 \\ -21{,}120 \\ -10{,}128 \\ -34{,}545 \end{bmatrix} \cdot 10^{-4} \quad \begin{matrix} \text{m} \\ \text{m} \\ \text{rad} \\ \text{m} \end{matrix}$$

Die Modellierung des Systems nach *Variante C1* führt auf ein Gleichungssystem mit drei Unbekannten. Nach der Lösung des Gleichungssystems werden die Verschiebung des Knotens 1 in globaler $x_{\tilde{1}}$- und globaler $x_{\tilde{2}}$-Richtung sowie die Verdrehung des Stabes (14) am Rand (14) erhalten. Die Modellierung mit *Variante C1* setzt die Kenntnis der Steifigkeitsmatrix für einen eingespannten Stab mit einem Schnittkraftnullfeld unter dem Winkel β zur Stabachse voraus.

Bei *Variante C2* wird der Stab (14) ohne Stabanschlußunstetigkeiten modelliert. Nach der Lösung dieses Gleichungssystems mit nunmehr vier unbekannten Knotenverschiebungen wird die Verschiebung des Knotens 4 in globaler $x_{\tilde{1}}$-Richtung direkt erhalten.

4.2.4 Starrkörperverschiebungen und Exzentrizität

Für eine realitätsnahe Modellierung des Tragverhaltens ist neben der Erfassung von Unstetigkeiten der Verschiebungen zwischen Stabrand und Knoten die Modellierung der Knoten relevant. Die algorithmische Beschreibung geht von einem Punktknoten aus. Dieser ideelle Knotenpunkt ist der Schnittpunkt der Systemachsen aller an den Knoten anschließenden Stäbe.

Die endliche Ausdehnung des Knotenbereiches bzw. die Exzentrizität des Stabanschlusses kann durch eine Starrkörpermodellierung berücksichtigt werden. Die Steifigkeitsmatrizen und kinematisch bestimmten Randschnittkräfte des elastischen Stabes werden durch die Berücksichtigung starrer Stababschnitte zwischen den tatsächlichen Anschlußpunkten und den ideellen Knotenpunkten ergänzt und wie Punktknoten weiterbehandelt, siehe z.B. [59].

Das Vorgehen wird für den eben wirkenden Fall gezeigt und ist auf den räumlichen Fall übertragbar. In den Bildern 4.57 und 4.58 sind die Kräfte und Verschiebungen an einem Starrkörper und ein Stab (ik) mit endlichen Knoten dargestellt.

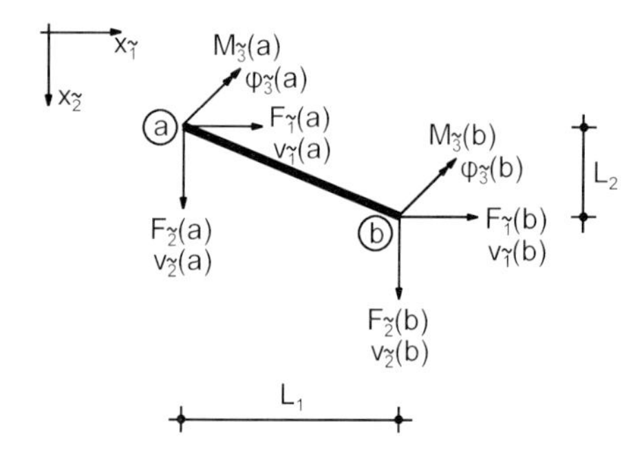

Bild 4.57 Kräfte und Verschiebungen an einem Starrkörper

Das Kräftegleichgewicht an einem Starrkörper ist

$$\underline{\tilde{F}}(a) + \underline{\tilde{H}}(ab) \cdot \underline{\tilde{F}}(b) = 0 \quad \text{mit} \quad \underline{\tilde{H}}(ab) = \begin{bmatrix} 1 & 0 & 0 \\ 0 & 1 & 0 \\ -L_2 & L_1 & 1 \end{bmatrix} \tag{4.68}$$

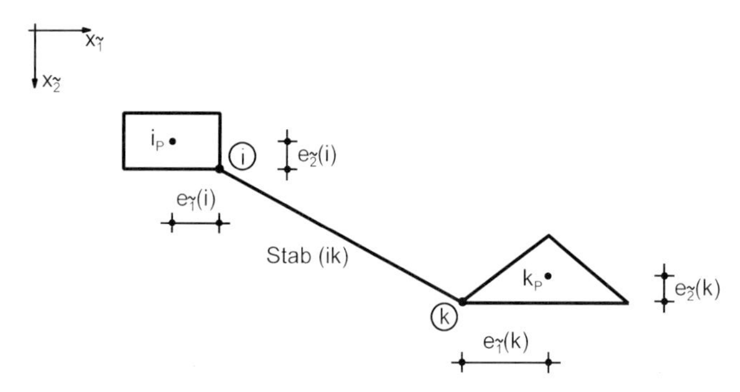

Bild 4.58 Stab (ik) und endlich starre Knoten

Die Gleichgewichtsbedingungen werden für die beiden Stabränder mit einem starren Stababschnitt formuliert

$$\underline{\tilde{F}}(i_p k_p) = \underline{\tilde{H}}(i_p i) \cdot \underline{\tilde{F}}(ik) \qquad \underline{\tilde{F}}(k_p i_p) = \underline{\tilde{H}}(k_p k) \cdot \underline{\tilde{F}}(ki) \tag{4.69}$$

Für die Verschiebungen gilt

$$\underline{\tilde{v}}(i) = \underline{\tilde{H}}^T(i_p i) \cdot \underline{\tilde{v}}(i_p) \qquad \underline{\tilde{v}}(k) = \underline{\tilde{H}}^T(k_p k) \cdot \underline{\tilde{v}}(k_p) \tag{4.70}$$

mit

$$\underline{\tilde{H}}(i_p i) = \begin{bmatrix} 1 & 0 & 0 \\ 0 & 1 & 0 \\ -e_{\bar{2}}(i) & e_{\bar{1}}(i) & 1 \end{bmatrix} \qquad \underline{\tilde{H}}(k_p k) = \begin{bmatrix} 1 & 0 & 0 \\ 0 & 1 & 0 \\ -e_{\bar{2}}(k) & e_{\bar{1}}(k) & 1 \end{bmatrix}$$

Die Exzentrizität wird im globalen Koordinatensystem definiert als Differenz der Koordinaten des ideellen Knotenpunktes i_p und des Anschlußpunktes i.

$$e_{\bar{j}}(i) = x_{\bar{j}}(i_p) - x_{\bar{j}}(i) \quad j = 1, 2 \tag{4.71a}$$

$$e_{\bar{j}}(k) = x_{\bar{j}}(k_p) - x_{\bar{j}}(k) \quad j = 1, 2 \tag{4.71b}$$

Die RSK-KV-Abhängigkeiten für die ideellen Knotenpunkte sind dann

$$\underline{\tilde{F}}(i_p k_p) = \underline{\mathring{\tilde{F}}}(i_p k_p) + \underline{\tilde{K}}(i_p k_p, i_p) \cdot \underline{\tilde{v}}(i_p) + \underline{\tilde{K}}(i_p k_p, k_p) \cdot \underline{\tilde{v}}(k_p) \tag{4.72a}$$

$$\underline{\tilde{F}}(k_p i_p) = \underline{\mathring{\tilde{F}}}(k_p i_p) + \underline{\tilde{K}}(k_p i_p, i_p) \cdot \underline{\tilde{v}}(i_p) + \underline{\tilde{K}}(k_p i_p, k_p) \cdot \underline{\tilde{v}}(k_p) \tag{4.72b}$$

mit

$$\underline{\tilde{K}}(i_p k_p, i_p) = \underline{\tilde{H}}(i_p i) \cdot \underline{\tilde{K}}(ik, i) \cdot \underline{\tilde{H}}^T(i_p i) \qquad \underline{\tilde{K}}(i_p k_p, k_p) = \underline{\tilde{H}}(i_p i) \cdot \underline{\tilde{K}}(ik, k) \cdot \underline{\tilde{H}}^T(k_p k)$$

$$\underline{\tilde{K}}(k_p i_p, i_p) = \underline{\tilde{H}}(k_p k) \cdot \underline{\tilde{K}}(ki, i) \cdot \underline{\tilde{H}}^T(i_p i) \qquad \underline{\tilde{K}}(k_p i_p, k_p) = \underline{\tilde{H}}(k_p k) \cdot \underline{\tilde{K}}(ki, k) \cdot \underline{\tilde{H}}^T(k_p k)$$

$$\underline{\mathring{\tilde{F}}}(i_p k_p) = \underline{\tilde{H}}(i_p i) \cdot \underline{\mathring{\tilde{F}}}(ik) \qquad \underline{\mathring{\tilde{F}}}(k_p i_p) = \underline{\tilde{H}}(k_p k) \cdot \underline{\mathring{\tilde{F}}}(ki)$$

Im räumlichen Fall wird eine (6×6)-Gleichgewichtsmatrix aufgestellt, z.B. ist

$$\underline{\tilde{H}}(i_p i) = \begin{bmatrix} \underline{E} & \underline{0} \\ \underline{\tilde{H}}_0(i_p i) & \underline{E} \end{bmatrix} \quad \text{mit} \quad \underline{\tilde{H}}_0(i_p i) = \begin{bmatrix} 0 & -e_{\bar{3}}(i) & e_{\bar{2}}(i) \\ e_{\bar{3}}(i) & 0 & -e_{\bar{1}}(i) \\ -e_{\bar{2}}(i) & e_{\bar{1}}(i) & 0 \end{bmatrix} \tag{4.73a}$$

und

$$e_{\bar{j}}(i) = x_{\bar{j}}(i_p) - x_{\bar{j}}(i) \quad j = 1, 2, 3 \tag{4.73b}$$

4.2.5 Einflußfunktionen

Mit Hilfe von Einflußfunktionen werden ungünstigste Laststellungen ortsveränderlicher statischer Lasten, die an ausgewählten Systempunkten zu Extremwerten der Zustandsgrößen führen, bestimmt.

Vorgegeben wird eine ortsveränderliche Einzellast oder ein ortsveränderliches Einzelmoment der Größe Eins mit Richtung und Richtungssinn. Für den ausgewählten Systempunkt k wird die Zustandsgröße (Schnittkraft, Verschiebung) als Funktion des Lastangriffspunktes aufgetragen. Die Einflußfunktionen werden für (beliebige Folgen von) Einzellasten und (beliebige) verteilte Lasten auf der Basis des linearen Superpositionsprinzips ausgewertet.

Im Kontext der Deformationsmethode werden bei Stabtragwerken Einflußfunktionen der Knotenverschiebungen, der Randschnittkräfte sowie der Verschiebungen und der Schnittkräfte im Stab betrachtet.

Grundlage ist der Satz von *Maxwell*, siehe Abschn. 2.2, hier für einen ortsveränderlichen Lastangriffspunkt m und die Last 1_m formuliert.

$$1_i\, v_{i,m} = 1_m\, v_{m,i} \qquad \text{bzw.} \qquad 1_i\, \varphi_{i,m} = 1_m\, \varphi_{m,i} \tag{4.74}$$

Die Einflußfunktion v_{im} bzw. φ_{im} für die Verschiebung /Verdrehung des Knotens i infolge der Wanderlast 1_m ist gleich der Funktion der Verschiebung $v(x_1)$ in Richtung der Wanderlast 1_m (Biegelinie) infolge der Einzellast (bzw. des Einzelmomentes) 1_i am Knoten i.

Für die Ermittlung der Einflußfunktionen der Randschnittkräfte werden die RSK-KV-Abhängigkeiten für ruhende Belastung für ortsveränderliche Belastung erweitert.

$$\underline{\tilde{F}}(ik) = \underline{\overset{o}{\tilde{F}}}_m(ik) + \underline{\tilde{K}}(ik,i)\cdot\underline{\tilde{v}}_m(i) + \underline{\tilde{K}}(ik,k)\cdot\underline{\tilde{v}}_m(k) \tag{4.75}$$

$$\underline{\tilde{F}}(ki) = \underline{\overset{o}{\tilde{F}}}_m(ki) + \underline{\tilde{K}}(ki,i)\cdot\underline{\tilde{v}}_m(i) + \underline{\tilde{K}}(ki,k)\cdot\underline{\tilde{v}}_m(k) \tag{4.76}$$

Beispielsweise wird für das Randmoment am linken Stabrand $M_3(ik)$ aus Gl. (4.34)

$$M_3(ik) = \overset{o}{M}_3(ik) + 4\,EI\,\varphi_3(i)\,/\,L + 2\,EI\,\varphi_3(k) - 6\,EI\,[v_2(k) - v_2(i)]\,/\,L^2$$

die Bestimmungsgleichung für die Einflußfunktion $M_{3m}(ik)$ infolge der wandernden Einzellast $P_m = 1$ im Punkt m

$$M_{3m}(ik) = \overset{o}{M}_{3m}(ik) + 4\,EI\,\varphi_{3m}(i)\,/\,L + 2\,EI\,\varphi_{3m}(k) - 6\,EI\,[v_{2m}(k) - v_{2m}(i)]\,/\,L^2$$

Dabei bedeuten $\varphi_{3m}(i)$, $\varphi_{3m}(k)$, $v_{2m}(i)$, $v_{2m}(k)$ die Einflußfunktionen der Knotenverschiebungen und $\overset{o}{M}_{3m}(ik)$ die Einflußfunktion für das Moment des kinematisch bestimmt gelagerten Stabes. Verschiebungsunstetigkeiten zwischen Stabrand und Knoten werden in den Gln. (4.75) und (4.76) berücksichtigt, siehe Abschn. 4.3.2.

Die Ermittlung der Einflußfunktionen von Schnittkräften im Stabinneren gelingt durch Superposition. Für die Einflußfunktion eines Momentes an der Stelle j gilt z.B.

$$M_{jm} = M_{jm}^{(0)} + M_{3m}(ik)\,\xi_j' - M_{3m}(ki)\,\xi_j$$

Dabei sind $M_{3m}(ik)$, $M_{3m}(ki)$ die Einflußfunktionen der Randmomente und $M_{jm}^{(0)}$ die Einflußfunktion für das Moment im statisch bestimmten Hauptsystem.

Die Einflußfunktionen von Schnittkräften im Stabinneren können alternativ mit dem Satz von *Land* berechnet werden. Hierbei wird ein Verschiebungs- bzw. Verdrehungssprung der Größe $\Delta = -1$ am Punkt j im Stabinneren vorgegeben, und es werden die zugehörigen kinematisch bestimmten Randschnittkräfte ermittelt. Nach Berechnung der Zustandsgrößen am Stabrand können z.B. durch Auswertung der Differentialgleichung die Verschiebungen ermittelt werden. Die Biegelinie infolge des Verschiebungs- bzw. Verdrehungssprunges ist gleich der gesuchten Einflußfunktion.

Für die rechnergestützte Ermittlung von Schnittkraft-Einflußfunktionen empfiehlt sich bei Anwendung des Satzes von *Land* folgendes Vorgehen:

1) Berechnung der kinematisch bestimmten Randschnittkräfte bei $\Delta = -1$ mit Hilfe der Reduktionsmethode, siehe Kap. 3
2) Berechnung der Knotenverschiebungen $\underline{v}(i)$ mit Hilfe der Deformationsmethode
3) Berechnung der Biegelinie des Lastgurtes mit der Reduktionsmethode

Beispiel 4.12 Für das in Bild 4.59 dargestellte eben wirkende Stabsystem werden mit Hilfe der Deformationsmethode die Einflußfunktionen für die Knotenverdrehung $\varphi_{3m}(1)$, die Randmomente $M_{3m}(12)$, $M_{3m}(21)$ und das Biegemoment im Punkt j des Stabes (21), d.h. $M_{3m}(x_1 = 3) = M_{jm}$, bestimmt.

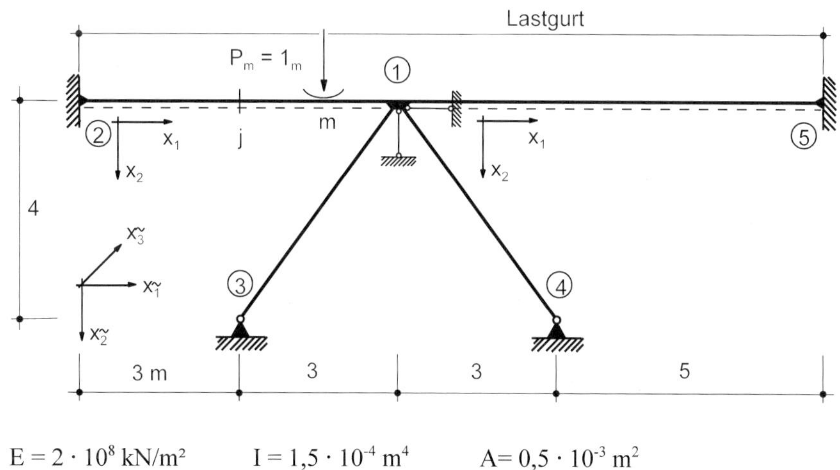

Bild 4.59 Statisches System für Einflußfunktionsermittlung

Das Stabsystem hat einen Knoten mit der unbekannten Knotenverdrehung $\varphi_{\tilde{3}}(1)$. Der Systemverschiebungsvektor ist

$$\tilde{\underline{v}} = \tilde{\underline{v}}(1) = \begin{bmatrix} \not{v_{\tilde{1}}(1)} \\ \not{v_{\tilde{2}}(1)} \\ \varphi_{\tilde{3}}(1) \end{bmatrix}; \quad \tilde{\underline{v}}(k) = \underline{0} \quad \text{für} \quad k = 2,\ 3,\ 4,\ 5$$

Aus dem Gleichgewicht am Knoten 1

$$\tilde{\underline{P}}(1) - \sum_{(1)} \tilde{\underline{F}}(1k_1) = 0 \quad \text{und} \quad \sum_{(1)} \tilde{\underline{F}}(1k_1) = \tilde{\underline{F}}(12) + \tilde{\underline{F}}(13) + \tilde{\underline{F}}(14) + \tilde{\underline{F}}(15)$$

folgt mit den RSK-KV-Abhängigkeiten die Systemsteifigkeitsmatrix $\tilde{\underline{K}}$

$$\tilde{\underline{K}} = \tilde{\underline{K}}(12,1) + \tilde{\underline{K}}(13,1) + \tilde{\underline{K}}(14,1) + \tilde{\underline{K}}(15,1)$$

Auf Grund der vorgeschriebenen Verschiebungen $v_{\tilde{1}}(1) = 0$ **und** $v_{\tilde{2}}(1) = 0$ wird von der (3 x 3)-Matrix $\tilde{\underline{K}}$ nur das Element k_{33} benötigt. Da die lokalen x_3-Achsen aller Stäbe mit $x_{\tilde{3}}$ übereinstimmen, kann zur Ermittlung des Elementes k_{33} die Transformation der Stabsteifigkeitsmatrix $\underline{K}$ in das globale Koordinatensystem entfallen.

Die Elemente der Stabsteifigkeitsmatrizen sind für:

- Stab (12): L (12) = 6 m

$$\underline{K}(12,1) = \begin{bmatrix} \cdot & \cdot & \cdot \\ \cdot & \cdot & \cdot \\ \cdot & \cdot & \dfrac{4\cdot E\cdot I}{L(12)} = 20000 \end{bmatrix}$$

- Stab (13): L(13) = 5 m

$$\underline{K}(13,1) = \begin{bmatrix} \cdot & \cdot & \cdot \\ \cdot & \cdot & \cdot \\ \cdot & \cdot & \dfrac{3\cdot E\cdot I}{L(13)} = 18000 \end{bmatrix}$$

- Stab (14): L (14) = 5 m

$$\underline{K}(14,1) = \begin{bmatrix} \cdot & \cdot & \cdot \\ \cdot & \cdot & \cdot \\ \cdot & \cdot & \dfrac{3\cdot E\cdot I}{L(14)} = 18000 \end{bmatrix}$$

- Stab (15): L(15) = 8 m

$$\underline{K}(15,1) = \begin{bmatrix} \cdot & \cdot & \cdot \\ \cdot & \cdot & \cdot \\ \cdot & \cdot & \dfrac{4\cdot E\cdot I}{L(15)} = 15000 \end{bmatrix}$$

Die Koeffizientenmatrix des linearen Gleichungssystems für die unbekannten Knotenverschiebungen (Systemsteifigkeitsmatrix $\tilde{\underline{K}}$) in globalen Koordinaten wird damit

$$\tilde{\underline{K}} = \tilde{\underline{K}}(12,1) + \tilde{\underline{K}}(13,1) + \tilde{\underline{K}}(14,1) + \tilde{\underline{K}}(15,1) = \begin{bmatrix} \cdot & \cdot & \cdot \\ \cdot & \cdot & \cdot \\ \cdot & \cdot & 71000 \end{bmatrix}$$

Die Einflußfunktion für die Knotenverdrehung $\varphi_{\tilde{3}m}(1)$ wird aus der Biegelinie des Lastgurtes infolge des Knotenmomentes $M_{\tilde{3}}(1) = 1$ bestimmt. Zum (fiktiven) Knotenmoment $M_{\tilde{3}}(1) = 1$ gehört der Knotenlastvektor

$$\tilde{\underline{P}} = \tilde{\underline{P}}(1) = \begin{bmatrix} 0 \\ 0 \\ 1 \end{bmatrix}$$

Aus der dritten Zeile des Gleichungssystems $\tilde{\underline{K}}\cdot\tilde{\underline{v}} = \tilde{\underline{P}}$ folgt die Knotenverdrehung

$$\varphi_{\tilde{3}}(1) = \frac{1}{71000} = 1{,}40845\cdot 10^{-5} \text{ rad}$$

bzw. der Knotenverschiebungsvektor $\tilde{\underline{v}}(1) = \begin{bmatrix} v_{\tilde{1}}(1) \\ v_{\tilde{2}}(1) \\ \varphi_{\tilde{3}}(1) \end{bmatrix} = \begin{bmatrix} 0 \\ 0 \\ 1{,}40845 \cdot 10^{-5} \end{bmatrix} \begin{matrix} \text{m} \\ \text{m} \\ \text{rad} \end{matrix}$

Zwischen den Knotenverdrehungen $\varphi_{\tilde{3}}(3) = \varphi_{\tilde{3}}(4) = 0$ und den Verdrehungen der Stabränder $\varphi_{\tilde{3}}(31)$, $\varphi_{\tilde{3}}(41)$ gibt es Verdrehungssprunggrößen, siehe Abschn. 4.2.3.

Aus der Lösung der Differentialgleichung folgen die Verschiebungen im Inneren eines Stabes ohne Unstetigkeiten in den Stabanschlüssen

$$v_2(\xi) = H_1^0(\xi) \cdot v_2(1) + H_2^0(\xi) \cdot v_2(2) + H_1^1(\xi) \cdot L \cdot \varphi_3(1) + H_2^1(\xi) \cdot L \cdot \varphi_3(2)$$

mit

$$H_1^0(\xi) = 1 - 3\xi^2 + 2\xi^3 \qquad H_2^0(\xi) = 3\xi^2 - 2\xi^3$$
$$H_1^1(\xi) = \xi - 2\xi^2 + \xi^3 \qquad H_2^1(\xi) = \xi^3 - \xi^2$$

und der dimensionslosen Koordinate $\xi = x_1 / L = \xi_m$. Die Biegelinie $v_2(\xi)$ ist gleich der gesuchten Einflußfunktion $\varphi_{\tilde{3}m}(1)$, siehe Bild 4.60.

Die Ordinaten der Einflußfunktion für die Knotenverdrehung $\varphi_{\tilde{3}m}(1)$ sind im Stab (21) mit: $\varphi_{\tilde{3}m}(1) = v(\xi) = (\xi^3 - \xi^2) \cdot 6 \cdot \varphi_{\tilde{3}}(1)$ und $v_{\tilde{2}}(1) = v_{\tilde{2}}(2) = 0$, $L = 6{,}0$ m

ξ	0	0,2	0,4	0,6	0,8	1	
$v(\xi)$	0	-0,2704	-0,8113	-1,2169	-1,0817	0	(10^{-5})

Die Ordinaten der Einflußfunktion für die Knotenverdrehung $\varphi_{\tilde{3}m}(1)$ sind im Stab (15) mit: $v_{\tilde{2}}(1) = v_{\tilde{2}}(5) = 0$, $L = 8{,}0$ m und $\varphi_{\tilde{3}m}(1) = v(\xi) = (\xi - 2 \cdot \xi^2 + \xi^3) \cdot 8 \cdot \varphi_{\tilde{3}}(1)$

ξ	0	0,2	0,4	0,6	0,8	1	
$v(\xi)$	0	1,4423	1,6225	1,0817	0,3606	0	(10^{-5})

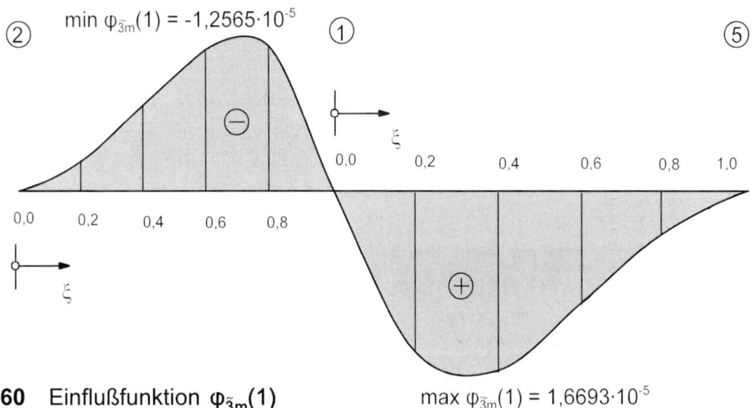

Bild 4.60 Einflußfunktion $\varphi_{\tilde{3}m}(1)$

Mit $\varphi_{3m}(2) = v_{2m}(2) = v_{2m}(1) = 0$ folgt die Einflußfunktion für das Randmoment $M_{3m}(12)$, siehe Bild 4.61.

$$M_{3m}(12) = \overset{o}{M}_{3m}(12) + 4\ EI / L \cdot \varphi_{3m}(1)$$

Für Lastwanderungspunkte m im Bereich des Stabes (21) ist $\overset{o}{M}_{3m}(12) = -L \cdot H_2^{\,1}(\xi) = -L\,(\xi^3 - \xi^2)$.

ξ	0	0,2	0,4	0,6	0,8	1
$\overset{o}{M}_{3m}(ik)$	0	0,192	0,576	0,864	0,768	0
$M_{3m}(12)$	0	0,138	0,414	0,621	0,552	0

Für Lastwanderungspunkte m im Bereich des Stabes (15) ist $\overset{o}{M}_{3m}(12) = 0$.

ξ	0	0,2	0,4	0,6	0,8	1
$M_{3m}(12)$	0	0,2885	0,3245	0,2163	0,0721	0

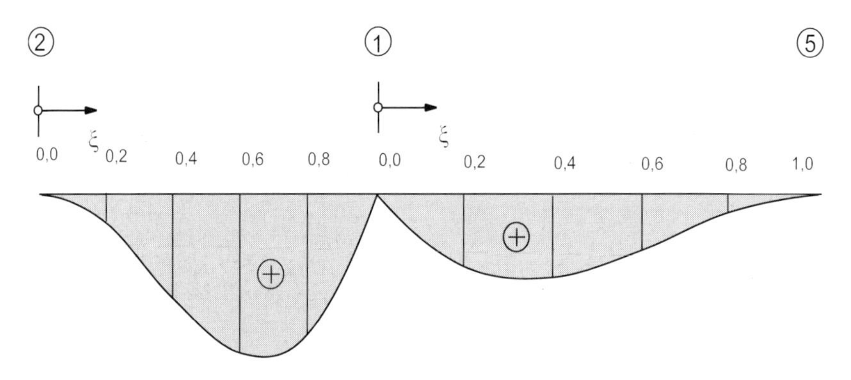

Bild 4.61 Einflußfunktion $M_{3m}(12)$

Die Einflußfunktion für das Randmoment $M_{3m}(21)$ folgt aus der sechsten Zeile der RSK-KV-Abhängigkeiten mit $\varphi_{3m}(2) = v_{2m}(2) = v_{2m}(1) = 0$, siehe Bild 4.62.

$$M_{3m}(21) = \overset{o}{M}_{3m}(21) + 2 \cdot EI / L \cdot \varphi_{3m}(1)$$

Für Lastwanderungspunkte m im Stabes (21) ist $\overset{o}{M}_{3m}(21) = -L \cdot H_1^{\,1}(\xi) = -L \cdot (\xi - 2 \cdot \xi^2 + \xi^3)$.

ξ	0	0,2	0,4	0,6	0,8	1
$\overset{o}{M}_{3m}(21)$	0	-0,768	-0,864	-0,576	-0,192	0
$M_{3m}(21)$	0	-0,795	-0,945	-0,697	-0,3	0

Für Lastwanderungspunkte m im Bereich des Stabes (15) ist $\overset{o}{M}_{3m}(21) = 0$.

ξ	0	0,2	0,4	0,6	0,8	1
$M_{3m}(21)$	0	0,144	0,162	0,108	0,036	0

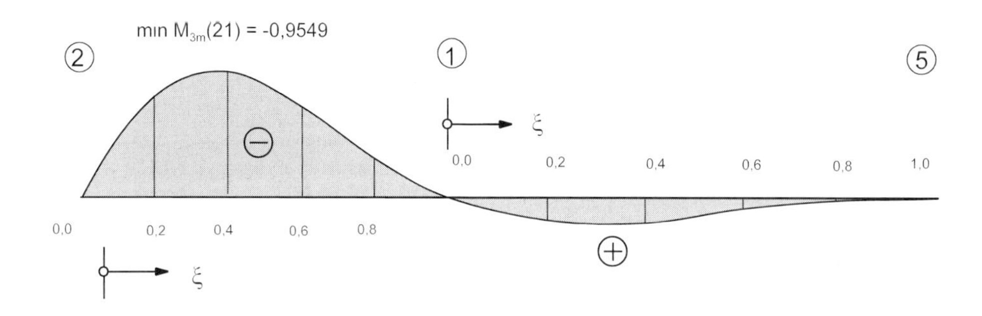

Bild 4.62 Einflußfunktion M_{3m} (21)

Das Vorzeichen der in den Bildern 4.61 und 4.62 dargestellten Einflußfunktionen bezieht sich auf die Schnittkraftdefinition der Deformationsmethode. Bei Vorzeichendefinition unter Verwendung einer an der Unterseite des Stabes (21) definierten „positiven Zugzone" ändert sich das Vorzeichen.

Die Einflußfunktion für das Moment M_{jm} im Stab (21) bei $x_1 = 3$ m kann durch Superposition der Einflußfunktionen der Randmomente im statisch bestimmten Hauptsystem erhalten werden.

$$M_{jm} = M_{jm}^{(0)} + M_{3m}(21)\,\xi_j' - M_{3m}(12)\,\xi_j$$

Das Vorzeichen wird auf die „positive Zugzone" bezogen. Für $x_j = 3$ sind die dimensionslosen Koordinaten $\xi_j = \xi_j' = 0{,}5$. Für die Einflußfunktion im statisch bestimmten Hauptsystem $M_{jm}^{(0)}$ im Bereich des Stabes (21) gilt

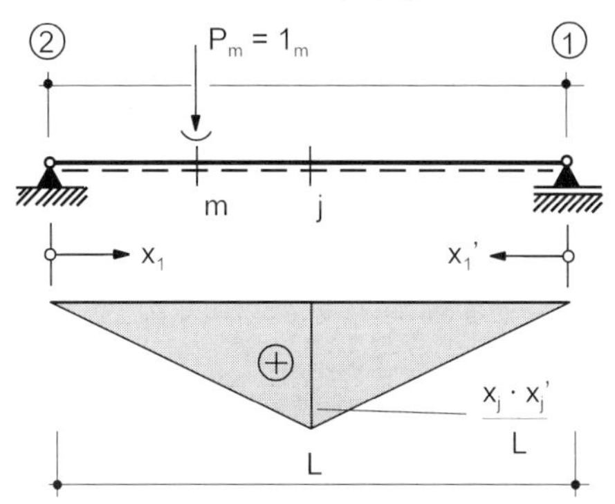

für Lastwanderungspunkte m links von j

$$M_{jm}^{(0)} = x_j \cdot x'/L \cdot x_m/x_j = x_j' \cdot x_m/L = \xi_j' \cdot \xi_m \cdot L$$

für Lastwanderungspunkte m rechts von j

$$M_{jm}^{(0)} = x_j \cdot (x_j'/L) \cdot (x_m'/x_j') = x_j \cdot x_m'/L = \xi_j \cdot \xi_m' \cdot L$$

mit $\xi = x_1/L$ und $\xi' = 1 - \xi$

Bild 4.63 Einflußfunktion $M_{jm}^{(0)}$ (21)

Die Auswertung der obigen Gleichung für M_{jm} ergibt für Lastwanderungspunkte m im Bereich des Stabes (21)

ξ	0	0,2	0,4	0,6	0,8	1
$M_{jm}^{(0)}$	0	0,6	1,2	1,2	0,6	0
M_{jm}	0	0,134	0,521	0,541	0,174	0

Da für Lastwanderungspunkte m im Bereich des Stabes (15) $M_{jm}^{(0)} = 0$ gilt, ist

ξ	0	0,2	0,4	0,6	0,8	1
M_{jm}	0	-0,072	-0,081	-0,0541	-0,018	0

In Bild 4.64 ist die Einflußfunktion M_{jm} dargestellt.

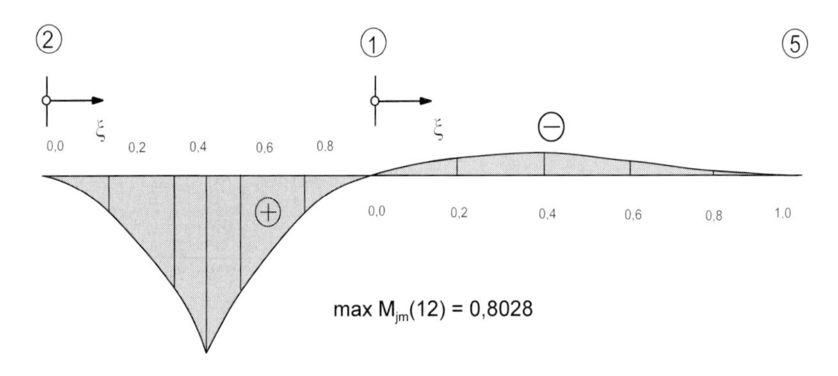

Bild 4.64 Einflußfunktion M_{jm}

Für die rechnergestützte Ermittlung der Einflußfunktion für das Moment M_{jm} im Stab (21) bei $x_j = 3$ m wird die Anwendung des Satzes von *Land* empfohlen.

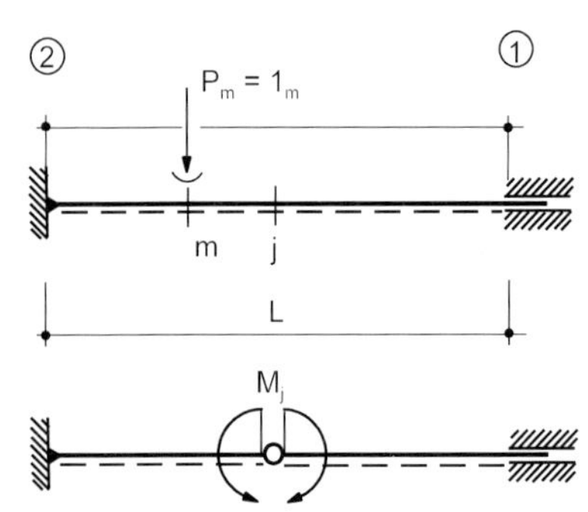

Bild 4.65 Verdrehungssprung und Moment M_j

Nach dem Satz von *Land* ist die Einflußfunktion für das Moment M_{jm} am Punkt j des Stabes (21) gleich der Biegelinie dieses Stabes infolge eines Verdrehungssprunges $\Delta = -1$ am Punkt j.

Um einen Verdrehungssprung $\Delta = -1$ am Punkt j des Stabes (21) zu erzeugen, werden dort ein Gelenk eingeführt und am Rand das Moment M_j angetragen, das zu dem Verdrehungssprung $\Delta = -1$ führt. Das Moment M_j ist mit dem Randmoment des kinematisch bestimmt gelagerten Stabes identisch.

Die Randschnittkräfte im Stab (21) infolge des Verdrehungssprunges $\Delta = -1$ betragen

$F_2(21) = 0 \qquad F_2(12) = 0$
$M_3(21) = -E \cdot I/L \qquad M_3(12) = E \cdot I/L$

Mit den Randschnittkräften des kinematisch bestimmten Stabes kann für den Lastfall Verdrehungssprung $\Delta = -1$ die Knotenverdrehung $\varphi_3(1)$ berechnet werden.

$$71000 \cdot \varphi_3(1) = \tilde{P} - \mathring{\tilde{F}} = 0 - \frac{E \cdot I}{L} \rightarrow \varphi_3(1) - -0{,}0704225 \text{ rad}$$

Die Randschnittkräfte sind:

$F_2(21) = 6 \cdot EI/L^2 \cdot \varphi_3(1) = -352{,}1125$ kN
$F_2(12) = -6 \cdot EI/L^2 \cdot \varphi_3(1) = 352{,}1125$ kN

$M_3(21) = -EI/L + 2 \cdot EI/L \cdot \varphi_3(1) = -5704{,}2250$ kNm
$M_3(12) = EI/L + 4 \cdot EI/L \cdot \varphi_3(1) = 3591{,}5500$ kNm

Für die Auswertung der Differentialgleichung muß von der Vorzeichendefinition der Deformationsmethode zur Vorzeichendefinition der Technischen Biegelehre übergegangen werden.

$Q(21) = 352{,}1125$ kN $\qquad v_2(2) = 0$
$Q(12) = 352{,}1125$ kN $\qquad v_2(1) = 0$

$M(21) = -5704{,}2250$ kNm $\qquad \varphi_3(2) = 0$
$M(12) = -3591{,}5500$ kNm $\qquad \varphi_3(1) = 0{,}0704225$ rad

Die Biegelinie wird für den Stab (21) durch Auswertung der Differentialgleichung

$$v(x_1) = C_1 \cdot x_1^3/(6 \cdot EI) + C_2 \cdot x_1^2/(2 \cdot EI) + C_3 \cdot x_1 + C_4$$

erhalten. Der Stab (21) wird wegen der Verschiebungsunstetigkeit (Verdrehungssprung) in die Bereiche I (links von j) und II (rechts von j) geteilt.

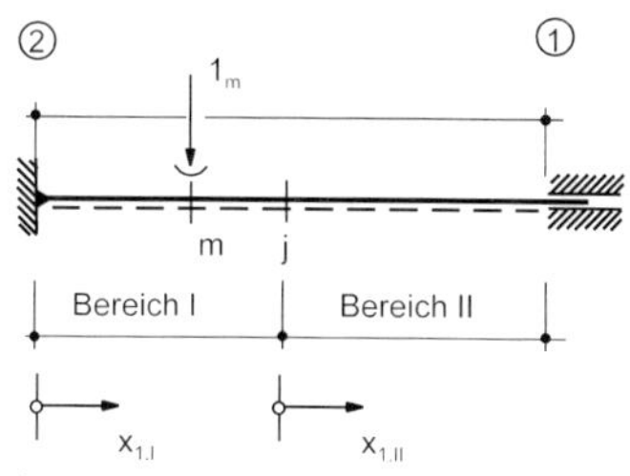

Bild 4.66 Stabbereiche

Nach Einarbeitung der Randbedingungen folgen für den Bereich I

$$v(x_{1,I}) = -352{,}1125 \cdot x_{1,I}^3/(6 \cdot EI) + 5704{,}2250 \cdot x_{1,I}^2/(2 \cdot EI) \;\hat{=}\; \text{EF } M_{jm}$$

und den Bereich II

$$v(x_{1,II}) = -352{,}1125 \cdot x_{1,II}{}^3/(6 \cdot EI) + 4647{,}8900 \cdot x_{1,II}\, 2^2/(2 \cdot EI) - 0{,}4824 \cdot x_{1,II} + 0{,}8028 \;\hat{=}\; \text{EF } M_{jm}$$

Die Ordinaten der Einflußfunktion M_{jm} für Lastwanderungspunkte m im Bereich des Stabes (15) können direkt mit Hilfe der *Hermite*-Polynome ermittelt werden.

4.2.6 Zusammenhang Reduktionsmethode – Deformationsmethode, Makroelemente

In Kap. 3 wurde die Abhängigkeit zwischen den Zustandsgrößen des Stabrandes (ki) von denen des Stabrandes (ik) hergestellt.

Nach der geschlossenen oder numerischen Integration einer Differentialgleichung oder eines zugeordneten Differentialgleichungssystems wird die Lösung am rechten Rand jedes Integrationsabschnittes im Stab über die Feldmatrix $\underline{F}(x_1,i)$ in Abhängigkeit von den Zustandsgrößen $\underline{z}(ik)$ am Stabanfang erhalten.

$$\underline{y}(x_{1r}) = \begin{bmatrix} \underline{z}(x_{1r}) \\ 1 \end{bmatrix} = \begin{bmatrix} \underline{\alpha}(x_1) & \underline{\beta}(x_1) \\ \underline{0} & 1 \end{bmatrix} \cdot \begin{bmatrix} \underline{z}(ik) \\ 1 \end{bmatrix} = \underline{F}(x_1,i) \cdot \underline{y}(ik) \tag{4.77}$$

Eventuell vorhandene Verschiebungs- und Schnittkraftsprünge (Einzellasten) an der Schnittstelle x_{1r} werden durch Addition zur $\underline{\beta}$-Spalte der Feldmatrix $\underline{F}(x_1,i)$ berücksichtigt. Nach dem letzten Integrationsabschnitt werden die Zustandsgrößen am Stabende $\underline{y}(ki)$ mit der Leitmatrix des Stabes $\underline{L}(k,i)$ erhalten zu

$$\underline{y}(ki) = \begin{bmatrix} \underline{z}_1(ki) \\ \underline{z}_2(ki) \\ 1 \end{bmatrix} = \begin{bmatrix} \underline{F}_1 & \underline{F}_2 & \underline{f}_5 \\ \underline{F}_3 & \underline{F}_4 & \underline{f}_6 \\ \underline{0} & \underline{0} & 1 \end{bmatrix} \cdot \begin{bmatrix} \underline{z}_1(ik) \\ \underline{z}_2(ik) \\ 1 \end{bmatrix} = \underline{L}(k,i) \cdot \underline{y}(ik) \tag{4.78}$$

Beim eben wirkenden Stab ist

$$\underline{z}_1 = [\ u \quad v \quad \varphi\ ]^T \qquad \underline{z}_2 = [\ M \quad Q \quad N\ ]^T \tag{4.79}$$

Daraus folgen die Stabsteifigkeitsmatrizen und die kinematisch bestimmten Randschnittkräfte der Randschnittkraft-Randverschiebungs-Abhängigkeiten im lokalen Koordinatensystem

$$\underline{F}(ik) = \overset{o}{\underline{F}}(ik) + \underline{K}(ik,ik) \cdot \underline{v}(ik) + \underline{K}(ik,ki) \cdot \underline{v}(ki) \tag{4.80a}$$

$$\underline{F}(ki) = \overset{o}{\underline{F}}(ki) + \underline{K}(ki,ik) \cdot \underline{v}(ik) + \underline{K}(ki,ki) \cdot \underline{v}(ki) \tag{4.80b}$$

mit

$$\begin{aligned} &\underline{K}(ik,ik) = -\underline{R} \cdot \underline{F}_2^{-1} \cdot \underline{F}_1 && \underline{K}(ki,ik) = -\underline{R} \cdot \underline{F}_3 + \underline{R} \cdot \underline{F}_4 \cdot \underline{F}_2^{-1} \cdot \underline{F}_1 \\ &\underline{K}(ik,ki) = \underline{R} \cdot \underline{F}_2^{-1} && \underline{K}(ki,ki) = -\underline{R} \cdot \underline{F}_4 \cdot \underline{F}_2^{-1} \\ &\overset{o}{\underline{F}}(ik) = -\underline{R} \cdot \underline{F}_2^{-1} \cdot \underline{f}_5 && \overset{o}{\underline{F}}(ki) = -\underline{R} \cdot \underline{f}_6 + \underline{R} \cdot \underline{F}_4 \cdot \underline{F}_2^{-1} \cdot \underline{f}_5 \end{aligned} \tag{4.81}$$

und

$$\underline{R} = \begin{bmatrix} 0 & 0 & -1 \\ 0 & -1 & 0 \\ 1 & 0 & 0 \end{bmatrix}$$

$$\underline{F}(ik) = \underline{R} \cdot \underline{z}_2(ik) \qquad \underline{F}(ki) = -\underline{R} \cdot \underline{z}_2(ki)$$

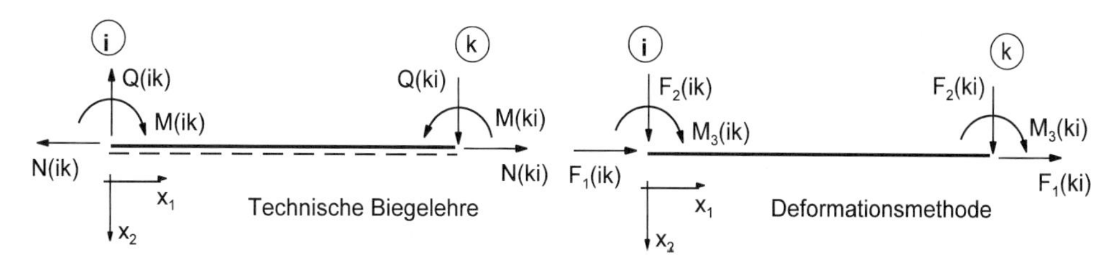

Bild 4.67 Vorzeichendefinitionen

Beliebige Stab-Knoten-Anschlüsse (Schnittkraftnullfelder, allgemeine Federgelenke, exzentrische Stabanschlüsse) sind beim Übergang der Randschnittkraft-Randverschiebungs-Abhängigkeiten zu den Randschnittkraft-Knotenverschiebungs-Abhängigkeiten erfaßbar, siehe Abschn. 4.2.3 und 4.2.4.

Beispiel 4.13 Das Tragwerk gemäß Bild 4.68 wird unter Verwendung der Ergebnisse für den Einzelstab untersucht. Das Vorgehen kann als Makroelementbildung interpretiert werden.

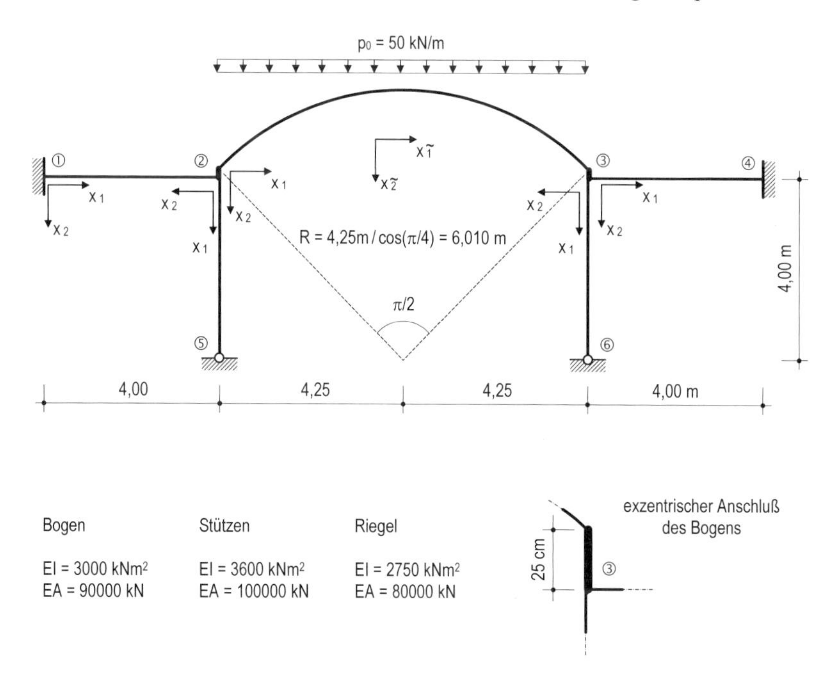

Bild 4.68 Statisches System – Kreisbogen mit Halbrahmen

Im Abschn. 3.4, Beispiel 3.11, wurde der Einzelstab (23) mit starrer Lagerung unter Anwendung der Reduktionsmethode nach Elastizitätstheorie I. und II. Ordnung behandelt. Mit den Umformungen gemäß den Gln. (4.77) bis (4.81) werden aus der Leitmatrix die Randschnittkräfte des kinematisch bestimmt gelagerten Stabes (23) und die Stabsteifigkeitsmatrix erhalten.

$$\underline{\overset{o}{\tilde{F}}}(23) = \begin{bmatrix} 233,7 \\ -212,5 \\ 39,13 \end{bmatrix} \qquad \underline{\overset{o}{\tilde{F}}}(32) = \begin{bmatrix} -233,7 \\ -212,5 \\ -39,13 \end{bmatrix}$$

$$\underline{\tilde{K}} = \begin{bmatrix} \underline{\tilde{K}}(23,2) & \underline{\tilde{K}}(23,3) \\ \underline{\tilde{K}}(32,2) & \underline{\tilde{K}}(32,3) \end{bmatrix} = \left[\begin{array}{ccc|ccc} 1040 & 0 & 1456 & -1040 & 0 & -1456 \\ 0 & 48,62 & 206,6 & 0 & -48,62 & 206,6 \\ 1456 & 206,6 & 3235 & -1456 & -206,6 & -1479 \\ \hline -1040 & 0 & -1456 & 1040 & 0 & 1456 \\ 0 & -48,62 & -206,6 & 0 & 48,62 & -206,6 \\ -1456 & 206,6 & -1479 & 1456 & -206,6 & 3235 \end{array}\right]$$

Bei der Untersuchung des Systems mit nachgiebiger Lagerung des Bogens werden die Knotengleichgewichtsbedingungen für die Knoten 2 und 3 ausgewertet und die RSK-KV-Abhängigkeiten eingesetzt. Es folgt das lineare algebraische Gleichungssystem $\underline{\tilde{K}} \cdot \underline{\tilde{v}} = \underline{\tilde{P}} - \underline{\overset{o}{\tilde{F}}}$ mit sechs unbekannten Knotenverschiebungen, je drei Verschiebungen der Knoten 2 und 3, sowie der Systemsteifigkeitsmatrix

$$\underline{\tilde{K}} = \left[\begin{array}{c|c} \underline{\tilde{K}}(21,2) + \underline{\tilde{K}}(23,2) + \underline{\tilde{K}}(25,2) & \underline{\tilde{K}}(23,3) \\ \hline \underline{\tilde{K}}(32,2) & \underline{\tilde{K}}(32,3) + \underline{\tilde{K}}(34,3) + \underline{\tilde{K}}(36,3) \end{array}\right]$$

$$= \left[\begin{array}{ccc|ccc} 21208,75 & 0 & 781 & -1040 & 0 & -1456 \\ 0 & 25564,24 & -824,65,6 & 0 & -48,62 & 206,6 \\ 781 & -824,65 & 6622,5 & -1456 & -206,6 & -1479 \\ \hline -1040 & 0 & -1456 & 21208,75 & 0 & 781 \\ 0 & -48,62 & -206,6 & 0 & 25564,24 & 824,65,6 \\ -1456 & 206,6 & -1479 & 781 & 824,65 & 6622,5 \end{array}\right]$$

und der rechten Seite

$$\underline{\tilde{P}} - \underline{\overset{o}{\tilde{F}}} = -\begin{bmatrix} \underline{\overset{o}{\tilde{F}}}(21) + \underline{\overset{o}{\tilde{F}}}(23) + \underline{\overset{o}{\tilde{F}}}(25) \\ \underline{\overset{o}{\tilde{F}}}(32) + \underline{\overset{o}{\tilde{F}}}(34) + \underline{\overset{o}{\tilde{F}}}(36) \end{bmatrix}, \quad \underline{\overset{o}{\tilde{F}}}(21) = \underline{\overset{o}{\tilde{F}}}(25) = \underline{\overset{o}{\tilde{F}}}(34) = \underline{\overset{o}{\tilde{F}}}(36) = 0$$

Die Lösung des Gleichungssystems unter Vernachlässigung der Eigenlasten der Stützen und Riegel führt auf die Knotenverschiebungen

$$\underline{\tilde{v}} = \begin{bmatrix} \underline{\tilde{v}}(2) \\ \underline{\tilde{v}}(3) \end{bmatrix} \qquad \underline{\tilde{v}}(2) = \begin{bmatrix} -0,01 \\ 8,292 \cdot 10^{-3} \\ -8,991 \cdot 10^{-4} \end{bmatrix} \qquad \underline{\tilde{v}}(3) = \begin{bmatrix} 0,01 \\ 8,292 \cdot 10^{-3} \\ 8,991 \cdot 10^{-4} \end{bmatrix} \begin{matrix} \text{m} \\ \text{m} \\ \text{rad} \end{matrix}$$

Die Randschnittkräfte des Bogens sind bei quasi nachgiebiger Lagerung kleiner.

$$\tilde{\underline{F}}(23) = \begin{bmatrix} 210{,}282 \\ -212{,}5 \\ 5{,}772 \end{bmatrix} \qquad \tilde{\underline{F}}(32) = \begin{bmatrix} -210{,}282 \\ -212{,}5 \\ -5{,}772 \end{bmatrix}$$

Eine Modellierung mit wesentlichen Freiheitsgraden bedeutet eine einfache Verminderung des Lösungsaufwandes. Computerorientiert gelingt die Freiheitsgradreduktion mit statischen oder dynamischen Kondensationsmethoden, siehe z.B. [61], [69].

Mit der Bildung von Makroelementen können (finite) Elemente zusammengefaßt und die Anzahl der Freiheitsgrade durch Vorelimination reduziert werden.

Beispiel 4.14 Für einen Stab mit Federgelenk in Stabmitte, siehe Bild 4.69, wird die Stabsteifigkeitsmatrix durch Makroelementbildung ermittelt.

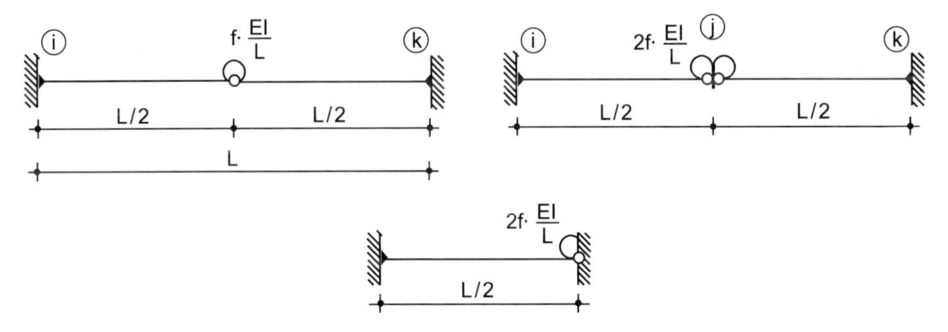

Bild 4.69 Stab mit Federgelenk

Auf Grund der Symmetrie ist ein einfaches Vorgehen möglich. Die Stabsteifigkeitsmatrizen der Stäbe (ij) – Element e = 1– und (jk) – Element e = 2 – werden mit dem Vorgehen gemäß Abschn. 4.2.3 entwickelt und die Systemsteifigkeitsmatrix gebildet. Aus dem Gleichgewicht im Schnitt j können die unbekannten Verschiebungen in der Stabmitte eliminiert und die Steifigkeitsmatrix des Makroelementes E angegeben werden.

Die Entwicklung der Steifigkeitsmatrix des Stabes (ij): $\underline{K}(e=1) = \begin{bmatrix} \underline{K}(ij,i) & \underline{K}(ij,j) \\ \underline{K}(ji,i) & \underline{K}(ji,j) \end{bmatrix}$

liefert

$$\underline{K}(ij) = \left[\begin{array}{ccc|ccc} \frac{2EA}{L} & 0 & 0 & -\frac{2EA}{L} & 0 & 0 \\ 0 & \frac{96EI}{L^3}\cdot\frac{1+f}{4+f} & \frac{24EI}{L^2}\cdot\frac{2+f}{4+f} & 0 & -\frac{96EI}{L^3}\cdot\frac{1+f}{4+f} & \frac{24EI}{L^2}\cdot\frac{f}{4+f} \\ 0 & \frac{24EI}{L^2}\cdot\frac{2+f}{4+f} & \frac{8EI}{L}\cdot\frac{3+f}{4+f} & 0 & -\frac{24EI}{L^2}\cdot\frac{2+f}{4+f} & \frac{4EI}{L}\cdot\frac{f}{4+f} \\ \hline -\frac{2EA}{L} & 0 & 0 & \frac{2EA}{L} & 0 & 0 \\ 0 & -\frac{96EI}{L^3}\cdot\frac{1+f}{4+f} & -\frac{24EI}{L^2}\cdot\frac{2+f}{4+f} & 0 & \frac{96EI}{L^3}\cdot\frac{1+f}{4+f} & -\frac{24EI}{L^2}\cdot\frac{f}{4+f} \\ 0 & \frac{24EI}{L^2}\cdot\frac{f}{4+f} & \frac{4EI}{L}\cdot\frac{f}{4+f} & 0 & -\frac{24EI}{L^2}\cdot\frac{f}{4+f} & \frac{8EI}{L}\cdot\frac{f}{4+f} \end{array}\right]$$

Die Steifigkeitsmatrix des Stabes (jk) $\underline{K}(e=2)=\begin{bmatrix}\underline{K}(jk,j) & \underline{K}(jk,k)\\ \underline{K}(kj,j) & \underline{K}(kj,k)\end{bmatrix}$ wird mit dem Transformationswinkel $\alpha(jk) = 180°$ und der Transformationsmatrix

$$\underline{T}(jk)=\begin{bmatrix}-1 & 0 & 0\\ 0 & -1 & 0\\ 0 & 0 & 1\end{bmatrix} \quad \text{erhalten.}$$

Die Systemsteifigkeitsmatrix ist $\underline{K}(E)=\begin{bmatrix}\underline{K}(ij,i) & \underline{K}(ij,j) & 0\\ \underline{K}(ji,i) & \underline{K}(jx,j) & \underline{K}(jk,k)\\ 0 & \underline{K}(kj,j) & \underline{K}(kj,k)\end{bmatrix}=$

mit $\underline{K}(jx,j) = \underline{K}(ji,j) + \underline{K}(jk,j)$

$$\left[\begin{array}{ccc:ccc:ccc}
\frac{2EA}{L} & 0 & 0 & -\frac{2EA}{L} & 0 & 0 & & & \\
0 & \frac{96EI}{L^3}\cdot\frac{1+f}{4+f} & \frac{24EI}{L^2}\cdot\frac{2+f}{4+f} & 0 & -\frac{96EI}{L^3}\cdot\frac{1+f}{4+f} & \frac{24EI}{L^2}\cdot\frac{f}{4+f} & & & \\
0 & \frac{24EI}{L^2}\cdot\frac{2+f}{4+f} & \frac{8EI}{L}\cdot\frac{3+f}{4+f} & 0 & -\frac{24EI}{L^2}\cdot\frac{2+f}{4+f} & \frac{4EI}{L}\cdot\frac{c}{4+f} & & & \\
\hdashline
-\frac{2EA}{L} & 0 & 0 & \frac{4EA}{L} & 0 & 0 & -\frac{2EA}{L} & 0 & 0\\
0 & -\frac{96EI}{L^3}\cdot\frac{1+f}{4+f} & -\frac{24EI}{L^2}\cdot\frac{2+f}{4+f} & 0 & \frac{192EI}{L^3}\cdot\frac{1+f}{4+f} & 0 & 0 & -\frac{96EI}{L^3}\cdot\frac{1+f}{4+f} & \frac{24EI}{L^2}\cdot\frac{2+f}{4+f}\\
0 & \frac{24EI}{L^2}\cdot\frac{f}{4+f} & \frac{4EI}{L}\cdot\frac{f}{4+f} & 0 & 0 & \frac{16EI}{L}\cdot\frac{f}{4+f} & 0 & -\frac{24EI}{L^2}\cdot\frac{f}{4+f} & \frac{4EI}{L}\cdot\frac{f}{4+f}\\
\hdashline
 & & & -\frac{2EA}{L} & 0 & 0 & \frac{2EA}{L} & 0 & 0\\
 & & & 0 & -\frac{96EI}{L^3}\cdot\frac{1+f}{4+f} & -\frac{24EI}{L^2}\cdot\frac{f}{4+f} & 0 & \frac{96EI}{L^3}\cdot\frac{1+f}{4+f} & -\frac{24EI}{L^2}\cdot\frac{2+f}{4+f}\\
 & & & 0 & \frac{24EI}{L^2}\cdot\frac{2+f}{4+f} & \frac{4EI}{L}\cdot\frac{f}{4+f} & 0 & -\frac{24EI}{L^2}\cdot\frac{2+f}{4+f} & \frac{8EI}{L}\cdot\frac{3+f}{4+f}
\end{array}\right]$$

Der Vorteil des symmetrischen Modells wird deutlich: der Matrixblock $\underline{K}(jx,j)$ ist eine (3×3)-Diagonalmatrix, die einfach invertiert werden kann. Von den Beziehungen

am linken Rand (i) $\quad \underline{K}(ij,i)\,\underline{v}(i)+\underline{K}(ij,j)\,\underline{v}(j)=0$

im mittleren Schnitt (j) $\quad \underline{K}(ji,i)\,\underline{v}(i)+\underline{K}(jx,j)\,\underline{v}(j)+\underline{K}(jk,k)\,\underline{v}(k)=0$

am rechten Rand (k) $\quad \underline{K}(kj,j)\,\underline{v}(j)+\underline{K}(kj,k)\,\underline{v}(k)=0$

wird die mittlere (j) für die Kondensation der Systemsteifigkeitsmatrix aufgelöst nach

$$\underline{v}(j)=-\underline{K}^{-1}(jx,j)\cdot\underline{K}(ji,i)\cdot\underline{v}(i)-\underline{K}^{-1}(jx,j)\cdot\underline{K}(jk,k)\cdot\underline{v}(k)$$

und in (i) und (k) eingesetzt. Das Ergebnis in Matrixform

$$\underline{K}(E)=\left[\begin{array}{c:c}\underline{K}(ij,i)-\underline{K}(ij,j)\cdot\underline{K}^{-1}(jx,j)\cdot\underline{K}(ji,i) & -\underline{K}(ij,j)\cdot\underline{K}^{-1}(jx,j)\cdot\underline{K}(jk,k)\\ \hdashline -\underline{K}(kj,j)\cdot\underline{K}^{-1}(jx,j)\cdot\underline{K}(ji,i) & \underline{K}(kj,k)-\underline{K}(kj,j)\cdot\underline{K}^{-1}(jx,j)\cdot\underline{K}(jk,k)\end{array}\right]$$

ist die Steifigkeitsmatrix des Makroelementes

$$\underline{K}(E) = \left[\begin{array}{ccc|ccc} \frac{EA}{L} & & & -\frac{EA}{L} & & \\ & \frac{12EI}{L^3} & \frac{6EI}{L^2} & & -\frac{12EI}{L^3} & \frac{6EI}{L^2} \\ & \frac{6EI}{L^2} & \frac{3EI}{L}\cdot\frac{3+4f}{3+3f} & & -\frac{6EI}{L^2} & \frac{3EI}{L}\cdot\frac{3+2f}{3+3f} \\ \hline -\frac{EA}{L} & & & \frac{EA}{L} & & \\ & -\frac{12EI}{L^3} & -\frac{6EI}{L^2} & & \frac{12EI}{L^3} & -\frac{6EI}{L^2} \\ & \frac{6EI}{L^2} & \frac{3EI}{L}\cdot\frac{3+2f}{3+3f} & & -\frac{6EI}{L^2} & \frac{3EI}{L}\cdot\frac{3+4f}{3+3f} \end{array}\right]$$

Das Vorgehen zur Bildung von Makroelementen wird verallgemeinert.

Makroelemente für den Stab. Finite Stabelemente werden vorteilhaft mit Verschiebungsansätzen entwickelt – z.B. *Hermite*-Polynome vierter Ordnung für die Querverschiebungen und zweiter Ordnung für die Längsverschiebungen und den Torsionsdrehwinkel bei *St. Venant*scher Torsion, siehe Abschn. 2.2. Die zugehörigen Lösungen sind nur exakt, wenn folgende Voraussetzungen erfüllt sind: konstante Steifigkeiten, Belastung nur in den Knoten, gerades Stabelement, lineare Statik. Andernfalls führen diese Verschiebungsansätze über das PvV bzw. das MpE zu Lösungen, die die differentialen Gleichgewichtsbedingungen nicht streng erfüllen. Das Gleichgewicht wird dann nur noch im gewichteten integralen Mittel eingehalten.

Um die Lösungsungenauigkeiten gering zu halten, müssen Stäbe, die die o.g. Voraussetzungen nicht erfüllen, in viele kleine Stabelemente unterteilt werden, siehe im Bild 4.70. Der Stab zwischen den echten Stabtragwerksknoten i und k ist in kleine Stabelemente mit zusätzlichen Knoten zwischen diesen unterteilt. Dadurch vergrößert sich die Zahl der Knotenverschiebungsfreiheitsgrade und der Lösungsaufwand für das zugeordnete Gleichungssystem.

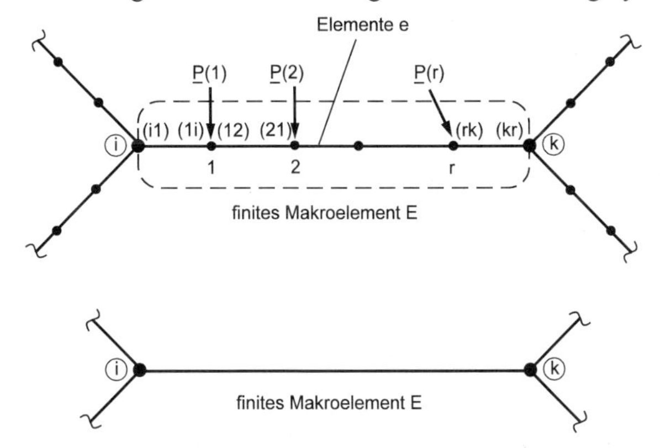

Bild 4.70 Stabmakroelement

Durch Vorelimination der Freiheitsgrade der zusätzlichen Knoten zwischen den echten Stabtragwerksknoten i und k läßt sich der Aufwand verringern. Nach dieser Vorelimination verbleiben für das Tragwerk nur noch die Verschiebungsfreiheitsgrade der echten Stabtragwerksknoten. Der Stab zwischen den echten Stabtragwerksknoten i und k mit kleinen Stabelementen e bildet ein (Stab-)Makroelement E.

Zur Vorelimination der Verschiebungsfreiheitsgrade der Zwischenknoten 1, ..., r stehen die Knotengleichgewichtsbedingungen an diesen Zwischenknoten zur Verfügung.

$\underline{v}_r$

Gleichgewicht am Knoten	$\underline{v}(i)$	$\underline{v}(1)$	$\underline{v}(2)$			$\underline{v}(r)$	$\underline{v}(k)$		Knotenkräfte
1	$\underline{K}(1i,i)$	$\underline{K}(1i,1)$ + $\underline{K}(12,1)$	$\underline{K}(12,2)$						$\underline{P}(1)$
2		$\underline{K}(21,1)$	$\underline{K}(21,2)$ + $\underline{K}(23,2)$	$\underline{K}(23,3)$				=	$\underline{P}(2)$
...									
r					$\underline{K}(r[r-1],[r-1])$	$\underline{K}(r[r-1],r)$ + $\underline{K}(rk,r)$	$\underline{K}(rk,k)$		$\underline{P}(r)$

$\underline{K}_r$ $\underline{P}_r$

Bild 4.71 Gleichungssystem für Stabmakroelement

Das in Bild 4.71 dargestellte Gleichungssystem wird zusammengefaßt und umgestellt

$$\underline{K}_r\underline{v}_r + \begin{bmatrix} \underline{K}(1i,i)\cdot \; \underline{v}(i) \\ \underline{0} \\ \vdots \\ \underline{0} \\ \underline{K}(rk,k)\cdot \; \underline{v}(k) \end{bmatrix} = \underline{P}_r \;\rightarrow\; \underline{v}_r = \left(\underline{K}_r\right)^{-1}\left(\underline{P}_r - \begin{bmatrix} \underline{K}(1i,i)\cdot \; \underline{v}(i) \\ \underline{0} \\ \vdots \\ \underline{0} \\ \underline{K}(rk,k)\cdot \; \underline{v}(k) \end{bmatrix}\right) = \begin{bmatrix} \underline{v}(1) \\ \underline{v}(2) \\ \vdots \\ \underline{v}(r-1) \\ \underline{v}(r) \end{bmatrix}$$

Die Verschiebungen der Zwischenknoten können in linearer Abhängigkeit von denen der echten Stabtragwerksknoten i und k erhalten werden.

$$\underline{v}(1) = \underline{c}_{10} + \underline{C}_{1i}\,\underline{v}(i) + \underline{C}_{1k}\,\underline{v}(k) \tag{4.82}$$

$$\underline{v}(2) = \underline{c}_{20} + \underline{C}_{2i}\,\underline{v}(i) + \underline{C}_{2k}\,\underline{v}(k)$$

$$\vdots \qquad\qquad \underline{c},\underline{C} \quad \text{Konstanten-Matrizen}$$

$$\underline{v}(r) = \underline{c}_{r0} + \underline{C}_{ri}\,\underline{v}(i) + \underline{C}_{rk}\,\underline{v}(k)$$

Die Randschnittkraftvektoren $\underline{F}(iE)$ und $\underline{F}(kE)$ des Makroelementes E sind damit

$$\begin{aligned}\underline{F}(iE) = \underline{F}(il) &= \underline{K}(il,i)\underline{v}(i) + \underline{K}(il,1)\underline{v}(1)\\ &= \underbrace{\underline{K}(il,1)\underline{c}_{l0}} + \underbrace{\left[\underline{K}(il,i) + \underline{K}(il,1)\underline{C}_{li}\right]}\underline{v}(i) + \underbrace{\left[\underline{K}(il,1)\underline{C}_{2k}\right]}\underline{v}(k)\\ &= \overset{o}{\underline{F}}(iE) + \underline{K}(iE,i)\,\underline{v}(i) + \underline{K}(iE,k)\,\underline{v}(k)\end{aligned}$$

$$\begin{aligned}\underline{F}(kE) = \underline{F}(kr) &= \underline{K}(kr,k)\underline{v}(k) + \underline{K}(kr,r)\underline{v}(r)\\ &= \underbrace{\underline{K}(kr,r)\underline{c}_{r0}} + \underbrace{\underline{K}(kr,r)\underline{C}_{ri}}\,\underline{v}(i) + \underbrace{\left[\underline{K}(kr,k) + \underline{K}(kr,r)\underline{C}_{rk}\right]}\underline{v}(k)\\ &= \overset{o}{\underline{F}}(kE) + \underline{K}(kE,i)\,\underline{v}(i) + \underline{K}(kE,k)\,\underline{v}(k)\end{aligned}$$

Sie werden zusammengefaßt

$$\begin{bmatrix}\underline{F}(iE)\\ \underline{F}(kE)\end{bmatrix} = \begin{bmatrix}\overset{o}{\underline{F}}(iE)\\ \overset{o}{\underline{F}}(kE)\end{bmatrix} + \begin{bmatrix}\underline{K}(iE,i) & \underline{K}(iE,k)\\ \underline{K}(kE,i) & \underline{K}(kE,k)\end{bmatrix}\begin{bmatrix}\underline{v}(i)\\ \underline{v}(k)\end{bmatrix} \tag{4.83}$$

$$\underline{F}(E) = \overset{o}{\underline{F}}(E) + \underline{K}(E)\,\underline{v}(E) \tag{4.84}$$

mit

$\underline{K}(E)$	Steifigkeitsmatrix des Makroelementes E
$\underline{v}(E)$	Verschiebungsvektor (der äußeren Knoten) des Makroelementes E
$\underline{F}(E)$	Randschnittkraftvektor (an den äußeren Knoten) des Makroelementes E
$\overset{o}{\underline{F}}(E)$	kinematisch bestimmter Randschnittkraftvektor (an den äußeren Knoten) des Makroelementes E

Makroelemente für allgemeine Strukturen. Durch Zusammenfassung von (benachbarten) Elementen eines Elementnetzes werden Makroelemente gebildet. Das Makroelement hat innere und äußere Knoten. Die Knotengleichgewichtsbedingungen an den inneren Knoten des Makroelementes E werden zur (Vor-)Elimination von deren Verschiebungsfreiheitsgraden benutzt. Folgende Bezeichnungen werden eingeführt:

$\underline{v}$	Verschiebungsvektor aller (äußeren und inneren) Knoten des Makroelementes E
$\underline{v}(E)$	Verschiebungsvektor aller äußeren Knoten des Makroelementes E
$\underline{v}_r$	Verschiebungsvektor aller inneren Knoten des Makroelementes E
$\underline{F}$	Vektor aller äußeren Kräfte auf alle (äußeren und inneren) Knoten des Makroelementes E
$\underline{F}(E)$	Randschnittkraftvektor an allen äußeren Knoten des Makroelementes E
$\underline{P}_r$	Spaltenvektor der äußeren Kräfte aller inneren Knoten des Makroelementes E
$\underline{K}$	Systemsteifigkeitsmatrix bezüglich aller Elementknotenkräfte und aller Knotenverschiebungen $\underline{v}$

Zur vereinfachten Darstellung werden nur Knotenlasten berücksichtigt. Zwischen $\underline{F}$, $\underline{K}$ und $\underline{v}$ gilt der bekannte Zusammenhang

$$\underline{F} = \underline{K}\ \underline{v} \tag{4.85}$$

bzw. nach Aufspaltung von $\underline{F}$, $\underline{v}$ und $\underline{K}$

$$\underline{F} = \begin{bmatrix} \underline{F}(E) \\ \underline{P}_r \end{bmatrix} = \begin{bmatrix} \underline{K}_E & \underline{K}_{Er} \\ \underline{K}_{Er}^T & \underline{K}_r \end{bmatrix} \begin{bmatrix} \underline{v}(E) \\ \underline{v}_r \end{bmatrix} = \underline{K}\ \underline{v} \tag{4.86}$$

Die Aufspaltung der bekannten Systemsteifigkeitsmatrix $\underline{K}$ gemäß der Gl. (4.86) ist mit Aufspaltung der Knoten in äußere und innere Knoten gegeben. Der Verschiebungsvektor $\underline{v}_r$ wird mittels der zweiten Zeile von Gl. (4.86) voreliminiert

$$\begin{aligned} &\underline{K}_r \underline{v}_r + \underline{K}_{Er}^T \underline{v}(E) = \underline{P}_r \\ &\rightarrow \underline{v}_r = (\underline{K}_r)^{-1} \left[\underline{P}_r - \underline{K}_{Er}^T \underline{v}(E) \right] \end{aligned} \tag{4.87}$$

Damit folgt aus der ersten Zeile von Gl. (4.86) wieder die Form von Gl. (4.84)

$$\underline{F}(E) = \overset{o}{\underline{F}}(E) + \underline{K}(E) \cdot \underline{v}(E) \tag{4.88}$$

mit

$$\overset{o}{\underline{F}}(E) = \underline{K}_{Er} (\underline{K})_r^{-1} \underline{P}_r \quad \text{und} \quad \underline{K}(E) = \underline{K}_E - \underline{K}_{Er} (\underline{K})_r^{-1} \underline{K}_{Er}^T$$

Die Kopplung der Makroelemente mit dem Verschiebungsvektor $\underline{v}(E)$ aller äußeren Knoten des Makroelementes E mit dem Systemverschiebungsvektor $\underline{v}_S$ aller äußeren Knoten aller Makroelemente erfolgt über eine *Boole*sche Zuordnungsmatrix $\underline{L}(E)$, siehe Abschn. 4.1.

$$\underline{v}(E) = \underline{L}(E) \cdot \underline{v}_S \tag{4.89}$$

Die Gleichgewichtsbedingungen aller äußeren Knoten aller Makroelemente können mittels der Gl. (4.89) gebildet und zusammengefaßt werden

$$\begin{aligned} &\left(\underline{P}_S - \overset{o}{\underline{F}}_S \right) - \underline{K}_S \cdot \underline{v}_S = 0 \\ &\underline{K}_S = \sum \underline{L}^T(E) \cdot \underline{K}(E) \cdot \underline{L}(E) \\ &\overset{o}{\underline{F}}_S = \sum \underline{L}^T(E) \cdot \overset{o}{\underline{F}}(E) \end{aligned} \tag{4.90}$$

mit

$\underline{K}_S$ zu $\underline{v}_S$ gehörige Systemsteifigkeitsmatrix
$\underline{P}_S$ Knotenlastvektor aller äußeren Knoten aller Makroelemente
$\overset{o}{\underline{F}}_S$ kinematisch bestimmter Randschnittkraftvektor aus Einwirkungen innerhalb der Makroelemente
$\sum$ Summation über alle Makroelemente E

Der Vektor $\underline{v}_S$ ist infolge der Vorelimination der Verschiebungsfreiheitsgrade aller Innenknoten aller Makroelemente wesentlich kleiner als der des Systemverschiebungsvektors aller Knoten. Mit $\underline{v}_S$ sind die Verschiebungsfreiheitsgrade aller äußeren Knoten aller Makroelemente bekannt. Die Verschiebungen der inneren Knoten eines Makroelementes E folgen dann aus Gl. (4.87).

4.3 Lineare Kinetik

4.3.1 Dynamische Knotengleichgewichtsbedingungen

Die Deformationsmethode wird auf Aufgaben der linearen Kinetik von Stabtragwerken angewendet. Die Gleichgewichtsbedingungen an den Knoten der Tragwerke werden für zeitabhängige Einwirkungen, die zu zeitabhängigen Verschiebungen und daraus abgeleiteten Ergebnisgrößen führen, ausgewertet. Die Zeitableitungen der Verschiebungen der Knoten im globalen Koordinatensystem $\underline{\tilde{v}}(t)$ sind die Geschwindigkeiten $\dot{\underline{\tilde{v}}}(t)$ und die Beschleunigungen $\ddot{\underline{\tilde{v}}}(t)$. Die Gl. (4.25) kann formal erweitert werden zu

$$\underline{\tilde{K}}(t) \cdot \underline{\tilde{v}}(t) = \underline{\tilde{P}}(t) - \overset{\circ}{\underline{\tilde{F}}}(t) \tag{4.91}$$

Die dynamische Systemsteifigkeitsmatrix $\underline{\tilde{K}}(t)$ enthält dabei auch die Wirkung der Trägheitskräfte der Elemente.

Werden an den Knoten der Tragwerksmodelle entsprechend dem *d'Alembert*schen Prinzip die Trägheitskräfte als Produkt von Masse und Beschleunigung angesetzt, folgt für das dynamische Knotengleichgewicht im globalen Koordinatensystem

$$\underline{\tilde{M}}(t) \cdot \ddot{\underline{\tilde{v}}}(t) + \underline{\tilde{K}}(t) \cdot \underline{\tilde{v}}(t) = \underline{\tilde{P}}(t) - \overset{\circ}{\underline{\tilde{F}}}(t) \tag{4.92}$$

Die Systemmassenmatrix $\underline{\tilde{M}}(t)$ kann sowohl die Trägheitskräfte der (diskreten) Knotenpunkte als auch die auf die Knoten diskretisierten Trägheitskräfte der Elemente enthalten. Unterschieden werden demnach zwei Modellierungen:

- Tragwerksmodelle mit diskreter bzw. diskretisierter Masseverteilung (Modell A) und
- Tragwerksmodelle mit kontinuierlicher Masseverteilung (Modell B)

Das Modell A besitzt eine endliche Anzahl von Knotenfreiheitsgraden und wird als Mehrfreiheitsgradsystem (multi degree of freedom system, MDOFS) bezeichnet. Sonderfall ist das Einfreiheitsgradsystem (single degree of freedom system, SDOFS). Das Modell B hat de facto unendlich viele Freiheitsgrade.

Soll das Dämpfungsverhalten der Tragwerke berücksichtigt werden, geschieht das in Modell B durch eine um die Dämpfungsanteile modifizierte dynamische Systemsteifigkeitsmatrix $\underline{\tilde{K}}(t)$. Für Modell A wird die Gl. (4.92) zu

$$\underline{\tilde{M}}(t) \cdot \ddot{\underline{\tilde{v}}}(t) + \underline{\tilde{D}}(t) \cdot \dot{\underline{\tilde{v}}}(t) + \underline{\tilde{K}}(t) \cdot \underline{\tilde{v}}(t) = \underline{\tilde{P}}(t) - \overset{\circ}{\underline{\tilde{F}}}(t) \tag{4.93}$$

erweitert. Die Elemente der Systemdämpfungsmatrix $\underline{\tilde{D}}(t)$ enthalten geschwindigkeitsproportionale Knotendämpfungskräfte und/oder diskretisierte (geschwindigkeitsproportionale) Dämpfungskräfte der Elemente.

Werden die in den Systemmassen- und Systemdämpfungsmatrizen diskretisierten Trägheits- und Dämpfungskräfte zeitunabhängig vorausgesetzt, folgt ein System gewöhnlicher Differentialgleichungen 2. Ordnung, das als die Bewegungsgleichung (der linearen Kinetik) bezeichnet wird

$$\underline{\tilde{M}} \cdot \ddot{\underline{\tilde{v}}}(t) + \underline{\tilde{D}} \cdot \dot{\underline{\tilde{v}}}(t) + \underline{\tilde{K}} \cdot \underline{\tilde{v}}(t) = \underline{\tilde{P}}(t) - \overset{\circ}{\underline{\tilde{F}}}(t) = \underline{\tilde{R}}(t) \tag{4.94}$$

Die Systemsteifigkeitsmatrix $\underline{\tilde{K}}$ ist die der linearen Statik, siehe Abschn. 4.2. Die Diskretisierung der Trägheits- und Dämpfungskräfte gelingt mit unterschiedlichen Näherungslösungen.

Numerisch effiziente Lösungen werden mit nur diagonal besetzten Massen- und Dämpfungsmatrizen (lumped mass/damping matrix) erhalten.

4.3.2 Zeitverhalten und Lösungstechniken

Unterschiedliche zeitlichen Verläufe der Einwirkungen auf ein Tragwerk haben unterschiedliche Ursachen. In Bild 4.72 sind charakteristische Funktionsverläufe zusammengestellt.

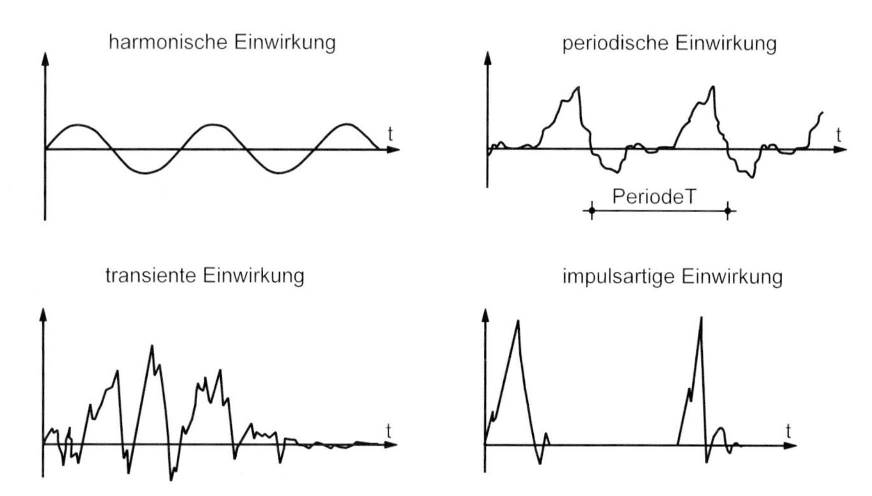

Bild 4.72 Zeitverläufe für Belastungen

Ursachen zeitveränderlicher Einwirkungen sind zum Beispiel:

- Windlasten in Windrichtung, Erdbeben, Wasserwellen, direkte / indirekte Erschütterungen (transiente Einwirkungen)
- Stoßbelastung, Anprall, Aufprall, Explosion, plötzlicher Ausfall von Stützen (impulsartig)
- Maschinen mit oszillierenden Teilen oder mehreren Unwuchten,
  Windkräfte quer zur Windrichtung, Menschen beim Gehen, Laufen, Springen (periodisch)
- Maschinen mit rotierenden Teilen oder Unwuchten (harmonisch – Sonderfall periodischer Einwirkung)

Unterschieden werden stationäre und instationäre Schwingungen. Die (gedämpften oder ungedämpften) stationären Schwingungen implizieren erzwungene harmonische und periodische Schwingungen sowie Eigenschwingungen. Die Ergebnisse der Eigenschwingungsuntersuchung (Eigenkreisfrequenzen, Eigenvektoren und Eigenformen) sind Systemkenngrößen, die beim ungedämpft betrachteten System nur von den Steifigkeiten und Massen, nicht von der Belastung und den Anfangsbedingungen (Anfangsverschiebungen, -geschwindigkeiten und -beschleunigungen) abhängen. Eine erzwungene stationäre Schwingung kann auch als Sonderfall einer instationären Schwingung behandelt werden.

Zur Lösung der Bewegungsgleichungen (4.94) mit einer beliebigen Last-Zeit-Abhängigkeit sind geeignet:

- Numerische Zeitintegration
- Modale Analyse
- Integraltransformationen

Numerische Zeitintegration. Für die computergestützte Analyse hat die numerische Integration der Bewegungsgleichung (4.94) die größte Relevanz, sie ist bei beliebiger Last-Zeit-Abhängigkeit auch im nichtlinearen Bereich einsetzbar. Die Verschiebungen $\underline{\tilde{v}}(t+\Delta t)$ am Ende eines Zeitintervalles Δt werden unter Nutzung der Ergebnisse davor liegender Zeitpunkte ermittelt. Unterschieden werden Einschrittverfahren, d.h. Nutzung der Ergebnisse nur vom unmittelbar davor liegenden Zeitpunkt und Mehrschrittverfahren, d.h. Nutzung der Ergebnisse auch von weiter zurückliegenden Zeitpunkten.

Nachfolgend werden insbesondere Einschrittverfahren behandelt. Die Approximation innerhalb eines Zeitschrittes Δt kann durch:

- Vorgabe von Interpolationsformeln für die Abhängigkeit der Verschiebungen von der Zeit (z.B. *Hermite*-Polynome) – finite Zeitverfahren,
- Entwicklung der Verschiebungs- und Geschwindigkeitsfunktionen in mehr oder weniger schnell abgebrochene Reihen (z.B. Potenzreihen) nach der Zeit innerhalb des Zeitschrittes und
- Mischformen der beiden o.g. Vorgehensweisen

erfolgen.

Unterschieden werden explizite und implizite Formen der Integration. Bei expliziter Integration wird in die Auflösung von Gl. (4.94) nach

$$\ddot{\underline{\tilde{v}}}(t) = \underline{\tilde{M}}^{-1} \cdot [\underline{\tilde{R}}(t) - \underline{\tilde{K}} \cdot \underline{\tilde{v}}(t) - \underline{\tilde{D}} \cdot \dot{\underline{\tilde{v}}}(t)] \tag{4.95}$$

eine Approximation mit Differenzenformeln eingeführt. Die Verschiebungen und Geschwindigkeiten werden im Zeitschritt iterativ ermittelt. Implizite Integrationsverfahren führen auf ein im Zeitschritt Δt zu lösendes algebraisches Gleichungssystem der Form

$$\underline{K}_{eff}\, \underline{x}(t+\Delta t) = \underline{R}_{eff}(t+\Delta t) \quad \text{für die } \underline{x}(t+\Delta t), \text{ mit } \underline{x}(t+\Delta t) = \begin{bmatrix} \underline{\tilde{v}}(t) \\ \dot{\underline{\tilde{v}}}(t) \end{bmatrix} \tag{4.96}$$

Bei freier Schwingung wird dabei zwischen den Vektoren $\underline{x}(t+\Delta t)$ und $\underline{x}(t)$ ein Zusammenhang in der Form

$$\underline{x}(t+\Delta t) = \underline{A}\, \underline{x}(t) \tag{4.97}$$

hergestellt.

Bedingt durch die o.g. Approximationen bei der Festlegung des Zeitschrittoperators ist bei der Vorgabe bzw. Wahl der Zeitschrittweite Δt neben der Frage der numerischen Stabilität, die Frage der Genauigkeit – Konvergenz zur (meist unbekannten) exakten Lösung – zu beantworten.

Konvergenz und Stabilität. Zeitschrittverfahren gelten als numerisch stabil, wenn bei fehlender Belastung, d.h. für die freie Schwingung, die Ergebnisse $\underline{x}(t)$ zu allen Zeitpunkten beschränkt bleiben und damit auch die Ergebnisänderungen beim Übergang vom Zeitpunkt t zum Zeitpunkt $t + \Delta t$. Geprüft wird das z.B. über den Spektralradius ϱ der Matrix $\underline{A}$ von Gl. (4.97) und deren 2n Eigenwerten λ_{Ai}

$$\varrho = \max |\lambda_{Ai}| \leq 1 \text{, siehe [3, Bd.III, S. 354 ff.]} \tag{4.98}$$

Wird diese Bedingung bei beliebigen Zeitschrittweiten Δt eingehalten, ist der Operator unbedingt numerisch stabil. Bei Einhaltung der Bedingung unterhalb einer bestimmten Größe der Zeitschrittweite Δt ist der Operator nur bedingt numerisch stabil.

Zur Stabilitätsprüfung wird auch die Forderung verwendet, daß für die freie Schwingung eine geeignete Norm von $\underline{x}(t)$ durch den Zeitschrittoperator mit der Zeit nicht wachsen darf. Als Norm ist die Summe aus kinetischer und (potentieller) innerer Energie brauchbar.

$$W_{kin}(t + \Delta t) + W_i(t + \Delta t) \leq W_{kin}(t) + W_i(t) \tag{4.99}$$

$$\rightarrow \quad W_{kin}(t + \Delta t) - W_{kin}(t) = \Delta W_{kin} \leq - \Delta W_i = - W_i(t + \Delta t) + W_i(t) \tag{4.100}$$

$$\rightarrow \quad \Delta W_{kin} + \Delta W_i \leq 0 \tag{4.101}$$

Durch Einführen freier Parameter in den Algorithmus gelingt es, numerisch unbedingt stabile Verfahren zu entwickeln. Die Kriterien für die Festlegung der freien Parameter folgen oft aus der Anwendung des Verfahrens auf die freie Schwingung mit der Periodendauer T. Konvergenzuntersuchungen lassen sich am einfachsten für ein Einfreiheitsgradsystem führen.

Die Stabilitätsprüfung wird anhand des Operators nach *Newmark* unter Verwendung des Kriteriums (4.97) erläutert. Ausgehend von rasch abgebrochenen *Taylor*-Reihen bezüglich der Zeit werden zunächst Differenzenformeln für die Geschwindigkeiten und Verschiebungen aufgestellt. Die Geschwindigkeiten zum Zeitpunkt $t + \Delta t$

$$\dot{\tilde{\underline{v}}}(t+\Delta t) = \dot{\tilde{\underline{v}}}(t) + \frac{1}{1!}\ddot{\tilde{\underline{v}}}(t)\cdot\Delta t + \frac{1}{2!}\dddot{\tilde{\underline{v}}}(t)\cdot\Delta t^2 \tag{4.102}$$

werden mit einem linear approximierten Beschleunigungsverlauf im Zeitintervall Δt und dem sogenannten Vorwärts-Differenzenquotienten von $\dddot{\tilde{\underline{v}}}(t)$ gebildet

$$\dddot{\tilde{\underline{v}}}(t) = \frac{1}{\Delta t}\left[\ddot{\tilde{\underline{v}}}(t+\Delta t) - \ddot{\tilde{\underline{v}}}(t)\right] \tag{4.103}$$

Damit folgt

$$\dot{\tilde{\underline{v}}}(t+\Delta t) = \dot{\tilde{\underline{v}}}(t) + \frac{\Delta t}{2}\left[\ddot{\tilde{\underline{v}}}(t) + \ddot{\tilde{\underline{v}}}(t+\Delta t)\right] \tag{4.104}$$

Für die Entwicklung der Verschiebungen zum Zeitpunkt $(t + \Delta t)$ wird gegenüber Gl. (4.102) ein Reihenglied mehr mitgenommen und der *Taylor*-Faktor dieses zusätzlichen Reihengliedes als freier Parameter ß gewählt

$$\tilde{\underline{v}}(t+\Delta t) = \tilde{\underline{v}}(t) + \frac{1}{1!}\dot{\tilde{\underline{v}}}(t)\cdot\Delta t + \frac{1}{2!}\ddot{\tilde{\underline{v}}}(t)\cdot\Delta t^2 + \beta\,\dddot{\tilde{\underline{v}}}(t)\cdot\Delta t^3 \tag{4.105}$$

und unter Beachtung der Gl. (4.103) ist

$$\tilde{\underline{v}}(t+\Delta t) = \tilde{\underline{v}}(t) + \Delta t\cdot\dot{\tilde{\underline{v}}}(t) + \Delta t^2\left[(0{,}5-\beta)\ddot{\tilde{\underline{v}}}(t) + \beta\,\ddot{\tilde{\underline{v}}}(t+\Delta t)\right] \tag{4.106}$$

Für die Beschleunigung gilt zu jedem Zeitpunkt die Gl. (4.95).

Für die freie ungedämpfte Schwingung eines Einfreiheitsgradsystems (SDOFS, D = 0, R = 0)

$$M\,\ddot{v}(t) + K\,v(t) = 0 \qquad (4.107)$$

wird nun die Energiebilanz betrachtet. Die umgewandelte kinetische Energie im Zeitintervall ist

$$\Delta W_{kin} = W_{kin}(t+\Delta t) - W_{kin}(t) = 0{,}5\,M\,[\dot{v}^2(t+\Delta t) - \dot{v}^2(t)] \qquad (4.108)$$

Mit Gl. (4.104) wird die Differenz der Geschwindigkeitsquadrate

$$\dot{v}^2(t+\Delta t) - \dot{v}^2(t) = 0{,}25\,\Delta t^2\,[\ddot{v}(t) + \ddot{v}(t+\Delta t)]^2 + \Delta t\,\dot{v}(t)\,[\ddot{v}(t) + \ddot{v}(t+\Delta t)] \qquad (4.109)$$

und bei Beachtung der Gl. (4.107) folgt

$$\ddot{v}(t) + \ddot{v}(t+\Delta t) = M^{-1}\,\{-K\,[v(t) + v(t+\Delta t)]\} \qquad (4.110)$$

$$(\ddot{v}(t) + \ddot{v}(t+\Delta t))^2 = M^{-2}\,K^2\,[v(t) + v(t+\Delta t)]^2 \qquad (4.111)$$

Aus den Gln. (4.108), (4.109) und (4.111) wird schließlich

$$\Delta W_{kin} = 0{,}5\,K\,[v(t) + v(t+\Delta t)]\,\{-\dot{v}(t)\,\Delta t + 0{,}25\,\Delta t^2\,M^{-1}\,K\,[v(t) + v(t+\Delta t)]\} \qquad (4.112)$$

Für die umgewandelte (potentielle) innere Energie gilt

$$\Delta W_i = W_i(t+\Delta t) - W_i(t) = 0{,}5\,K\,[v^2(t+\Delta t) - v^2(t)] \qquad (4.113)$$

Mit der Gl. (4.106) ist die Differenz der Verschiebungsquadrate

$$v^2(t+\Delta t) - v^2(t) = \Delta t^2\,\dot{v}^2(t) + \Delta t^4\,[(0{,}5-\beta)\,\ddot{v}(t) + \beta\,\ddot{v}(t+\Delta t)]^2 + 2\,v(t)\,\dot{v}(t)\,\Delta t$$
$$+ [(0{,}5-\beta)\,\ddot{v}(t) + \beta\,\ddot{v}(t+\Delta t)]\,[v(t) + \dot{v}(t)\,\Delta t]\,2\,\Delta t^2 \qquad (4.114)$$

und mit Gl. (4.107)

$$[(0{,}5-\beta)\,\ddot{v}(t) + \beta\,\ddot{v}(t+\Delta t)] = -\,M^{-1}\,K\,[(0{,}5-\beta)\,v(t) + \beta\,v(t+\Delta t)] \qquad (4.115)$$

Mit Gl. (4.106) ist auch

$$[(0{,}5-\beta)\,\ddot{v}(t) + \beta\,\ddot{v}(t+\Delta t)] = \frac{1}{\Delta t^2}\,[v(t+\Delta t) - v(t) - \Delta t\,\dot{v}(t)] \qquad (4.116)$$

Es folgt

$$v^2(t+\Delta t) - v^2(t) = \Delta t^2\,\dot{v}^2(t) + 2\,v(t)\,\dot{v}(t)\,\Delta t + \{-\,M^{-1}\,K\,[(0{,}5-\beta)\,v(t) + \beta\,v(t+\Delta t)]\}$$
$$[v(t) + v(t+\Delta t) + \dot{v}(t)\,\Delta t]\,\Delta t^2 \qquad (4.117)$$

$$= \dot{v}(t)\,v(t)\,\Delta t + \dot{v}(t)\,\Delta t\,[v(t) + \dot{v}(t)\,\Delta t] + \{\ldots\}\;[\ldots]\,\Delta t^2 \qquad (4.118)$$

$$= \dot{v}(t)\,v(t)\,\Delta t + \dot{v}(t)\,\Delta t\,[v(t+\Delta t) - \Delta t^2\,\{\ldots\}] + \{\ldots\}\,[\ldots]\,\Delta t^2 \qquad (4.119)$$

$$= [v(t) + v(t+\Delta t)]\,[\dot{v}(t)\,\Delta t + \Delta t^2\,\{-\,M^{-1}\,K\,[(0{,}5-\beta)\,v(t) + \beta\,v(t+\Delta t)]\} \qquad (4.120)$$

Damit wird

$$\Delta W_i = 0{,}5\,K\,[v(t) + v(t+\Delta t)]\,\{\dot{v}(t)\,\Delta t - \Delta t^2\,M^{-1}\,K\,[(0{,}5-\beta)\,v(t) + \beta\,v(t+\Delta t)]\} \qquad (4.121)$$

Gemäß den Gln. (4.112) und (4.121) ist dann

$$\Delta W_{kin} + \Delta W_i = M^{-1}\,K\,\Delta t^2\,[v(t) + v(t+\Delta t)]\,0{,}5\,K\,[v(t) + v(t+\Delta t)]\,[0{,}25 - \beta] \qquad (4.122)$$

Nur für ß ≥ 0,25 wird die Gl. (4.101) erfüllt und nur für solche Werte ß bleibt der Algorithmus unbedingt – d.h. unabhängig von der Schrittweite Δt – numerisch stabil.

In [3, Bd. III, Abschn. 23] sind Angaben zur Auswahl der freien Parameter für eine Reihe von numerischen Zeitschrittverfahren zusammengestellt, die unbedingte Stabilität garantieren.

Durch eine klein gewählte Zeitschrittweite Δt kann die Konvergenz verbessert und bei bedingt stabilen Zeitschrittverfahren die numerische Stabilität erreicht werden. In Abhängigkeit von dem kleineren Wert der höchsten Erreger- bzw. Eigenfrequenz max f werden für die einzuhaltende Schrittweite Δt empfohlen:

a) grobe Faustregel $\quad \Delta t \leq \dfrac{\min T}{10}, \quad \min T = \dfrac{1}{\max f}$, siehe z.B. [18]

b) feinere Faustregel $\quad \Delta t \leq \dfrac{\min T}{N}, \quad \min T = \dfrac{1}{4 \max f}$, $N \geq 20$, siehe z.B. [21]

Die numerische Zeitschrittintegration führt i.d.R. zu kleineren Amplituden und längeren Perioden gegenüber der exakten Lösung. Diese zur tatsächlichen physikalischen Dämpfung zusätzliche Dämpfung des Systems wird als numerische Dämpfung bezeichnet.

Die Zeitschrittweiten Δt sollten so gewählt werden, daß die über das numerische Integrationsverfahren eingebrachte Dämpfung kleiner ist, als die im Tragwerk vorhandene Dämpfung. Für schwach gedämpfte Systeme genügt es u.U., nur die durch das Verfahren vorhandene numerische Dämpfung zu berücksichtigen.

Implizite Verfahren. Die meisten impliziten Zeitschrittverfahren sind unbedingt numerisch stabil. Vorgestellt werden zwei, die auf ein lineares algebraisches Gleichungssystem gemäß Gl. (4.96) führen.

Die Approximation des Verschiebungsvektors $\underline{\tilde{v}}$ wird beim Operator nach *Gellert*, siehe [25], mit Hilfe von *Hermite*schen Polynomen 3. Grades und die Approximation des Lastvektors $\underline{\tilde{R}}(t)$ mit Hilfe von *Lagrange*-Interpolationspolynomen 2. Ordnung erhalten.

$$\underline{K}_{eff} = \begin{bmatrix} \underline{\tilde{M}} + \Delta t\, \underline{D}_M + \frac{5}{12} \Delta t^2 \underline{K}_M & \frac{1}{2} \Delta t \underline{\tilde{M}} - \frac{1}{12} \Delta t^2 \underline{D}_M - \frac{1}{12} \Delta t^3 \underline{K}_M \\ \underline{D}_M + \frac{1}{2} \Delta t\, \underline{K}_M & \underline{\tilde{M}} - \frac{1}{12} \Delta t^2 \underline{K}_M \end{bmatrix} \tag{4.123}$$

$$\underline{R}_{eff} = \underline{B}\, \underline{x}(t) + \underline{F} \tag{4.124}$$

mit

$$\underline{B} = \begin{bmatrix} \underline{\tilde{M}} + \Delta t\, \underline{D}_M - \frac{7}{12} \Delta t\, \underline{K}_M & \frac{3}{2} \Delta t \underline{\tilde{M}} - \frac{1}{12} \Delta t^2 \underline{D}_M - \frac{1}{12} \Delta t^3 \underline{K}_M \\ \underline{D}_M - \frac{1}{12} \Delta t\, \underline{K}_M & \underline{\tilde{M}} - \frac{1}{12} \Delta t^2 \underline{K}_M \end{bmatrix}$$

$$\underline{F} = \begin{bmatrix} \frac{1}{4}\Delta t^2 \underline{E} & \frac{2}{3}\Delta t^2 \underline{E} & \frac{1}{12}\Delta t^2 \underline{E} \\ \frac{1}{6}\Delta t \underline{E} & \frac{2}{3}\Delta t \underline{E} & \frac{1}{6}\Delta t \underline{E} \end{bmatrix} \begin{bmatrix} \tilde{\underline{R}}(t) \\ \tilde{\underline{R}}(t + \frac{1}{2}\Delta t) \\ \tilde{\underline{R}}(t+\Delta t) \end{bmatrix} \qquad \underline{E} \text{ Einheitsmatrix}$$

$$\underline{K}_M = \tilde{\underline{K}} \cdot [\tilde{\underline{v}}(t) + \frac{1}{2}\Delta t\, \dot{\tilde{\underline{v}}}(t)]$$

$$\underline{D}_M = \tilde{\underline{D}} \cdot [\dot{\tilde{\underline{v}}}(t) + \frac{1}{2}\Delta t\, \ddot{\tilde{\underline{v}}}(t)]$$

$$\ddot{\tilde{\underline{v}}}(t) = \tilde{\underline{M}}^{-1} \cdot [\tilde{\underline{R}}(t) - \tilde{\underline{K}} \cdot \tilde{\underline{v}}(t) - \tilde{\underline{D}} \cdot \dot{\tilde{\underline{v}}}(t)]$$

Dieser Zeitschrittoperator ist unbedingt stabil. Der Abschneidefehler wird mit einer Größenordnung von Δt^5 angegeben.

Bei dem Operator nach *Wilson*, siehe z.B. [9] wird der Vektor der Beschleunigungen $\ddot{\tilde{\underline{v}}}(t)$ über einen verlängerten Zeitschritt ($\Theta\ \Delta t$) linear interpoliert und eine lokale Variable τ eingeführt. Gemäß Bild 4.73 ist

$$\ddot{\tilde{\underline{v}}}(t+\tau) = \ddot{\tilde{\underline{v}}}(t) + \tau \frac{\ddot{\tilde{\underline{v}}}(t+\Theta\Delta t) - \ddot{\tilde{\underline{v}}}(t)}{\Delta t\ \Theta} \tag{4.125}$$

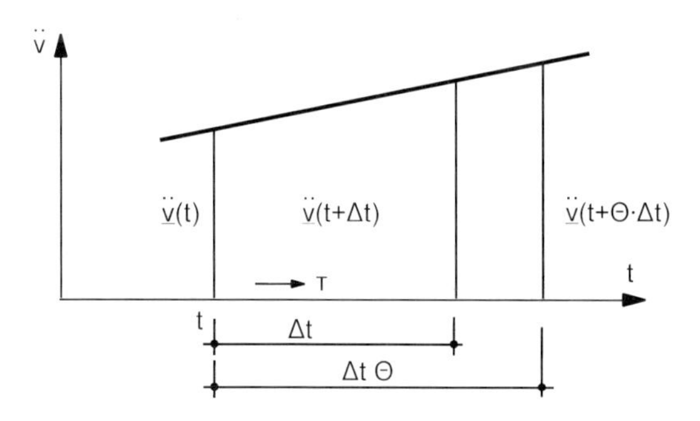

Bild 4.73 Zeitschrittverlängerung

Durch ein- bzw. zweimalige Integration über τ werden der Vektor der Geschwindigkeiten

$$\dot{\tilde{\underline{v}}}(t+\tau) = \dot{\tilde{\underline{v}}}(t) + \tau\, \ddot{\tilde{\underline{v}}}(t) + \frac{\tau^2}{2\Delta t\ \Theta}[\ddot{\tilde{\underline{v}}}(t+\Theta\Delta t) - \ddot{\tilde{\underline{v}}}(t)] \tag{4.126}$$

und der Vektor der Verschiebungen

$$\tilde{\underline{v}}(t+\tau) = \tilde{\underline{v}}(t) + \tau\, \dot{\tilde{\underline{v}}}(t) + \frac{\tau^2}{2}\ddot{\tilde{\underline{v}}}(t) + \frac{\tau^3}{6\Theta\ \Delta t}[\ddot{\tilde{\underline{v}}}(t+\Theta\Delta t) - \ddot{\tilde{\underline{v}}}(t)] \tag{4.127}$$

erhalten. Wird $\tau = (\Theta\ \Delta t)$ gesetzt, dann folgt für die Gln. (4.126) und (4.127)

$$\dot{\tilde{\underline{v}}}(t+\Theta\Delta t) = \dot{\tilde{\underline{v}}}(t) + \frac{\Theta\Delta t}{2}[\ddot{\tilde{\underline{v}}}(t) + \ddot{\tilde{\underline{v}}}(t+\Theta\Delta t)] \tag{4.128}$$

$$\tilde{\underline{v}}(t+\Theta\Delta t) = \tilde{\underline{v}}(t) + \Theta\Delta t\, \dot{\tilde{\underline{v}}}(t) + \frac{(\Theta\Delta t)^2}{6}[2\ddot{\tilde{\underline{v}}}(t) + \ddot{\tilde{\underline{v}}}(t+\Theta\Delta t)] \tag{4.129}$$

Aus der Gl. (4.129) wird

$$\ddot{\tilde{\underline{v}}}(t+\Theta\Delta t) = \frac{6}{(\Theta\Delta t)^2}\,[\tilde{\underline{v}}(t+\Theta\Delta t) - \tilde{\underline{v}}(t)] - \frac{6}{\Theta\Delta t}\,\dot{\tilde{\underline{v}}}(t) - 2\ddot{\tilde{\underline{v}}}(t) \tag{4.130}$$

und eingesetzt in die Gl. (4.126)

$$\dot{\tilde{\underline{v}}}(t+\Theta\Delta t) = \frac{3}{\Theta\Delta t}\,[\tilde{\underline{v}}(t+\Theta\Delta t) - \tilde{\underline{v}}(t)] - 2\dot{\tilde{\underline{v}}}(t) - \frac{\Theta\Delta t}{2}\,\ddot{\tilde{\underline{v}}}(t) \tag{4.131}$$

Die Belastung wird auch für den verlängerten Zeitschritt $(t + \Theta\,\Delta t)$ linearisiert

$$\tilde{\underline{R}}(t+\Theta\Delta t) = \tilde{\underline{R}}(t) + \Theta[\tilde{\underline{R}}(t+\Delta t) - \tilde{\underline{R}}(t)] \tag{4.132}$$

Das Differentialgleichungssystem (4.94) mit dem verlängerten Zeitschritt $(t + \Theta\,\Delta t)$

$$\tilde{\underline{M}}\cdot\ddot{\tilde{\underline{v}}}(t+\Theta\Delta t) + \tilde{\underline{D}}\cdot\dot{\tilde{\underline{v}}}(t+\Theta\Delta t) + \tilde{\underline{K}}\cdot\tilde{\underline{v}}(t+\Theta\Delta t) = \tilde{\underline{R}}(t+\Theta\Delta t) \tag{4.133}$$

führt nun mit den obigen Beziehungen auf das algebraische Gleichungssystem

$$\underline{K}_{eff}\,\tilde{\underline{v}}(t+\Theta\Delta t) = \underline{R}_{eff}(t+\Theta\,\Delta t) \tag{4.134}$$

mit dem Vektor der unbekannten Verschiebungen $\tilde{\underline{v}}(t+\Theta\Delta t)$ und

$$\underline{K}_{eff} = \frac{6}{(\Theta\Delta t)^2}\tilde{\underline{M}} + \frac{3}{(\Theta\Delta t)}\tilde{\underline{D}} + \tilde{\underline{K}} \tag{4.135}$$

$$\underline{R}_{eff}(t+\Theta\Delta t) = \tilde{\underline{R}}(t+\Theta\Delta t) + \tilde{\underline{M}}\left[\frac{6}{(\Theta\Delta t)^2}\tilde{\underline{v}}(t) + \frac{6}{\Theta\Delta t}\dot{\tilde{\underline{v}}}(t) + 2\ddot{\tilde{\underline{v}}}(t)\right] + \\ + \tilde{\underline{D}}\left[\frac{3}{\Theta\Delta t}\tilde{\underline{v}}(t) + 2\dot{\tilde{\underline{v}}}(t) + \frac{\Theta\Delta t}{2}\ddot{\tilde{\underline{v}}}(t)\right] \tag{4.136}$$

Wird das Verfahren auf die freie Schwingung eines Einfreiheitsgradsystems angewendet, ist es unbedingt numerisch stabil, wenn für den freien Parameter $\Theta \geq 1{,}37$ gilt.

Eine Verminderung des Aufwands gelingt, wenn mit konstanten Zeitschrittweiten Δt gearbeitet wird. Die Dreieckszerlegung der Matrix $\underline{K}_{eff}$, siehe Gl. (4.135) ist dann nur einmal erforderlich.

Ein verbessertes Verfahren, das auch im nichtlinearen Bereich erfolgreich eingesetzt wurde, ist in [8] beschrieben. Weitere implizite numerische Zeitintegrationsverfahren sind z.B. in [3], [7], [57] enthalten.

Explizite Verfahren. Alle Operatoren, die die Lösung eines Gleichungssystems der Form (4.96) umgehen, werden als explizit bezeichnet. Zielstellung ist die Verminderung des numerischen Aufwandes im Zeitschritt. Explizitheit ist i.d.R. nur durch einfache Approximationen im Zeitschritt erreichbar; zur Sicherung von Stabilität und Genauigkeit sind aber wiederum kleine Zeitschritte nötig.

Für die Untersuchung von Mehrfreiheitsgradsystemen (MDOFS, Modell A) unter beliebig zeitabhängiger Belastung wird in die explizite Form des Operators nach *Newmark* eine Iteration im Zeitschritt eingeführt. Für die Gln. (4.104), (4.106) und (4.95) folgt mit hoch gestelltem Iterationsindex ν

$$\dot{\underline{\tilde{v}}}^{[\nu]}(t+\Delta t) = \dot{\underline{\tilde{v}}}(t) + \frac{\Delta t}{2}\left[\ddot{\underline{\tilde{v}}}(t) + \ddot{\underline{\tilde{v}}}^{[\nu-1]}(t+\Delta t)\right] \qquad (4.137)$$

$$\underline{\tilde{v}}^{[\nu]}(t+\Delta t) = \underline{\tilde{v}}(t) + \Delta t\cdot\dot{\underline{\tilde{v}}}(t) + \Delta t^2\left[(\frac{1}{2}-\beta)\,\ddot{\underline{\tilde{v}}}(t) + \beta\,\ddot{\underline{\tilde{v}}}^{[\nu-1]}(t+\Delta t)\right] \qquad (4.138)$$

$$\ddot{\underline{\tilde{v}}}^{[\nu]}(t+\Delta t) = \underline{\tilde{M}}^{-1}\cdot[\underline{\tilde{R}}(t+\Delta t) - \underline{\tilde{K}}\cdot\underline{\tilde{v}}^{[\nu]}(t+\Delta t) - \underline{\tilde{D}}\cdot\dot{\underline{\tilde{v}}}^{[\nu]}(t+\Delta t)] \qquad (4.139)$$

Die Anfangsbedingungen $\underline{\tilde{v}}(t=0)$ und $\dot{\underline{\tilde{v}}}(t=0)$ können beliebig vorgeschrieben werden. Die Iteration kann abgebrochen werden, wenn sich die linken Seiten der Gln. (4.137) bis (4.139) im Rahmen einer vorzugebenden Genauigkeit nicht mehr ändern.

Ohne Iteration im Zeitschritt arbeitet ein anderer expliziter Operator des *Newmark*-Typs, siehe [16]. Durch Schrittweitenhalbierung wird gegenüber dem ursprünglichen *Newmark*-Verfahren eine Genauigkeitssteigerung erreicht, die auch zum Verzicht der Iteration im Zeitintervall führt. Die zugehörigen expliziten Differenzenformeln dieses modifiziertes *Newmark*-Verfahren sind

$$\dot{\underline{\tilde{v}}}(t+\frac{1}{2}\Delta t) = \dot{\underline{\tilde{v}}}(t-\frac{1}{2}\Delta t) + \Delta t\,\ddot{\underline{\tilde{v}}}(t) \qquad (4.140)$$

$$\underline{\tilde{v}}(t+\Delta t) = \underline{\tilde{v}}(t) + \Delta t\cdot\dot{\underline{\tilde{v}}}(t+\frac{1}{2}\Delta t) - \frac{1}{24}\Delta t^2\left[\ddot{\underline{\tilde{v}}}(t) - \ddot{\underline{\tilde{v}}}(t+\Delta t)\right] \qquad (4.141)$$

Innerhalb des Zeitschrittes Δt wird der folgende Integrationsalgorithmus abgearbeitet:

a) Berechnung des Geschwindigkeitsvektors $\dot{\underline{\tilde{v}}}(t+\frac{1}{2}\Delta t)$ mit Gl. (4.140)

b) Berechnung der Terme $\underline{\tilde{K}}\cdot\underline{\tilde{v}}^{[0]}(t+\Delta t)$ und $\underline{\tilde{D}}\cdot\dot{\underline{\tilde{v}}}(t+\Delta t)$ mit den Näherungen

$$\underline{\tilde{v}}^{[0]}(t+\Delta t) \approx \underline{\tilde{v}}(t) + \Delta t\cdot\dot{\underline{\tilde{v}}}(t+\frac{1}{2}\Delta t) \qquad (4.142)$$

$$\dot{\underline{\tilde{v}}}(t+\Delta t) \approx \dot{\underline{\tilde{v}}}(t+\frac{1}{2}\Delta t) \qquad (4.143)$$

c) Ermittlung des Beschleunigungszustandes

$$\ddot{\underline{\tilde{v}}}(t+\Delta t) = \underline{\tilde{M}}^{-1}\cdot[\underline{\tilde{R}}(t+\Delta t) - \underline{\tilde{K}}\cdot\underline{\tilde{v}}^{[0]}(t+\Delta t) - \underline{\tilde{D}}\cdot\dot{\underline{\tilde{v}}}(t+\Delta t)] \qquad (4.144)$$

d) Korrektur des Verschiebungsvektors entsprechend Gl. (4.141)

$$\underline{\tilde{v}}(t+\Delta t) = \underline{\tilde{v}}^{[0]}(t+\Delta t) - \frac{1}{24}\Delta t^2\left[\ddot{\underline{\tilde{v}}}(t) - \ddot{\underline{\tilde{v}}}(t+\Delta t)\right] \qquad (4.145)$$

Dieser modifizierte *Newmark*sche Zeitschrittoperator ist nur bedingt numerisch stabil. Andere (explizite) Operatoren, die durch Vorabschätzung und anschließende Korrektur die Lösung bestimmen, sind ebenfalls nur bedingt numerisch stabil. Als Beispiel für diese Prädiktor-Korrektor-Methoden wird die modifizierte *Euler*-Integration gezeigt. Die *Taylor*-Reihe für die Knotenverschiebungen wird nach dem quadratischen Glied abgebrochen.

$$\underline{\tilde{v}}(t+\Delta t) = \underline{\tilde{v}}(t) + \Delta t\cdot\dot{\underline{\tilde{v}}}(t) + \frac{\Delta t^2}{2}\ddot{\underline{\tilde{v}}}(t) \qquad (4.146)$$

Für die Beschleunigung $\ddot{\underline{\tilde{v}}}(t)$ wird der einfache Vorwärts-Differenzenausdruck

$$\ddot{\underline{\tilde{v}}}(t+\Delta t) = \frac{1}{\Delta t}\left[\dot{\underline{\tilde{v}}}(t+\Delta t) - \dot{\underline{\tilde{v}}}(t)\right] \qquad (4.147)$$

gewählt und die Gl. (4.147) in Gl. (4.146) eingesetzt

$$\tilde{\underline{v}}(t+\Delta t) = \tilde{\underline{v}}(t) + \frac{\Delta t}{2}\left[\dot{\tilde{\underline{v}}}(t) + \dot{\tilde{\underline{v}}}(t+\Delta t)\right] \qquad (4.148)$$

Die dazu analoge Gleichung für die Geschwindigkeiten lautet

$$\dot{\tilde{\underline{v}}}(t+\Delta t) = \dot{\tilde{\underline{v}}}(t) + \frac{\Delta t}{2}\left[\ddot{\tilde{\underline{v}}}(t) + \ddot{\tilde{\underline{v}}}(t+\Delta t)\right] \qquad (4.149)$$

Die Vektoren der Knotenverschiebungen $\tilde{\underline{v}}(t)$ und -geschwindigkeiten $\dot{\tilde{\underline{v}}}(t)$ sind aus den Anfangsbedingungen bzw. dem vorherigen Integrationsschritt bekannt. Unbekannt sind die Vektoren $\ddot{\tilde{\underline{v}}}(t)$, $\tilde{\underline{v}}(t+\Delta t)$, $\dot{\tilde{\underline{v}}}(t+\Delta t)$ und $\ddot{\tilde{\underline{v}}}(t+\Delta t)$.

Mit den Gln. (4.95) und (4.147) kann ein Schätzwert für $\dot{\tilde{\underline{v}}}(t+\Delta t)$ angegeben werden

$$\dot{\tilde{\underline{v}}}(t+\Delta t) = \dot{\tilde{\underline{v}}}(t) + \Delta t\,\ddot{\tilde{\underline{v}}}(t) \qquad (4.150)$$

Mit den Gln. (4.146), (4.150) und aus der zu (4.95) analogen Gleichung zur Zeit (t + Δt)

$$\ddot{\tilde{\underline{v}}}(t+\Delta t) = \tilde{\underline{M}}^{-1}\cdot[\tilde{\underline{R}}(t+\Delta t) - \tilde{\underline{K}}\cdot\tilde{\underline{v}}(t+\Delta t) - \tilde{\underline{D}}\cdot\dot{\tilde{\underline{v}}}(t+\Delta t)] \qquad (4.151)$$

folgen Schätzwerte für $\ddot{\tilde{\underline{v}}}(t+\Delta t)$.

Das Einsetzen dieser Schätzwerte in die Gln. (4.148), (4.149) und (4.151) liefert verbesserte Werte für die Vektoren $\tilde{\underline{v}}(t+\Delta t)$, $\dot{\tilde{\underline{v}}}(t+\Delta t)$ und $\ddot{\tilde{\underline{v}}}(t+\Delta t)$. Diese sind Startwerte für den neuen Iterationsschritt.

Bei expliziten Zeitschrittoperatoren ist die Massenmatrix nur einmal zu invertieren. Trotz der relativ einfachen Lösung des linearen algebraischen Gleichungssystems (4.151) ist ein hoher Aufwand für die Berechnung erforderlich. Wegen der zumeist nur bedingten numerischen Stabilität, sind sehr kleine Schrittweiten Δt zu wählen. Dieser hohe Berechnungsaufwand ist auch bei der Anwendung einfacher expliziter Differenzenformeln erforderlich – unabhängig vom Konvergenzverhalten.

Modale Analyse. Mittels der Modalen Analyse werden die zum Mehrfreiheitsgradmodell (MDOFS, Modell A) gehörigen gekoppelten Gleichungen entkoppelt. Die Entkopplung gelingt für die einzelnen Eigenformen (modes) unter Ausnutzung der Orthogonalität der Eigenvektoren. Mit der Gültigkeit des Superpositionsprinzips gelingt im linearen Bereich die Gesamtlösung aus den Teillösungen für die einzelnen Eigenformen. Das Vorgehen ist anwendbar auf

- ungedämpfte Eigenschwingungen
- ungedämpfte freie Schwingungen
- erzwungene ungedämpfte Schwingungen
- gedämpfte Eigenschwingungen
- gedämpfte freie Schwingungen
- erzwungene gedämpfte Schwingungen

Die ungedämpften Eigenschwingungen des Modells A (mit zugehörigen Eigenkreisfrequenzen und Knoten-Eigenverschiebungsvektoren) beschreiben die Lösungen des homogenen Systems der Bewegungsgleichungen (4.94) ohne Beachtung der Anfangsbedingungen

$$\tilde{\underline{M}}\cdot\ddot{\tilde{\underline{v}}}(t) + \tilde{\underline{K}}\cdot\tilde{\underline{v}}(t) = 0 \qquad (4.152)$$

Für den Verschiebungsvektor der Knoten im globalen Koordinatensystem werden Produktdarstellungen der Form $\tilde{\underline{v}}(t) = \tilde{\underline{v}}\cdot f(t)$ eingeführt:

$$\tilde{\underline{v}}(t) = \tilde{\underline{v}} \cdot e^{i\Omega t} \text{ bzw. } \tilde{\underline{v}}(t) = \tilde{\underline{v}} \cdot \cos(\Omega t) \text{ bzw. } \tilde{\underline{v}}(t) = \tilde{\underline{v}} \cdot \sin(\Omega t) \tag{4.153}$$

Dabei ist i die imaginäre Einheit $i = -1^{0,5} = \sqrt{-1}$. Mit der zweiten Ableitung

$$\ddot{\tilde{\underline{v}}}(t) = \tilde{\underline{v}} \cdot (-\Omega^2) \cdot e^{i\Omega t} \text{ bzw. } \ddot{\tilde{\underline{v}}}(t) = \tilde{\underline{v}} \cdot (-\Omega^2) \cdot \cos(\Omega t) \text{ bzw. } \ddot{\tilde{\underline{v}}}(t) = \tilde{\underline{v}} \cdot (-\Omega^2) \cdot \sin(\Omega t)$$

und der Knotengleichgewichtsbedingung (4.152) folgt

$$\left[\tilde{\underline{K}} - \Omega^2\, \tilde{\underline{M}}\right] \cdot \tilde{\underline{v}} \cdot f(t) = 0 \tag{4.154}$$

Für die Amplituden der Zeitfunktionen, d.h. $f(t) = 1$, und mit den Bezeichnungen ω_E für die Eigenkreisfrequenzen und $\tilde{\underline{v}}_E$ für die Knoten-Eigenverschiebungsvektoren folgt die lineare algebraische Eigenwertaufgabe eines unbelasteten schwingenden Systems mit n Freiheitsgraden

$$\left[\tilde{\underline{K}} - \omega_E^2\, \tilde{\underline{M}}\right] \cdot \tilde{\underline{v}}_E = 0 \tag{4.155}$$

Mit Kenntnis der Knoten-Eigenverschiebungsvektoren können die Verschiebungs-Eigenfunktionen (= Eigenformen) des Tragwerkes ermittelt werden, siehe dazu z.B. Kap. 3.

Bei der Entkopplung der dynamischen Knotengleichgewichtsbedingungen werden die Eigenkreisfrequenzen und Knoten-Eigenverschiebungsvektoren in der Spektralmatrix

$$\underline{\Lambda} = \text{diag}\ [\omega_{E1}^2, \ldots, \omega_{E2}^2, \ldots, \omega_{En}^2] \tag{4.156}$$

und der Modalmatrix

$$\underline{V} = \left[\tilde{\underline{v}}_{E1}, \ldots, \tilde{\underline{v}}_{Ei}, \ldots, \tilde{\underline{v}}_{En}\right] \tag{4.157}$$

zusammengefaßt. Die Knoten-Eigenverschiebungsvektoren $\tilde{\underline{v}}_E$ und damit auch die Verschiebungs-Eigenfunktionen $\underline{v}_{Ei}(\underline{x})$ können bis auf einen freien Multiplikator bestimmt werden. Die Festlegung dieses freien Multiplikators wird als Normierung der Knoten-Eigenverschiebungsvektoren bezeichnet. Eine Komponente des Knoten-Eigenverschiebungsvektors wird vorgegeben, i.d.R. mit dem Wert 1, und die abhängigen Komponenten des Vektors werden durch Lösung des dann rangreduzierten Gleichungssystems bestimmt.

Orthogonalität der Knoten-Eigenverschiebungsvektoren. Für zwei unterschiedliche Eigenkreisfrequenzen ω_{Ei} und ω_{Ej} und zugehörige Knoten-Eigenverschiebungskomponenten $\tilde{\underline{v}}_{Ei}$ und $\tilde{\underline{v}}_{Ej}$ gilt gemäß Gl. (4.154)

$$\tilde{\underline{K}} \cdot \tilde{\underline{v}}_{Ei} = \omega_{Ei}^2 \cdot \tilde{\underline{M}} \cdot \tilde{\underline{v}}_{Ei} \quad \text{und} \quad \tilde{\underline{K}} \cdot \tilde{\underline{v}}_{Ej} = \omega_{Ej}^2 \cdot \tilde{\underline{M}} \cdot \tilde{\underline{v}}_{Ej} \tag{4.158}$$

Die beiden Terme von Gl. (4.158) werden von links mit den transponierten Vektoren $\tilde{\underline{v}}_{Ej}^T$ und $\tilde{\underline{v}}_{Ei}^T$ multipliziert, der erste Term noch transponiert

$$\left(\tilde{\underline{v}}_{Ej}^T \cdot \tilde{\underline{K}} \cdot \tilde{\underline{v}}_{Ei}\right)^T = \omega_{Ei}^2 \cdot \left(\tilde{\underline{v}}_{Ej}^T \cdot \tilde{\underline{M}} \cdot \tilde{\underline{v}}_{Ei}\right)^T \quad \text{und} \quad \tilde{\underline{v}}_{Ei}^T \cdot \tilde{\underline{K}} \cdot \tilde{\underline{v}}_{Ej} = \omega_{Ej}^2 \cdot \tilde{\underline{v}}_{Ei}^T \cdot \tilde{\underline{M}} \cdot \tilde{\underline{v}}_{Ej} \tag{4.159}$$

und zusammengefaßt

$$\left(\tilde{\underline{v}}_{Ej}^T \cdot \tilde{\underline{K}} \cdot \tilde{\underline{v}}_{Ei}\right)^T - \tilde{\underline{v}}_{Ei}^T \cdot \tilde{\underline{K}} \cdot \tilde{\underline{v}}_{Ej} = \omega_{Ei}^2 \cdot \left(\tilde{\underline{v}}_{Ej}^T \cdot \tilde{\underline{M}} \cdot \tilde{\underline{v}}_{Ei}\right)^T - \omega_{Ej}^2 \cdot \tilde{\underline{v}}_{Ei}^T \cdot \tilde{\underline{M}} \cdot \tilde{\underline{v}}_{Ej} \tag{4.160}$$

Wegen der Symmetrie der Matrizen $\tilde{\underline{K}}$ und $\tilde{\underline{M}}$ gilt

$$\left(\tilde{\underline{v}}_{Ej}^T \cdot \tilde{\underline{K}} \cdot \tilde{\underline{v}}_{Ei}\right)^T = \left(\tilde{\underline{K}} \cdot \tilde{\underline{v}}_{Ei}\right)^T \cdot \tilde{\underline{v}}_{Ej} = \tilde{\underline{v}}_{Ei}^T \cdot \tilde{\underline{K}}^T \cdot \tilde{\underline{v}}_{Ej} = \tilde{\underline{v}}_{Ei}^T \cdot \tilde{\underline{K}} \cdot \tilde{\underline{v}}_{Ej} \tag{4.161}$$

und analog

$$\left(\tilde{\underline{v}}_{Ej}^{\,T}\cdot\tilde{\underline{M}}\cdot\tilde{\underline{v}}_{Ei}\right)^T = \tilde{\underline{v}}_{Ei}^{\,T}\cdot\tilde{\underline{M}}\cdot\tilde{\underline{v}}_{Ej} \tag{4.162}$$

Die Gl. (4.160) liefert unter Beachtung der Gln. (4.161) und (4.162)

$$(\omega_{Ei}^2-\omega_{Ej}^2)\cdot\left(\tilde{\underline{v}}_{Ei}^{\,T}\cdot\tilde{\underline{M}}\cdot\tilde{\underline{v}}_{Ej}\right) = 0 \tag{4.163}$$

Unter der Voraussetzung $(\omega_{Ei}^2 \neq \omega_{Ej}^2)$ folgt aus der Gl. (4.163) die verallgemeinerte Orthogonalität der Knoten-Eigenverschiebungsvektoren

$$\tilde{\underline{v}}_{Ei}^{\,T}\cdot\tilde{\underline{M}}\cdot\tilde{\underline{v}}_{Ej} = 0 \quad \text{für } i \neq j \tag{4.164}$$

Dem Knoten-Eigenverschiebungsvektor $\tilde{\underline{v}}_{Ei}$ wird eine generalisierte Masse M_{gi}

$$\tilde{\underline{v}}_{Ei}^{\,T}\cdot\tilde{\underline{M}}\cdot\tilde{\underline{v}}_{Ei} = M_{gi} \quad (\neq 0) \tag{4.165}$$

bzw.

$$\tilde{\underline{v}}_{Ei}^{\,T}\cdot\tilde{\underline{M}}\cdot\tilde{\underline{v}}_{Ej} = M_{gi}\cdot\delta_{ij} \tag{4.166}$$

und eine generalisierte Steifigkeit K_{gi}

$$\tilde{\underline{v}}_{Ei}^{\,T}\cdot\tilde{\underline{K}}\cdot\tilde{\underline{v}}_{Ei} = K_{gi} \quad (\neq 0) \tag{4.167}$$

bzw.

$$\tilde{\underline{v}}_{Ei}^{\,T}\cdot\tilde{\underline{K}}\cdot\tilde{\underline{v}}_{Ej} = K_{gi}\cdot\delta_{ij} \tag{4.168}$$

zugeordnet. Für das *Kronecker*-Symbol δ_{ij} gilt: $\delta_{ij}\, 1 = 1$ für $i = j$ und $\delta_{ij} = 0$ für $i \neq j$.

Aus

$$K_{gi}\cdot\delta_{ij} = \omega_{Ei}^2\cdot M_{gi}\cdot\delta_{ij} \tag{4.169}$$

folgt der *Rayleigh*sche Quotient

$$\omega_{Ei}^2 = \frac{K_{gi}}{M_{gi}} = \frac{\tilde{\underline{v}}_{Ei}^{\,T}\cdot\tilde{\underline{K}}\cdot\tilde{\underline{v}}_{Ei}}{\tilde{\underline{v}}_{Ei}^{\,T}\cdot\tilde{\underline{M}}\cdot\tilde{\underline{v}}_{Ei}} \tag{4.170}$$

Stimmen zwei Eigenkreisfrequenzen überein $(\omega_{Ei}^2 = \omega_{Ej}^2)$ dann ist aus Gl. (4.163) die verallgemeinerte Orthogonalität nicht erkennbar. Ein zu $\tilde{\underline{v}}_{Ei}$ orthogonaler Knoten-Eigenverschiebungsvektor $\tilde{\underline{v}}_{Ej,orth}$ kann dann mit einem Freiwert a aus $\tilde{\underline{v}}_{Ei}$ und $\tilde{\underline{v}}_{Ej}$ wie folgt gebildet werden

$$\tilde{\underline{v}}_{Ej,orth} = a\cdot\tilde{\underline{v}}_{Ei} + \tilde{\underline{v}}_{Ej} \tag{4.171}$$

Aus der Orthogonalitätsforderung

$$\tilde{\underline{v}}_{Ei}^{\,T}\cdot\tilde{\underline{M}}\cdot\tilde{\underline{v}}_{Ej,orth} = a\cdot\tilde{\underline{v}}_{Ei}^{\,T}\cdot\tilde{\underline{M}}\cdot\tilde{\underline{v}}_{Ei} + \tilde{\underline{v}}_{Ei}^{\,T}\cdot\tilde{\underline{M}}\cdot\tilde{\underline{v}}_{Ej} = 0\ ! \tag{4.172}$$

folgt der Freiwert

$$a = -\frac{\tilde{\underline{v}}_{Ei}^{\,T}\cdot\tilde{\underline{M}}\cdot\tilde{\underline{v}}_{Ej}}{M_{gi}} \tag{4.173}$$

Mit den n Eigenlösungen der Eigenschwingungsaufgabe wird die generalisierte Form der Eigenschwingungsaufgabe (4.154) formuliert

$$\underline{\tilde{K}}\left[\underline{\tilde{v}}_{E1},\underline{\tilde{v}}_{E2},\ldots,\underline{\tilde{v}}_{En}\right]-\left[\underline{\tilde{M}}\underline{\tilde{v}}_{E1}\,\omega_{E1}^2,\underline{\tilde{M}}\underline{\tilde{v}}_{E2}\,\omega_{E2}^2,\ldots,\underline{\tilde{M}}\underline{\tilde{v}}_{En}\,\omega_{En}^2\right]=0 \tag{4.174}$$

bzw. mit Modal- und Spektralmatrix

$$\underline{\tilde{K}}\,\underline{V}-\underline{\tilde{M}}\,\underline{V}\,\underline{\Lambda}=0 \tag{4.175}$$

Nach Linksmultiplikation mit $\underline{V}^T$ folgt

$$\underline{V}^T\,\underline{\tilde{K}}\,\underline{V}-\underline{V}^T\,\underline{\tilde{M}}\,\underline{V}\,\underline{\Lambda}=0 \tag{4.176}$$

Aus den Gln. (4.157), (4.168), (4.176) sowie aus den Gln. (4.156), (4.166) und (4.176) wird

$$\underline{V}^T\,\underline{\tilde{K}}\,\underline{V}=\text{diag}\,K_{gi}=\underline{K}_g \quad \text{und} \quad \underline{V}^T\,\underline{\tilde{M}}\,\underline{V}=\text{diag}\,M_{gi}=\underline{M}_g \tag{4.177}$$

Dabei ist $\underline{K}_g$ die generalisierte Steifigkeitsmatrix und $\underline{M}_g$ ist die generalisierte Massenmatrix. Das Eigenschwingungsproblem (4.155), (4.174) hat die entkoppelte Form

$$\underline{K}_g-\underline{M}_g\cdot\underline{\Lambda}=0 \tag{4.178}$$

Für die Normierung der Knoten-Eigenvektoren $\underline{\tilde{v}}_{Ei}$ sind zwei Formen üblich:

- Normierung N1: Die betragsmäßig größte Komponente des jeweiligen Vektors $\underline{\tilde{v}}_{Ei}$ wird gleich Eins gesetzt

$$\underline{\tilde{v}}_{Ei}^{N1}=\frac{\underline{\tilde{v}}_{Ei}}{\max\left|\underline{\tilde{v}}_{Ei}\right|} \tag{4.179}$$

- Normierung N2: Die Komponenten der N2-normierten Knoten-Eigenvektoren sind

$$\underline{\tilde{v}}_{Ei}^{N2}=\frac{\underline{\tilde{v}}_{Ei}}{\sqrt{M_{gi}}} \tag{4.180}$$

Für die Modalmatrix gemäß Gl. (4.157) werden diese Formen der Normierung eingeführt

$$\underline{V}^{N1}=\left[\underline{\tilde{v}}_{E1}^{N1},\ldots,\underline{\tilde{v}}_{Ei}^{N1},\ldots,\underline{\tilde{v}}_{En}^{N1}\right] \text{und } \underline{V}^{N2}=\left[\underline{\tilde{v}}_{E1}^{N2},\ldots,\underline{\tilde{v}}_{Ei}^{N2},\ldots,\underline{\tilde{v}}_{En}^{N2}\right] \tag{4.181}$$

Die mit den N2-normierten Knoten-Eigenverschiebungsvektoren gebildete generalisierte Masse ist

$$(\underline{\tilde{v}}_{Ei}^{N2})^T\cdot\underline{\tilde{M}}\cdot\underline{\tilde{v}}_{Ei}^{N2}=1 \tag{4.182}$$

Die generalisierten Massen- und Steifigkeitsmatrizen vereinfachen sich bei der N2-Normierung zu

$$(\underline{V}^{N2})^T\,\underline{\tilde{M}}\,\underline{V}^{N2}=\text{diag}\,[M_{gi}]=\underline{E} \quad \text{und} \quad (\underline{V}^{N2})\,\underline{\tilde{K}}\,\underline{V}^{N2}=\text{diag}\,[K_{gi}]=\underline{\Lambda} \tag{4.183}$$

Bei N2-Normierung ist die generalisierte Massenmatrix $\underline{M}_g$ die Einheitsmatrix $\underline{E}$ und die generalisierte Steifigkeitsmatrix $\underline{K}_g$ ist die Spektralmatrix $\underline{\Lambda}$.

Jedem Eigenwert wird eine (N2-)Normalkoordinate $q_i(t)$ zugeordnet

$$\underline{q}(t)=[q_1(t),\,q_2(t),\,\ldots,\,q_n(t)] \tag{4.184}$$

Mit

$$\underline{\tilde{v}}(t) = \underline{V}^{N2} \cdot \underline{q}(t) = \sum_{i=1}^{n} \underline{\tilde{v}}_{Ei}^{N2} \cdot q_i(t) \tag{4.185}$$

gelingt die Entkopplung des Systems mit n Freiheitsgraden in n Einfreiheitsgradsysteme.

Das Vorgehen wird für die ungedämpfte freie Schwingung

$$\underline{\tilde{M}} \cdot \ddot{\underline{\tilde{v}}}(t) + \underline{\tilde{K}} \cdot \underline{\tilde{v}}(t) = 0 \tag{4.186}$$

mit den Anfangsbedingungen $\underline{\tilde{v}}(t=0)$ und $\dot{\underline{\tilde{v}}}(t=0)$ gezeigt. Mit Gl. (4.185) folgt

$$\underline{\tilde{M}} \cdot \underline{V}^{N2} \cdot \ddot{\underline{q}}(t) + \underline{\tilde{K}} \cdot \underline{V}^{N2} \cdot \underline{q}(t) = 0 \tag{4.187}$$

und nach Linksmultiplikation mit $(\underline{V}^{N2})^T$

$$(\underline{V}^{N2})^T \cdot \underline{\tilde{M}} \cdot \underline{V}^{N2} \cdot \ddot{\underline{q}}(t) + (\underline{V}^{N2})^T \cdot \underline{\tilde{K}} \cdot \underline{V}^{N2} \cdot \underline{q}(t) = 0 \tag{4.188}$$

Mit der Gl. (4.183) wird die Entkopplung erhalten

$$\ddot{\underline{q}}(t) + \underline{\Lambda} \cdot \underline{q}(t) = 0 \tag{4.189}$$

Die Anfangsbedingungen sind

$$\underline{\tilde{v}}(t=0) = \underline{\tilde{v}}_0 = \underline{V}^{N2} \cdot \underline{q}(t=0) \quad \text{bzw.} \quad \underline{q}(t=0) = (\underline{V}^{N2})^{-1} \cdot \underline{\tilde{v}}(t=0) = \underline{q}_0 \tag{4.190}$$

$$\dot{\underline{\tilde{v}}}(t=0) = \dot{\underline{\tilde{v}}}_0 = \underline{V}^{N2} \cdot \dot{\underline{q}}(t=0) \quad \text{bzw.} \quad \dot{\underline{q}}(t=0) = (\underline{V}^{N2})^{-1} \cdot \dot{\underline{\tilde{v}}}(t=0) = \dot{\underline{q}}_0 \tag{4.191}$$

Für jede Eigenform wird die Differentialgleichung in den Normalkoordinaten

$$\ddot{q}_i(t) + \omega_{Ei}^2 \cdot q_i(t) = 0 \tag{4.192}$$

gelöst und die bekannte Lösung

$$q_i(t) = q_{0i} \cos(\omega_{Ei} t) + \dot{q}_{0i} \sin(\omega_{Ei} t) \tag{4.193}$$

mit

$$q_{0i} = (\underline{\tilde{v}}_{Ei}^{N2})^T \cdot \underline{\tilde{M}} \cdot \underline{\tilde{v}}_0 \tag{4.194}$$

und

$$\dot{q}_{0i} = \frac{(\underline{\tilde{v}}_{Ei}^{N2})^T \cdot \underline{\tilde{M}} \cdot \dot{\underline{\tilde{v}}}_0}{\omega_{Ei}} \tag{4.195}$$

erhalten. Die Teillösungen für die Normalkoordinaten $q_i(t)$ werden gemäß Gl. (4.185) zur Gesamtlösung für die (natürlichen) Knotenverschiebungen $\underline{\tilde{v}}(t)$ superponiert. Mit

$$(\underline{V}^{N2})^T \, \underline{\tilde{M}} \, \underline{V}^{N2} = \underline{E} \quad \text{und} \quad \underline{V}^{N2} = \left((\underline{V}^{N2})^T \, \underline{\tilde{M}}\right)^{-1} \underline{E} \tag{4.196}$$

ist

$$(\underline{V}^{N2})^{-1} = (\underline{V}^{N2})^T \cdot \underline{\tilde{M}} \tag{4.197}$$

Für ungedämpfte erzwungene, (geschwindigkeitsproportional) gedämpfte freie und erzwungene Schwingungen kann analog vorgegangen werden. Die bekannten (homogenen und partikulären Anteile der) Lösungen für ein Einfreiheitsgradsystem werden für die Normalkoordinaten $q_i(t)$ eingesetzt. Die vollständigen Lösungen setzen sich aus den Lösungen für alle n Eigenformen zusammen, die gemäß Gl. (4.185) zu superponieren sind.

Integraltransformationen. Die Bewegungsgleichung (4.94) kann effizient mit Hilfe von Integraltransformationen insbesondere im linearen Bereich gelöst werden. Unter der Voraussetzung des linearen Superpositionsprinzips wird beispielsweise bei Anwendung der *Fourier*-Transformation die Lösung im Spektralbereich oder bei Anwendung der *Laplace*-Transformation die Lösung im Bildbereich entwickelt.

Im Zusammenhang mit der Anwendung der *Fourier*-Transformation auf beliebig zeitabhängige Vorgänge wird das *Duhamel*-Integral (Faltungsintegral) betrachtet, das von der Superposition der Wirkungen unendlich vieler Rechteckimpulse $R(\tau)\, d\tau$ der Dauer $d\tau$ ausgeht, siehe Bild 4.74.

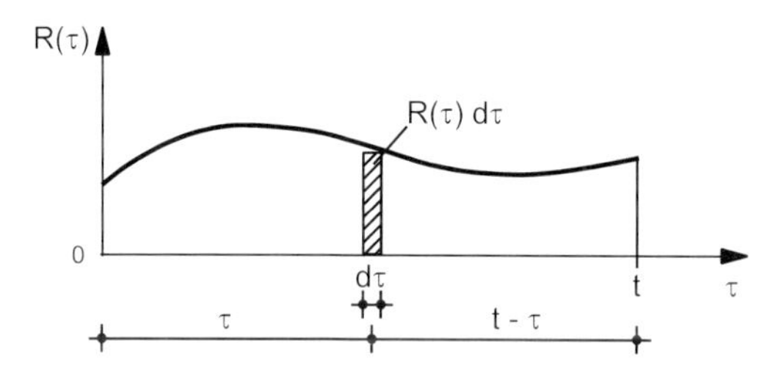

Bild 4.74 Diskretisierung einer Erregungsfunktion in Rechteckimpulse

Bei der Formulierung wird von der homogenen Differentialgleichung für ein Einfreiheitsgradsystem ausgegangen

$$\tilde{M} \cdot \ddot{\tilde{v}}(t) + \tilde{D} \cdot \dot{\tilde{v}}(t) + \tilde{K} \cdot \tilde{v}(t) = 0 \qquad (4.198)$$

Die Lösung

$$\tilde{v}_h(t) = e^{-\delta t} \left[C_1 \cos(\omega_D t) + C_2 \sin(\omega_D t) \right] \qquad (4.199)$$

enthält die Zeitfunktion der Einhüllenden mit dem Dämpfungsdekrement $\delta = d\, \omega_E$. Der Zusammenhang zwischen der Eigenkreisfrequenz des (schwach) gedämpften und des ungedämpften Systems wird über das *Lehr*sche Dämpfungsmaß d hergestellt

$$\omega_D = \omega_E \sqrt{1 - d^2} \quad \text{mit} \quad \omega_E = \sqrt{\frac{\tilde{K}}{\tilde{M}}} \qquad (4.200)$$

und

$$d = \frac{\tilde{D}}{2\, \tilde{M}\, \omega_E} \qquad (4.201)$$

Aus der Anfangsbedingung für $t = 0$: $\tilde{v}(t = 0) = 0$ folgt $C_1 = 0$ und die erste Ableitung der Gl. (4.199) wird

$$\dot{\tilde{v}}_h(t) = C_2 \left[e^{-\delta t}\, \omega_D \cos(\omega_D t) - \delta\, e^{-\delta t} \sin(\omega_D t) \right] \qquad (4.202)$$

Die Konstante C_2 wird mit der Anfangsbedingung $\dot{\tilde{v}}(t = 0) = C_2\, \omega_D$ in die Lösung (4.199) eingesetzt

$$\tilde{v}_h(t) = \frac{\dot{\tilde{v}}(t = 0)}{\omega_D}\, e^{-\delta t} \sin(\omega_D t) = \tilde{M}\, \dot{\tilde{v}}(t = 0)\; g(t) \qquad (4.203)$$

und dabei die Stoßübergangsfunktion

$$g(t) = \frac{1}{\tilde{M}\,\omega_D}\, e^{-\delta t} \sin(\omega_D t) \tag{4.204}$$

eingeführt. Bei einer differentialen Anfangsgeschwindigkeit $d\dot{\tilde{v}}$ zu einem Zeitpunkt $(t-\tau) = 0$ und vorheriger Ruhe ist

$$d\tilde{v}_h(t) = \frac{\dot{\tilde{v}}(t-\tau=0)}{\omega_D}\, e^{-\delta(t-\tau)} \sin(\omega_D(t-\tau)) \tag{4.205}$$

Die differentiale Anfangsgeschwindigkeit zur Zeit $(t-\tau) = 0$ folgt gemäß Impulssatz

$$\tilde{R}(\tau)\, d\tau = d(\tilde{M}\,\dot{\tilde{v}})\Big|_{(t-\tau=0)} \tag{4.206}$$

aus dem differentialen Lastimpuls $\tilde{R}(\tau)\, d\tau$ zu

$$d\dot{\tilde{v}}(t-\tau=0) = \frac{\tilde{R}(\tau)\, d\tau}{\tilde{M}} \tag{4.207}$$

Für die differentiale Verschiebung zur Zeit t infolge Lastimpuls zur Zeit τ wird

$$\tilde{v}(t) = \frac{\tilde{R}(\tau)}{\tilde{M}\,\omega_D}\, e^{-\delta(t-\tau)} \sin(\omega_D(t-\tau)) \tag{4.208}$$

Die Superposition aus allen Lastimpulsen zu allen Zeitpunkten $0 \leq \tau \leq t$ führt auf das *Duhamel*-Integral

$$\tilde{v}(t) = \frac{1}{\tilde{M}\,\omega_D} \int_{\tau=0}^{\tau=t} \tilde{R}(\tau)\, e^{-\delta(t-\tau)} \sin(\omega_D(t-\tau))\, d\tau = \int_{\tau=0}^{\tau=t} g(t-\tau)\, \tilde{R}(\tau)\, d\tau \tag{4.209}$$

Dabei ist $g(t-\tau)$ die Gewichtsfunktion, die den Einfluß eines Impulses zur Zeit τ auf die Wirkung zur Zeit t beschreibt.

Eine elegante Lösung des *Duhamel*-(Faltungs-)Integrals gelingt durch Beschreibung im Spektralbereich. Die *Fourier*-Transformierte von $\tilde{v}(t)$ ist

$$\int_{-\infty}^{\infty} \tilde{v}(t)\, e^{-i\Omega t}\, dt = \tilde{v}(\Omega) \tag{4.210}$$

Unter Verwendung der *Fourier*-Transformierten der Gewichtsfunktion $g(t-\tau)$ und der Belastungsfunktion $\tilde{R}(t) = \max \tilde{R} \cdot f(t)$

$$\int_{-\infty}^{\infty} \tilde{R}(t)\, e^{-i\Omega t}\, dt = \tilde{R}(\Omega) \quad \text{und} \quad \int_{-\infty}^{\infty} g(\bar{t})\, e^{-i\Omega \bar{t}}\, d\bar{t} = G(\Omega) \quad \text{mit } \bar{t} = t-\tau \tag{4.211}$$

lautet das Faltungstheorem im Spektralbereich

$$\tilde{v}(\Omega) = G(\Omega) \cdot \tilde{R}(\Omega) \tag{4.212}$$

Das *Duhamel*-(Faltungs-)Integral geht gemäß dem Faltungstheorem in ein Faltungsprodukt aus der *Fourier*-Transformierten der Zeitfunktion $\tilde{R}(\Omega)$ und der *Fourier*-Transformierten der Gewichtsfunktion $G(\Omega)$ über, siehe z.B. [57]. $G(\Omega)$ ist das Ergebnis harmonischer Schwingungen mit Erregerkreisfrequenzen Ω und wird als Frequenzgang bezeichnet. Bei gedämpften harmonischen Schwingungen ist der Frequenzgang eine komplexe Größe. Die *Fourier*-Transformierte der Zeitfunktion $\tilde{R}(\Omega)$ ist ebenfalls komplex.

Für die numerische Behandlung ist die diskrete Form der *Fourier*-Transformation anzuwenden. Besonders leistungsfähig ist die sogenannte Fast-*Fourier*-Transformation (FFT). Mit der Diskretisierung der Zeitfunktion werden (N Δt) Zeitschritte eingeführt. Bei der vielfach angewendeten Form der FFT nach *Cooley /Tuckey* [17] werden $N = 2^M$ Stützstellen eingeführt, siehe auch [14] und [2]. Der Zeitschritt Δt folgt aus der (natürlichen oder künstlichen) Periodendauer T_N und der Anzahl N mit dem Laufindex k = 0, 1, ..., N-1, siehe Bild 4.75. Bei impulsartiger (kurzzeitiger) Belastung wird eine künstliche Periodendauer eingeführt.

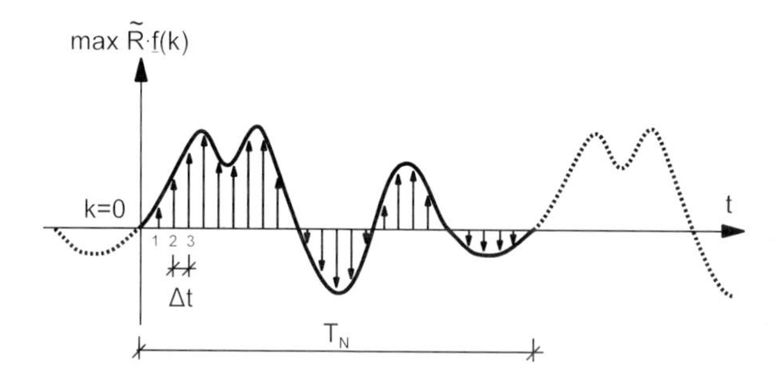

Bild 4.75 Diskretisierung und Periodisierung einer Belastungsfunktion

Für die Wahl der Stützstellenzahl N muß das Abtasttheorem nach *Shannon* beachtet werden. Die Schwingungskomponente mit der höchsten Kreisfrequenz $\Omega_{max} = n_{max}\,\Omega_1$ und der zugehörigen Periodendauer $T_N = 2\pi/\Omega_{max}$ muß zweimal in der Periode T_N abgetastet werden. Die Kreisfrequenz Ω_1 ist die der Periode T_N zugeordnete. Für N gilt

$$N \geq 2\,\frac{T_N}{T_{min}} \quad \text{bzw.} \quad N \geq 2\,n_{max} \tag{4.213}$$

Bei der Analyse werden die Schwingungskomponenten mit einer Kreisfrequenz $\Omega \geq (N/2)\,\Omega_1$ nicht erfaßt. Mit dem Übergang von der kontinuierlichen zur diskreten *Fourier*-Transformation treten zwei Fehler auf. Der Überlagerungsfehler resultiert aus dem endlichen Δt statt dt und dem endlichen N statt N = ∞. Der Abschneidefehler entsteht nur bei der künstlichen Periodisierung durch das Abschneiden eines Teiles der Zeitfunktion. Die Schwingung sollte theoretisch vollständig abgeklungen sein.

Die diskrete *Fourier*-Transformation einer (periodischen diskretisierten) Funktion $\underline{x}(k)$

$$\underline{X}(n) = \sum_{k=0}^{k=N-1} \underline{x}(k)\, e^{-i2\pi nk/N} \qquad n = 0,\ 1,\ ...,\ N-1 \tag{4.214}$$

wird auf die diskretisierte Zeitfunktion der Belastung angewendet, d.h. $\underline{x}(k) = \underline{f}(k)$.

Die diskrete Form des Faltungstheorems ist

$$\underline{\tilde{v}}(n) = \underline{G}(n)\cdot\underline{\tilde{R}}(n) \qquad n = 0,\ 1,\ ...,\ N-1 \tag{4.215}$$

Sind p Ergebnisgrößen gesucht wird die Gl. (4.215) erweitert

$$\underline{\tilde{v}}_i(n) = \underline{G}_i(n)\cdot\underline{\tilde{R}}(n) \qquad n = 0,\ 1,\ ...,\ N-1 \quad \text{und} \quad i = 1,\ 2,\ ...,\ p \tag{4.216}$$

Eine Erweiterung für m Zeitfunktionen ist möglich.

$$\underline{\tilde{v}}_i(n) = \underline{G}_{ij}(n) \cdot \underline{\tilde{R}}_j(n) \qquad n = 0, 1, ..., N-1; \; i = 1, 2, ..., p; \; j = 1, 2, ..., m \tag{4.217}$$

Durch die Anwendung der inversen diskreten *Fourier*-Transformation wird der zeitliche Verlauf einer diskreten Ergebnisgröße, hier z.B. einer Verschiebung, erhalten.

$$\underline{\tilde{v}}(k) = \frac{1}{N} \sum_{n=0}^{n=N-1} \underline{\tilde{v}}(n) \, e^{i2\pi nk/N} \qquad k = 0, 1, ..., N-1 \tag{4.218}$$

Alle p Ergebnisgrößen für alle m Belastungsfunktionen werden gemäß Gl. (4.218) in den Zeitbereich rücktransformiert.

Bei Anwendung der *Fourier*-Transformation erfordert die Arbeit im Frequenzraum keine Diskretisierung des Massen und Dämpfungen. Das Modell B kann vorteilhaft eingesetzt werden.

Die Erfassung der inneren – kontinuierlich verteilten – Materialdämpfung als viskose Dämpfung eines *Voigt*-Elements führt auf einen komplexen Elastizitätsmodul, siehe z.B. [33],

$$E' = E(1 + i\,g) \;\; \text{mit} \;\; g = \frac{\psi(\sigma_1)}{2\pi} \tag{4.219}$$

Die Materialkonstante $\psi(\sigma_1)$ beschreibt die Energieabsorption je Schwingungszyklus. Sie wird für praktische Berechnungen konstant angenommen und ist beim SDOFS mit dem logarithmischen Dämpfungsdekrement ϑ, siehe Bild 4.76, gekoppelt durch

$$\psi = 2\,\vartheta \tag{4.220}$$

und

$$\vartheta = \ln \frac{v(t_n)}{v(t_n + T_D)} = \ln \frac{e^{-\delta t_n}}{e^{-\delta(t_n + T_D)}} = \ln e^{\delta T_D} = \delta \frac{2\pi}{\omega_D} \tag{4.221}$$

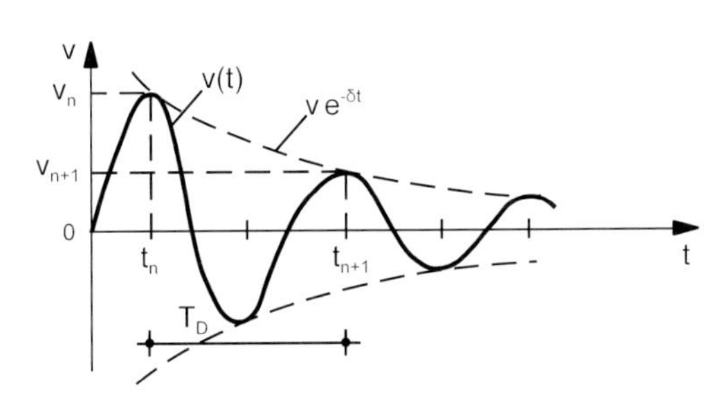

Bild 4.76 Gedämpfte harmonische Schwingung

Die Untersuchung des Einschwingvorgangs von periodischen Schwingungen ist mit dem Vorgehen der Integraltransformation prinzipiell möglich, siehe [57]. Für diese Aufgabe sollte aber eine numerische Zeitschrittintegration bevorzugt werden.

4.3.3 Steifigkeitsmatrizen und Randschnittkräfte

Für den eben wirkenden geraden Stab mit diskreter Masseverteilung (Modell A) werden die statischen Stabsteifigkeitsmatrizen und Randschnittkräfte, siehe Abschn. 4.2.1, verwendet. Die Trägheitswirkung im Stab wird mit Stabmassenmatrizen $\underline{M}(e)$ diskretisiert erfaßt. Die Stabmassenmatrix ist wie die Stabsteifigkeitsmatrix strukturiert. Sie wird hier aus einer Approximation der Steifigkeitsmatrix von Modell B hergeleitet.

Für das Modell B werden dynamische Stabsteifigkeitsmatrizen und dynamische Randschnittkraftvektoren des kinematisch bestimmt gelagerten Stabes entwickelt. Die Elemente der Stabsteifigkeitsmatrix und des Randschnittkraftvektors des eben wirkenden geraden Stabes mit kontinuierlicher Masseverteilung und harmonischer Belastung sind der Längs- und der Querschwingung zugeordnet. Rotationsträgheit und Dämpfung werden vernachlässigt. Die zur Längsschwingung gehörigen Elemente sind entkoppelt und werden – wie in Abschn. 4.2.1 – hinzugefügt.

Die Elemente der Steifigkeitsmatrix des Stabes mit kontinuierlicher Massebelegung unter harmonisch wirkender Querbelastung werden mit dem Vier-Schritt-Algorithmus von Abschn. 4.2.1 ermittelt. Benutzt wird die Lösung der Differentialgleichung (2.96) gemäß Gl. (2.110). In die Zeilen 1 und 2 der Gl. (2.110) werden die vorgeschriebenen Werte (0 oder 1) von v_0 und φ_0 eingesetzt und die beiden Gleichungen nach M_0 und Q_0 aufgelöst. Nach Einsetzen von v_0 und φ_0 (0 oder 1) sowie von M_0 und Q_0 in die homogene Lösung für die Momente und Querkräfte werden die beiden Gleichungen nach M_L und Q_L aufgelöst. Die Funktionen $\Phi_i(\lambda)$, siehe Gl. (2.102), werden in die Terme für Q_0, M_0, Q_L und M_L rücksubstituiert. Für $x_1 = L$ wird die reduzierte Länge

$$\lambda = L \cdot \alpha = L \cdot \sqrt[4]{\frac{\mu \cdot \Omega^2}{EI}}$$

verwendet.

Die Ergebnisse sind nach einigen Umformungen nachfolgend zusammengefaßt. Mit

$$\begin{aligned}
\cosh\lambda\sin\lambda + \sinh\lambda\cos\lambda &= 2(\Phi_1\Phi_2 - \Phi_3\Phi_4) \\
\cosh\lambda\sin\lambda - \sinh\lambda\cos\lambda &= 2(\Phi_2\Phi_3 - \Phi_1\Phi_4) \\
1 - \cosh\lambda\cos\lambda &= 2(\Phi_3^2 - \Phi_2\Phi_4) \\
\sinh\lambda\sin\lambda &= 2(\Phi_1\Phi_3 - \Phi_4^2) \\
\sinh\lambda + \sin\lambda &= 2 \cdot \Phi_2 \\
\cosh\lambda - \cos\lambda &= 2 \cdot \Phi_3
\end{aligned}$$

werden die Terme kompakt über die Φ-Funktionen angegeben und aufgespalten in einen statischen Anteil und einen über λ von der Kreisfrequenz Ω abhängigen Anteil (Korrekturfunktion).

Die angegebenen algebraischen Näherungen stellen Ergebnisse der *Taylor*-Reihenentwicklung der Korrekturfunktionen dar.

Einheitszustand B1 – Zustand v_0: $v(0)=1, \quad \varphi(0)=0, \quad v(L)=0, \quad \varphi(L)=0$

$$Q_0 = -\frac{EI}{L^3}\cdot\lambda^3\cdot\frac{\cosh\lambda\cdot\sin\lambda+\sinh\lambda\cdot\cos\lambda}{1-\cosh\lambda\cdot\cos\lambda} = -\frac{12EI}{L^3}\cdot\frac{\lambda^3}{12}\cdot\frac{\Phi_1\Phi_2-\Phi_3\Phi_4}{\Phi_3^2-\Phi_2\Phi_4}$$

$$M_0 = \frac{EI}{L^2}\cdot\lambda^2\cdot\frac{\sinh\lambda\cdot\sin\lambda}{1-\cosh\lambda\cdot\cos\lambda} = \frac{6EI}{L^2}\cdot\frac{\lambda^2}{6}\cdot\frac{\Phi_1\Phi_3-\Phi_4^2}{\Phi_3^2-\Phi_2\Phi_4}$$

$$Q_L = -\frac{EI}{L^3}\cdot\lambda^3\cdot\frac{\sinh\lambda+\sin\lambda}{1-\cosh\lambda\cdot\cos\lambda} = -\frac{12EI}{L^3}\cdot\frac{\lambda^3}{12}\cdot\frac{\Phi_2}{\Phi_3^2-\Phi_2\Phi_4}$$

$$M_L = -\frac{EI}{L^2}\cdot\lambda^2\cdot\frac{\cosh\lambda-\cos\lambda}{1-\cosh\lambda\cdot\cos\lambda} = \frac{6EI}{L^2}\cdot\frac{\lambda^2}{6}\cdot\frac{\Phi_3}{\Phi_3^2-\Phi_2\Phi_4}$$

Algebraische Näherungen:

$$Q_0 \approx -\frac{12EI}{L^3}\cdot\left(1-\frac{13}{420}\cdot\lambda^4\right) \qquad Q_L \approx -\frac{12EI}{L^3}\cdot\left(1+\frac{3}{280}\cdot\lambda^4\right)$$

$$M_0 \approx \frac{6EI}{L^2}\cdot\left(1-\frac{11}{1260}\cdot\lambda^4\right) \qquad M_L \approx -\frac{6EI}{L^2}\cdot\left(1+\frac{13}{2520}\cdot\lambda^4\right)$$

Einheitszustand B2 – Zustand φ_0: $v(0)=0, \quad \varphi(0)=1, \quad v(L)=0, \quad \varphi(L)=0$

$$Q_0 = -\frac{EI}{L^2}\cdot\lambda^2\cdot\frac{\sinh\lambda\cdot\sin\lambda}{1-\cosh\lambda\cdot\cos\lambda} = -\frac{6EI}{L^2}\cdot\frac{\lambda^2}{6}\cdot\frac{\Phi_1\Phi_3-\Phi_4^2}{\Phi_3^2-\Phi_2\Phi_4}$$

$$M_0 = \frac{EI}{L}\cdot\lambda\cdot\frac{\cosh\lambda\cdot\sin\lambda-\sinh\lambda\cdot\cos\lambda}{1-\cosh\lambda\cdot\cos\lambda} = \frac{4EI}{L}\cdot\frac{\lambda}{4}\cdot\frac{\Phi_2\Phi_3-\Phi_1\Phi_4}{\Phi_3^2-\Phi_2\Phi_4}$$

$$Q_L = -\frac{EI}{L^2}\cdot\lambda^2\cdot\frac{\cosh\lambda-\cos\lambda}{1-\cosh\lambda\cdot\cos\lambda} = -\frac{6EI}{L^2}\cdot\frac{\lambda^2}{6}\cdot\frac{\Phi_3}{\Phi_3^2-\Phi_2\Phi_4}$$

$$M_L = -\frac{EI}{L}\cdot\lambda\cdot\frac{\sinh\lambda-\sin\lambda}{1-\cosh\lambda\cdot\cos\lambda} = -\frac{2EI}{L}\cdot\frac{\lambda}{2}\cdot\frac{\Phi_4}{\Phi_3^2-\Phi_2\Phi_4}$$

Algebraische Näherungen:

$$Q_0 \approx -\frac{6EI}{L^2}\cdot\left(1-\frac{11}{1260}\cdot\lambda^4\right) \qquad Q_L \approx -\frac{6EI}{L^2}\cdot\left(1+\frac{13}{2520}\cdot\lambda^4\right)$$

$$M_0 \approx \frac{4EI}{L}\cdot\left(1-\frac{1}{420}\cdot\lambda^4\right) \qquad M_L \approx -\frac{2EI}{L}\cdot\left(1+\frac{1}{280}\cdot\lambda^4\right)$$

Einheitszustand B3 – Zustand v_L: $v(0) = 0, \quad \varphi(0) = 0, \quad v(L) = 1, \quad \varphi(L) = 0$

$$Q_0 = \frac{EI}{L^3} \cdot \lambda^3 \cdot \frac{\sinh\lambda + \sin\lambda}{1 - \cosh\lambda \cdot \cos\lambda} = \frac{12EI}{L^3} \cdot \frac{\lambda^3}{12} \cdot \frac{\Phi_2}{\Phi_3^2 - \Phi_2\Phi_4}$$

$$M_0 = -\frac{EI}{L^2} \cdot \lambda^2 \cdot \frac{\cosh\lambda - \cos\lambda}{1 - \cosh\lambda \cdot \cos\lambda} = -\frac{6EI}{L^2} \cdot \frac{\lambda^2}{6} \cdot \frac{\Phi_3}{\Phi_3^2 - \Phi_2\Phi_4}$$

$$Q_L = \frac{EI}{L^3} \cdot \lambda^3 \cdot \frac{\cosh\lambda \cdot \sin\lambda + \sinh\lambda \cdot \cos\lambda}{1 - \cosh\lambda \cdot \cos\lambda} = \frac{12EI}{L^3} \cdot \frac{\lambda^3}{12} \cdot \frac{\Phi_1\Phi_2 - \Phi_3\Phi_4}{\Phi_3^2 - \Phi_2\Phi_4}$$

$$M_L = \frac{EI}{L^2} \cdot \lambda^2 \cdot \frac{\sinh\lambda \cdot \sin\lambda}{1 - \cosh\lambda \cdot \cos\lambda} = \frac{6EI}{L^2} \cdot \frac{\lambda^2}{6} \cdot \frac{\Phi_1\Phi_3 - \Phi_4^2}{\Phi_3^2 - \Phi_2\Phi_4}$$

Algebraische Näherungen:

$$Q_0 \approx \frac{12EI}{L^3} \cdot \left(1 + \frac{3}{280} \cdot \lambda^4\right) \qquad Q_L \approx \frac{12EI}{L^3} \cdot \left(1 - \frac{13}{420} \cdot \lambda^4\right)$$

$$M_0 \approx -\frac{6EI}{L^2} \cdot \left(1 + \frac{13}{2520} \cdot \lambda^4\right) \qquad M_L \approx \frac{6EI}{L^2} \cdot \left(1 - \frac{11}{1260} \cdot \lambda^4\right)$$

Einheitszustand B4 – Zustand φ_L: $v(0) = 0, \quad \varphi(0) = 0, \quad v(L) = 0, \quad \varphi(L) = 1$

$$Q_0 = -\frac{EI}{L^2} \cdot \lambda^2 \cdot \frac{\cosh\lambda - \cos\lambda}{1 - \cosh\lambda \cdot \cos\lambda} = -\frac{6EI}{L^2} \cdot \frac{\lambda^2}{6} \cdot \frac{\Phi_3}{\Phi_3^2 - \Phi_2\Phi_4}$$

$$M_0 = \frac{EI}{L} \cdot \lambda \cdot \frac{\sinh\lambda - \sin\lambda}{1 - \cosh\lambda \cdot \cos\lambda} = \frac{2EI}{L} \cdot \frac{\lambda}{2} \cdot \frac{\Phi_4}{\Phi_3^2 - \Phi_2\Phi_4}$$

$$Q_L = -\frac{EI}{L^2} \cdot \lambda^2 \cdot \frac{\sinh\lambda \cdot \sin\lambda}{1 - \cosh\lambda \cdot \cos\lambda} = -\frac{6EI}{L^2} \cdot \frac{\lambda^2}{6} \cdot \frac{\Phi_1\Phi_3 - \Phi_4^2}{\Phi_3^2 - \Phi_2\Phi_4}$$

$$M_L = -\frac{EI}{L} \cdot \lambda \cdot \frac{\cosh\lambda \cdot \sin\lambda - \sinh\lambda \cdot \cos\lambda}{1 - \cosh\lambda \cdot \cos\lambda} = -\frac{4EI}{L} \cdot \frac{\lambda}{4} \cdot \frac{\Phi_2\Phi_3 - \Phi_1\Phi_4}{\Phi_3^2 - \Phi_2\Phi_4}$$

Algebraische Näherungen:

$$Q_0 \approx -\frac{6EI}{L^2} \cdot \left(1 + \frac{13}{2520} \cdot \lambda^4\right) \qquad Q_L \approx -\frac{6EI}{L^2} \cdot \left(1 - \frac{11}{1260} \cdot \lambda^4\right)$$

$$M_0 \approx \frac{2EI}{L} \cdot \left(1 + \frac{1}{280} \cdot \lambda^4\right) \qquad M_L \approx -\frac{4EI}{L} \cdot \left(1 - \frac{1}{420} \cdot \lambda^4\right)$$

Für die Längsschwingung bei kontinuierlicher Massebelegung und harmonischer Belastung werden zwei Einheitszustände für die Lösung der Differentialgleichung (2.116) betrachtet.

Einheitszustand L1 – Zustand u_0: $u(0)=1, \quad u(L)=0$

$$N_0 = -\frac{\varepsilon}{\tan\varepsilon}\cdot\frac{EA}{L} \qquad N_L = -\frac{\varepsilon}{\sin\varepsilon}\cdot\frac{EA}{L} \qquad \text{mit } \varepsilon = L\cdot\sqrt{\frac{\mu\cdot\Omega^2}{EA}}$$

Algebraische Näherungen:

$$N_0 \approx -\frac{EA}{L}\cdot\left(1-\frac{\varepsilon^2}{3}\right) \qquad N_L \approx -\frac{EA}{L}\cdot\left(1+\frac{\varepsilon^2}{6}\right)$$

Einheitszustand L2 – Zustand u_L: $u(0)=0, \quad u(L)=1$

$$N_0 = \frac{\varepsilon}{\sin\varepsilon}\cdot\frac{EA}{L} \qquad N_L = \frac{\varepsilon}{\tan\varepsilon}\cdot\frac{EA}{L}$$

Algebraische Näherungen:

$$N_0 \approx \frac{EA}{L}\cdot\left(1+\frac{\varepsilon^2}{6}\right) \qquad N_L \approx \frac{EA}{L}\cdot\left(1-\frac{\varepsilon^2}{3}\right)$$

Die Randschnittkräfte infolge der Einheitsverschiebungen werden den Elementen der dynamischen Stabsteifigkeitsmatrix zugeordnet:

- aus Zustand L1 folgt die 1. Matrixspalte
- aus Zustand B1 folgt die 2. Matrixspalte
- aus Zustand B2 folgt die 3. Matrixspalte
- aus Zustand L2 folgt die 4. Matrixspalte
- aus Zustand B3 folgt die 5. Matrixspalte
- aus Zustand B4 folgt die 6. Matrixspalte

Der Aufbau der dynamischen Stabsteifigkeitsmatrix bei harmonischer Schwingung ist mit dem der statischen identisch

$$\underline{K}(e) = \left[\begin{array}{c|c} \underline{K}(ik,i) & \underline{K}(ik,k) \\ \hline \underline{K}(ki,i) & \underline{K}(ki,k) \end{array}\right] = \left[\begin{array}{ccc|ccc} k_{11} & 0 & 0 & k_{14} & 0 & 0 \\ & k_{22} & k_{23} & 0 & k_{25} & k_{26} \\ & & k_{33} & 0 & k_{35} & k_{36} \\ \hline S & & & k_{44} & 0 & 0 \\ & Y & & & k_{55} & k_{56} \\ & & M & & & k_{66} \end{array}\right] \tag{4.222}$$

Beim Übergang zu den Randschnittkräften der Deformationsmethode gilt für die einzelnen Einheitszustände: $k_{1j} = -N_0$, $k_{2j} = -Q_0$, $k_{3j} = +M_0$, $k_{4j} = +N_L$, $k_{5j} = +Q_L$, $k_{6j} = -M_L$ mit $j = 1 \dots 6$. Verschiebungsunstetigkeiten zwischen Stabrand und Knoten werden mit dem in Abschn. 4.2.3 beschriebenen Algorithmus behandelt.

Dynamische Steifigkeitsmatrizen

Darstellung mit $\varepsilon = L \cdot \sqrt{\frac{\mu \cdot \Omega^2}{EA}}$ und $\lambda = L \cdot \sqrt[4]{\frac{\mu \cdot \Omega^2}{EI}}$

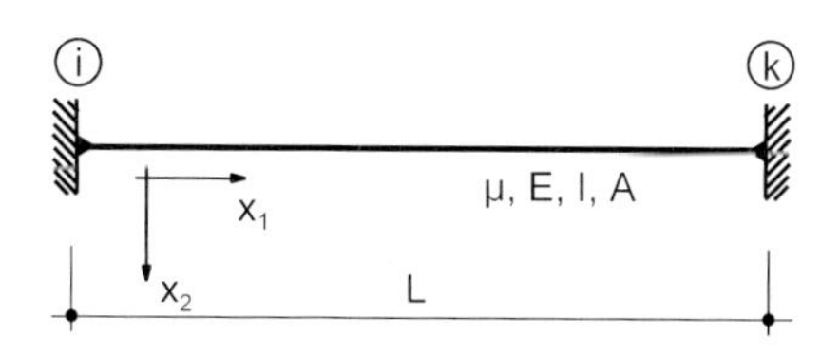

$$\underline{K}(ik,i) = EI \cdot \begin{bmatrix} \frac{A}{I\,L} \cdot \frac{\varepsilon}{\tan\varepsilon} & 0 & 0 \\ 0 & \frac{\lambda^3}{L^3} \cdot \frac{\cosh\lambda \sin\lambda + \sinh\lambda \cos\lambda}{1-\cosh\lambda\cos\lambda} & \frac{\lambda^2}{L^2} \cdot \frac{\sinh\lambda \sin\lambda}{1-\cosh\lambda\cos\lambda} \\ 0 & \frac{\lambda^2}{L^2} \cdot \frac{\sinh\lambda \sin\lambda}{1-\cosh\lambda\cos\lambda} & \frac{\lambda}{L} \cdot \frac{\cosh\lambda \sin\lambda - \sinh\lambda \cos\lambda}{1-\cosh\lambda\cos\lambda} \end{bmatrix}$$

$$\underline{K}(ik,k) = EI \cdot \begin{bmatrix} -\frac{A}{I\,L} \cdot \frac{\varepsilon}{\sin\varepsilon} & 0 & 0 \\ 0 & -\frac{\lambda^3}{L^3} \cdot \frac{\sinh\lambda + \sin\lambda}{1-\cosh\lambda\cos\lambda} & \frac{\lambda^2}{L^2} \cdot \frac{\cosh\lambda - \cos\lambda}{1-\cosh\lambda\cos\lambda} \\ 0 & -\frac{\lambda^2}{L^2} \cdot \frac{\cosh\lambda - \cos\lambda}{1-\cosh\lambda\cos\lambda} & \frac{\lambda}{L} \cdot \frac{\sinh\lambda - \sin\lambda}{1-\cosh\lambda\cos\lambda} \end{bmatrix}$$

$$\underline{K}(ki,i) = EI \cdot \begin{bmatrix} -\frac{A}{I\,L} \cdot \frac{\varepsilon}{\sin\varepsilon} & 0 & 0 \\ 0 & -\frac{\lambda^3}{L^3} \cdot \frac{\sinh\lambda + \sin\lambda}{1-\cosh\lambda\cos\lambda} & -\frac{\lambda^2}{L^2} \cdot \frac{\cosh\lambda - \cos\lambda}{1-\cosh\lambda\cos\lambda} \\ 0 & \frac{\lambda^2}{L^2} \cdot \frac{\cosh\lambda - \cos\lambda}{1-\cosh\lambda\cos\lambda} & \frac{\lambda}{L} \cdot \frac{\sinh\lambda - \sin\lambda}{1-\cosh\lambda\cos\lambda} \end{bmatrix}$$

$$\underline{K}(ki,k) = EI \cdot \begin{bmatrix} \frac{A}{I\,L} \frac{\varepsilon}{\tan\varepsilon} & 0 & 0 \\ 0 & \frac{\lambda^3}{L^3} \cdot \frac{\cosh\lambda \sin\lambda + \sinh\lambda \cos\lambda}{1-\cosh\lambda\cos\lambda} & -\frac{\lambda^2}{L^2} \cdot \frac{\sinh\lambda \sin\lambda}{1-\cosh\lambda\cos\lambda} \\ 0 & -\frac{\lambda^2}{L^2} \cdot \frac{\sinh\lambda \sin\lambda}{1-\cosh\lambda\cos\lambda} & \frac{\lambda}{L} \cdot \frac{\cosh\lambda \sin\lambda - \sinh\lambda \cos\lambda}{1-\cosh\lambda\cos\lambda} \end{bmatrix}$$

Dynamische Steifigkeitsmatrizen

Kompakte Darstellung mit $\Phi_1 = (\cosh\lambda + \cos\lambda)/2 \qquad \Phi_2 = (\sinh\lambda + \sin\lambda)/2$

$\Phi_3 = (\cosh\lambda - \cos\lambda)/2 \qquad \Phi_4 = (\sinh\lambda - \sin\lambda)/2$

$$\underline{K}(ik,i) = \begin{bmatrix} \frac{EA}{L}\cdot\frac{\varepsilon}{\tan\varepsilon} & 0 & 0 \\ 0 & \frac{EI\lambda^3}{L^3}\cdot\frac{\Phi_1\Phi_2 - \Phi_3\Phi_4}{\Phi_3^2 - \Phi_2\Phi_4} & \frac{EI\lambda^2}{L^2}\cdot\frac{\Phi_1\Phi_3 - \Phi_4^2}{\Phi_3^2 - \Phi_2\Phi_4} \\ 0 & \frac{EI\lambda^2}{L^2}\cdot\frac{\Phi_1\Phi_3 - \Phi_4^2}{\Phi_3^2 - \Phi_2\Phi_4} & \frac{EI\lambda}{L}\cdot\frac{\Phi_2\Phi_3 - \Phi_1\Phi_4}{\Phi_3^2 - \Phi_2\Phi_4} \end{bmatrix}$$

$$\underline{K}(ik,k) = \begin{bmatrix} \frac{EA}{L}\cdot\frac{-\varepsilon}{\sin\varepsilon} & 0 & 0 \\ 0 & \frac{EI\lambda^3}{L^3}\cdot\frac{-\Phi_2}{\Phi_3^2 - \Phi_2\Phi_4} & \frac{EI\lambda^2}{L^2}\cdot\frac{\Phi_3}{\Phi_3^2 - \Phi_2\Phi_4} \\ 0 & \frac{EI\lambda^2}{L^2}\cdot\frac{-\Phi_3}{\Phi_3^2 - \Phi_2\Phi_4} & \frac{EI\lambda}{L}\cdot\frac{\Phi_4}{\Phi_3^2 - \Phi_2\Phi_4} \end{bmatrix}$$

$$\underline{K}(ki,i) = \begin{bmatrix} \frac{EA}{L}\cdot\frac{-\varepsilon}{\sin\varepsilon} & 0 & 0 \\ 0 & \frac{EI\lambda^3}{L^3}\cdot\frac{-\Phi_2}{\Phi_3^2 - \Phi_2\Phi_4} & \frac{EI\lambda^2}{L^2}\cdot\frac{-\Phi_3}{\Phi_3^2 - \Phi_2\Phi_4} \\ 0 & \frac{EI\lambda^2}{L^2}\cdot\frac{\Phi_3}{\Phi_3^2 - \Phi_2\Phi_4} & \frac{EI\lambda}{L}\cdot\frac{\Phi_4}{\Phi_3^2 - \Phi_2\Phi_4} \end{bmatrix}$$

$$\underline{K}(ki,k) = \begin{bmatrix} \frac{EA}{L}\cdot\frac{\varepsilon}{\tan\varepsilon} & 0 & 0 \\ 0 & \frac{EI\lambda^3}{L^3}\cdot\frac{\Phi_1\Phi_2 - \Phi_3\Phi_4}{\Phi_3^2 - \Phi_2\Phi_4} & \frac{EI\lambda^2}{L^2}\cdot\frac{\Phi_4^2 - \Phi_1\Phi_3}{\Phi_3^2 - \Phi_2\Phi_4} \\ 0 & \frac{EI\lambda^2}{L^2}\cdot\frac{\Phi_4^2 - \Phi_1\Phi_3}{\Phi_3^2 - \Phi_2\Phi_4} & \frac{EI\lambda}{L}\cdot\frac{\Phi_2\Phi_3 - \Phi_1\Phi_4}{\Phi_3^2 - \Phi_2\Phi_4} \end{bmatrix}$$

Mit den Ergebnissen der *Taylor*-Reihenentwicklung gelingt eine approximative Trennung der dynamischen Steifigkeitsmatrix in einen bekannten statischen Anteil und einen zusätzlichen, masse- und kreisfrequenzabhängigen dynamischen Anteil in der Form

$$\underline{K}(\Omega) = \underline{K} - \Omega^2 \cdot \underline{M} \tag{4.223}$$

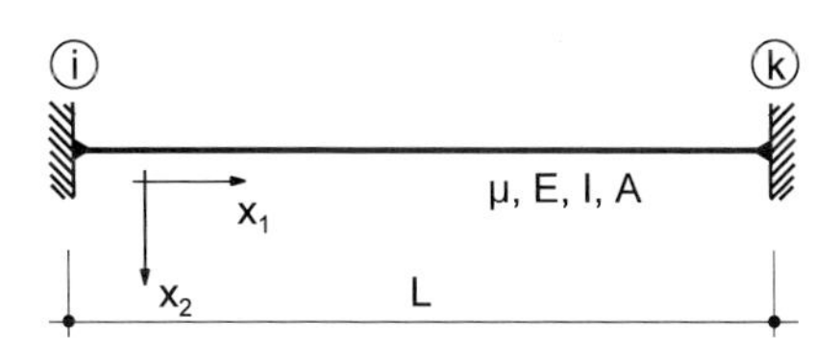

$$\underline{K} = \frac{EI}{L^3} \cdot \left[\begin{array}{ccc|ccc} \bar{\lambda}^2 & 0 & 0 & -\bar{\lambda}^2 & 0 & 0 \\ 0 & 12 & 6L & 0 & -12 & 6L \\ 0 & 6L & 4L^2 & 0 & -6L & 2L^2 \\ \hline -\bar{\lambda}^2 & 0 & 0 & \bar{\lambda}^2 & 0 & 0 \\ 0 & -12 & -6L & 0 & 12 & -6L \\ 0 & 6L & 2L^2 & 0 & -6L & 4L^2 \end{array}\right]$$

mit $\bar{\lambda}^2 = \dfrac{L^2}{I/A}$ ($\bar{\lambda}$ – geometrischer Schlankheitsgrad)

$$\underline{M} = \frac{\mu L}{420} \cdot \left[\begin{array}{ccc|ccc} 140 & 0 & 0 & 70 & 0 & 0 \\ 0 & 156 & 22L & 0 & 54 & -13L \\ 0 & 22L & 4L^2 & 0 & 13L & -3L^2 \\ \hline 70 & 0 & 0 & 140 & 0 & 0 \\ 0 & 54 & 13L & 0 & 156 & -22L \\ 0 & -13L & -3L^2 & 0 & -22L & 4L^2 \end{array}\right]$$

Dynamische Steifigkeitsmatrizen

Darstellung mit $\varepsilon = L \cdot \sqrt{\frac{\mu \cdot \Omega^2}{EA}}$ und $\lambda = L \cdot \sqrt[4]{\frac{\mu \cdot \Omega^2}{EI}}$

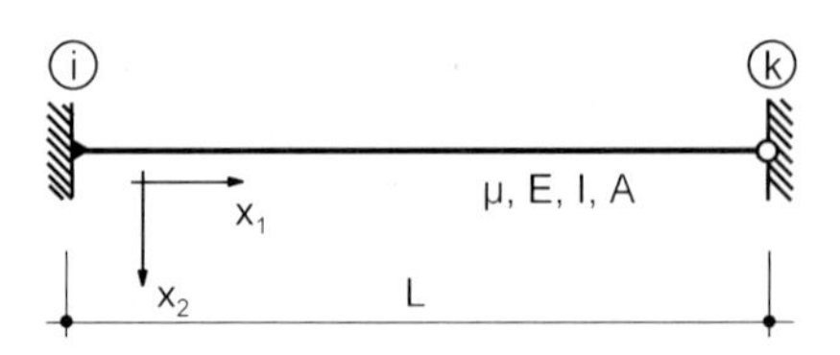

$$\underline{K}(ik,i) = EI \cdot \begin{bmatrix} \frac{A}{IL} \cdot \frac{\varepsilon}{\tan\varepsilon} & 0 & 0 \\ 0 & \frac{\lambda^3}{L^3} \cdot \frac{2\cosh\lambda\cos\lambda}{\cosh\lambda\sin\lambda - \sinh\lambda\cos\lambda} & \frac{\lambda^2}{L^2} \cdot \frac{\cosh\lambda\sin\lambda + \sinh\lambda\cos\lambda}{\cosh\lambda\sin\lambda - \sinh\lambda\cos\lambda} \\ 0 & \frac{\lambda^2}{L^2} \cdot \frac{\cosh\lambda\sin\lambda + \sinh\lambda\cos\lambda}{\cosh\lambda\sin\lambda - \sinh\lambda\cos\lambda} & \frac{\lambda}{L} \cdot \frac{2\sinh\lambda\sin\lambda}{\cosh\lambda\sin\lambda - \sinh\lambda\cos\lambda} \end{bmatrix}$$

$$\underline{K}(ik,k) = EI \cdot \begin{bmatrix} -\frac{A}{IL} \cdot \frac{\varepsilon}{\sin\varepsilon} & 0 & 0 \\ 0 & \frac{\lambda^3}{L^3} \cdot \frac{-\cosh\lambda - \cos\lambda}{\cosh\lambda\sin\lambda - \sinh\lambda\cos\lambda} & 0 \\ 0 & \frac{\lambda^3}{L^3} \cdot \frac{-\sinh\lambda - \sin\lambda}{\cosh\lambda\sin\lambda - \sinh\lambda\cos\lambda} & 0 \end{bmatrix}$$

$$\underline{K}(ki,i) = EI \cdot \begin{bmatrix} -\frac{A}{IL} \cdot \frac{\varepsilon}{\sin\varepsilon} & 0 & 0 \\ 0 & \frac{\lambda^3}{L^3} \cdot \frac{-\cosh\lambda - \cos\lambda}{\cosh\lambda\sin\lambda - \sinh\lambda\cos\lambda} & \frac{\lambda^2}{L^2} \cdot \frac{-\sinh\lambda - \sin\lambda}{\cosh\lambda\sin\lambda - \sinh\lambda\cos\lambda} \\ 0 & 0 & 0 \end{bmatrix}$$

$$\underline{K}(ki,k) = EI \cdot \begin{bmatrix} \frac{A}{IL} \cdot \frac{\varepsilon}{\tan\varepsilon} & 0 & 0 \\ 0 & \frac{\lambda^3}{L^3} \cdot \frac{1 + \cosh\lambda\cos\lambda}{\cosh\lambda\sin\lambda - \sinh\lambda\cos\lambda} & 0 \\ 0 & 0 & 0 \end{bmatrix}$$

Dynamische Steifigkeitsmatrizen

Kompakte Darstellung mit $\Phi_1 = (\cosh\lambda + \cos\lambda)/2 \qquad \Phi_2 = (\sinh\lambda + \sin\lambda)/2$

$\Phi_3 = (\cosh\lambda - \cos\lambda)/2 \qquad \Phi_4 = (\sinh\lambda - \sin\lambda)/2$

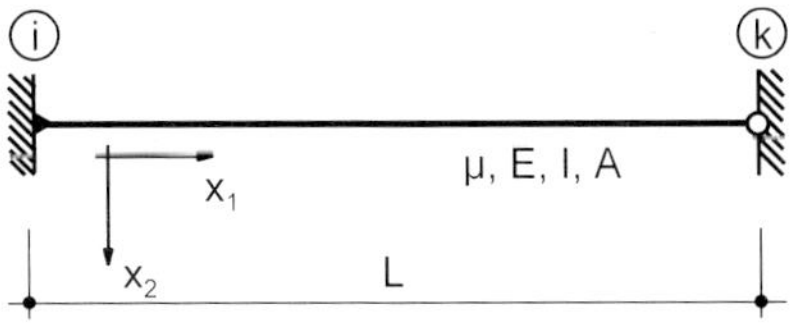

$$\underline{K}(ik,i) = \begin{bmatrix} \frac{EA}{L}\cdot\frac{\varepsilon}{\tan\varepsilon} & 0 & 0 \\ 0 & \frac{EI\lambda^3}{L^3}\cdot\frac{\Phi_1^2-\Phi_3^2}{\Phi_2\Phi_3-\Phi_1\Phi_4} & \frac{EI\lambda^2}{L^2}\cdot\frac{\Phi_1\Phi_2-\Phi_3\Phi_4}{\Phi_2\Phi_3-\Phi_1\Phi_4} \\ 0 & \frac{EI\lambda^2}{L^2}\cdot\frac{\Phi_1\Phi_2-\Phi_3\Phi_4}{\Phi_2\Phi_3-\Phi_1\Phi_4} & \frac{EI\lambda}{L}\cdot\frac{\Phi_2^2-\Phi_4^2}{\Phi_2\Phi_3-\Phi_1\Phi_4} \end{bmatrix}$$

$$\underline{K}(ik,k) = \begin{bmatrix} \frac{EA}{L}\cdot\frac{-\varepsilon}{\sin\varepsilon} & 0 & 0 \\ 0 & \frac{EI\lambda^3}{L^3}\cdot\frac{-\Phi_1}{\Phi_2\Phi_3-\Phi_1\Phi_4} & 0 \\ 0 & \frac{EI\lambda^2}{L^2}\cdot\frac{-\Phi_2}{\Phi_2\Phi_3-\Phi_1\Phi_4} & 0 \end{bmatrix}$$

$$\underline{K}(ki,i) = \begin{bmatrix} \frac{EA}{L}\cdot\frac{-\varepsilon}{\sin\varepsilon} & 0 & 0 \\ 0 & \frac{EI\lambda^3}{L^3}\cdot\frac{-\Phi_1}{\Phi_2\Phi_3-\Phi_1\Phi_4} & \frac{EI\lambda^2}{L^2}\cdot\frac{-\Phi_2}{\Phi_2\Phi_3-\Phi_1\Phi_4} \\ 0 & 0 & 0 \end{bmatrix}$$

$$\underline{K}(ki,k) = \begin{bmatrix} \frac{EA}{L}\cdot\frac{\varepsilon}{\tan\varepsilon} & 0 & 0 \\ 0 & \frac{EI\lambda^3}{L^3}\cdot\frac{\Phi_1^2-\Phi_2\Phi_4}{\Phi_2\Phi_3-\Phi_1\Phi_4} & 0 \\ 0 & 0 & 0 \end{bmatrix}$$

Die *Taylor*-Reihenentwicklung führt auch für den Stab mit einem Gelenk am Rand (ki) zur approximativen Trennung der dynamischen Steifigkeitsmatrix in einen statischen und einen dynamischen Anteil in der Form

$$\underline{K}(\Omega) = \underline{K} - \Omega^2 \cdot \underline{M}$$

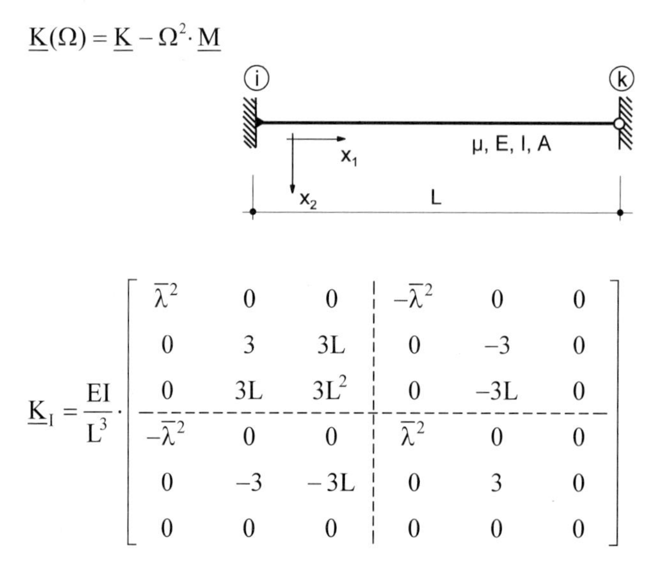

$$\underline{K}_I = \frac{EI}{L^3} \cdot \left[\begin{array}{ccc|ccc} \bar{\lambda}^2 & 0 & 0 & -\bar{\lambda}^2 & 0 & 0 \\ 0 & 3 & 3L & 0 & -3 & 0 \\ 0 & 3L & 3L^2 & 0 & -3L & 0 \\ \hline -\bar{\lambda}^2 & 0 & 0 & \bar{\lambda}^2 & 0 & 0 \\ 0 & -3 & -3L & 0 & 3 & 0 \\ 0 & 0 & 0 & 0 & 0 & 0 \end{array}\right]$$

mit $\bar{\lambda}^2 = \dfrac{L^2}{I/A}$ ($\bar{\lambda}$ – geometrischer Schlankheitsgrad)

$$\underline{M} = \frac{\mu L}{840} \cdot \left[\begin{array}{ccc|ccc} 280 & 0 & 0 & 140 & 0 & 0 \\ 0 & 630 & 72L & 0 & 117 & 0 \\ 0 & 72L & 16L^2 & 0 & 33L & 0 \\ \hline 140 & 0 & 0 & 280 & 0 & 0 \\ 0 & 117 & 33L & 0 & 198 & 0 \\ 0 & 0 & 0 & 0 & 0 & 0 \end{array}\right]$$

Die Randschnittkräfte des kinematisch bestimmt gelagerten kontinuierlich massebelegten Stabes unter harmonischer Einwirkung sind in Tab. 4.4 angegeben.

Tabelle 4.4 Randschnittkräfte des kinematisch bestimmt gelagerten Stabes – lineare Kinetik (hamonische Schwingung)

	$\overset{\circ}{M}_3(ik)$, $p_0\cdot\sin(\Omega t)$, $\overset{\circ}{M}_3(ki)$; μ, EI = konst.; x_1, x_2; $\overset{\circ}{F}_2(ik)$, $\overset{\circ}{F}_2(ki)$; L	$\overset{\circ}{M}_3(ik)$, $p_0\cdot\sin(\Omega t)$; μ, EI = konst.; x_1, x_2; $\overset{\circ}{F}_2(ik)$, $\overset{\circ}{F}_2(ki)$; L
$\overset{\circ}{F}_2(ik)$	$\dfrac{\Phi_2(\lambda)(\Phi_1(\lambda)-1)-\Phi_3(\lambda)\Phi_4(\lambda)}{\Phi_3^2(\lambda)-\Phi_2(\lambda)\Phi_4(\lambda)}\cdot\dfrac{p_0L}{\lambda}$	$\dfrac{\Phi_1(\lambda)(\Phi_1(\lambda)-1)-\Phi_3^2(\lambda)}{\Phi_2(\lambda)\Phi_3(\lambda)-\Phi_1(\lambda)\Phi_4(\lambda)}\cdot\dfrac{p_0L}{\lambda}$
$\overset{\circ}{M}_3(ik)$	$\dfrac{\Phi_3(\lambda)(\Phi_1(\lambda)-1)-\Phi_4^2(\lambda)}{\Phi_3^2(\lambda)-\Phi_2(\lambda)\Phi_4(\lambda)}\cdot\dfrac{p_0L^2}{\lambda^2}$	$\dfrac{\Phi_2(\lambda)(\Phi_1(\lambda)-1)-\Phi_3(\lambda)\Phi_4(\lambda)}{\Phi_2(\lambda)\Phi_3(\lambda)-\Phi_1(\lambda)\Phi_4(\lambda)}\cdot\dfrac{p_0L^2}{\lambda^2}$
$\overset{\circ}{F}_2(ki)$	$=\overset{\circ}{F}_2(ik)$	$\dfrac{\Phi_1(\lambda)(\Phi_1(\lambda)-1)-\Phi_2(\lambda)\Phi_4(\lambda)}{\Phi_2(\lambda)\Phi_3(\lambda)-\Phi_1(\lambda)\Phi_4(\lambda)}\cdot\dfrac{p_0L}{\lambda}$
$\overset{\circ}{M}_3(ki)$	$=-\overset{\circ}{M}_3(ik)$	0

	$\overset{\circ}{M}_3(ik)$, $P\cdot\sin(\Omega t)$, $\overset{\circ}{M}_3(ki)$; μ, EI = konst.; x_1, x_2; $\overset{\circ}{F}_2(ik)$, $\overset{\circ}{F}_2(ki)$; ξL, ξ′L	$\overset{\circ}{M}_3(ik)$, $P\cdot\sin(\Omega t)$; μ, EI = konst.; x_1, x_2; $\overset{\circ}{F}_2(ik)$, $\overset{\circ}{F}_2(ki)$; ξL, ξ′L
$\overset{\circ}{F}_2(ik)$	$\dfrac{\Phi_2(\lambda)\Phi_4(\xi'\lambda)-\Phi_3(\lambda)\Phi_3(\xi'\lambda)}{\Phi_3^2(\lambda)-\Phi_2(\lambda)\Phi_4(\lambda)}\cdot P$	$\dfrac{\Phi_1(\lambda)\Phi_4(\xi'\lambda)-\Phi_3(\lambda)\Phi_2(\xi'\lambda)}{\Phi_2(\lambda)\Phi_3(\lambda)-\Phi_1(\lambda)\Phi_4(\lambda)}\cdot P$
$\overset{\circ}{M}_3(ik)$	$\dfrac{\Phi_3(\lambda)\Phi_4(\xi'\lambda)-\Phi_4(\lambda)\Phi_3(\xi'\lambda)}{\Phi_3^2(\lambda)-\Phi_2(\lambda)\Phi_4(\lambda)}\cdot\dfrac{PL}{\lambda}$	$\dfrac{\Phi_2(\lambda)\Phi_4(\xi'\lambda)-\Phi_4(\lambda)\Phi_2(\xi'\lambda)}{\Phi_2(\lambda)\Phi_3(\lambda)-\Phi_1(\lambda)\Phi_4(\lambda)}\cdot\dfrac{PL}{\lambda}$
$\overset{\circ}{F}_2(ki)$	$\dfrac{\Phi_2(\lambda)\Phi_4(\xi\lambda)-\Phi_3(\lambda)\Phi_3(\xi\lambda)}{\Phi_3^2(\lambda)-\Phi_2(\lambda)\Phi_4(\lambda)}\cdot P$	$\dfrac{\Phi_1(\lambda)\Phi_4(\xi\lambda)-\Phi_2(\lambda)\Phi_3(\xi\lambda)}{\Phi_2(\lambda)\Phi_3(\lambda)-\Phi_1(\lambda)\Phi_4(\lambda)}\cdot P$
$\overset{\circ}{M}_3(ki)$	$\dfrac{-\Phi_3(\lambda)\Phi_4(\xi\lambda)+\Phi_4(\lambda)\Phi_3(\xi\lambda)}{\Phi_3^2(\lambda)-\Phi_2(\lambda)\Phi_4(\lambda)}\cdot\dfrac{PL}{\lambda}$	0

4.3.4 Stationäre und instationäre Schwingungen

Ausgehend von der Bewegungsgleichung (4.93)

$$\underline{\tilde{M}}(t) \cdot \ddot{\underline{\tilde{v}}}(t) + \underline{\tilde{D}}(t) \cdot \dot{\underline{\tilde{v}}}(t) + \underline{\tilde{K}}(t) \cdot \underline{\tilde{v}}(t) = \underline{\tilde{P}}(t) - \mathring{\underline{\tilde{F}}}(t) = \underline{\tilde{R}}(t) \qquad (4.224)$$

werden für die Berechnungsmodelle A und B stationäre und instationäre Schwingungen eben wirkender Stabtragwerke mit zeitlich unveränderlichen Massen und Dämpfungen betrachtet. Für eine harmonische Belastung mit der Zeitfunktion $f(t) = e^{i\Omega t} = \cos(\Omega t) + i \sin(\Omega t)$ wird die Gl. (4.224) zu

$$\underline{\tilde{M}} \cdot \ddot{\underline{\tilde{v}}}(t) + \underline{\tilde{D}} \cdot \dot{\underline{\tilde{v}}}(t) + \underline{\tilde{K}}(t) \cdot \underline{\tilde{v}}(t) = \underline{\tilde{R}} \cdot f(t) = \underline{\tilde{R}}\, e^{i\Omega t} \qquad (4.225)$$

Die Lösung des Differentialgleichungssystems (4.225) für die Verschiebungen $\underline{\tilde{v}}(t)$ setzt sich aus der homogenen und der partikulären Lösung zusammen.

Der Anteil der homogenen Lösung (Eigenschwingungen) wird durch die Dämpfung abgebaut. Der Einschwingvorgang aus dem Ruhezustand in einen eingeschwungenen stationären Zustand mit einer Erregerfrequenz Ω ist als eine instationäre Schwingung zu behandeln, bei der der zeitliche Verlauf der Erregerfrequenz von $\Omega(t = 0) = 0$ bis $\Omega(t) = \Omega$ bekannt sein muß.

Nach Ende des Einschwingvorganges wird die Lösung durch die partikuläre Lösung bestimmt. Mit dem Ansatz für die partikuläre Lösung

$$\underline{\tilde{v}}_p(t) = \underline{\tilde{v}}\, e^{i\Omega t}, \quad \dot{\underline{\tilde{v}}}_p(t) = i\Omega\, \underline{\tilde{v}}\, e^{i\Omega t}, \quad \ddot{\underline{\tilde{v}}}_p(t) = -\Omega^2\, \underline{\tilde{v}}\, e^{i\Omega t} \qquad (4.226)$$

folgt für das Modell A mit in den Knoten diskretisierten Massen

$$\left(\underline{\tilde{K}} + i\Omega \underline{\tilde{D}} - \Omega^2 \underline{\tilde{M}}\right) \underline{\tilde{v}}\, e^{i\Omega t} = \underline{\tilde{R}}\, e^{i\Omega t} \qquad (4.227)$$

und für das Modell B mit kontinuierlicher Masseverteilung

$$\left(\underline{\tilde{K}}(\Omega) + i\Omega \underline{\tilde{D}} - \Omega^2 \underline{\tilde{M}}\right) \underline{\tilde{v}}\, e^{i\Omega t} = \underline{\tilde{R}}\, e^{i\Omega t} \qquad (4.228)$$

jeweils ein komplexes algebraisches Gleichungssystem für die Amplituden der Verschiebungen, d.h. die Zeitfunktion ist $f(t) = 1$. Damit wird eine stationäre Lösung erhalten. Für die numerische Abarbeitung ist die Aufspaltung des Vektors $\underline{\tilde{v}}$ in einen Real- und einen Imaginärteil zweckmäßig. Gezeigt wird die Aufspaltung für Modell B. Die Belastung ist i.d.R. reell.

$$\begin{bmatrix} \mathrm{Re}\,[\underline{\tilde{K}}(\Omega)] - \Omega^2 \underline{\tilde{M}} & -\mathrm{Im}\,[\underline{\tilde{K}}(\Omega)] - \Omega \underline{\tilde{D}} \\ \mathrm{Im}\,[\underline{\tilde{K}}(\Omega)] + \Omega \underline{\tilde{D}} & \mathrm{Re}\,[\underline{\tilde{K}}(\Omega)] - \Omega^2 \underline{\tilde{M}} \end{bmatrix} \begin{bmatrix} \mathrm{Re}\,\underline{\tilde{v}} \\ \mathrm{Im}\,\underline{\tilde{v}} \end{bmatrix} = \begin{bmatrix} \mathrm{Re}\,\underline{\tilde{R}} \\ 0 \end{bmatrix} \qquad (4.229)$$

Die Systemsteifigkeitsmatrix $\underline{\tilde{K}}$ in der Gl. (4.227) ist die der linearen Statik, siehe Abschn. 4.2. Eine Aufspaltung in Real- und Imaginärteil von $\underline{\tilde{K}}$ wie in Gl. (4.229) entfällt, der Imaginärteil ist Null. Die dynamische Systemsteifigkeitsmatrix $\underline{\tilde{K}}(\Omega)$in den Gln. (4.228), (4.229) enthält die Trägheits- und Dämpfungseigenschaften der Elemente, die Systemmatrizen $\underline{\tilde{M}}$ und $\underline{\tilde{D}}$ werden für zusätzliche – knotenkonzentrierte – Massen und Dämpfungen benötigt.

Werden die rechten Seiten der Gln. (4.227) und (4.228) null gesetzt, folgen die homogenen Lösungen – die Lösungen für die gedämpften Eigenschwingungen mit den Eigenkreisfrequenzen des gedämpften Systems ω_D.

Für das Modell A ist eine komplexe algebraische Eigenwertaufgabe zu lösen.

$$\left(\underline{\tilde{K}} + i\omega_D \underline{\tilde{D}} - \omega_D^2 \underline{\tilde{M}}\right) \underline{\tilde{v}}_D = 0 \qquad (4.230)$$

Das Modell B – mit zusätzlichen knotenkonzentrierten Massen und Dämpfungen – führt auf die komplexe transzendente Eigenwertaufgabe

$$\left(\underline{\tilde{K}}(\omega_D) + i\omega_D \underline{\tilde{D}} - \omega_D^2 \underline{\tilde{M}}\right) \underline{\tilde{v}}_D = 0 \qquad (4.231)$$

Bei Vernachlässigung der Dämpfung werden die Eigenkreisfrequenzen $\omega_E = 2\pi\, f_E = 2\pi / T_E$ des ungedämpften Systems bestimmt und die reellwertige Aufgabe gelöst.

Dem Modell A (ungedämpft) ist die lineare algebraische Eigenwertaufgabe

$$\left(\underline{\tilde{K}} - \omega_E^2 \underline{\tilde{M}}\right) \underline{\tilde{v}}_E = 0 \qquad (4.232)$$

zugeordnet, die direkt gelöst werden kann. Die Bedingungsgleichung für die nichttriviale Lösung ist

$$\det \left| \underline{\tilde{K}} - \omega_E^2 \underline{\tilde{M}} \right| = 0 \qquad (4.233)$$

Die Anzahl der Eigenwerte entspricht der Anzahl n der (Knotenverschiebungs-)Freiheitsgrade des Systems. Oftmals werden nur wenige untere Eigenkreisfrequenzen bestimmt.

Mögliche Lösungstechniken einer Aufgabe in der allgemeinen Form

$$\left(\underline{A} + \lambda\, \underline{B}\right) \underline{x} = 0 \qquad (4.234)$$

wie z.B. *Householder*-Tridiagonalisierung, *Jacobi*-Verfahren, LR- und QR-Transformation sind z.B. in [75] zusammengestellt. Vor- und Nachteile einzelner Vorgehensweisen werden angegeben.

Durch Multiplikation mit $\underline{B}^{-1}$ gelingt die Überführung des allgemeinen in ein spezielles algebraisches Eigenwertproblem. Die Symmetrie- und Bandeigenschaften der Systemmatrizen gehen dabei verloren. Durch eine Ähnlichkeitstransformation gelingt wieder eine Symmetrisierung des Problems, siehe [85]. Mit nur diagonal besetzten Massenmatrizen werden die Lösungen besonders einfach erhalten. Die Lösung großdimensionierter algebraischer Eigenwertaufgaben gelingt bei gesuchten wenigen Eigenwerten am unteren Rand des Spektrums effektiv mit simultanen Algorithmen, z.B. einem simultanen Gradientenverfahren nach [47].

Mit Kenntnis der Eigenwerte ω_E können die zugeordneten Knoten-Eigenvektoren $\underline{\tilde{v}}_E$ berechnet werden. Nach Vorgabe einer Knotenverschiebungskomponente $\tilde{v}_{Ei}$ folgen die (n–1) linear abhängigen Komponenten aus der Lösung des rangreduzierten algebraischen Gleichungssystems. Der Knoten-Eigenvektor $\underline{\tilde{v}}_E$ kann gemäß Abschn. 4.3.2 normiert werden.

Für das Modell B ist die reelle transzendente Eigenwertaufgabe

$$\left(\underline{\tilde{K}}(\omega_E) - \omega_E^2 \underline{\tilde{M}}\right) \underline{\tilde{v}}_E = 0 \qquad (4.235)$$

indirekt zu lösen. Die Bestimmungsgleichung

$$\det \left| \underline{\tilde{K}}(\omega_E) - \omega_E^2 \underline{\tilde{M}} \right| = 0 \qquad (4.236)$$

kann mit einem Restgrößenverfahren untersucht werden.

Für die Absuche der Eigenkreisfrequenz werden Anfangswert ω_A, Schrittweite $\Delta\omega$ und Endwert ω_Z vorgegeben und die Determinantenfunktion gemäß Gl. (4.236) ermittelt, siehe Bild 4.77. Für die Absuche der Determinantenfunktion mit Startwerten $\omega_A > 0$ können Ergebnisse eines algebraischen Eigenwertproblems genutzt werden, die aus einem diskretisierten Modell folgen. Durch eine klein gewählte Schrittweite $\Delta\omega$ wird das Überspringen von Eigenwerten vermieden.

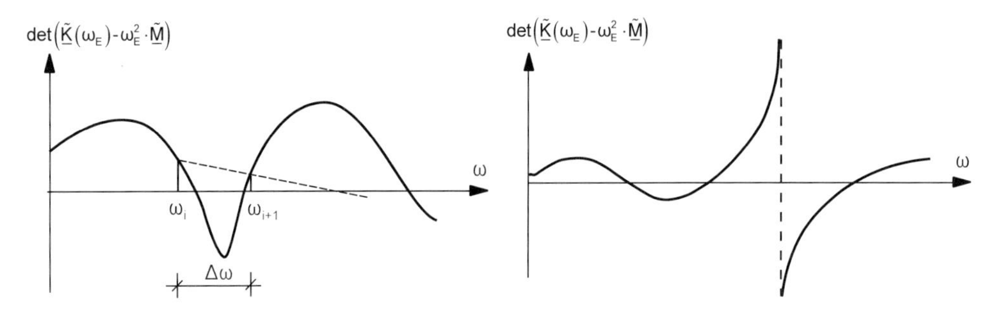

Bild 4.77 Absuche der Determinantenfunktion

Eigenwerte gehören zu Lösungen bei denen $\tilde{\underline{v}}_E \neq 0$ ist. Bei einer Singularität der Determinante ist $\tilde{\underline{v}}_E = 0$, siehe Bild 4.77 rechts.

Die Koeffizientenmatrix $(\tilde{\underline{K}}(\omega_E) - \omega_E^2\,\tilde{\underline{M}})$ kann mit dem *Gauss*schen Verfahren in Dreiecksmatrizen zerlegt werden. Die Vorwärtselimination einer symmetrischen Koeffizientenmatrix nach dem *Cholesky*-Verfahren führt auf eine obere Dreiecksmatrix $\underline{C}$. Der Determinantenwert ist das Produkt der Hauptdiagonalenelemente c_{ii} der vorwärtseliminierten Koeffizientenmatrix, siehe z.B. [91]. Ein Nulldurchgang des Determinantenwertes bedeutet den Nulldurchgang eines oder mehrerer Hauptdiagonalenelemente der vorwärtseliminierten Koeffizientenmatrix. Es empfiehlt sich, nicht nur den Verlauf der Determinantenfunktion, sondern auch den Verlauf der Hauptdiagonalenelemente der vorwärtseliminierten Koeffizientenmatrix zu beobachten [84].

Nach Registrieren eines Vorzeichenwechsels kann der Suchbereich weiter eingegrenzt werden, zum Beispiel durch Halbieren der Schrittweite. Bei Erfüllung eines vorzugebenden Genauigkeitskriterium wird die Absuche abgebrochen. Wird ein Eigenwert gefunden, ist die Koeffizientenmatrix $(\tilde{\underline{K}}(\omega_E) - \omega_E^2\,\tilde{\underline{M}})$ für den gefundenen Näherungswert quasi singulär.

Die Kenntnis des zugeordneten quasi Nullelements in der Hauptdiagonale der Dreiecksmatrix führt auf die linearabhängige Zeile des homogenen Gleichungssystems. Das gleichzeitige Konvergieren von r Hauptdiagonalenelementen bedeutet einen r-fachen Eigenwert mit r voneinander linear unabhängigen Eigenfunktionen.

Der Eigenvektor wird mit der Lösung von r inhomogenen bzw. (n-r)-rangigen Gleichungssystemen bestimmt

$$(\tilde{\underline{K}}(\omega_E)^{(n-r)} - \omega_E^2\,\tilde{\underline{M}}^{(n-r)})\,\tilde{\underline{v}}_E = \tilde{\underline{k}}_i(\omega_E)\cdot t \qquad (4.237)$$

bei denen jeweils einer Verschiebungskomponente, die zu den Spalten der durch Null gehenden Hauptdiagonalenelemente c_{ii} gehören, der freie Multiplikator t vorgeschrieben wird und die restlichen Verschiebungskomponenten Null gesetzt werden, die zu Spalten mit ebenfalls gegen Null konvergierenden Hauptdiagonalenelementen c_{jj} gehören. Die mit dem Faktor $t \neq 0$ multiplizierte Spalte $\underline{k}_i(\omega_E)$ der Koeffizientenmatrix wird auf die rechte Seite überführt. In den Bildern 4.78 und 4.79 ist die Ermittlung der Knoten-Eigenvektoren für einem zweifachen Eigenwert gezeigt.

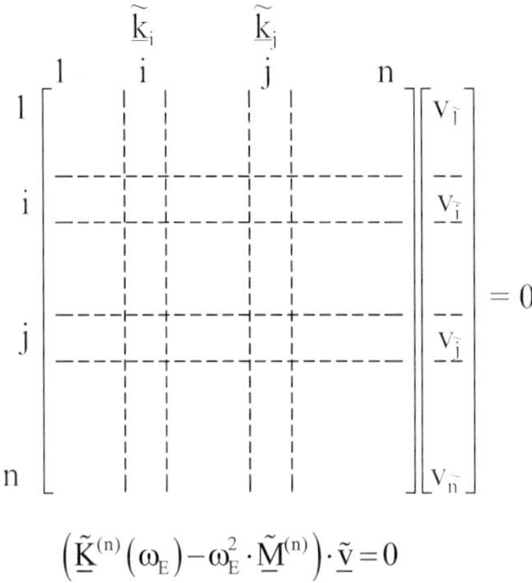

$$\left(\tilde{\underline{K}}^{(n)}(\omega_E) - \omega_E^2 \cdot \tilde{\underline{M}}^{(n)}\right) \cdot \tilde{\underline{v}} = 0$$

Bild 4.78 Zur Eigenformermittlung bei doppeltem Eigenwert (homogenes Gleichungssystem)

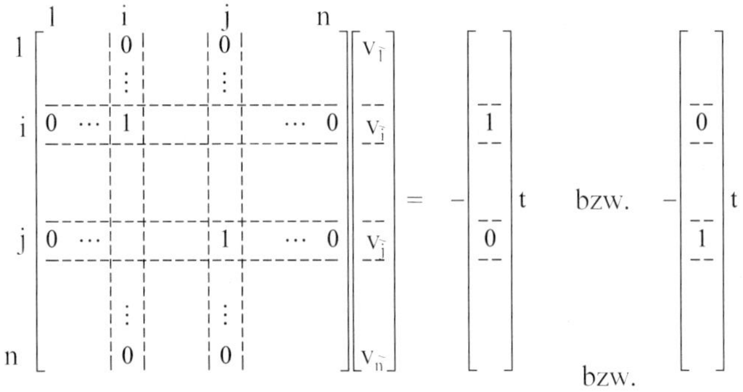

$$\left(\tilde{\underline{K}}^{(n-2)}(\omega_E) - \omega_E^2 \cdot \tilde{\underline{M}}^{(n-2)}\right) \cdot \tilde{\underline{v}} = -\tilde{\underline{k}}_i^{(n-2)}(\omega_E) \cdot t \quad \text{bzw.} \quad -\tilde{\underline{k}}_j^{(n-2)}(\omega_E) \cdot t$$

Bild 4.79 Zur Eigenformermittlung bei doppeltem Eigenwert (inhomogenes Gleichungssystem)

Die im Abschn. 4.2.6 gezeigte Makroelementbildung kann auf die Berechnungsmodelle A und B der linearen Kinetik übertragen werden. Bei Vorliegen einer Massenmatrix in expliziter Form wird die statische Kondensation zur kinetischen Kondensation erweitert und eine Reduktion der Freiheitsgrade angestrebt.

Beispiel 4.15 Für das in Bild 4.80 dargestellte ungedämpfte Stabsystem mit knotenkonzentrierten Massen werden die Eigenkreisfrequenzen, die zugehörigen Knoten-Eigenvektoren und die Eigenformen bestimmt.

$E = 2 \cdot 10^8$ kN/m²
$I = 10^{-4}$ m⁴
$A = 10^{-3}$ m²

Knotenmassen
$M^T(1) = 100$ kNs²/m
$M^R(1) = 120$ kNms²/rad

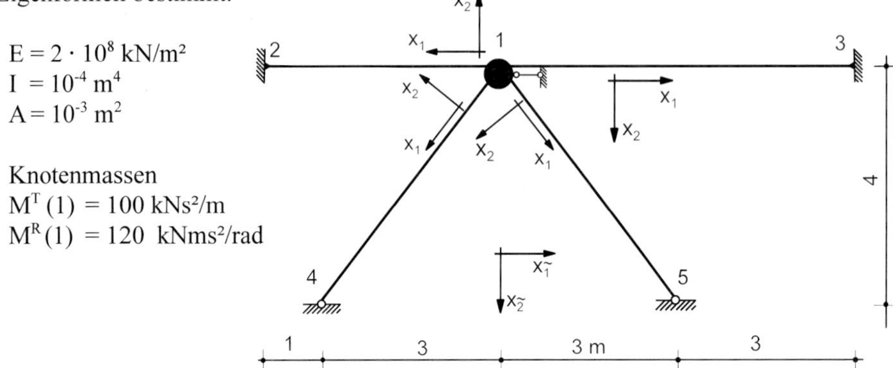

Bild 4.80 Stabsystem mit knotenkonzentrierter Masse

Für das lineare algebraische Eigenwertproblem $\left(\underline{\tilde{K}} - \omega^2\, \underline{\tilde{M}}\right)\underline{\tilde{v}} = 0$ mit der Bestimmungsgleichung für die Eigenkreisfrequenzen $\det\left|\underline{\tilde{K}} - \omega^2 \underline{\tilde{M}}\right| = 0$ und dem Vektor der Knotenverschiebungskomponenten des Knotens 1

$$\underline{\tilde{v}} = \underline{\tilde{v}}(1) = \begin{bmatrix} v_{\tilde{1}}(1) \\ v_{\tilde{2}}(1) \\ \varphi_{\tilde{3}}(1) \end{bmatrix} \qquad \text{wobei: } v_{\tilde{1}}(1) = 0$$

führt auf eine Aufgabe mit zwei Freiheitsgraden. Aus dem Gleichgewicht am Knoten 1 wird die (statische) Systemsteifigkeitsmatrix $\underline{\tilde{K}}$ aufgestellt

$$\sum_{(1)} \underline{\tilde{F}}(1k) = \underline{\tilde{F}}(12) + \underline{\tilde{F}}(13) + \underline{\tilde{F}}(14) + \underline{\tilde{F}}(15) = 0$$

Mit den Randschnittkraft-Knotenverschiebungs-Abhängigkeiten folgt die Systemsteifigkeitsmatrix in globalen Koordinaten

$$\underline{\tilde{K}} = \underline{\tilde{K}}(12,1) + \underline{\tilde{K}}(13,1) + \underline{\tilde{K}}(14,1) + \underline{\tilde{K}}(15,1)$$

Die benötigten Stabsteifigkeitsmatrizen für den geraden (eben wirkenden) Stab in lokalen Koordinaten sind

- Stab (12), (13) L (12) = 4 m, L (13) = 6 m

$$\underline{K}(ik,i) = \begin{bmatrix} \frac{EA}{L} & 0 & 0 \\ 0 & 12\frac{EI}{L^3} & 6\frac{EI}{L^2} \\ 0 & 6\frac{EI}{L^2} & 4\frac{EI}{L} \end{bmatrix}$$

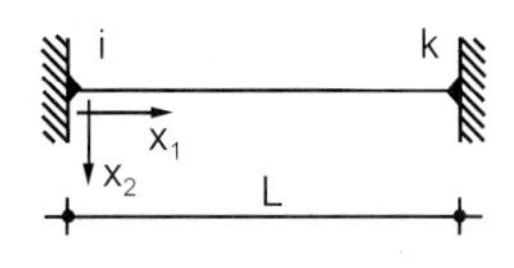

- Stab (14), (15) L (14) = L (15) = 5 m

$$\underline{K}_N(ik,i) = \begin{bmatrix} \frac{EA}{L} & 0 & 0 \\ 0 & 3\frac{EI}{L^3} & 3\frac{EI}{L^2} \\ 0 & 3\frac{EI}{L^2} & 3\frac{EI}{L} \end{bmatrix}$$

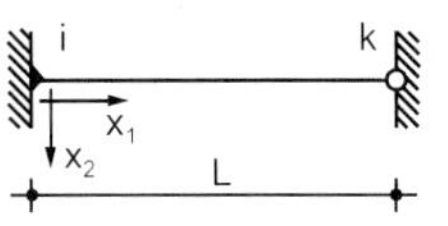

Unter Beachtung der vorgeschriebenen Verschiebung $v_1(1) = 0$ und der Transformationswinkel $\alpha(12) = 180°$, $\alpha(13) = 0°$, $\alpha(14) = 233{,}13°$, $\alpha(15) = 306{,}86°$ sind die Stabsteifigkeitsmatrizen in globalen Koordinaten

$$\tilde{\underline{K}}(12,1) = \begin{bmatrix} \dots & \dots & \dots \\ \dots & 3750 & -7500 \\ \dots & -7500 & 20000 \end{bmatrix} \qquad \tilde{\underline{K}}(13,1) = \begin{bmatrix} \dots & \dots & \dots \\ \dots & 1111{,}11 & 3333{,}33 \\ \dots & 3333{,}33 & 13333{,}33 \end{bmatrix}$$

$$\tilde{\underline{K}}(14,1) = \begin{bmatrix} \dots & \dots & \dots \\ \dots & 25772{,}8 & -1440 \\ \dots & -1440 & 12000 \end{bmatrix} \qquad \tilde{\underline{K}}(15,1) = \begin{bmatrix} \dots & \dots & \dots \\ \dots & 25772{,}8 & 1440 \\ \dots & 1440 & 12000 \end{bmatrix}$$

und die Systemsteifigkeitsmatrix

$$\tilde{\underline{K}} = \begin{bmatrix} \dots & \dots & \dots \\ \dots & 56406{,}71 & -4166{,}66 \\ \dots & -4166{,}66 & 57333{,}33 \end{bmatrix}$$

Die Systemmassenmatrix ist nur in der Hauptdiagonale besetzt

$$\tilde{\underline{M}}(1) = \begin{bmatrix} M^T(1) & 0 & 0 \\ 0 & M^T(1) & 0 \\ 0 & 0 & M^R(1) \end{bmatrix} = \begin{bmatrix} \dots & \dots & \dots \\ \dots & 100 & 0 \\ \dots & 0 & 120 \end{bmatrix}$$

Das lineare algebraische (2×2)-Eigenwertproblem

$$\left(\tilde{\underline{K}} - \omega^2 \tilde{\underline{M}}\right)\tilde{\underline{v}} = \begin{bmatrix} 56406{,}71 - 100\omega^2 & -4166{,}66 \\ -4166{,}66 & 57333{,}33 - 120\omega^2 \end{bmatrix} \begin{bmatrix} v_{\tilde{2}}(1) \\ \varphi_{\tilde{3}}(1) \end{bmatrix} = 0$$

führt auf die biquadratische Gleichung

$$12000\,\omega^4 - 12502138{,}2\,\omega^2 + 3216623413 = 0$$

Die Substitution $\omega^2 = \lambda$ und Lösung der quadratischen Gleichung liefert die Eigenwerte

$$\lambda_1 = 463{,}41 \qquad \lambda_2 = 578{,}44$$

und damit die Eigenkreisfrequenzen, -frequenzen und -schwingzeiten

$$\omega_{E1} = 21{,}52\ s^{-1} \qquad f_{E1} = 3{,}425\ s^{-1} \qquad T_{E1} = 0{,}292\ s$$
$$\omega_{E2} = 24{,}08\ s^{-1} \qquad f_{E2} = 3{,}832\ s^{-1} \qquad T_{E2} = 0{,}261\ s$$

Zur Ermittlung der Knoten-Eigenvektoren werden nacheinander die ermittelten Eigenkreisfrequenzen in die Bestimmungsgleichung eingesetzt:

1. Eigenkreisfrequenz $\omega_{E1} = 21{,}52\ s^{-1}$

$$\begin{bmatrix} 56406{,}71 - 100 \cdot 21{,}52^2 & -4166{,}66 \\ -4166{,}66 & 57333{,}33 - 120 \cdot 21{,}52^2 \end{bmatrix} \begin{bmatrix} v_{\tilde{2}}(1) \\ \varphi_{\tilde{3}}(1) \end{bmatrix} = \begin{bmatrix} 0 \\ 0 \end{bmatrix}$$

2. Eigenkreisfrequenz $\omega_{E2} = 24{,}08\ s^{-1}$

$$\begin{bmatrix} 56406{,}71 - 100 \cdot 24{,}08^2 & -4166{,}66 \\ -4166{,}66 & 57333{,}33 - 120 \cdot 24{,}08^2 \end{bmatrix} \begin{bmatrix} v_{\tilde{2}}(1) \\ \varphi_{\tilde{3}}(1) \end{bmatrix} = \begin{bmatrix} 0 \\ 0 \end{bmatrix}$$

Wegen der Homogenität ist die Lösung bis auf einen freien Multiplikator bestimmt

$$\frac{v_{\tilde{2}}(1)}{\varphi_{\tilde{3}}(1)} = v_{E\tilde{2}}(1) \quad \text{bzw.} \quad \frac{\varphi_{\tilde{3}}(1)}{v_{\tilde{2}}(1)} = \varphi_{E\tilde{3}}(1)$$

Die Knoten-Eigenverschiebungen zur ersten Eigenschwingung folgen aus

$$\begin{bmatrix} 56406{,}71 - 100 \cdot 21{,}52^2 & -4166{,}66 \\ -4166{,}66 & 57333{,}33 - 120 \cdot 21{,}52^2 \end{bmatrix} \begin{bmatrix} v_{\tilde{2}}(1) \\ 1 \end{bmatrix} = \begin{bmatrix} 0 \\ 0 \end{bmatrix}$$

und der zweiten Eigenschwingung aus

$$\begin{bmatrix} 56406{,}71 - 100 \cdot 24{,}08^2 & -4166{,}66 \\ -4166{,}66 & 57333{,}33 - 120 \cdot 24{,}08^2 \end{bmatrix} \begin{bmatrix} 1 \\ \varphi_{\tilde{3}}(1) \end{bmatrix} = \begin{bmatrix} 0 \\ 0 \end{bmatrix}$$

Unter Beachtung $v_1(1) = 0$ sind die Knoten-Eigenvektoren

$$\underline{v}_{E1}(1) = \begin{bmatrix} 0 \\ 0{,}413 \\ 1 \end{bmatrix} \qquad \underline{v}_{E2}(1) = \begin{bmatrix} 0 \\ 1 \\ -0{,}345 \end{bmatrix}$$

Die Eigenformen können mit Kenntnis der Knoten-Eigenverschiebungsvektoren dargestellt werden, siehe Bild 4.81.

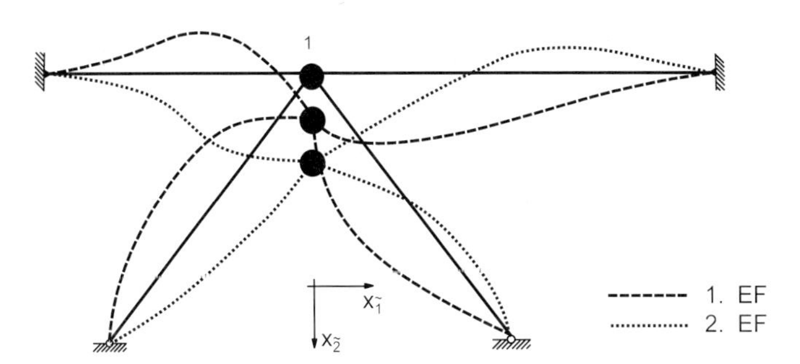

Bild 4.81 Eigenformen

Beispiel 4.16 Für den in Bild 4.82 dargestellten Stockwerkrahmen werden die generalisierte Massen- und Steifigkeitsmatrix und die Modalmatrix $\underline{V}^{N2}$ bei N2-Normierung gebildet. Die erzwungene Schwingung der drei (starren) Rahmenriegel mittels Normalkoordinaten wird für zwei Fälle betrachtet. Für eine Erdbebenanalyse nach der Antwortspektrenmethode werden die statischen Ersatzlasten aufgestellt.

- *Fall 1:* Erzwungene Schwingung (ungedämpft)

Anfangsbedingungen $v_0 = \dot{v}_0 = 0$

Belastung $P_i(t) = P_i \cos(\Omega t), \; i = 1,2,3; \quad \Omega = 12\,s^{-1}$

$P_3 = 2\,kN, \quad P_2 = 6\,kN, \quad P_1 = 9\,kN$

- *Fall 2:* Freie Schwingung (ungedämpft bzw. gedämpft)

Die freie Schwingung des Systems mittels Normalkoordinaten wird beschrieben, wenn der oberste Rahmenriegel eine horizontale Anfangsgeschwindigkeit von 1,0 m s^{-1} erhält. Mit Kenntnis der Verschiebungs-Zeit-Funktionen werden die Randmoment-Zeit-Funktionen ermittelt.

$EA = \infty$
$EI_R = \infty$
$EI_S = 4 \cdot 10^3\,kNm^2$

Riegelmassen:
M(1) = 2 Mg
M(2) = 1 Mg
M(3) = 0,5 Mg
Stielmassen ≈ 0

d = 0 (Fall 1 und 2.1)
bzw.
d = 0,05 (Fall 2.2)

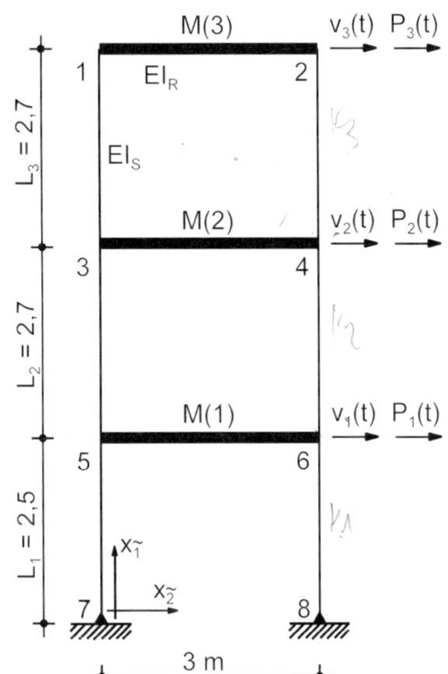

Bild 4.82 Stockwerkrahmen

Die Ermittlung der Gesamtlösung erfolgt mit Hilfe der Modalen Analyse, siehe Abschn. 4.3.1. Für die ungedämpfte Schwingung wird das Differentialgleichungssystem 2. Ordnung

$$\underline{\tilde{M}}\,\ddot{\underline{\tilde{v}}}(t)+\underline{\tilde{K}}\,\underline{\tilde{v}}(t)=\underline{\tilde{P}}(t)\cdot\overset{\circ}{\underline{\tilde{F}}}(t)=\underline{\tilde{R}}(t)$$

gelöst. Die (statische) Systemsteifigkeitsmatrix wird für ein System mit sechs Knoten mit unbekannten Knotenverschiebungen aufgestellt. Dieses Modell hat 6·3 = 18 (Knoten-)Freiheitsgrade. Alle neun Stäbe sind beidseitig eingespannt und kinematisch bestimmt gelagert. Zur Belegung der Stabsteifigkeitsmatrizen und zum Aufbau der Systemsteifigkeitsmatrix siehe Abschn. 4.2.

$$\underline{\tilde{K}}=\begin{bmatrix}
\begin{bmatrix}\underline{\tilde{K}}(12,1)+\\ \underline{\tilde{K}}(13,1)\end{bmatrix} & \underline{\tilde{K}}(12,2) & \underline{\tilde{K}}(13,3) & \underline{0} & \underline{0} & \underline{0}\\
\underline{\tilde{K}}(21,1) & \begin{bmatrix}\underline{\tilde{K}}(21,2)+\\ \underline{\tilde{K}}(24,2)\end{bmatrix} & \underline{0} & \underline{\tilde{K}}(24,4) & \underline{0} & \underline{0}\\
\underline{\tilde{K}}(31,1) & \underline{0} & \begin{bmatrix}\underline{\tilde{K}}(31,3)+\\ \underline{\tilde{K}}(34,3)+\\ \underline{\tilde{K}}(35,3)\end{bmatrix} & \underline{\tilde{K}}(34,4) & \underline{\tilde{K}}(35,5) & \underline{0}\\
\underline{0} & \underline{\tilde{K}}(42,2) & \underline{\tilde{K}}(43,3) & \begin{bmatrix}\underline{\tilde{K}}(42,4)+\\ \underline{\tilde{K}}(43,4)+\\ \underline{\tilde{K}}(46,4)\end{bmatrix} & 0 & \underline{\tilde{K}}(46,6)\\
\underline{0} & \underline{0} & \underline{\tilde{K}}(53,3) & \underline{0} & \begin{bmatrix}\underline{\tilde{K}}(53,5)+\\ \underline{\tilde{K}}(56,5)+\\ \underline{\tilde{K}}(57,5)\end{bmatrix} & \underline{\tilde{K}}(56,6)\\
\underline{0} & \underline{0} & \underline{0} & \underline{\tilde{K}}(64,4) & \underline{\tilde{K}}(65,5) & \begin{bmatrix}\underline{\tilde{K}}(64,6)+\\ \underline{\tilde{K}}(65,6)+\\ \underline{\tilde{K}}(68,6)\end{bmatrix}
\end{bmatrix}$$

Die Modellierung der biegesteifen Riegel ($EI_R=\infty$) und dehnstarren Stäbe ($EA=\infty$) führt zu einer Freiheitsgradreduktion. Eliminiert werden die Verschiebungen $v_1(i)$ und $\varphi_3(i)$, $i=1,\ldots,6$. Die Horizontalverschiebungen werden zusammengefaßt zu den Horizontalverschiebungen der Riegel. Es bleiben drei unbekannte Verschiebungen und die reduzierte Systemsteifigkeitsmatrix

$$\underline{\tilde{K}}_{red}=\left[\begin{array}{c|c|c}
12\dfrac{2EI_S}{L_1^3}+12\dfrac{2EI_S}{L_2^3} & -12\dfrac{2EI_S}{L_2^3} & 0\\ \hline
-12\dfrac{2EI_S}{L_2^3} & 12\dfrac{2EI_S}{L_2^3}+12\dfrac{2EI_S}{L_3^3} & -12\dfrac{2EI_S}{L_3^3}\\ \hline
0 & -12\dfrac{2EI_S}{L_3^3} & 12\dfrac{2EI_S}{L_3^3}
\end{array}\right]$$

Alternativ kann die Bewegungsgleichung durch Auswertung des (dynamischen) Horizontalkräftegleichgewichtes aufgestellt werden. Als Freiheitsgrade werden die horizontalen Verschiebungen und Beschleunigungen der Riegel eingeführt.

$$M(1)\ddot{v}_1 + K(1)v_1 + K(2)(v_1 - v_2) = P_1(t)$$
$$M(2)\ddot{v}_2 + K(2)(v_2 - v_1) + K_3(v_2 - v_3) = P_2(t)$$
$$M(3)\ddot{v}_3 + K(3)(v_3 - v_2) = P_3(t)$$

Die zugehörige Systemsteifigkeitsmatrix $\underline{K}$ ist identisch mit der reduzierten Matrix $\underline{\tilde{K}}_{red}$

$$\underline{K} = \begin{bmatrix} K(1)+K(2) & -K(2) & 0 \\ -K(2) & K(2)+K(3) & -K(3) \\ 0 & -K(3) & K(3) \end{bmatrix}$$

mit $K(i) = 12\dfrac{EI}{L_i^3}$ und $EI = 2EI_S,\ i = 1,2,3$

Werden die Größen

$L_1 = 2{,}5$ m $K(1) = 6144$ kN/m
$L_2 = 2{,}7$ m $K(2) = 4877$ kN/m
$L_3 = 2{,}7$ m $K(3) = 4877$ kN/m

eingesetzt, folgt

$$\underline{K} = \begin{bmatrix} 11021 & -4877 & 0 \\ -4877 & 9754 & -4877 \\ 0 & -4877 & 4877 \end{bmatrix}$$

Die Systemmassenmatrix enthält nur die Riegelmassen und ist nur in der Hauptdiagonale besetzt

$$\underline{M} = \begin{bmatrix} M(1) & 0 & 0 \\ 0 & M(2) & 0 \\ 0 & 0 & M(3) \end{bmatrix} = \begin{bmatrix} 2 & 0 & 0 \\ 0 & 1 & 0 \\ 0 & 0 & 0{,}5 \end{bmatrix}$$

Das lineare algebraische Eigenwertproblem

$$(\underline{K} - \omega_E^2\ \underline{M})\cdot\underline{v}_E = \left[\begin{bmatrix} 11021 & -4877 & 0 \\ -4877 & 9754 & -4877 \\ 0 & -4877 & 4877 \end{bmatrix} - \omega_E^2 \begin{bmatrix} 2 & 0 & 0 \\ 0 & 1 & 0 \\ 0 & 0 & 0{,}5 \end{bmatrix}\right]\underline{v}_E = 0$$

hat die Eigenwerte

$$\omega_{E1}^2 = 1301{,}09\,s^{-2}, \qquad \omega_{E1} = 36{,}071\,s^{-1}$$
$$\omega_{E2}^2 = 6537{,}91\,s^{-2}, \qquad \omega_{E2} = 80{,}857\,s^{-1}$$
$$\omega_{E3}^2 = 17179{,}5\,s^{-2}, \qquad \omega_{E3} = 131{,}07\,s^{-1}$$

und die Spektralmatrix ist

$$\underline{\Lambda} = \text{diag}\left\{\omega_{E1}^2, \omega_{E2}^2, \omega_{E3}^2\right\}$$

Die Knoten-Eigenvektoren sind (N1-)normiert

$$\underline{v}_{E1} = \begin{bmatrix} 0,50202 \\ 0,86661 \\ 1 \end{bmatrix}, \qquad \underline{v}_{E2} = \begin{bmatrix} -0,78257 \\ 0,32972 \\ 1 \end{bmatrix}, \qquad \underline{v}_{E3} = \begin{bmatrix} 0,15909 \\ -0,76128 \\ 1 \end{bmatrix}$$

und werden in der (N1-)normierten Modalmatrix $\underline{V} = \left[\underline{v}_{E1}, \underline{v}_{E2}, \underline{v}_{E3}\right]$ zusammengefaßt. In Bild 4.83 sind die Knoten-Eigenvektoren und die zugehörigen Eigenverschiebungsfunktionen dargestellt.

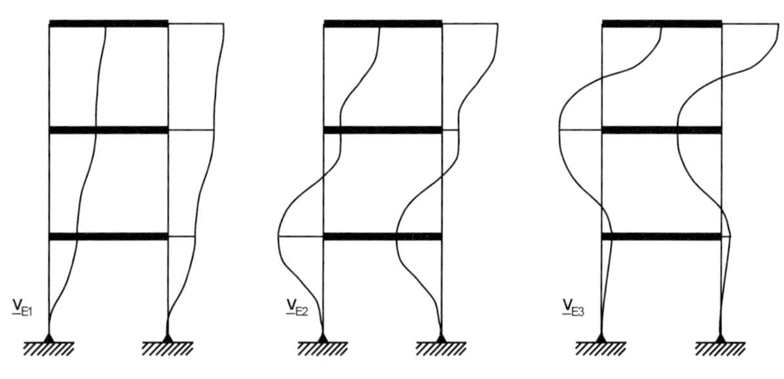

Bild 4.83 Eigenformen

Die generalisierten Massen $M_{gi} = \underline{v}_{Ei}^T \underline{M} \underline{v}_{Ei}$ zu den (N1-)normierten Knoten-Eigenvektoren sind

M_{g1}						
			2	0	0	0,50202
			0	1	0	0,86661
			0	0	0,5	1
0,50202	0,86661	1	1,0404	0,86661	0,5	1,75507

$$M_{g1} = 1,75507 \qquad M_{g2} = 1,83356 \qquad M_{g3} = 1,13017$$

Für die (N1-)normierte generalisierte Massenmatrix: $\underline{M}_g = \underline{V}^T \underline{M} \; \underline{V}$ wird

$$\underline{M}_g = \begin{bmatrix} 1,75507 & 0 & 0 \\ 0 & 11987,6 & 0 \\ 0 & 0 & 1,13017 \end{bmatrix}$$

Die (N1-)normierten generalisierten Steifigkeiten $K_{gi} = \underline{v}_{Ei}^T \underline{K} \; \underline{v}_{Ei}$ werden zusammengefaßt zur (N1-)normierten generalisierten Steifigkeitsmatrix: $\underline{K}_g = \underline{V}^T \; \underline{K} \; \underline{V}$

$$\underline{K}_g = \begin{bmatrix} 2283,5 & 0 & 0 \\ 0 & 11987,6 & 0 \\ 0 & 0 & 19415,8 \end{bmatrix}$$

(N2-)normierte Modalmatrix:

$$\underline{V}_{E1}^{N2} = \left[\underline{v}_{E1}^{N2}, \underline{v}_{E2}^{N2}, \underline{v}_{E3}^{N2}\right] \quad \text{mit} \quad \underline{v}_{E1}^{N2} = \frac{v_{Ei}}{\sqrt{M_{gi}}}$$

$$\underline{V}^{N2} = \begin{bmatrix} 0,37895 & -0,57793 & 0,14964 \\ 0,65415 & 0,2435 & -0,7161 \\ 0,75484 & 0,73851 & 0,94065 \end{bmatrix}$$

(N2-)normierte generalisierte Steifigkeitsmatrix:

$$\underline{K}_g^{N2} = \left(\underline{V}^{N2}\right)^T \underline{K}\underline{V}^{N2}$$

$$\underline{K}_{Eg}^{N2} = \begin{bmatrix} 1301,09 & 0 & 0 \\ 0 & 6537,91 & 0 \\ 0 & 0 & 17179,5 \end{bmatrix}$$

(N2-)normierte generalisierte Massenmatrix:

$$\underline{M}_g^{N2} = (\underline{V}^{N2})^T \underline{M}\underline{V}^{N2}; \qquad \underline{M}_g^{N2} = \underline{E} \ \left(\text{Einheitsmatrix}\right)$$

$$\underline{K}_g^{N2} = \underline{M}_g^{N2}\underline{\Lambda} = \underline{\Lambda}; \qquad \underline{\Lambda} \quad \text{Spektralmatrix}$$

Die Bewegungsgleichung nimmt mit $\underline{v}(t) = \underline{V}^{N2}\underline{q}(t)$ die Form

$$\underline{M}\underline{V}^{N2}\ddot{\underline{q}}(t) + \underline{K}\underline{V}^{N2}\underline{q}(t) = \underline{P}(t)$$

an und nach Linksmultiplikation mit $\left(\underline{V}^{N2}\right)^T$ zerfällt sie in n nicht mehr gekoppelte Einfreiheitsgradschwingungen

$$\ddot{\underline{q}}(t) + \underline{\Lambda}\underline{q}(t) = \underline{Q}(t)$$

$\underline{q}(t)$ sind die (N2-)Normalkoordinaten

$$Q(t) = (\underline{V}^{N2})^T \underline{P}(t)$$

- *Fall 1:* Erzwungene ungedämpfte Schwingung der Riegel in Normalkoordinaten

$$P_i(t) = P_{Ei}\cos(\Omega t)$$

Die vollständige Lösung für die Zeile i setzt sich zusammen aus $q_i(t) = q_i^H(t) + q_i^P(t)$, mit

$$q_i(t) = \left(\left(\underline{v}_{Ei}^{N2}\right)^T \underline{M}\underline{v}_0 - q_{0i}^P\right)\cos(\omega_i t) + \left(\left(\underline{v}_{Ei}^{N2}\right)^T \underline{M}\dot{\underline{v}}_0 - \dot{q}_{0i}^P\right)\frac{\sin(\omega_i t)}{\omega_i} q_i^P(t)$$

Mit den Anfangsbedingungen $\underline{v}_0 = \dot{\underline{v}}_0 = 0$ folgt

$$q_i(t) = \left(-q_{0i}^P\right)\cos(\omega_i t) + \left(-\dot{q}_{0i}^P\right)\frac{-\sin(\omega_i t)}{\omega_i} + q_i^P(t).$$

Die partikuläre Lösung in (N2-)Normalkoordinaten für die Zeile i lautet

$$\ddot{q}_i^P(t) + \omega_i^2 q_i^P(t) = Q_i(t)$$

Aus den Lasten in natürlichen Koordinaten $\underline{P}(t) = \underline{P}_{EJ}\cos(J\Omega t)$ werden die generalisierten Lasten gebildet

$$Q_i(t) = \left(\underline{v}_{Ei}^{N2}\right)^T \underline{P}(t)$$

für $i = 1$

$$\begin{bmatrix} 9 \\ 6 \\ 2 \end{bmatrix} \cdot \cos(\Omega t)$$

$$\begin{bmatrix} 0{,}37895 & 0{,}65415 & 0{,}75484 \end{bmatrix} \quad 8{,}845 \cdot \cos(\Omega t) = Q_1(t)$$

für $i = 2$

$$\begin{bmatrix} 9 \\ 6 \\ 2 \end{bmatrix} \cdot \cos(\Omega t)$$

$$\begin{bmatrix} -0{,}5779 & 0{,}2435 & 0{,}73851 \end{bmatrix} \quad -2{,}263 \cdot \cos(\Omega t) = Q_2(t)$$

für $i = 3$

$$\begin{bmatrix} 9 \\ 6 \\ 2 \end{bmatrix} \cdot \cos(\Omega t)$$

$$\begin{bmatrix} 0{,}14964 & -0{,}7161 & 0{,}94065 \end{bmatrix} \quad -1{,}068 \cdot \cos(\Omega t) = Q_3(t)$$

Die partikuläre Lösung lautet

$$q_i^P(t) = \frac{Q_i(t)}{\omega_i^2 - \Omega_i^2} \qquad i = 1,2,3$$

$$q_1^P(t) = \frac{8{,}845\cos(12t)}{36{,}071^2 - 12^2} = 0{,}0076447\cos(12t)$$

$$q_2^P(t) = \frac{-2{,}263\cos(12t)}{80{,}857^2 - 12^2} = -0{,}0003539\cos(12t)$$

$$q_3^P(t) = \frac{-1{,}068\cos(12t)}{131{,}071^2 - 12^2} = -0{,}00006269\cos(12t)$$

Die Anfangsbedingungen für die Partikulärlösung sind

$$q_{0i}^{P} = q_i^{P}(t=0) \qquad q_{01}^{P} = 0,0076447 \qquad q_{02}^{P} = 0,0003539 \qquad q_{03}^{P} = 0,0000672$$

$$\dot{q}_{0i}^{P} = \dot{q}_i^{P}(t=0) \qquad \dot{q}_{01}^{P} = 0 \qquad \dot{q}_{02}^{P} = 0 \qquad \dot{q}_{03}^{P} = 0$$

und damit die vollständige Lösung in (N2-)Normalkoordinaten

$$q_i(t) = \left(-q_{0i}^{P}\right)\cos(\omega_i t) + q_i^{P}(t),$$

$$q_1(t) = -0,0076447 \cos(36,071\ t) + 0,0076447 \cos(12\ t)$$
$$q_2(t) = \ 0,0003539 \cos(80,857\ t) - 0,0003539 \cos(12\ t)$$
$$q_3(t) = \ 0,0000627 \cos(131,07\ t) - 0,0000627 \cos(12\ t)$$

Die Lösung in natürlichen Koordinaten ist

$$\underline{v}(t) = \underline{V}^{N2}\underline{q}(t)$$

$$\begin{bmatrix} 0,37895 & -0,57793 & 0,14964 \\ 0,65145 & 0,24350 & -0,71610 \\ 0,75484 & 0,73851 & 0,94065 \end{bmatrix} \begin{bmatrix} -7,6447\cos(36,071\cdot t)+7,6447\cos(12\cdot t) \\ 0,3539\cos(80,857\cdot t)-0,3539\cos(12\cdot t) \\ 0,0627\cos(131,071\cdot t)-0,0627\cos(12\cdot t) \end{bmatrix}\cdot 10^{-3} = \begin{bmatrix} v_1(t) \\ v_2(t) \\ v_3(t) \end{bmatrix}$$

Damit ergibt sich z.B. die Verschiebungsfunktion des oberen Rahmenriegels $v_3(t)$, die in Bild 4.84 dargestellt ist.

$$\begin{aligned} v_3(t) = \ & 0,75484\cdot\left[-0,0076447\cos(36,071\cdot t)+0,0076447\cos(12\cdot t)\right]+ \\ & +0,73851\cdot\left[0,0003539\cos(80,857\cdot t)-0,0003539\cos(12\cdot t)\right]+ \\ & +0,94065\cdot\left[0,0000627\cos(131,071\cdot t)-0,0000627\cos(12\cdot t)\right] \end{aligned}$$

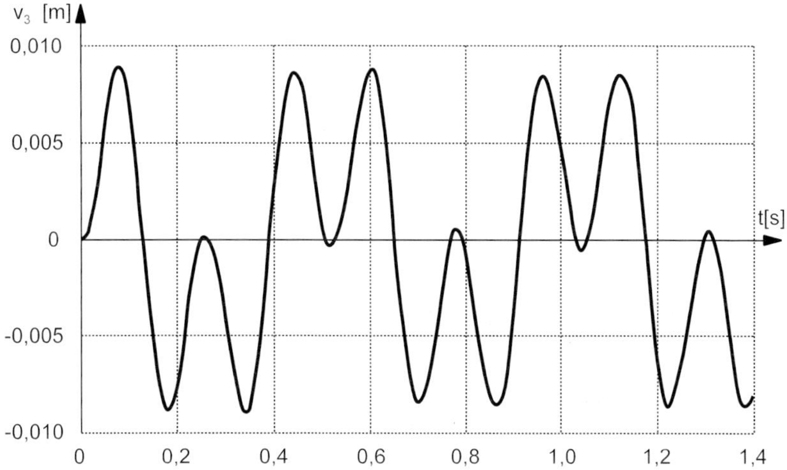

v_3 [m]
0,010
0,005
0
-0,005
-0,010
t[s]
0 0,2 0,4 0,6 0,8 1,0 1,2 1,4

Bild 4.84 Verschiebungsfunktion $v_3(t)$

- *Fall 2.1:* Freie ungedämpfte Schwingung

Die Lösung für die i-te (N2-)Normalkoordinate

$$q_i(t)=\left(\left(\underline{v}_{Ei}^{N2}\right)^T \underline{M}\underline{v}_0\right)\cos(\omega_i t)+\left(\left(\underline{v}_{Ei}^{N2}\right)^T \underline{M}\underline{\dot{v}}_0\right)\frac{\sin(\omega_i t)}{\omega_i}$$

mit den Anfangsbedingungen

$$\underline{v}(t=0)=\begin{bmatrix}0\\0\\0\end{bmatrix}[\mathrm{m}],\qquad \underline{\dot{v}}(t=0)=\begin{bmatrix}0\\0\\1\end{bmatrix}[\mathrm{m/s}]$$

ist für i = 1

$$\underbrace{\begin{bmatrix}2&0&0\\0&1&0\\0&0&0,5\end{bmatrix}}_{\underline{M}}\underbrace{\begin{bmatrix}0\\0\\1\end{bmatrix}}_{\underline{\dot{v}}_0}=\underbrace{\begin{bmatrix}0\\0\\0,5\end{bmatrix}}_{\underline{M}\underline{\dot{v}}_0}$$

$$\underbrace{\begin{bmatrix}0,37895 & 0,65415 & 0,75484\end{bmatrix}}_{\left(\underline{v}_{E1}^{N2}\right)^T}\qquad \left[0,3774\cdot\frac{1}{36,071}\sin(\omega_1 t)\right]=q_1(t)$$

$q_1(t)$ =0,010463 sin(36,071 t)

für i = 2
$q_2(t)$ =0,0045668 sin(80,857 t)

für i = 3
$q_3(t)$ =0,0035883 sin(131,071 t)

Für die freie ungedämpfte Schwingung in natürlichen Koordinaten folgt

$$\underline{v}(t)=\underline{v}(t)=\left(\underline{V}_{E1}^{N2}\right)^T\underline{q}(t)$$

$$\begin{bmatrix}0,37895 & -0,57793 & 0,14964\\0,65145 & 0,24350 & -0,71610\\0,75484 & 0,73851 & 0,94065\end{bmatrix}\begin{bmatrix}-0,0104630\sin(36,071\cdot t)\\0,0045688\cos(80,857\cdot t)\\0,0035883\cos(131,071\cdot t)\end{bmatrix}=\begin{bmatrix}v_1(t)\\v_2(t)\\v_3(t)\end{bmatrix}$$

Der Zeitverlauf des unteren Rahmenriegels ist in Bild 4.85 dargestellt.

$v_1(t)$ =0,003965 sin(36,071 t) - 0,002639 sin(80,857 t) + 0,0005369 sin(131,071 t).

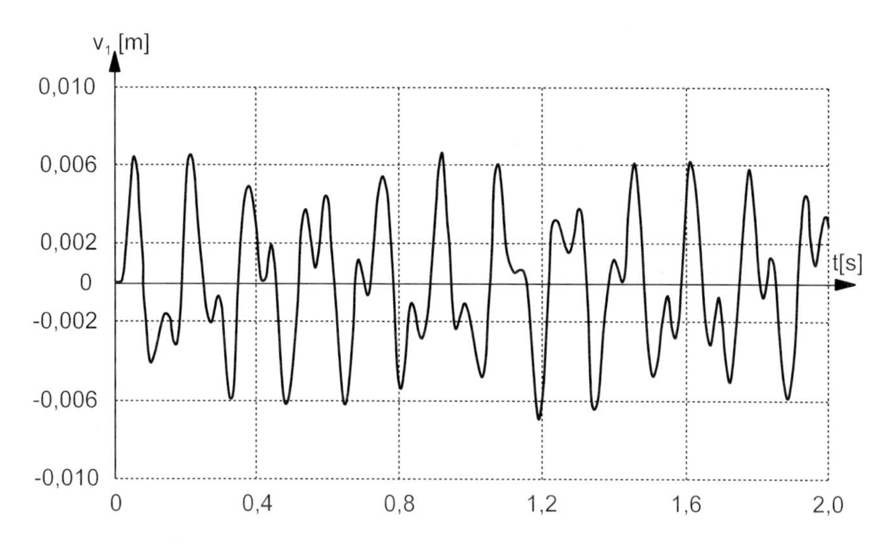

Bild 4.85 Verschiebungsfunktion $v_1(t)$

Mit Kenntnis des Zeitverlaufes des unteren Rahmenriegels können die Zeitverläufe der Randmomente der unteren Rahmenstiele angegeben werden, z.B. M(12, t).

$$\text{Stabdrehwinkel: } \vartheta_1(ik) = \frac{v_1(t)}{L(1)} \qquad L(1) = 2{,}5\,\text{m}$$

Für Knotendrehwinkel φ(i) = φ(k) = 0 ist das Randmoment

$$M(ik,t) = 6\,EI_s \frac{\vartheta(ik)}{L(i)^2}$$

$$M(12,t) = \frac{-6}{2{,}5} \cdot 4000 \frac{v_1(t)}{2{,}5}, \qquad M(12,t) = -3840 v_1(t)$$

• *Fall 2.2:* Freie gedämpfte Schwingung

Die Lösung für die i-te (N2-)Normalkoordinate der freien proportional gedämpften Schwingung

$$q_i(t) = e^{-\delta_i t}\left[(\underline{v}_{Ei}^{N2})^T \underline{M}\underline{v}_0 \cos(\omega_{Di} t) + (\underline{v}_{Ei}^{N2})^T \underline{M}(\dot{\underline{v}}_0 + \delta_i \underline{v}_0) \frac{\sin(\omega_{Di} t)}{\omega_{Di}} \right]$$

wird mit der Dämpfung $d_1 = d_2 = d_3 = 0{,}05$ und den Anfangsbedingungen

$$\underline{v}(t=0) = \begin{bmatrix} 0 \\ 0 \\ 0 \end{bmatrix} [\text{m}], \qquad \dot{\underline{v}}(t=0) = \begin{bmatrix} 0 \\ 0 \\ 1 \end{bmatrix} [\text{m/s}]$$

aufgestellt.

Die Eigenfrequenzen des gedämpften Systems sind

$$\omega_{Di} = \omega_i \sqrt{1-d_i^2}, \qquad \omega_{D1} = 36{,}071\sqrt{1-0{,}05^2} = 36{,}026$$

$$\omega_{D2} = 80{,}857\sqrt{1-0{,}05^2} = 80{,}756$$

$$\omega_{D3} = 131{,}071\sqrt{1-0{,}05^2} = 130{,}907$$

$$\delta_i = \omega_i \cdot d_i \qquad \delta_1 = 36{,}071 \cdot 0{,}05 = 1{,}8035$$

$$\delta_2 = 4{,}04285$$

$$\delta_3 = 6{,}55355$$

Damit folgt für

$$i = 1: \quad q_1(t) = e^{-1{,}8035\,t}\,[\,0{,}010476 \sin(36{,}026\,t)]$$

$$i = 2: \quad q_2(t) = e^{-4{,}04285\,t}\,[0{,}0045725 \sin(80{,}756\,t)]$$

$$i = 3: \quad q_3(t) = e^{-6{,}55355\,t}\,[0{,}0035928 \sin(130{,}907\,t)]$$

und die Zeitfunktionen für Verschiebungen (in natürlichen Koordinaten) sowie der Randmomente können daraus wie im Fall 2.1 ermittelt werden.

Für den Stockwerkrahmen gemäß Bild 4.82 werden statische Ersatzlasten der Antwortspektrenmethode ermittelt, die Grundlage für Erdbebennachweise bilden. Verwendet werden ein normiertes elastisches Antwortspektrum, siehe Bild 4.86, und folgende Faktoren nach Eurocode 8:

Bodenbeschleunigung	$a_g = 1{,}0\ m/s^2$	
Dämpfungskorrektur	$\eta = 1{,}0$ (bei 5% viskoser Dämpfung)	
Duktilitätskoeffizient	$q = 1{,}0$	
Bodenparameter	$S = 1{,}0$	
Exponenten	$k_1 = 1{,}0$	
	$k_2 = 2{,}0$	
Bereichsgrenzen mit konst. Spektralbeschleunigung		$T_B = 0{,}15$ s
		$T_C = 0{,}60$ s
Bereichsbeginn der konstanten Verschiebung im Spektrum		$T_D = 3{,}0$ s
Verstärkungsbeiwert für 5% viskose Dämpfung		$\beta_0 = 2{,}5$

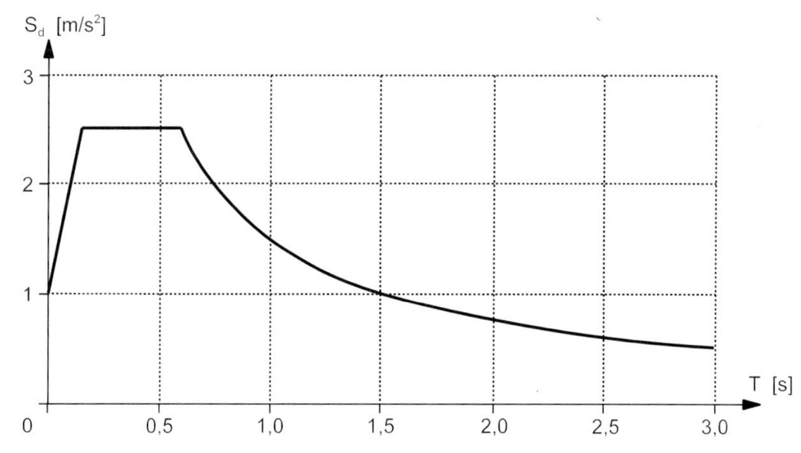

Bild 4.86 Antwortspektrum

Die Eigenwerte $\omega_{E1} = 36{,}071\ s^{-1}$ $f_{E1} = 5{,}741\ s^{-1}$ $T_{E1} = 0{,}1742\ s$
$\omega_{E2} = 80{,}857\ s^{-1}$ $f_{E2} = 12{,}869\ s^{-1}$ $T_{E2} = 0{,}0777\ s$
$\omega_{E3} = 131{,}07\ s^{-1}$ $f_{E3} = 20{,}86\ s^{-1}$ $T_{E3} = 0{,}0479\ s$

und die (N2-)normierten Eigenvektoren in der Modalmatrix

$$\underline{V}^{N2} = \left[\underline{v}_{E1}^{N2}, \underline{v}_{E2}^{N2}, \underline{v}_{E3}^{N2}\right] \qquad \text{mit } \underline{v}_{Ei}^{N2} = \frac{\underline{v}_{Ei}}{\sqrt{M_{gi}}}$$

$$\underline{V}^{N2} = \begin{bmatrix} 0{,}37895 & -0{,}57793 & 0{,}14964 \\ 0{,}65415 & 0{,}24350 & -0{,}71610 \\ 0{,}75484 & 0{,}73851 & 0{,}94065 \end{bmatrix}$$

werden zur Ermittlung der statischen Ersatzlasten für die i-te Eigenschwingung benötigt

$$\underline{H}_{Ei} = \underline{M}\,\underline{v}_{Ei}^{N2}(-k_i)S_d(\omega_i, d_i), \qquad k_i = \left(-\underline{v}_{Ei}^{N2}\right)^T \underline{M}\,\underline{Z}$$

Der Zuordnungsvektor $\underline{Z}$ wird mit

$$\underline{Z}^T = \{\,1 \quad 1 \quad 1\,\}$$

festgelegt. Die rechnerischen Spektralwerte S_d des normierten elastischen Antwortspektrums nach Eurocode 8 sind

$$S_d(0{,}1742) = 2{,}5$$
$$S_d(0{,}0777) = 1{,}777$$
$$S_d(0{,}0479) = 1{,}479$$

Die statischen Ersatzlasten sind

$$\underline{H}_{E,1} = \begin{bmatrix} 2 & 0 & 0 \\ 0 & 1 & 0 \\ 0 & 0 & 0{,}5 \end{bmatrix} \cdot \begin{bmatrix} 0{,}37895 \\ 0{,}65415 \\ 0{,}75484 \end{bmatrix} \cdot (-k_1) \cdot 2{,}5$$

$$k_1 = -[0{,}37895 \quad 0{,}65415 \quad 0{,}75484] \cdot \begin{bmatrix} 2 & 0 & 0 \\ 0 & 1 & 0 \\ 0 & 0 & 0{,}5 \end{bmatrix} \cdot \begin{bmatrix} 1 \\ 1 \\ 1 \end{bmatrix} = -1{,}78947$$

$$\underline{H}_{E,1} = \begin{bmatrix} 3{,}3906 \\ 2{,}9265 \\ 1{,}6885 \end{bmatrix}$$

$$\underline{H}_{E,2} = \begin{bmatrix} 2 & 0 & 0 \\ 0 & 1 & 0 \\ 0 & 0 & 0{,}5 \end{bmatrix} \cdot \begin{bmatrix} -0{,}57793 \\ 0{,}2435 \\ 0{,}73851 \end{bmatrix} \cdot (-k_2) \cdot 1{,}777$$

$$k_2 = -\begin{bmatrix} -0{,}57793 & 0{,}2435 & 0{,}73851 \end{bmatrix} \cdot \begin{bmatrix} 2 & 0 & 0 \\ 0 & 1 & 0 \\ 0 & 0 & 0{,}5 \end{bmatrix} \cdot \begin{bmatrix} 1 \\ 1 \\ 1 \end{bmatrix} = 0{,}543$$

$$\underline{H}_{E,2} = \begin{bmatrix} 1{,}1153 \\ -0{,}2350 \\ -0{,}3563 \end{bmatrix}$$

$$\underline{H}_{E,3} = \begin{bmatrix} 2 & 0 & 0 \\ 0 & 1 & 0 \\ 0 & 0 & 0{,}5 \end{bmatrix} \cdot \begin{bmatrix} 0{,}14964 \\ -0{,}7161 \\ 0{,}94065 \end{bmatrix} \cdot (-k_3) \cdot 1{,}479$$

$$k_3 = -\begin{bmatrix} 0{,}14964 & -0{,}7161 & 0{,}94065 \end{bmatrix} \cdot \begin{bmatrix} 2 & 0 & 0 \\ 0 & 1 & 0 \\ 0 & 0 & 0{,}5 \end{bmatrix} \cdot \begin{bmatrix} 1 \\ 1 \\ 1 \end{bmatrix} = -0{,}0535$$

$$\underline{H}_{E,3} = \begin{bmatrix} 0{,}0237 \\ -0{,}0567 \\ 0{,}0372 \end{bmatrix}$$

In Bild 4.87 sind die statischen Ersatzlasten für die drei Eigenformen angegeben. Die Ergebnisse der statischen Berechnung können wahrscheinlichkeitstheoretisch begründet, z.B. nach der SRSS-Vorschrift (square route of sum of square) superponiert werden.

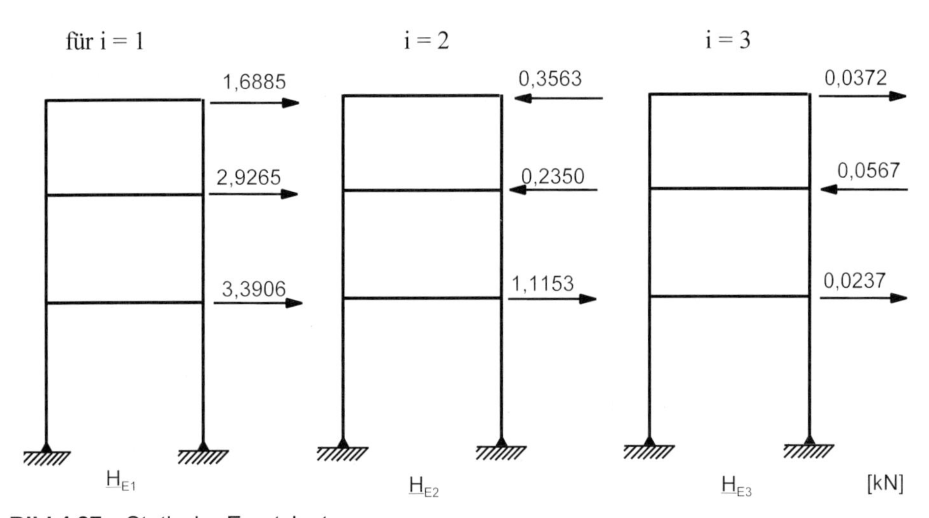

Bild 4.87 Statische Ersatzlasten

Beispiel 4.17 Für das in Bild 4.88 dargestellte (ungedämpfte) eben wirkende Stabsystem mit kontinuierlich verteilten Massen wird das Eigenwertproblem gelöst. Verglichen werden die algebraische und transzendente Lösung. Rotationsträgheiten und Querkraftgleitung werden vernachlässigt.

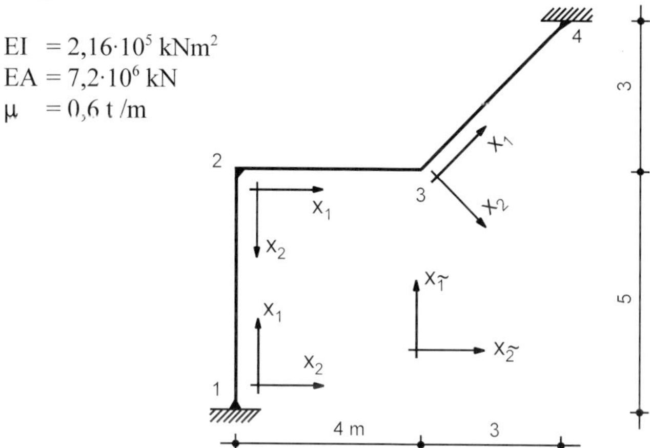

Bild 4.88 Eben wirkendes Stabsystem

Der Vektor der unbekannten Knotenverschiebungskomponenten ist

$$\underline{\tilde{v}}^T = \left[v_{\tilde{1}}(2), v_{\tilde{2}}(2), \varphi_{\tilde{3}}(2), v_{\tilde{1}}(3), v_{\tilde{2}}(3), \varphi_{\tilde{3}}(3) \right]$$

Zur Aufstellung der Systemsteifigkeitsmatrix wird das (dynamische) Gleichgewicht in globalen Koordinaten an den Knoten 2 und 3 gebildet. Es folgt die Systemsteifigkeitsmatrix

$$\underline{\tilde{K}} = \left[\begin{array}{c|c} \underline{\tilde{K}}(21,2) + \underline{\tilde{K}}(23,2) & \underline{\tilde{K}}(23,3) \\ \hline \underline{\tilde{K}}(32,2) & \underline{\tilde{K}}(32,3) + \underline{\tilde{K}}(34,3) \end{array} \right]$$

Für die Lösung des algebraischen Eigenwertproblems (Modell A) werden die Stabmassenmatrizen gemäß Abschn. 4.3.3 benötigt. Der Aufbau der Systemmassenmatrix ist

$$\underline{\tilde{M}} = \left[\begin{array}{c|c} \underline{\tilde{M}}(21,2) + \underline{\tilde{M}}(23,2) & \underline{\tilde{M}}(23,3) \\ \hline \underline{\tilde{M}}(32,2) & \underline{\tilde{M}}(32,3) + \underline{\tilde{M}}(34,3) \end{array} \right]$$

Die Stabsteifigkeits- und Stabmassenmatrizen in globalen Koordinaten sind für:

- Stab (12) $L(12) = 5$ m Transformationswinkel $\alpha(12) = 0°$

$$\underline{\tilde{K}}(21,2) = 10^5 \begin{bmatrix} 14{,}4 & 0 & 0 \\ 0 & 0{,}207 & -0{,}518 \\ 0 & -0{,}518 & 1{,}728 \end{bmatrix} \qquad \underline{\tilde{M}}(21,2) = \begin{bmatrix} 1 & 0 & 0 \\ 0 & \frac{39}{35} & -\frac{11}{14} \\ 0 & -\frac{11}{14} & \frac{5}{7} \end{bmatrix}$$

- Stab (23) L(23) = 4 m Transformationswinkel α(23) = 270°

$$\underline{\tilde{K}}(23,2) = 10^5 \begin{bmatrix} 0{,}405 & 0 & -0{,}81 \\ 0 & 18 & 0 \\ -0{,}81 & 0 & 2{,}16 \end{bmatrix} \qquad \underline{\tilde{M}}(23,2) = \begin{bmatrix} \frac{156}{175} & 0 & -\frac{88}{175} \\ 0 & \frac{4}{5} & 0 \\ -\frac{88}{175} & 0 & \frac{64}{175} \end{bmatrix}$$

$$\underline{\tilde{K}}(23,3) = 10^5 \begin{bmatrix} -0{,}405 & 0 & -0{,}81 \\ 0 & -18 & 0 \\ 0{,}81 & 0 & 1{,}08 \end{bmatrix} \qquad \underline{\tilde{M}}(23,3) = \begin{bmatrix} \frac{54}{175} & 0 & \frac{52}{175} \\ 0 & \frac{2}{5} & 0 \\ -\frac{52}{175} & 0 & -\frac{48}{175} \end{bmatrix}$$

$$\underline{\tilde{K}}(32,2) = 10^5 \begin{bmatrix} -0{,}405 & 0 & 0{,}81 \\ 0 & -18 & 0 \\ -0{,}81 & 0 & 1{,}08 \end{bmatrix} \qquad \underline{\tilde{M}}(32,2) = \begin{bmatrix} \frac{54}{175} & 0 & -\frac{52}{175} \\ 0 & \frac{2}{5} & 0 \\ \frac{52}{175} & 0 & -\frac{48}{175} \end{bmatrix}$$

$$\underline{\tilde{K}}(32,3) = 10^5 \begin{bmatrix} 0{,}405 & 0 & 0{,}81 \\ 0 & 18 & 0 \\ 0{,}81 & 0 & 2{,}16 \end{bmatrix} \qquad \underline{\tilde{M}}(32,3) = \begin{bmatrix} \frac{156}{175} & 0 & \frac{88}{175} \\ 0 & \frac{4}{5} & 0 \\ \frac{88}{175} & 0 & \frac{64}{175} \end{bmatrix}$$

- Stab (34) L(34) = $3\sqrt{2}$ m Transformationswinkel α(34) = 45°

$$\underline{\tilde{K}}(34,3) = 10^5 \begin{bmatrix} 8{,}655 & 8{,}316 & -0{,}509 \\ 8{,}316 & 8{,}655 & 0{,}509 \\ -0{,}509 & 0{,}509 & 2{,}036 \end{bmatrix} \qquad \underline{\tilde{M}}(23,2) = \begin{bmatrix} 0{,}897 & -0{,}048 & -0{,}4 \\ -0{,}048 & 0{,}897 & 0.4 \\ -0{,}4 & 0{,}4 & 0{,}4364 \end{bmatrix}$$

Damit folgen die Systemsteifigkeitsmatrix und die Systemmassenmatrix.

$$\underline{\tilde{K}} = 10^5 \begin{bmatrix} 14{,}805 & 0 & -0{,}81 & -0{,}405 & 0 & -0{,}81 \\ 0 & 18{,}207 & -0{,}518 & 0 & -18 & 0 \\ -0{,}81 & -0{,}518 & 3{,}888 & 0{,}81 & 0 & 1{,}08 \\ -0{,}405 & 0 & 0{,}81 & 9{,}06 & 8{,}316 & 0{,}301 \\ 0 & -18 & 0 & 8{,}316 & 26{,}655 & 0{,}509 \\ -0{,}81 & 0 & 1{,}08 & 0{,}301 & 0{,}509 & 4{,}196 \end{bmatrix}$$

$$\underline{\tilde{M}} = \begin{bmatrix} 1{,}8914 & 0 & -0{,}5029 & 0{,}3086 & 0 & 0{,}297 \\ 0 & 1{,}9143 & -0{,}7857 & 0 & 0{,}4 & 0 \\ -0{,}5029 & -0{,}7857 & 1{,}08 & -0{,}2971 & 0 & -0{,}2743 \\ 0{,}3086 & 0 & -0{,}2971 & 1{,}788 & -0{,}0485 & 0{,}1029 \\ 0 & 0{,}4 & 0 & -0{,}0485 & 1{,}697 & 0{,}4 \\ 0{,}2971 & 0 & -0{,}2743 & 0{,}1029 & 0{,}4 & 0{,}8021 \end{bmatrix}$$

Die Lösung des Eigenwertproblems $\left(\underline{\tilde{K}} - \omega^2 \cdot \underline{\tilde{M}}\right)\underline{\tilde{v}} = 0$ sind die Eigenkreisfrequenzen

$$\underline{\omega}_E^T = [110{,}44;\ 453{,}96;\ 759{,}12;\ 1001{,}21;\ 1015{,}79\ \ldots]\,s^{-1}$$

Durch eine feinere Diskretisierung mit 13 Knoten wird eine Verbesserung der Ergebnisse für die höheren Eigenkreisfrequenzen erreicht

$$\underline{\omega}_E^T = [109{,}86;\ 375{,}33;\ 517{,}69;\ 702{,}70;\ 916{,}31\ \ldots]\,s^{-1}$$

Bei der Eigenwertanalyse des Systems gemäß Bild 4.88 mit Modell B (kontinuierlich verteilte Massen) ist die dynamische Systemsteifigkeitsmatrix analog der von Modell A (statische Steifigkeitsmatrix) aufgebaut. Die Belegung der Elemente der lokalen dynamischen Stabsteifigkeitsmatrix ist in Abschn. 4.3.3 angegeben. Die Bestimmungsgleichung $\det\left|\underline{\tilde{K}}(\omega)\right| = 0$ bzw. die Determinantenfunktion, siehe Bild 4.89, führen auf die Eigenkreisfrequenzen

$$\underline{\omega}_E^T = [110{,}03;\ 377{,}73;\ 521{,}20;\ 705{,}84;\ 918{,}86\ \ldots]\,s^{-1}$$

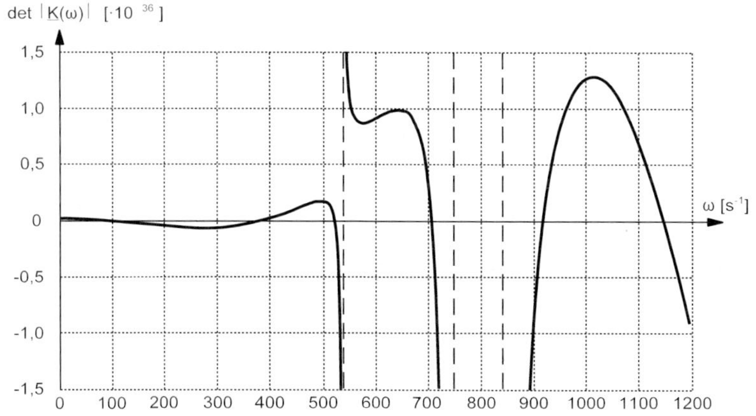

Bild 4.89 Determinantenfunktion

Die dynamische Systemsteifigkeitsmatrix für die Kreisfrequenz $\omega = 110{,}0344\ s^{-1}$ (nahe der kleinsten Eigenkreisfrequenz des Systems) ist

$$\underline{\tilde{K}} = 10^6 \begin{bmatrix} 1{,}457 & 0 & -0{,}075 & -0{,}044 & 0 & -0{,}085 \\ 0 & 1{,}797 & -0{,}042 & 0 & -1{,}805 & 0 \\ -0{,}075 & -0{,}042 & 0{,}375 & 0{,}085 & 0 & 0{,}111 \\ -0{,}044 & 0 & 0{,}085 & 0{,}884 & 0{,}832 & 0{,}029 \\ 0 & -1{,}805 & 0 & 0.832 & 2{,}645 & 0{,}046 \\ -0{,}085 & 0 & 0{,}111 & 0{,}029 & 0{,}046 & 0{,}410 \end{bmatrix} \qquad \det|\underline{\tilde{K}}| = -2{,}237 \cdot 10^{28}$$

Der Determinantenwert für die Kreisfrequenz $\omega = 110{,}0343\ s^{-1}$ ist $1{,}975 \cdot 10^{28}$.

Zu den ersten drei Eigenkreisfrequenzen gehören die (N1)-normierten Knoten-Eigenvektoren

$$\underline{\tilde{v}}_{E1}(2) = \begin{bmatrix} -0{,}004 \\ 1 \\ 0{,}371 \end{bmatrix} \qquad \underline{\tilde{v}}_{E2}(2) = \begin{bmatrix} -0{,}095 \\ -0{,}091 \\ 1 \end{bmatrix} \qquad \underline{\tilde{v}}_{E3}(2) = \begin{bmatrix} 0{,}216 \\ -0{,}060 \\ 0{,}027 \end{bmatrix}$$

$$\underline{\tilde{v}}_{E1}(3) = \begin{bmatrix} -0{,}960 \\ 0{,}987 \\ -0{,}144 \end{bmatrix} \qquad \underline{\tilde{v}}_{E2}(3) = \begin{bmatrix} -0{,}221 \\ 0{,}002 \\ -0{,}606 \end{bmatrix} \qquad \underline{\tilde{v}}_{E3}(3) = \begin{bmatrix} -0{,}142 \\ 0{,}068 \\ 1 \end{bmatrix}$$

In Bild 4.90 sind die ersten beiden Eigenformen skizziert.

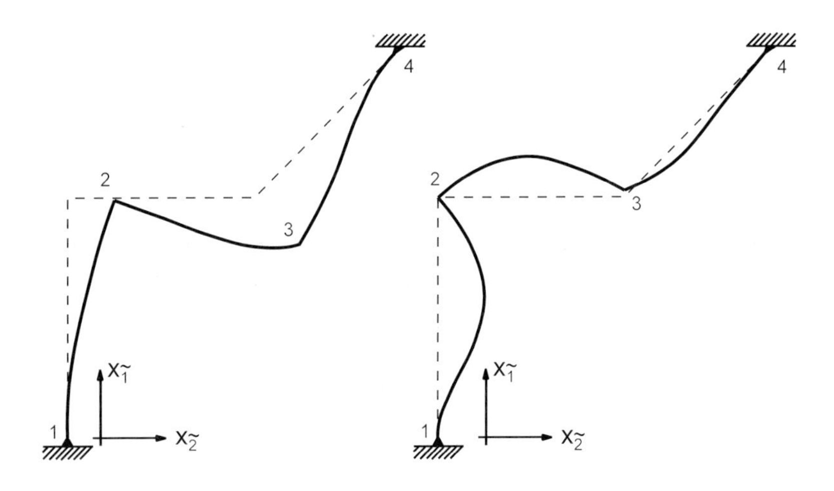

Bild 4.90 Erste Eigenform (links), zweite Eigenform (rechts)

Beispiel 4.18 Für das in Bild 4.91 dargestellte (ungedämpfte) Stabsystem mit kontinuierlicher Masseverteilung μ werden die unteren Eigenkreisfrequenzen für die symmetrische und antimetrische Schwingform berechnet und mit Näherungen für die Eigenkreisfrequenzen eines diskretisierten Systems verglichen. Weiter werden die Zeitfunktionen für die Verschiebungen des Knotens 1 infolge einer harmonischen Einwirkung (stationäre Schwingung nach Abschluß des Einschwingvorganges) berechnet.

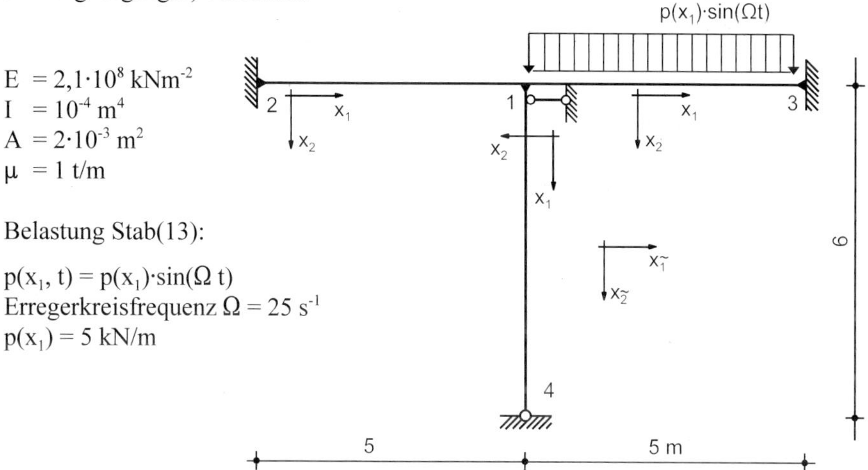

Bild 4.91 Stabsystem mit kontinuierlicher Masseverteilung

Das transzendente Eigenwertproblem $\left[\underline{\tilde{K}}(\omega) - \omega^2\,\underline{\tilde{M}}\right]\underline{\tilde{v}} = 0$ mit der Bestimmungsgleichung

$$\det\left|\underline{\tilde{K}}(\omega) - \omega^2\,\underline{\tilde{M}}\right| = 0$$

enthält den Vektor der unbekannten Knotenverschiebungen

$$\underline{\tilde{v}} = \begin{bmatrix} v_{\tilde{1}}(1) \\ v_{\tilde{2}}(1) \\ \varphi_{\tilde{3}}(1) \end{bmatrix}$$

Aus den (dynamischen) Knotengleichgewichtsbedingungen und den Randschnittkraft-Knotenverschiebungs-Abhängigkeiten folgt der Aufbau der dynamischen Systemsteifigkeitsmatrix

$$\underline{\tilde{K}}(\omega) = \underline{\tilde{K}}(12,1) + \underline{\tilde{K}}(13,1) + \underline{\tilde{K}}(14,1)$$

$$\underline{\tilde{M}} = 0 \quad \text{keine (zusätzlichen) diskreten Massen}$$

Die Steifigkeitsmatrizen für Stäbe mit kontinuierlicher Masseverteilung, siehe Abschn. 4.3.3 (Modell B), mit den Abkürzungen

$$\varepsilon(ik) = L(ik)\sqrt[2]{\frac{\mu(ik)\,\omega^2}{EA}}, \quad \lambda(ik) = L(ik)\sqrt[4]{\frac{\mu(ik)\,\omega^2}{EI}}$$

und die Transformationswinkel $\alpha(12) = \alpha(13) = 0$ und $\alpha(14) = -90°$ führen auf die dynamische

Systemsteifigkeitsmatrix in globalen Koordinaten. Der formale Aufbau der Matrix ist

$$\tilde{\underline{K}}(\omega) = \begin{bmatrix} k_{11}(\omega) & 0 & k_{13}(\omega) \\ 0 & k_{22}(\omega) & 0 \\ k_{31}(\omega) & 0 & k_{33}(\omega) \end{bmatrix}$$

Die vorgeschriebene Verschiebung am Knoten 1 wird durch die Reduktion des Vektors der unbekannten Knotenverschiebungskomponenten

$$\tilde{\underline{v}} = \begin{bmatrix} v_{\bar{1}}(1) \\ v_{\bar{2}}(1) \\ \varphi_{\bar{3}}(1) \end{bmatrix} = \begin{bmatrix} 0 \\ v_{\bar{2}}(1) \\ \varphi_{\bar{3}}(1) \end{bmatrix}$$

berücksichtigt. Dies führt zum Streichen der ersten Zeile und ersten Spalte der dynamischen Systemsteifigkeitsmatrix

$$\tilde{\underline{K}}_{red}(\omega) = \begin{bmatrix} k_{22}(\omega) & 0 \\ 0 & k_{33}(\omega) \end{bmatrix}$$

Die Elemente der reduzierten dynamischen Systemsteifigkeitsmatrix sind

$$\begin{aligned} k_{22}(\omega) = {} & \frac{EI\lambda^3(12)}{L^3(12)} \cdot \frac{\Phi_1(12)\,\Phi_2(12) - \Phi_3(12)\,\Phi_4(12)}{\Phi_3^2(12) - \Phi_1(12)\,\Phi_4(12)} + && \text{Stab}(12) \\ & + \frac{EI\lambda^3(13)}{L^3(13)} \cdot \frac{\Phi_1(13)\,\Phi_2(13) - \Phi_3(13)\,\Phi_4(13)}{\Phi_3^2(13) - \Phi_1(13)\,\Phi_4(13)} + && \text{Stab}(13) \\ & + \frac{EA\,\varepsilon(14)}{\tan\varepsilon(14)} && \text{Stab}(14) \end{aligned}$$

$$\begin{aligned} k_{33}(\omega) = {} & \frac{EI\lambda(12)}{L(12)} \cdot \frac{\Phi_2(12)\,\Phi_3(12) - \Phi_1(12)\,\Phi_4(12)}{\Phi_3^2(12) - \Phi_2(12)\,\Phi_4(12)} + && \text{Stab}(12) \\ & + \frac{EI\lambda(13)}{L(13)} \cdot \frac{\Phi_2(13)\,\Phi_3(13) - \Phi_1(13)\,\Phi_4(13)}{\Phi_3^2(13) - \Phi_2(13)\,\Phi_4(13)} + && \text{Stab}(13) \\ & + \frac{EI\lambda(14)}{L(14)} \cdot \frac{\Phi_2^2(14) - \Phi_4^2(14)}{\Phi_2(14)\Phi_3(14) - \Phi_1(14)\,\Phi_4(14)} && \text{Stab}(14) \end{aligned}$$

$\Phi_1 \ldots \Phi_4$ siehe Abschn. 4.3.3

Die Bestimmungsgleichung $\det\left|\tilde{\underline{K}}(\omega)\right| = 0 = k_{22} \cdot k_{33}$ hat die Lösungen

$k_{22} = 0$, die zu symmetrischen Schwingungen gehören, d.h., $v_{\bar{2}}(1) \neq 0$ und $\varphi_{\bar{3}}(1) = 0$ und
$k_{33} = 0$, die zu antimetrischen Schwingungen gehören, d.h., $\varphi_{\bar{3}}(1) \neq 0$ und $v_{\bar{2}}(1) = 0$.

In den Bildern 4.92 und 4.93 ist der Verlauf der Determinantenfunktionen $\det\left|\underline{\tilde{K}}(\omega)\right|$ entkoppelt dargestellt. Bild 4.94 zeigt die beiden unteren Eigenformen.

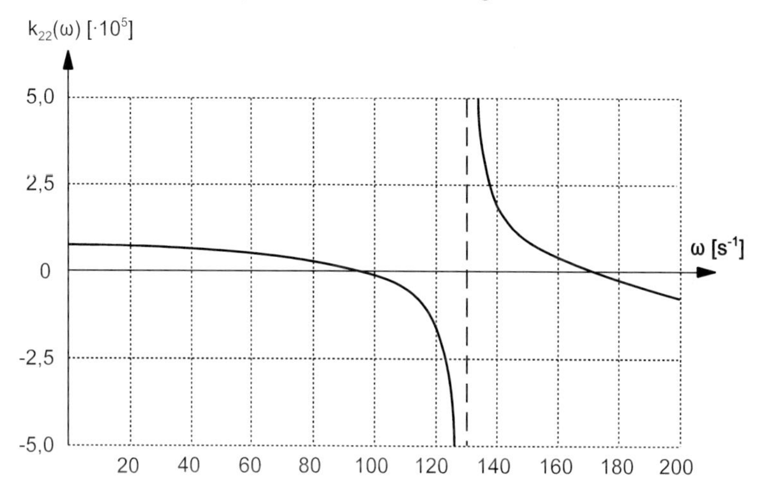

Bild 4.92 Determinantenfunktion, symmetrische Eigenform

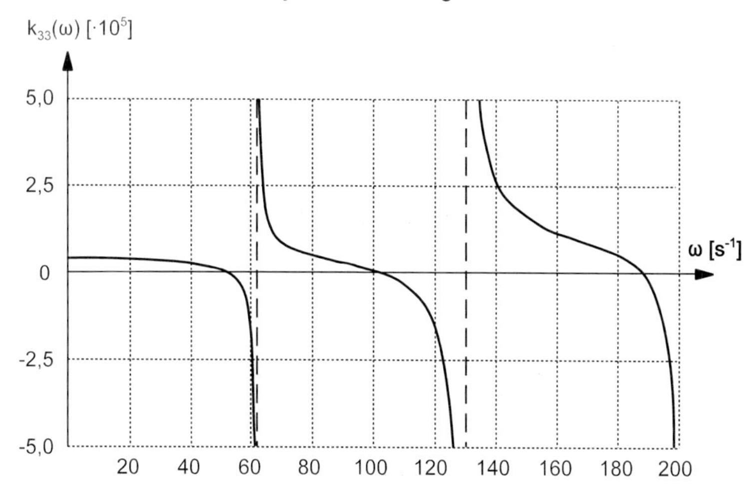

Bild 4.93 Determinantenfunktion, antimetrische Eigenform

Zur ersten antimetrischen Eigenschwingung gehört die Eigenkreisfrequenz $\omega_{E1} = 52{,}466\ s^{-1}$ und zur ersten symmetrischen Eigenschwingung $\omega_{E2} = 96{,}201\ s^{-1}$. Die Eigenkreisfrequenz $\omega_{E3} = 102{,}4\ s^{-1}$ gehört zu der zweiten antimetrischen Eigenschwingung und $\omega_{E4} = 173{,}2\ s^{-1}$ zur zweiten symmetrischen Eigenschwingung.

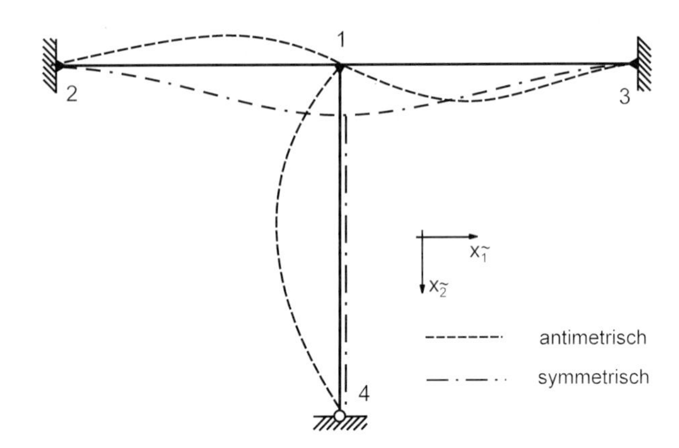

Bild 4.94 Eigenformen

Näherungswerte für die beiden unteren Eigenkreisfrequenzen werden für ein diskretisiertes Modell ermittelt. Die drei Stäbe (12), (13) und (14) werden als masselose Stäbe betrachtet und das zugeordnete lineare algebraische Eigenwertproblem

$$\left(\underline{\tilde{K}} - \omega^2\, \underline{\tilde{M}}\right)\underline{\tilde{v}} = 0$$

mit dem reduzierten Vektor der unbekannten Knotenverschiebungen und der (statischen) Steifigkeitsmatrix $\underline{K}$ gemäß Abschn. 4.2 aufgestellt. Die reduzierte Form des linearen algebraischen Eigenwertproblems ist

$$\left(\underline{\tilde{K}}_{red} - \omega^2\, \underline{\tilde{M}}_{red}\right)\underline{\tilde{v}}_{red} = 0$$

mit $\quad \underline{\tilde{v}}_{red} = \begin{bmatrix} v_{\tilde 2}(1) \\ \varphi_{\tilde 3}(1) \end{bmatrix}$ und $\underline{\tilde{K}}_{red} = \underline{\tilde{K}}_{red}(12,1) + \underline{\tilde{K}}_{red}(13,1) + \underline{\tilde{K}}_{red}(14,1)$

und

$$\underline{\tilde{K}}_{red} = \begin{bmatrix} 2\cdot 12\dfrac{EI}{5^3} + \dfrac{EA}{6} & 0 \\ 0 & 2\cdot 4\dfrac{EI}{5} + 3\dfrac{EI}{6} \end{bmatrix} = \begin{bmatrix} 74032 & 0 \\ 0 & 44100 \end{bmatrix}$$

Für die Systemmassenmatrix gilt $\underline{\tilde{M}} = \underline{\tilde{M}}(12,1) + \underline{\tilde{M}}(13,1) + \underline{\tilde{M}}(14,1)$

und die entsprechende reduzierte Form $\underline{\tilde{M}}_{red} = \begin{bmatrix} M_{22} & 0 \\ 0 & M_{33} \end{bmatrix}$

Die Anteile der Querschwingungen der Stäbe (12) und (13) führen auf entsprechende Anteile für M_{22} aus $\underline{M}(ik,i)$, d.h. $M_{22}(12,1) = M_{22}(13,1) = (13\,/\,35)\ \mu\ L$. Für die symmetrische Schwingung kommt der Term der Längsschwingung des Stabes (14) hinzu, d.h. $M_{22}(14,1) = (1/3)\ \mu L$.

$$M_{22} = \frac{13}{35}\mu L(12) + \frac{13}{35}\mu L(13) + \frac{1}{3}\mu L(14) = 2\cdot\left(\frac{13}{35}\cdot 1\cdot 5\right) + \frac{1}{3}\cdot 1\cdot 6 = 5{,}714\,t$$

Das Element M_{33} der Massenmatrix $\underline{\tilde{M}}_{red}$ setzt sich aus den Anteilen der Stabmassenmatrizen der Stäbe (12), (13) und (14) zusammen, siehe Abschn. 4.3.3.

$$M_{33} = \frac{1}{105}\mu L(12)^3 + \frac{1}{105}\mu L(13)^3 + \frac{2}{105}\mu L(14)^3 = \frac{2}{105}\left(1 \cdot 5^3 + 1 \cdot 6^3\right) = 6{,}495 \text{ tm}^2$$

Die Elemente der reduzierten Steifigkeits- und Massenmatrizen $\underline{\tilde{K}}_{red}$ und $\underline{\tilde{M}}_{red}$ sind entkoppelt. Die Eigenkreisfrequenzen des Modells mit diskretisierten Massen sind:

– antimetrische Schwingung $\qquad \omega_{E1} = \sqrt{\dfrac{44100}{6{,}495}} = 82{,}40 \text{ s}^{-1}$

– symmetrische Schwingung $\qquad \omega_{E2} = \sqrt{\dfrac{74032}{5{,}714}} = 113{,}8 \text{ s}^{-1}$

Die Eigenkreisfrequenzen eines grob diskretisierten Systems können als Startwerte für die Determinantenabsuche der unteren Eigenwerte des transzendenten Problems benutzt werden. Werden Startwerte für höhere Eigenwerte benötigt, muß ein diskretisiertes Modell mit mehr Freiheitsgraden verwendet werden. Das gelingt z.B. durch Einführung zusätzlicher Knoten.

Für eine erzwungene stationäre Schwingung, d.h. wenn der Einschwingvorgang abgeschlossen ist, wird die Zeitfunktionen für die Verschiebungen des Knotens 1 infolge einer harmonischen Einwirkung ermittelt.

Das dynamisches Knotengleichgewicht lautet

$$\left\{\left[\underline{\tilde{P}}(\Omega) - \underline{\overset{\circ}{\tilde{F}}}(\Omega)\right] - \left[\underline{\tilde{K}}(\Omega) - \underline{\tilde{M}}\,\Omega^2\right]\underline{\tilde{v}}\right\}\sin(\Omega t) = 0; \qquad \underline{\tilde{v}} \cdot \sin(\Omega t) = \underline{\tilde{v}}(t)$$

Betrachtet wird das Modell mit kontinuierlicher Masseverteilung ohne zusätzliche Knotenmassen. Da hier keine Knotenlasten vorhanden sind, ist $\underline{\tilde{P}} = 0$.

Für das lineare algebraische Gleichungssystem der unbekannten Verschiebungsamplituden

$$\underline{\tilde{K}}(\Omega)\,\underline{\tilde{v}}(\Omega) + \underline{\overset{\circ}{\tilde{F}}}(\Omega) = 0 \text{ für } \underline{\tilde{v}}(\Omega) = \begin{bmatrix} v_{\bar{2}}(1,\Omega) \\ \varphi_{\bar{3}}(1,\Omega) \end{bmatrix}$$

ist der Vektor der Randschnittkräfte des kinematisch bestimmt gelagerten Stabes für eine Transversalschwingung

$$\underline{\overset{\circ}{\tilde{F}}}(\Omega) = \begin{bmatrix} \overset{\circ}{F}_{\bar{2}}(\Omega) \\ \overset{\circ}{M}_{\bar{3}}(\Omega) \end{bmatrix} \qquad \lambda(ik) = L(ik)\sqrt[4]{\frac{\mu(ik)\Omega^2}{EI(ik)}}\;;\; \varepsilon(ik) = L(ik)\sqrt[2]{\frac{\mu(ik)\Omega^2}{EA(ik)}}$$

aufzustellen.

Mit $\lambda_1 = \lambda(12) = \lambda(13)$, $\varepsilon_1 = \varepsilon(12) = \varepsilon(13)$, $\lambda_2 = \lambda(14)$, $\varepsilon_2 = \varepsilon(14)$ und

$$\lambda_1 = 5\sqrt[4]{\frac{1\cdot 25^2}{2{,}1\cdot 10^4}} = 2{,}077 \qquad \varepsilon_1 = 5\sqrt[2]{\frac{1\cdot 25^2}{2\cdot 2{,}1\cdot 10^5}} = 0{,}193$$

$$\lambda_2 = 6\sqrt[4]{\frac{1\cdot 25^2}{2{,}1\cdot 10^4}} = 2{,}492 \qquad \varepsilon_2 = 6\sqrt[2]{\frac{1\cdot 25^2}{2\cdot 2{,}1\cdot 10^5}} = 0{,}231$$

können die Randschnittkräfte des kinematisch bestimmt gelagerten Stabes (13) im globalen Koordinatensystem angegeben werden

$$\overset{o}{F}_{\bar{2}}(13) = \frac{p\cdot L}{\lambda(13)}\left[\frac{\Phi_2(13)\left[\Phi_1(13)-1\right]-\Phi_3(13)\,\Phi_4(13)}{\Phi_3^2(13)-\Phi_1(13)\,\Phi_4(13)}\right] = -12{,}7797\,\text{kN}$$

$$\overset{o}{M}_{\bar{3}}(13) = \frac{p\cdot L^2}{\lambda^2(13)}\left[\frac{\Phi_3(13)\left[\Phi_1(13)-1\right]-\Phi_4^2(13)}{\Phi_3^2(13)-\Phi_1(13)\,\Phi_4(13)}\right] = -10{,}718\,\text{kNm}$$

Gelöst wird das lineare algebraische Gleichungssystem

$$\begin{bmatrix} k_{22} & 0 \\ 0 & k_{33}\end{bmatrix}\begin{bmatrix} v_{\bar{2}}(1) \\ \varphi_{\bar{3}}(1)\end{bmatrix} = -\begin{bmatrix} \overset{o}{F}_{\bar{2}}(13) \\ \overset{o}{M}_{\bar{3}}(13)\end{bmatrix} \qquad \begin{bmatrix} 70412{,}1 & 0 \\ 0 & 39547{,}9\end{bmatrix}\begin{bmatrix} \hat{v}_{\bar{2}}(1) \\ \hat{\varphi}_{\bar{3}}(1)\end{bmatrix} = -\begin{bmatrix} -12{,}835 \\ -10{,}776\end{bmatrix}$$

Nach Abschluß des Einschwingvorganges sind die Knotenverschiebungen (siehe Bild 4.95):

$$v_{\bar{1}}(1,t) = 0, \qquad v_{\bar{2}}(1,t) = 1{,}823\cdot 10^{-4}\sin(25t), \qquad \varphi_{\bar{3}}(1,t) = 2{,}725\cdot 10^{-4}\sin(25t)$$

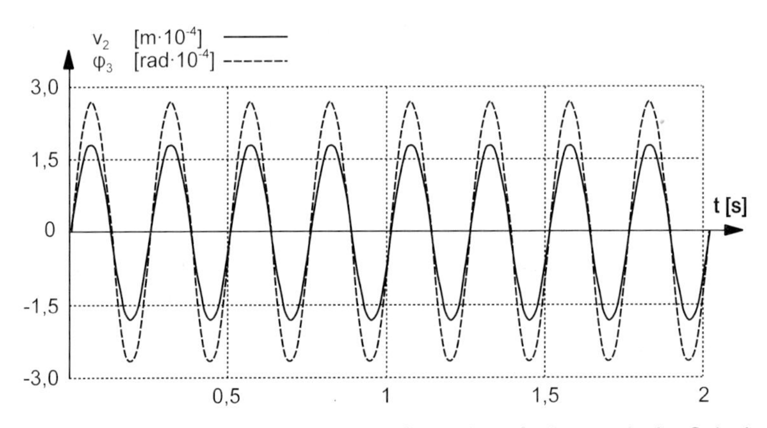

Bild 4.95 Zeitfunktion Knotenverschiebungen (ungedämpfte harmonische Schwingung)

Mit Kenntnis des Vektors der Knotenverschiebungen können über die dynamischen Randschnittkraft- Knotenverschiebungs-Abhängigkeiten die Randschnittkräfte der Stäbe und mit der Differentialgleichung (2.96) anschließend die Querkräfte bzw. Biegemomente im Stab ermittelt werden. Für die Längskräfte gilt die Differentialgleichung (2.116).

4.4 Geometrisch nichtlineare Statik

Die Lösungsalgorithmen und Steifigkeitsbeziehungen der Deformationsmethode sind auf geometrisch und physikalisch nichtlineare Tragwerksanalysen übertragbar. Das lineare Superpositionsprinzip ist für nichtlinear formulierte Aufgaben nicht mehr gültig. Die nichtlinearen Aufgaben werden mit Iterations- und Linearisierungstechniken gelöst.

Betrachtet wird zunächst die geometrisch (oder kinematisch) nichtlineare Analyse bei linear elastischem Materialverhalten. Die Gleichgewichtsformulierungen für eine verformte Tragstruktur sind von den (unbekannten) Verschiebungen abhängig. Endliche Größen der Verschiebungen und Verzerrungen führen zu nichtlinearen kinematischen Beziehungen (Verzerrungs-Verschiebungs-Abhängigkeiten).

4.4.1 Elastizitätstheorie II. Ordnung

Mit dem Begriff Elastizitätstheorie II. Ordnung werden unterschiedlich weitgehende geometrisch nichtlineare, physikalisch lineare Näherungslösungen assoziiert, z.B.:

- Elastizitätstheorie II. Ordnung, kleine Verschiebungen, kleine Verzerrungen
- Elastizitätstheorie II. Ordnung, große Translationsverschiebungen, mäßig große Rotationen, kleine Verzerrungen
- Elastizitätstheorie II. Ordnung, große Verschiebungen, kleine Verzerrungen
- Elastizitätstheorie II. Ordnung, große Verschiebungen, große Verzerrungen

Bleiben die Verschiebungen in der Größenordnung der Querschnittsabmessungen, ist eine Theorie kleiner Verschiebungen gerechtfertigt. Eine scharfe Abgrenzung kleine/große Verschiebungen kann nicht postuliert werden.

Das lineare Gleichungssystem der Deformationsmethode (4.30) wird nun nichtlinear formuliert, d.h., Systemsteifigkeitsmatrix und kinematisch bestimmte Randschnittkraftvektoren sind vom unbekannten Verformungszustand abhängig.

$$\underline{\tilde{K}}(\underline{\tilde{v}}) \cdot \underline{\tilde{v}} = \underline{\tilde{P}} - \mathring{\underline{\tilde{F}}}(\underline{\tilde{v}}) \qquad (4.238)$$

Die Lösung ist iterativ möglich. In einem 0-ten Iterationsschritt werden die Verschiebungen und Kräfte aus den Gleichgewichtsbedingungen am unverformten System berechnet.

0. Schritt: Berechnung nach Elastizitätstheorie I. Ordnung, siehe Abschn. 4.2,

$$\underline{\tilde{v}}^{[0]} = \underline{\tilde{K}}^{-1} \cdot (\underline{\tilde{P}} - \mathring{\underline{\tilde{F}}}) \qquad (4.239)$$

1. Schritt: Mit den Verschiebungen $\underline{\tilde{v}}^{[0]}$ werden veränderte Steifigkeiten $\underline{\tilde{K}}^{[0]}$ und Randschnittkräfte $\mathring{\underline{\tilde{F}}}^{[0]}$ ermittelt und die neuen Verschiebungen berechnet

$$\underline{\tilde{v}}^{[1]} = (\underline{\tilde{K}}^{[0]})^{-1} \cdot (\underline{\tilde{P}} - \mathring{\underline{\tilde{F}}}^{[0]}) \qquad (4.240)$$

2. Schritt: Mit den Verschiebungen $\underline{\tilde{v}}^{[1]}$ werden veränderte Steifigkeiten $\underline{\tilde{K}}^{[1]}$ und Randschnittkräfte $\mathring{\underline{\tilde{F}}}^{[1]}$ ermittelt und die neuen Verschiebungen berechnet

$$\underline{\tilde{v}}^{[2]} = (\underline{\tilde{K}}^{[1]})^{-1} \cdot (\underline{\tilde{P}} - \underline{\mathring{\tilde{F}}}^{[1]}) \qquad \text{usw.} \tag{4.241}$$

Die veränderten Steifigkeiten $\underline{\tilde{K}}^{[n]}$ können transzendent oder algebraisch in der Form

$$\underline{\tilde{K}}^{[n]} = \underline{\tilde{K}} + \Delta\underline{\tilde{K}}^{[n]} \tag{4.242}$$

entwickelt werden. Die Iteration wird abgebrochen, wenn eine vorzugebende Genauigkeit für die Änderung der Kräfte oder Verschiebungen erreicht wird. Bei einem komponentenweisen Vergleich der Kräfte und Verschiebungen zweier aufeinanderfolgender Iterationsschritte werden die Änderungen kleinerer Komponenten überrepräsentiert. Als Abbruchkriterium wird die Bildung der Norm der Komponenten der Kräfte empfohlen.

Die Auswertung der Gleichgewichtsbedingungen am verformten System führt bei Laststeigerung auf eine nichtlineare Abhängigkeit der Verschiebung v von den Last P, siehe Bild 4.96.

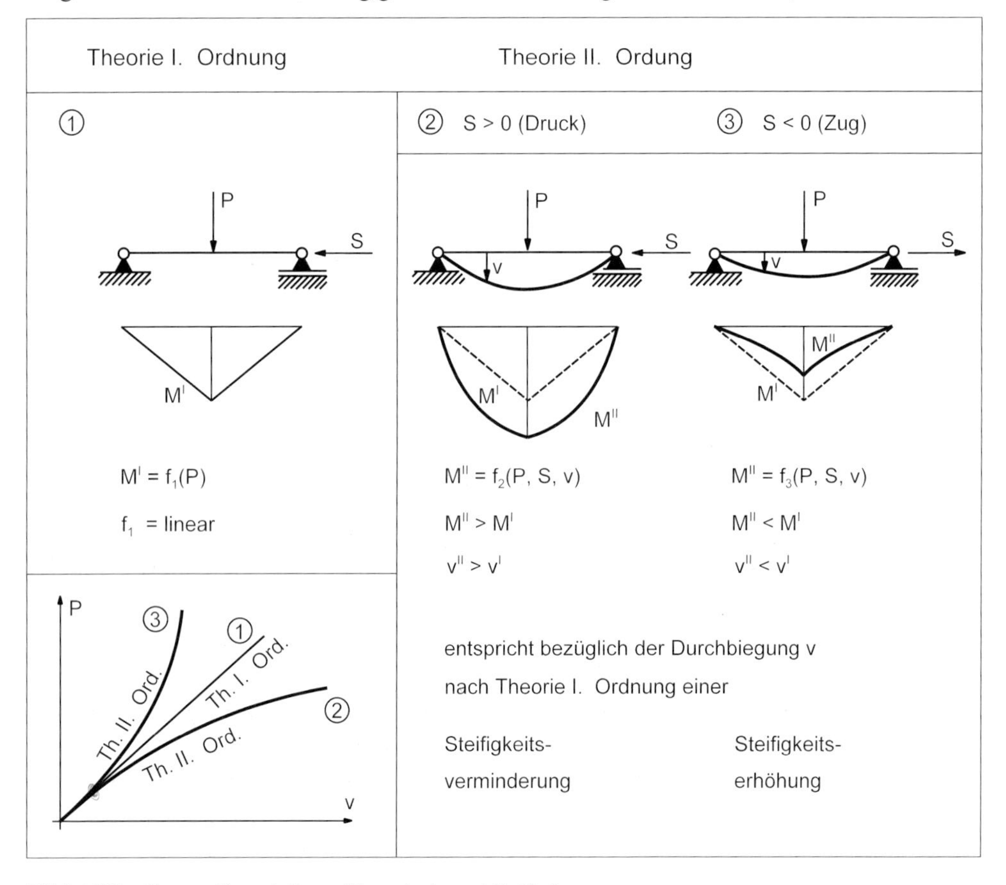

Bild 4.96 Gegenüberstellung Theorie I. und II. Ordnung

Ein System ist stabil, wenn bei kleinen Änderungen der Einwirkungen auf das System die Verschiebungsänderungen ebenfalls klein bleiben. Damit verbunden ist die Frage, bei welcher Einwirkung eine Verzweigung des Gleichgewichts auftritt. Neben der ursprünglichen Gleichgewichtslage gibt es dann auch andere (differential benachbarte) Gleichgewichtslagen.

In Bild 4.97 ist eine Last-Verschiebungs-Abhängigkeit mit einem Verzweigungspunkt aufgetragen. Die Ermittlung der Lastintensität des (kritischen) Verzweigungspunktes ist eine nichtlineare Verzweigungsaufgabe.

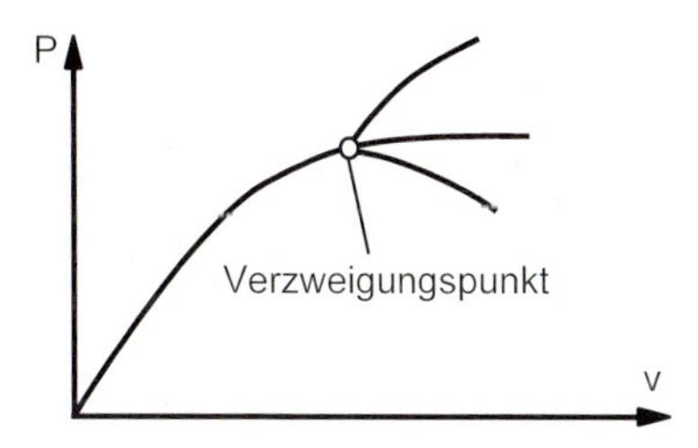

Bild 4.97 Last-Verschiebungs-Abhängigkeit, nichtlineares Verzweigungsproblem

Eingeführt werden ein Grundzustand 0 und ein Nachbarzustand I, siehe Bild 4.98.

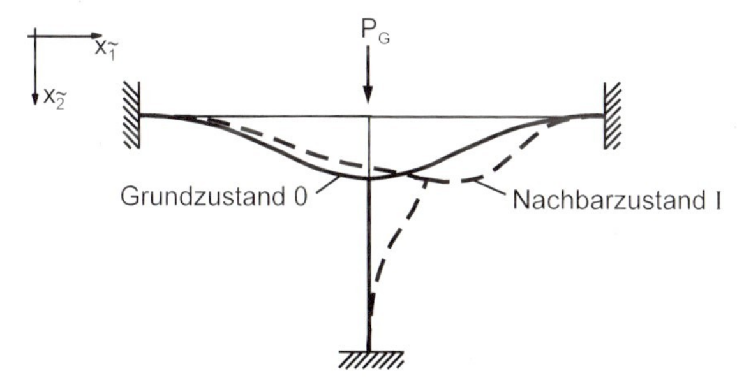

Bild 4.98 Grund- und Nachbarzustand

Bei Verzweigungsuntersuchungen können zwei Fälle unterschieden werden:

a) im Verzweigungspunkt treten Verschiebungskomponenten auf, die im Ausgangslastzustand nicht vorhanden sind – ideale Verzweigung der unverzweigten Gleichgewichtslage (des Grundzustand 0)

b) Verzweigung von Verschiebungskomponenten, die bereits im Grundzustand 0 vorhanden sind – nicht ideale Verzweigung

Mit Fall a) werden die klassischen Stabilitätsprobleme (ideales Knicken, Kippen, Beulen) beschrieben. Im Fall b) ist die Ausgangslage eine Gleichgewichtslage mit einem Schnittkraft- und Verschiebungszustand, bei dem alle relevanten Komponenten kleine von Null verschiedene Werte besitzen.

Das Verzweigungsproblem kann linearisiert werden, wenn ein nach Theorie I. Ordnung berechneter Schnittkraft- und Verschiebungszustand einparametrig mit einem Faktor ν gesteigert wird. Der Ausgangslastzustand wird nachfolgend als Gebrauchslastzustand bezeichnet. Zugeordnet ist die Eigenwertaufgabe für sehr kleine Verschiebungsänderungen $\Delta\underline{\tilde{v}}$

$$\underline{\tilde{K}}(\nu \cdot \underline{\tilde{v}}^{[0]}) \cdot \Delta\underline{\tilde{v}} = 0 \tag{4.243}$$

mit der Bestimmungsgleichung

$$\det|\underline{\tilde{K}}(\nu\cdot\underline{\tilde{v}}^{[0]})| = 0 \qquad (4.244)$$

In Bild 4.99 sind für die Fälle a) und b) die Last-Verschiebungs-Abhängigkeiten des linearisierten Verzweigungsproblems dargestellt.

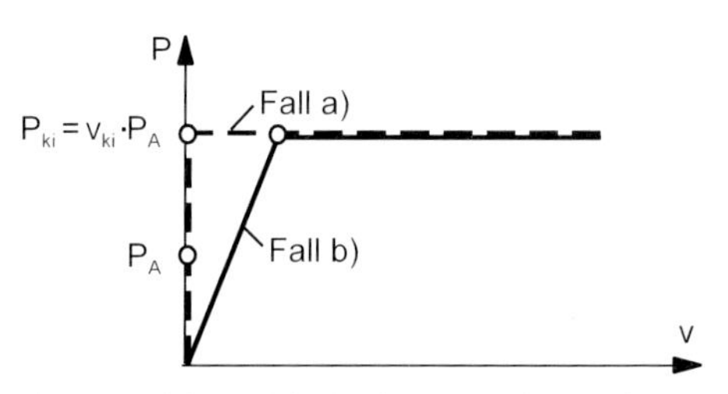

Bild 4.99 Last-Verschiebungs-Abhängigkeit, lineares Verzweigungsproblem

4.4.2 Steifigkeitsmatrizen und Randschnittkräfte

Die Elemente der Steifigkeitsmatrix des eben wirkenden Stabes nach Elastizitätstheorie II. Ordnung werden mit dem Vier-Schritt-Algorithmus von Abschn. 4.2.1 ermittelt. In Abschn. 2.3.3 sind die differentialen Beziehungen für die Stabtheorien nach *Timoshenko* und nach *Bernoulli* unter Berücksichtigung von Vorverformungen gezeigt. Benutzt wird die Lösung der Differentialgleichung (2.165) gemäß Gl. (2.166). Voraussetzungen, Annahmen und wesentliche Zusammenhänge, siehe Bild 4.100, sind noch einmal komprimiert zusammengestellt:

- kleine Translationsverschiebungen und Verdrehungen (sin x = x, cos x = 1, tan x = x)
- elastisches Materialverhalten (*Hooke*sches Gesetz)
- eben- und normalbleibende Querschnitte (Stabtheorie nach *Bernoulli/Navier*)
- die Gleichgewichtsbedingungen werden am verformten System formuliert
- abschnittsweise konstante Parameter (Biegesteifigkeit, Druckkraft)
- keine Tangentialbelastung $s(x_1)$, d.h. $s(x_1) = dS(x_1)/dx_1 = 0$

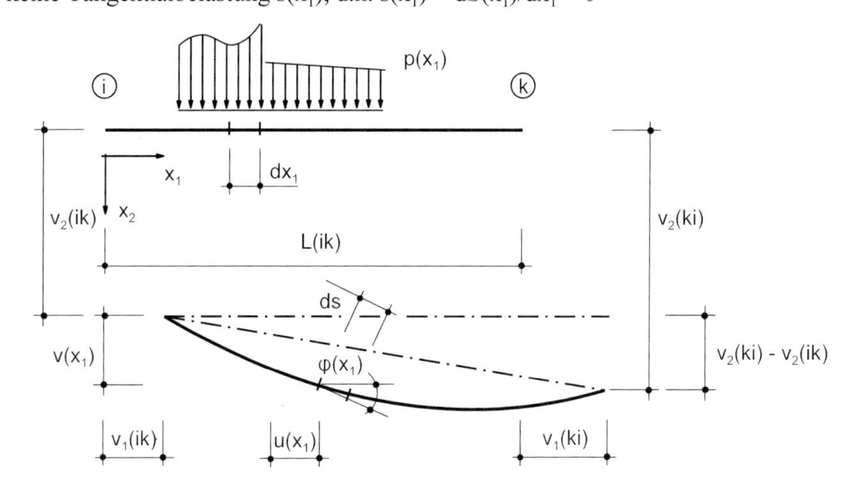

Bild 4.100 Verformter eben wirkender Stab

Die Formänderungsbedingungen und das Elastizitätsgesetz liefern $v' = \varphi$ bzw. $\varphi' = -M/EI$ und damit

$$M = -EI \cdot v'' \tag{4.245}$$

Die Gleichgewichtsbedingungen werden am verformten System formuliert und nichtlineare Terme vernachlässigt

$$M' = T + S \cdot \varphi \quad \text{und} \quad T' = -p \tag{4.246}$$

mit der Längsdruckkraft S, der Transversalkraft T und der Querlast p. Daraus folgt

$$M'' = -p + S \cdot \varphi' = -p + S \cdot v'' \tag{4.247}$$

Zwischen Normal- und Querkraft sowie Längs- und Transversalkraft bestehen die Zusammenhänge

$$N = T \cdot \sin\varphi - S \cdot \cos\varphi \quad \approx T \cdot \varphi - S \tag{4.248}$$

$$Q = S \cdot \sin\varphi + T \cdot \cos\varphi \quad \approx S \cdot \varphi + T \tag{4.249}$$

Die Zusammenfassung der Gln. (4.245) und (4.247) liefert

$$(EI \cdot v'')'' + S \cdot v'' = p \tag{4.250}$$

Sind die Biegesteifigkeit EI und die Längsdruckkraft S (abschnittsweise) konstant, dann gilt

$$v^{IV} + \frac{S}{EI} \cdot v'' = \frac{p}{EI} \tag{4.251}$$

Nach Einsetzen der Stabkoordinate x_1 und dem Ansatz $\frac{S}{EI} = \alpha^2$, d.h. $\alpha = \sqrt{\frac{S}{EI}}$ wird die Differentialgleichung (4.251) zu

$$v^{IV}(x_1) + \alpha^2 \cdot v''(x_1) = \frac{p(x_1)}{EI} \tag{4.252}$$

Mit der homogenen Lösung

$$v(x_1) = C_1 \cdot \cos\alpha x_1 + C_2 \cdot \sin\alpha x_1 + C_3 \cdot \alpha x_1 + C_4 \tag{4.253}$$

werden die Integrationskonstanten nach der Methode der Anfangsparameter aus den Anfangsbedingungen ermittelt und die Zustandsfunktionen erhalten, siehe auch Gl. (2.166),

$$v(x_1) = v_0 + \sin\alpha x_1 \cdot \frac{\varphi_0}{\alpha} - (1 - \cos\alpha x_1) \cdot \frac{M_0}{EI\alpha^2} - (\alpha x_1 - \sin\alpha x_1) \cdot \frac{T_0}{EI\alpha^3} \tag{4.254a}$$

$$\frac{\varphi(x_1)}{\alpha} = \cos\alpha x_1 \cdot \frac{\varphi_0}{\alpha} - \sin\alpha x_1 \cdot \frac{M_0}{EI\alpha^2} - (1 - \cos\alpha x_1) \cdot \frac{T_0}{EI\alpha^3} \tag{4.254b}$$

$$\frac{M(x_1)}{EI\alpha^2} = \sin\alpha x_1 \cdot \frac{\varphi_0}{\alpha} + \cos\alpha x_1 \cdot \frac{M_0}{EI\alpha^2} + \sin\alpha x_1 \cdot \frac{T_0}{EI\alpha^3} \tag{4.254c}$$

$$\frac{T(x_1)}{EI\alpha^3} = \frac{T_0}{EI\alpha^3} \tag{4.254d}$$

Zur Ermittlung der Elemente der Stabsteifigkeitsmatrix $\underline{K}(e)$ wird der Vier-Schritt-Algorithmus von Abschn. 4.2.1 adaptiert.

Für $x_1 = L$ gilt mit der Stabkennzahl $\omega = L \cdot \alpha = L \cdot \sqrt{S/EI}$

$$v(L) = v_0 + \frac{\sin\omega}{\omega} \cdot L \cdot \varphi_0 - \frac{1-\cos\omega}{\omega^2} \cdot \frac{L^2}{EI} \cdot M_0 - \frac{\omega - \sin\omega}{\omega^3} \cdot \frac{L^3}{EI} \cdot T_0 \tag{4.255a}$$

$$\varphi(L) = \cos\omega \cdot \varphi_0 - \frac{\sin\omega}{\omega} \cdot \frac{L}{EI} \cdot M_0 - \frac{1-\cos\omega}{\omega^2} \cdot \frac{L^2}{EI} \cdot T_0 \tag{4.255b}$$

$$M(L) = \omega \sin\omega \cdot \frac{EI}{L} \cdot \varphi_0 + \cos\omega \cdot M_0 + \frac{\sin\omega}{\omega} \cdot L \cdot T_0 \tag{4.255c}$$

$$T(L) = T_0 \tag{4.255d}$$

Einheitszustand T1 – Zustand v_0: $v(x_1 = 0) = 1,\ \varphi(x_1 = 0) = 0,\ v(x_1 = L) = 0,\ \varphi(x_1 = L) = 0$

Aus den Gln. (4.255) folgt $\frac{1-\cos\omega}{\omega^2} \cdot \frac{L^2}{EI} \cdot M_0 + \frac{\omega - \sin\omega}{\omega^3} \cdot \frac{L^3}{EI} \cdot T_0 = 1$

und $\frac{\sin\omega}{\omega} \cdot \frac{L}{EI} \cdot M_0 + \frac{1-\cos\omega}{\omega^2} \cdot \frac{L^2}{EI} \cdot T_0 = 0$

Die Auflösung liefert

$$T_0 = -\frac{12EI}{L^3} \cdot \frac{(\omega^3 \sin\omega)/12}{2 - 2\cos\omega - \omega\sin\omega}$$

$$M_0 = \frac{6EI}{L^2} \cdot \frac{\omega^2(1-\cos\omega)/6}{2 - 2\cos\omega - \omega\sin\omega}$$

Aus den Gln. (4.255d) und (4.255c) folgen

$$T_L = -\frac{12EI}{L^3} \cdot \frac{(\omega^3 \sin\omega)/12}{2 - 2\cos\omega - \omega\sin\omega}$$

und

$$M_L = -\frac{6EI}{L^2} \cdot \frac{\omega^2(1-\cos\omega)/6}{2 - 2\cos\omega - \omega\sin\omega}$$

Einheitszustand T2 – Zustand φ_0: $v(x_1 = 0) = 0,\ \varphi(x_1 = 0) = 1,\ v(x_1 = L) = 0,\ \varphi(x_1 = L) = 0$

Aus den Gln. (4.255) folgt $\frac{1-\cos\omega}{\omega^2} \cdot \frac{L}{EI} \cdot M_0 + \frac{\omega - \sin\omega}{\omega^3} \cdot \frac{L^2}{EI} \cdot T_0 = \frac{\sin\omega}{\omega}$

und $\frac{\sin\omega}{\omega} \cdot \frac{L}{EI} \cdot M_0 + \frac{1-\cos\omega}{\omega^2} \cdot \frac{L^2}{EI} \cdot T_0 = \cos\omega$

Die Auflösung liefert

$$T_0 = -\frac{6EI}{L^2} \cdot \frac{\omega^2(1-\cos\omega)/6}{2 - 2\cos\omega - \omega\sin\omega} \qquad M_0 = \frac{4EI}{L} \cdot \frac{\omega(\sin\omega - \omega\cos\omega)/4}{2 - 2\cos\omega - \omega\sin\omega}$$

Aus den Gln. (4.255d) und (4.255c) folgen

$$T_L = -\frac{6EI}{L^2} \cdot \frac{\omega^2(1-\cos\omega)/6}{2-2\cos\omega-\omega\sin\omega}$$

und

$$M_L = -\frac{2EI}{L} \cdot \frac{\omega(\omega-\sin\omega)/2}{2-2\sin\omega-\omega\sin\omega}$$

Einheitszustand T3 – Zustand v_L: $v(x_1=0)=0,\ \varphi(x_1=0)=0,\ v(x_1=L)=1,\ \varphi(x_1=L)=0$

$$T_0 = \frac{12EI}{L^3} \cdot \frac{(\omega^3\sin\omega)/12}{2-2\cos\omega-\omega\sin\omega}$$

$$M_0 = -\frac{6EI}{L^2} \cdot \frac{\omega^2(1-\cos\omega)/6}{2-2\cos\omega-\omega\sin\omega}$$

$$T_L = \frac{12EI}{L^3} \cdot \frac{(\omega^3\sin\omega)/12}{2-2\cos\omega-\omega\sin\omega}$$

$$M_L = \frac{6EI}{L^2} \cdot \frac{\omega^2(1-\cos\omega)/6}{2-2\cos\omega-\omega\sin\omega}$$

Einheitszustand T4 – Zustand φ_L: $v(x_1=0)=0,\ \varphi(x_1=0)=0,\ v(x_1=L)=0,\ \varphi(x_1=L)=1$

$$T_0 = -\frac{6EI}{L^2} \cdot \frac{\omega^2(1-\cos\omega)/6}{2-2\cos\omega-\omega\sin\omega}$$

$$M_0 = \frac{2EI}{L} \cdot \frac{\omega(\omega-\sin\omega)/2}{2-2\cos\omega-\omega\sin\omega}$$

$$T_L = -\frac{6EI}{L^2} \cdot \frac{\omega^2(1-\cos\omega)/6}{2-2\cos\omega-\omega\sin\omega}$$

$$M_L = -\frac{4EI}{L} \cdot \frac{\omega(\sin\omega-\omega\cos\omega)/4}{2-2\cos\omega-\omega\sin\omega}$$

Stabsteifigkeitsmatrix Elastizitätstheorie II. Ordnung. Aus dem Zusammenhang Technische Biegelehre – Deformationsmethode

$$\overset{\circ}{F}_2(ik) = -Q_0,\quad \overset{\circ}{M}_3(ik) = M_0,\quad \overset{\circ}{F}_2(ki) = Q_L,\quad \overset{\circ}{M}_3(ki) = -M_L$$

werden

die 2. Matrixspalte aus dem Einheitszustand T1 für v_0
die 3. Matrixspalte aus dem Einheitszustand T2 für φ_0
die 5. Matrixspalte aus dem Einheitszustand T3 für v_L
die 6. Matrixspalte aus dem Einheitszustand T4 für φ_L

erhalten.

$$\underline{K}_{II} = \left[\begin{array}{ccc|ccc} \frac{EA}{L} & 0 & 0 & -\frac{EA}{L} & 0 & 0 \\ \hline 0 & \frac{12EI}{L^3}\cdot f_1 & \frac{6EI}{L^2}\cdot f_2 & 0 & -\frac{12EI}{L^3}\cdot f_1 & \frac{6EI}{L^2}\cdot f_2 \\ 0 & \frac{6EI}{L^2}\cdot f_2 & \frac{4EI}{L}\cdot f_3 & 0 & -\frac{6EI}{L^2}\cdot f_2 & \frac{2EI}{L}\cdot f_4 \\ \hline -\frac{EA}{L} & 0 & 0 & \frac{EA}{L} & 0 & 0 \\ \hline 0 & -\frac{12EI}{L^3}\cdot f_1 & -\frac{6EI}{L^2}\cdot f_2 & 0 & \frac{12EI}{L^3}\cdot f_1 & -\frac{6EI}{L^2}\cdot f_2 \\ 0 & \frac{6EI}{L^2}\cdot f_2 & \frac{2EI}{L}\cdot f_4 & 0 & -\frac{6EI}{L^2}\cdot f_2 & \frac{4EI}{L}\cdot f_3 \end{array}\right] \quad (4.256)$$

Das ist die theoretisch exakte Steifigkeitsmatrix der Elastizitätstheorie II. Ordnung kleiner Verschiebungen mit den vier Korrekturfunktionen

$$f_1(\omega) = \frac{1}{12}\cdot\frac{\omega^3 \sin\omega}{2-2\cos\omega-\omega\sin\omega} \qquad f_2(\omega) = \frac{1}{6}\cdot\frac{\omega^2(1-\cos\omega)}{2-2\cos\omega-\omega\sin\omega}$$

$$f_3(\omega) = \frac{1}{4}\cdot\frac{\omega(\sin\omega-\omega\cos\omega)}{2-2\cos\omega-\omega\sin\omega} \qquad f_4(\omega) = \frac{1}{2}\cdot\frac{\omega(\omega-\sin\omega)}{2-2\cos\omega-\omega\sin\omega}$$

Die Längsdruckkräfte S gehen in die Randschnittkraft-Randverschiebungs-Abhängigkeiten ein. Die Stabilitätsfaktoren f_1 bis f_4 sind transzendente Funktionen der Biegsteifigkeit und der Stablängsdruckkraft.

Verschiebungsunstetigkeiten zwischen Stabrand und Knoten können mit den Algorithmen von Abschn. 4.2.3 behandelt werden. Die Einführung weiterer Stabilitätsfaktoren f_i ist möglich.

Eine Näherungslösung der Steifigkeitsmatrix nach Elastizitätstheorie II. Ordnung wird durch eine *Taylor*-Reihenentwicklung für die vier Korrekturfunktionen realisiert:

$$f_1(\omega) \approx 1-\frac{1}{10}\cdot\omega^2 \quad f_2(\omega) \approx 1-\frac{1}{60}\cdot\omega^2 \quad f_3(\omega) \approx 1-\frac{1}{30}\cdot\omega^2 \quad f_4(\omega) \approx 1+\frac{1}{60}\cdot\omega^2$$

Nach der Rücksubstitution $\omega^2 = S\cdot L^2/EI$ und der Trennung der Matrix in zwei Anteile wird die angenäherte Steifigkeitsmatrix nach Elastizitätstheorie II. Ordnung in der Form

$$\underline{K}_{II}(e) \approx \underline{K}(e) - \underline{K}_G(e) \quad (4.257)$$

mit $\underline{K}(e)$ materielle Steifigkeitsmatrix nach Elastizitätstheorie I. Ordnung

$\underline{K}_G(e)$ geometrische Steifigkeitsmatrix (abhängig vom Längskraftzustand)

formuliert. Die ursprüngliche Steifigkeit $\underline{K}$ wird um den Anteil $\underline{K}_G$ reduziert, der die steifigkeitsmindernde Wechselwirkung zwischen Druckkraft und Verschiebungen sowie die daraus resultierende Kräfteumlagerung widerspiegelt.

Die Koeffizienten der geometrischen Steifigkeitsmatrix sind Glieder abgebrochener *Taylor*-Reihen der theoretisch exakten Korrekturfunktionen, also Näherungen, die u.U. zu grob für eine Verzweigungslastuntersuchung sein können.

Die Terme sind jedoch ausreichend genau und durchaus praktikabel für Berechnungen nach Elastizitätstheorie II. Ordnung unter Gebrauchslasten, d.h. solange die Stabdruckkraft noch fern von der kritischen Intensität bleibt, die zum Stabilitätsversagen führt.

Die materielle Stabsteifigkeitsmatrix

$$\underline{K}(e) = \left[\begin{array}{c|cc|c|cc} \frac{EA}{L} & 0 & 0 & -\frac{EA}{L} & 0 & 0 \\ \hline 0 & \frac{12EI}{L^3} & \frac{6EI}{L^2} & 0 & -\frac{12EI}{L^3} & \frac{6EI}{L^2} \\ 0 & \frac{6EI}{L^2} & \frac{4EI}{L} & 0 & -\frac{6EI}{L^2} & \frac{2EI}{L} \\ \hline -\frac{EA}{L} & 0 & 0 & \frac{EA}{L} & 0 & 0 \\ \hline 0 & -\frac{12EI}{L^3} & -\frac{6EI}{L^2} & 0 & \frac{12EI}{L^3} & -\frac{6EI}{L^2} \\ 0 & \frac{6EI}{L^2} & \frac{2EI}{L} & 0 & -\frac{6EI}{L^2} & \frac{4EI}{L} \end{array}\right] \tag{4.258}$$

siehe auch Gl. (4.34) und die geometrische Stabsteifigkeitsmatrix

$$\underline{K}_G(e) = S \cdot \left[\begin{array}{c|cc|c|cc} 0 & 0 & 0 & 0 & 0 & 0 \\ \hline 0 & \frac{6}{5L} & \frac{1}{10} & 0 & -\frac{6}{5L} & \frac{1}{10} \\ 0 & \frac{1}{10} & \frac{2L}{15} & 0 & -\frac{1}{10} & -\frac{L}{30} \\ \hline 0 & 0 & 0 & 0 & 0 & 0 \\ \hline 0 & -\frac{6}{5L} & -\frac{1}{10} & 0 & \frac{6}{5L} & -\frac{1}{10} \\ 0 & \frac{1}{10} & -\frac{L}{30} & 0 & -\frac{1}{10} & \frac{2L}{15} \end{array}\right] \tag{4.259}$$

bilden eine Näherungslösung (Stabsteifigkeitsmatrizen des eben wirkenden geraden Stabes nach Elastizitätstheorie II. Ordnung kleiner Verschiebungen).

In den Tabellen 4.5 bis 4.8 sind die Elemente der Vektoren der Randschnittkräfte des kinematisch bestimmt gelagerten Stabes nach Elastizitätstheorie II. Ordnung kleiner Verschiebungen für unterschiedliche Fälle der Einwirkung zusammengestellt.

Tabelle 4.5 Randschnittkräfte des kinematisch bestimmt gelagerten Stabes, Rand (ik) Elastizitätstheorie II. Ordnung kleiner Verschiebungen

Biegebeanspruchung

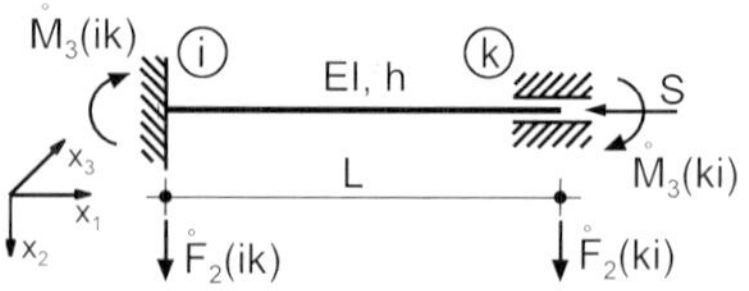

$\mathring{M}_3(ik)$ (i) EI, h (k) S L $\mathring{M}_3(ki)$ x_1 x_2 x_3 $\mathring{F}_2(ik)$ $\mathring{F}_2(ki)$

EI = konst.

Bezeichnungen $\omega = L \cdot \sqrt{\dfrac{S}{EI}}$ $A = \dfrac{\sin \xi' \omega}{\sin \omega} - \xi'$ $B = \dfrac{\sin \xi \omega}{\sin \omega} - \xi$

Belastung	$\mathring{M}_3(ik)$	$\mathring{F}_2(ik)$
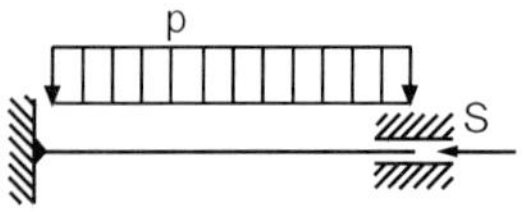 p, S	$-pL^2 \cdot \dfrac{1}{12 f_2}$	$-\dfrac{pL}{2}$
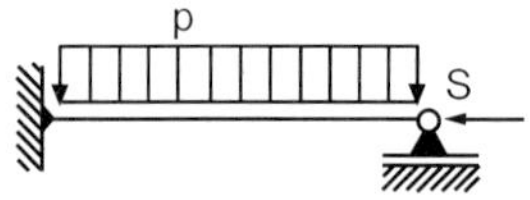 p, S	$-pL^2 \cdot \dfrac{1}{8 f_3}$	$-pL \cdot \left(\dfrac{1}{2} + \dfrac{1}{8 f_3} \right)$
P, S, ξ·L, ξ′·L	$-PL \cdot \dfrac{4 f_3 A - 2 f_4 B}{\omega^2}$	$-P \cdot \left(\xi' + \dfrac{6 f_2 (A - B)}{\omega^2} \right)$
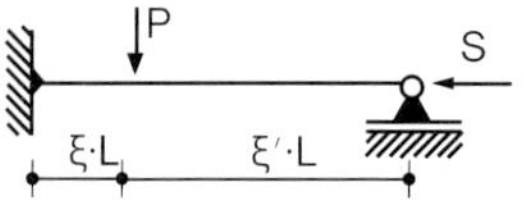 P, S, ξ·L, ξ′·L	$-PL \cdot \dfrac{3 f_1 A}{f_3 \omega^2}$	$-P \cdot \left(\xi' + \dfrac{3 f_1 A}{f_3 \omega^2} \right)$
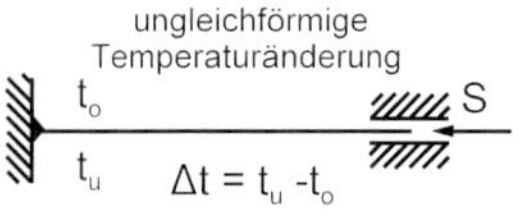 ungleichförmige Temperaturänderung t_o, t_u, S, $\Delta t = t_u - t_o$	$-EI \cdot \dfrac{\alpha_T \Delta t}{h}$	0
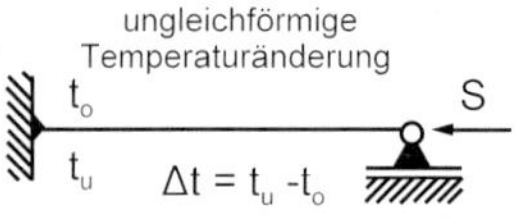 ungleichförmige Temperaturänderung t_o, t_u, S, $\Delta t = t_u - t_o$	$-1{,}5 EI \cdot \dfrac{\alpha_T \Delta t}{h} \cdot \dfrac{f_2}{f_3}$	$-\dfrac{1{,}5 EI}{L} \cdot \dfrac{\alpha_T \Delta t}{h} \cdot \dfrac{f_2}{f_3}$

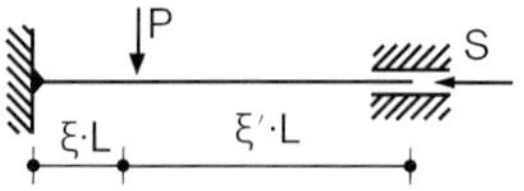

Tabelle 4.6 Randschnittkräfte des kinematisch bestimmt gelagerten Stabes, Rand (ki) Elastizitätstheorie II. Ordnung kleiner Verschiebungen

Biegebeanspruchung

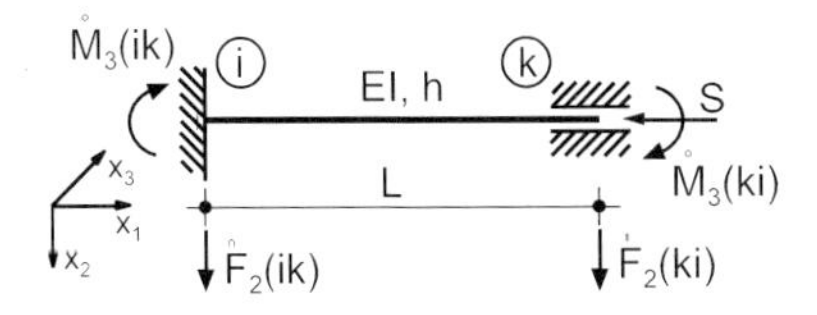

$EI = \text{konst.}$

Bezeichnungen $\omega = L\cdot\sqrt{\frac{S}{EI}}$ $A = \frac{\sin\xi'\omega}{\sin\omega} - \xi'$ $B = \frac{\sin\xi\omega}{\sin\omega} - \xi$

Belastung	$\overset{o}{M}_3(ki)$	$\overset{o}{F}_2(ki)$
p, S	$+pL^2\cdot\frac{1}{12f_2}$	$-\frac{pL}{2}$
p, S	0	$-pL\cdot\left(\frac{1}{2}-\frac{1}{8f_3}\right)$
P, S, ξ·L, ξ'·L	$+PL\cdot\frac{4f_3B-2f_4A}{\omega^2}$	$-P\cdot\left(\xi-\frac{6f_2(A-B)}{\omega^2}\right)$
P, S, ξ·L, ξ'·L	0	$-P\cdot\left(\xi-\frac{3f_1A}{f_3\omega^2}\right)$
ungleichförmige Temperaturänderung, t_o, t_u, $\Delta t = t_u - t_o$, S	$+EI\cdot\frac{\alpha_T\Delta t}{h}$	0
ungleichförmige Temperaturänderung, t_o, t_u, $\Delta t = t_u - t_o$, S	0	$+\frac{1{,}5EI}{L}\cdot\frac{\alpha_T\Delta t}{h}\cdot\frac{f_2}{f_3}$

Tabelle 4.7 Randschnittkräfte – Rand (ik), nach Reihenentwicklung

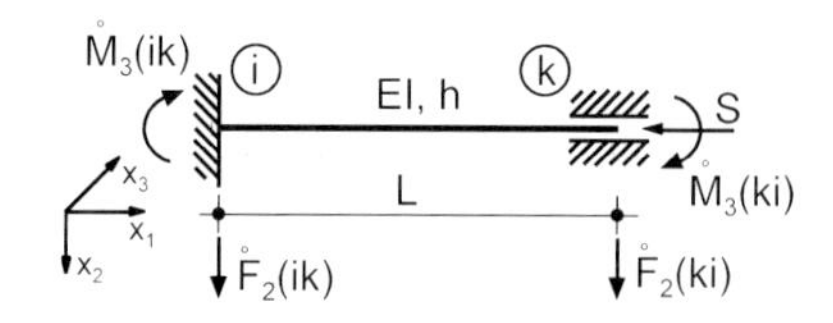

Belastung	$\overset{o}{M}_3(ik)$	$\overset{o}{F}_2(ik)$
p, S	$-\frac{pL^2}{12}\left(1+S\cdot\frac{L^2}{60EI}\right)$	$-\frac{pL}{2}$
p, S	$-\frac{pL^2}{8}\left(1+S\cdot\frac{L^2}{30EI}\right)$	$-\frac{5pL}{8}\left(1+S\cdot\frac{L^2}{150EI}\right)$
P, S, L/2, L/2	$-\frac{PL}{8}\left(1+S\cdot\frac{L^2}{48EI}\right)$	$-\frac{P}{2}$
P, S, L/2, L/2	$-\frac{3PL}{16}\left(1+S\cdot\frac{3L^2}{80EI}\right)$	$-\frac{11P}{16}\left(1+S\cdot\frac{9L^2}{880EI}\right)$
ungleichförmige Temperaturänderung, t_o, t_u, $\Delta t = t_u - t_o$, S	$-EI\cdot\frac{\alpha_T\Delta t}{h}$	0
ungleichförmige Temperaturänderung, t_o, t_u, $\Delta t = t_u - t_o$, S	$-1{,}5EI\cdot\frac{\alpha_T\Delta t}{h}\left(1+S\cdot\frac{L^2}{60EI}\right)$	$-1{,}5\frac{EI}{L}\cdot\frac{\alpha_T\Delta t}{h}\left(1+S\cdot\frac{L^2}{60EI}\right)$

Tabelle 4.8 Randschnittkräfte – Rand (ki), nach Reihenentwicklung

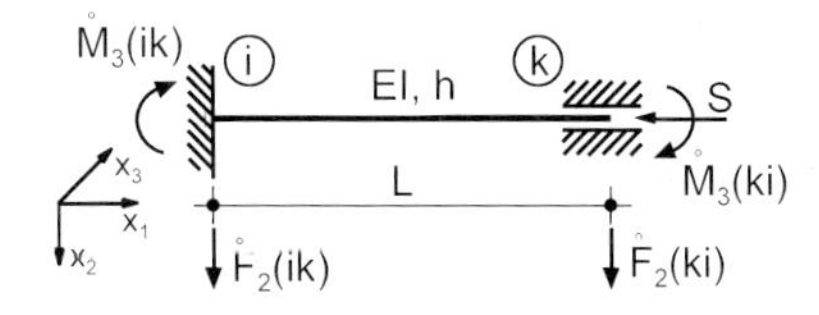

Belastung	$\mathring{M}_3(ki)$	$\mathring{F}_2(ki)$
p, S	$+\frac{pL^2}{12}\left(1+S\cdot\frac{L^2}{60EI}\right)$	$-\frac{pL}{2}$
p, S	0	$-\frac{3pL}{8}\left(1-S\cdot\frac{L^2}{90EI}\right)$
P, S, L/2, L/2	$+\frac{PL}{8}\left(1+S\cdot\frac{L^2}{48EI}\right)$	$-\frac{P}{2}$
P, S, L/2, L/2	0	$-\frac{5P}{16}\left(1-S\cdot\frac{9L^2}{400EI}\right)$
ungleichförmige Temperaturänderung, t_o, t_u, $\Delta t = t_u - t_o$, S	$+EI\cdot\frac{\alpha_T\Delta t}{h}$	0
ungleichförmige Temperaturänderung, t_o, t_u, $\Delta t = t_u - t_o$, S	0	$1{,}5\frac{EI}{L}\cdot\frac{\alpha_T\Delta t}{h}\left(1+S\cdot\frac{L^2}{60EI}\right)$

4.4.3 Spannungs- und Verzweigungsprobleme

Die iterative Lösung des nichtlinearen Gleichungssystems (4.238) für einen definierten (Gebrauchs-)Lastzustand ist die Lösung eines Spannungsproblems. Die Koeffizientenmatrix (Systemsteifigkeitsmatrix) ist von den unbekannten Knotenverschiebungen abhängig. Die Abhängigkeit von den Verschiebungen wird durch den zugeordneten (unbekannten) Schnittkraftzustand $\underline{F}$ dargestellt und für Gl. (4.238) wird geschrieben

$$\underline{\tilde{K}}(\underline{F}) \cdot \underline{\tilde{v}} = \underline{\tilde{P}} - \underline{\mathring{\tilde{F}}}(\underline{F}) \qquad (4.260)$$

Im Fall des eben wirkenden geraden Stabes ist die Koeffizientenmatrix transzendent von den unbekannten Stablängsdruckkräften S(ik) abhängig.

$$\underline{\tilde{K}}(\underline{S}) \cdot \underline{\tilde{v}} = \underline{\tilde{P}} - \underline{\mathring{\tilde{F}}}(\underline{S}) \qquad (4.261)$$

Sind die Längsdruckkräfte im Stab konstant wird eine Abhängigkeit von den Stabilitätsfaktoren f_i der Gl. (4.256) hergestellt.

$$\underline{\tilde{K}}(f_i) \cdot \underline{\tilde{v}} = \underline{\tilde{P}} - \underline{\mathring{\tilde{F}}}(f_i) \qquad (4.262)$$

Der steifigkeitsmindernde Einfluß wird in der algebraisierten Näherungslösung (4.257) mit einer geometrischen Steifigkeitsmatrix deutlich.

$$(\underline{\tilde{K}} - \underline{\tilde{K}}_G(\underline{S})) \cdot \underline{\tilde{v}} = \underline{\tilde{P}} - (\underline{\mathring{\tilde{F}}} + \underline{\mathring{\tilde{F}}}_G(\underline{S})) \qquad (4.263)$$

Die entlastende Wirkung von Zugkräften wird häufig vernachlässigt. Für Stäbe mit Längszugkräften wird dann vereinfachend S(ik) = 0 und $f_i = 1$ gesetzt.

Die iterative Lösung von Gl. (4.261) kann mit einem (für jeden Stab) geschätzten S-Kraftzustand beginnen. Wird im 0-ten Iterationsschritt mit S(ik) = 0 gearbeitet, sind bei der transzendenten Problembeschreibung alle Stabilitätsfaktoren $f_i = 1$und bei der algebraischen Näherung verschwindet die geometrische Steifigkeitsmatrix. Dies entspricht einer Analyse nach Elastizitätstheorie I. Ordnung. Mit den Längsdruckkräften der Theorie I. Ordnung werden Stabilitätsfaktoren bzw. geometrische Steifigkeitsmatrizen berechnet, das Gleichungssystem erneut gelöst und neue Längsdruckkräfte ermittelt. Die Längskräfte sind auf die unverformte Konfiguration bezogen. Die Iteration gemäß Abschn. 4.4.1 konvergiert i.d.R. schnell, wenn die Lasten deutlich unter der kleinsten Verzweigungslast bleiben.

Die Lösung des homogenen Problems (4.243) ist eine nichtlineare Verzweigungsaufgabe. Betrachtet wird nachfolgend das linearisierte Verzweigungsproblems bei dem der nach Theorie I. Ordnung berechnete Schnittkraftzustand einparametrig mit einem Faktor ν gesteigert wird. Im Fall des eben wirkenden Stabes werden die nach Theorie I. Ordnung berechneten Längsdruckkräfte S(ik) einparametrig gesteigert. Das transzendente Eigenwertproblem

$$\underline{\tilde{K}}(\nu \cdot \underline{S}^{[0]}) \cdot \Delta\underline{\tilde{v}} = 0 \qquad (4.264)$$

mit der Bestimmungsgleichung

$$\det | \underline{\tilde{K}}(\nu \cdot \underline{S}^{[0]}) | = 0 \qquad (4.265)$$

wird mit einem Restgrößenverfahren gelöst. Anfangswert, Schrittweite und Endwert der Absuche der Determinantenfunktion müssen vorgegebenen werden. Für dicht benachbarte und mehrfache Eigenwerte wurden spezielle Lösungstechniken entwickelt, siehe auch Abschn. 4.3.4.

Die zugeordnete algebraische Eigenwertaufgabe der linearisierten Gleichgewichtsverzweigung

$$\left(\underline{\tilde{K}} - \nu \cdot \underline{\tilde{K}}_G \, (\underline{S}^{[0]})\right) \cdot \Delta\underline{\tilde{v}} = 0 \qquad (4.266)$$

kann direkt gelöst werden, siehe Abschn. 4.3.4.

Beispiel 4.19 Für das in Bild 4.101 dargestellte eben wirkende System werden der Faktor der linearisierten Verzweigungslast ν_{ki} (nachfolgend vereinfacht Knicksicherheit genannt) und die Randschnittkräfte nach Elastizitätstheorie II. Ordnung mit Hilfe der Deformationsmethode bestimmt. Für die Ermittlung der idealen Verzweigungslast ist die Querbelastung p = 0. Die Querkraftgleitung wird nicht berücksichtigt (Stabtheorie nach *Bernoulli*).

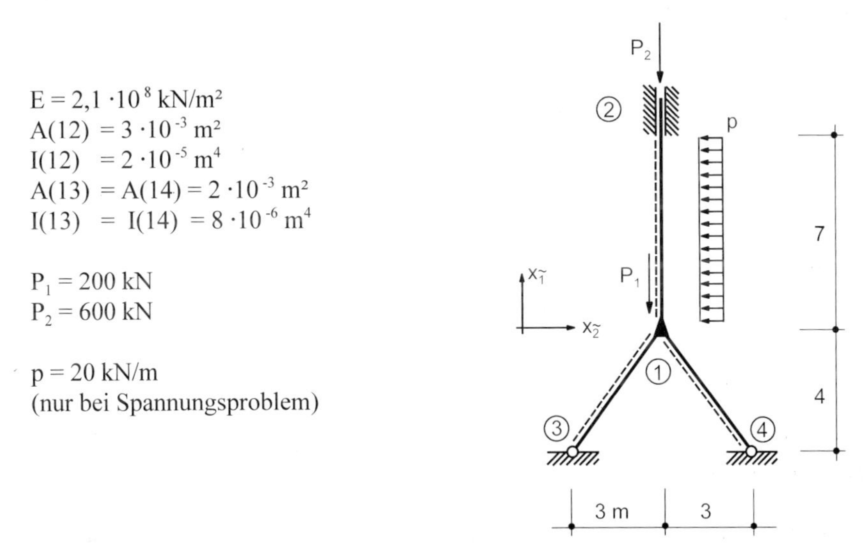

Bild 4.101 Statisches System, Untersuchung nach Elastizitätstheorie II. Ordnung

Das Tragwerk hat einen Knoten mit drei unbekannten Knotenverschiebungen. Der Vektor der unbekannten Knotenverschiebungskomponenten ist im globalen Koordinatensystem

$$\underline{\tilde{v}}^T = \underline{\tilde{v}}(1)^T = \left[v_{\tilde{1}}(1),\ v_{\tilde{2}}(1),\ \varphi_{\tilde{3}}(1)\right].$$

Verschiebungsunstetigkeiten zwischen Stabrand und Knoten werden an den Knoten 2, 3 und 4 modelliert und die Stabilitätsfaktoren

$$f_6(\omega) = \frac{1}{3}\frac{4f_3^2 - f_4^2}{f_3} \qquad f_5(\omega) = f_6 - \frac{\omega^2}{3}$$

eingeführt. Folgende Stabsteifigkeitsmatrizen im lokalen Koordinatensystem werden benötigt:

$$\underline{K}(12,1) = \begin{bmatrix} 0 & 0 & 0 \\ 0 & f_1(12)\dfrac{12EI(12)}{L^3(12)} & f_2(12)\dfrac{6EI(12)}{L^2(12)} \\ 0 & f_2(12)\dfrac{6EI(12)}{L^2(12)} & f_3(12)\dfrac{4EI(12)}{L(12)} \end{bmatrix}$$

$$\underline{K}(13,1) = \begin{bmatrix} \frac{EA(13)}{L(13)} & 0 & 0 \\ 0 & f_5(13)\frac{3EI(13)}{L^3(13)} & f_6(13)\frac{3EI(13)}{L^2(13)} \\ 0 & f_6(13)\frac{3EI(13)}{L^2(13)} & f_6(13)\frac{3EI(13)}{L(13)} \end{bmatrix}$$

$$\underline{K}(14,1) = \begin{bmatrix} \frac{EA(14)}{L(14)} & 0 & 0 \\ 0 & f_5(14)\frac{3EI(14)}{L^3(14)} & f_6(14)\frac{3EI(14)}{L^2(14)} \\ 0 & f_6(14)\frac{3EI(14)}{L^2(14)} & f_6(14)\frac{3EI(14)}{L(14)} \end{bmatrix}$$

Werden die Zahlenwerte für die Querschnittswerte und Längen eingesetzt, folgt

$$\underline{K}(12,1) = \begin{bmatrix} 0 & 0 & 0 \\ 0 & f_1(12)\cdot 146{,}9 & f_2(12)\cdot 514{,}3 \\ 0 & f_2(12)\cdot 514{,}3 & f_3(12)\cdot 2400 \end{bmatrix}$$

Transformationswinkel $\alpha(e)$

$\alpha(12) = 0°$

$$\underline{K}(13,1) = \begin{bmatrix} 84000 & 0 & 0 \\ 0 & f_5(13)\cdot 40{,}3 & f_6(13)\cdot 201{,}6 \\ 0 & f_6(13)\cdot 201{,}6 & f_6(13)\cdot 1008 \end{bmatrix}$$

$\alpha(13) = 143{,}13°$

$$\underline{K}(14,1) = \begin{bmatrix} 84000 & 0 & 0 \\ 0 & f_5(14)\cdot 40{,}3 & f_6(14)\cdot 201{,}6 \\ 0 & f_6(14)\cdot 201{,}6 & f_6(14)\cdot 1008 \end{bmatrix}$$

$\alpha(14) = -\,143{,}13°$

Die Transformation der lokalen Stabsteifigkeitsmatrizen in das globale Koordinatensystem erfolgt mit dem Algorithmus und der Transformationsmatrix $\underline{T}(e)$ gemäß Abschn. 4.1.

$$\underline{T}(12) = \underline{E} \quad \rightarrow \quad \tilde{\underline{K}}(12,1) = \underline{K}(12,1)$$

$$\tilde{\underline{K}}(13,1) = \begin{bmatrix} 53\,760 + f_5(13)\cdot 14{,}515 & 40\,320 - f_5(13)\cdot 19{,}353 & f_6(13)\cdot 120{,}959 \\ 40\,320 - f_5(13)\cdot 19{,}535 & 30\,240 + f_5(13)\cdot 25{,}804 & -f_6(13)\cdot 161{,}279 \\ f_6(13)\cdot 120{,}959 & -f_6(13)\cdot 161{,}279 & f_6(13)\cdot 1008 \end{bmatrix}$$

$$\underset{\sim}{K}(14,1) = \begin{bmatrix} 53760 + f_5(14) \cdot 14{,}515 & -40320 + f_5(14) \cdot 19{,}353 & -f_6(14) \cdot 120{,}959 \\ -40320 + f_5(14) \cdot 19{,}535 & 30240 + f_5(14) \cdot 25{,}804 & -f_6(14) \cdot 161{,}279 \\ -f_6(14) \cdot 120{,}959 & -f_6(14) \cdot 161{,}279 & f_6(14) \cdot 1008 \end{bmatrix}$$

Die Abhängigkeit der Systemsteifigkeitsmatrix $\underset{\sim}{K}$ von den Stabsteifigkeitsmatrizen folgt aus dem Gleichgewicht am Knoten 1.

$$\underset{\sim}{P}(1) - \sum \underset{\sim}{F}(1k_1) = 0 \quad \text{und} \quad \underset{\sim}{K} = \underset{\sim}{K}(12,1) + \underset{\sim}{K}(13,1) + \underset{\sim}{K}(14,1)$$

Für eine linearisierte (ideale) Verzweigungslastuntersuchung werden zuerst alle Schnittkräfte S_G infolge der angegebenen Gebrauchslasten P ermittelt. Unter der Annahme, daß bei weiterer Lasterhöhung die Schnittkräfte linear zunehmen, wird das zugehörige transzendente Eigenwertproblem gelöst.

$$S_0 = \nu \cdot S_G \qquad \nu \text{ Proportionalitätsfaktor}$$

$$\det |\underset{\sim}{K}(\underline{S}_0)| = \det |\underset{\sim}{K}(\nu \cdot \underline{S}_G)| = \det |\underset{\sim}{K}(\nu)| = 0$$

Aufgrund der Symmetrie des Systems und der Belastung sind die Stablängskräfte in den Stäben (13) und (14) gleich. Weil die Tragwerksparameter E, I und L identisch sind, folgt:

$f_5(13) = f_5(14)$, $f_6(13) = f_6(14)$.

Auf die Indizierung der Stabilitätsfaktoren wird verzichtet, d.h., es gilt für

Stab (12): $f_3(12) = f_3$, $f_2(12) = f_2$ und $f_1(12) = f_1$
und die Stäbe (13) und (14): $f_5(13) = f_5(14) = f_5$, $f_6(13) = f_6(14) = f_6$.

Die Systemsteifigkeitsmatrix im globalen Koordinatensystem ist

$$\underset{\sim}{K} = \begin{bmatrix} 107520 + f_5 \cdot 29{,}03 & 0 & 0 \\ 0 & 60480 + f_1 \cdot 146{,}938 + f_5 \cdot 51{,}608 & f_2 \cdot 514{,}285 - f_6 \cdot 322{,}558 \\ 0 & f_2 \cdot 514{,}285 - f_6 \cdot 322{,}558 & f_3 \cdot 2400 + f_6 \cdot 2016 \end{bmatrix}$$

Alle Stablängskräfte werden Null gesetzt, diese Berechnung entspricht der Elastizitätstheorie I. Ordnung. Die Stabilitätsfaktoren f_1, f_2, f_3, f_5 und f_6 sind gleich Eins. Für den Gebrauchslastzustand (Iterationsschritt [0]) ergibt sich die Systemsteifigkeitsmatrix $\underset{\sim}{K}^{[0]}$ zu

$$\underset{\sim}{K}^{[0]} = \begin{bmatrix} 107549 & 0 & 0 \\ 0 & 60678 & 191{,}727 \\ 0 & 191{,}727 & 4416 \end{bmatrix}$$

Die Lasten P_1 und P_2 werden in den Vektoren der Knotenlasten und der kinematisch bestimmten Randschnittkräfte berücksichtigt.

$$\underset{\sim}{P} = \begin{bmatrix} -200 \\ 0 \\ 0 \end{bmatrix} \begin{matrix} \text{kN} \\ \text{kN} \\ \text{kNm} \end{matrix} \qquad \overset{\circ}{\underset{\sim}{F}} = \begin{bmatrix} 600 \\ 0 \\ 0 \end{bmatrix} \begin{matrix} \text{kN} \\ \text{kN} \\ \text{kNm} \end{matrix}$$

Das (lineare) Gleichungssystem für die Knotenverschiebungen $\tilde{\underline{K}}^{[0]} \cdot \tilde{\underline{v}}^{[0]} = \tilde{\underline{P}} - \mathring{\tilde{\underline{F}}}$ wird gelöst

$$\tilde{\underline{v}}^{[0]} = \begin{bmatrix} -7{,}438 \cdot 10^{-3} \\ 0 \\ 0 \end{bmatrix} \begin{matrix} \text{m} \\ \text{m} \\ \text{rad} \end{matrix}$$

Die Randschnittkräfte nach Elastizitätstheorie I. Ordnung sind

$$\underline{F}(13) = \mathring{\underline{F}}(13) + \underline{K}(13,1) \cdot \underline{T}^T(13) \cdot \tilde{\underline{v}}(1) \qquad \underline{F}(13) = \begin{bmatrix} 499{,}9 \\ -0{,}18 \\ -0{,}90 \end{bmatrix} \begin{matrix} \text{kN} \\ \text{kN} \\ \text{kNm} \end{matrix} = \underline{F}(14)$$

Die Stablängskräfte im Gebrauchslastzustand sind $S_G(12) = -600{,}0$ kN, $S_G(13) = -499{,}9$ kN und $S_G(14) = -499{,}9$ kN. Für die linearisierte einparametrische Verzweigungslastuntersuchung werden die nach Elastizitätstheorie I. Ordnung ermittelten Schnittkräfte in Abhängigkeit vom Parameter ν linear gesteigert. Dabei wird vernachlässigt, daß bei einer linearen proportionalen Steigerung der äußeren Kräfte die Schnittkräfte nichtlinear anwachsen. Durch das linearisierte Vorgehen entfällt die mehrfache Berechnung der Schnittkräfte.

Gesucht ist die erste Nullstelle der Determinante von $\tilde{\underline{K}}(\nu)$. Bei der zu dieser Nullstelle gehörigen Last, ausgedrückt durch den Faktor ν, wird ein Verzweigungspunkt in der Last-Verschiebungs-Abhängigkeit erhalten. Das transzendente Problem läßt sich i.d.R. nur durch ein Restgrößenverfahren (Absuchen der Determinante) lösen. Folgende Vorgehensweise wird gewählt:

- Festlegen eines Startwertes für den Faktor ν
- Ermitteln der zugehörigen Stablängskräfte als ν-faches der Gebrauchslast nach Elastizitätstheorie I. Ordnung
- Bestimmen der Stabilitätsfaktoren für alle Stäbe und Einsetzen in die Systemsteifigkeitsmatrix $\tilde{\underline{K}}$
- Berechnen der Determinante der Systemsteifigkeitsmatrix

Dieser Ablauf ist so oft zu wiederholen, bis ein Nulldurchgang der Determinantenfunktion festgestellt wird. Der zugehörige Faktor ν gibt die Knicksicherheit des Tragwerkes an.

Im vorliegenden Beispiel wurde ν mit Eins beginnend gesteigert. Die Kurve in Bild 4.102 zeigt die Entwicklung der Determinante in Abhängigkeit von ν. Die erste Nullstelle befindet sich bei $\nu = 1{,}708$.

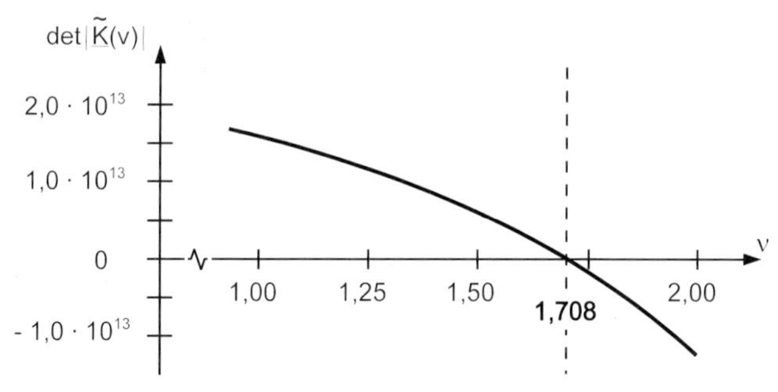

Bild 4.102 Determinantenfunktion

Die zugehörigen Stablängskräfte betragen $S(12) = -600{,}0\ kN \cdot 1{,}708 = -1025\ kN$
$S(13) = -499{,}9\ kN \cdot 1{,}708 = -854\ kN$
$S(14) = -499{,}9\ kN \cdot 1{,}708 = -854\ kN$

Die Stabilitätsfaktoren sind $f_1(12) = -0{,}215$
$f_2(12) = 0{,}781$
$f_3(12) = 0{,}517$
$f_5(13) = -4{,}848$
$f_6(13) = -0{,}612$

Die hier angewendeten Stabilitätsfaktoren sind Funktionen positiver Längsdruckkräfte, unabhängig von der Vorzeichendefinition der Deformationsmethode. Die entlastende Wirkung von Zugkräften wird i.d.R. nicht berücksichtigt.

Die Systemsteifigkeitsmatrix für $\nu = 1{,}708$ ist

$$\tilde{\underline{K}}(\nu = 1{,}708) = \begin{bmatrix} 107379 & 0 & 0 \\ 0 & 60198{,}15 & 599{,}185 \\ 0 & 599{,}185 & 5{,}968 \end{bmatrix}$$

und die Determinante $\det \tilde{\underline{K}}(\nu = 1{,}708235) = 2{,}61 \cdot 10^7$

Die Knicksicherheit des Systems beträgt $\nu_{ki} \approx 1{,}708$.

Zum Vergleich sollen die *Euler*-Knicklasten der Einzelstäbe betrachtet werden. Alle Stäbe schließen biegesteif an den freien Knoten 1 an. Jedoch kann sich dieser Knoten verdrehen. Die folgenden *Euler*-Fälle können somit als obere bzw. untere Schranken für das Einzelstabknicken aufgefaßt werden. Die *Euler*-Stabknicklasten erlauben keine Aussage zum Systemknicken.

Euler-Knicklast $P_{ki,E} = \dfrac{\pi^2 \cdot EI}{s_k^2}$

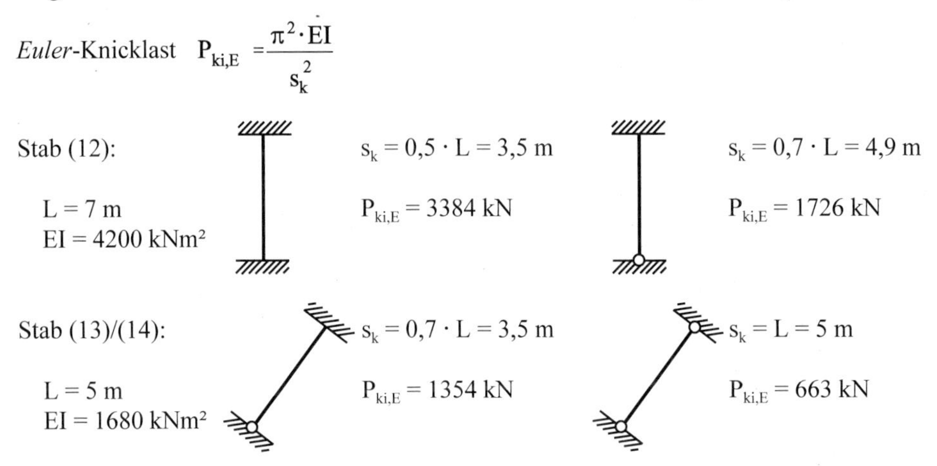

Die Kenntnis der idealen Stabknicklasten nach *Euler* kann zur Wahl des Startpunktes bei der Bestimmung der Nullstelle der Determinante genutzt werden.

Zur Lösung des Spannungsproblems ist das nichtlineare Gleichungssystem zur Berechnung der unbekannten Knotendeformationen zu lösen.

$$\tilde{\underline{K}}(\tilde{\underline{S}}) \cdot \tilde{\underline{v}} = \tilde{\underline{P}} - \mathring{\tilde{\underline{F}}}(\tilde{\underline{S}})$$

Die Lösung ist i.d.R. nur iterativ möglich. Meist wird die Iteration mit der Berechnung nach Elastizitätstheorie I. Ordnung begonnen, alle Stabilitätsfaktoren werden zu Eins gesetzt.

Mit der Kenntnis der Längskräfte aus diesem nullten Iterationsschritt lassen sich die Stabilitätsfaktoren für den 1. Iterationsschritt ermitteln. Die Systemsteifigkeitsmatrix wird nun erneut berechnet und das Gleichungssystem gelöst. In weiteren Iterationsschritten können die Systemsteifigkeitsmatrix und die Verschiebungen verbessert werden.

Für die Ermittlung der Schnittkräfte nach Elastizitätstheorie I. Ordnung werden die Stabilitätsfaktoren $f_1(12)$, $f_2(12)$, $f_3(12)$, $f_5(13)$, $f_6(13)$, $f_5(14)$ und $f_6(14)$ zu Eins gesetzt. Die Systemsteifigkeitsmatrix $\underline{\tilde{K}}^{[0]}$ ist

$$\underline{\tilde{K}}^{[0]} = \begin{bmatrix} 107\,549 & 0 & 0 \\ 0 & 60\,678{,}5 & 191{,}727 \\ 0 & 191{,}727 & 4416 \end{bmatrix}$$

Die Knotenlast P_1 und Stablasten P_2 bzw. p führen auf

$$\underline{\tilde{P}} = \begin{bmatrix} -200 \\ 0 \\ 0 \end{bmatrix} \qquad \underline{\mathring{F}}^{[0]}(12) = \begin{bmatrix} P_2 \\ \dfrac{p \cdot L(12)}{2} \\ \dfrac{p \cdot L(12)^2}{12} \end{bmatrix} = \begin{bmatrix} 600 \\ 70 \\ 81{,}667 \end{bmatrix} \qquad \underline{\mathring{F}}^{[0]}(13) = \underline{\mathring{F}}^{[0]}(14) = \begin{bmatrix} 0 \\ 0 \\ 0 \end{bmatrix}$$

Der Vektor der unbekannten Knotenverschiebungen folgt aus der Lösung des Gleichungssystems

$$\underline{\tilde{K}}^{[0]} \cdot \underline{\tilde{v}}^{[0]} = \underline{\tilde{P}} - \underline{\mathring{F}}^{[0]} \qquad \underline{\tilde{v}}^{[0]}(1) = \begin{bmatrix} -7{,}438 \\ -1{,}095 \\ -18{,}45 \end{bmatrix} \cdot 10^{-3} \quad \begin{matrix} \text{m} \\ \text{m} \\ \text{rad} \end{matrix}$$

Die Stabrandschnittkräfte sind im lokalen Koordinatensystem ($\underline{\tilde{v}}(k) = 0$)

$$\underline{F}(ik) = \underline{\mathring{F}}(ik) + \underline{K}(ik,i) \cdot \underline{T}^T(ik) \cdot \underline{\tilde{v}}(i) \quad \text{bzw.} \quad \underline{F}(ki) = \underline{\mathring{F}}(ki) + \underline{K}(ki,i) \cdot \underline{T}^T(ki) \cdot \underline{\tilde{v}}(i)$$

$$\underline{F}^{[0]}(12) = \begin{bmatrix} 600 \\ 60{,}353 \\ 36{,}833 \end{bmatrix} \quad \underline{F}^{[0]}(21) = \begin{bmatrix} 600 \\ 79{,}647 \\ -104{,}36 \end{bmatrix} \quad \underline{F}^{[0]}(13) = \begin{bmatrix} 555{,}07 \\ -3{,}863 \\ -19{,}317 \end{bmatrix} \quad \underline{F}^{[0]}(14) = \begin{bmatrix} 444{,}66 \\ -3{,}503 \\ -17{,}517 \end{bmatrix}$$

In Bild 4.103 sind die Schnittkraftzustandsfunktionen nach Elastizitätstheorie I. Ordnung dargestellt.

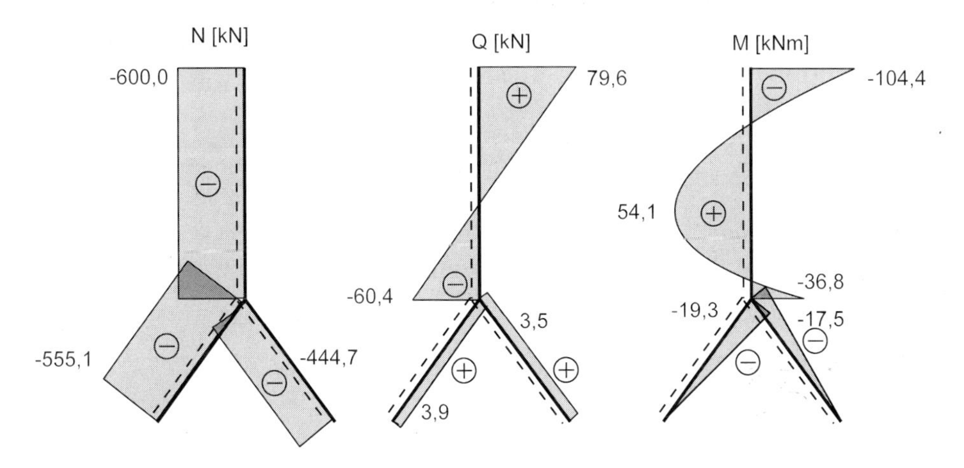

Bild 4.103 Schnittkraftzustandsfunktionen nach Elastizitätstheorie I. Ordnung

• *Schnittkräfte nach Elastizitätstheorie II. Ordnung, 1. Iterationsschritt*

Mit den Stablängskräften aus der Berechnung nach Elastizitätstheorie I. Ordnung können die Stabkennzahlen ω(ik) und die Stabilitätsfaktoren für den 1. Iterationsschritt ermittelt werden.

$$\omega(ik) = L(ik)\cdot\sqrt{\frac{S(ik)}{EI(ik)}} \qquad \omega(12) = 2{,}646,\ \ \omega(13) = 2{,}874,\ \ \omega(14) = 2{,}572$$

Stabilitätsfaktoren $f_1(12) = 0{,}294$, $f_2(12) = 0{,}877$, $f_3(12) = 0{,}741$, $f_4(12) = 1{,}148$, $f_5(13) = -2{,}514$, $f_6(13) = 0{,}240$, $f_5(14) = -1{,}766$, $f_6(14) = 0{,}439$

Die Systemsteifigkeitsmatrix $\underset{\sim}{\underline{K}}^{[1]}$ ist

$$\underset{\sim}{\underline{K}}^{[1]} = \begin{bmatrix} 107458 & 14{,}463 & -24{,}146 \\ 14{,}463 & 60413 & 341{,}498 \\ -24{,}146 & 341{,}498 & 2464{,}11 \end{bmatrix}$$

Der Vektor $\underset{\sim}{\underline{P}}$ der äußeren Lasten bleibt unverändert. Die kinematisch bestimmten Randschnittkräfte sind bei der Elastizitätstheorie II. Ordnung von den Stablängskräften abhängig.

$$\underset{\circ}{\underline{F}}^{[1]}(12) = \begin{bmatrix} P_2 \\ \dfrac{p\cdot L(12)}{2} \\ p\cdot L(12)^2\,\dfrac{1}{12\,f_2(12)} \end{bmatrix} = \begin{bmatrix} 600 \\ 70 \\ 93{,}12 \end{bmatrix} \qquad \underset{\circ}{\underline{F}}^{[1]}(13) = \underset{\circ}{\underline{F}}^{[1]}(14) = \begin{bmatrix} 0 \\ 0 \\ 0 \end{bmatrix}$$

Der Knotenverschiebungsvektor (Lösung des Gleichungssystems) ist

$$\tilde{\underline{v}}^{[1]}(1) = \begin{bmatrix} -7{,}453 \\ -0{,}944 \\ -37{,}73 \end{bmatrix} \cdot 10^{-3} \quad \begin{matrix} \text{m} \\ \text{m} \\ \text{rad} \end{matrix}$$

Die Vektoren der Randschnittkräfte im lokalen Koordinatensystem sind

$$\underline{F}^{[1]}(12) = \begin{bmatrix} 600 \\ 52{,}941 \\ 25{,}548 \end{bmatrix} \quad \underline{F}^{[1]}(21) = \begin{bmatrix} 600 \\ 87{,}057 \\ -145{,}53 \end{bmatrix} \quad \underline{F}^{[1]}(13) = \begin{bmatrix} 548{,}4 \\ -1{,}447 \\ -9{,}299 \end{bmatrix} \quad \underline{F}^{[1]}(14) = \begin{bmatrix} 453{,}29 \\ -3{,}715 \\ -16{,}249 \end{bmatrix}$$

- *Schnittkräfte nach Theorie II. Ordnung, 2. Iterationsschritt*

Die im 1. Iterationsschritt ermittelten Stablängskräfte führen zu folgenden neuen Stabkennzahlen

$$\omega(12) = 2{,}646, \quad \omega(13) = 2{,}857, \quad \omega(14) = 2{,}597$$

Die Änderung der Stabkennzahlen gegenüber dem 1. Iterationsschritt ist sehr klein. Die Iteration kann abgebrochen werden.

Mögliche Abbruchkriterien der Iteration sind die Änderungen der
- Norm der Kräfte / Verschiebungen
- Komponenten der Kräfte / Verschiebungen
- Stabkennzahlen.

Die Deformationsmethode liefert nur die Stabrandschnittkräfte. Um den Verlauf der Schnittkräfte im Tragwerk zu ermitteln, kann beispielsweise die Reduktionsmethode genutzt werden. Im Folgenden werden die für den Stab (12) ermittelten Knotenverschiebungen als Randbedingungen in die Stabdifferentialgleichung eingesetzt und diese wird gelöst.

Differentialgleichung des geraden Stabes (Theorie nach *Bernoulli*)

$$EI \cdot v(x_1)^{IV} + S \cdot v(x_1)^{II} = p(x_1)$$

Die Lösung des homogenen Anteils $\overset{h}{v}(x_1)$ der Differentialgleichung wird aus Abschn. 2.3.3 übernommen

$$\overset{h}{v}(x_1) = D_1 + D_2 \cdot \frac{\omega}{L} \cdot x_1 + D_3 \cdot \cos\left(\frac{\omega}{L} \cdot x_1\right) + D_4 \cdot \sin\left(\frac{\omega}{L} \cdot x_1\right)$$

$$\text{mit } \frac{\omega}{L} = \sqrt{\frac{S}{EI}}$$

Für den partikulären Teil $\overset{p}{v}(x_1)$ der Verschiebungsfunktion wird ein Ansatz gemäß der Belastungsfunktion (konstante Funktion) mit quadratischer Basiserweiterung gewählt.

$$\overset{p}{v}(x_1) = A_0 \cdot x^2$$

Die Ableitungen von $\overset{p}{v}(x_1)$ werden eingesetzt: $S \cdot 2 \cdot A_0 = p$ und $A_0 = \frac{p}{2 \cdot S}$. Die Lösung der Differentialgleichung lautet

$$v(x_1) = \overset{h}{v}(x_1) + \overset{p}{v}(x_1)$$
$$= D_1 + D_2 \cdot \frac{\omega}{L} \cdot x_1 + D_3 \cdot \cos\left(\frac{\omega}{L} \cdot x_1\right) + D_4 \cdot \sin\left(\frac{\omega}{L} \cdot x_1\right) + \frac{p}{2 \cdot EI} \cdot \left(\frac{L}{\omega}\right)^2 \cdot x^2$$

Die Koeffizienten D_i, i = 1...4 werden durch Einsetzen der Randbedingungen ermittelt. Beachte die (neu) gewählte Lage des stablokalen Koordinatensystems.

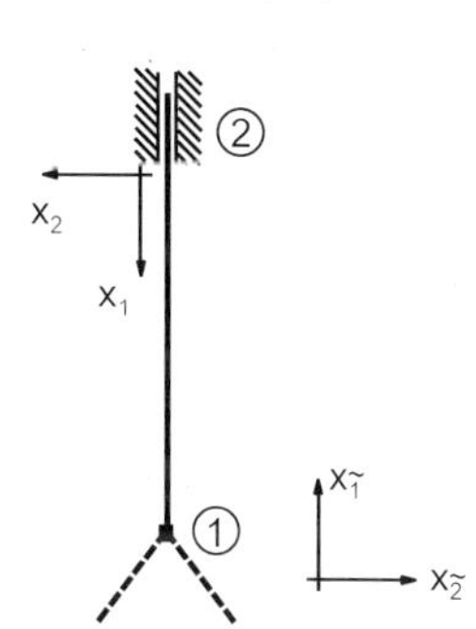

I	Verschiebung bei $x_1 = 0$:	$v(0) = 0$
II	Verdrehung bei $x_1 = 0$:	$v^I(0) = 0$
III	Verschiebung bei $x_1 = L$:	$v(L) = -v_{\tilde{2}}(1)$
IV	Verdrehung bei $x_1 = L$:	$v^I(L) = \varphi_{\tilde{3}}(1)$

Die Bestimmungsgleichung für die Koeffizienten D_i ist

$$\begin{bmatrix} 1 & 0 & 1 & 0 \\ 0 & \frac{\omega}{L} & 0 & \frac{\omega}{L} \\ 1 & \omega & \cos(\omega) & \sin(\omega) \\ 0 & \frac{\omega}{L} & -\frac{\omega}{L} \cdot \sin(\omega) & \frac{\omega}{L} \cdot \cos(\omega) \end{bmatrix} \cdot \begin{bmatrix} D_1 \\ D_2 \\ D_3 \\ D_4 \end{bmatrix} = \begin{bmatrix} 0 \\ 0 \\ -v_{\tilde{2}}(1) - \dfrac{p \cdot L^4}{2 \cdot EI \cdot \omega^2} \\ \varphi_{\tilde{3}}(1) - \dfrac{p \cdot L^3}{EI \cdot \omega^2} \end{bmatrix}$$

Zur Lösung des Gleichungssystems werden die Zahlenwerte eingesetzt.

$$D_i^T = \{\ 0{,}00920 \quad -0{,}38388 \quad -0{,}00920 \quad 0{,}38388\ \}$$

Die Momentenfunktion lautet

$$M(x_1) = -EI \cdot v(x_1)^{II}$$
$$= EI \cdot \left(\frac{\omega}{L}\right)^2 \cdot \left[D_3 \cdot \cos\left(\frac{\omega}{L} \cdot x_1\right) + D_4 \cdot \sin\left(\frac{\omega}{L} \cdot x_1\right)\right] - p \cdot \left(\frac{L}{\omega}\right)^2$$

Die Stelle des maximalen Momentes ergibt sich aus der dritten Ableitung der Verschiebungsfunktion.

$$v(x_1)^{III} = \left(\frac{\omega}{L}\right)^3 \cdot \left[D_3 \cdot \sin\left(\frac{\omega}{L} \cdot x_1\right) - D_4 \cdot \cos\left(\frac{\omega}{L} \cdot x_1\right)\right] = 0$$
$$x(\max M) = \frac{L}{\omega} \cdot \arctan\left(\frac{D_4}{D_3}\right) = 4{,}22 \text{ m und}$$
$$\max M = M(x = 4{,}22 \text{ m}) = 90{,}1 \text{ kNm}$$

Die Vektoren $\underline{F}^{[1]}$ der Stabrandschnittkräfte beziehen sich auf die unverformte Lage des Systems. Infolge der Verdrehung des Knotens 1 kommen zu den ermittelten Querkräften noch Anteile der Längskräfte hinzu. Die Änderung der Längskräfte durch Komponenten der Querkräfte in Richtung der Längskräfte wird bei kleinen Verschiebungen vernachlässigt.

- Stab (12)

$$N(12)\cdot\sin(\varphi_3) = 600\,\text{kN}\cdot\sin(0{,}03773) = 22{,}6\,\text{kN}$$
$$N(12)\cdot\cos(\varphi_3) = 600\text{kN}\cdot\cos(0{,}03773) = 599{,}6\text{kN}$$
$$Q(12) = -52{,}9\text{kN} - 22{,}6\text{kN} = -75{,}5\text{kN}$$

- Stab (13)

$$N(13)\cdot\sin(\varphi_3) = 548{,}4\text{kN}\cdot\sin(0{,}03773) = 20{,}7\text{kN}$$
$$N(13)\cdot\cos(\varphi_3) = 548{,}4\text{kN}\cdot\cos(0{,}03773) = 548{,}0\text{kN}$$
$$Q(13) = 1{,}4\text{kN} - 20{,}7\text{kN} = -19{,}3\text{kN}$$

- Stab (14)

$$N(14)\cdot\sin(\varphi_3) = 453{,}3\text{kN}\cdot\sin(0{,}03773) = 17{,}1\text{kN}$$
$$N(14)\cdot\cos(\varphi_3) = 453{,}3\text{kN}\cdot\cos(0{,}03773) = 453{,}0\text{kN}$$
$$Q(13) = 3{,}7\text{kN} - 17{,}1\text{kN} = -13{,}4\text{kN}$$

φ_3 600 599,6 22,6

Die in Bild 4.104 dargestellten Schnittkraftzustandsfunktionen wurden gemäß Gl. (2.166) ermittelt.

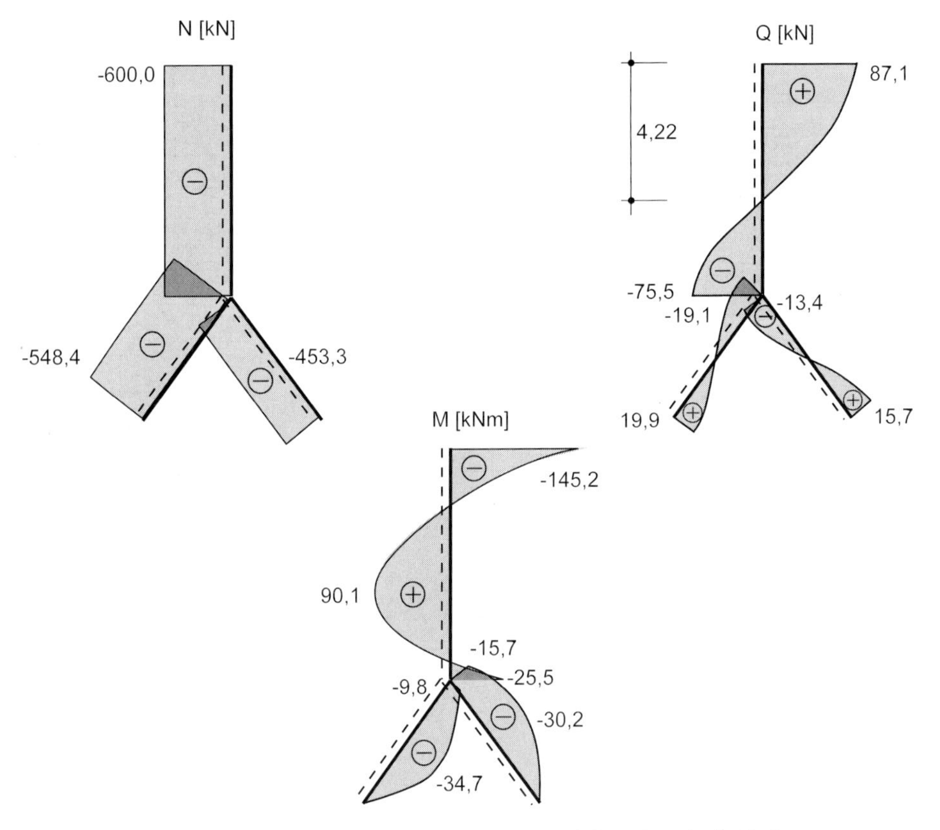

Bild 4.104 Schnittkraftzustandsfunktionen nach Elastizitätstheorie II. Ordnung

Beispiel 4.20 Für das in Bild 4.105 dargestellte eben wirkende System wird die linearisierte Verzweigungslast P_{ki} ermittelt. Verglichen werden die Ergebnisse des transzendenten und des algebraischen Eigenwertproblems.

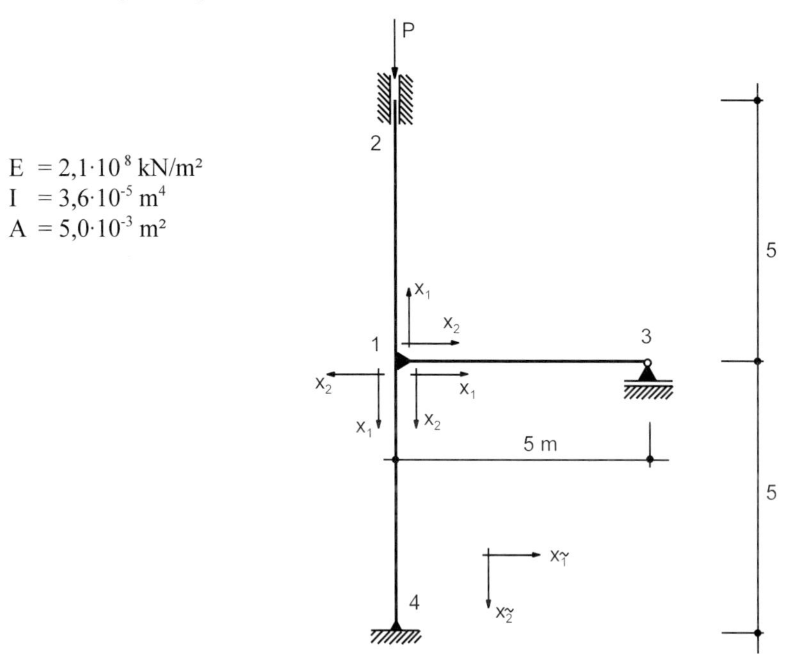

Bild 4.105 Statisches System

Die Vektor der unbekannten Knotendeformationskomponenten ist

$$\underline{\tilde{v}}(1) = \begin{bmatrix} v_{\tilde{1}}(1) \\ v_{\tilde{2}}(1) \\ \varphi_{\tilde{3}}(1) \end{bmatrix}$$

Die Stabsteifigkeitsmatrizen der RSK-KV-Abhängigkeiten der Stäbe (12), (13) und (14) im lokalen Koordinatensystem und die zugehörigen Transformationsmatrizen sind:

- Stab (12) $\alpha(12) = 90°$

$$\underline{K}(12,1) = \underline{K}(ik,i) = \begin{bmatrix} 0 & 0 & 0 \\ 0 & \dfrac{f_1(12)\cdot 12\cdot EI}{L(12)^3} & \dfrac{f_2(12)\cdot 6\cdot EI}{L(12)^2} \\ 0 & \dfrac{f_2(12)\cdot 6\cdot EI}{L(12)^2} & \dfrac{f_3(12)\cdot 4\cdot EI}{L(12)} \end{bmatrix} \qquad \underline{T}(12) = \begin{bmatrix} 0 & 1 & 0 \\ -1 & 0 & 0 \\ 0 & 0 & 1 \end{bmatrix}$$

- Stab (13) $\alpha(13) = 0°$

$$\underline{K}(13,1) = \underline{K}(ik,i) = \begin{bmatrix} 0 & 0 & 0 \\ 0 & \frac{f_5(13)\cdot 3\cdot EI}{L(13)^3} & \frac{f_6(13)\cdot 3\cdot EI}{L(13)^2} \\ 0 & \frac{f_6(13)\cdot 3\cdot EI}{L(13)^2} & \frac{f_6(13)\cdot 3\cdot EI}{L(13)} \end{bmatrix} \qquad \underline{T}(13) = \begin{bmatrix} 1 & 0 & 0 \\ 0 & 1 & 0 \\ 0 & 0 & 1 \end{bmatrix}$$

- Stab (14) $\alpha(14) = 270°$

$$\underline{K}(14,1) = \underline{K}(ik,i) = \begin{bmatrix} \frac{EA}{L} & 0 & 0 \\ 0 & \frac{f_1(14)\cdot 12\cdot EI}{L(14)^3} & \frac{f_2(14)\cdot 6\cdot EI}{L(14)^2} \\ 0 & \frac{f_2(14)\cdot 6\cdot EI}{L(14)^2} & \frac{f_3(14)\cdot 4\cdot EI}{L(14)} \end{bmatrix} \qquad \underline{T}(14) = \begin{bmatrix} 0 & -1 & 0 \\ 1 & 0 & 0 \\ 0 & 0 & 1 \end{bmatrix}$$

Die Systemsteifigkeitsmatrix im globalen Koordinatensystem ist

$$\tilde{\underline{K}} = \sum_{i=2}^{4} \underline{T}(1i)\cdot\underline{K}(1i,1)\cdot\underline{T}(1i)^T$$

$$\tilde{\underline{K}} = \begin{bmatrix} \left(\frac{f_1(12)}{L(12)^3} + \frac{f_1(14)}{L(14)^3}\right)\cdot 12EI & 0 & \left(\frac{f_2(12)}{L(12)^2} - \frac{f_2(14)}{L(14)^2}\right)\cdot 6EI \\ 0 & \frac{EA}{L(14)} + \frac{f_5(13)}{L(13)^3}\cdot 3EI & \frac{f_6(13)}{L(13)^2}\cdot 3EI \\ \left(\frac{f_2(12)}{L(12)^2} - \frac{f_2(14)}{L(14)^2}\right)\cdot 6EI & \frac{f_6(13)}{L(13)^2}\cdot 3EI & \left(\frac{f_3(12)}{L(12)} + \frac{f_3(14)}{L(14)}\right)\cdot 4EI + \frac{f_6(13)}{L(13)}\cdot 3EI \end{bmatrix}$$

Für eine linearisierte Verzweigungslastuntersuchung wird das transzendente Eigenwertproblem (4.264) gelöst. Die Längskraftverteilung des (stabilen) Gebrauchslastenzustandes P = 1000 kN wird einparametrig mit dem Faktor ν gesteigert. Die Stablängskräfte nach Elastizitätstheorie I. Ordnung sind

$S(12) = P$
$S(13) = 0$
$S(14) = 0{,}9996\cdot P$

Für den Stab (13) sind demnach alle Stabilitätsfaktoren $f_i = 1$.

Die Determinante der Systemsteifigkeitsmatrix ist eine Funktion des Laststeigerungsfaktors ν. Zur Ermittlung der Verzweigungslast wird der erste Nulldurchgang der Determinante der Koeffizientenmatrix ermittelt. Die Determinante der Systemsteifigkeitsmatrix $\tilde{\underline{K}}$, siehe auch Bild 4.106, ist

$$\frac{\det|\tilde{\underline{K}}|}{(EI)^3} = \left(\frac{12f_1(12)}{L(12)^3}+\frac{12f_1(14)}{L(14)^3}\right)\cdot\left(\frac{EA}{EI\cdot L(14)}+\frac{3}{L(13)^3}\right)\cdot\left(\frac{4f_3(12)}{L(12)}+\frac{4f_3(14)}{L(14)}+\frac{3}{L(13)}\right)$$
$$-\left(\frac{6f_2(12)}{L(12)^2}-\frac{6f_2(14)}{L(14)^2}\right)^2\cdot\left(\frac{EA}{EI\cdot L(14)}+\frac{3}{L(13)^3}\right)$$
$$-\left(\frac{3}{L(13)^2}\right)^2\cdot\left(\frac{12f_1(12)}{L(12)^3}+\frac{12f_1(14)}{L(14)^3}\right)$$

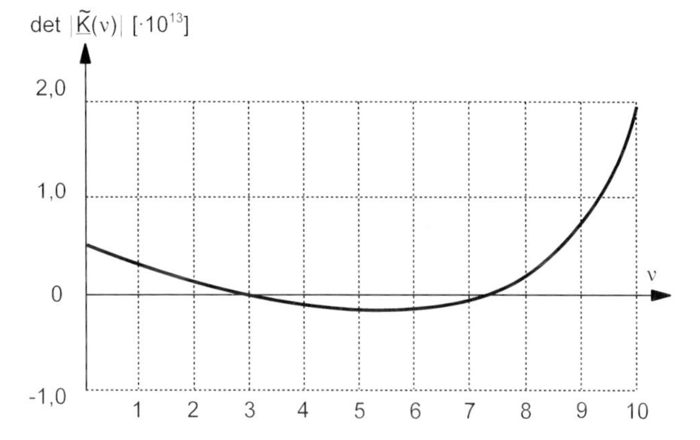

Bild 4.106 Determinantenfunktion

Die linearisierte Verzweigungslast ist $P_{ki} = \nu_{ki}\, P = 2985{,}16$ kN.

Für eine Näherungslösung mit dem algebraischen Eigenwertproblem $(\tilde{\underline{K}} - \nu\cdot\tilde{\underline{K}}_G)\tilde{\underline{v}} = 0$ werden die Systemsteifigkeitsmatrix nach Elastizitätstheorie I. Ordnung (materielle Systemsteifigkeitsmatrix)

$$\tilde{\underline{K}} = \begin{bmatrix} \left(\frac{1}{5^3}+\frac{1}{5^3}\right)\cdot 12\cdot EI & 0 & \left(\frac{1}{5^2}-\frac{1}{5^2}\right)\cdot 6\cdot EI \\ 0 & \frac{EA}{5}+\frac{1}{5^3}\cdot 3\cdot EI & \frac{1}{5^2}\cdot 3\cdot EI \\ \left(\frac{1}{5^2}-\frac{1}{5^2}\right)\cdot 6\cdot EI & \frac{1}{5^2}\cdot 3\cdot EI & \left(\frac{1}{5}+\frac{1}{5}\right)\cdot 4\cdot EI+\frac{1}{5}\cdot 3\cdot EI \end{bmatrix}$$

und die geometrische Systemsteifigkeitsmatrix aufgestellt.

$$\tilde{\underline{K}}_G = \begin{bmatrix} \frac{6}{5}\cdot L\cdot(S(12)+S(14)) & 0 & \frac{1}{10}\cdot(S(12)-S(14)) \\ 0 & 0 & 0 \\ \frac{1}{10}\cdot(S(12)-S(14)) & 0 & \frac{2}{15\cdot L}\cdot(S(12)+S(14)) \end{bmatrix}$$

Die Näherungslösung des algebraischen Eigenwertproblems ist $P_{ki} = \nu_{ki}\, P = 3024{,}6$ kN.

Wird die Wirkung des Stabes (13) vernachlässigt, kann ein Standardfall der Einzelstabknickung nach *Euler* angegeben werden. Die *Euler*sche Knicklast ist

$$P_{ki} = \frac{\pi^2 \cdot EI}{L_k} = 2984{,}57 \text{ kN}$$

mit einer Knicklänge $L_K = 0{,}5 \cdot L$.

Wird der Knoten 3 horizontal unverschieblich gelagert, erhöht sich die Systemsteifigkeit und demnach auch die Verzweigungslast. Die Steifigkeitsmatrix des Stabes (13) wird um den Längsverschiebungsanteil EA/L erweitert, der dem Element $\tilde{k}_{11}$ der Systemsteifigkeitsmatrix zugeordnet ist. Die Verzweigungslast ist in diesem Fall $P_{ki} = \nu_{ki}\, P = 7299{,}76$ kN.

Beispiel 4.21 Für das eben wirkende Stabsystem gemäß Bild 4.107 wird der Schnittkraftzustand nach Elastizitätstheorie II. Ordnung ermittelt.

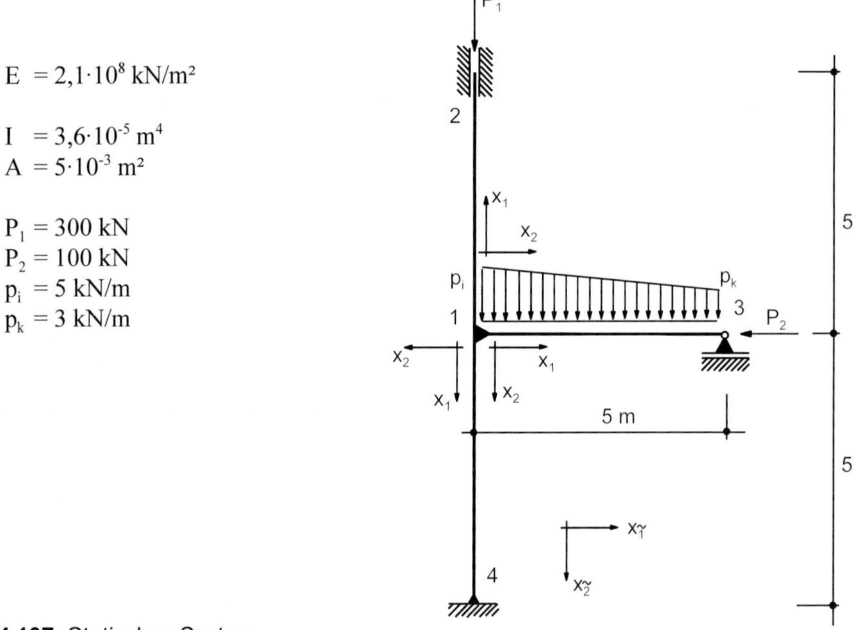

Bild 4.107 Statisches System

Die iterative Lösung des nichtlinearen Gleichungssystems (4.262) erfolgt iterativ. Im 0-ten Iterationsschritt wird der Schnittkraft- und Verschiebungszustand nach Elastizitätstheorie I. Ordnung ermittelt.

Die Systemsteifigkeitsmatrix wird aus Beispiel 4.20 übernommen. Der Vektor der Randschnittkräfte $\underline{\overset{\circ}{F}}$ der kinematisch bestimmt gelagerten Stäbe und der Vektor der Knotenkräfte $\underline{\tilde{P}}$ in globalen Koordinaten bilden den Belastungsvektor $\left(\underline{\tilde{P}} - \underline{\overset{\circ}{F}}\right)$. Am Knoten 1 greifen keine Knotenkräfte an, d.h. $\underline{\tilde{P}} = 0$. Mit $S(12) = P_1$ und $S(13) = P_2$ lautet der Belastungsvektor

$$\tilde{\underline{P}} - \overset{\circ}{\tilde{\underline{F}}} = \begin{bmatrix} 0 \\ 0 \\ 0 \end{bmatrix} - \left[\begin{bmatrix} P_2 \\ -\overset{\circ}{Q}_{\tilde{3}} \\ \overset{\circ}{M}_{\tilde{3}} \end{bmatrix} + \begin{bmatrix} 0 \\ -P_1 \\ 0 \end{bmatrix} \right] = \begin{bmatrix} -P_2 \\ \overset{\circ}{Q}(13)+P_1 \\ -\overset{\circ}{M}(13) \end{bmatrix}$$

Die kinematisch bestimmten Randschnittkräfte infolge der linear veränderlichen Stabbelastung nach Elastizitätstheorie II. Ordnung sind

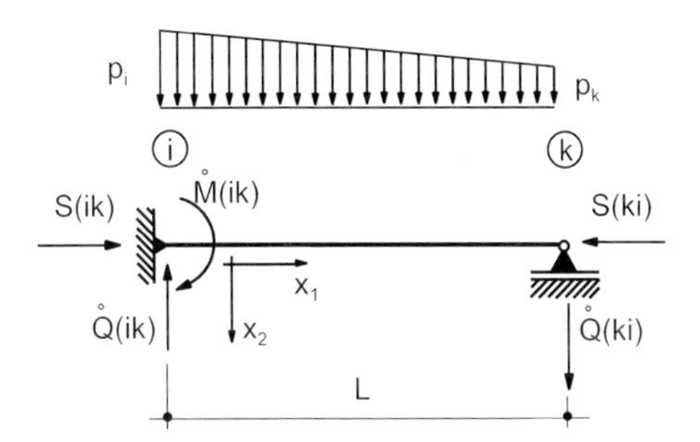

Bild 4.93 Kinematisch bestimmte Randschnittkräfte Stab (13)

$$\overset{\circ}{M}(ik) = -\left(\frac{L}{\omega}\right)^2 \cdot \left[\frac{p_i \cdot \left(2 \cdot \sin(\omega) \cdot \omega^2\right) + p_k \cdot \left(\sin(\omega) \cdot \omega^2 + 6 \cdot \sin(\omega) - 6 \cdot \omega\right)}{6 \cdot (\omega \cdot \cos(\omega) - \sin(\omega))} + p_i \right]$$

$$\overset{\circ}{Q}(ik) = \left(\frac{L}{\omega}\right) \cdot \left[\frac{p_i \cdot \left(2 \cdot \cos(\omega) \cdot \omega^2\right) + p_k \cdot \left(\cos(\omega) \cdot \omega^2 + 6 \cdot \cos(\omega) - 6\right)}{6 \cdot (\omega \cdot \cos(\omega) - \sin(\omega))} \right] - \left(\frac{L}{\omega}\right)^2 \cdot \left[\frac{p_k - p_i}{L}\right]$$

Die Randschnittkräfte des kinematisch bestimmt gelagerten Stabes (bezogen auf die unverformte Lage) entsprechen den in Bild 4.108 angegebenen Richtungsdefinitionen.

Aus dem Gleichungssystem nach Elastizitätstheorie I. Ordnung (0-ter Iterationsschritt) folgen die Knotenverschiebungen

$$\begin{bmatrix} 1{,}45 \cdot 10^3 & 0 & 0 \\ 0 & 2{,}1 \cdot 10^5 & 907{,}2 \\ 0 & 907{,}2 & 1{,}66 \cdot 10^4 \end{bmatrix} \cdot \begin{bmatrix} v_{\tilde{1}}(1) \\ v_{\tilde{2}}(1) \\ \varphi_{\tilde{3}}(1) \end{bmatrix} = \begin{bmatrix} 100 \\ -313{,}375 \\ -12{,}708 \end{bmatrix} \qquad \begin{bmatrix} v_{\tilde{1}}^{[0]}(1) \\ v_{\tilde{2}}^{[0]}(1) \\ \varphi_{\tilde{3}}^{[0]}(1) \end{bmatrix} = \begin{bmatrix} -68{,}9 \\ 1{,}48 \\ 6{,}83 \cdot 10^{-4} \end{bmatrix} \begin{matrix} \text{mm} \\ \text{mm} \\ \text{rad} \end{matrix}$$

und die Randschnittkräfte sowie Stablängskräfte

S(12) = – 300 kN
S(13) = – 100 kN
S(14) = – 312,545 kN

Für die iterative Lösung werden die Stabkennzahlen

$$\omega(ik) = L(ik) \cdot \sqrt{\frac{S(ik)}{EI}}$$

und die Stabilitätsfaktoren $f_i(ik)$ für jeden Stab bestimmt. Bereits nach dem ersten Iterationsschritt werden keine signifikanten Änderungen des Verschiebungsvektors festgestellt. Die Knotenverschiebungen nach Elastizitätstheorie II. Ordnung sind

$$\begin{bmatrix} v_{\bar{1}}^{[1]}(1) \\ v_{\bar{2}}^{[1]}(1) \\ \varphi_{\bar{3}}^{[1]}(1) \end{bmatrix} = \begin{bmatrix} -76{,}37 \\ 1{,}48 \\ 7{,}54 \cdot 10^{-4} \end{bmatrix} \begin{matrix} \text{mm} \\ \text{mm} \\ \text{rad} \end{matrix}$$

Die prozentuale Änderung der Verschiebungen nach Elastizitätstheorie I. und II. Ordnung beträgt in horizontaler Richtung 10,8 %, die vertikale Richtung bleibt unverändert und die Verdrehung steigt um 10,4 %. Die Randschnittkräfte am Stabrand (14) sind nach Elastizitätstheorie I. und II. Ordnung

$$\begin{bmatrix} F_1^{[0]}(14) \\ F_2^{[0]}(14) \\ M_3^{[0]}(14) \end{bmatrix} = \begin{bmatrix} -51{,}239 \\ -312{,}48 \\ -129{,}13 \end{bmatrix} \begin{matrix} \text{kN} \\ \text{kN} \\ \text{kNm} \end{matrix} \qquad \begin{bmatrix} F_1^{[1]}(14) \\ F_2^{[1]}(14) \\ M_3^{[1]}(14) \end{bmatrix} = \begin{bmatrix} -51{,}229 \\ -312{,}545 \\ -141{,}091 \end{bmatrix} \begin{matrix} \text{kN} \\ \text{kN} \\ \text{kNm} \end{matrix}$$

Die Momentenfunktionen nach Elastizitätstheorie I. und II. Ordnung sind im Bild 4.109 dargestellt.

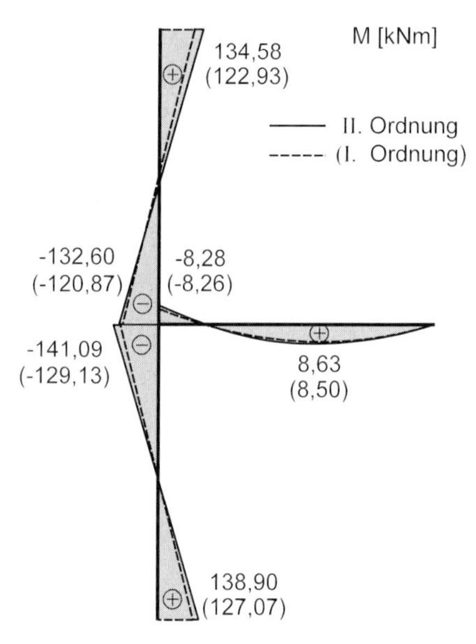

Bild 4.109 Momentenfunktionen

Die Formulierung der Theorie II. Ordnung kleiner Verschiebungen ist gekennzeichnet von sehr kleinen Rotationen $\varphi \ll 1$ und Näherungen für die Rotationen der Form $\sin\varphi \approx \varphi$, $\cos\varphi \approx 1$ und $\tan\varphi \approx \varphi$. Gemäß Bild 4.100 kann die Verschiebung in Richtung der unverformten Stabachse beschrieben werden durch

$$v_1(ki) = v_1(ik) + \int_{x_1=0}^{L} (ds \cos\varphi - dx_1) \tag{4.267}$$

Mit $ds = (1 + \varepsilon_1)\, dx_1$ wird

$$v_1(ki) = v_1(ik) - \int_{x_1=0}^{L} (1 - \cos\varphi)\, dx_1 + \int_{x_1=0}^{L} \varepsilon_1 \cos\varphi\, dx_1 \tag{4.268}$$

Die Längsdehnung ε_1 ist von der Normalkraft N abhängig, $\varepsilon_1 = -N / EA$. Mit Gl. (4.248) ist der Zusammenhang der Normalkraft N und der Stablängskraft S sowie der Transversalkraft T hergestellt. Die Mitnahme höher Glieder einer Reihenentwicklung für die Rotation, z.B.

$$\cos\varphi = 1 - \frac{1}{2}\varphi^2 + \ldots \qquad \text{und} \qquad \sin\varphi = \varphi + \frac{1}{3!}\varphi^3 + \ldots \tag{4.269}$$

führt zu nichtlinearen Abhängigkeiten der Längskräfte von den Randverschiebungen und nichtlinearen Verzerrungs-Verschiebungs-Abhängigkeiten. Für $\sin\varphi \approx \varphi$ und $1 - \cos\varphi \approx 0{,}5\,\varphi^2$ wird

$$S(ik) = S(ki) = \frac{EA}{L}\left[[v_1(ik) - v_1(ki)] - \frac{1}{2}\int_{x_1=0}^{L} (v')^2\, dx_1 \right] \tag{4.270}$$

Die Mitnahme der quadratischen Terme der Reihenentwicklung ist schon für die Lösung des Durchschlagproblems erforderlich, siehe Bild 4.110.

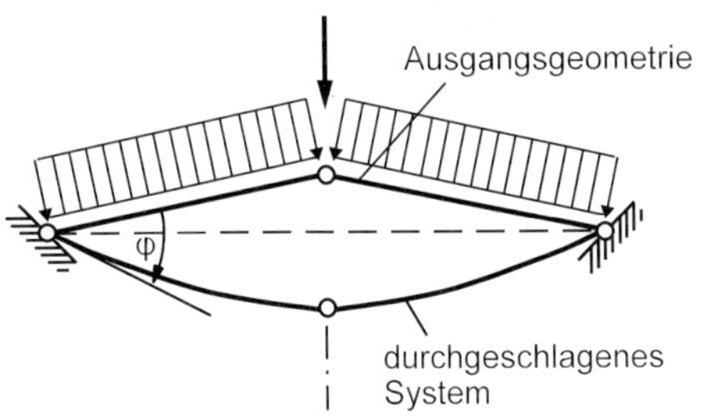

Bild 4.110 Durchschlagproblem

4.5 Physikalisch nichtlineare Statik

Die realitätsnahe Beschreibung des Tragverhaltens wird neben der Erfassung geometrischer Nichtlinearitäten, siehe Abschn. 4.4, von der Wahl des Materialmodells bestimmt. Nachfolgend werden insbesondere einaxiale Materialmodelle behandelt. Anstelle der bisher verwendeten linearen Spannungs-Verzerrungs-Abhängigkeiten werden nichtlineare Abhängigkeiten eingeführt, um zutreffendere Aussagen zum Versagen eines Tragwerkes zu erhalten.

Bei (linear oder nichtlinear) elastischer Materialmodellierung ist die Spannung σ der Dehnung ε eindeutig zugeordnet. Hyperelastische Stoffgesetze gehen von einer eindeutigen linearen Zuordnung der differentialen Spannungsänderungen und differentialen elastischen Verzerrungsänderungen aus.

$$d\underline{\sigma} = \underline{E} \cdot d\underline{\varepsilon} \tag{4.271}$$

Be- und Entlastungskurven sind identisch, siehe Bild 4.111. Sprödes Verhalten ist dadurch gekennzeichnet, daß bei einer kritischen Spannungsintensität ein Bruch bzw. eine Trennung des Werkstoffes auftritt. Rißentstehung und Rißfortpflanzung können mit bruchmechanischen Modellen beschrieben werden, siehe z.B. [42].

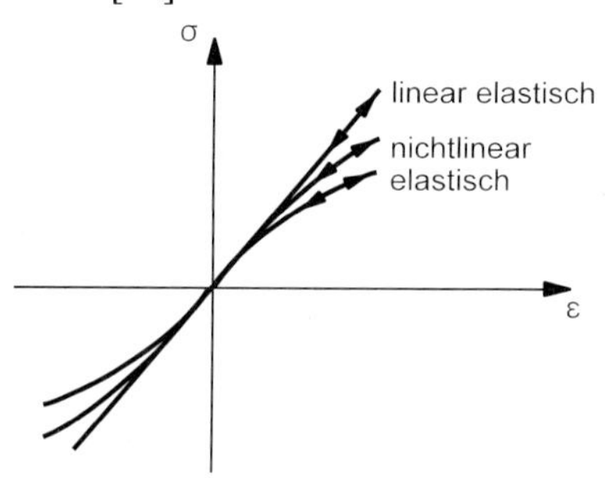

Bild 4.111 Elastisches Materialverhalten

Die eindeutige Zuordnung der Spannungen und Dehnungen existiert bei nichtelastischem Materialverhalten nicht. Be- und Entlastungskurven sind nicht identisch. In Bild 4.112 ist die Spannungs-Dehnungs-Abhängigkeit für einen Lastzyklus einer Schwellbelastung, d.h. Richtungswechsel der Belastung, bei nichtlinearem Materialverhalten eingetragen. Mit der Erfassung von mehreren Lastzyklen und von Wechselbeanspruchungen steigen die Lösungsschwierigkeiten.

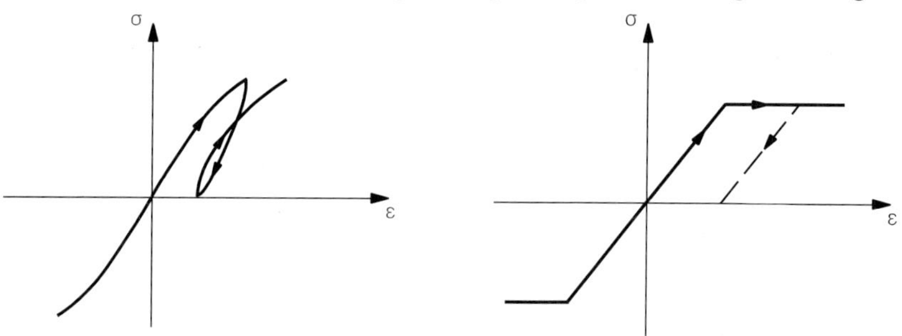

Bild 4.112 Nichtelastisches Materialverhalten

Das Verhalten vieler Werkstoffe ist zudem zeitabhängig. Das rheologische Verhalten kann mit viskoelastischen oder viskoplastischen Materialmodellen beschrieben werden.

Unterschieden werden die Versagensarten: Punktversagen, Querschnittsversagen und Systemversagen. Punktversagen wird durch das Erreichen eines (vorzugebenden zulässigen) Grenzwertes einer Zustandsgröße an einem Tragwerkspunkt definiert. Der Verlust der Tragfähigkeit eines Querschnittes führt bei einem statisch bestimmten Tragwerk zum Versagen des Systems. Das System wird dann kinematisch beweglich. Systemversagen ist definiert als das unbegrenzte Anwachsen der Verschiebungen bei nur kleiner Laststeigerung. Die Last-Verschiebungs-Abhängigkeit hat eine horizontale Tangente. Die zugehörige Lastgröße wird als Traglast bezeichnet, siehe Bild 4.113.

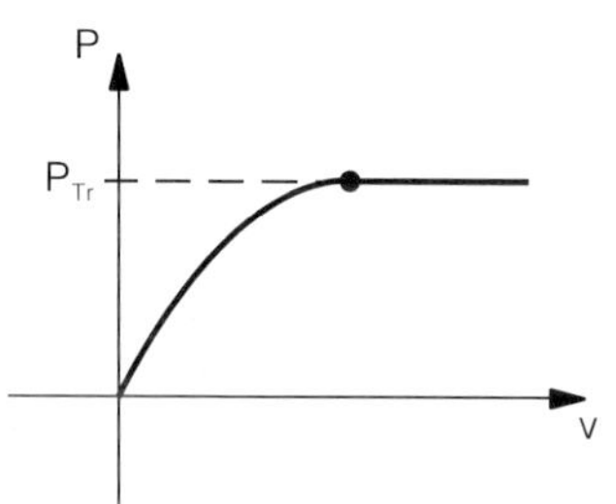

Bild 4.113 Last-Verschiebungs-Abhängigkeit

Beispiel 4.22 In Bild 4.114 ist der Längskraftzustand eines statisch bestimmten Fachwerkes angegeben. Der Stab mit der betragsmäßig größten Normalkraft N bestimmt die Traglast des Systems, wenn allen Stäben der gleiche Querschnitt zugeordnet ist.

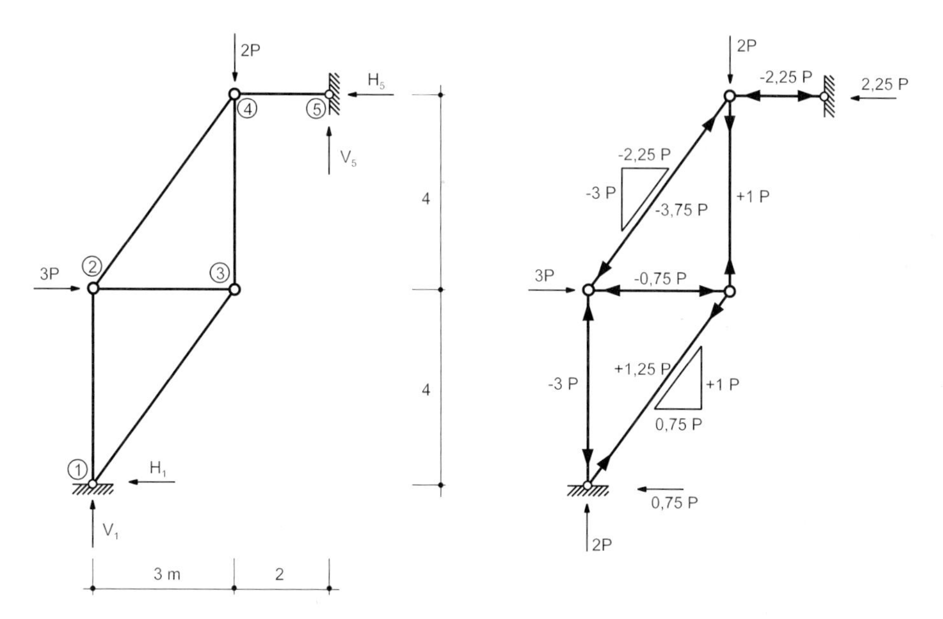

Bild 4.114 Fachwerk, Normalkräfte

Im Stab (24) ist die Normalkraft N = |-3,75| P. Wenn diese Normalkraft die vorgegebene aufnehmbare Grenztragkraft max N = 600 kN erreicht, entspricht die Last P der Traglast P_{Tr}. Die Traglast P_{Tr} beträgt demnach $P_{Tr} = \frac{\max N}{3,75} = \frac{600}{3,75} = 160\,\text{kN}$. Punkt-, Querschnitts- und Systemversagen sind in diesem einführenden Beispiel identisch.

Werkstoffmodelle. Zur Beschreibung des nichtlinearen Werkstoffverhaltens werden diverse idealisierte Ansätze eingeführt. Der Fokus wird auf elastisch-plastisches Verhalten gerichtet und angenommen, daß sich die Verzerrungen aus einem elastischen und einem plastischen Anteil zusammensetzen.

$$\varepsilon = \varepsilon_e + \varepsilon_p \tag{4.272}$$

Widerspruchsfrei sind differentiale Formulierungen für elastisch-plastisches Verhalten

$$\frac{d\varepsilon}{dt} = \frac{d\varepsilon_e}{dt} + \frac{d\varepsilon_p}{dt} \tag{4.273}$$

Beschreibungen sind mit diskreten und kontinuierlichen Modellierungen möglich.

Bei vorausgesetztem ideal plastischen Verhalten stellen sich die plastischen Verzerrungen ε_p bei einem definierten Spannungszustand $\underline{\sigma} = [\sigma_{11}, \sigma_{22}, \sigma_{33}, \sigma_{12}, \sigma_{21}, \sigma_{13}, \sigma_{31}, \sigma_{23}, \sigma_{32}]$ ein.

Die beginnende Plastizierung wird durch eine Fließfunktion $F(\sigma_1, \sigma_2, \sigma_3) = 0$ beschrieben, die von den drei Hauptspannungen σ_1, σ_2 und σ_3 abhängt und als konvexe Fließfläche dargestellt werden kann. Es existieren nur Spannungszustände mit Werten $F \leq 0$, d.h. für $F < 0$ entstehen keine plastischen Verzerrungen. Mit dem Fließkriterium

$$d\underline{\varepsilon}_p = d\lambda \cdot \frac{\partial F}{\partial \underline{\sigma}}, \quad d\lambda > 0 \tag{4.274}$$

folgt für die differentiale Gesamtverzerrung

$$d\underline{\varepsilon} = \underline{E}^{-1} d\underline{\sigma} + d\lambda \cdot \frac{\partial F}{\partial \underline{\sigma}} \tag{4.275}$$

Die differentialen plastischen Verzerrungskomponenten sind proportional den Komponenten des Gradientenvektors von F im Spannungsraum. Der Vektor

$$d\underline{\varepsilon}_p = \{d\varepsilon_{1p}, d\varepsilon_{2p}, d\varepsilon_{3p}, d\gamma_{12p}, d\gamma_{21p}, d\gamma_{13p}, d\gamma_{31p}, d\gamma_{23p}, d\gamma_{32p}\} \tag{4.276}$$

steht demnach senkrecht auf der Fließfläche.

Ein hypoplastisches Stoffgesetz geht von einer eindeutigen linearen Zuordnung der differentialen Spannungsänderungen zu differentialen elastisch-plastischen Verzerrungsänderungen aus.

Weitergehende Fließkriterien können – u.a. für isotropes und anisotropes Materialverhalten, unter Berücksichtigung von isotroper und kinematischer Verfestigung und mit Erfassung von Verzerrungsgeschwindigkeiten – formuliert werden, siehe z.B. [11].

Zur Fließfunktion F assoziierte Fließregeln werden aus den Abhängigkeiten der differentialen plastischen Verzerrungen von den Spannungen gemäß Gl. (4.274) entwickelt.

Zur Verminderung des Lösungsaufwandes wird mit verallgemeinerten Größen gearbeitet. Schnittkräfte werden als verallgemeinerte Spannungen definiert, die zu verallgemeinerten Verzerrungen gehören. Die Fließfunktionen können in Abhängigkeit der Schnittkräfte formuliert werden.

In Bild 4.115 sind Verteilungen der Biegespannung in einem homogenen Querschnitt dargestellt. Das einwirkende Moment M wird gesteigert. Bis zum Erreichen der Fließspannung an einer Randfaser wird linear elastisches Verhalten vorausgesetzt. Bei weiterer Steigerung von M wird eine fortschreitende Plastizierung des Querschnittes (Teilplastizierung) bis zur vollständigen Plastizierung (ideal plastisches Verhalten) beobachtet. Die Fließfunktion für das ideal plastische Verhalten ist $F(\sigma) = \sigma - \sigma_F = 0$. Die Tragfähigkeit des Querschnittes ist bei dem vollplastischen Moment M_p erschöpft. Bei weiterer Laststeigerung wirkt der vollplastizierte Querschnitt wie ein konstruktives Gelenk. Verwendet wird dafür üblicherweise der Begriff Fließgelenk.

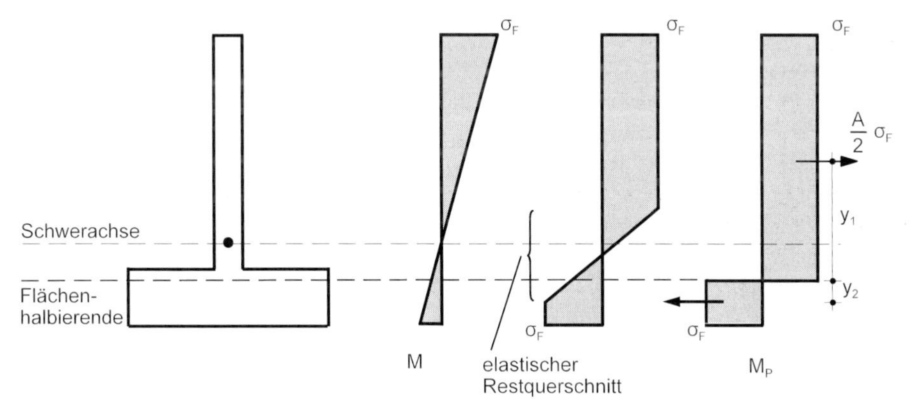

Bild 4.115 Spannungsverteilung

Eine kontinuierliche plastische Analyse, die eine Teilplastizierung von Querschnitten erfaßt, wird als Fließzonentheorie bezeichnet. Die von den Schnittkräften abhängigen Werte der Fließfunktion haben in Teilbereichen den kritischen Wert noch nicht erreicht.

4.5.1 Zur Fließgelenktheorie

Die Fließgelenktheorie ist eine diskrete plastische Analyse bei der nur elastisch und (voll-)plastisch wirkende Querschnitte unterschieden werden. Mögliche plastisch wirkende Querschnitte müssen vorgegeben werden. Bilden die Fließgelenkpunkte eine kinematische Kette entsteht eine Bruchkette und die Verschiebungen bei (differential) kleiner Laststeigerung wachsen unbegrenzt an. Abhängig von der Anzahl k der vorhandenen Fließgelenkpunkte wird vollständiges oder teilweises Systemversagen unterschieden. Es ist auch eine energetische Formulierung möglich.

Das vollplastische Moment ist eine integrale Kenngröße für die Tragkapazität eines Querschnitts unter Momentenbelastung. Es ist von stofflichen und geometrischen Faktoren abhängig.

Wenn die Biegebeanspruchung vorherrschend ist, während die Normal-, Torsions- und Querkräfte eine untergeordnete Rolle spielen, dann bleibt das vollplastische Moment quasi konstant und hängt nur von der Fließgrenze sowie der Querschnittsform und den Querschnittsabmessungen ab. Die zunehmende Torsions- und/oder Normalkraft- und/oder Querkraftbeanspruchung im gefährdeten Querschnitt führt zur Minderung des vollplastischen Moments, die effektive Kapazität des Fließgelenks wird dann spannungsabhängig und demzufolge veränderlich.

Beispiel 4.23 Für einen Hohlkastenquerschnitt werden die Interaktionsbeziehung in der Form $\frac{M}{M_p} = 1 - \frac{N^2}{N_p^2} \cdot f_1(h,b,t)$ entwickelt und die Verhältnisgleichung zwischen N_p / M_p in der Form $N_p / M_p = f_2(h,b,t)$ mit den von den Geometriegrößen h, b und t abhängigen Funktionen f_1, f_2 angegeben.

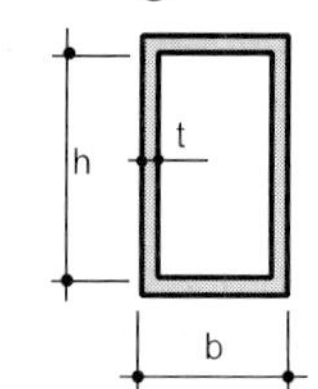

In Bild 4.116 ist die Spannungsverteilung eines vollplastizierten Querschnittes (infolge Biegemoment M und Normalkraft N) angegeben. Die Grenzspannung hat die Größe σ_F. Der Anteil σ_{FN} infolge einer Normalkraft und der Anteil σ_{FM} infolge eines Momentes sind im rechten Teil von Bild 4.116 separiert.

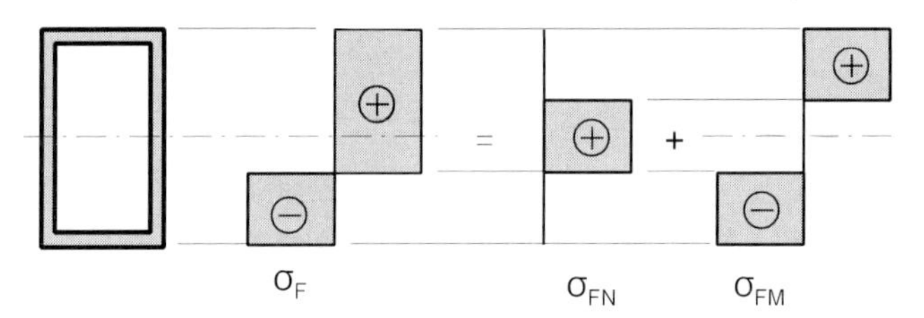

Bild 4.116 Spannungsverteilung infolge Normalkraft und Moment

Der Spannungsanteil infolge Moment σ_{FM} wird – wie in Bild 4.117 dargestellt – aus dem Spannungsanteil σ_{FM_p} und dem Differenzspannungsanteil σ_{FM_e} zusammengesetzt.

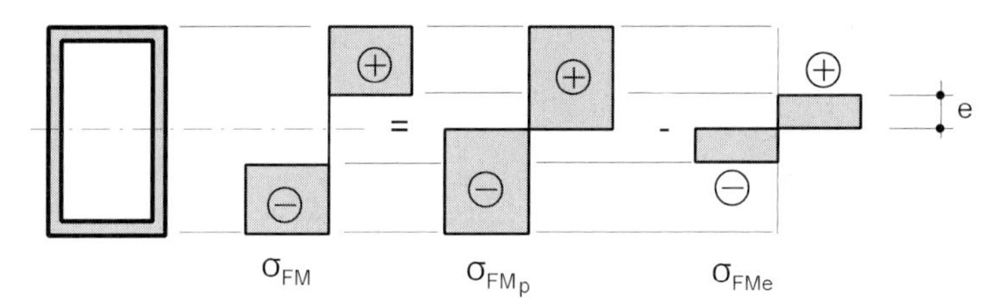

Bild 4.117 Spannungsverteilungsanteil infolge Moment

Die in Bild 4.118 dargestellte Spannungsverteilung σ_{FM_p} entspricht der Spannungsverteilung eines vollständig plastizierten Querschnittes bei Erreichen des vollplastischen Momentes M_p.

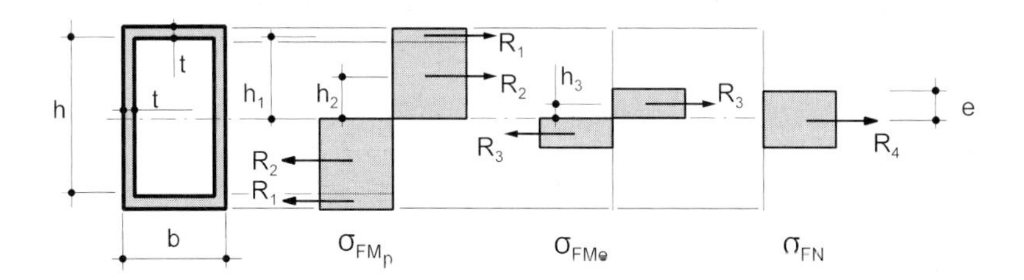

Bild 4.118 Spannungsverteilung

In Bild 4.118 sind die aus den (plastischen) Spannungen resultierenden Kräfte R_i, i = 1, 2, 3, 4 und deren Abstände zur Flächenhalbierenden angegeben. Die Kräfte R_i werden durch Multiplikation der Spannung σ_F mit der zugeordneten Teilfläche des Querschnittes erhalten.

Das Moment M wird aus dem vollplastischen Moment M_p und dem Differenzmoment M_e superponiert, siehe Bild 4.118.

$$M = M_p - M_e$$

Die Abstände h_1, h_2 und h_3 sind $h_1 = \frac{t+h}{2}$, $h_2 = \frac{h}{4}$, $h_3 = \frac{e}{2}$.

Für die resultierenden Kräfte R_i, i = 1, 2, 3, 4 gilt

$$R_1 = \sigma_F \cdot t \cdot b, \qquad R_2 = \sigma_F \cdot t \cdot h, \qquad R_3 = \sigma_F \cdot t \cdot e \cdot 2, \qquad R_4 = \sigma_F \cdot t \cdot e \cdot 4.$$

Das vollplastische Moment ist

$$M_p = 2 \cdot \left[R_1 \cdot h_1 + R_2 \cdot h_2\right] = \sigma_F \cdot \left[t \cdot b \cdot (t+h) + \frac{h^2 \cdot t}{2}\right]$$

und das Differenzmoment

$$M_e = 2 \cdot \left[R_3 \cdot h_3\right] = \sigma_F \cdot \left[2 \cdot e^2 \cdot t\right]$$

Die resultierende Kraft R_4 ist mit der Normalkraft identisch

$$R_4 = N = \sigma_F \cdot \left[4 \cdot e \cdot t\right]$$

Werden die Gleichungen für M_e und M_p eingesetzt, folgt

$$M = \sigma_F \cdot \left[t \cdot b \cdot (t+h) + \frac{h^2 \cdot t}{2} - 2 \cdot e^2 \cdot t\right]$$

Diese Gleichung wird durch M_p dividiert

$$\frac{M}{M_p} = \frac{\sigma_F \cdot \left(t \cdot b \cdot (t+h) + \frac{h^2 \cdot t}{2}\right)}{\sigma_F \cdot \left(t \cdot b \cdot (t+h) + \frac{h^2 \cdot t}{2}\right)} - \frac{\sigma_F \cdot \left(2 \cdot e^2 \cdot t\right)}{\sigma_F \cdot \left(t \cdot b \cdot (t+h) + \frac{h^2 \cdot t}{2}\right)}$$

$$\frac{M}{M_p} = 1 - \frac{2 \cdot e^2 \cdot t}{t \cdot b \cdot (t+h) + \dfrac{h^2 \cdot t}{2}}$$

und umgestellt

$$\frac{M}{M_p} = 1 - \frac{N^2}{8 \cdot \sigma_F^2 \cdot t^2 \cdot \left(b \cdot (t+h) + \dfrac{h^2}{2} \right)}$$

Bild 4.119 zeigt die Spannungsverteilung eines infolge einer Normalkraft vollständig plastizierten Hohlkastenquerschnittes (vollplastische Normalkraft).

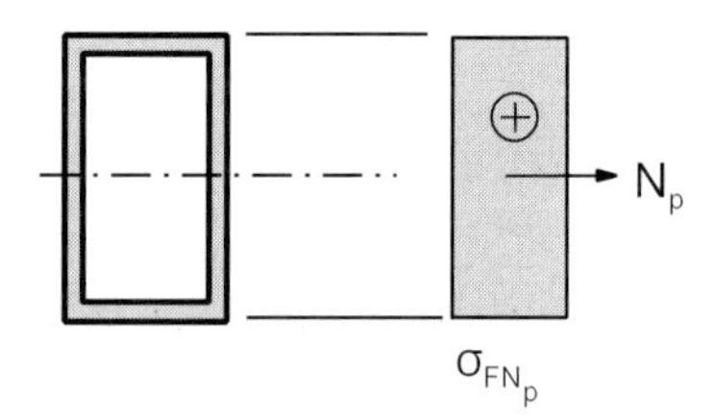

Bild 4.119 Spannungsverteilung infolge Normalkraft

Die vollplastische Normalkraft ist

$$N_p = \sigma_F \cdot 2 \cdot t \cdot (b+h)$$

Wird der rechte Teil der Verhältnisgleichung mit N_p^2 erweitert, folgt

$$\frac{M}{M_p} = 1 - \frac{N^2}{N_p^2} \cdot \frac{(b+h)^2}{2 \cdot \left(b \cdot t + b \cdot h + \dfrac{h^2}{2} \right)}$$

Für das Verhältnis zwischen N_p und M_p wird erhalten

$$\frac{N_p}{M_p} = \frac{(b+h) \cdot 2}{b \cdot t + b \cdot h + \dfrac{h^2}{2}}$$

Diese Interaktionsformel gilt nur für $e \leq h$, siehe Bild 4.118. Ist der Einfluß des Momentes so gering, daß Fließspannungen infolge Moment nur in einem Teil der Gurtbleche des Querschnittes erreicht werden und der verbleibende Querschnittsbereich infolge Normalkraft plastiziert, müssen die angegebenen Interaktionsbeziehungen angepaßt werden.

Beispiel 4.24 Für den statisch bestimmten Rahmen gemäß Bild 4.120 wird die Traglast mit und ohne Berücksichtigung der M-N-Interaktion ermittelt.

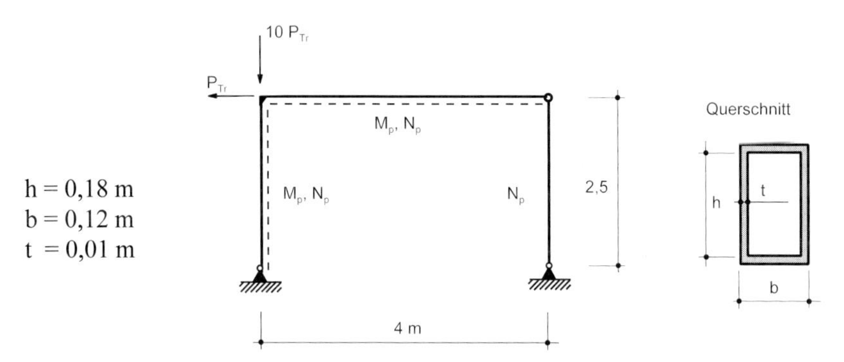

Bild 4.120 Statisches System

Bei dem statisch bestimmten Rahmen bildet sich unter der gegebenen Belastung an der biegesteifen Rahmenecke (Lastangriffspunkt) das Maximalmoment aus. Der an die biegesteife Ecke anschließende Vertikalstab nimmt die maximale Normalkraft des Systems auf. Bei Laststeigerung werden deshalb hier zuerst die Fließspannungen (in den Randfasern des Querschnittes) erreicht. Mit dem vollständigen Plastizieren des Querschnittes im Bereich der biegesteifen Rahmenecke infolge weiterer Laststeigerung bildet sich ein vollplastisches Gelenk (Fließgelenk) aus. Damit ist der Versagenszustand erreicht.

Bild 4.121 zeigt die Momenten- und die Normalkraftfunktion.

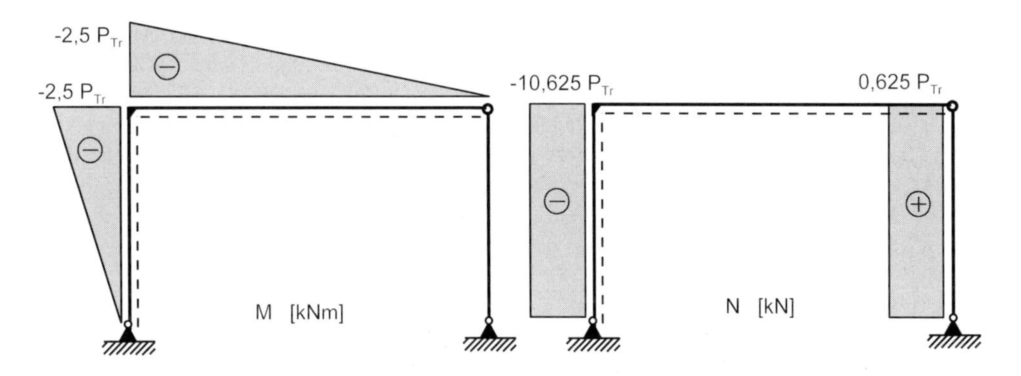

Bild 4.121 Zustandsfunktionen M und N

Im System darf an keiner Stelle das vollplastische Moment $1{,}0 \cdot M_p$ überschritten werden. Die Traglast ohne Momenten-Normalkraft-Interaktion ist demnach

$$P_{Tr} = M_p / 2{,}5 \text{ m}$$

Bei der Berechnung der Traglast mit Momenten-Normalkraft-Interaktion muß mit der querschnittsspezifischen Interaktionsbeziehung von Beispiel 4.23 ein reduziertes vollplastisches

Moment ermittelt werden. Die entsprechende Traglast ist

$$P_{Tr} = M_{p,red} / 2{,}5 \text{ m}$$

$$M_{p,red} = \left[1 - \frac{N^2}{N_p^2} \cdot \frac{(b+h)^2}{2 \cdot \left(b \cdot t + b \cdot h + \frac{h^2}{2} \right)} \right] \cdot M_p$$

Für die Normalkraft N wird die Normalkraft des an die Rahmenecke anschließenden Vertikalstabes eingesetzt. Die Gleichung für N_p wird umgestellt und eingesetzt

$$M_{p,red} = M_p - \frac{0{,}55034 \cdot P_{Tr}^2}{M_p}$$

Es folgt

$$P_{Tr} = \frac{M_p - \frac{0{,}55034 \cdot P_{Tr}^2}{M_p}}{2{,}5} \quad \rightarrow \quad 0 = P_{Tr}^2 + 4{,}5426 \cdot M_p \cdot P_{Tr} - 1{,}81705 \cdot M_p^2$$

Von den beiden Lösungen der quadratischen Gleichung verbleibt die physikalisch sinnvolle

$$P_{Tr} = M_p / 2{,}7035 \text{ m}$$

4.5.2 Fließgelenktheorie und Deformationsmethode

Mit der Definition eines Fließgelenks steht ein Gedankenmodell für Plastizierungsvorgänge zur Verfügung, bei dem die an sich kontinuierliche und einen endlichen Stabbereich umfassende Plastizierung, in einem – dem am meisten beanspruchten – Querschnitt konzentriert wird.

Fließgelenke lassen sich im Kontext der Deformationsmethode algorithmisch wie Verschiebungsunstetigkeiten mit spezifischen Merkmalen behandeln. Der Lastvektor und die Steifigkeitsmatrix des Stabelementes mit einem am Rand (ik) oder (ki) entstehenden Fließgelenk werden ähnlich wie bei Stäben mit gewöhnlichen Unstetigkeiten modifiziert. Die Unterschiede der Abarbeitungsprozedur resultieren aus der Spezifik der Zwangsbedingung

$$F_j = M_p \tag{4.277}$$

sowie aus der Tatsache, daß sie erst dann wirksam wird, wenn bei einer einsinnigen Laststeigerung die Tragkapazität des maximal beanspruchten Querschnitts erschöpft wird. F_j ist das Biegemoment im Schnitt mit j = 3 für ein Fließgelenk am Rand (ik) bzw. j = 6 für den Rand (ki), M_p ist das vollplastische Moment.

Der in Abschnitt 4.2.3 dargelegte Algorithmus zur Behandlung gewöhnlicher Verschiebungsunstetigkeiten kann für die algorithmische Erfassung von Fließgelenken angepaßt werden. Die wesentlichen Zusammenhänge der Modifikationsprozedur werden nachfolgend angegeben.

Ausgehend von der konstitutiven Beziehung gemäß Gl. (4.277) wird als erstes der Verschiebungssprung – die gegenseitige Verdrehung zwischen dem Rand und dem Knoten – aus dem Vektor der Unbekannten eliminiert und als Funktion der Knotenverschiebungen $\underline{v}$ dargestellt

$$\Delta v_j = \frac{\overset{o}{F}_j - M_p}{k_{jj}} + \frac{1}{k_{jj}} \cdot \underline{k}_j^T \cdot \underline{v} \tag{4.278}$$

Die anderen Terme der Gl. (4.278) haben dieselbe Bedeutung wie bei der Prozedur zur Behandlung von gewöhnlichen Verschiebungsunstetigkeiten: $\underline{k}_j$ ist die j-te Spalte der Stabsteifigkeitsmatrix, k_{jj} – das j-te Hauptdiagonalenelement.

Für die Dekremente des Lastvektors und der Steifigkeitsmatrix werden aus Gl. (4.278) erhalten

$$\Delta \underline{F}_u = \frac{\overset{o}{F}_j - M_p}{k_{jj}} \cdot \underline{k}_j \tag{4.279}$$

$$\Delta \underline{K}_u = \frac{1}{k_{jj}} \cdot \underline{k}_j \cdot \underline{k}_j^T \tag{4.280}$$

Die Modifikation des Lastvektors und der Stabsteifigkeitsmatrix folgt anschließend nach dem bekannten Schema

$$\overset{o}{\underline{F}}_u = \overset{o}{\underline{F}}(e) - \Delta \underline{F}_u \tag{4.281}$$

$$\underline{K}_u = \underline{K}(e) - \Delta \underline{K}_u \tag{4.282}$$

Die hier mit (e) bezeichneten Ausgangskomponenten sind der Lastvektor und die Steifigkeitsmatrix des Stabelements vor der Bildung des Fließgelenks. Das Bezugssystem ist irrelevant, da die lokale Richtungsachse x_3 des Verdrehungssprungs Δv_j mit der globalen zusammenfällt.

Fließgelenke sind nicht von Anfang an als Bestandteile der Struktur vorhanden, sondern entstehen während der Laststeigerung bis zur Bildung einer kinematischen Kette, die zum vollständigen oder zum teilweisen Versagen des Systems führt. Die klassische Traglasttheorie setzt eine einsinnige proportionale Laststeigerung voraus.

Die wesentlichen Schritte einer computergestützten Traglastuntersuchung sind:

1) den am meisten beanspruchten Schnitt zu lokalisieren,
2) die Lastintensität kontrolliert zu steigern bis dort das Moment den Grenzwert erreicht – das plastische Moment M_p,
3) im maximal beanspruchten Querschnitt ein Fließgelenk einzubauen und auf diese Weise das System zu modifizieren,
4) die kinematische Beweglichkeit des modifizierten Systems zu überprüfen, um festzustellen, ob eine weitere Laststeigerung möglich ist.

Die Schritte 1 bis 4 werden solange wiederholt bis die Verschiebungen unbegrenzt anwachsen, d.h. das Versagen eintritt. Die Lastintensität, die dazu führt, ist die Traglast des Systems.

Beispiel 4.25 Der Algorithmus wird zunächst an einem überschaubaren akademischen Beispiel für die Traglastuntersuchung nach Fließgelenktheorie I. Ordnung gezeigt, siehe Bild 4.122. Der Stab mit konstantem Querschnitt und der Länge 2L ist eingespannt am rechten und gelenkig gelagert am linken Rand. Die Querlast in Stabmitte führt zu Extremwerten der Biegemomente am rechten Rand und in Stabmitte. Diese beiden Querschnitte sind gefährdet, dort werden die zwei Fließgelenke erwartet, die zusammen mit dem Gelenk am linken Rand die kinematische Versagenskette (Bruchkette) bilden.

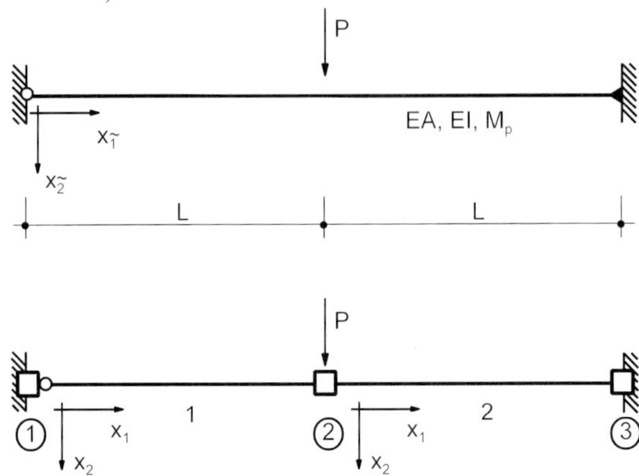

Bild 4.122 Statisches System, Berechnungsmodell

Das anfängliche Berechnungsmodell nach Bild 4.122 mit dem konstruktiven Gelenk am linken Rand wird als gewöhnliche Unstetigkeit dem Stab 1 zugewiesen, der rechte Stab 2 ist kinematisch starr mit den Knoten (2) und (3) gekoppelt. Als Unbekannte bleiben die Verschiebungen des Knotens (2). Die benötigten Steifigkeitsmatrizen und Lastvektoren sind

$$\underline{\tilde{K}}(21,2) = \begin{bmatrix} \frac{EA}{L} & 0 & 0 \\ 0 & \frac{3EI}{L^3} & -\frac{3EI}{L^2} \\ 0 & -\frac{3EI}{L^2} & \frac{3EI}{L} \end{bmatrix} \quad \text{und } \underline{\overset{\circ}{\tilde{F}}}(21) = \underline{0} \text{ für den Stab 1, bzw.}$$

$$\underline{\tilde{K}}(23,2) = \begin{bmatrix} \frac{EA}{L} & 0 & 0 \\ 0 & \frac{12EI}{L^3} & \frac{6EI}{L^2} \\ 0 & \frac{6EI}{L^2} & \frac{4EI}{L} \end{bmatrix} \quad \text{und } \underline{\overset{\circ}{\tilde{F}}}(23) = \underline{0} \text{ für den Stab 2.}$$

Mit der Systemsteifigkeitsmatrix als Summe der beiden Stabsteifigkeitsmatrizen wird für das lineare algebraische Gleichungssystem

$$\begin{bmatrix} 0 \\ P \\ 0 \end{bmatrix} - \begin{bmatrix} \frac{2EA}{L} & 0 & 0 \\ 0 & \frac{15EI}{L^3} & \frac{3EI}{L^2} \\ 0 & \frac{3EI}{L^2} & \frac{7EI}{L} \end{bmatrix} \cdot \begin{bmatrix} v_{\bar{1}}(2) \\ v_{\bar{2}}(2) \\ \varphi_{\bar{3}}(2) \end{bmatrix} = \underline{0}$$

erhalten. Die Auflösung liefert die Verschiebungen des Knotens (2)

$$v_{\bar{1}}(2) = 0 \qquad v_{\bar{2}}(2) = \frac{7PL^3}{96EI} \qquad \varphi_{\bar{3}}(2) = -\frac{PL^2}{32EI}$$

und damit folgen die Randmomente des Stabes 2

$$M_3(23) = \frac{5}{16}PL \qquad M_3(32) = \frac{3}{8}PL$$

Der am meisten gefährdete Querschnitt ist der mit dem größeren (elastisch berechneten) Moment. Das erste Fließgelenk entsteht am Rand (32), wenn $M_3(32) = M_p$. Dies entspricht der Lastintensität

$$P_1 = \frac{8}{3L} \cdot M_p$$

Die zugehörige Knotenverschiebung ist

$$v_{\bar{2}}(2) = \frac{7L^2}{36EI} \cdot M_p$$

Das Ausgangssystem wird nun modifiziert: in Stab 2 wird ein Fließgelenk mit dem plastischen Moment M_p am Rand (32) eingeführt. Adaptiert werden für den Stab 2 die Steifigkeitsmatrix nach den Gln. (4.60) und (4.62) sowie der Lastvektor nach den Gln. (4.59) und (4.61) zu

$$\underline{\tilde{K}}_u(23,2) = \begin{bmatrix} \frac{EA}{L} & 0 & 0 \\ 0 & \frac{3EI}{L^3} & \frac{3EI}{L^2} \\ 0 & \frac{3EI}{L^2} & \frac{3EI}{L} \end{bmatrix} \qquad \underline{\overset{\circ}{\tilde{F}}}_u(23) = \begin{bmatrix} 0 \\ \frac{3}{2L} \\ \frac{1}{2} \end{bmatrix} \cdot M_p$$

während die Koeffizienten des Stabes 1 unverändert bleiben. Das Gleichungssystem ist nun

$$\begin{bmatrix} 0 \\ P \\ 0 \end{bmatrix} - \begin{bmatrix} 0 \\ \frac{3}{2L} \\ \frac{1}{2} \end{bmatrix} \cdot M_p - \begin{bmatrix} \frac{2EA}{L} & 0 & 0 \\ 0 & \frac{6EI}{L^3} & 0 \\ 0 & 0 & \frac{6EI}{L} \end{bmatrix} \cdot \begin{bmatrix} v_{\bar{1}}(2) \\ v_{\bar{2}}(2) \\ \varphi_{\bar{3}}(2) \end{bmatrix} = \underline{0}$$

Die Systemsteifigkeitsmatrix ist positiv definit, das System ist demnach immer noch tragfähig. Die weitere Laststeigerung mit $P > P_1$ führt zu den Knotenverschiebungen

$$v_{\bar{1}}(2) = 0 \qquad v_{\bar{2}}(2) = \frac{PL^3}{6EI} - \frac{M_p L^2}{4EI} \qquad \varphi_{\bar{3}}(2) = -\frac{M_p L}{12EI}$$

und zu den Randmomenten des Stabes 2

$$M_3(23) = \frac{PL - M_p}{2} \qquad M_3(32) = M_p$$

Das zweite Fließgelenk entsteht am Rand (23), wenn $M_3(23) = M_p$. Dies entspricht der Lastintensität

$$P_2 = \frac{3}{L} \cdot M_p$$

Die zugehörige Verschiebung ist

$$v_{\bar{2}}(2) = \frac{L^2}{4EI} \cdot M_p$$

Ein Fließgelenk mit dem vollplastischen Moment M_p wird nun auch am Rand (23) eingebaut. Die zweite Modifikation führt zu folgender Steifigkeitsmatrix des Stabes 2

$$\underline{\tilde{K}}_u(23,2) = \begin{bmatrix} \frac{EA}{L} & 0 & 0 \\ 0 & 0 & 0 \\ 0 & 0 & 0 \end{bmatrix}$$

Die Systemsteifigkeitsmatrix wird damit zu

$$\underline{\tilde{K}} = \begin{bmatrix} \frac{2EA}{L} & 0 & 0 \\ 0 & \frac{3EI}{L^3} & -\frac{3EI}{L^2} \\ 0 & -\frac{3EI}{L^2} & \frac{3EI}{L} \end{bmatrix}$$

Diese Systemsteifigkeitsmatrix ist nicht mehr positiv definit: ihre Determinante ist gleich Null – ein eindeutiges Symptom für die Erschöpfung der Tragfähigkeit.

Fazit: das Versagen ist gekennzeichnet durch die Bildung einer kinematischen Kette, die Traglast des Systems ist $P_{Tr} = P_2 = 3M_p/L$.

Das Tragverhalten wird durch die beiden charakteristischen Momenten-Zustandsfunktionen und die Last-Verschiebungs-Abhängigkeiten im Bild 4.123 veranschaulicht.

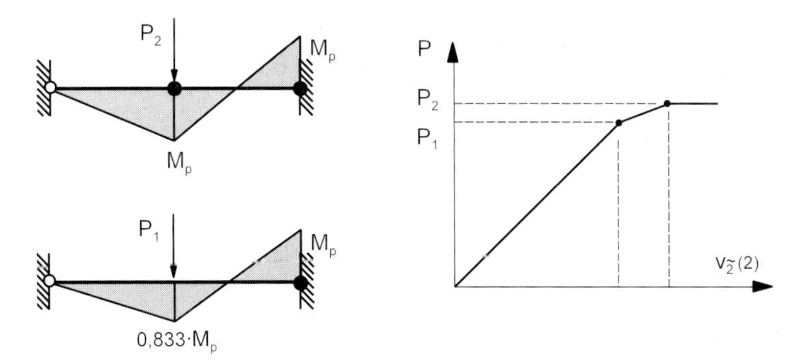

Bild 4.123 Momentenfunktionen, Last-Verschiebungs-Abhängigkeit

Wird nicht nur der Versagenszustand (hypothetische Bruchkette), sondern der Prozeß der Entstehung der Fließgelenke durch einsinnige Laststeigerung und Systemmodifikation (Einführen von Verschiebungsunstetigkeiten) verfolgt, kann dies als ein inkrementales Vorgehen bezeichnet werden.

Die Laststeigerung, Systemmodifikation und Auswertung der Gleichgewichtsbedingungen kann auf der Basis der Theorie I. Ordnung oder einer Theorie II. Ordnung erfolgen. Bei Theorie II. Ordnung ist eine zusätzliche Iteration im Inkrement notwendig. Eine iterative Lösungsstrategie ist auch schon bei Theorie I. Ordnung erforderlich, wenn die Schnittkraftinteraktion (z.B. M-N-Interaktion) zu berücksichtigen ist.

Das werkstoffabhängige Versagen mit Bildung einer Gelenkkette ist eine der Versagensmöglichkeiten aber nicht die einzige. Die Erfassung der geometrische Nichtlinearitäten mit einer Theorie II. Ordnung impliziert weitere Versagensmoden (z.B. Stabilitätsverlust).

Beispiel 4.26 Für den Rahmen gemäß Bild 4.124 werden die Traglasten für vier Varianten der Horizontalbelastung H in Abhängigkeit von den vertikalen Lasten P und Laststeigerung ermittelt. Die Gleichgewichtszustände werden am unverformten und am verformten System (Theorie I. und II. Ordnung) ausgewertet. Im Fall D wird auch die M-N-Interaktion erfaßt.

Fall A: H = 0,5 P
Fall B: H = 0,35 P
Fall C: H = 0,2 P
Fall D: H = 0,05 P

Querschnittswerte für

	Stützen	Riegel
I	= 900	2400 cm^4
A	= 60	60 cm^2
M_P	= 36	72 kNm
N_P	= 450	450 kN

$E = 2{,}1 \cdot 10^8$ kN/m^2

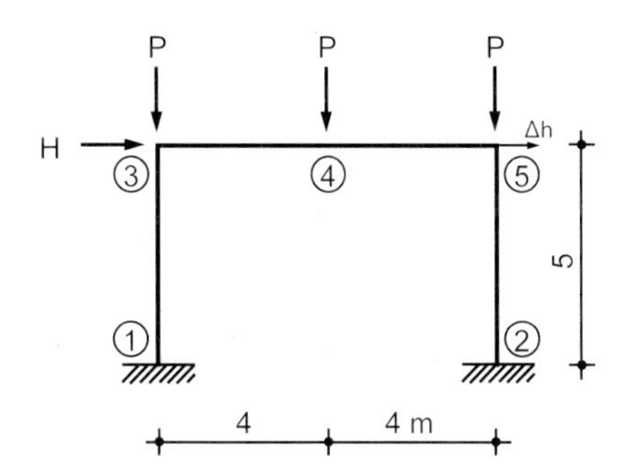

Bild 4.124 Rahmen mit Einzellasten

In den Bildern 4.125 bis 4.138 sind für die vier Fälle einsinniger Laststeigerung die Reihenfolge der Bildung der Fließgelenke, die Momentenzustandsfunktionen nach Theorie I. und II. Ordnung und die Last-Verschiebungs-Abhängigkeiten zusammengestellt.

Fall A: H = 0,5 P

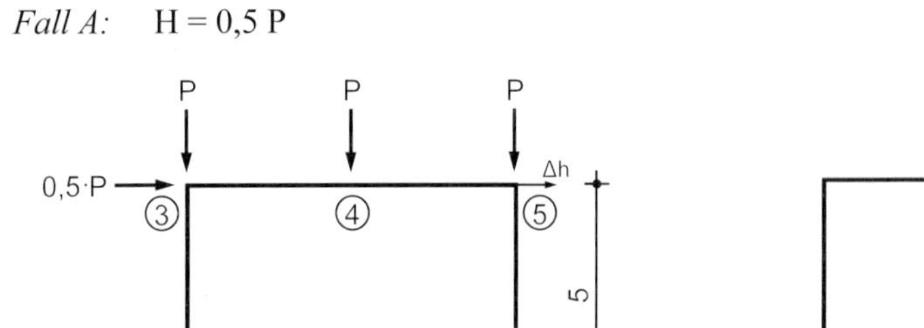

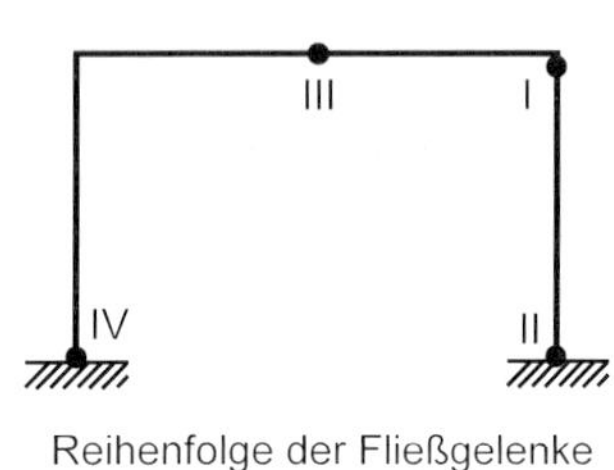

Bild 4.125 Statisches System, Bildung der Fließgelenke nach Theorie I. und II. Ordnung

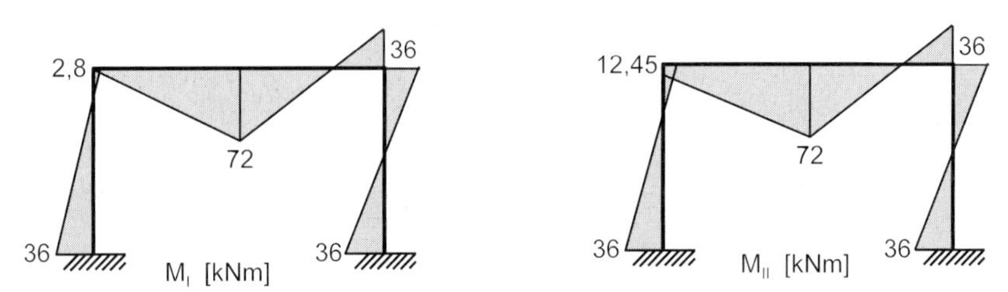

Bild 4.126 Momentenfunktionen nach Theorie I. und II. Ordnung

	P	Δh
Theorie I. Ordnung		
	32,34	5,67
	37,73	7,94
	43,20	11,10
	44,30	15,25
Theorie II. Ordnung		
	31,15	5,91
	35,22	8,04
	41,34	12,90
	41,38	13,70

Bild 4.127 Last-Verschiebungs-Abhängigkeiten

Im Fall A unterscheiden sich die Traglasten nach Fließgelenktheorie I. und II. Ordnung um ca. 10 %, es gibt keine Unterschiede in der Reihenfolge der Bildung der Fließgelenke.

Fall B: $H = 0{,}35\ P$

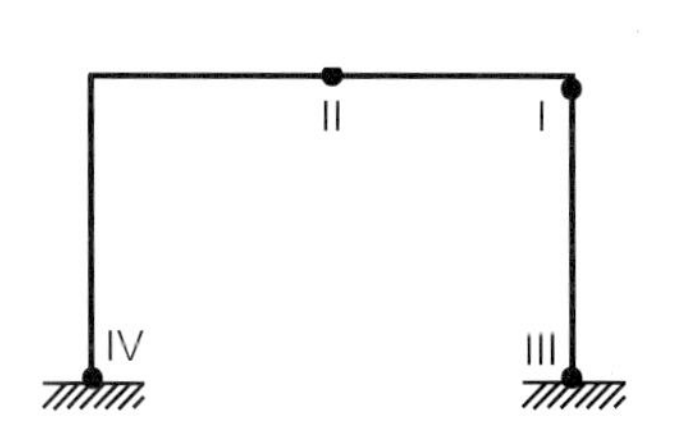

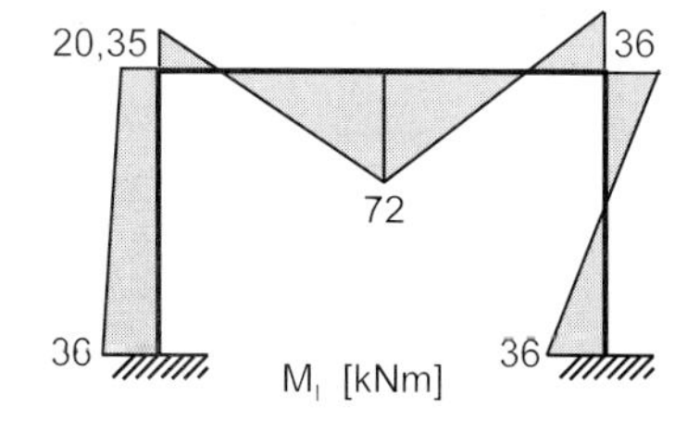

Reihenfolge der Fließgelenke

Bild 4.128 Bildung der Fließgelenke und Momentenfunktion nach Theorie I. Ordnung

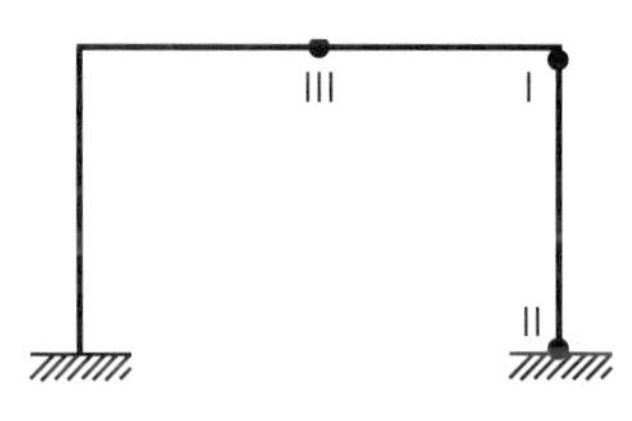

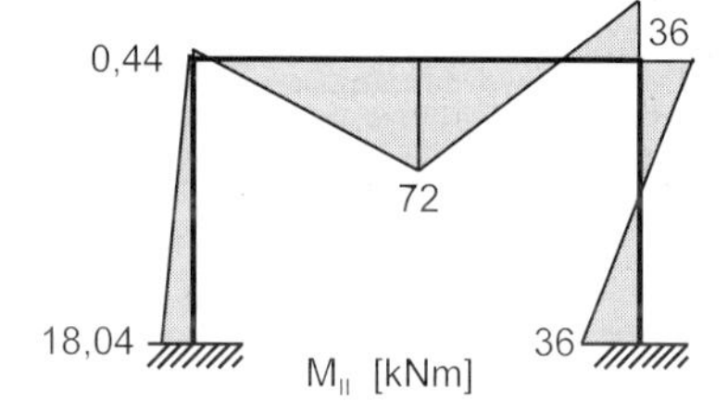

Reihenfolge der Fließgelenke

Bild 4.129 Bildung der Fließgelenke und Momentenfunktion nach Theorie II. Ordnung

P	Δh
Theorie I. Ordnung	
38,18	4,68
46,08	7,30
46,45	7,94
50,09	20,35
Theorie II. Ordnung	
36,83	4,96
44,01	8,06
44,67	8,49
Stabilitätsverlust	

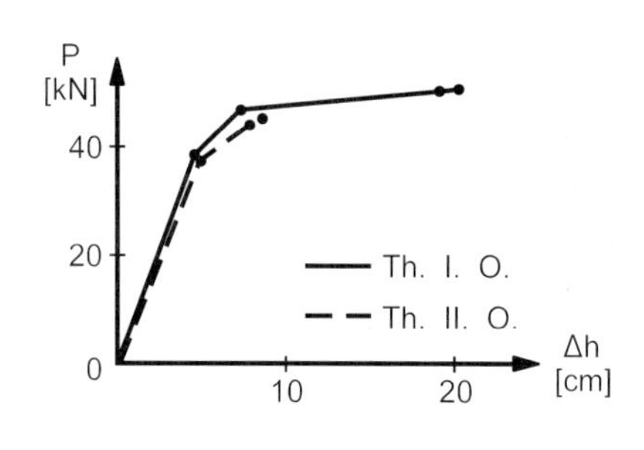

Bild 4.130 Last-Verschiebungs-Abhängigkeiten

Im Fall B wird bei der Analyse nach Fließgelenktheorie II. Ordnung eine Verzweigung des Gleichgewichts festgestellt. Eine kinematische Kette (Bruchkette) bildet sich in diesem Fall nicht aus.

Fall C: H = 0,2 P

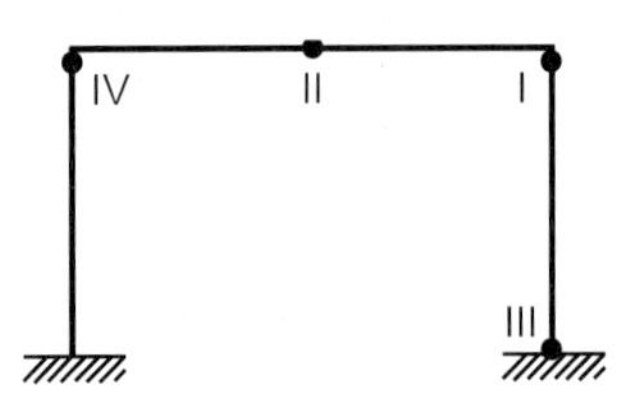

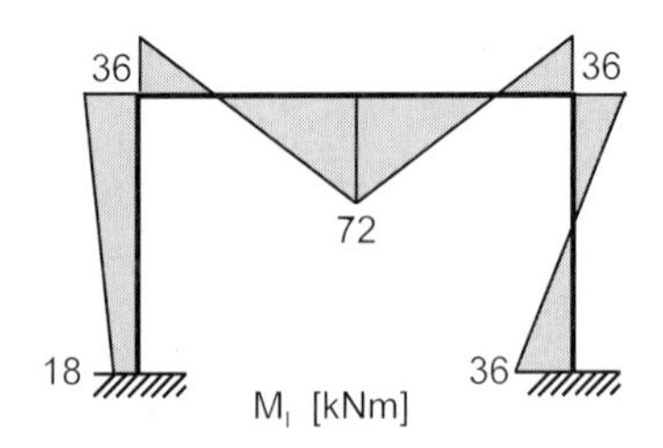

Bild 4.131 Bildung der Fließgelenke und Momentenfunktion nach Theorie I. Ordnung

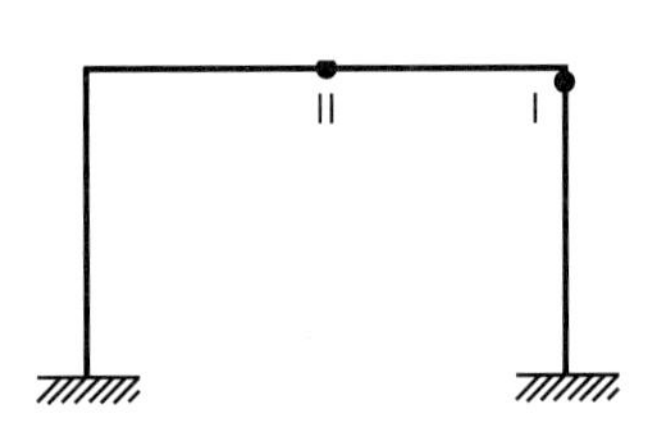

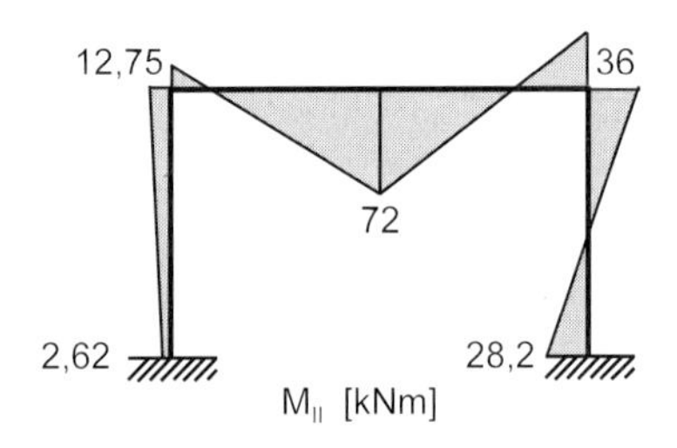

Bild 4.132 Bildung der Fließgelenke und Momentenfunktion nach Theorie II. Ordnung

P	Δh
Theorie I. Ordnung	
46,60	3,26
48,74	3,78
51,43	7,94
54,00	15,86
Theorie II. Ordnung	
45,26	3,56
47,80	4,37
Stabilitätsverlust	

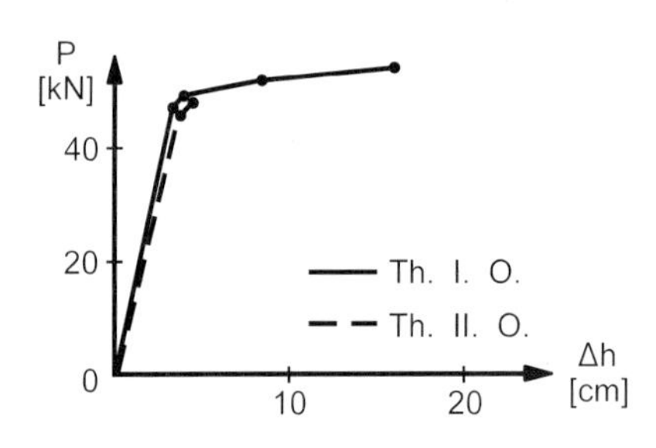

Bild 4.133 Last-Verschiebungs-Abhängigkeiten

Auch in den Fällen C und D kommt es nicht zur Bildung einer kinematischen Kette (Bruchkette). Bei der Analyse nach Fließgelenktheorie II. Ordnung wird das Versagen als Verzweigung des Gleichgewichts detektiert.

Fall D: H = 0,05 P

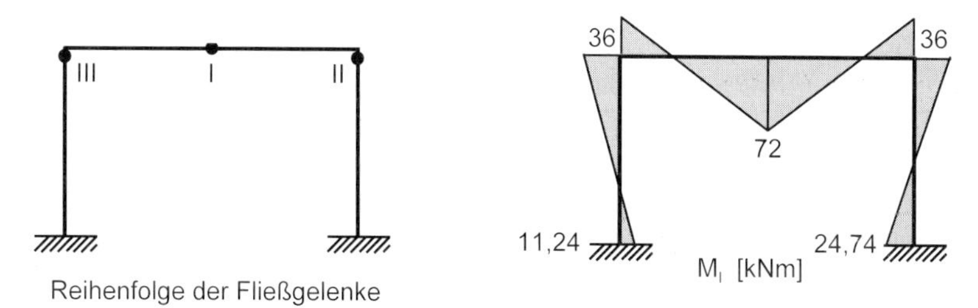

Bild 4.134 Bildung der Fließgelenke und Momentenfunktion nach Theorie I. Ordnung

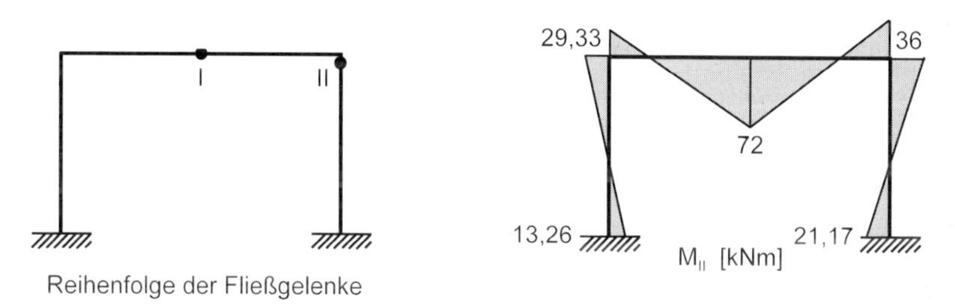

Bild 4.135 Bildung der Fließgelenke und Momentenfunktion nach Theorie II. Ordnung

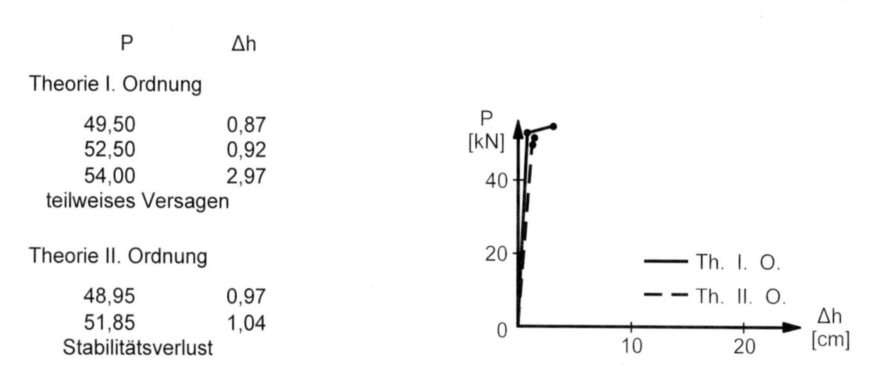

P	Δh
Theorie I. Ordnung	
49,50	0,87
52,50	0,92
54,00	2,97
teilweises Versagen	
Theorie II. Ordnung	
48,95	0,97
51,85	1,04
Stabilitätsverlust	

Bild 4.136 Last-Verschiebungs-Abhängigkeiten

Im Fall D wird bei Analyse nach Fließgelenktheorie I. Ordnung Versagen des Riegels, d.h. teilweises Versagen maßgebend.

Fall D: H = 0,05 P Theorie II. Ordnung mit M-N-Interaktion

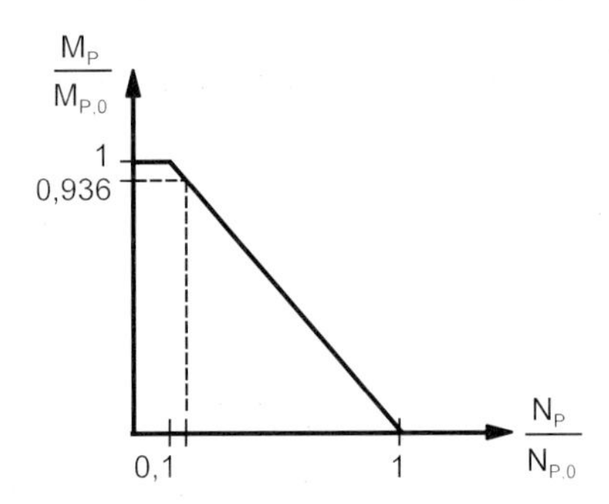

Bild 4.137 M-N-Interaktion

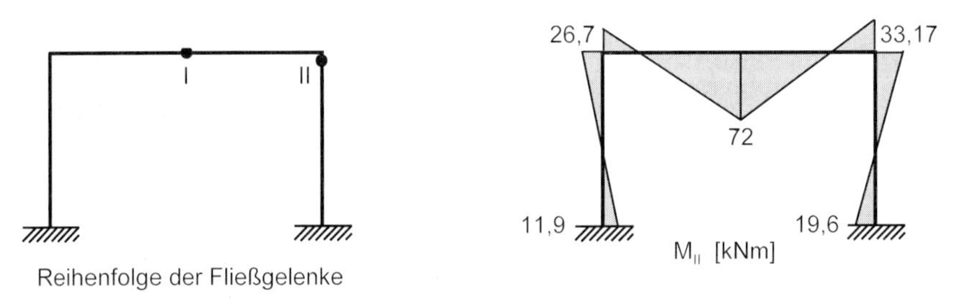

Bild 4.138 Bildung der Fließgelenke und Momentenfunktion Theorie II. Ordnung

Das reduzierte vollplastische Moment der Stütze ist 33,17 kNm. Im Riegel ist die Normalkraft so gering, daß keine M-N-Interaktion berücksichtigt werden muß. Das zweite Fließgelenk entsteht bei einem Lastwert P = 50,57 kN.

4.5.3 Anmerkungen und Ergänzungen

Im Kontext von Deformationsmethode und Fließgelenktheorie I. und II. Ordnung wurde beispielorientiert das Versagen von Stabtragwerken aus homogenem Material gezeigt. Mit der Einführung von Fließgelenklinien ist das Vorgehen auf Flächentragwerke übertragbar.

Eine Verfestigung des Werkstoffes kann mit modifizierten Fließfunktionen berücksichtigt werden, die nicht nur vom aktuellen Spannungszustand sondern auch von vorhandenen plastischen Verzerrungen abhängen. Isotrope Verfestigung bedeutet eine affin vergrößerte Fließfunktion ohne Translation, kinematische Verfestigung eine Verschiebung der Fließfunktion. Eine Kombination der beiden Modelle ist möglich.

Zur Ermittlung von Traglasten bei einsinniger Belastung können statische und energetische Formulierungen eingesetzt werden. Traglastsätze ermöglichen einfache analytische Abschätzungen des Tragwerkversagens und bilden die Basis für das Aufstellen zugeordneter linearer Optimierungsaufgaben. Zielfunktion ist die Traglast, die Restriktionen (Nebenbedingungen) sind Gleichgewichtsbedingungen bzw. Energieaussagen. Gemäß dem statischen Satz wird dann die größte der unteren Schranken oder gemäß dem kinematischen Satz die kleinste der oberen Schranken der Traglast gesucht. Dabei sind entweder mögliche zulässige und sichere Schnittkraftzustände (Gleichgewichtzustände) oder mögliche kinematisch zulässige Verschiebungen (hypothetische Bruchketten) zu untersuchen.

Erweiterungen der Traglastsätze für variabel wiederholbare Belastungen gehen von einem quasistatischen Belastungsprozeß (Be- und Entlastungen) ohne Änderung der Werkstoffeigenschaften (keine Schädigung) aus.

Das Vorgehen der Fließgelenktheorie kann auch für heterogene Werkstoffe angewendet werden. Im Bild 4.139 ist eine idealisierte Spannungsverteilung in einem Stahlbeton-Rechteckquerschnitt unter Momentenbelastung angegeben. Dabei werden die Druckzone erst nach dem Fließen des Stahls zerstört und ein Schubbruch ausgeschlossen. Neben den idealisierten Materialmodellen für Beton und Stahl ist eine idealisierte Momenten-Krümmungs-Abhängigkeit dargestellt.

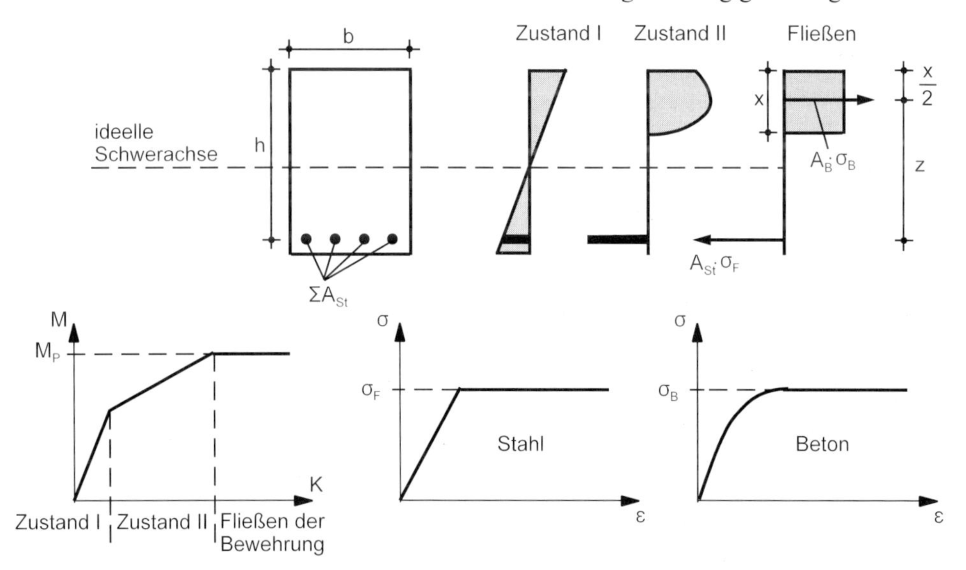

Bild 4.139 Spannungsverteilung heterogener Querschnitt, idealisierte Momenten-Krümmungs-Abhängigkeit, idealisierte Werkstoffgesetze

Gemäß Bild 4.139 führt die Gleichgewichtsbedingung

$$A_B \cdot \sigma_B = A_{St} \cdot \sigma_F \tag{4.283}$$

auf

$$A_B = A_{St} \cdot \frac{\sigma_F}{\sigma_B} = b \cdot x \tag{4.284}$$

Unter den genannten Voraussetzungen ist das vollplastische Moment eines Stahlbeton-Rechteckquerschnittes

$$M_p = A_{St} \cdot z \cdot \sigma_F \tag{4.285}$$

mit der Querschnittsfläche der Zugbewehrung A_{st}, dem Hebelarm $z = h - x/2$ und der Fließspannung σ_F.

Für Stahlbeton- und Stahlverbundquerschnitte unterschiedlicher Geometrie können Beziehungen für vollplastische Schnittkräfte und Schnittkraft-Interaktions-Fließfunktionen aufgestellt werden, siehe z.B. [56].

Bei impulsartig eingetragener Belastung ist ein dynamisches Fließkriterium aufzustellen und die Verzerrungsgeschwindigkeit zu berücksichtigen. Bei einer solchen viskoplastischen Materialmodellierung ist die dynamische Fließspannung größer als die statische.

Eine physikalisch nichtlineare Analyse auf der Grundlage der Fließtheorie ist anschaulich und als Einstieg geeignet. Verbesserte rechentechnische Möglichkeiten haben nicht nur die Fortentwicklung der Berechnungsmodelle zur Erfassung physikalischer Nichtlinearitäten im Gebrauchslast- und im Traglastbereich gefördert, sondern auch die Entwicklung und Anwendung geometrisch und physikalisch nichtlinearer Analysen mit Schicht- bzw. Fasermodellen und inkrementaliterativen Lösungsstrategien. Im Bild 4.140 ist das Schichtenmodell eines eben wirkenden vorgespannten Stahlbeton-Stabes mit beliebiger Lage der Referenzachse dargestellt. In Abhängigkeit des Dehnungszustandes wird jeder Schicht ein Spannungszustand zugeordnet.

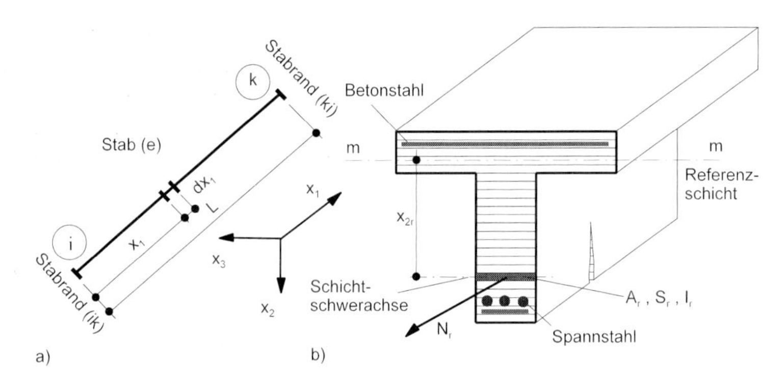

Bild 4.140 Schichtenmodell: a) Stab (i,k), b) Schichten im Querschnitt

Steifigkeiten und kinematisch bestimmte Randschnittkräfte einer geometrisch und physikalisch nichtlinearen Analyse können aus differentialen oder finiten Formulierungen für das Element e erhalten werden.

Für die Untersuchung des Tragsystems wird die Bewegungsgleichung (4.94) modifiziert und ein Differentialgleichungssystem 2. Ordnung für die inkrementalen Zuwächse der Knotenverschiebungen, -geschwindigkeiten und -beschleunigungen erhalten

$$\underline{K}_{T(n-1)} \cdot \Delta\underline{v}_{(n)}^{[k]} + \underline{D}_{(n-1)} \cdot \Delta\dot{\underline{v}}_{(n)}^{[k]} + \underline{M}_{(n-1)} \cdot \Delta\ddot{\underline{v}}_{(n)}^{[k]} = \Delta\underline{P}_{(n)} - \Delta\mathring{\underline{F}}_{(n)}^{[k]} + \Delta\Delta\underline{F}_{(n-1)} \qquad (4.286)$$

Dabei sind

$\underline{M}_{(n-1)}$ Systemmassenmatrix zum Zeitpunkt t_{n-1}

$\underline{D}_{(n-1)}$ Systemdämpfungsmatrix zum Zeitpunkt t_{n-1}

$\underline{K}_{T(n-1)}$	tangentiale Systemsteifigkeitsmatrix zum Zeitpunkt t_{n-1}
$\Delta\underline{P}_{(n)}$	inkrementale Änderung des Knotenlastvektors im Inkrement (n)
$\Delta\underline{\mathring{F}}^{[k]}_{(n)}$	inkrementale Änderung des Vektors der kinematisch bestimmten Randschnittkräfte im k-ten Iterationsschritt des n-ten Inkrementes
$\Delta\Delta\underline{F}^{[k]}_{(n-1)}$	Vektor der Restkräfte der Iteration nach dem (n-1)-ten Inkrement
$\Delta\underline{\ddot{v}}^{[k]}_{(n)}$	inkrementaler Beschleunigungsvektor an den Knoten im k-ten Iterationsschritt des n-ten Inkrementes
$\Delta\underline{\dot{v}}^{[k]}_{(n)}$	inkrementaler Geschwindigkeitsvektor an den Knoten im k-ten Iterationsschritt des n-ten Inkrementes
$\Delta\underline{v}^{[k]}_{(n)}$	inkrementaler Verschiebungsvektor an den Knoten im k-ten Iterationsschritt des n-ten Inkrementes

Auf die Kennzeichnung mit einer Tilde für die Beschreibung im globalen Koordinatensystem wurde verzichtet. Betrachtet wird nun der statische Fall. Das zugeordnete nichtlineare zeitunabhängige Gleichungssystem ist zur Erfassung der Nichtlinearitäten um den Vektor $\Delta\Delta\underline{R}$ der Korrekturkräfte infolge von geometrischen und physikalischen Nichtlinearitäten erweitert.

$$\underline{K}_T \Delta\underline{v} = \Delta\underline{R} - \Delta\Delta\underline{R} \tag{4.287}$$

Zur Lösung des Gleichungssystems (4.287) ist insbesondere das *Newton-Raphson*-Verfahren geeignet. Das *Newton-Raphson*-Verfahren zählt wie die Fixpunkt- und Abstiegsverfahren zu den iterativen Lösungsverfahren, die als Ergebnis direkt die Lösung $\Delta\underline{v}$ liefern. Das „klassische" *Newton-Raphson*-Verfahren erfordert in jedem Iterationsschritt die erneute Berechnung der tangentialen Steifigkeitsmatrix. Beim modifizierten *Newton-Raphson*-Verfahren wird die tangentiale Steifigkeitsmatrix $\underline{K}_T$ am Inkrementanfang aufgestellt und im Inkrement konstant gehalten, siehe Bild 4.141.

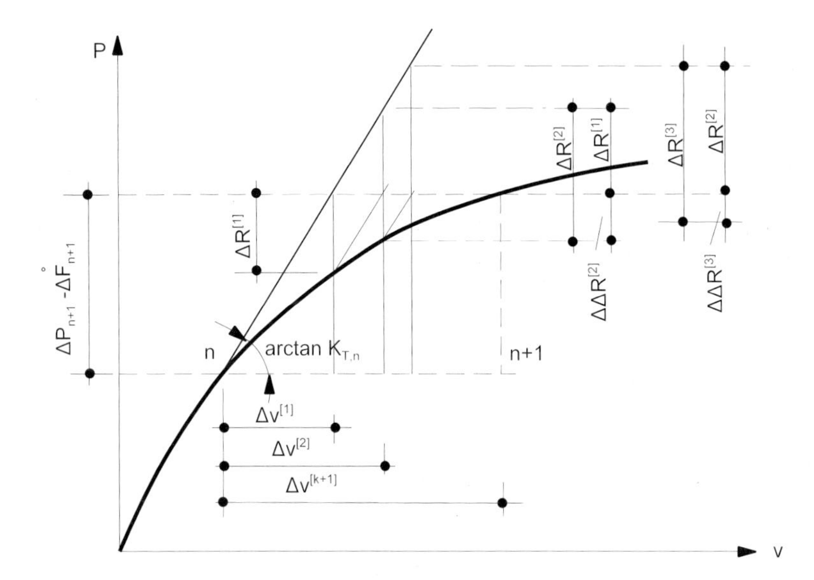

Bild 4.141 Modifiziertes *Newton-Raphson*-Verfahren

Im Inkrement werden iterativ nur die Vektoren der Korrekturkräfte verbessert. Im 0-ten Iterationsschritt ist der Vektor $\Delta\underline{R}$ Null.

Das Systemversagen wird bei der inkrementalen Laststeigerung durch das unbeschränkte Anwachsen von Verschiebungskomponenten angezeigt. Das Verfahren besitzt schlechte Konvergenzeigenschaften im Bereich geringer Steifigkeiten und wenn arctan $\underline{K}_{T,(n)} < 0{,}5$ arctan $\underline{K}_{T,(n+1)}$ (z.B. bei Entlastung) ist. Die Einführung zusätzlicher Bedingungen oder Pfadverfolgungsalgorithmen können helfen. Die Pfadverfolgungsalgorithmen stellen Homotopieverfahren dar.

Bei den Homotopieverfahren wird das Gleichungssystem zunächst parametrisiert. Durch Variation der Parameter wird eine Kurvenschar gefunden, die gegen den Lösungspunkt konvergiert. Neben modifizierten *Newton-Raphson*-Verfahren werden Pfadverfolgungsalgorithmen mit Iteration auf konstanter und auf angepaßter Normalenebene verwendet, siehe z.B. [87].

Geometrisch und physikalisch nichtlineare Analysen gewinnen immer größere Bedeutung bei Entwurf und Planung sicherer und wirtschaftlicher Tragwerke. Im Rahmen dieser Einführung konnten diese Fragestellungen nur kurz genannt und das Interesse auf die weiterführende Literatur gelenkt werden, siehe z.B. [3], [7], [21], [77] und [87].

5 Literaturverzeichnis

[1] Achermann, M.: Analyse und Bemessung von 4 Faulbehältern mit je 15 000 m^3 Inhalt. In: Dinkler, D. (Hrsg.), Baustatik-Baupraxis 9, TU Braunschweig, 2002, S. 389-400

[2] Achilles, D.: Die Fourier-Transformation in der Signalverarbeitung (kontinuierliche und diskrete Verfahren). Springer-Verl., Berlin, Heidelberg, New York, Wien, 1978

[3] Argyris, J., Mljenek, H.-P.: Die Methode der Finiten Elemente. Verl. Vieweg & Sohn, Braunschweig, 1988

[4] Auersch, L.: Diskrete Laplace-Transfromation – ein zweckmäßiges Rechenverfahren für schwach gedämpfte Schwingungssysteme bei nichtperiodischer Erregung. ZAMM 62 (1980)3, S. 171-181

[5] Bachmann, H.: Erdbebensicherung von Bauwerken. Birkhäuser-Verl., Basel, Boston, Berlin, 1995

[6] Bathe, K.-J.: Finite-Elemente-Methoden. Springer-Verl., Berlin, Heidelberg, New York, Tokyo, 1990

[7] Bathe, K.-J.: Finite Element Procedures. Prentice Hall, Inc., Englewood Cliffs (NJ), 1996

[8] Bathe, K.-J., Baig, M.M.I.: On a composite implicite time integration procedure for nonlinear dynamics. Computers and Structures 83 (2005) pp. 2513-2524

[9] Bathe, K.-J., Wilson, E.L.: Numerical Methods in Finite Element Analysis. Prentice Hall, Inc., Englewood Cliffs (NJ), 1982

[10] Berner, K.: Statik. In: Holschemacher, K. (Hrsg.), Entwurfs- und Berechnungstabellen für Bauingenieure. Bauwerk-Verl., Berlin, 2004

[11] Betten, J.: Elastizitäts- und Plastizitätstheorie. Springer-Verl., Berlin, Heidelberg, New York, 2002

[12] Beyer, K.: Statik im Eisenbetonbau. Springer-Verl., Berlin, 1927

[13] Brebbia, C.A., Telles, J.C.F, Wrobel, L.C.: Boundary Element Techniques. Springer-Verl., Berlin, Heidelberg, New York, 1983

[14] Brigham, E.O.: The fast Fourier-Transform. Prentice Hall, Inc., Englewood Cliffs (NJ), 1974

[15] Bürgermeister, G., Steup, H., Kretzschmar, H.: Stabilitätstheorie. Bd.1, 3. Aufl., Akademie-Verl., Berlin, 1966

[16] Chaudhury, N.K., Brotton, D., Merchant, W.: A numerical method for dynamics analysis of structural frameworks. International Journal of Mechanics Sciences 8 (1966), pp.149-162

[17] Cooley, J.W., Tukey, J.W.: An algorithm for the machine calculation of complex Fourier series. Math. Comput. 19 (1965), pp. 297-301

[18] Craig, R.R.: Structural Dynamics. J. Wiley, New York, 1981

[19] Cross, H.: Analysis of continuous frames by distributing fixed-end moment. Transactions of American Society of Civil Engineers 96 (1932), pp.1-156

[20] Duddeck, H., Ahrens, H.: Statik der Stabtragwerke. In: Eibl, J. (Hrsg.), Betonkalender, Verl. Ernst & Sohn, Berlin, 1994

[21] Fajfar, P., Krawinkler, H. (Eds.): Nonlinear Seismic Analysis and Design of Reinforced Concrete Buildings. Elsevier Applied Science, London, 1992

[22] Falk, S.: Die Berechnung des beliebig gestützten Durchlaufträgers nach dem Reduktionsverfahren. Ing.-Archiv, 24(1956) 3, S. 216-232

[23] Flesch, R.: Baudynamik praxisgerecht. Bd. 1 und 2, Bauverlag, Wiesbaden, Berlin, 1993

[24] Gaul, L., Fiedler, C.: Methode der Randelemente in Statik und Dynamik. Vieweg -Verl., Braunschweig, Wiesbaden, 1997

[25] Gellert, M.: A direct integration method for analysis of a certain class of non-linear dynamic problems. Ingenieur-Archiv 48 (1979) 6, S. 403-415

[26] Graf, W., Möller, B., Ruge, P.: Unscharfe Tragstrukturen in Raum und Zeit. Wiss. Zeitschrift der TU Dresden, 2004, H. 3-4, S. 121-126

[27] Haße, G.: Statik und Festigkeitslehre. In: Wetzell, O. (Hrsg.), Wendehorst – Bautechnische Zahlentafeln, 27. Aufl., Verl. B.G. Teubner, Stuttgart, 1996

[28] Hauger, W., Schnell, W., Groß, D.: Technische Mechanik, Band 3: Kinetik. Springer-Verl., Berlin, Heidelberg, New York, 1995

[28] Jäger, W., Wassilew, T., Graf, W.: Schnittkraft- und Verformungszustand nach Elastizitätstheorie I. / II. Ordnung sowie linearisierte Stabilitätsuntersuchung räumlicher Stabtragwerke – Programmübersicht und Programmanwendung. Bauforschung - Baupraxis, H. 130, Verl. Bauinformation, Berlin,1983

[29] Kersten, R.: Das Reduktionsverfahren in der Stabstatik. Springer-Verl., Berlin, Göttingen, Heidelberg, 1962

[30] Klingmüller, O., Lawo, M., Thierauf, G.: Stabtragwerke. Matrizenmethoden der Statik und Dynamik, Teil 2: Dynamik, Verl. Vieweg & Sohn, Braunschweig, 1983

[31] Koch, M., Kerbach, F., Graf, W., Bröse, K., Katzschner, E.: Berechnungsprobleme der 2-Etagen-Fährbrücken Mukran und Klaipeda. Bauplanung-Bautechnik, H. 7, 1987, S. 302-306

[32] Koloušek, V.: Dynamic in Engineering Structures. Butterworths, London, 1973

[33] Korenev, B.G., Rabinovič I.M. (Hrsg.): Baudynamik – Handbuch. Verl. Bauwesen, Berlin, 1980

[34] Korenev, B.G., Rabinovič, I.M. (Hrsg.): Baudynamik – Konstruktionen unter speziellen Einwirkungen. Verl. Bauwesen, Berlin, 1985

[35] Krätzig, W.B.: Tragwerke 2. Springer-Verl., Berlin, Heidelberg, New York, 2. Aufl., 1994

[36] Krätzig, W.B.: Theorie der Tragwerke. In: Zilch, K., Diedrichs, C.J., Katzenbach, R. (Hrsg.), Handbuch für Bauingenieure, Kap. I.5, Springer-Verl., Berlin, Heidelberg, New York, 2002

[37] Krätzig, W.B., Başar, Y.: Tragwerke 3. Springer-Verl., Berlin, Heidelberg, New York, 1997

[38] Krätzig, W.B., Wittek, U.: Tragwerke 1. Springer-Verl., Berlin, Heidelberg, New York, 2. Aufl., 1990

[39] Kurrer, K.-E.: Geschichte der Baustatik.Verl. Ernst & Sohn, Berlin, 2002

[40] Magnus, K.: Schwingungen. Verl. B.G. Teubner, Stuttgart, 1961

[41] Malvern, L.E.: Introduction to the mechanics of a continuous medium. Prentice Hall, Inc., Englewood Cliffs (NJ), 1969

[42] Mang, H., Hofstetter, G.: Festigkeitslehre. Springer-Verl., Wien, New York, 2000

[43] Mann, L.: Theorie der Rahmentragwerke auf neuer Grundlage. Springer-Verl., Berlin, 1927

[44] Meskouris, K.: Structural Dynamics. Verl. Ernst & Sohn, Berlin, 2001

[45] Meskouris, K., Butenweg, C., Hake, E., Holler, S.: Baustatik in Beispielen. Springer-Verl., Berlin, 2005

[46] Meskouris, K., Hake, E.: Statik der Stabtragwerke – Einführung in die Tragwerkslehre. Springer-Verl., Berlin, Heidelberg, 1999

[47] Meyer, A., Döhler, B., Skurt, L.: Algorithmen für großdimensionierte Eigenwertprobleme. Wiss. Mitteilungen der Techn. Hochschule Chemnitz, H. 8, 1983

[48] Möller, B., Graf, W.: Kurt Beyer (1881-1952) – Erinnerung an einen bedeutenden Statiker und Bauingenieur. Bautechnik 79(2002), H. 5, S. 335-339

[49] Möller, B., Graf, W.: Tragwerksprozesse in der Baustatik. In: Möller, B., Graf, W., Ruge, P., Zastrau, B. (Hrsg.), Baustatik-Baupraxis 9, TU Dresden, 2005, S. 381-393

[50] Möller, B., Graf, W., Beer, M., Bartzsch, M.: Anwendung der DIN 1055-100 bei der Sicherheitsbeurteilung von Natursteinbrücken. In: Zilch, K. (Hrsg.), Massivbau 2003: Forschung, Entwicklung und Anwendungen, 7. Münchener Massivbau-Seminar, S. 28-64, Springer-VDI-Verlag, Düsseldorf, 2003

[51] Möller, B., Graf, W., Hoffmann, A.: Tragwerke mit ungewöhnlichem Schwingungsverhalten. In: Möller, B. (Hrsg.), 7. Dresdner Baustatik-Seminar, S. 47-66, TU Dresden, Lehrstuhl für Statik, 2003

[52] Möller, B., Graf, W., Hoffmann, A., Oeser, M.: Außergewöhnliche Schadensfälle. In: Möller, B. (Hrsg.), 5. Dresdner Baustatik-Seminar, S. 49-74, TU Dresden, Lehrstuhl für Statik, 2001

[53] Möller, B., Graf, W., Hoffmann, A., Sickert, J.-U., Liebscher, M.: Numerische Simulation des Sprengabbruches von Tragwerken. In: Möller, B. (Hrsg.), 8. Dresdner Baustatik-Seminar, S. 41-68, TU Dresden, Lehrstuhl für Statik, 2004

[54] Möller, B., Graf, W., Hoffmann, A., Sickert, J.-U., Steinigen, F.: Tragwerke aus Textilbeton – Berechnungsmodelle, Anwendungen. Bautechnik 82 (2005) H. 11, S. 782-795

[55] Müller, F.P., Keintzel, E.: Erdbebensicherung von Hochbauten. 2. überarbeitete und erweiterte Aufl., Verl. W. Ernst & Sohn, Berlin, 1984

[56] Müller, H., et al.: Baumechanik (Stabtragwerke), 13 Lehrbriefe. Verl. Modernes Studieren, Hamburg, Dresden, Ausgabe 1995

[57] Müller, H., Graf, W.: Lineare Kinetik von Stabtragwerken. Bauforschung - Baupraxis, H. 139, Verl. Bauinformation, Berlin, 1983

[58] Müller, H., Hedeler, D.: Statik räumlicher und ebener Stabtragwerke nach Fließgelenktheorie I./ II. Ordnung. Bauforschung - Baupraxis, H. 203, Verl. Bauinformation, Berlin, 1987

[59] Müller, H., Jäger, W.: Elastizitätstheorie I. und II. Ordnung räumlicher Stabtragwerke. Bauforschung - Baupraxis, H. 95, Verl. Bauinformation, Berlin 1982

[60] Müller, H., Schiefner, R., Bothe, E.: Geometrisch und physikalisch nichtlineare Statik ebener Stabtragwerke. Bauforschung - Baupraxis, H. 179, Verl. Bauinformation, Berlin, 1986

[61] Natke, H.G.: Baudynamik. Verl. B.G.Teubner, Stuttgart, 1989

[62] Oden, J.T. et al.: Reasearch directions in computational mechanics. Comput. Methods Appl. Mech. Engrg. 192(2003), pp. 913-922

[63] Ostenfeld, A.: Die Deformationsmethode. Springer-Verl., Berlin, 1926

[64] Osterrieder, P., Ramm, E.: Berechnung von ebenen Stabtragwerken nach der Fließgelenktheorie I. und II. Ordnung unter Verwendung des Weggrößenverfahrens mit Systemveränderung. Stahlbau 50 (1981), H. 4, S. 97-104

[65] Petersen, C.: Statik und Stabilität der Baukonstruktionen. Vieweg-Verl., Braunschweig, 1980

[66] Petersen, C.: Stahlbau. 3. überarbeitete und erweiterte Aufl., Vieweg-Verl., Braunschweig, Wiesbaden, 1993

[67] Pfaffinger, D.: Tragwerksdynamik, Springer-Verl., Wien, New York, 1989

[68] Pian, H.H., Tong, P.: Basis of finite element method for solid continua. Int. Journal of Num. Meth. Engineering 1(1969), pp. 3-38

[69] Przemseniecki, J.S.: Theory of matrix structural analysis. McGraw-Hill, New York, Toronto, London, 1971

[70] Ramm, E.: Entwicklung der Baustatik von 1920 bis 2000. Bauingenieur 75 (2000), H. 7/8, S. 319-331

[71] Ramm, E., Hofmann, T.J.: Stabtragwerke. In: Mehlhorn, G. (Hrsg.), Der Ingenieurbau - Grundwissen, Bd. 5, Baustatik, Baudynamik, S. 1-350, Verl. Ernst & Sohn, Berlin, 1995

[72] Rothert, H., Gensichen, V.: Nichtlineare Stabstatik. Springer-Verl., Berlin, Heidelberg, New York, 1987

[73] Rubin, H., Schneider, K.-J.: Statik. In: Schneider, K.-J. (Hrsg.), Bautabellen, 15. Aufl., Werner-Verl., Düsseldorf, 2003

[74] Schmiedel, J., Setzpfandt, G.: Syratalbrücke Plauen (Friedensbrücke). In: Bundesministerium für Verkehr-, Bau- und Wohnungswesen (Hrsg.), Steinbrücken in Deutschland, Teil 2, Verl. Bau+Technik, Düsseldorf, 1999, S. 335-338

[75] Schwarz, H.R., Rutishauser, H., Stiefel, E.: Numerik symmetrischer Matrizen. Verl. B.G. Teubner, Stuttgart, 1968

[76] Stein, E.: Notwendige und erstrebenswerte weitere Entwicklungen in der Baumechanik und Bauinformatik. Bauingenieur 75 (2000), H.7/8, S. 568-572

[77] Stein, E., de Borst, R., Hughes, T.J.R.: Encyclopedia of Computational Mechanics. Wiley, Chichester, 2004

[78] Szabo, I.: Geschichte der mechanischen Prinzipien und ihre wichtigsten Anwendungen. 3. Auflage, Birkhäuser-Verl., Basel, 1987

[79] Timoshenko, S., Gere, J.: Theory of Elastic Stability. 2nd ed., McGraw-Hill, New York, Toronto, London, 1961

[80] Vassilev, T.: Ein inkremental-iteratives FE-Modell für große Verschiebungen. In: Festschrift Prof. Dr.-Ing. B. Möller 60 Jahre, S. 287-297, TU Dresden, Lehrstuhl für Statik, 2001

[81] Vassilev, T., Jäger, W.: Numerische Simulation des Knickverhaltens von Mauerwerk. Bautechnik 81(2004), H. 6, S. 461-467

[82] Vassilev, T., Jäger, W., Pflücke, T.: Numerical simulation of masonry under combined lateral loading and compression. In:13th International Brick and Block Masonry Conference, Amsterdam, 2004

[83] Washizu, K.: Variational Methods in Elasticity and Plasticity. 2nd ed., Pergamon Oxford, 1975

[84] Wassilew, T.: Nichtlineare Statik räumlicher Stabtragwerke. Diss., TU Dresden, 1983

[85] Waller, H., Krings, W.: Matrizenmethoden in der Maschinen- und Bauwerksdynamik. Bibl. Institut, Mannheim, Zürich, 1975

[86] Wlassow, W.S.: Dünnwandige elastische Stäbe. Bd. 1 und 2, Verl. Bauwesen, Berlin, 1964

[87] Wriggers, P.: Nichtlineare Finite-Element-Methoden. Springer-Verl., Berlin, Heidelberg, New York, 2001

[88] Wunderlich, W., Redanz, W.: Die Methode der Finiten Elemente. In: Mehlhorn, G. (Hrsg.), Der Ingenieurbau - Grundwissen, Bd. 6, Rechnerorientierte Baumechanik, S. 141-247, Verl. Ernst & Sohn, Berlin, 1995

[89] Wunderlich, W., Kiener, G.: Statik der Stabtragwerke. Verl. B.G. Teubner, Stuttgart, Leipzig, Wiesbaden, 2004

[90] Zienkiewicz, O.: Methoden der finiten Elemente. 2. Aufl., Verl. Carl Hanser, München, Wien, 1984

[91] Zurmühl, R., Falk, S.: Matrizen und ihre Anwendungen, Springer-Verl., Berlin, Heidelberg, New York, 1986

6 Beispielverzeichnis

Kapitel 2

Kapitel 3

Kapitel 4

7 Sachverzeichnis

E

F

W

X

Y

Z